Office 2013範例教本

全華研究室 王麗琴 編著

全華圖書股份有限公司

本書導讀

我們常常在學習中，得到想要的知識，並讓自己成長；學習應該是快樂的，學習應該是分享的。本書要將學習的快樂分享給你，讓你能在書中得到成長，本書共分爲Word、Excel、PowerPoint、Access等四大篇，精選了16個範例，從範例中學習到各種使用技巧。

Word篇

Word是一套「文書處理」軟體，利用文書處理軟體可以幫助我們快速地完成各種報告、海報、公文、表格、信件及標籤等文件。本篇內容包含了Word的基本操作、文件的格式設定與編排、表格的建立與編修技巧、圖片美化與編修、長文件的編排技巧、合併列印的使用等。

Excel篇

Excel是一套「電子試算表」軟體，利用電子試算表軟體可以將一堆數字、報表進行加總、平均、製作圖表等動作。本篇內容包含了Excel的基本操作、工作表使用、工作表的設定與列印、公式與函數的應用、統計圖表的建立與設計、資料排序、資料篩選、樞紐分析表的使用等。

PowerPoint篇

PowerPoint是一套「簡報」軟體，利用簡報軟體可以製作出一份專業的簡報。本篇內容包含了PowerPoint的簡報的版面設計、母片的運用、在簡報中加入音訊及視訊、在簡報中加入表格及圖表、在簡報中加入SmartArt圖形、在簡報中加入精彩的動畫效果、將簡報匯出爲影片、講義、封裝等。

Access篇

Access是一套「資料庫」軟體，利用資料庫軟體可以將一堆資料變成有意義的資料庫。本篇將實際的教導你學會如何讓資料更有系統，更具有意義，其內容包含資料庫檔案的使用、資料搜尋、排序、篩選、查詢、表單的使用等。

商標聲明

書中引用的軟體與作業系統的版權標列如下：

✦ Microsoft Windows是美商Microsoft公司的註冊商標。

✦ Microsoft Word、Excel、PowerPoint、Access都是美商Microsoft公司的註冊商標。

✦ 書中所引用的商標或商品名稱之版權分屬各該公司所有。

✦ 書中所引用的網站畫面之版權分屬各該公司、團體或個人所有。

✦ 書中所引用之圖形，其版權分屬各該公司所有。

✦ 書中所使用的商標名稱，因為編輯原因，沒有特別加上註冊商標符號，並沒有任何冒犯商標的意圖，在此聲明尊重該商標擁有者的所有權利。

關於範例光碟

本書收錄了書中所有使用到的範例檔案及範例結果檔。範例檔案依照各篇分類，例如：Word篇中的範例檔案，儲存於「Word」資料夾內，請依照書中的指示說明，開啓這些範例檔案使用。

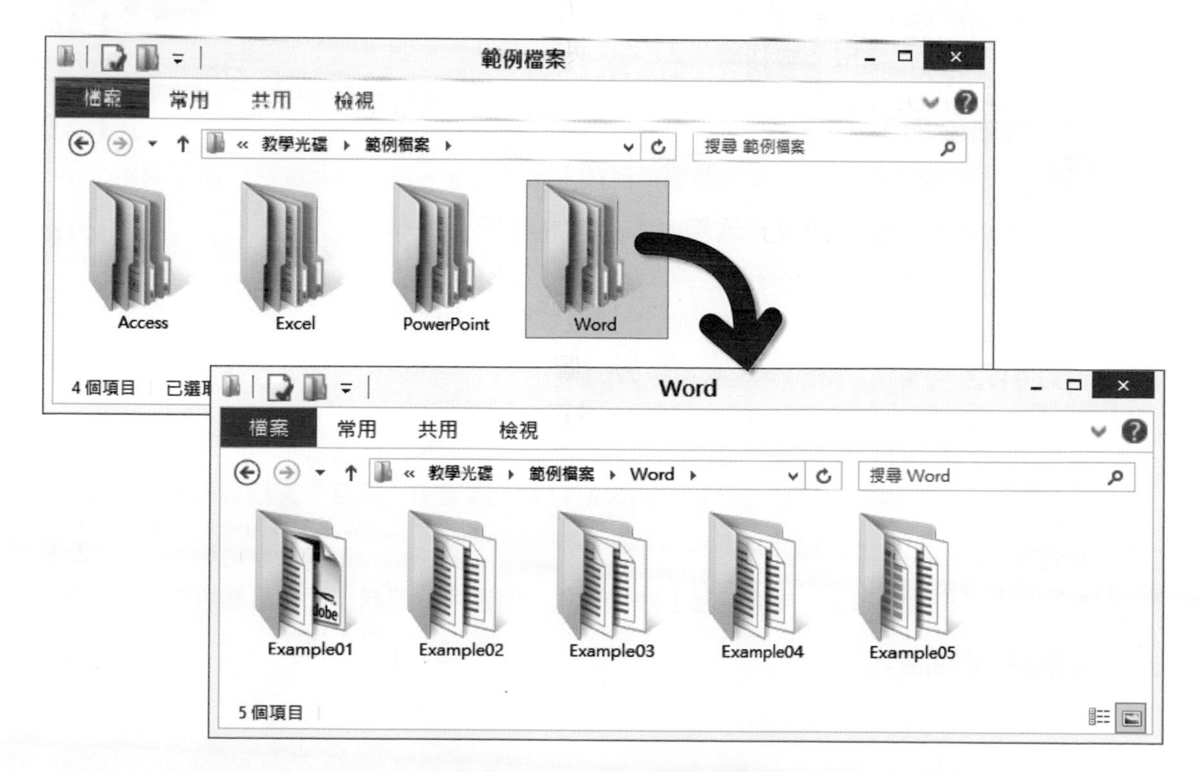

目錄

Word 篇

Example01 福委活動宣傳單

1-1 文件的開啓與關閉 1-3

啓動Word・開啓舊有的文件・關閉文件

1-2 文字格式設定 1-5

修改中英文字型及文字大小・幫文字加上粗體、斜體及底線樣式・文字色彩設定

1-3 段落格式設定 1-8

設定段落的對齊方式・縮排設定・段落間距與行距的設定

1-4 項目符號及編號設定 1-13

加入項目符號・加入編號

1-5 首字放大及最適文字大小 1-15

首字放大・最適文字大小

1-6 加入日期及時間 1-17

1-7 框線及網底與頁面框線 1-18

加入段落框線及網底・複製格式・加入頁面框線

1-8 文字藝術師與線上圖片 1-21

使用文字藝術師製作標題・幫文字藝術師加入轉換效果・加入線上圖片・調整圖片大小

1-9 儲存及列印文件 1-26

儲存文件・另存新檔・列印文件

Example02 教育訓練課程公告

2-1 使用圖片讓文件更豐富 2-3

插入自己準備的圖片・將圖片不要的部分裁剪掉・調整圖片寬度・文繞圖及位置設定

2-2 美化圖片 2-8

校正圖片的亮度與對比・幫圖片加上美術效果・將圖片裁剪成圖形・幫圖片加上內陰影

2-3 多欄版面的設定 2-11

2-4 使用SmartArt圖形增加視覺效果 2-12

插入SmartArt圖形・調整SmartArt圖形大小及文字格式・變更SmartArt圖形色彩及樣式

2-5 在文件中加入線上視訊 2-18

插入線上視訊・播放視訊・視訊格式設定

2-6 將文件以電子郵件寄出 2-22

Example03 求職履歷表

3-1 使用範本建立履歷表 3-3

開啓履歷表範本・履歷表的編修

3-2 使用表格製作成績表 3-8

加入分頁符號・建立表格・在表格中輸入文字及移動插入點・設定儲存格的文字對齊方式・調整欄寬及列高

3-3 美化成績表 3-14

套用表格樣式・變更儲存格網底色彩・將表格加上較粗的外框線・在儲存格內加入對角線・表格文字格式設定

3-4 表格的數值計算 3-18

加入公式・複製公式

3-5 加入個人作品、自傳及封面頁 3-22

加入作品集・加入個人自傳・加入封面頁

3-6 更換佈景主題色彩及字型 3-25

更換佈景主題色彩・更換佈景主題字型

3-7 將文件轉存為PDF 3-27

Example04 旅遊導覽手冊

4-1 文件版面設定 4-3

4-2 文件格式與樣式設定 4-4

文件格式的設定・認識樣式・套用預設樣式・修改內文及標題1樣式・自訂快速樣式

4-3 在文件中加入頁首頁尾 4-11

頁首頁尾的設定・設定奇偶數頁的頁首及頁尾

目錄

4-4 尋找與取代的使用 4-18

文字的尋找．文字的取代

4-5 拼字及文法檢查 4-21

略過拼字及文法檢查．開啓拼字及文法檢查．隱藏文件中拼字及文法錯誤的標示

4-6 插入註腳 4-23

4-7 大綱模式的應用 4-24

進入大綱模式．在大綱模式檢視內容．調整文件架構

4-8 目錄的製作 4-28

建立目錄．更新目錄．移除目錄

Example05 喬遷茶會邀請函

5-1 認識合併列印 5-3

5-2 大量邀請函製作 5-4

合併列印的設定．完成與合併

5-3 地址標籤的製作 5-9

合併列印的設定．使用規則加入稱謂．資料篩選與排序．列印地址標籤

5-4 信封的製作 5-18

合併列印設定．信封版面設計．合併至印表機

Excel篇

Example01 報價單

1-1 建立報價單內容 1-3

啓動Excel並開啓現有檔案．於儲存格中輸入資料．使用填滿功能輸入資料

1-2 儲存格的調整 1-8

欄寬與列高調整．跨欄置中及合併儲存格的設定

1-3 儲存格的格式設定 1-11

文字格式設定．對齊方式的設定．框線樣式與填滿色彩的設定

1-4 儲存格的資料格式 1-18

文字格式．日期及時間．數值格式．特殊格式設定．日期格式設定．貨幣格式設定

1-5 建立公式 1-22

認識運算符號．加入公式．修改公式．複製公式

1-6 加總函數的使用 1-27

認識函數．加入SUM函數．公式與函數的錯誤訊息

1-7 註解的使用 1-30

1-8 設定凍結窗格 1-31

1-9 活頁簿的儲存 1-32

儲存檔案．另存新檔

Example02 員工考績表

2-1 年資及年終獎金的計算 2-3

用YEAR、MONTH、DAY函數計算年資．用IF函數計算年終獎金

2-2 考績表製作 2-12

用COUNTA函數計算員工總人數．核算績效獎金．用RANK.EQ計算排名．隱藏資料

2-3 年度獎金查詢表製作 2-21

用VLOOKUP函數自動顯示資料．用SUM函數計算總獎金

2-4 設定格式化的條件 2-26

使用快速分析工具設定格式化的條件．自訂格式化規則．清除及管理規則

Example03 員工旅遊意見調查表

3-1 超連結的設定 3-3

連結至文件檔案．連結至E-mail

3-2 設定資料驗證 3-7

使用資料驗證建立選單及提示訊息．用資料驗證設定限制輸入的數值

3-3 文件的保護 3-12

活頁簿的保護設定．設定允許使用者編輯範圍．取消保護工作表及活頁簿．共用活頁簿

3-4 統計調查結果 3-18

用COUNTIF函數計算參加人數．用SUMIF函數計算眷屬人數．用COUNTIF函數計算旅遊地點的得票數

3-5 工作表的版面設定 3-23

邊界設定．改變紙張方向與縮放比例．設定列印範圍及列印標題．設定列印標題

3-6 頁首及頁尾的設定 3-27

3-7 列印工作表 3-31

預覽列印．選擇要使用的印表機．指定列印頁數．縮放比例．列印及列印份數

Example04 智慧型手機銷售統計圖

4-1 使用走勢圖分析資料的趨勢 4-3

建立走勢圖．走勢圖格式設定．變更走勢圖類型．清除走勢圖

4-2 圖表的建立 4-7

認識圖表．在工作表中建立圖表．調整圖表位置及大小．套用圖表樣式

4-3 圖表的版面配置 4-13

圖表的組成．新增圖表項目．修改圖表標題及圖例位置．加入資料標籤．加入座標軸標題．座標軸刻度及顯示單位修改

4-4 變更資料範圍及圖表類型 4-19

修正已建立圖表的資料範圍．切換列/欄．變更圖表類型．變更數列類型．圖表篩選

4-5 圖表的美化 4-23

變更圖表物件的文字格式．變更圖表物件的樣式

4-6 佈景主題的設定 4-26

Example05 產品銷售分析

5-1 資料排序 5-3

單一欄位排序．多重欄位排序

5-2 資料篩選 5-5

自動篩選．自訂篩選．清除篩選

5-3 小計的使用 5-8

建立小計．層級符號的使用

5-4 樞紐分析表的應用 5-10

建立樞紐分析表．產生樞紐分析表資料．隱藏明細資料．資料的篩選．設定標籤群組．修改欄位名稱及儲存格格式．套用樞紐分析表樣式

5-5 交叉分析篩選器 5-21

插入交叉分析篩選器．美化交叉分析篩選器．移除交叉分析篩選器

5-6 製作樞紐分析圖 5-25

建立樞紐分析圖．設定樞紐分析圖顯示資料

PowerPoint篇

Example01 新書發表

1-1 從佈景主題建立簡報 1-3

啟動PowerPoint．從佈景主題建立簡報．在標題投影片中輸入文字

1-2 從Word文件建立投影片 1-6

1-3 大綱窗格的使用 1-8

摺疊與展開．編輯大綱內容．調整投影片順序

1-4 投影片的版面配置 1-10

更換版面配置．調整版面配置．新增全景圖片(含標題)投影片

1-5 使用母片統一簡報風格 1-16

投影片母片．在投影片母片中編輯佈景主題．統一簡報文字及段落格式．加入頁尾及投影片編號．刪除不用的版面配置母片．關閉母片檢視及重設投影片

1-6 清單階層、項目符號及編號的設定 1-23

清單階層的設定．項目符號的使用．編號的使用

1-7 幫投影片加上換頁特效 1-27

1-8 播放及儲存簡報 1-29

在閱讀檢視下預覽簡報．播放投影片．簡報的儲存．將字型內嵌於簡報中

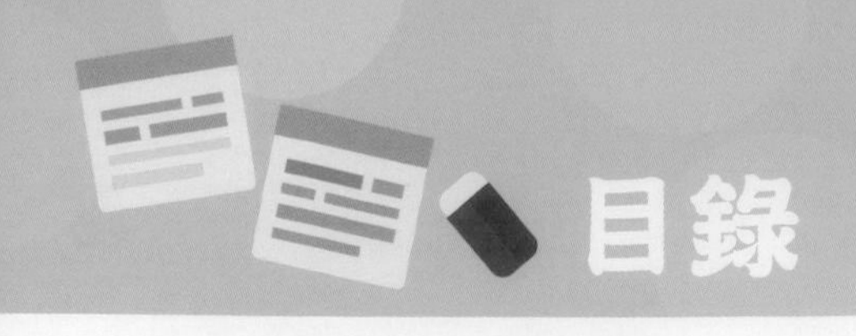

目錄

Example02 旅遊宣傳簡報

2-1 使用圖案增加視覺效果 2-3

插入內建的圖案並加入文字．利用合併圖案功能製作牌子圖案．幫圖案加上樣式、陰影及反射效果

2-2 在投影片中加入音訊與視訊 2-10

從線上插入音訊．音訊的設定．從電腦中插入視訊檔案．設定視訊的起始畫面．視訊的剪輯．視訊樣式及格式的調整．加入YouTube網站上的影片

2-3 將條列式文字轉換爲SmartArt圖形 2-18

2-4 擷取螢幕畫面放入投影片 2-20

2-5 加入精彩的動畫效果 2-22

幫物件加上動畫效果．複製動畫．讓物件隨路徑移動的動畫效果．使用動畫窗格設定動畫效果．SmartArt圖形的動畫設定

2-6 超連結的設定 2-29

投影片與投影片之間的超連結．修改與移除超連結設定

2-7 將簡報匯出爲視訊檔 2-31

Example03 咖啡銷售業績報告

3-1 加入表格讓內容更容易閱讀 3-3

在投影片中插入表格．調整表格大小．文字對齊方式設定．套用表格樣式．儲存格浮凸效果設定．套用文字藝術師樣式

3-2 加入Word中的表格 3-8

複製Word中的表格至投影片中．在儲存格中加入對角線

3-3 加入線上圖片美化投影片 3-11

插入線上圖片．將圖片裁剪成圖形

3-4 加入圖表讓數據資料更容易理解 3-13

插入圖表．套用圖表樣式．編輯圖表項目．圓形圖分裂設定

3-5 加入Excel中的圖表 3-17

複製Excel圖表至投影片中．加上運算列表

Example04 行銷活動企劃案

4-1 備忘稿的製作 4-3

新增備忘稿・備忘稿母片設定

4-2 講義的製作 4-6

建立講義・講義母片設定

4-3 簡報放映技巧 4-8

放映簡報及換頁控制・運用螢光筆加強簡報重點・放映時檢視所有投影片・使用拉近顯示放大要顯示的部分・使用簡報者檢視畫面

4-4 自訂放映投影片範圍 4-13

隱藏不放映的投影片・建立自訂投影片放映

4-5 錄製投影片放映時間及旁白 4-15

設定排練時間・錄製旁白・清除預存時間及旁白

4-6 將簡報封裝成光碟 4-18

4-7 簡報的列印 4-20

預覽列印・設定列印範圍・列印版面配置設定・設定列印方向・列印及列印份數

4-8 雲端儲存與編輯 4-22

將檔案儲存至OneDrive・在Office Online中編輯檔案

Access篇

Example01 客戶管理資料庫

1-1 建立資料庫檔案 1-3

啟動Access・建立資料庫

1-2 資料表的設計 1-5

建立資料表結構・設定主索引欄位・設定資料欄位的輸入遮罩・修改資料表結構

1-3 在資料工作表中建立資料 1-14

建立資料・資料工作表的編輯・刪除記錄・關閉資料工作表視窗

1-4 匯入與匯出資料 1-18

匯入Excel資料・將資料表匯出為文字檔

Example02 商品管理資料庫

2-1 資料搜尋、取代及排序 2-3

尋找記錄・取代資料・資料排序・移除排序

2-2 篩選資料 2-7

依選取範圍篩選資料・依表單篩選・使用快顯功能篩選・清除篩選

2-3 查詢物件的使用 2-11

查詢精靈的使用・互動式的查詢・在查詢中加入計算欄位

2-4 建立表單物件 2-17

建立商品明細表單・修改表單的設計・刪除欄位・在表單首中加入商標圖片・在表單中新增、刪除資料

01 福委活動宣傳單

Example

✪ 學習目標

文件的開啟與關閉、文字格式設定、段落格式設定、項目符號及編號、首字放大、最適文字大小、插入日期及時間、框線及網底、頁面框線、文字藝術師、線上圖片、儲存及列印文件

✪ 範例檔案

Word→Example01→福委活動宣傳單.docx

✪ 結果檔案

Word→Example01→福委活動宣傳單-OK.docx

在工作上常會遇到許多文書處理的作業，例如：公文、活動公告、傳真文件、邀請函等製作，此時便可使用文書處理軟體快速地完成所要製作的文件。在「福委活動宣傳單」範例中，將學習如何利用文書處理軟體Word，製作一份圖文並茂的文件。

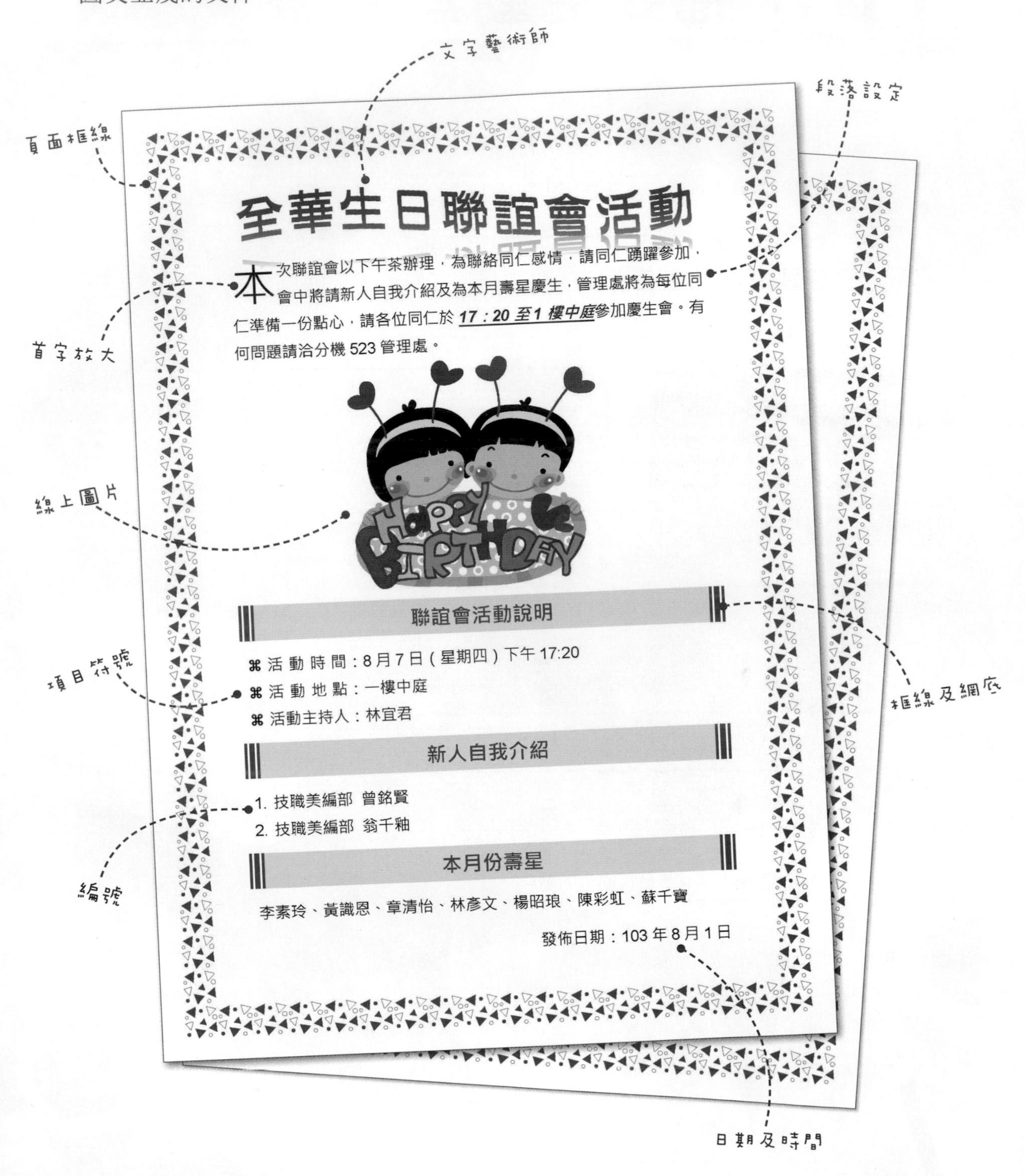

1-1 文件的開啓與關閉

在開始進行文件製作前，須先啓動Word操作視窗，再開啓相關文件，或是直接在Word文件檔案上，雙擊滑鼠左鍵，即可開啓Word操作視窗及該檔案。

啓動Word

安裝好Office應用軟體後，請執行**「開始→所有程式→Microsoft Office 2013→Word 2013」**，即可啓動Word。

啓動Word時，會先進入開始畫面中，在畫面左側會顯示**最近**曾開啓的檔案，直接點選即可開啓該檔案；按下**開啓其他文件**選項，即可選擇其他要開啓的Word文件。

Word 2013的檔案格式

從Word 97一直到Word 2003，所使用的檔案格式皆為「.doc」；但到了**Word 2007之後，檔案格式已更改為「.docx」**，跟以往不同的是在副檔名後加上了「x」，而這個「x」表示XML，它加強了對XML的支援性。而Word 2013**在預設下，儲存文件時都會以「.docx」格式儲存**。

除了文件格式不同外，若將檔案**儲存成範本時，範本的副檔名也從原本的「.dot」變成了「.dotx」**。除了Word外，在Office中的Excel、PowerPoint等，也都做了這樣的改變，這是要注意的。

開啓舊有的文件

要開啓已存在的Word檔時，可以按下**「檔案→開啓舊檔」**功能；或按下**Ctrl+O**快速鍵，進入**開啓舊檔**頁面中，進行檔案開啓的動作。

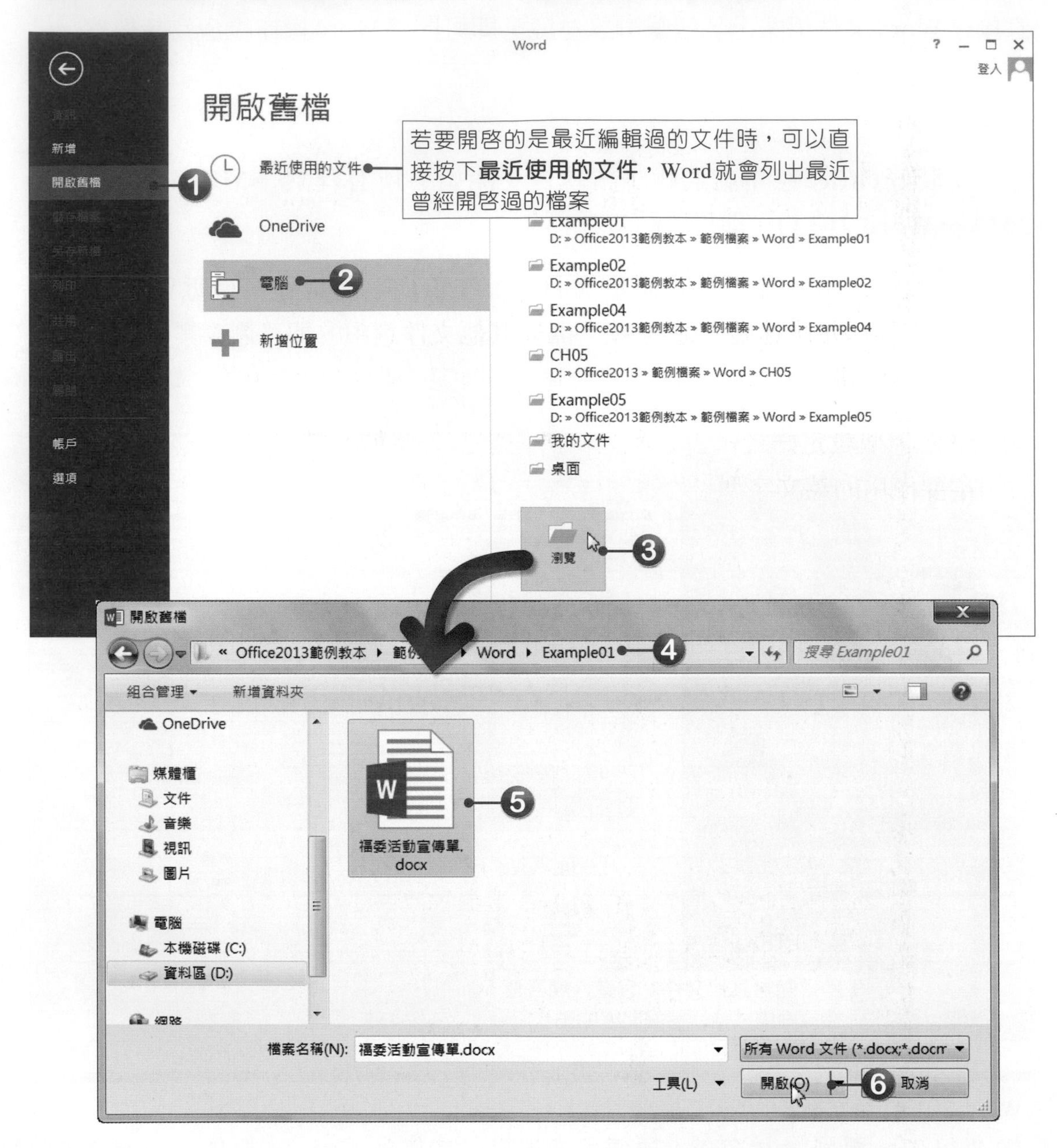

關閉文件

在進行關閉文件的動作時，Word會先判斷文件是否已經儲存過，如果尚未儲存，Word會先詢問是否要先進行儲存文件的動作。要關閉文件時，按下**「檔案→關閉」**功能，即可將目前所開啓的文件關閉。

1-2 文字格式設定

要讓一份文件看起來豐富且專業時，那麼文字的格式設定就不可或缺。例如：文件中某段文字要強調時，可以變換色彩、或是加上粗體，以代表重要性，而這些都是屬於文字的格式設定。

在「福委活動宣傳單」範例中，已將基本的文字都輸入完成，文字輸入完成後，即可進行文字格式的基本設定。

修改中英文字型及文字大小

01 按下**Ctrl+A**快速鍵，選取文件中所有的文字，按下**「常用→字型→字型」**選單鈕，選擇中文要使用的中文字型(例如：微軟正黑體)。

02 中文字型設定好後，再按下**「常用→字型→字型」**選單鈕，選擇英文及數字要使用的英文字型(例如：Arial)。

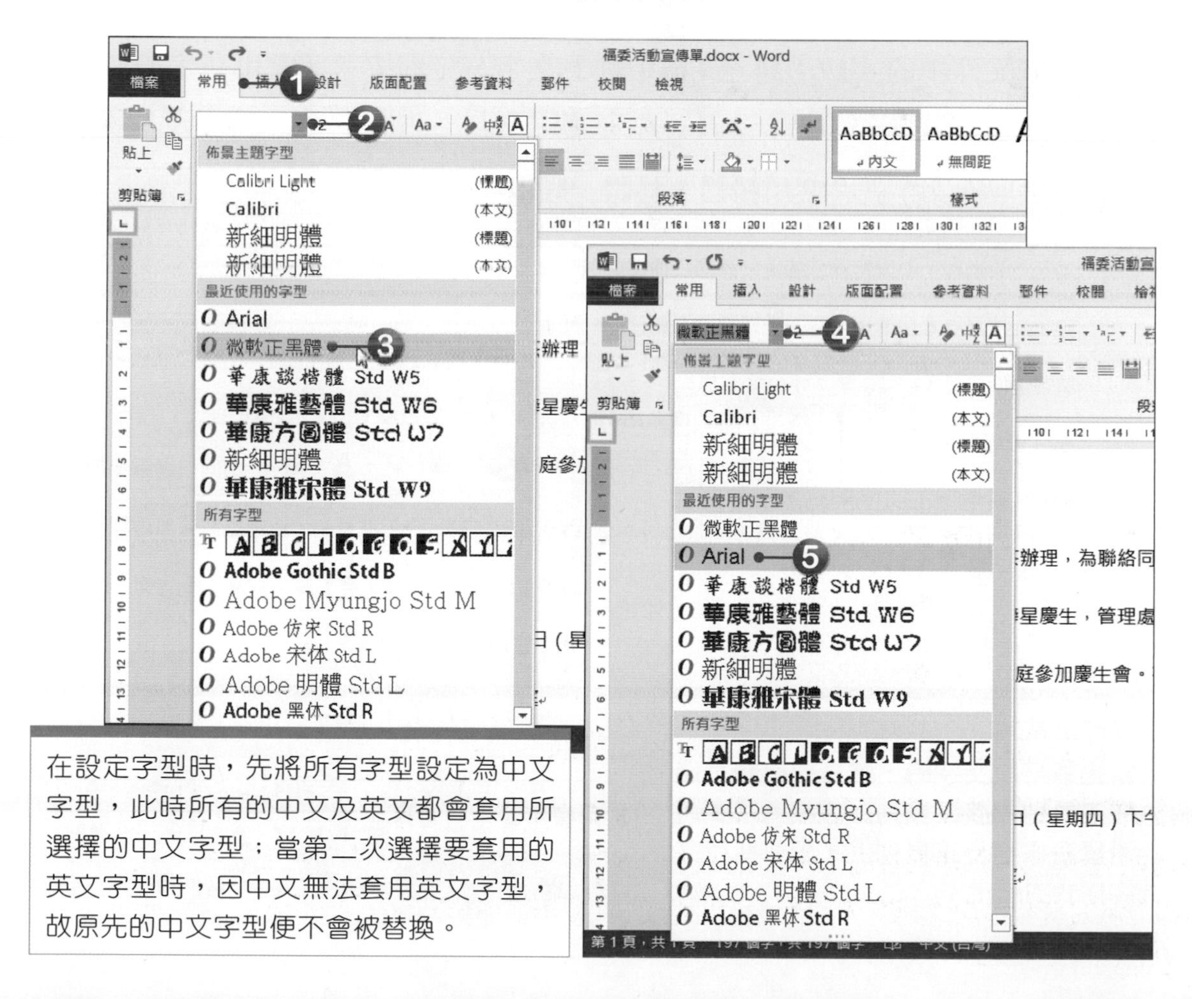

在設定字型時，先將所有字型設定為中文字型，此時所有的中文及英文都會套用所選擇的中文字型；當第二次選擇要套用的英文字型時，因中文無法套用英文字型，故原先的中文字型便不會被替換。

03 字型都選擇好後，按下「**常用→字型→字型大小**」選單鈕，將字型大小設定為**14級**。

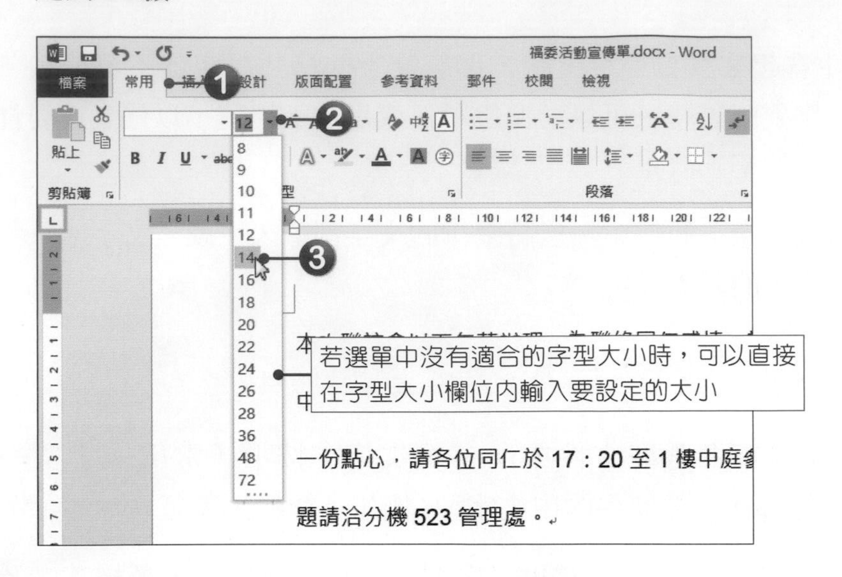

若選單中沒有適合的字型大小時，可以直接在字型大小欄位內輸入要設定的大小

幫文字加上粗體、斜體及底線樣式

01 選取文件中的「**17：20至1樓中庭**」文字，分別按下「**常用→字型**」群組中的 B （粗體：Ctrl+B）、 I （斜體：Ctrl+I）、 U （底線：Ctrl+U）按鈕。

02 被選取的文字就會套用**粗體**、**斜體**、**底線**等樣式。

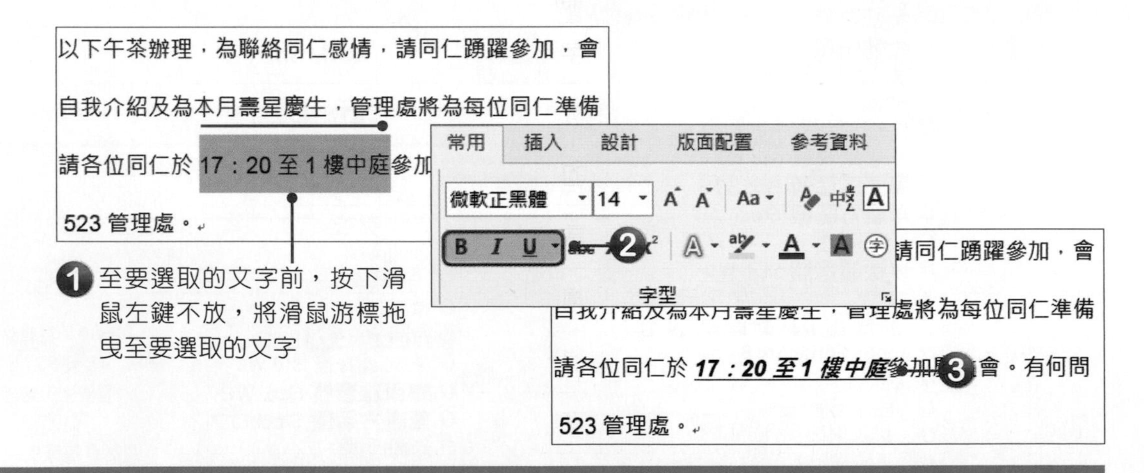

至要選取的文字前，按下滑鼠左鍵不放，將滑鼠游標拖曳至要選取的文字

迷你工具列

當選取某段文字時，就會即時顯示**迷你工具列**，該工具列出現後，只要將滑鼠游標移至工具列上，即可進行文字格式的設定。

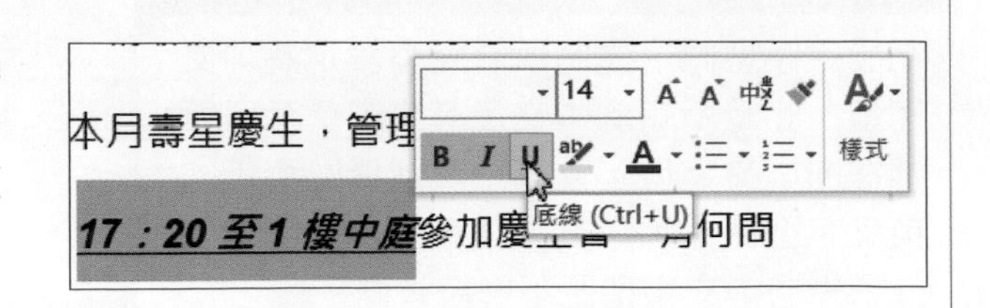

文字色彩設定

01 選取文件中的「**17：20至1樓中庭**」文字，按下「**常用→字型→A‧字型色彩**」選單鈕，於選單中選擇要使用的色彩。

02 被選取的文字就會套用所選擇的色彩。

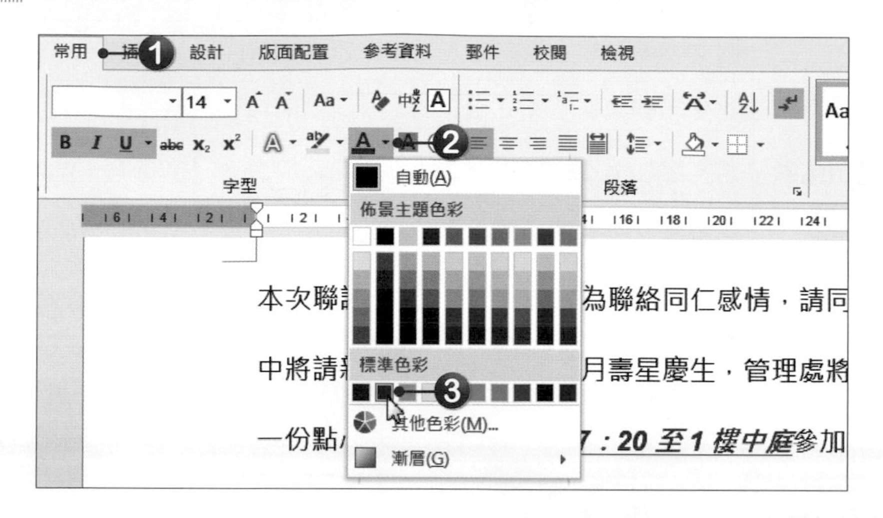

字型指令按鈕及快速鍵說明

在「**常用→字型**」群組中，有許多關於文字格式設定的指令按鈕，這些指令按鈕，可以改變文字的外觀，以美化文字。

指令按鈕	功能說明	快速鍵	範例
新細明體 字型	選擇要使用的字型	Ctrl+Shift+F	Word→**Word**
12 字型大小	選擇字型的級數	Ctrl+Shift+P	Word→Word
清除所有格式設定	清除已設定好的格式		**Word**→Word
注音標示	將文字加上注音符號		春 曉
圍繞字元	在字元外加上圍繞字元		春 曉
字元框線	將文字加上框線		資訊的未來發展
字元網底	將文字加上網底		資訊的未來發展
Aa 大小寫轉換	可設定英文字母的大小寫、符號的全形或半形	Shift+F3	word→Word→WORD→word
放大字型	按一次會放大二個字級	Ctrl+Shift+>	Word→Word
縮小字型	按一次會縮小二個字級	Ctrl+Shift+<	Word→Word
B 粗體	將文字變成粗體	Ctrl+B	Word→**Word**

指令按鈕	功能說明	快速鍵	範例
斜體	將文字變成斜體	Ctrl+I	Word→*Word*
底線	將文字加上底線	Ctrl+U	Word→Word
刪除線	將文字加上刪除線		Word→~~Word~~
上標	將文字轉換為上標文字	Ctrl+Shift++	Word→W^{ord}
下標	將文字轉換為下標文字	Ctrl+=	Word→W$_{ord}$
文字醒目提示色彩	將文字加上不一樣的網底色彩		Word→Word
字型色彩	可選擇文字要使用的色彩		Word→Word
文字效果與印刷樣式	將文字加上陰影、光暈等效果，還可以變更印刷樣式等設定		Word→Word

1-3 段落格式設定

在文件中輸入文字滿一行時，文字就會自動折向下一行，這個自動折向下一行的動作，稱為**自動換行**，而這整段文字就稱之為**段落**。在輸入文字時，當按下**Enter**鍵，就會產生一個↵段落標記，表示一個段落的結束。

設定段落的對齊方式

在**「常用→段落」**群組中，利用各種對齊按鈕，就可以進行文字的對齊方式設定。一般在編排文件時，建議將段落的對齊方式設定為**左右對齊**，這樣文件會比較整齊美觀。

對齊方式	說明	範例	快速鍵
左右對齊	主要應用於一整個段落，段落會左右對齊	快樂的人生由自己創造，快樂的人生由自己創造	Ctrl+J
靠左對齊	文字會置於文件版面的左邊界，這是預設的對齊方式	快樂的人生由自己創造，快樂的人生由自己創造	Ctrl+L
置中對齊	文字會置於文件版面的中間	快樂的人生由自己創造	Ctrl+E
靠右對齊	文字會置於文件版面的右邊界	快樂的人生由自己創造	Ctrl+R
分散對齊	文字會均勻的分散至左右兩邊	快 樂 的 人 生 由 自 己 創 造	Ctrl+Shift+J

了解各種對齊方式的用途後，接下來就開始進行段落的對齊設定吧！

01 將滑鼠游標移至文件的第1個段落，再按下**「常用→段落→≡」**按鈕，將段落設定為**左右對齊**。

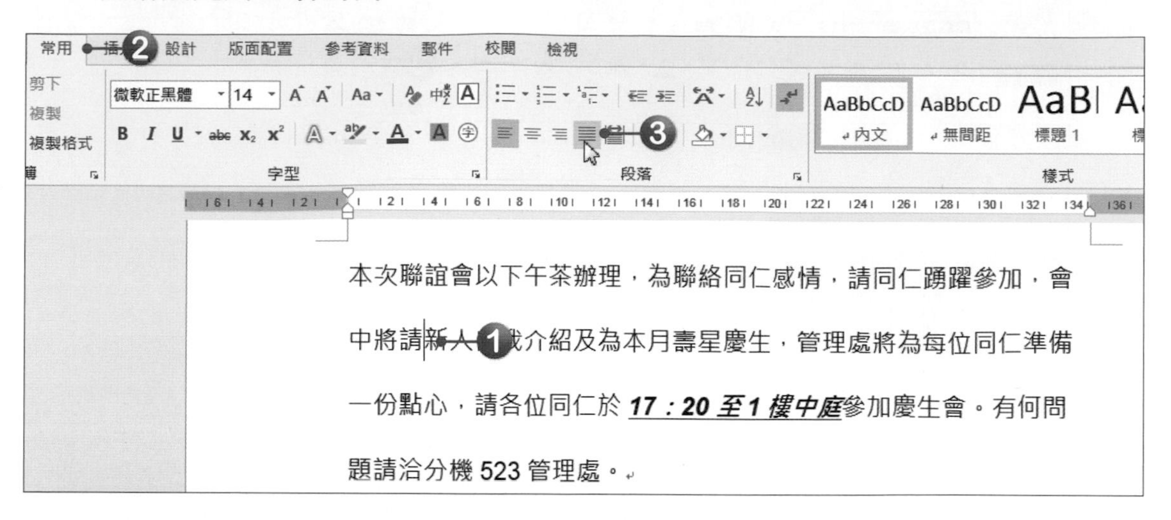

02 選取「聯誼會活動說明」、「新人自我介紹」、「本月份壽星」等段落文字，再按下**「常用→段落→≡」**按鈕，將段落設定為**置中對齊**。

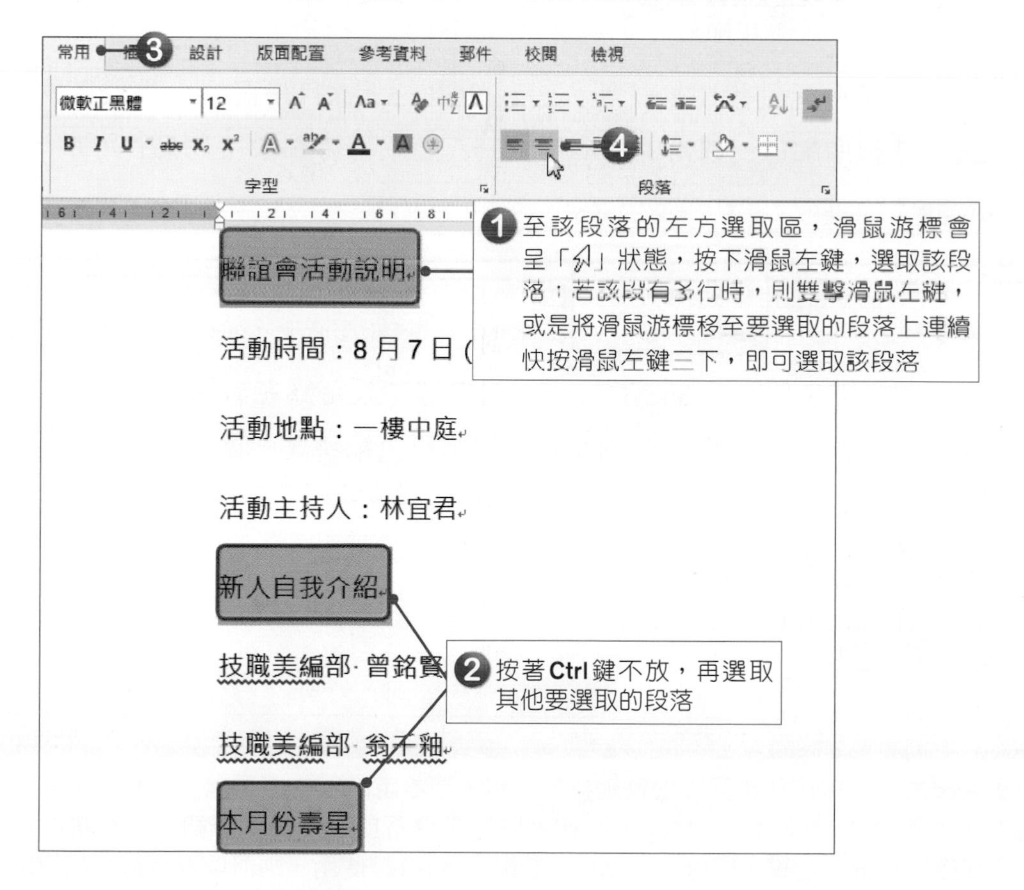

03 將滑鼠游標移至「發佈日期：」段落文字中，再按下**「常用→段落→≡」**按鈕，將段落設定爲**靠右對齊**。

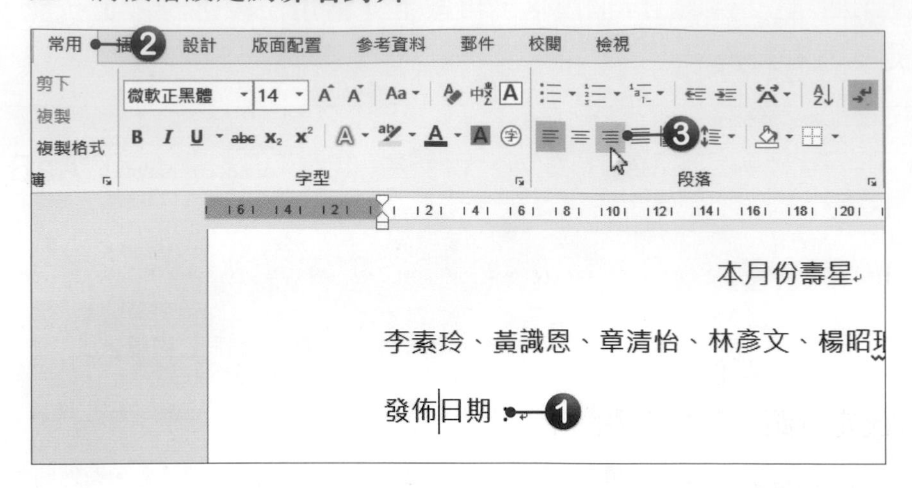

縮排設定

縮排是指段落之左右與邊界之距離，要進行段落縮排設定時，可以使用**「常用→段落」**群組中的 **增加縮排**按鈕，增加一個字元的縮排；使用 **減少縮排**按鈕，則會減少一個字元縮排；或是在**「版面配置→段落」**群組中設定。

01 選取「聯誼會活動說明」、「新人自我介紹」、「本月份壽星」等段落文字，再進入**「版面配置→段落」**群組中，將左右的縮排都設定爲**1字元**。

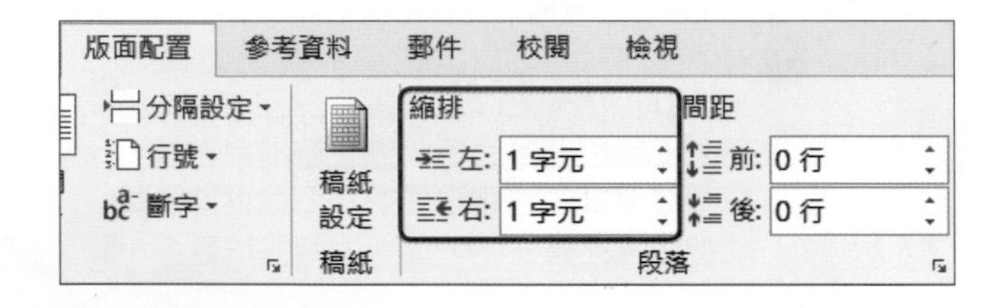

02 設定好後，即可從尺規上看到左右的縮排鈕已縮排了1個字元。

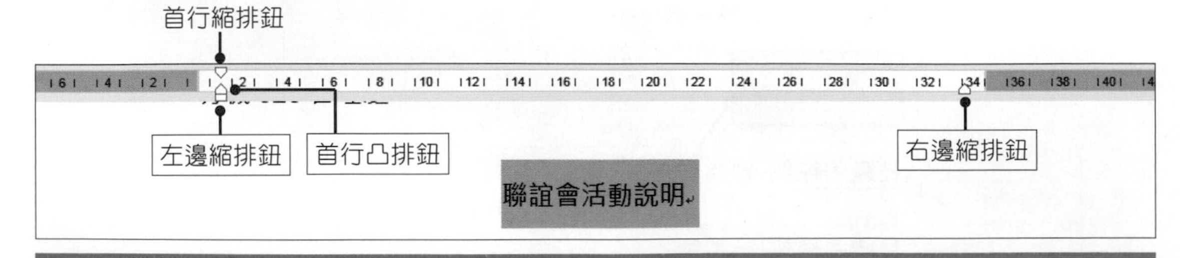

使用水平尺規上的縮排鈕也可以進行縮排的設定，要設定時，先將滑鼠游標移至要縮排的段落上，再將滑鼠游標移至縮排鈕上，按著滑鼠左鍵不放，拖曳縮排鈕到要縮排的位置上，完成後放掉滑鼠左鍵，即可完成縮排，若配合著Alt鍵使用，則可以進行微調的設定。

段落間距與行距的設定

在每個段落與段落之間，可以設定前一個段落結束與後一個段落開始之間的空白距離，也就是**段落間距**；而段落中上一行底部和下一行上方之間的空白間距，則為**行距**。

文件格線被設定時，貼齊格線

在Word中，將字型大小設為14級、行距設定為單行間距時，會發現行與行之間的行距很寬，這是因為Word預設的段落格式會自動勾選**文件格線被設定時，貼齊格線**，所以行距便會依照格線自動設定，當文字為14級時，會改用3條格線的間隔來設定行距，若要正確顯示行距時，就要取消這個設定。

01 按下**Ctrl+A**快速鍵，選取文件中的所有段落，按下**段落**群組的對話方塊啟動器，開啟「段落」對話方塊，點選**縮排與行距**標籤頁。

02 將**文件格線被設定時，貼齊格線**，選項勾選取消，按下**確定**按鈕，回到文件中，行距便會正確顯示。

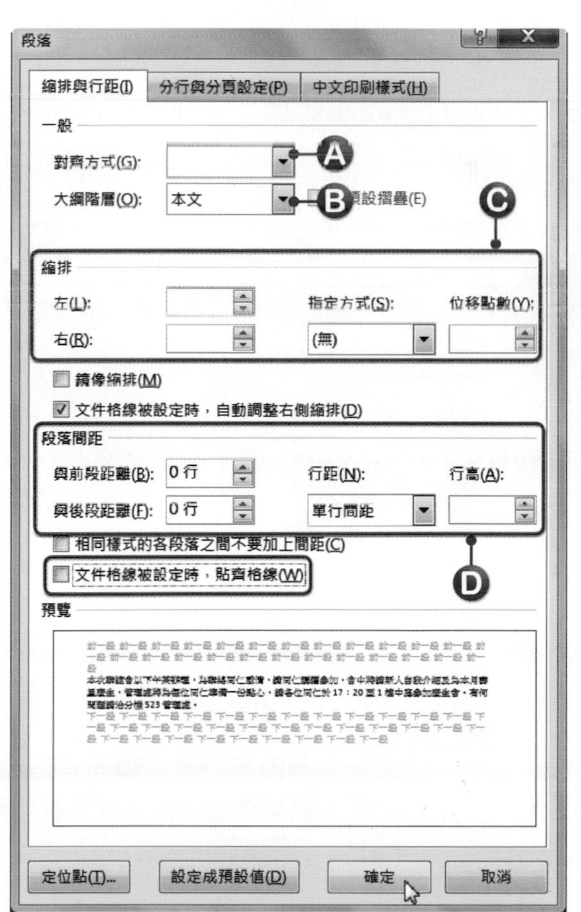

A. 對齊方式：可選擇段落的對齊方式

B. 大綱階層：可選擇段落的大綱階層

C. 縮排

可設定段落的左右縮排，或是在**指定方式**中選擇縮排方式，有**第一行**及**凸排**兩種選項可選擇

D. 段落間距

可設定段落間距、行距及行高等，而Word預設的行距為**單行間距**，也就是「1.0」

段落間距設定

要設定段落間距時，可以按下**「常用→段落→」行距與段落間距**按鈕，或進入「段落」對話方塊中，即可設定段落間距與選擇要使用的行距。在設定行距時，有許多選項可以選擇，表列如下：

選項	說明
單行間距	每行的高度可以容納該行的最大字體，例如：最大字為12，行高則為12。
1.5倍行高	每行高度為該行最大字體的1.5倍，例如：最大字為12，行高則為12×1.5。
2倍行高	每行高度為該行最大字體的2倍，例如：最大字為12，行高則為12×2。
最小行高	是用來指定行內文字可使用高度的最小點數，但Word會自動參考該行最大字體或物件所需的行高進行適度的調整。
固定行高	可自行設定行的固定高度，但是當字型大小或圖片大於固定行高時，Word會裁掉超出的部分，因為Word不會自動調整行高。
多行	以行為單位，可直接設定行的高度，例如：將行距設定為1.15時，會增加15%的間距，而將行距設為3時，會增加300%間距(即3倍間距)。

01 選取「聯誼會活動說明」、「新人自我介紹」、「本月份壽星」等段落文字，進入**「段落」**對話方塊中。

02 將**與前段距離**及**與後段距離**各設爲**0.5行**，設定好後按下**確定**按鈕即可。

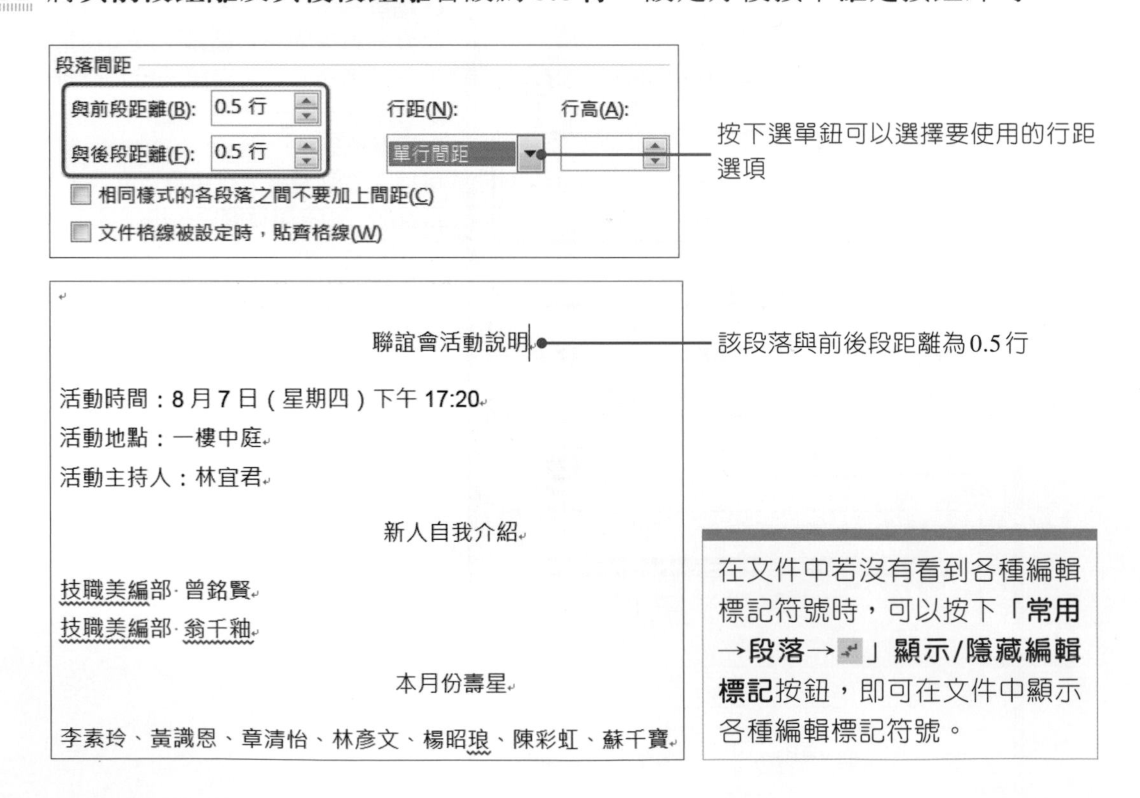

在文件中若沒有看到各種編輯標記符號時，可以按下**「常用→段落→」顯示/隱藏編輯標記**按鈕，即可在文件中顯示各種編輯標記符號。

1-4 項目符號及編號設定

當要製作條列式的文字時，可以適時的在條列式文字前加入項目符號或是編號，讓文章的可讀性更高。

加入項目符號

01 選取要加入項目符號的段落文字，再按下「**常用→段落→**☰▾」按鈕，點選**定義新的項目符號**，開啓「定義新的項目符號」對話方塊，按下**符號**按鈕。

02 開啓「符號」對話方塊，選擇 **Wingdings** 字型，再選擇要使用的符號，選擇好後按下**確定**按鈕。

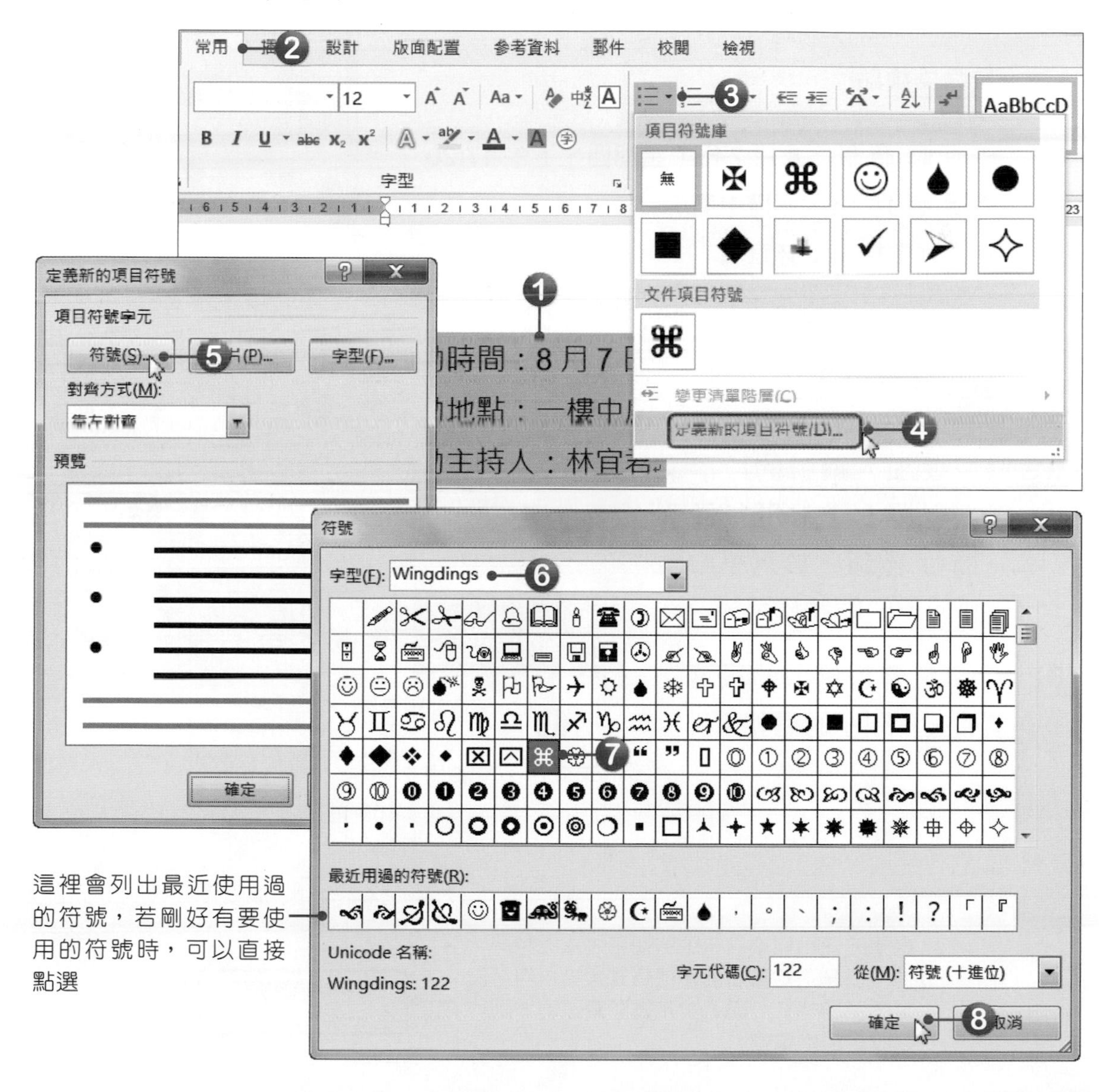

這裡會列出最近使用過的符號，若剛好有要使用的符號時，可以直接點選

03 回到「定義新的項目符號」對話方塊後，按下**確定**按鈕，回到文件中，被選取的段落就會加入項目符號了。

04 加上項目符號後，若發現項目符號與文字的距離過大，此時在項目符號上按下**滑鼠右鍵**，於選單中點選**調整清單縮排**，開啓「調整清單縮排」對話方塊，在**文字縮排**欄位中即可進行項目符號與文字之間的距離設定。

05 設定好後，項目符號與文字的距離就縮小了。

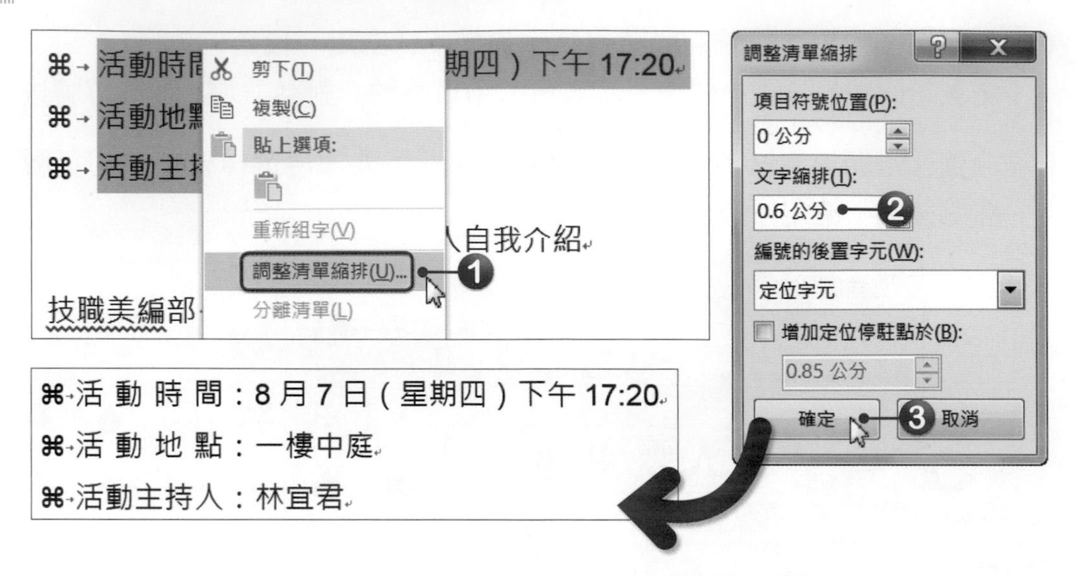

加入編號

01 選取要加入編號的段落文字，再按下**「常用→段落→**☰**」**按鈕，於選單中點選要使用的編號樣式。

02 Word就會將選取的段落文字加入有順序的編號。

編號的使用與項目符號的使用大致上相同，也可以點選**定義新的編號格式**選項，自行設定編號的格式；點選**設定編號值**選項，則可以設定起始編號

03 加上編號後，在編號上按下**滑鼠右鍵**，於選單中點選**調整清單縮排**，開啓「調整清單縮排」對話方塊，將**文字縮排**設定爲**0.6公分**，設定好後，按下**確定**按鈕，即可完成編號的設定。

新人自我介紹
1. 技職美編部 曾銘賢
2. 技職美編部 翁千釉

在文件中輸入以「1.」或「A.」開始的段落時，當按下**Enter**鍵後，Word便會自動插入下一個編號，也就是以「2.」或「B.」開頭的段落，這是因為Word提供了自動建立項目符號及編號清單功能，可以快速地將項目符號及編號新增至現有的段落中。

1. 技職美編部 曾銘賢
2. 技職美編部 翁千釉
3.

1-5 首字放大及最適文字大小

首字放大

在Word中可以很輕鬆地將一段文字的第一個字變大。不過，在表格、文字方塊、頁首及頁尾等項目內的文字段落，無法使用首字放大功能。

01 將滑鼠游標移至要放大首字的段落上，按下**「插入→文字→首字放大」**按鈕，於選單中點選**首字放大選項**。

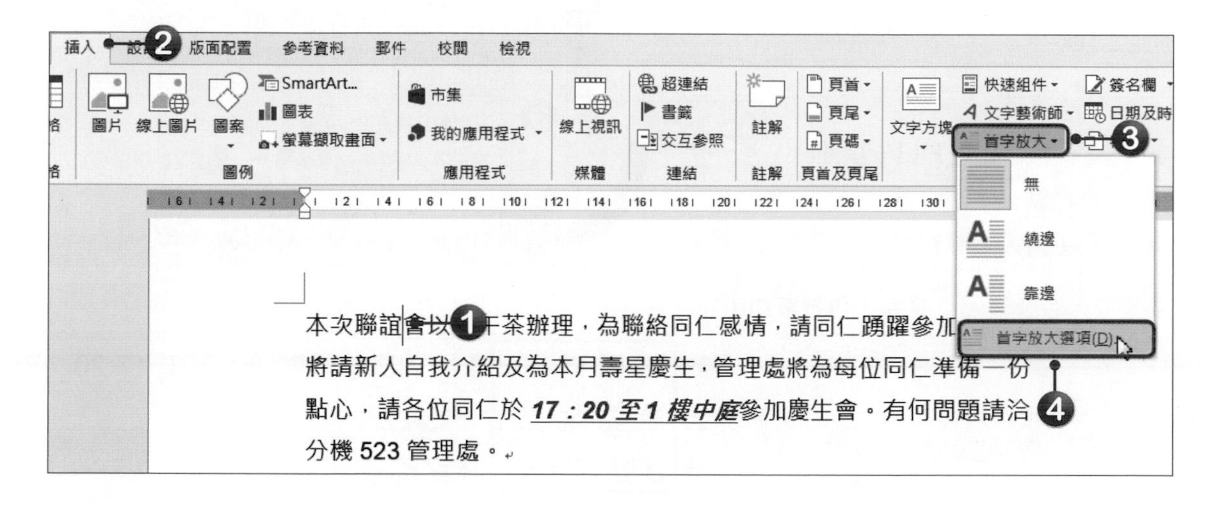

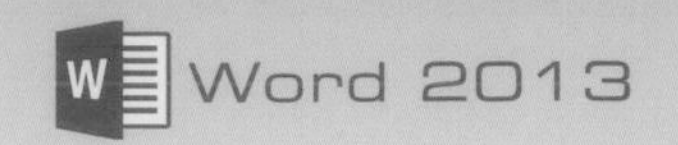

02 開啓「首字放大」對話方塊，選擇**繞邊**方式，並將放大高度設爲**2**，都設定好後按下**確定**按鈕，段落的第一個字就會被放大。

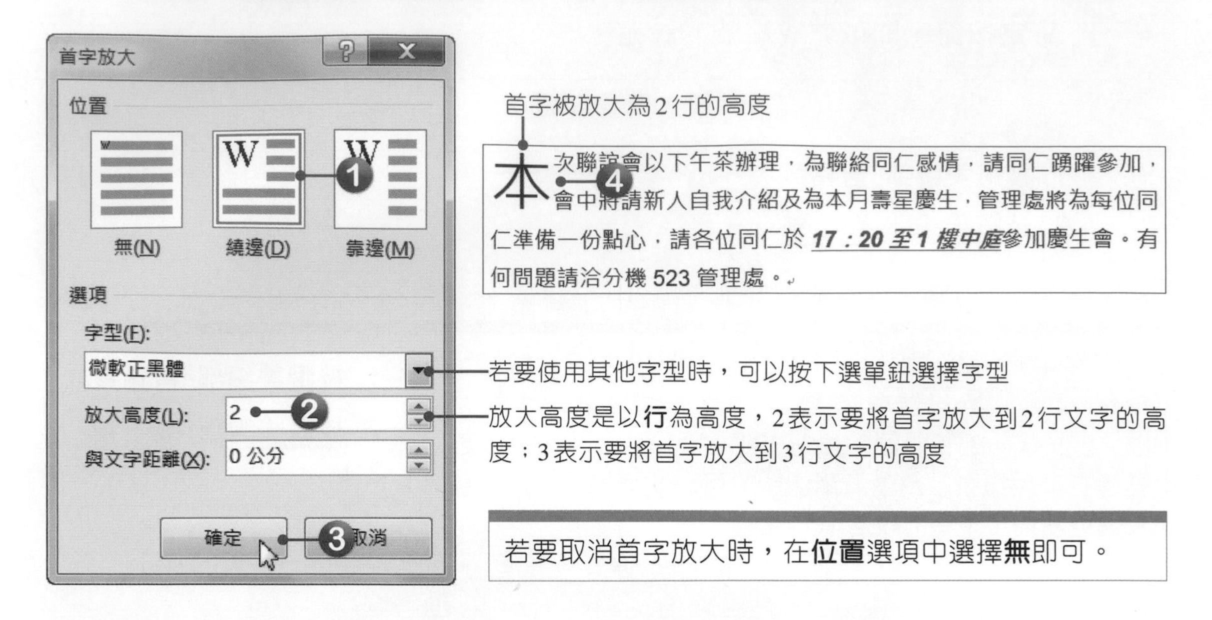

若要取消首字放大時，在**位置**選項中選擇**無**即可。

最適文字大小

若要指定被選取的所有文字總長度時，可以使用**最適文字大小**功能，進行設定。在範例中，要將「活動時間」及「活動地點」的文字寬度設定爲5個字元。

01 選取「活動時間」及「活動地點」文字，按下**「常用→段落→**→**最適文字大小」**按鈕，開啓「最適文字大小」對話方塊。

02 將文字寬度設定爲**5字元**，設定好後按下**確定**按鈕，即可完成設定。

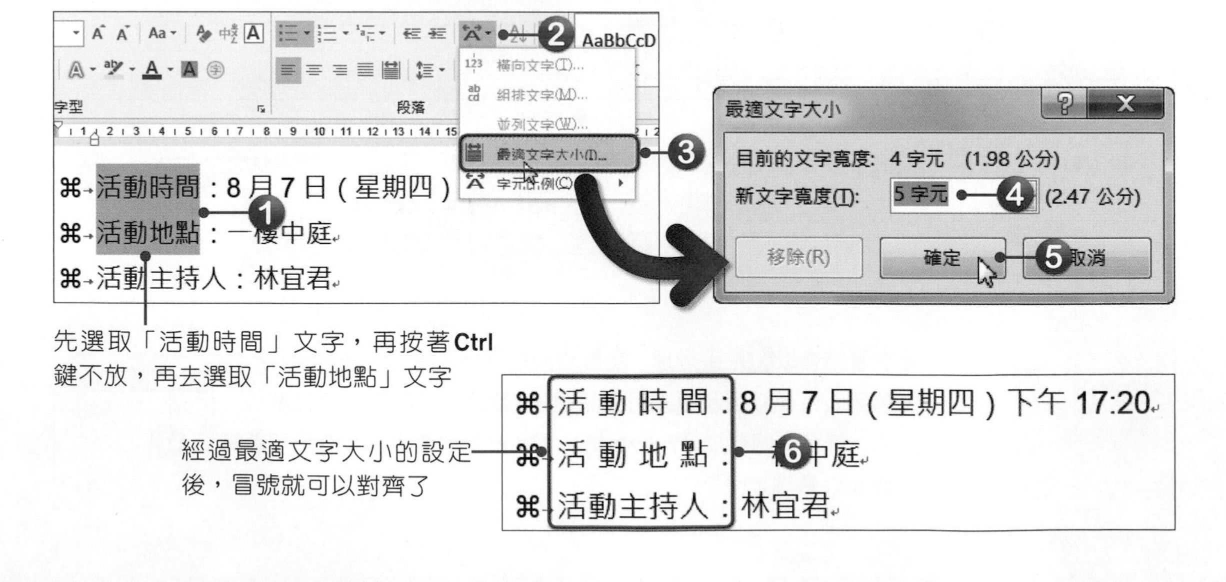

1-6 加入日期及時間

在Word中可以快速地加入當天的日期及時間，且還可以選擇要使用的月曆類型及日期格式。

01 將滑鼠游標移至「發佈日期：」文字之後，再按下**「插入→文字→日期及時間」**按鈕。

02 在**月曆類型**中選擇要使用**西曆**或**中華民國曆**，再於**可用格式**中選擇要使用的格式，選擇好後按下**確定**按鈕。

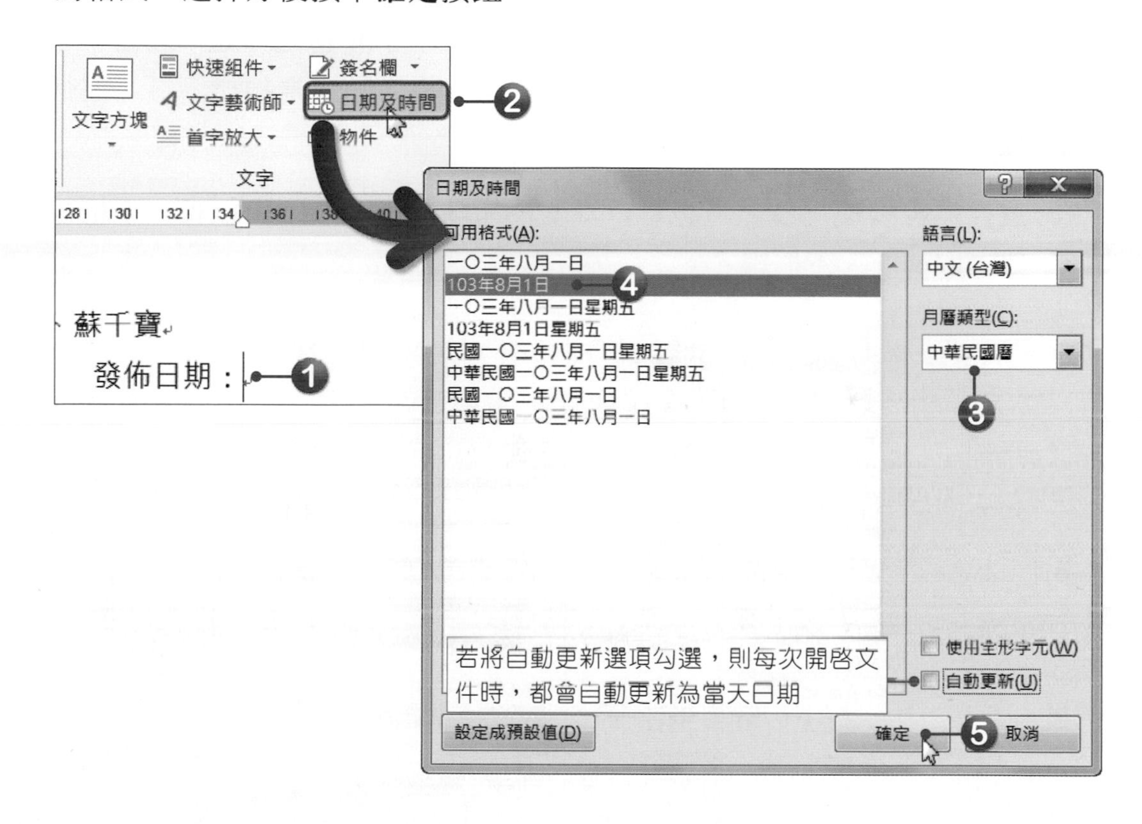

03 插入點後就會加入當天的日期，該日期會顯示爲所選擇的格式。

李素玲、黃識恩、章清怡、林彥文、楊昭琅、陳彩虹、蘇千寶

發佈日期：103 年 8 月 1 日

1-7 框線及網底與頁面框線

在Word中可以將字元或段落加上框線或網底，這樣可以讓字元或段落更為明顯，而使用頁面框線功能則可以幫文件加上框線。

加入段落框線及網底

01 選取「聯誼會活動說明」段落文字，先將該段落文字的大小設定為**18級**，並加上**粗體**，再將文字色彩設定為**藍色**。

02 文字格式設定好後，按下**「常用→段落→⊞」框線選單鈕**，於選單中點選**框線及網底**，開啓「框線及網底」對話方塊，點選**框線**標籤頁，進行框線樣式的設定。

03 選擇框線要使用**樣式**、**色彩**、**寬度**，都設定好後按下**上框線**、**下框線**工具鈕，取消上、下框線。

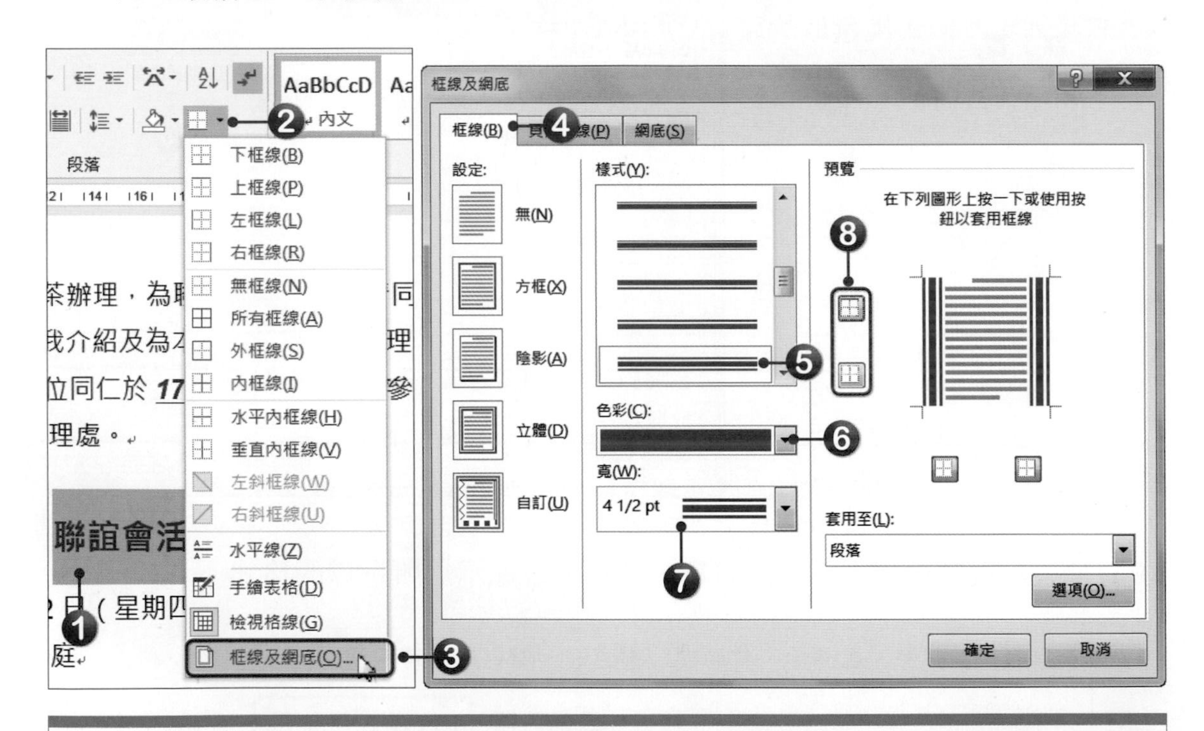

在預覽區中的四個小按鈕，可以設定上下左右的框線，若不要其中的一個框線時，只要直接按一下按鈕，即可取消框線。這裡要注意的是，這四個框線按鈕，只適用於當文字套用於「段落」時。

在段落中輸入「###」，再按下Enter鍵，會自動產生═══下框線。

04 點選**網底**標籤頁，進行網底的設定，設定好後按下**確定**按鈕。

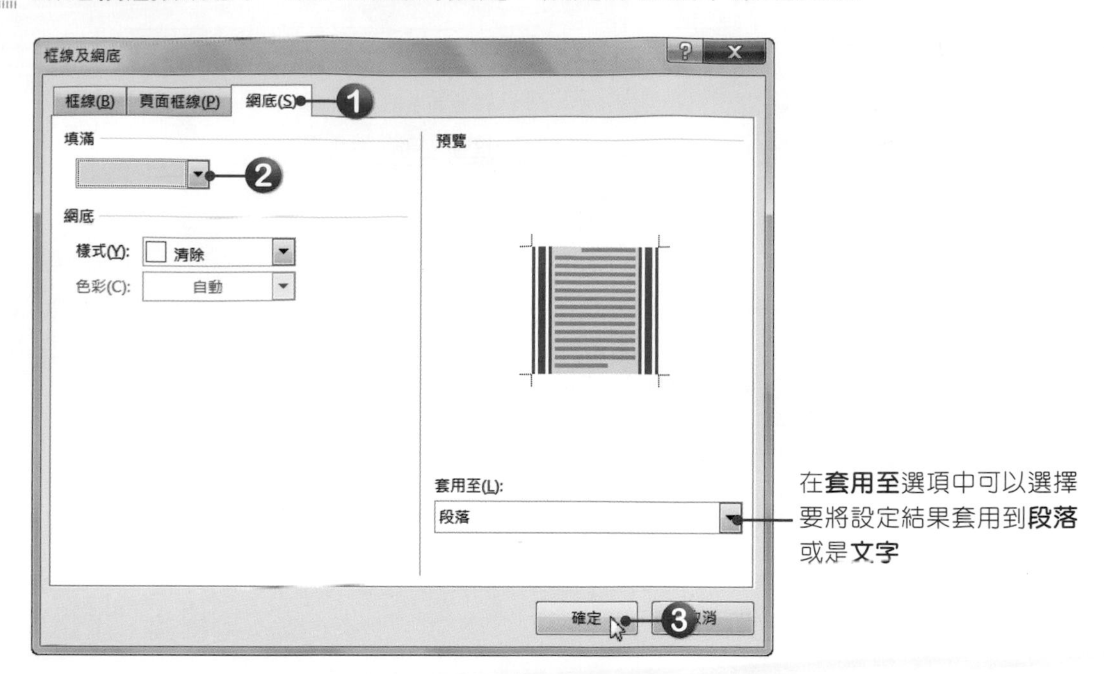

在**套用至**選項中可以選擇要將設定結果套用到**段落**或是**文字**

05 回到文件後，被選取的段落文字就會加上框線及網底了。

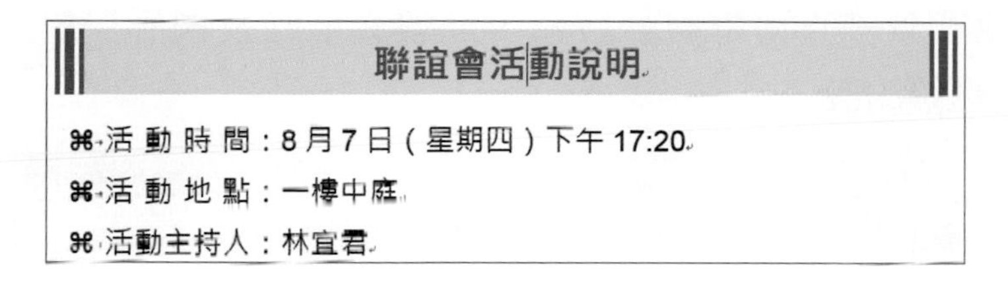

複製格式

複製格式就是將該文字上所設定的格式，一模一樣地複製到另外一段文字上。在範例中，已經將第一個標題文字格式及框線設定好了，接著只要利用複製格式功能，將格式複製到「新人自我介紹」及「本月份壽星」段落文字上即可。

01 將滑鼠游標移至已設定好格式的「聯誼會活動說明」文字上，在「**常用→剪貼簿→複製格式**」按鈕上**雙擊滑鼠左鍵**，進行連續的複製動作。

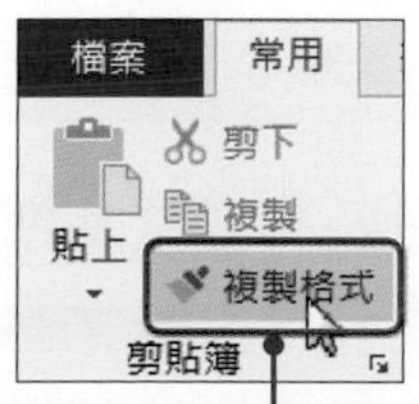

若只進行一次複製格式動作，只要按下該指令按鈕即可

在進行複製格式時，也可以使用快速鍵進行，先選取要複製格式的段落，或將插入點移至該段落中，按下Ctrl+Shift+C快速鍵，複製該段落的格式，再將插入點移至要套用相同格式的段落上，按下Ctrl+Shift+V快速鍵，該段落便會套用相同格式。

02 接著選取要套用相同格式的文字，選取後文字就會套用一模一樣的格式。

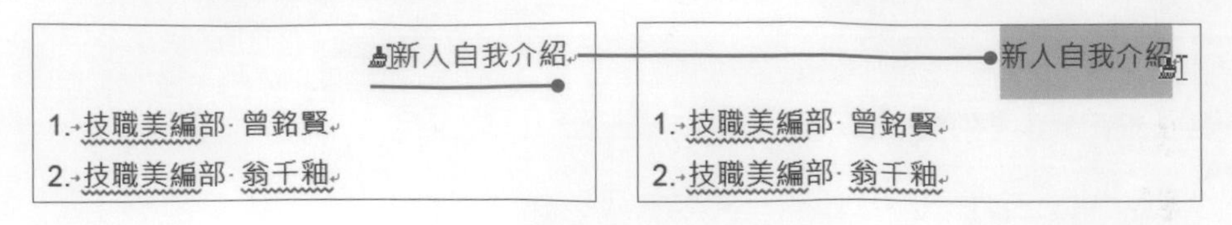

03 接著再將「本月份壽星」也進行複製格式的動作。

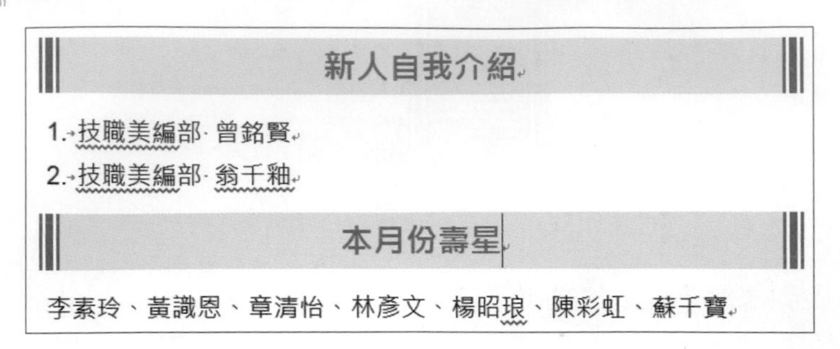

加入頁面框線

在文件中可以加入頁面框線，讓整個版面看起來更活潑。

01 按下**「設計→頁面背景→頁面框線」**按鈕，開啟「框線及網底」對話方塊，即可進行頁面框線的設定。

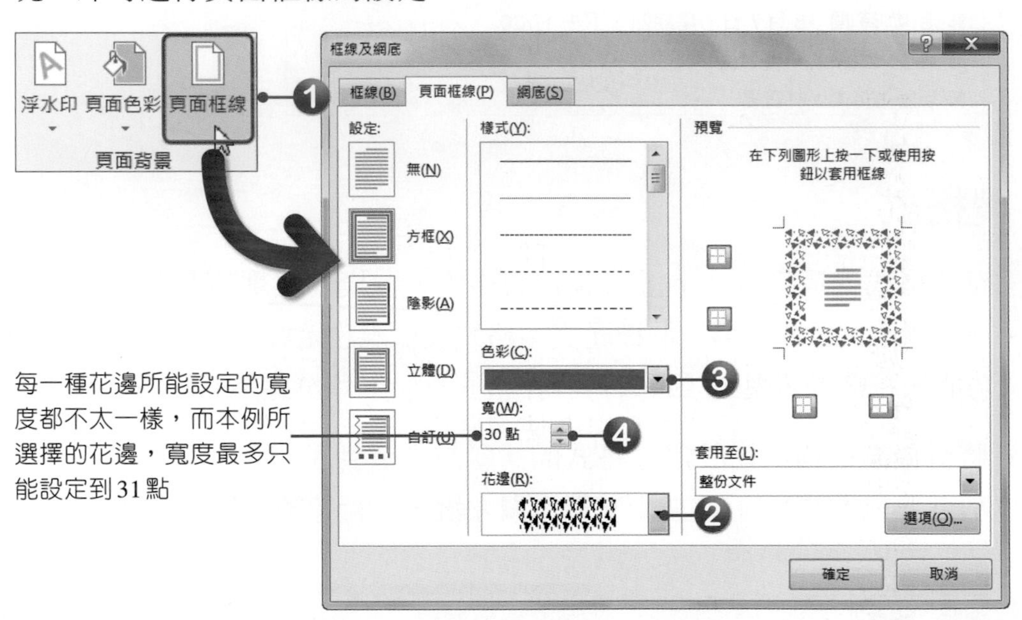

02 在設定頁面框線時，可以按下**選項**按鈕，設定框線的**邊界**及**度量基準**，其中度量基準有**文字**及**頁緣**兩種選項，前者是指花邊位置會根據離文字輸入區(即版面設定的邊界內)的距離而定；後者是指花邊位置是根據離紙張邊線的邊界距離而定，這是預設值。

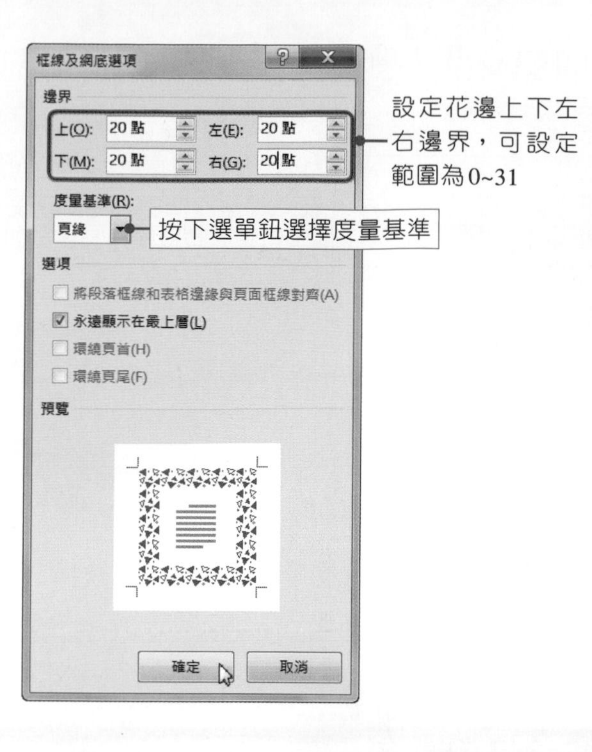

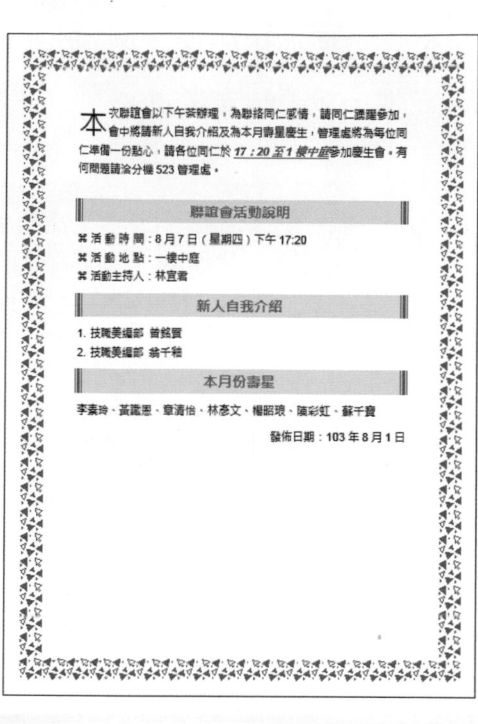

1-8 文字藝術師與線上圖片

在文件中可以利用文字藝術師來設計顯眼的標題文字，而使用Word所提供的線上圖片則可以搜尋出各式各樣的圖片並加入文件中，達到圖文並茂的效果。

使用文字藝術師製作標題

Word提供了**文字藝術師**功能，可以製作出更多樣化的文字，很適合應用在製作文件的標題。

01 將滑鼠游標移至要加入文字藝術師的位置上，再按下**「插入→文字→文字藝術師」**按鈕，於選單中選擇要使用的樣式。

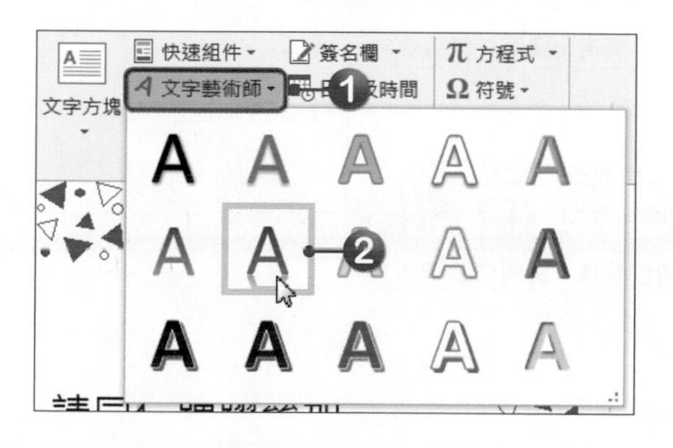

02 選擇要使用的樣式後，在文件中就會出現一個「在這裡加入您的文字」物件，接著輸入文字。

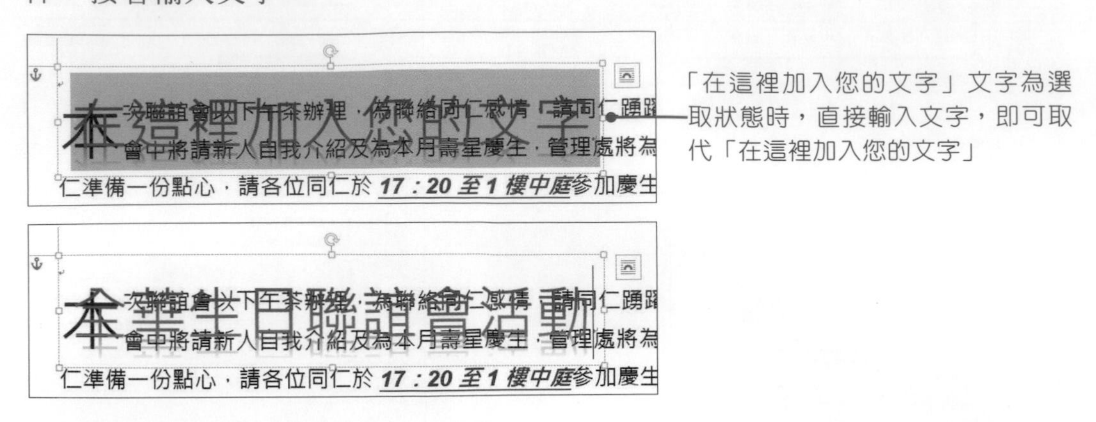

03 文字輸入好後，按下 **版面配置選項**按鈕，將文字藝術師的文繞圖方式設定爲**與文字排列**。

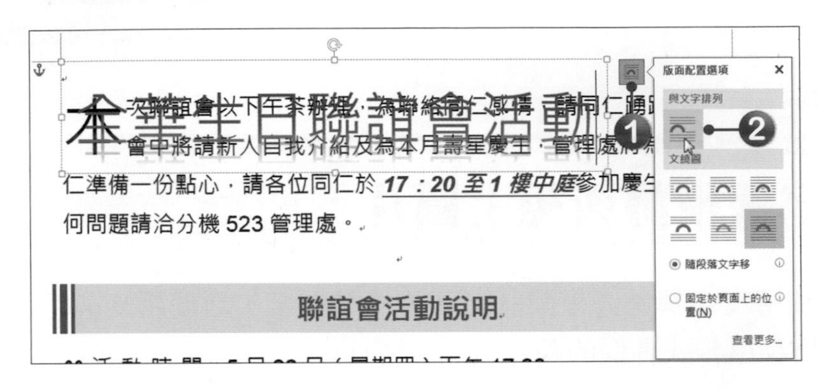

04 接著進入「**常用→字型**」群組中，進行文字的字型與大小設定。

05 將滑鼠游標移至文字藝術師右邊的控制點上，按著**滑鼠左鍵**不放往右拖曳，將文字藝術師的寬度調整到與版面同寬。

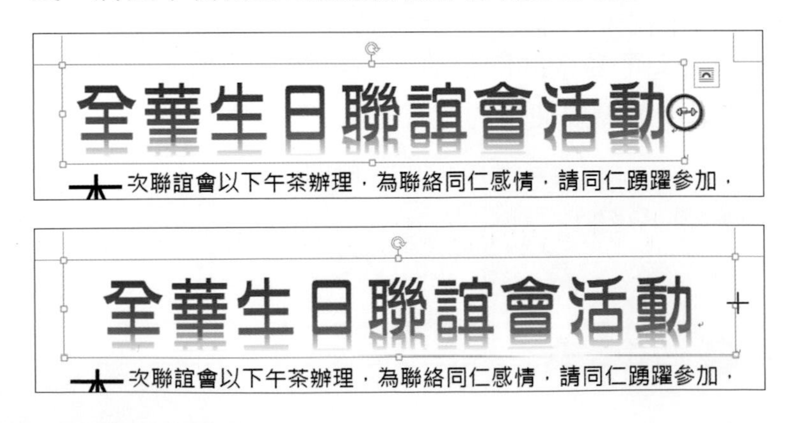

06 到這裡文字藝術師就製作完成了。

幫文字藝術師加入轉換效果

文字藝術師製作好後，可以使用**轉換**功能，改變文字的外觀。

01 點選文字藝術師物件，按下**「繪圖工具→格式→文字藝術師樣式→文字效果→轉換」**選項，於選單中選擇要轉換的方式。

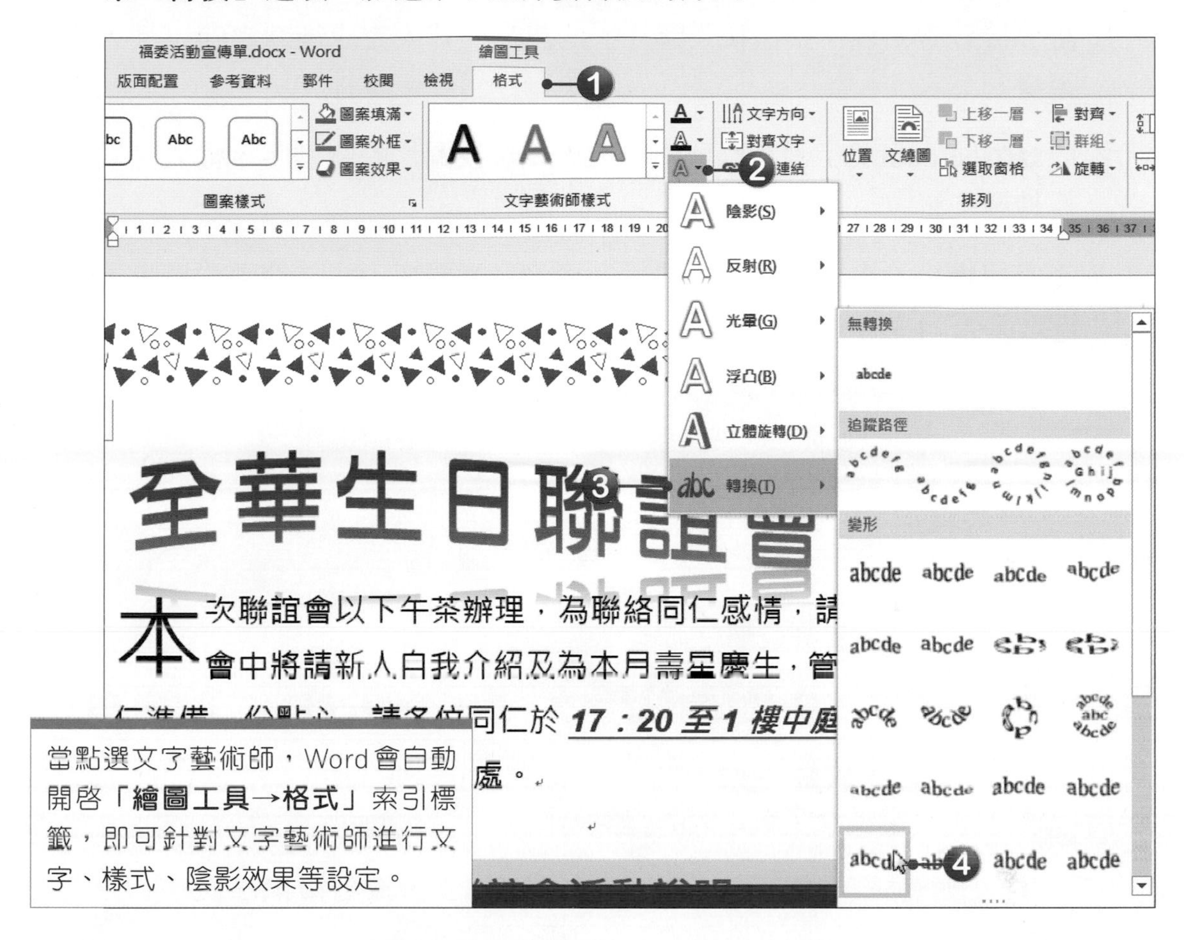

當點選文字藝術師，Word會自動開啟「**繪圖工具→格式**」索引標籤，即可針對文字藝術師進行文字、樣式、陰影效果等設定。

02 文字藝術師轉換爲其他圖案時，將滑鼠游標移至▪控制點，可以更改轉換後的外觀。將滑鼠游標移至控制點上，再按下**滑鼠左鍵**不放，即可調整控制點的位置，並更改外觀。

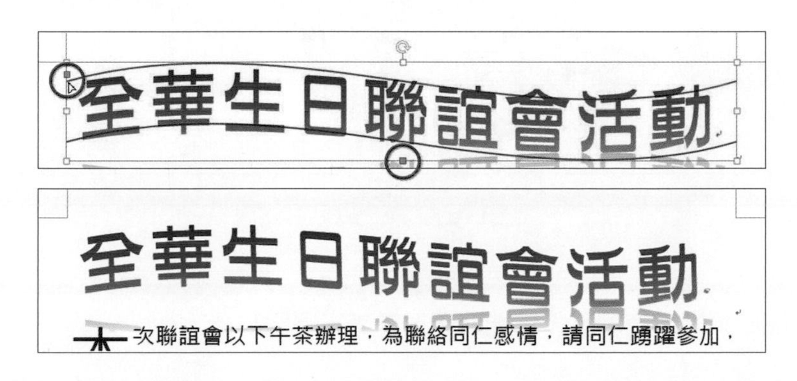

加入線上圖片

在Word中可以加入Office.com所提供的圖片，只要利用關鍵字，即可搜尋Office.com網站上的圖片，並加入到文件中。

01 將滑鼠游標移至要插入圖片的位置，按下**「插入→圖例→線上圖片」**按鈕，接著會出現「正在載入圖片」的訊息，載入完成後就會開啓插入圖片視窗。

02 於**Office.com美工圖案**欄位中輸入想要尋找圖片的關鍵字，輸入完後按下**搜尋**按鈕。

03 完成搜尋後，會列出相關的圖片，接著點選要插入於文件中的圖片，若要選取多張圖片時，可配合**Ctrl**鍵來選取，選取好後按下**插入**按鈕。

要插入線上圖片時，電腦必須先連上網路，才能使用搜尋美工圖案功能。

04 被選取的圖片就會插入於文件中，接著按下 **Ctrl+E** 快速鍵，將圖片設定爲置中對齊。

仁準備一份點心，請各位同仁於 17：20 至 1 樓中庭參加慶生會。有
何問題請洽分機 523 管理處。
HAPPY BIRTHDAY
聯誼會活動說明

在 Word 中將圖片、線上圖片等物件加入時，這些物件在預設下，文繞圖的模式都設定為**與文字排列**。若要更改，可以按下圖片右上角的 按鈕選擇要使用的方式。

調整圖片大小

01 點選要調整的圖片，圖片會出現八個控制點，利用這八個控制點即可進行圖片大小的調整。在調整圖片時，建議使用上下左右的四個控制點來調整，因爲這四個控制點可以等比例調整圖片。

將滑鼠游標移至控制點上，按下滑鼠左鍵不放，即可調整圖片的大小

02 除了手動調整圖片大小外，還可以直接在**「圖片工具→格式→大小」**群組中，設定圖片的寬度與高度。

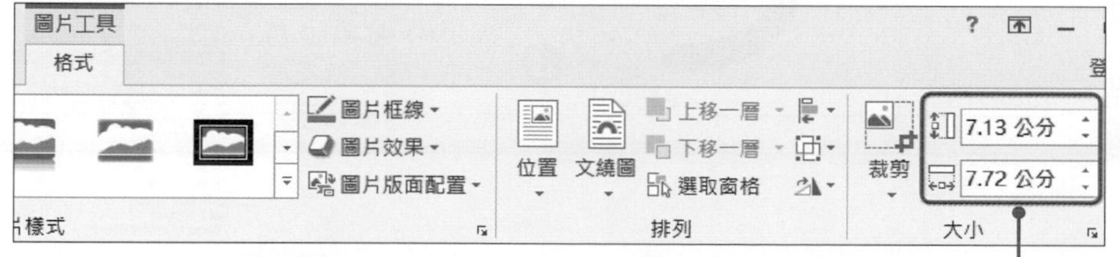

調整圖片大小時，可以直接於欄位中輸入所需要的大小，在調整時，圖片會以等比例方式調整，也就是說，調整圖片的高度時，寬度就會自動跟著調整

1-9 儲存及列印文件

儲存文件

文件編輯好後，便可進行儲存的動作，在儲存檔案時，可以將文件儲存成：Word文件檔(docx)、範本檔(dotx)、網頁(htm、html)、PDF、XPS文件、RTF格式、純文字(txt)等類型。

第一次儲存文件時，可以直接按下**快速存取工具列**上的**儲存檔案**按鈕；或是按下**「檔案→儲存檔案」**功能，進入**另存新檔**頁面中，進行儲存的設定。同樣的文件進行第二次儲存動作時，就不會再進入**另存新檔**頁面中了。直接按下**Ctrl+S**快速鍵，也可以進行儲存的動作。

另存新檔

當不想覆蓋原有的檔案內容，或是想將檔案儲存成「.doc」格式時，按下**「檔案→另存新檔」**功能，進入**另存新檔**頁面中，進行儲存的動作；或按下**F12**鍵，開啓「另存新檔」對話方塊，即可重新命名及選擇要存檔的類型。

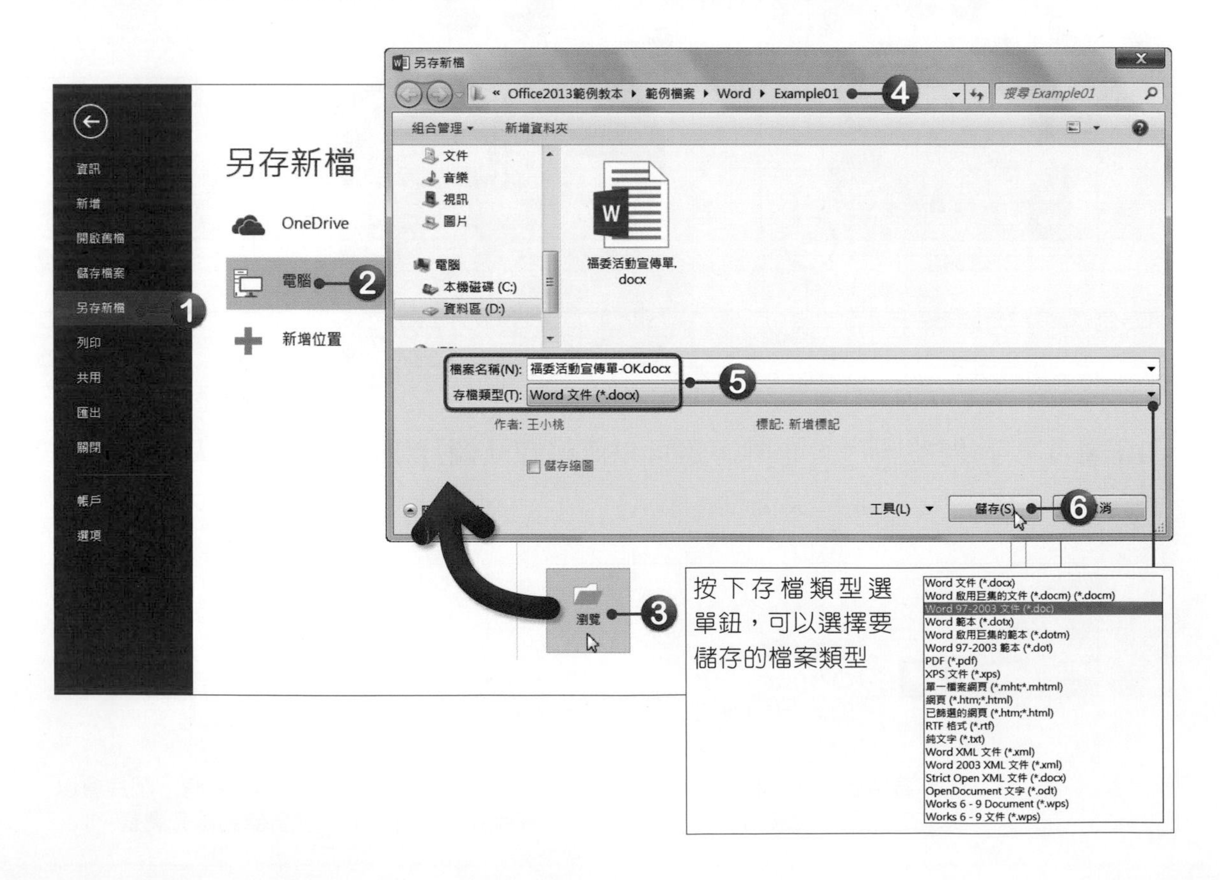

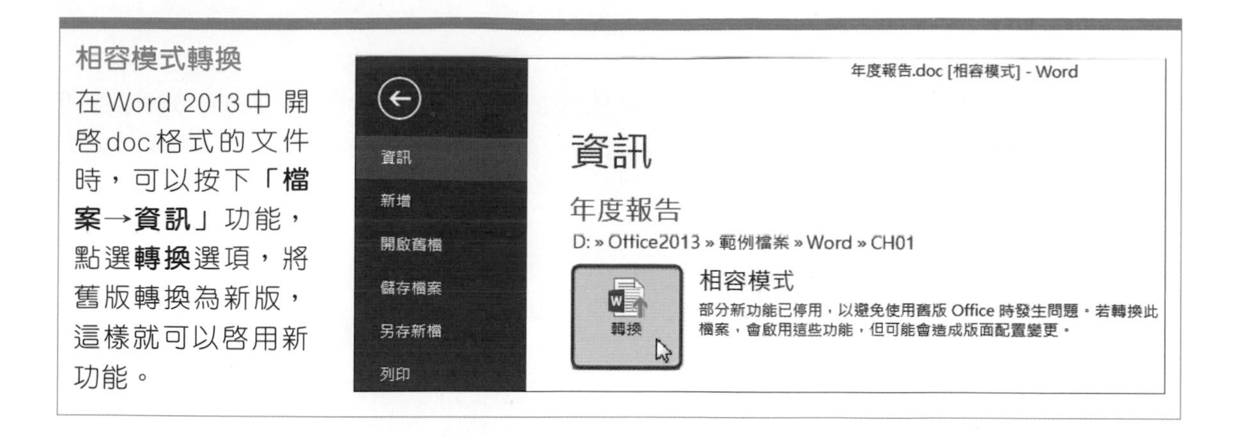

相容模式轉換

在Word 2013中開啟doc格式的文件時，可以按下「**檔案→資訊**」功能，點選**轉換**選項，將舊版轉換為新版，這樣就可以啟用新功能。

列印文件

要列印文件時，電腦必須先連上印表機，才能進行列印的動作。按下「**檔案→列印**」功能，或按下**Ctrl+P**快速鍵，即可進入**列印**頁面中。

在進行列印前還可以設定要列印的份數、列印的範圍、紙張的方向、紙張的大小、每張要列印的張數等。

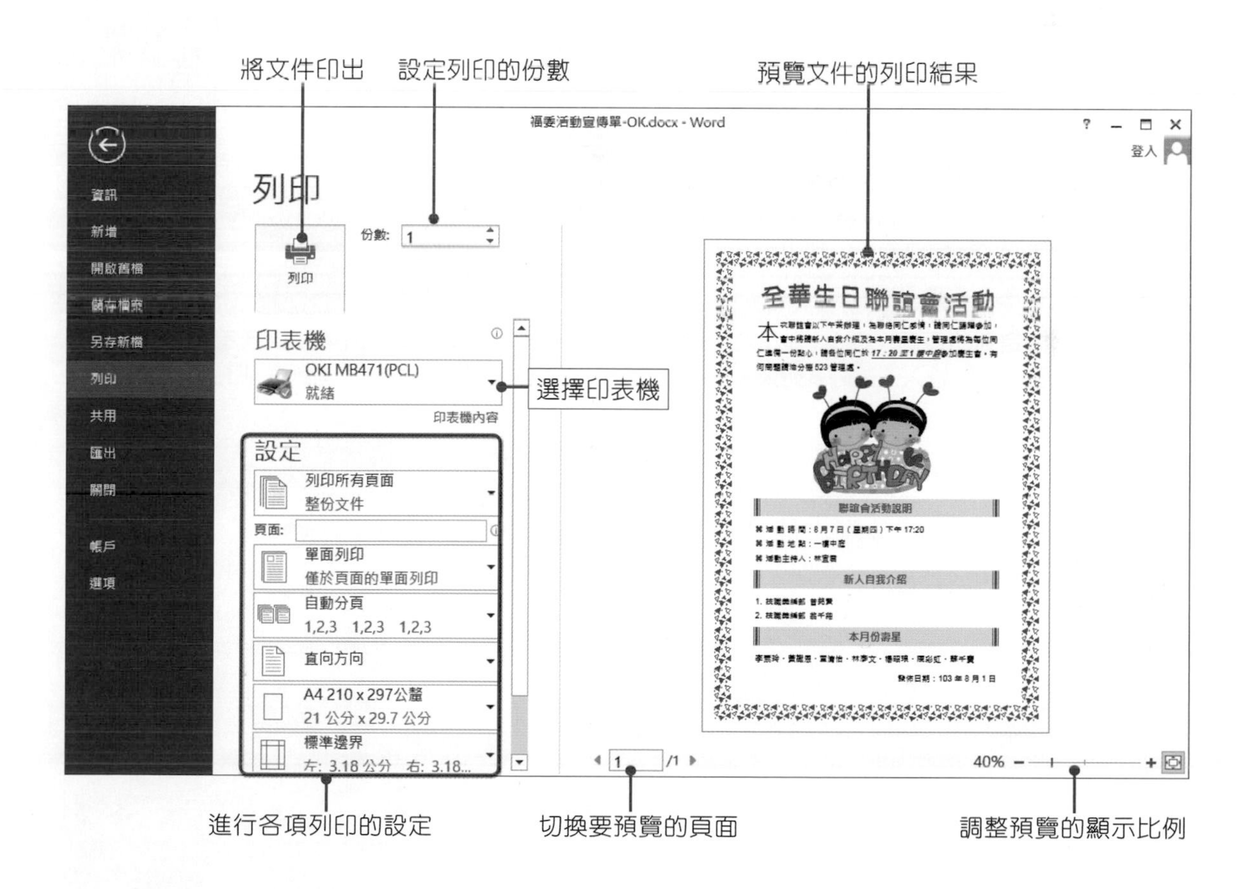

設定列印份數及列印

要列印文件時，還可以設定要列印的份數，只要在「份數」欄位中輸入要列印的份數即可，若預覽沒問題後，按下**列印**按鈕，便可進行列印。

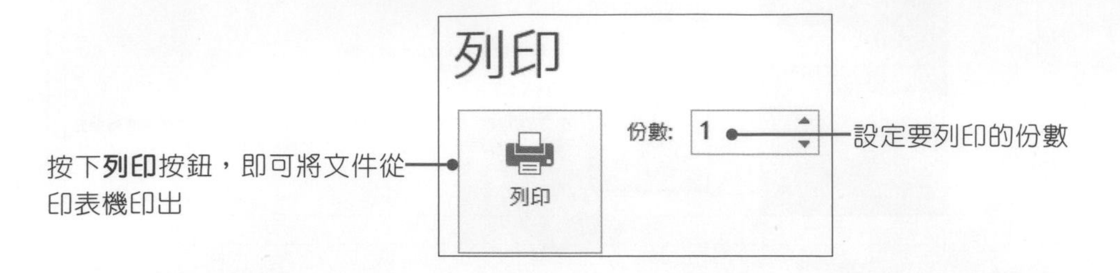

設定列印範圍

要列印文件時，可以選擇要列印的範圍，只要按下**列印所有頁面**按鈕，即可在選單中選擇列印所有頁面、列印目前頁面、自訂列印等。

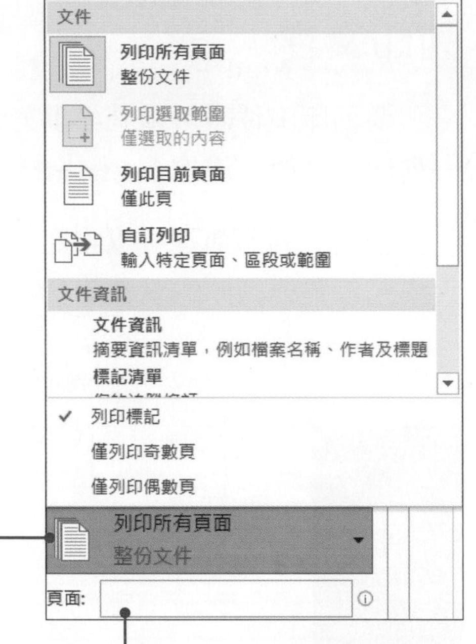

指定列印頁數：在此可以選擇列印所有頁面、選取範圍、目前頁面、文件摘要資訊、列印標記等

指定列印頁面：在此可以設定要列印的特定頁數，例如：要列印第1頁到第5頁的連續頁面時，則輸入「1-5」，如果要列印第1、3、5頁的不連續頁面時，則輸入「1,3,5」

每張紙所含頁數

在此可以設定將多頁文件列印在同一張紙上，一張紙最多可列印16頁。

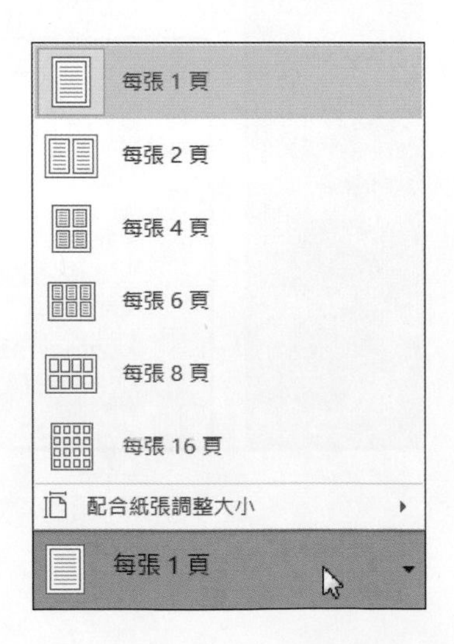

自我評量

✦選擇題

(　　)1. 在Word中，要列印文件時，可以按下下列哪組快速鍵，進行列印的設定？(A)Ctrl+F (B)Ctrl+P (C)Ctrl+D (D)Ctrl+G。

(　　)2. 利用Word製作好的文件，可以儲存爲下列哪種檔案類型？(A)dotx (B)txt (C)rtf (D)以上皆可。

(　　)3. 在Word中，要開啓一份新文件時，可以按下下列哪組快速鍵？(A)Ctrl+F (B)Ctrl+A (C)Ctrl+O (D)Ctrl+N。

(　　)4. 在Word中，設定列印頁面時，一張紙最多可以設定列印多少頁？(A)8頁 (B)16頁 (C)32頁 (D)沒有限制。

(　　)5. 在Word中，下列關於「列印」的設定，何者不正確？(A)可以設定只列印「偶數頁」(B)可以指定列印範圍 (C)無法設定列印不連續的頁面 (D)可以選擇列印的紙張方向。

(　　)6. 在Word中，下列哪一項設定會改變字元的寬度？(A)最適文字大小 (B)字元比例 (C)字元間距 (D)分散對齊。

(　　)7. 在Word中，若要修改項目符號的縮排時，可由下列哪一項設定？(A)按「Tab」鍵 (B)使用縮排按鈕 (C)在項目符號上按下滑鼠右鍵，再點選「調整清單縮排」(D)在項目符號上按下滑鼠右鍵，再點選「段落」。

(　　)8. 在Word中，按下鍵盤上的哪個按鍵會產生一個段落？(A)Shift鍵 (B)Enter鍵 (C)Tab鍵 (D)Ctrl鍵。

(　　)9. 在Word中，下列對於段落對齊方式的快速鍵配對，何者有誤？(A)置中對齊：Ctrl+E (B)靠左對齊：Ctrl+L (C)靠右對齊：Ctrl+R (D)分散對齊：Ctrl+J。

(　　)10. 在Word中預設的行距是？(A)單行間距 (B)1.5倍行高 (C)最小行高 (D)固定行高。

✦實作題

1. 開啓「Word→Example01→網路詐欺宣傳單.docx」檔案，進行以下的設定。
    - 將標題文字加上框線及網底，樣式請自行設定。
    - 將標題文字與後段距離設定爲1行。
    - 除標題文字外，將其他段落皆設定爲左右對齊，與後段距離皆設爲0.5行。

- 將第二個段落的首字放大，放大高度設定爲2。
- 將第二個段落以後的段落文字，加上項目符號(符號請自選)呈現，文字縮排設定爲0.5公分，並將冒號前文字加上粗體樣式。

網路詐欺案例宣導

網路詐欺是在網路上最常見的犯罪行為，像是有些人會在網路上拍賣一些低價的物品，吸引消費者購買，而當消費者依指示將錢匯入對方帳戶後，卻沒有收到購買的商品；或收到不堪使用的商品，以下列出常見的網路詐欺行為。

- **移花接木上網標購名牌詐財**：歹徒先上網向網路上的賣家標購商品，於取得賣家銀行匯款帳號後，再於網站上刊登賣同型商品之廣告，要求買方把錢匯入先前賣家的帳號內，等買方把錢匯入後，歹徒即向賣家要求交貨，並親自向賣家取貨，造成真正的買家反而拿不到貨。
- **冒牌網站騙卡號A錢**：歹徒模仿擁有優良信譽的「○○銀行」、「○○網路書店」及知名拍賣網站、誘使消費者自動登入，並提供信用卡號、收費地址及網路登入密碼等個人財務資料，造成網路業者及消費者嚴重損失。
- **冒牌銀行網路詐欺**：拷貝或仿冒網路銀行網站的網頁，假冒該銀行之名提供活期儲蓄存款、定存本利和、定期儲蓄存款利率、零存整付本利和等多功能，讓使用者誤上冒牌的網路銀行，洩漏銀行帳號及密碼等重要資料，再進行盜領。
- **網路購物詐欺**：在網站跳蚤市場上張貼販賣便宜的電腦燒錄器、行動電話等二手貨或大補帖等物品，且通常以貨到收款方式交易，被害人收到的物品，且常以貨到收款方式交易，收到的物品常為有瑕疵或不堪用的貨品或空白或已損壞的光碟片。或在網路上電子布告欄

2. 開啓「Word→Example01→人事異動公告.docx」檔案，進行以下的設定。
   - 將「主旨」及「事由」文字的長度設定爲3個字元。
   - 將「公司組織圖…」及「以下人員…」段落文字加上「一、」編號。
   - 將「資訊部…」、「商管編…」、「國文編…」等段落文字加上項目符號，符號請自選，並將左邊縮排設定爲0.85公分。
   - 使用文字藝術師加入「全華人事異動公告」標題文字。
   - 加入一張與商務有關的圖片，放置於頁面的下方。
   - 於文件最後加入當天的日期，日期選擇中華民國曆類型，並將日期設定爲分散對齊。
   - 加入頁面框線，框線類型請自行選擇，度量基準請選擇「文字」。

全華人事異動公告

主　旨：公司組織圖及職務異動

受文者：全體員工

事　由：

一、公司組織圖：公司各部門及人員之遷稽皆以所附之組織圖為基準。

二、以下人員之職務異動

✓資訊部周一大於資訊部代理課長升遷為資訊部課長。

✓商管編輯部張晏誠晉升為資深編輯。

✓國文編輯部棠清怡晉升為資深編輯。

中　華　民　國　一　〇　三　年　八　月　一　日　星　期　五

02 教育訓練課程公告

Example

✪ 學習目標

加入圖片、圖片裁剪、圖片文繞圖及位置設定、將圖片加上美術效果、多欄版面設定、加入SmartArt圖形、在文件中插入線上視訊、用電子郵件傳送文件

✪ 範例檔案

Word→Example02→教育訓練課程公告.docx

Word→Example02→photo.jpg

✪ 結果檔案

Word→Example02→教育訓練課程公告-OK.docx

在「教育訓練課程公告」範例中，將學習如何在文件加入圖片，再將圖片進行裁剪、文繞圖及美術效果等設定，除了圖片的使用外，還會說明段落的分欄設定、使用SmartArt圖形讓條列式文字以圖形化的方式呈現及在文件中插入線上視訊，讓文件變得更豐富。

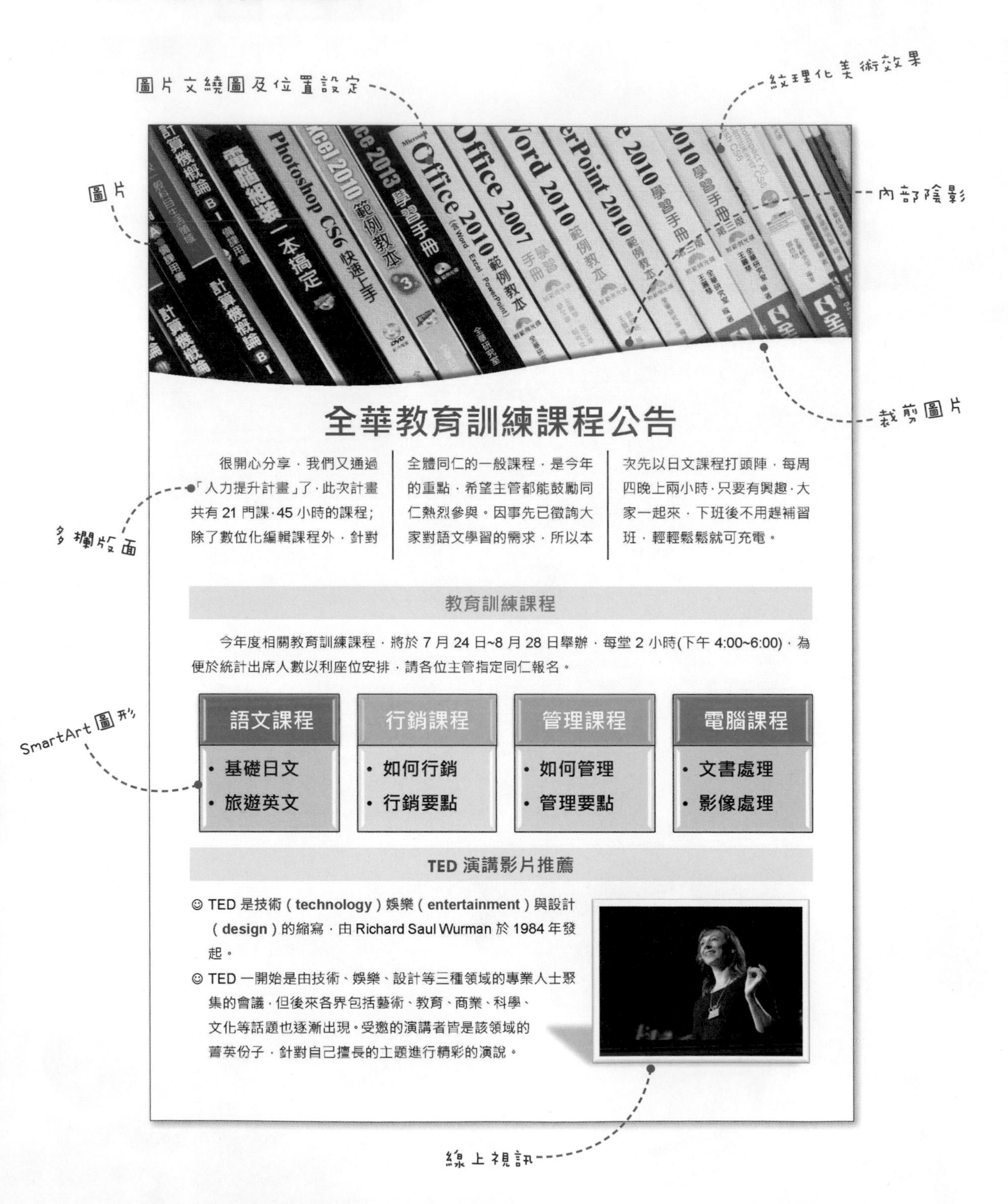

2-1 使用圖片讓文件更豐富

製作一份文件時，適時的加入圖片可以增加文章的可讀性，也可讓文件更豐富。在「教育訓練課程公告」範例中，將在文件的最上方加入一張圖片，並將圖片進行裁剪、文繞圖及位置的設定。

插入自己準備的圖片

在Word中可以加入自己所拍攝或設計的圖片，加入的圖片檔案格式可以是jpg、png、tif、emf、wmf、bmp、eps、gif等一般常見的圖檔格式。

01 按下**「插入→圖例→圖片」**按鈕，開啓「插入圖片」對話方塊。

02 選擇要插入的圖片，再按下**插入**按鈕，圖片就會插入於滑鼠游標目前所在位置。

將圖片不要的部分裁剪掉

圖片插入後，要利用**裁剪**功能將不需要的部分隱藏起來，保留要的部分。

01 選取圖片，按下**「圖片工具→格式→大小→裁剪」**按鈕，圖片四周會顯示裁剪控制點，接著將滑鼠游標移至控制點上。

02 按著**滑鼠左鍵**不放並往下拖曳，即可裁剪上方多餘的部分，而被裁剪的部分會以深灰色呈現。

03 接著再利用相同方式，將圖片下方多餘的部分也裁剪掉。

04 設定好要裁剪的範圍後，再按下**裁剪**按鈕，或是在文件的任一位置按一下**滑鼠左鍵**，即可完成裁剪的動作。

在進行裁剪的動作時，事實上並沒有將被裁剪的部分給刪除，Word只是將它們暫時隱藏，因為若還想要修改裁剪的部分時，可以再按下**裁剪**按鈕，再向外拖曳裁剪控制點，被裁剪的部分就會又出現了。若要真正的移除裁剪區域時，則可以按下**「圖片工具→格式→調整→壓縮圖片」**按鈕，刪除被裁剪的部分。

調整圖片寬度

圖片裁剪好後，接著要將圖片的寬度調整成文件的寬度，調整時，只要在**「圖片工具→格式→大小→圖案寬度」**欄位中，將寬度修改為**21公分**即可。

當圖片進行各種變更後，若想要讓圖片回到最初設定時，可以按下**「圖片工具→格式→調整→重設圖片」**按鈕，讓圖片回到最原始的狀態。

文繞圖及位置設定

將圖片加入文件後，利用文繞圖及位置功能，可以快速地將圖片置於想要擺放的位置。

01 選取圖片，按下**「圖片工具→格式→排列→文繞圖」**按鈕，於選單中點選**上及下**。

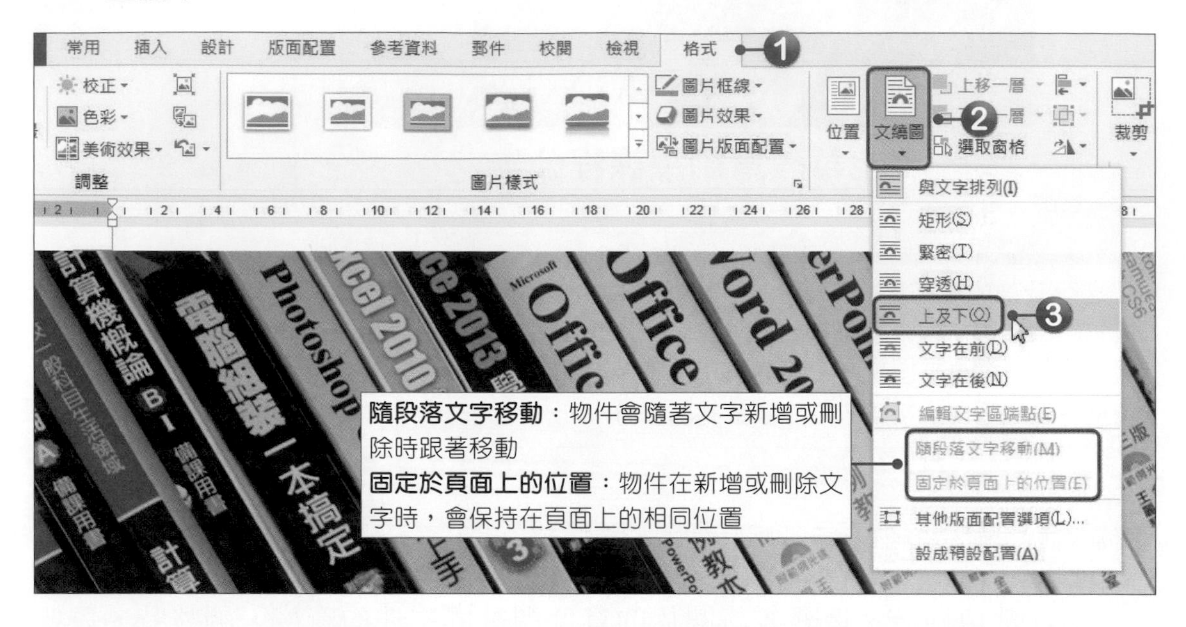

02 接著按下**「圖片工具→格式→排列→位置」**按鈕，於選單中點選**其他版面配置選項**，開啟「版面配置」對話方塊，設定圖片在頁面上的位置。

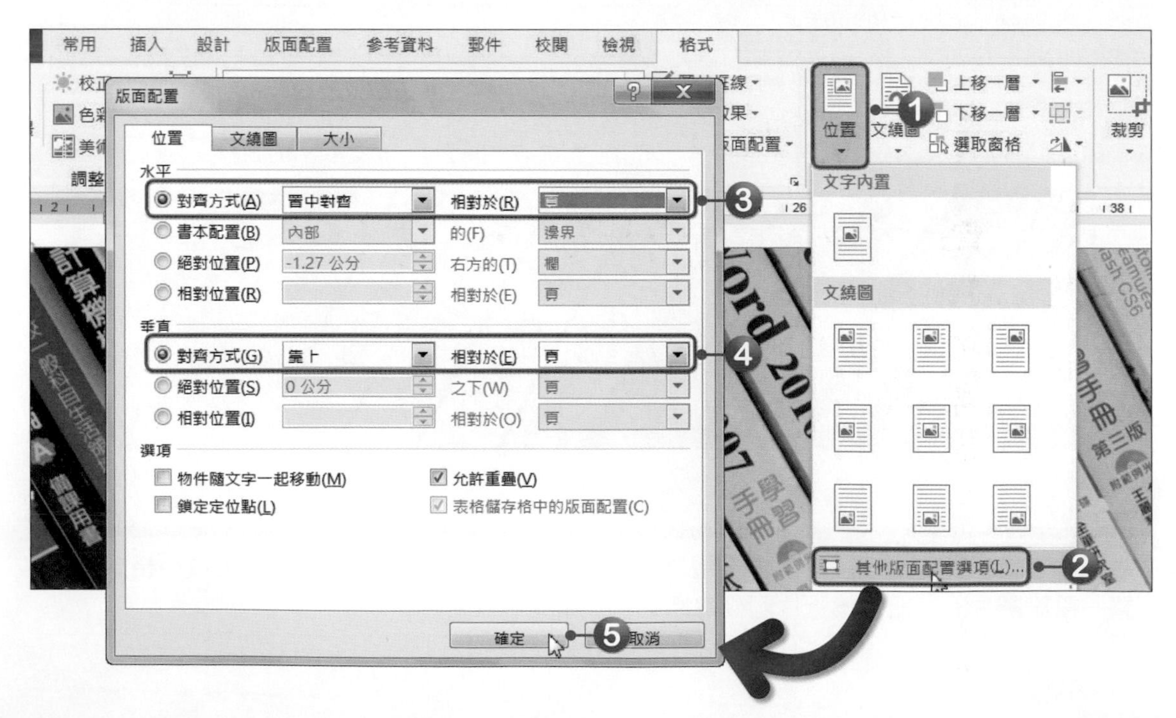

03 設定好後，圖片就會自動以頁面為基準，水平置中對齊及垂直靠上對齊。

文繞圖設定

將圖片加入文件後，於圖片的右上角會自動出現 **版面配置選項**按鈕，利用這個按鈕，即可設定圖片的文繞圖方式；除此之外，也可以按下「**圖片工具→格式→排列→文繞圖**」按鈕，來進行設定。

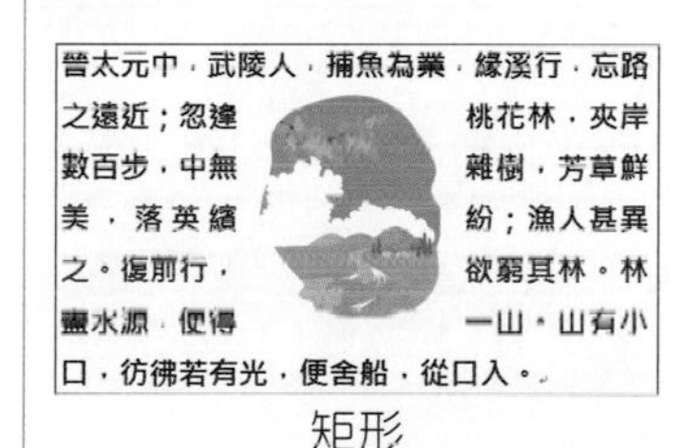

矩形

緊密

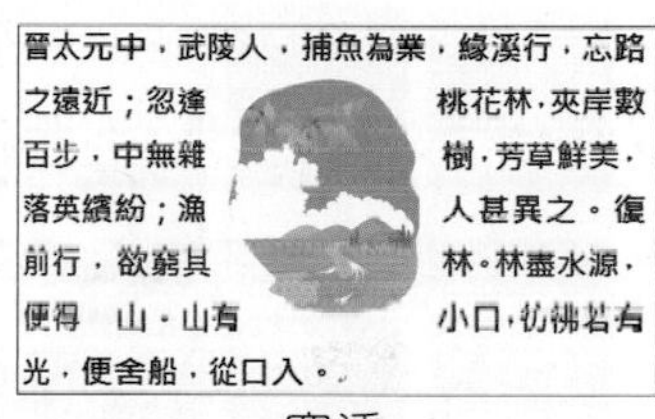

穿透

上及下

文字在前

文字在後

編輯文字區端點

其中緊密與穿透的差異在於：**緊密**是文字繞著圖片本身換行，通常在圖片的邊界內；而**穿透**則是文字繞著圖片本身換行，但文字會進入圖片中所有開放區域。

2-2 美化圖片

在文件中的圖片，還可以進行亮度、對比、著色等格式調整，圖片經過調整後就會有更多的變化。除此之外，還可以使用**裁剪成圖形**功能來改變圖片的外觀，達到美化圖片的效果。

校正圖片的亮度與對比

當圖片過暗時，可以利用**校正**功能來調整圖片的銳利度、亮度及對比。選取圖片，按下**「圖片工具→格式→調整→校正」**按鈕，在選單中有許多預設好的校正結果，點選想要調整的選項即可，這裡選擇了將圖片的對比調整至40%。

幫圖片加上美術效果

在Word中預設了許多美術效果，像是繪圖筆刷、麥克筆、水彩海綿等，只要點選，圖片便會立即套用美術效果。

選取圖片，按下**「圖片工具→格式→調整→美術效果」**按鈕，於選單中點選**紋理化**，圖片就會自動套上紋理化的美術效果。

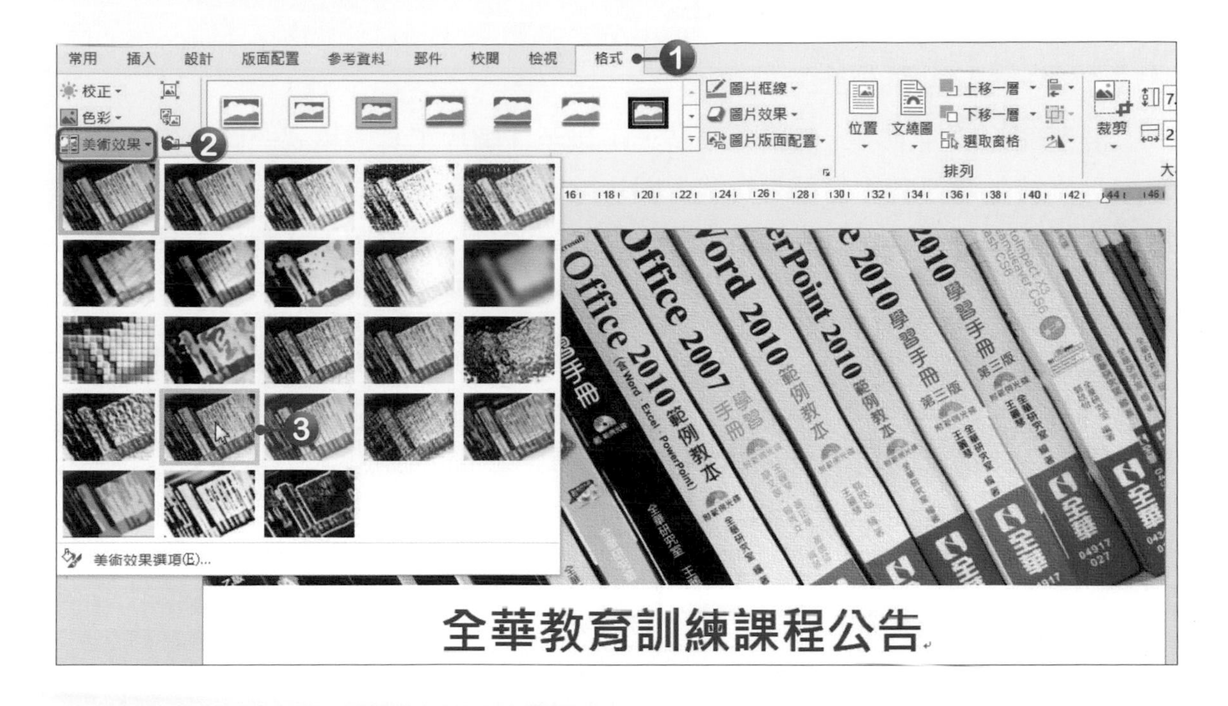

將圖片裁剪成圖形

若想要改變圖片外觀時，可以將圖片裁剪成各種圖形。點選要裁剪的圖片，按下**「圖片工具→格式→大小→裁剪」**按鈕，於選單中點選**裁剪成圖形**選項，即可選擇要使用圖形，這裡請將圖片裁剪成「流程圖：文件」圖形。

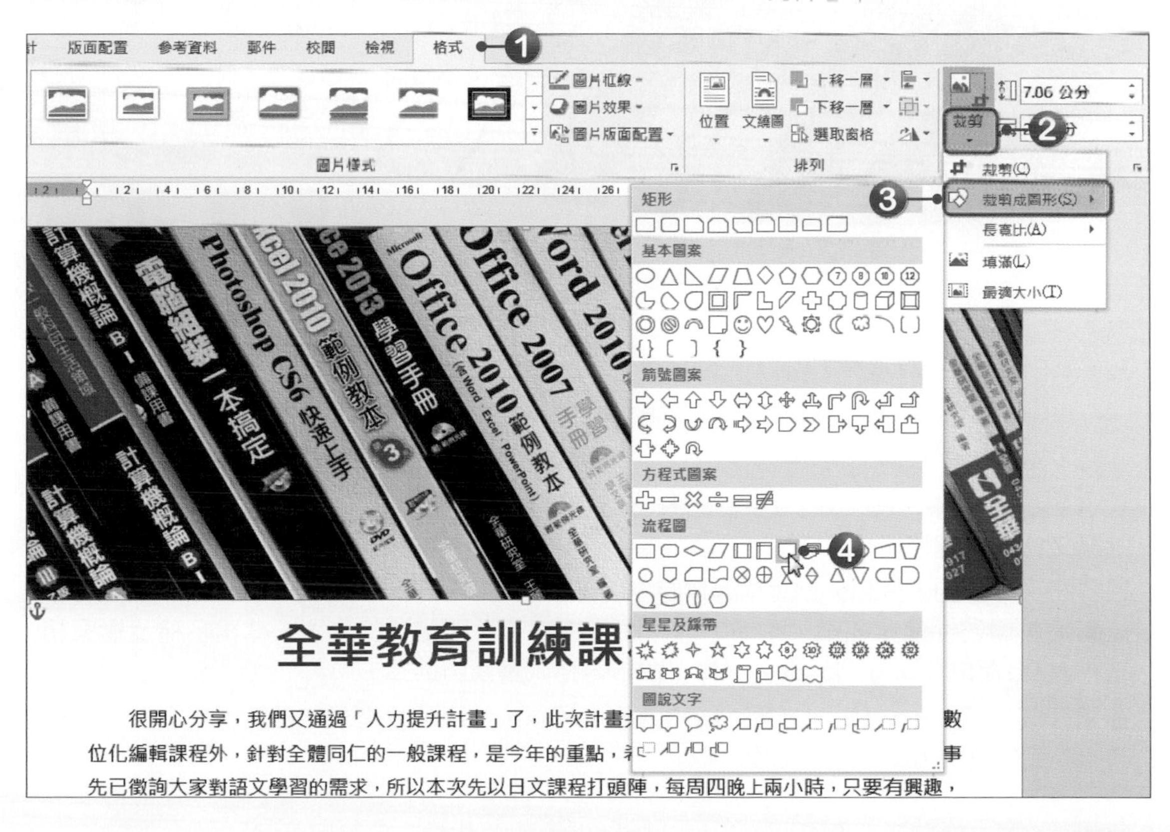

幫圖片加上內陰影

要幫圖片快速地加上各種效果時，可以至**「圖片工具→格式→圖片樣式」**群組中，直接點選要套用的預設樣式，圖片就會立即呈現不同風格；當然，除了套用預設的樣式外，也可以自行設定圖片樣式的效果，只要按下**「圖片工具→格式→圖片樣式→圖片效果」**按鈕，於選單中即可選擇要設定的效果。

在此範例中，要將圖片加上內陰影效果，按下**「圖片工具→格式→圖片樣式→圖片效果→陰影」**按鈕，於選單點選**內陰影**選項中的**內部向下**陰影效果，圖片就會立即加上向下的內陰影效果。

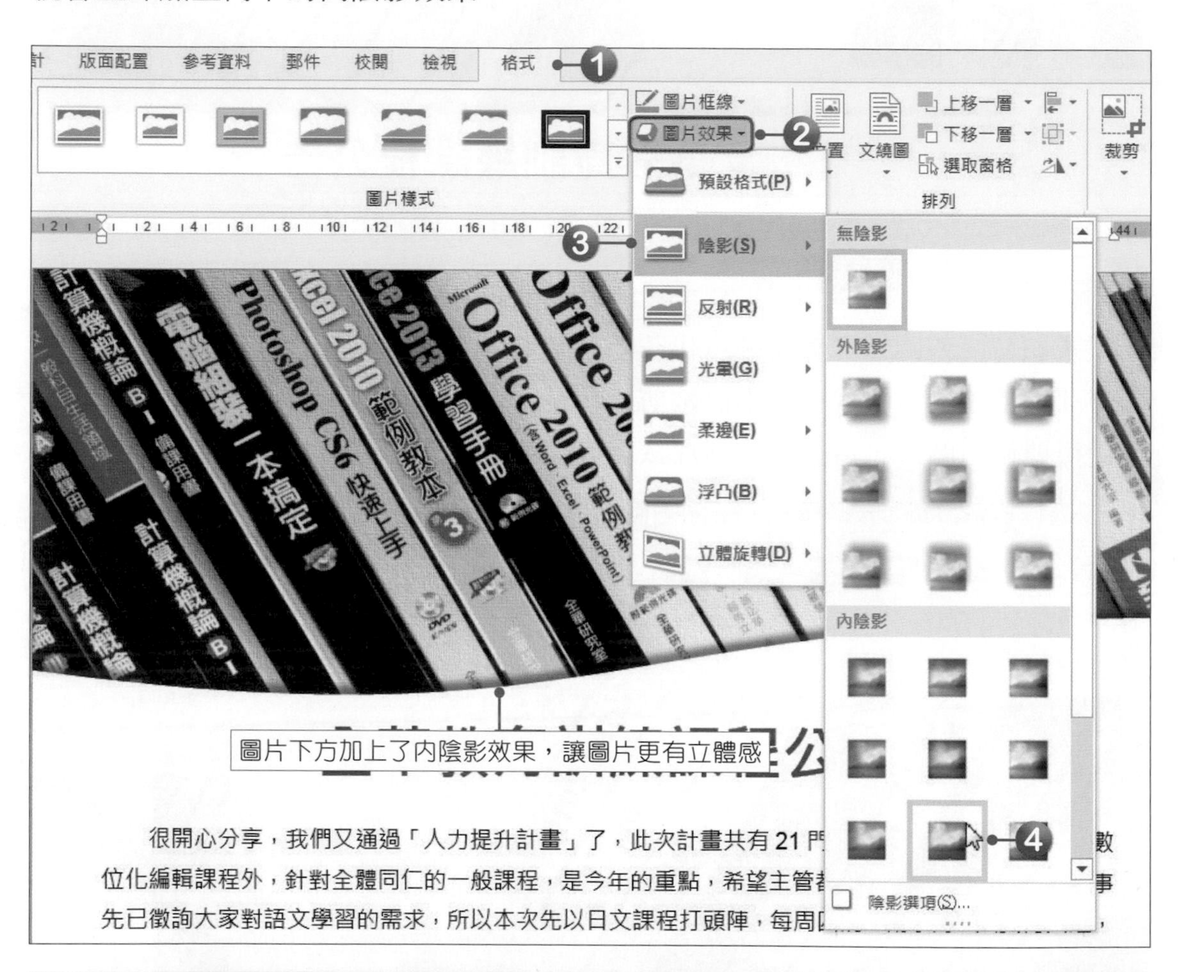

儲存文件中的圖片

若要將文件中的圖片另外儲存成圖檔時，可以在圖片上按下**滑鼠右鍵**，於選單中點選**另存成圖片**，開啟「儲存檔案」對話方塊，即可選擇圖片要儲存的位置、檔案名稱及檔案格式，Word 提供了 **png**、**jpg**、**gif**、**tif**、**bmp** 等格式讓我們選擇。

在儲存圖片時，Word 會保持圖片原始外觀，所以，若該圖片有設定圖片樣式及任何效果時，都不會被套用於被儲存的圖片中。

2-3 多欄版面的設定

在編輯文件時，有時可以將某個段落以多欄方式呈現，編排出另一種風格。在此範例中，要將第二個段落以三欄方式編排。

01 選取段落文字，按下「**版面配置→版面設定→欄**」按鈕，於選單中選擇**其他欄**，開啟「欄」對話方塊。

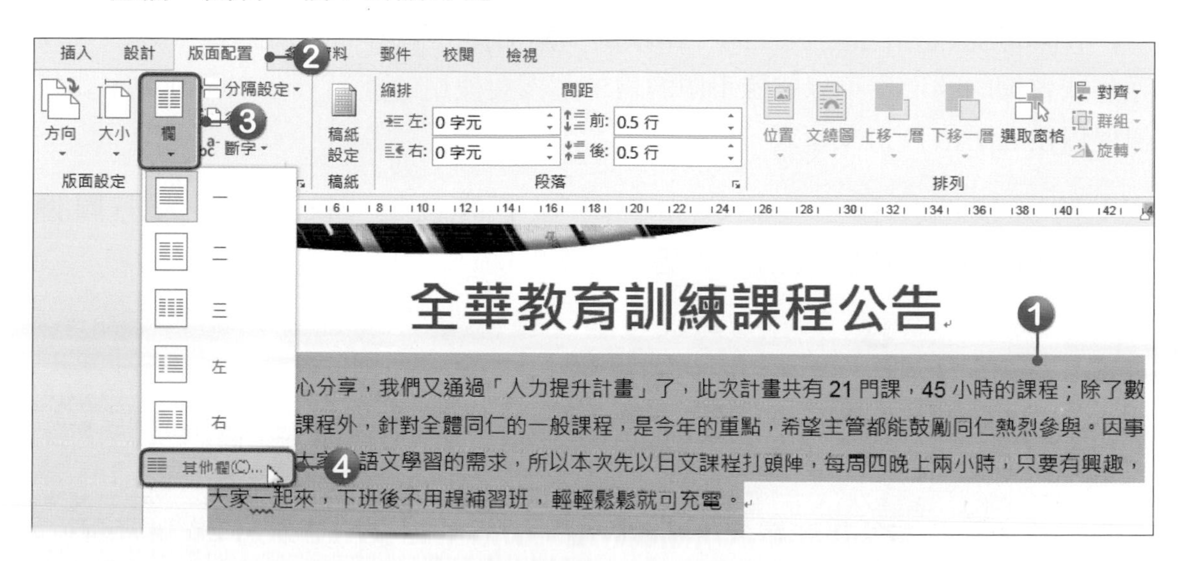

02 選擇三**欄**方式，將欄與欄的間距設定為**2字元**，再將**分隔線**選項勾選，都設定好後按下**確定**按鈕，被選取的段落就會以三欄方式呈現。

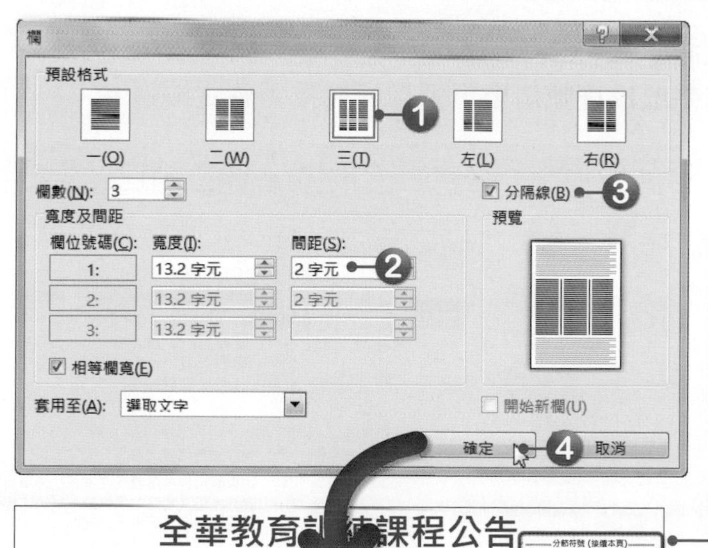

在Word 2013中，可設定的欄位數是依所設定的紙張大小而有所不同（2003版最多只能設定到11欄）。

將文件裡的其中一個段落，設定為多欄格式時，會自動為該段落前後插入**分節符號（接續本頁）**，這表示會將游標所在位置的文件跳至下一個節，但不會將文件跳至下一頁

2-4 使用SmartArt圖形增加視覺效果

在文件中除了使用條列式文字來表達內容外，還可以使用SmartArt圖形來表達內容，增加文件的視覺效果。

插入SmartArt圖形

Word提供了清單、流程圖、循環圖、階層圖、關聯圖、矩陣圖、金字塔圖等各式各樣的圖形，可以依據不同的需求選擇要使用的圖形。在本範例中，要將課程以SmartArt圖形來呈現。

01 將滑鼠游標移至要插入SmartArt圖形的位置，按下**「插入→圖例→SmartArt圖形」**按鈕，開啟「選擇SmartArt圖形」對話方塊。

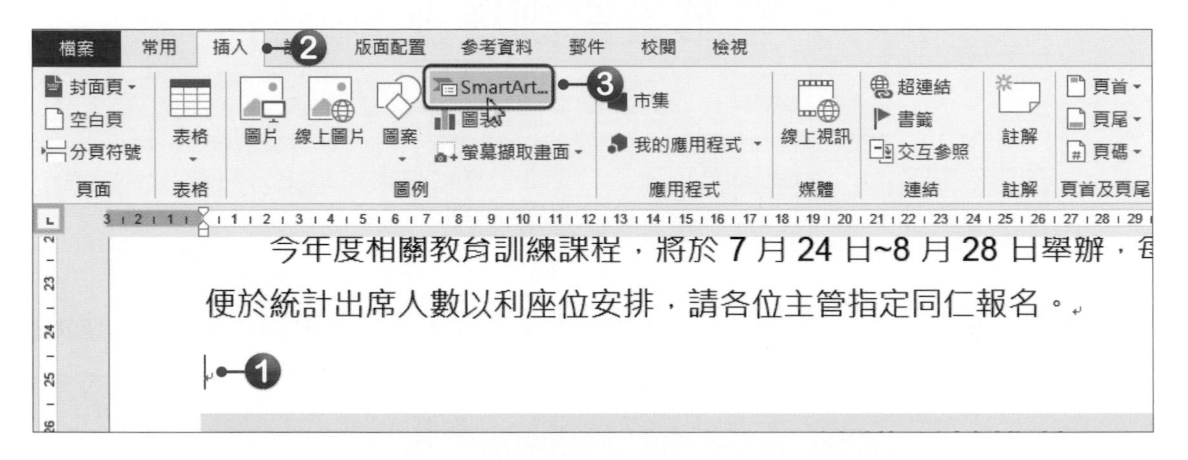

02 選擇**清單**類別中的**水平項目符號清單**，選擇好後按下**確定**按鈕。

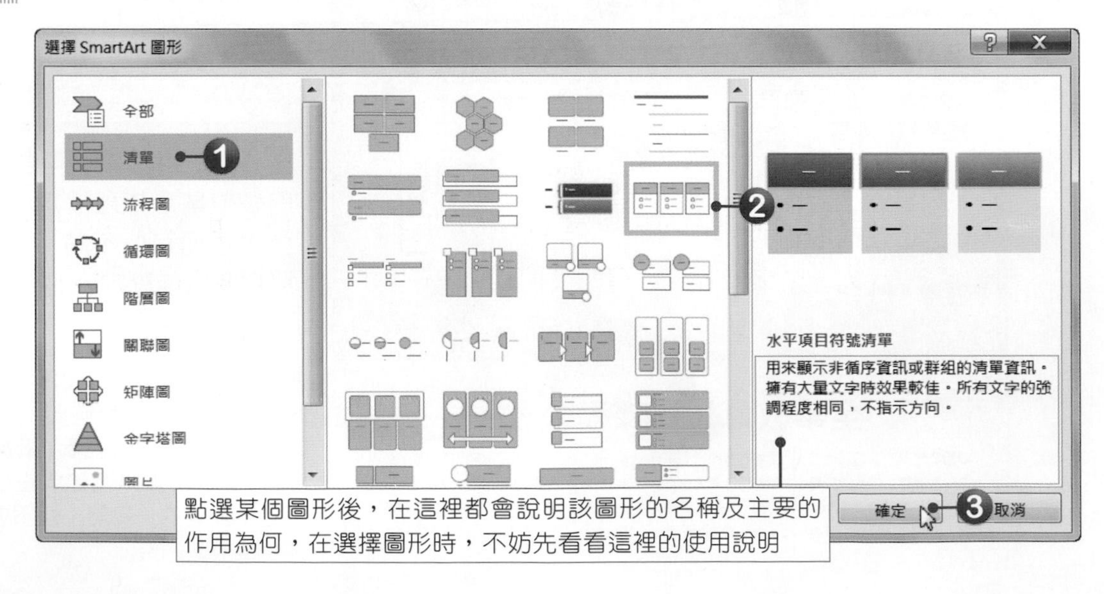

03 文件中就會插入該SmartArt圖形，在預設下會有三個圖案，而每個圖案下還有二個項目符號。

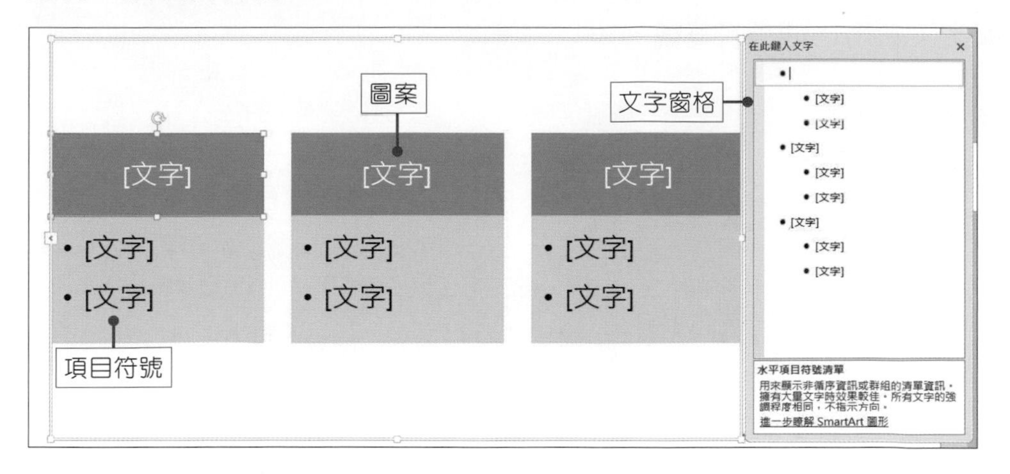

04 圖形加入後，即可在文字窗格中，進行文字的輸入動作。

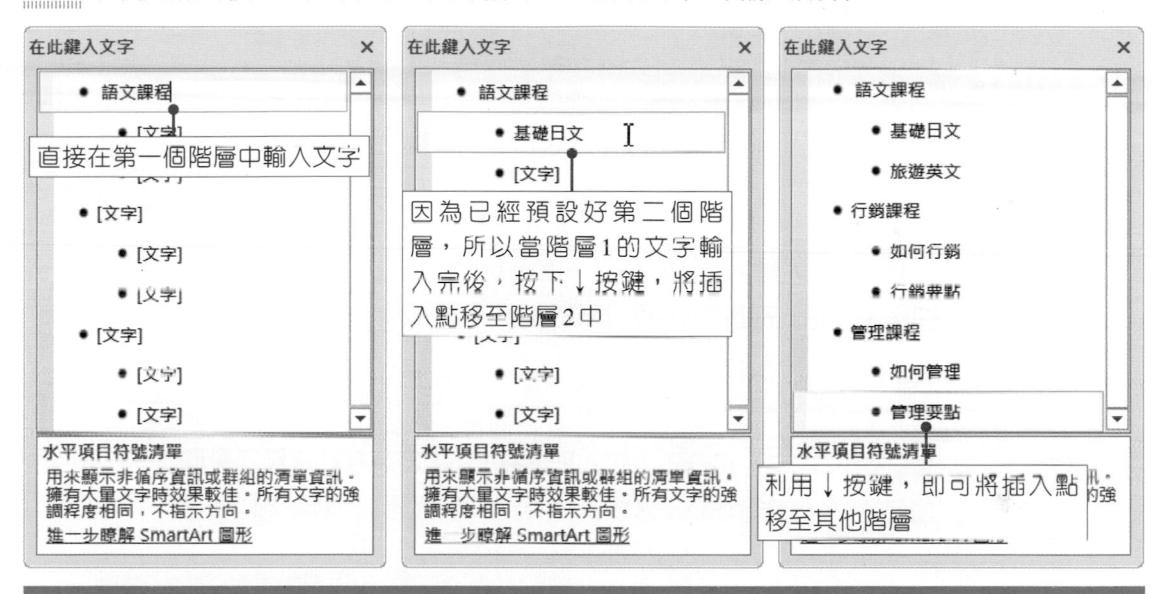

在文字窗格進行輸入動作時，於文件中的SmartArt圖形，也會跟著變動。若要修改圖案內的文字時，也可以直接在圖案上修改。

05 由於要製作的SmartArt圖形，共有四個課程，所以還要再新增一個圖案，將滑鼠標移至文字窗格的**管理課程**中，按下**「SMARTART工具→設計→建立圖形→新增圖案」**按鈕，即可再新增一個圖案。

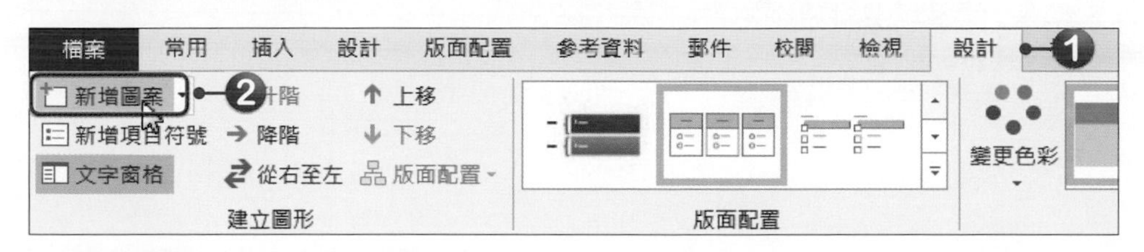

06 新增好圖案，即可在文字窗格中輸入相關文字，輸入好後再按下按下「**SMARTART工具→設計→建立圖形→新增項目符號**」按鈕，即可於圖案下新增一個項目符號。

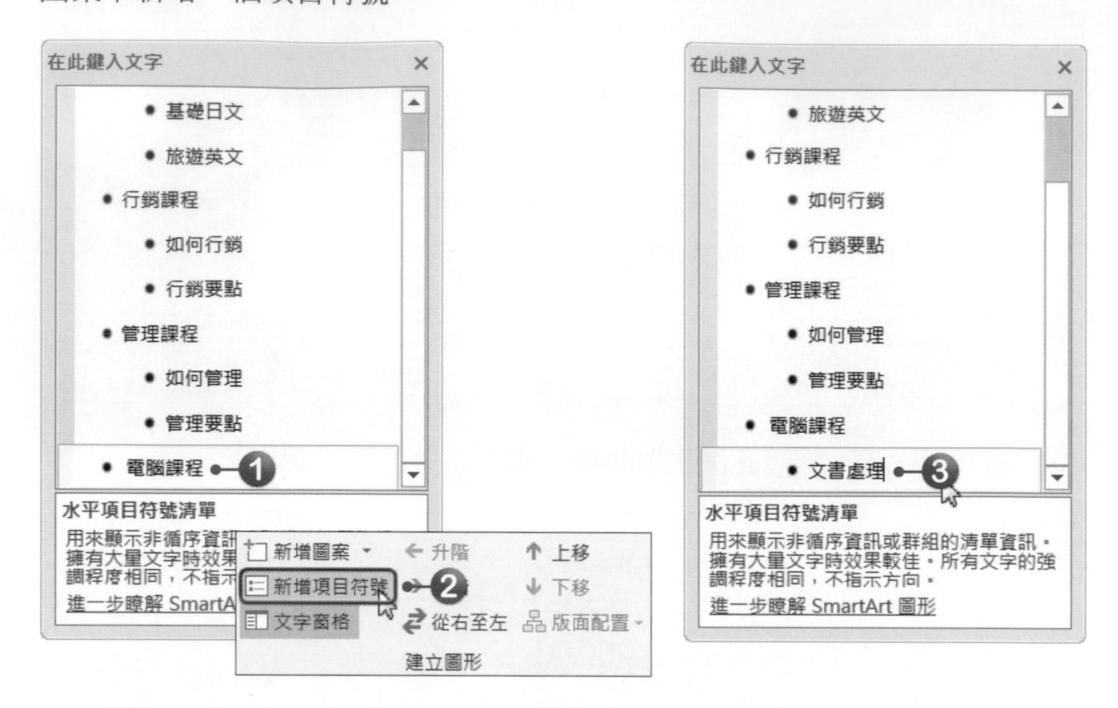

07 第一個項目符號文字輸入完後，按下**Enter**鍵，即可建立第二個項目符號文字。到這裡，SmartArt圖形的文字就都輸入完成了。

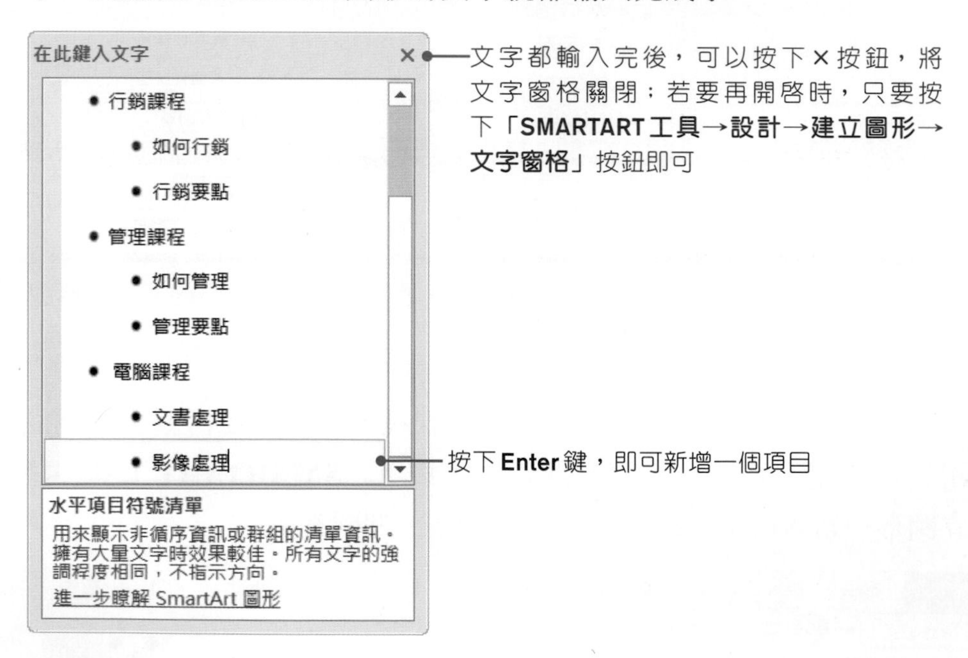

調整SmartArt圖形大小及文字格式

SmartArt圖形建立好後，即可調整圖形的大小及文字格式。

01 選取SmartArt圖形物件，將滑鼠游標移至右下角的控制點上，按著**滑鼠左鍵**不放，將物件調整至與版面一樣的寬度，而高度則調整至適當大小。

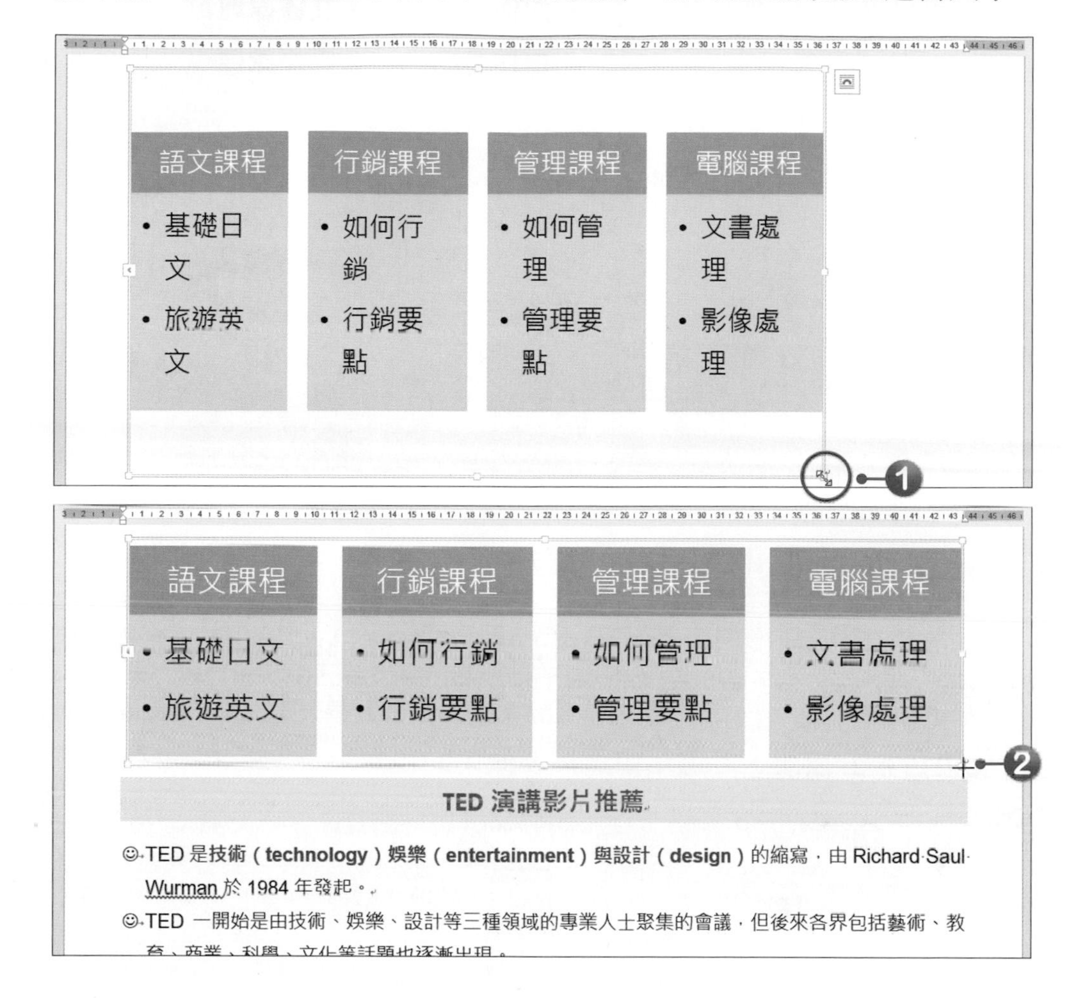

02 大小調整好後，按下**「常用→字型→ B 」**按鈕，或**Ctrl+B**快速鍵，將文字加上粗體。

語文課程	行銷課程	管理課程	電腦課程
• 基礎日文 • 旅遊英文	• 如何行銷 • 行銷要點	• 如何管理 • 管理要點	• 文書處理 • 影像處理

03 選取SmartArt圖形中的階層1圖案，先選取第一個，再按著**Ctrl**鍵不放，選取其他三個圖案。圖案選取好後，將文字大小設定爲**18級**。

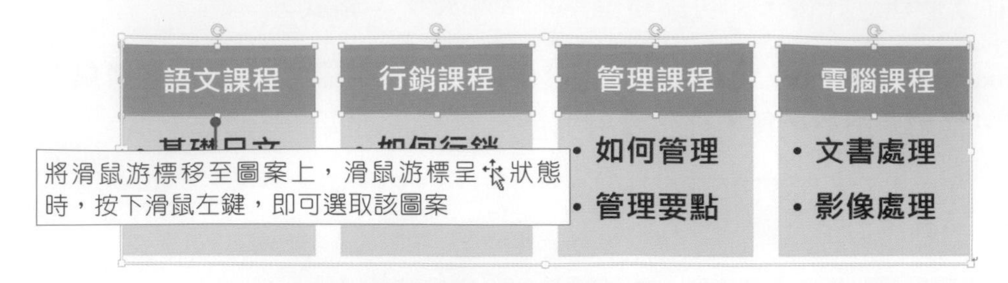

04 接著選取SmartArt圖形中的階層2圖案，將文字大小設定爲**16級**。

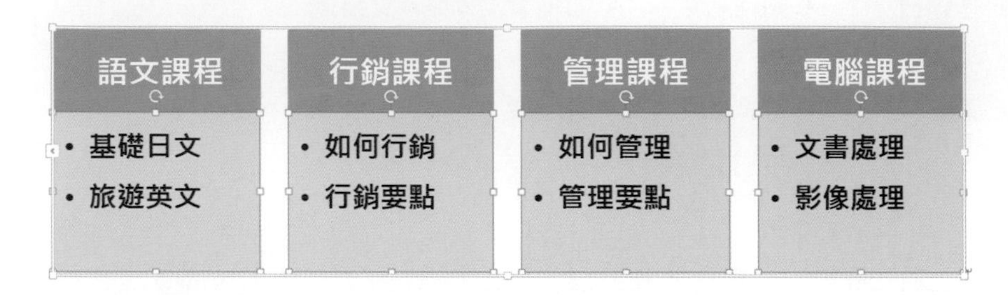

變更SmartArt圖形色彩及樣式

幫SmartArt圖形變換個色彩及樣式，可以讓SmartArt圖形有不一樣的變化。

01 選取SmartArt圖形物件，按下**「SMARTART工具→設計→SmartArt樣式→變更色彩」**按鈕，於選單中選擇要使用的色彩。

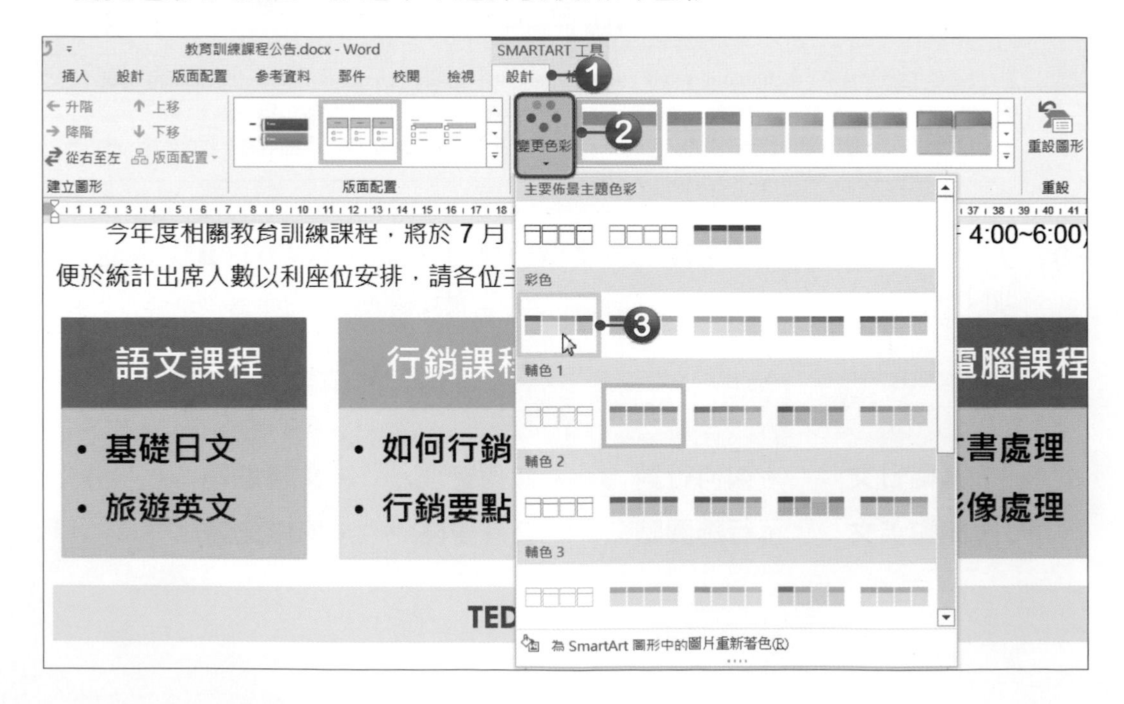

02 接著於「**SMARTART工具→設計→SmartArt樣式**」群組中，點選**卡通樣式**，SmartArt圖形就套用該樣式。

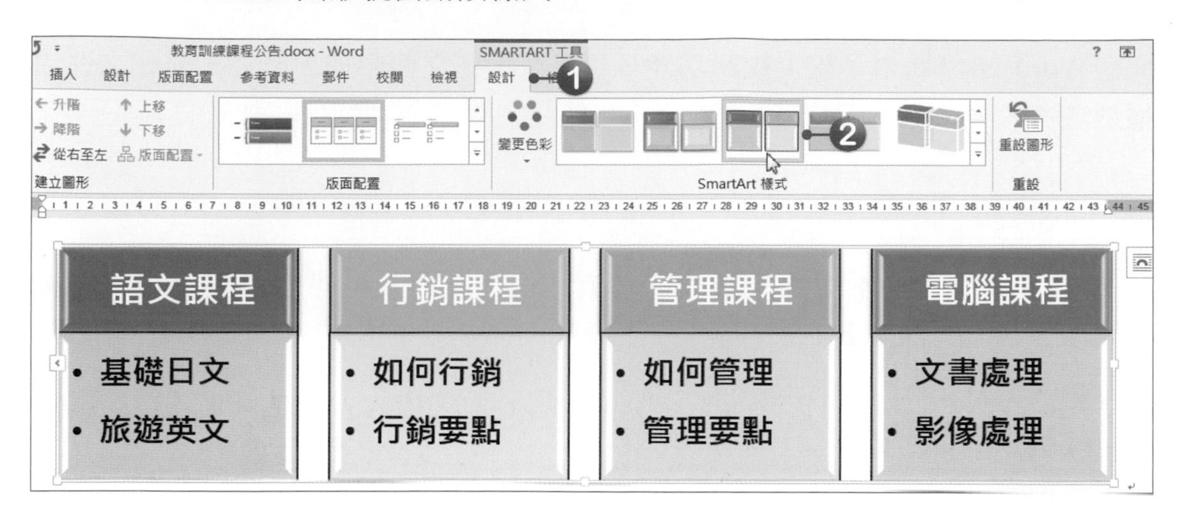

將SmartArt圖形進行了各種格式設定後，若要將圖形回復到最原始狀態時，可以按下「**SMARTART工具→設計→重設→重設圖形**」按鈕。

在進行SmartArt圖形的編輯及美化時，除了可以針對整個SmartArt圖形進行設定外，還可以針對SmartArt圖形中的個別圖案進行變更圖樣、樣式、文字格式、大小等設定。只要進入「**SMARTART工具→格式**」索引標籤中，即可進行變更圖案及圖案樣式。

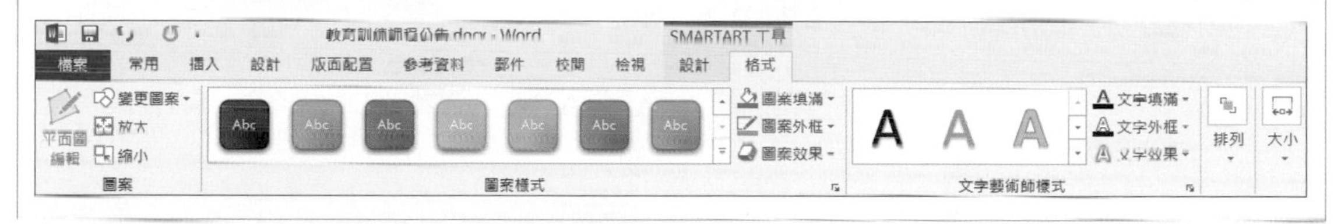

變更版面配置

在使用SmartArt圖形時，可以隨時變更圖形的版面配置，進入「**SMARTART工具→設計→版面配置**」群組中，即可選擇要變更的版面配置。

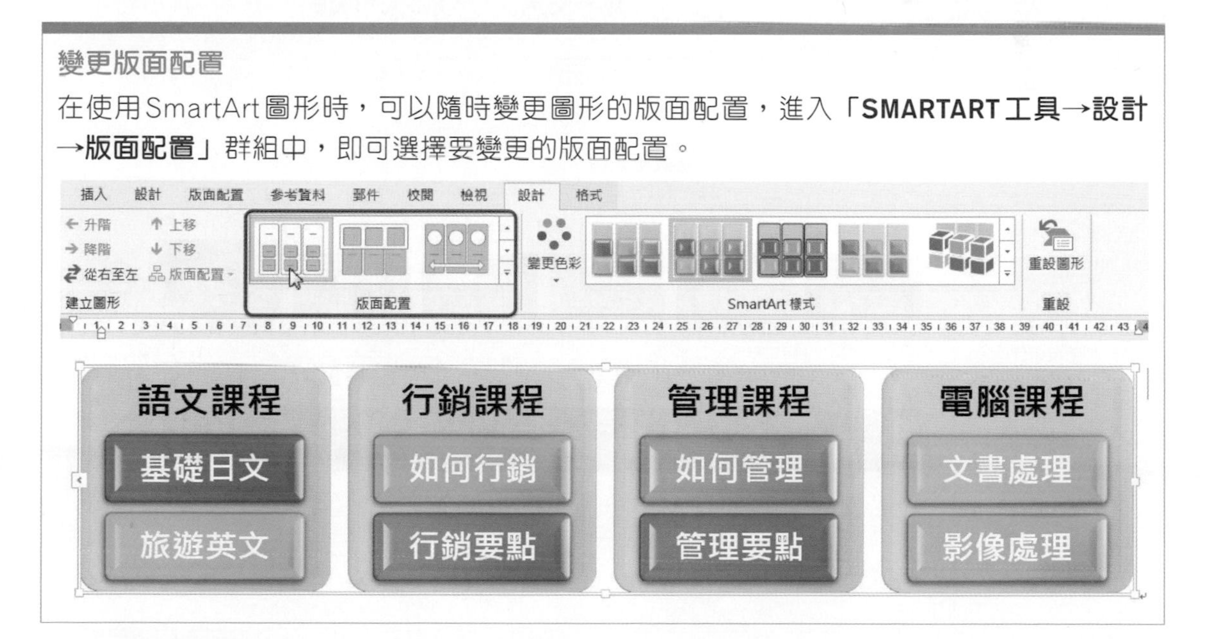

2-5 在文件中加入線上視訊

Word 2013新增了**線上視訊**功能，可以直接在文件中插入影片，並在文件中播放該影片。

插入線上視訊

01 將滑鼠游標移至要插入影片的位置，按下**「插入→媒體→線上視訊」**按鈕，開啟「插入影片」視窗。

02 在視窗中可以藉由Bing、YouTube搜尋影片後插入；或是直接將已知網路上的影片網址嵌入程式碼輸入。

03 在Bing欄位中輸入要搜尋的關鍵字，輸入好後按下**搜尋**按鈕，進行搜尋的動作，在搜尋結果中，點選要插入的影片，按下**插入**按鈕。

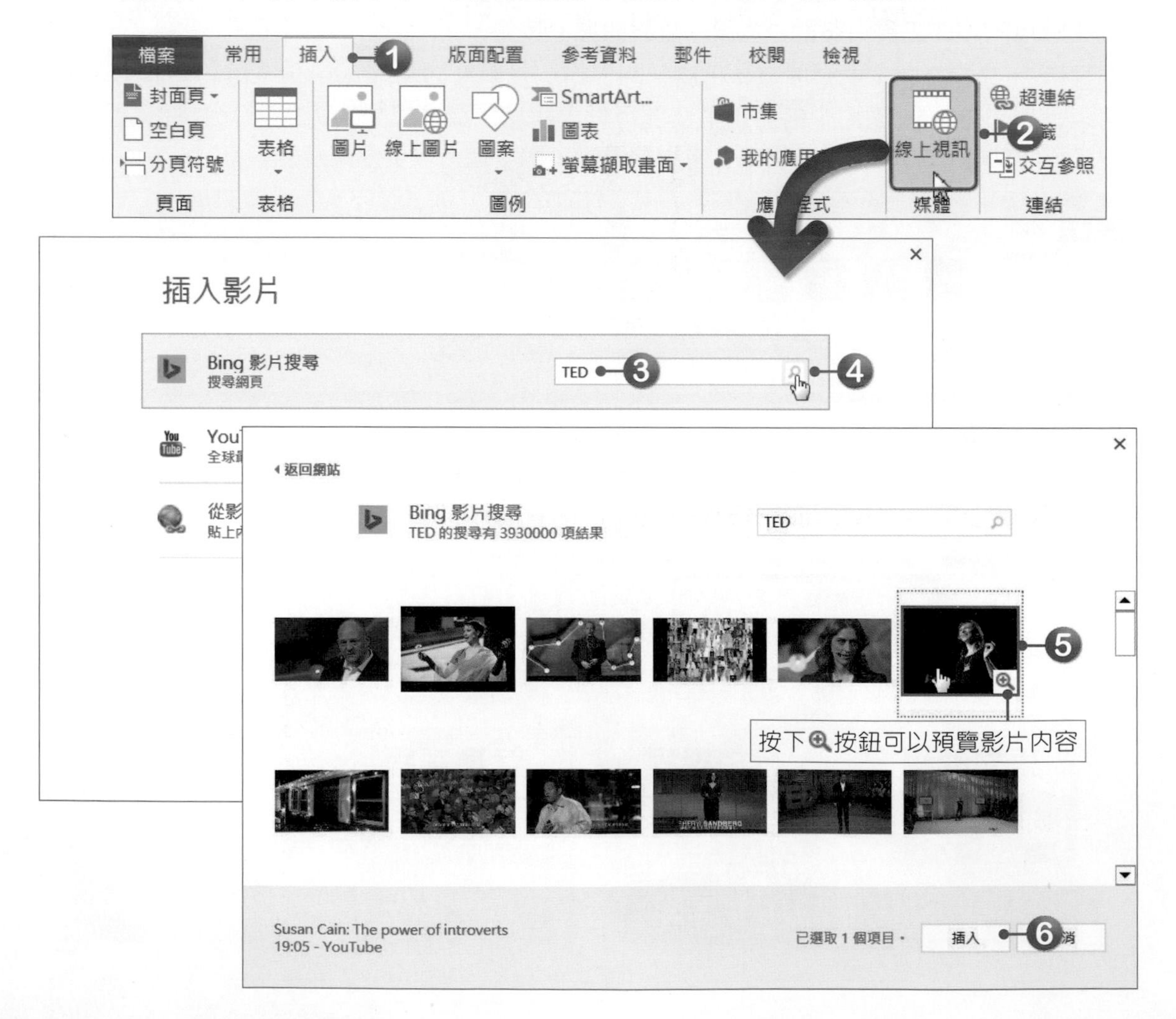

04 影片便會插入於文件中。因爲影片過大，所以要來調整影片的大小，將滑鼠游標移至影片右下角的控制點上，按著**滑鼠左鍵**不放並拖曳，即可調整影片大小。

05 影片大小調整好後，按下 按鈕，將影片的文繞圖方式設定爲**緊密**。

06 文繞圖設定好後，再將影片搬移至右邊。

播放視訊

線上視訊插入於文件後，若要播放視訊，只要按下視訊上的播放鈕，便會以燈箱效果來播放該影片，要結束放映時，在文件的任一處按下**滑鼠左鍵**，即可關閉影片回到文件中。

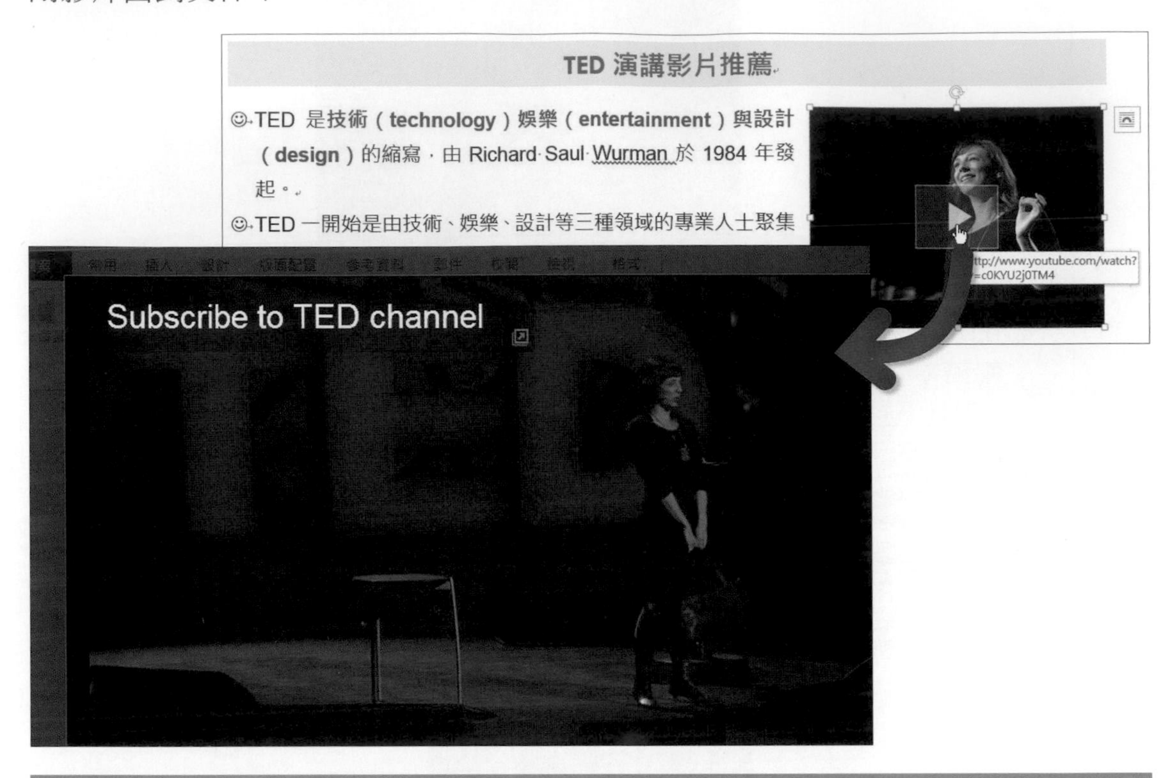

將網站上的影片插入於文件時，實際上只是連結至該視訊檔案再進行播放，而不是將視訊檔案嵌入於文件中，所以在播放影片時，電腦必須是處於連線狀態。

視訊格式設定

在文件中的視訊跟圖片一樣，可以進行校正、色彩、美術效果、圖片樣式、圖片框線、圖片效果、文繞圖、裁剪等設定。

01 選取視訊物件，於**「圖片工具→格式→圖片樣式」**群組中，點選一個要套用的樣式。

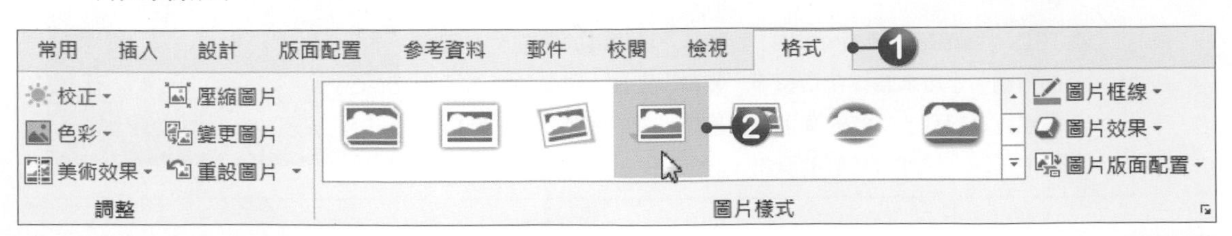

02 點選後，視訊就會套用該樣式。

TED 演講影片推薦

☺TED 是技術（technology）娛樂（entertainment）與設計（design）的縮寫，由 Richard Saul Wurman 於 1984 年發起。

☺TED 一開始是由技術、娛樂、設計等三種領域的專業人士聚集的會議，但後來各界包括藝術、教育、商業、科學、文化等話題也逐漸出現。受邀的演講者皆是該領域的菁英份子，針對自己擅長的主題進行精彩的演說。

03 接著要來修改框線的大小，按下**「圖片工具→格式→圖片樣式→圖片框線」**按鈕，於**寬度**選項中點選**6點**，視訊的框線就會變得比較小。

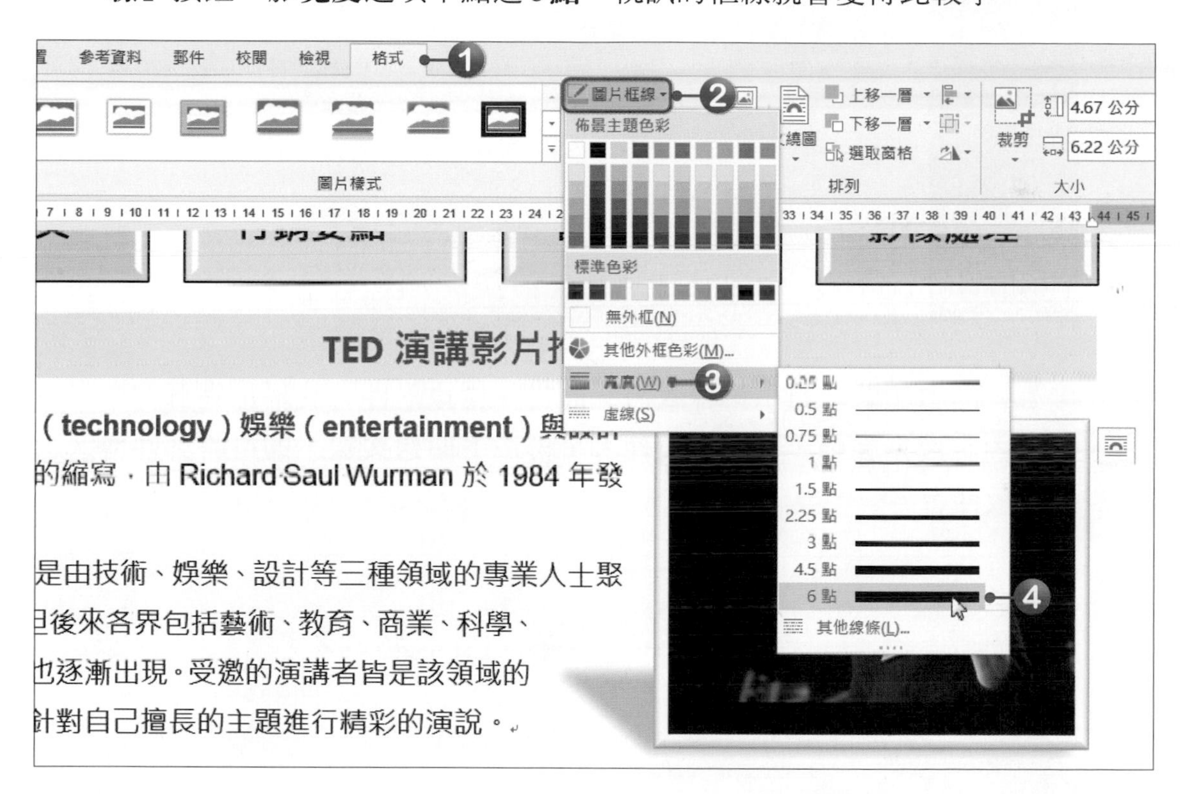

到這裡「教育訓練課程公告」就製作完成了，最後再檢查看看有沒有要調整或修改的地方，若都沒問題後，別忘了將檔案儲存起來喔！

2-6 將文件以電子郵件寄出

公告文件製作好後，可以在Word中直接使用電子郵件方式，將文件寄送給相關同仁。

01 按下**「檔案→共用→電子郵件→以附件傳送」**功能。

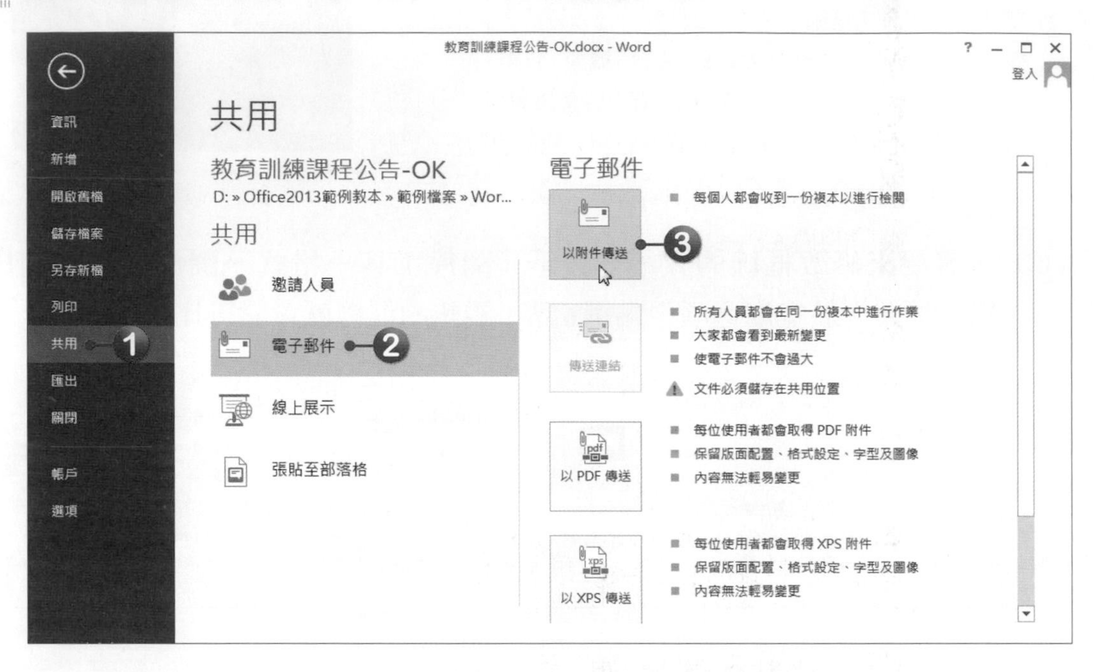

02 接著會開啓相關的電子郵件軟體，而文件會以**附件**方式附加在郵件中，將郵件內容撰寫完畢，並選擇收件者，再按下**傳送**按鈕，即可將郵件傳送給所有收件者。

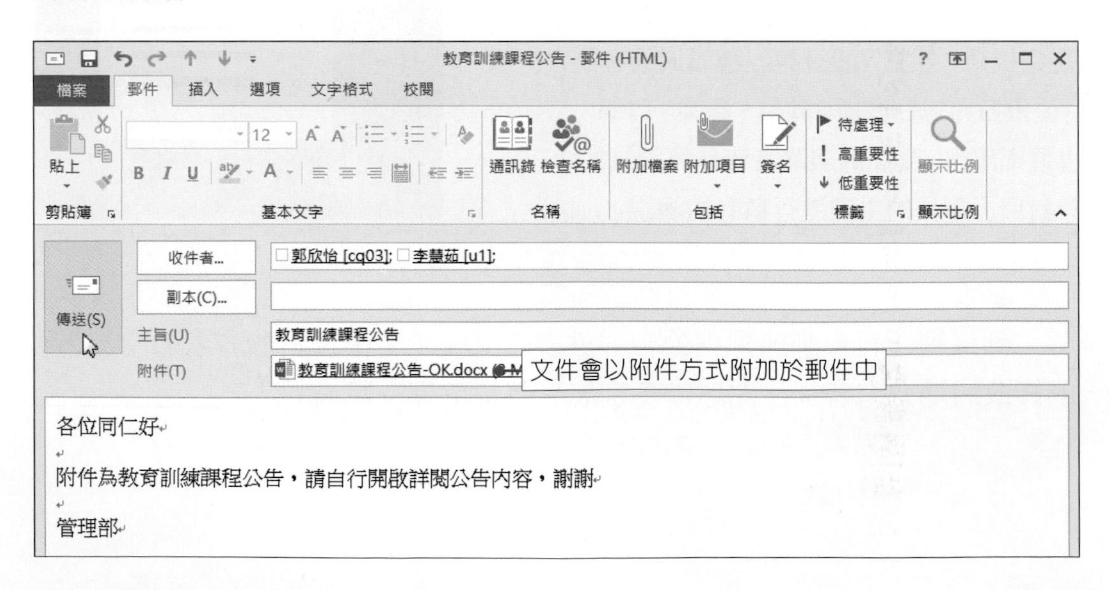

自我評量

✦選擇題

(　　)1. 在Word中，下列哪個物件可以套用陰影、反射、光暈、浮凸等效果？(A)視訊 (B)文字藝術師 (C)圖片 (D)以上皆可。

(　　)2. 在Word中，插入圖片後，可以進行以下哪個動作？(A)大小調整 (B)將圖片裁剪爲某個圖案 (C)剪裁圖片 (D)以上皆可。

(　　)3. 在Word中，有關「裁剪」功能的敘述，何者正確？(A)裁剪的部分仍然是圖片檔的一部分 (B)裁剪後的圖片檔案會變小 (C)裁剪後的圖片無法復原 (D)裁剪的區域可以是不規則邊緣。

(　　)4. 在Word中，要刪除圖片的裁剪區域，可透過下列哪一項功能來執行？(A)圖片工具→格式→調整→移除背景 (B)圖片工具→格式→調整→壓縮圖片 (C)圖片工具→格式→調整→變更圖片 (D)圖片工具→格式→調整→裁剪。

(　　)5. 在Word中，編輯多文件時，欄數最多可設定幾欄？(A)11欄 (B)12欄 (C)13欄 (D)依紙張大小決定欄數。

(　　)6. 在Word中，將圖片加入後，於圖片右上角會自動出現按鈕，利用此按鈕可以進行以下哪項設定？(A)調整圖片大小 (B)裁剪圖片 (C)設定圖片文繞圖方式 (D)移除圖片。

(　　)7. 在Word中，將視訊加入於文件後，其文繞圖的排列方式在預設下爲：(A)上及下 (B)與文字排列 (C)緊密 (D)矩形。

(　　)8. 在Word中，可以將文件內的圖片另存爲下列哪一個格式？(A)png (B)jpg (C)tif (D)以上皆可。

✦實作題

1. 開啓「Word→Example02→好書推薦.docx」檔案，進行以下的設定。
   - 在標題文字下加入book01.jpg圖片，將圖片的高度裁剪至6公分左右，並裁剪成圓角化同側角落矩形。
   - 在本書特色段落內文左邊加入book02.jpg圖片，將圖片寬度設定爲4.5公分，並加上內部中央內陰影及立體旋轉效果中的左側透視圖。

自我評量

● 將本書目錄下的目錄文字以二欄呈現。

~~本月好書推薦~~

書籍基本介紹

- 書名：Photoshop CS6 快速上手(附範例光碟)
- 作者：全華研究室
- 頁數：400 頁
- 印刷：彩色

本書特色

本書共分為 12 章，可以學習到各種 Photoshop 的使用技巧，學會了這些使用技巧後，當你利用 Photoshop 處理各種相片或設計時，都能輕而易舉地完成。

每一章照片都是我們配合各工具的特性精選出來的，你可以依照書中指示，開啟相關檔案進行練習，而每一章最後的綜合應用更是你不能錯過的單元，我們提供了 2~3 個相關範例，讓你可以快速地完成相片的處理與影像的設計。

在每章的最後，都會有「自我評量」單元，自我評量中所要使用的原始檔案，也都可以在「範例光碟」中找到。

本書目錄

CH01 影像基本概念
CH02 Photoshop 基本操作
CH03 影像基本操作
CH04 影像色彩調整
CH05 選取與變形使用技巧
CH06 繪圖與填色工具
CH07 修復與潤飾影像
CH08 圖層的應用
CH09 路徑與向量形狀的繪製
CH10 文字使用技巧
CH11 濾鏡特效
CH12 影像列印、輸出與自動執行

2. 開啟「Word→Example02→組織架構圖.docx」檔案，進行以下的設定。

● 請加入下圖所示的組織圖，組織圖格式請自行設計。

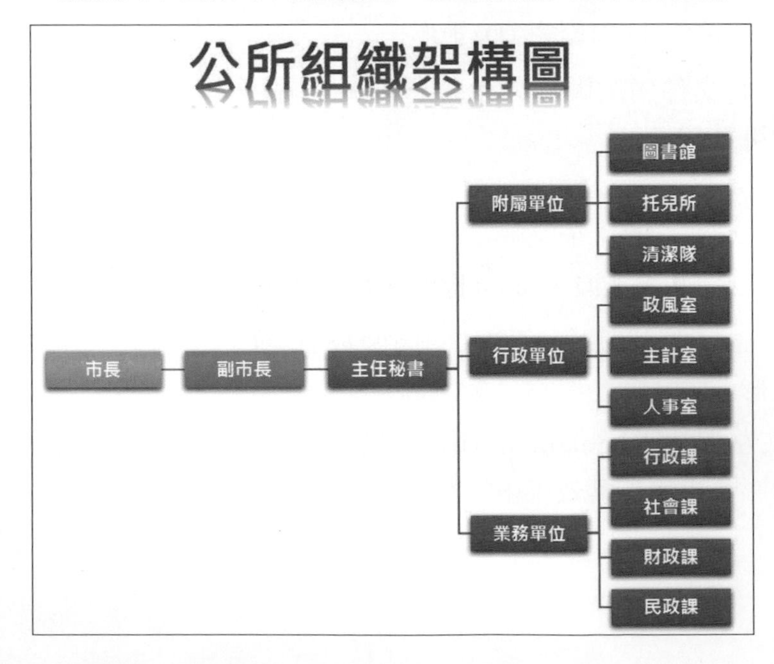

03 求職履歷表

Example

✪ 學習目標

履歷表範本的使用、建立履歷表內容、用表格編排成績表、表格的編修、美化表格、表格的數值計算、加入封面頁、更換佈景主題色彩及字型、轉存為PDF文件

✪ 範例檔案

Word → Example03 → 履歷表.docx

✪ 結果檔案

Word → Example03 → 履歷表-OK.docx

Word → Example03 → 履歷表-OK.pdf

在求職的過程中，一份好的履歷表是不可或缺的。其實，撰寫一份履歷表並不困難，但是，要製作一份好的履歷表那就不容易了。如何讓自己的履歷表在眾多的競爭對手中脫穎而出，並讓對方留下深刻的印象，才是製作履歷表的重點。

所以，本範例要學習如何利用Word提供的履歷表範本，製作出一份令人印象深刻的履歷表。在履歷表的製作過程中，利用範本，先建立個人履歷表的架構，架構製作完成後，再於履歷表中加入自傳、個人作品集、封面等資訊，讓履歷表更專業、更具吸引力。

3-1 使用範本建立履歷表

使用Word提供的「履歷表」範本，可以快速地建立一個基本履歷，而該履歷表也已經設定好基本的文字樣式、表格樣式、頁碼樣式等，所以，只要將相關資料填入，就能完成履歷表的製作。

開啓履歷表範本

Word提供的範本，大部分都要先從Office.com網站上下載，才能使用。

01 開啓Word操作視窗，在**建議的搜尋**中，點選**履歷表**，Word便會列出相關的範本。

02 點選要開啓的範本，Word就會連上Office.com網站讓你預覽範本，若沒問題按下**建立**按鈕，即可進行下載的動作。

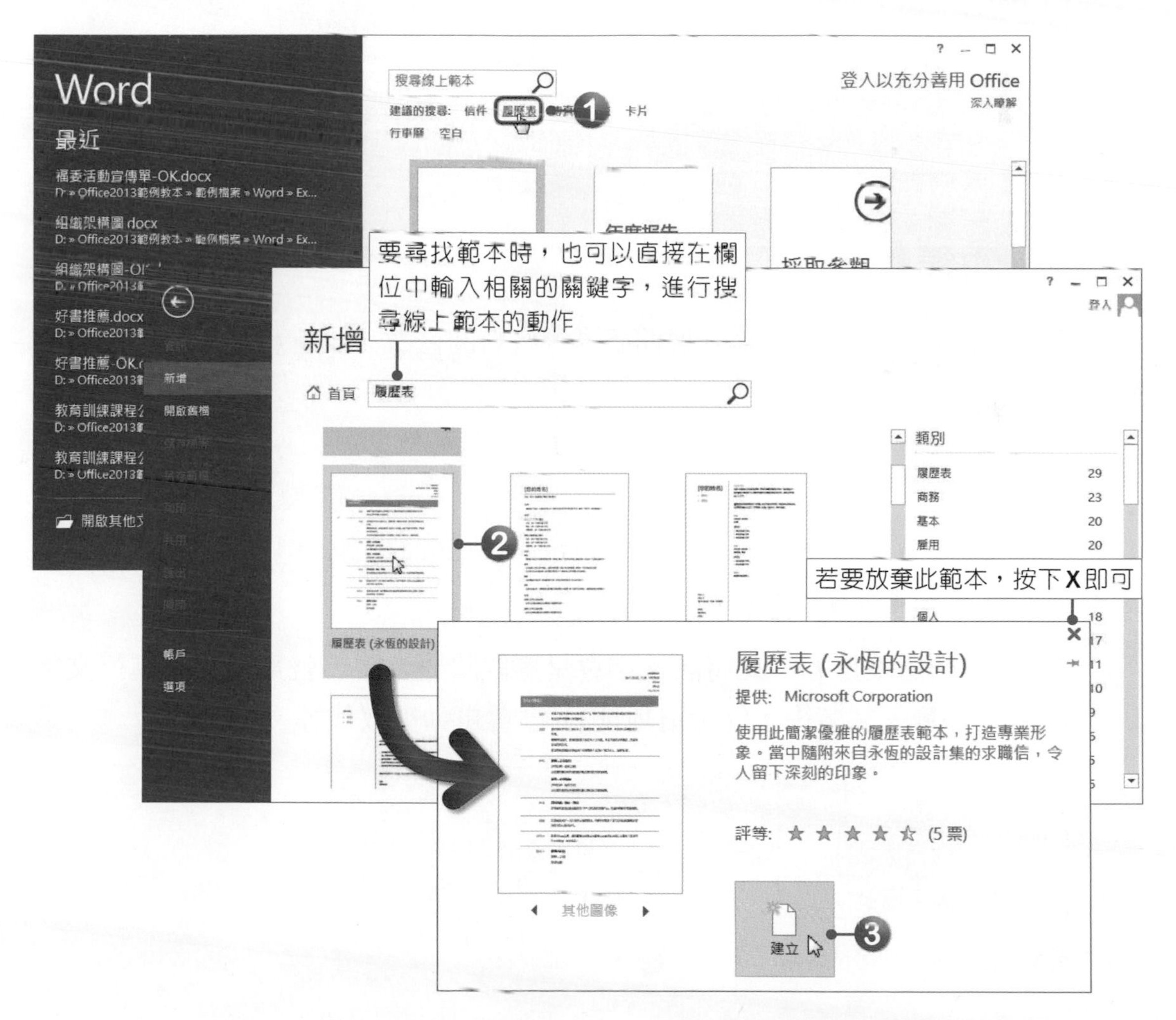

03 下載完成後，Word便會直接開啓該份文件。履歷表範本是利用表格編排而成的，若在文件中沒有看到表格格線時，先將插入點移至表格內，再按下**「表格工具→版面配置→表格→檢視格線」**按鈕，即可顯示格線。

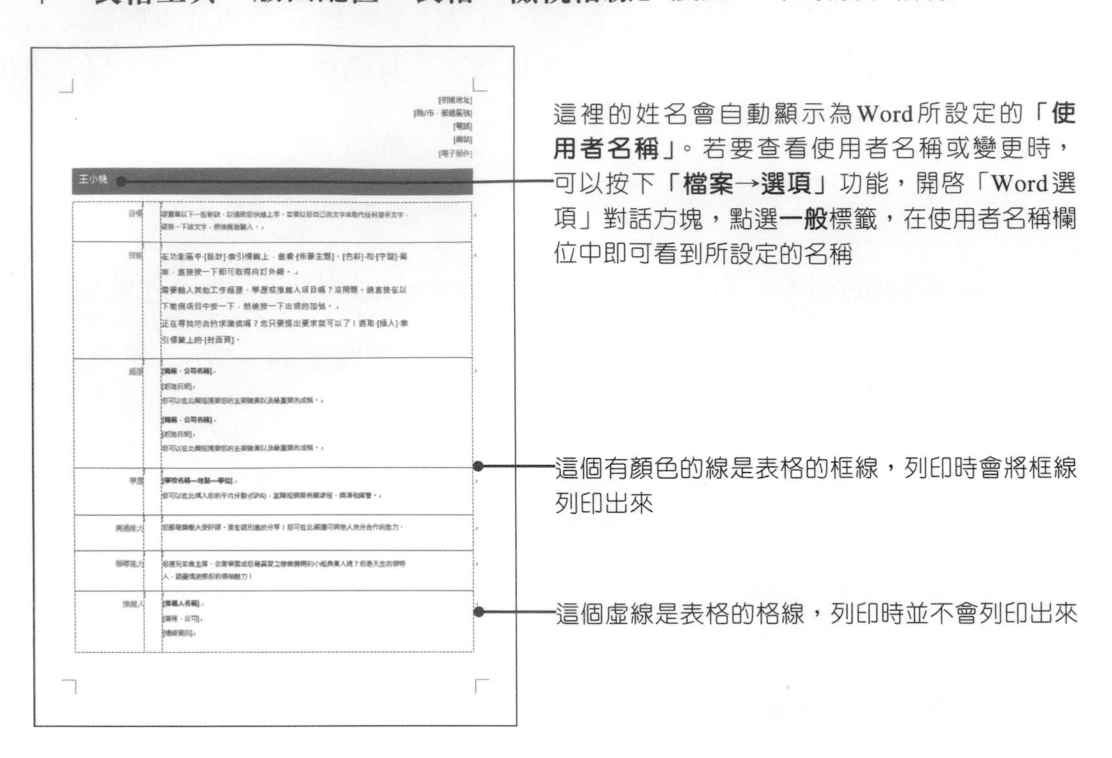

這裡的姓名會自動顯示為Word所設定的「使用者名稱」。若要查看使用者名稱或變更時，可以按下「檔案→選項」功能，開啓「Word選項」對話方塊，點選一般標籤，在使用者名稱欄位中即可看到所設定的名稱
這個有顏色的線是表格的框線，列印時會將框線列印出來
這個虛線是表格的格線，列印時並不會列印出來

履歷表的編修

履歷表建立好後，接下來就要開始進行資料的修改、文字格式的設定……等動作。

輸入資料

使用履歷表範本時，一些基本的資料位置都已先設定好，所以只要依照指示及說明來輸入相關的資料即可。

01 點選**「[街道地址]」**，此時該文字會呈選取狀態，接著就可以開始進行文字的輸入，輸入文字後，**「[街道地址]」**就會自動被取代掉。

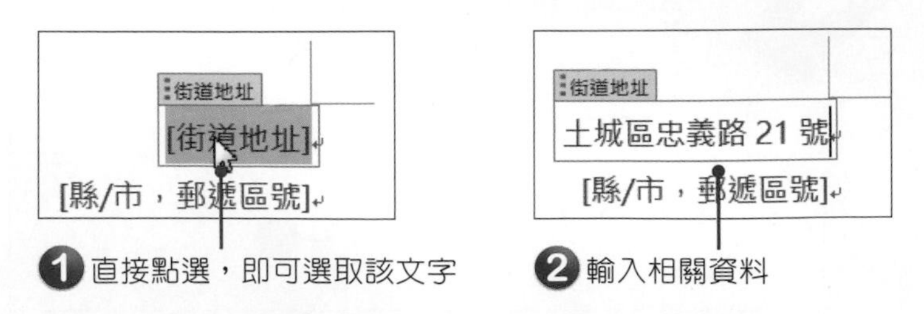

02 利用相同方式將所有相關資料都輸入完畢。

03 在輸入**經歷**、**學歷**及**推薦人**內容時，若發現預設的項目不夠，可以按下右下角的➕按鈕，即可再增加一個項目。

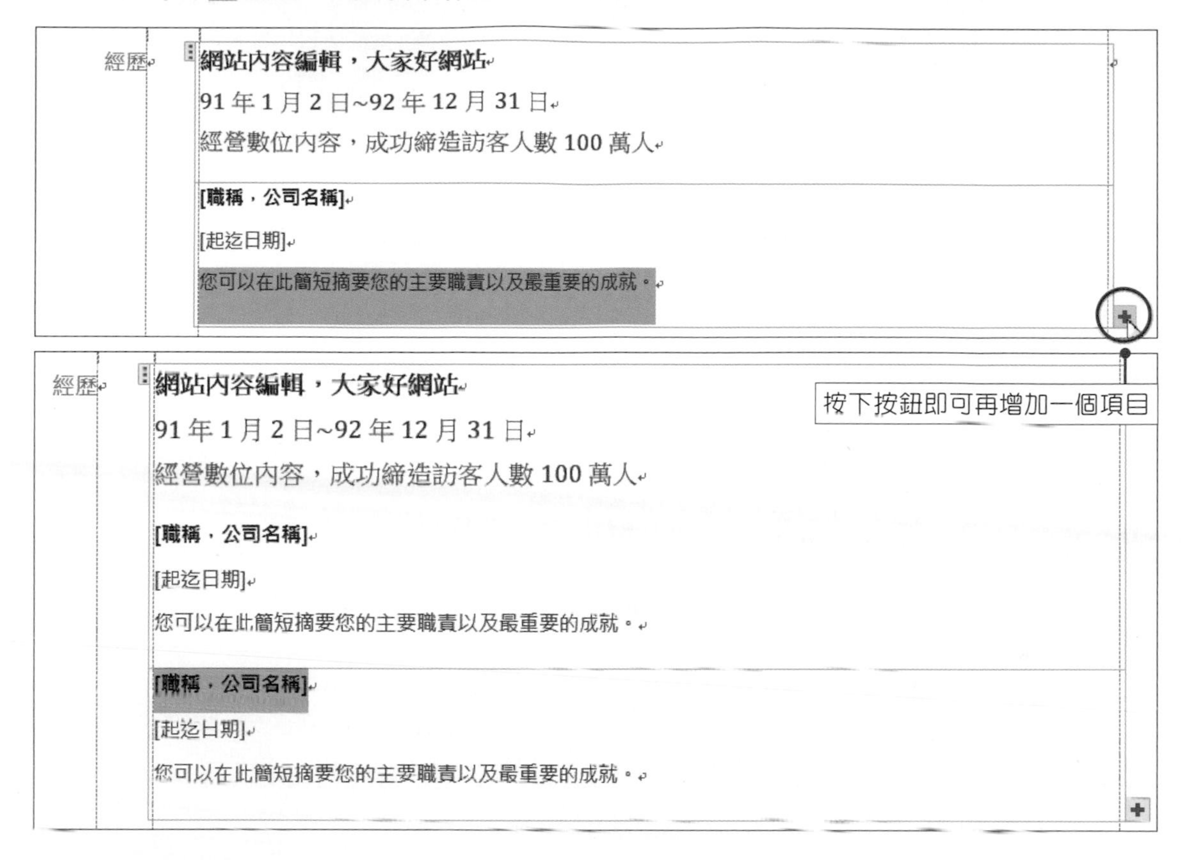

刪除不要的欄位

在預設的履歷表或許有些欄位是不需要的，此時可以直接刪除。選取要刪除的表格列，選取後會顯示**迷你工具列**，按下工具列上的**「刪除→刪除列」**按鈕，即可將選取的列刪除。

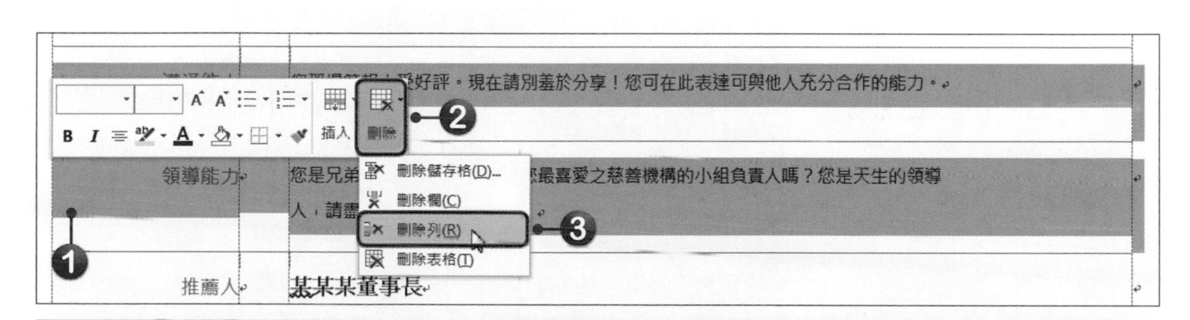

要選取表格列時，將滑鼠游標移至表格列左側，滑鼠游標會呈↗狀態，再按下滑鼠左鍵，即可選取一列；要選取多列時，則往下拖曳至要選取的列即可。

修改文字格式

01 將滑鼠游標移至表格的上方，在**A欄**上按下**滑鼠左鍵**，選取該欄。

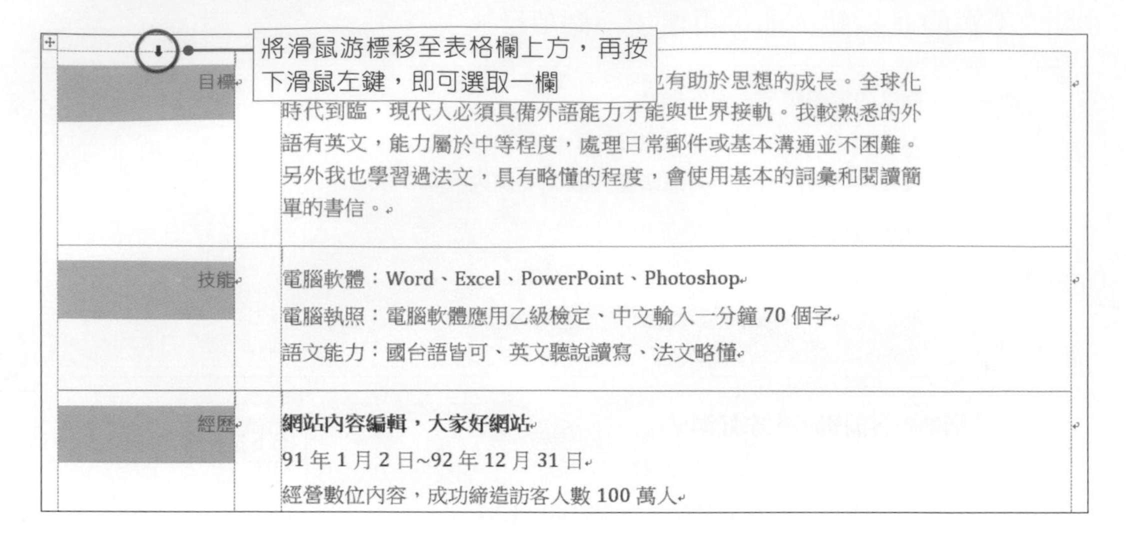

02 選取好後，進入**「常用→字型」**群組中，進行文字格式的設定。

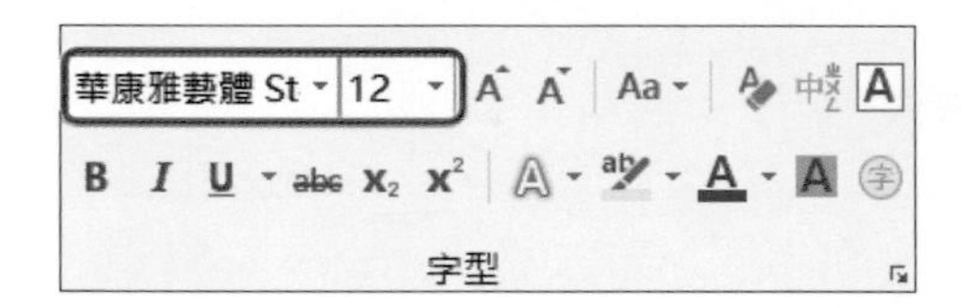

03 接著選取表格的**C欄**，選取好後，進入**「常用→字型」**群組及**「字型→段落」**群組中，進行文字格式及段落對齊方式設定。

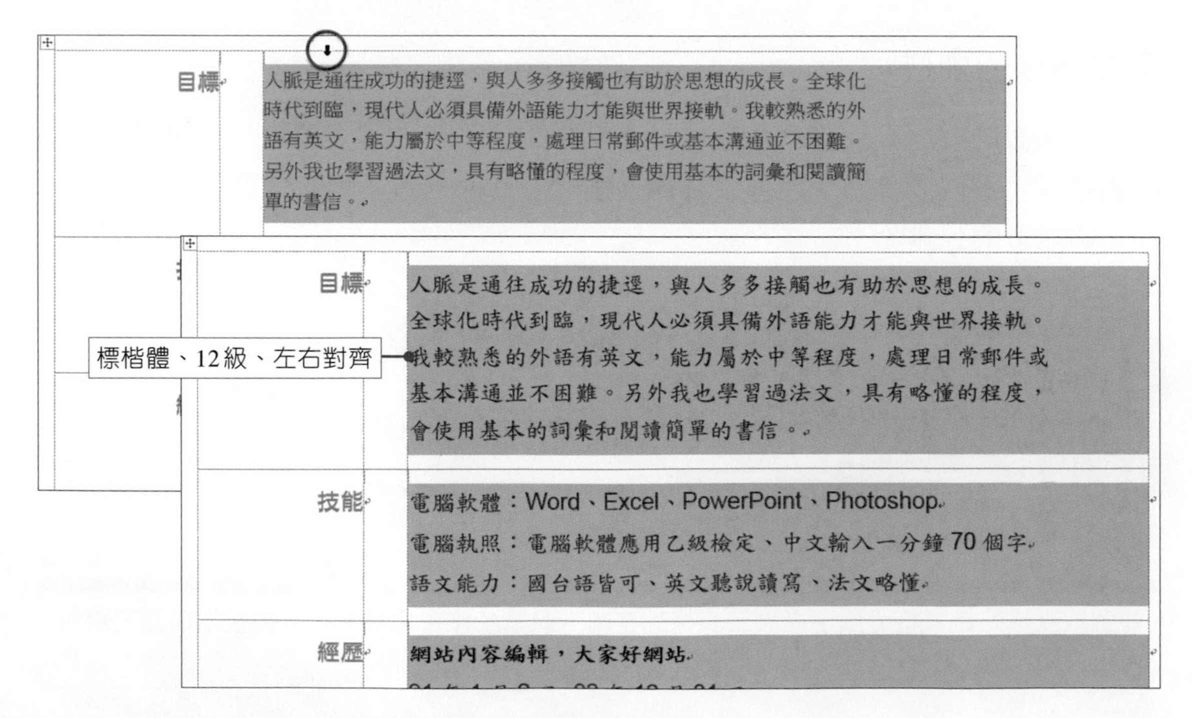

04 選取姓名，進入**「常用→字型」**群組中，進行文字格式的設定。

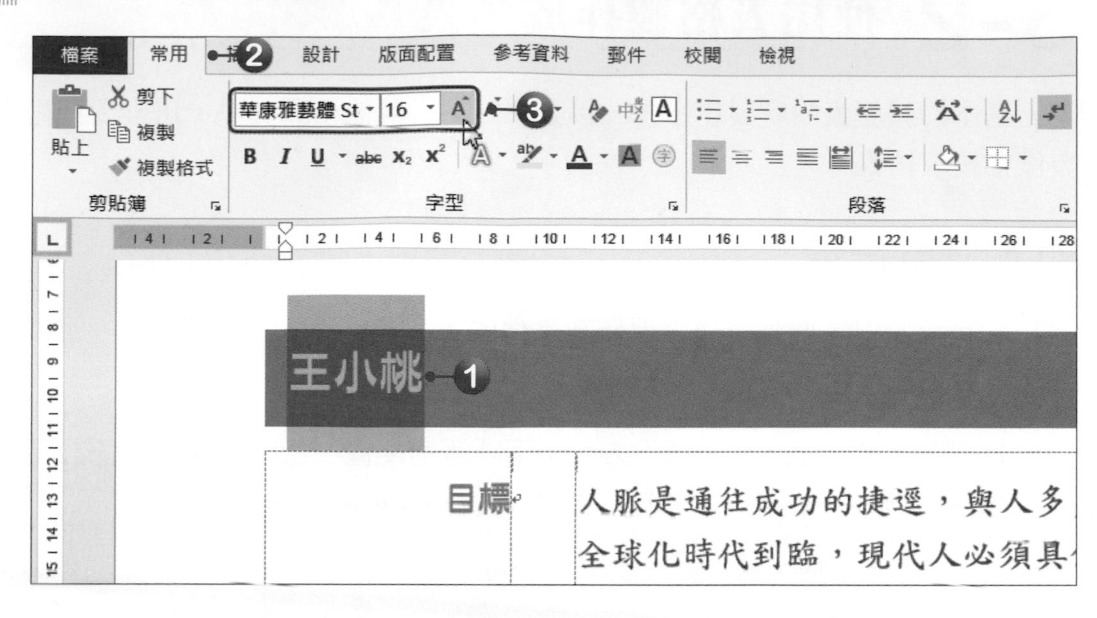

到這裡，基本的履歷表內容就製作完成囉！你可以開啟 **「履歷表.docx」** 檔案，查看相關設定，而接下來的相關操作，也可以使用此檔案進行喔！

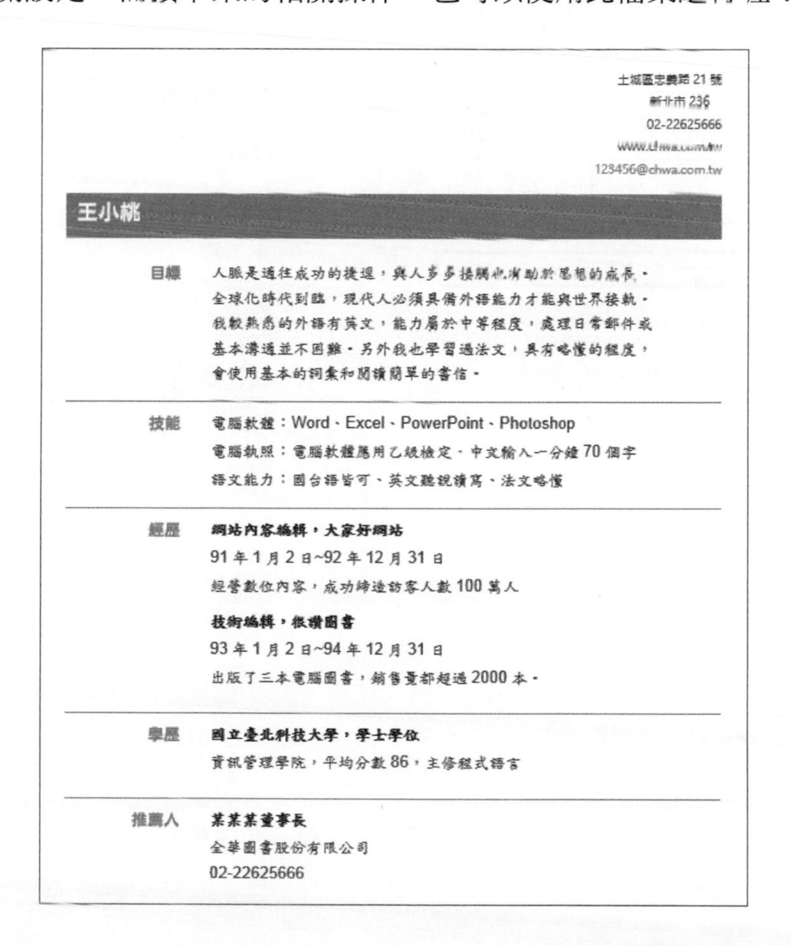

土城區忠義路 21 號
新北市 236
02-22625666
www.chwa.com.tw
123456@chwa.com.tw

王小桃

目標　人脈是通往成功的捷逕，與人多多接觸也有助於思想的成長。
全球化時代到臨，現代人必須具備外語能力才能與世界接軌。
我較熟悉的外語有英文，能力屬於中等程度，處理日常郵件或
基本溝通並不困難。另外我也學習過法文，具有略懂的程度，
會使用基本的詞彙和閱讀簡單的書信。

技能　電腦軟體：Word、Excel、PowerPoint、Photoshop
電腦執照：電腦軟體應用乙級檢定、中文輸入一分鐘 70 個字
語文能力：國台語皆可、英文聽說讀寫、法文略懂

經歷　**網站內容編輯，大家好網站**
91 年 1 月 2 日~92 年 12 月 31 日
經營數位內容，成功締造訪客人數 100 萬人
技術編輯，很讚圖書
93 年 1 月 2 日~94 年 12 月 31 日
出版了三本電腦圖書，銷售量都超過 2000 本。

學歷　**國立臺北科技大學，學士學位**
資訊管理學院，平均分數 86，主修程式語言

推薦人　**某某某董事長**
全華圖書股份有限公司
02-22625666

3-2 使用表格製作成績表

基本的履歷表內容製作好後，接著便可加入其他相關資料，這裡要利用表格製作在校成績表。

加入分頁符號

在此範例中，要將成績表製作在文件的第2頁，而只要利用分隔設定中的**分頁符號**，即可快速地在文件中將插入點移至第2頁。

01 將滑鼠游標移第1頁的最下方，按下**「版面配置→版面設定→分隔設定」**按鈕，於選單中點選**分頁符號**，或按下**Ctrl+Enter**快速鍵。

02 Word便會自動新增一頁，而插入點會跳至下一頁開始的位置。

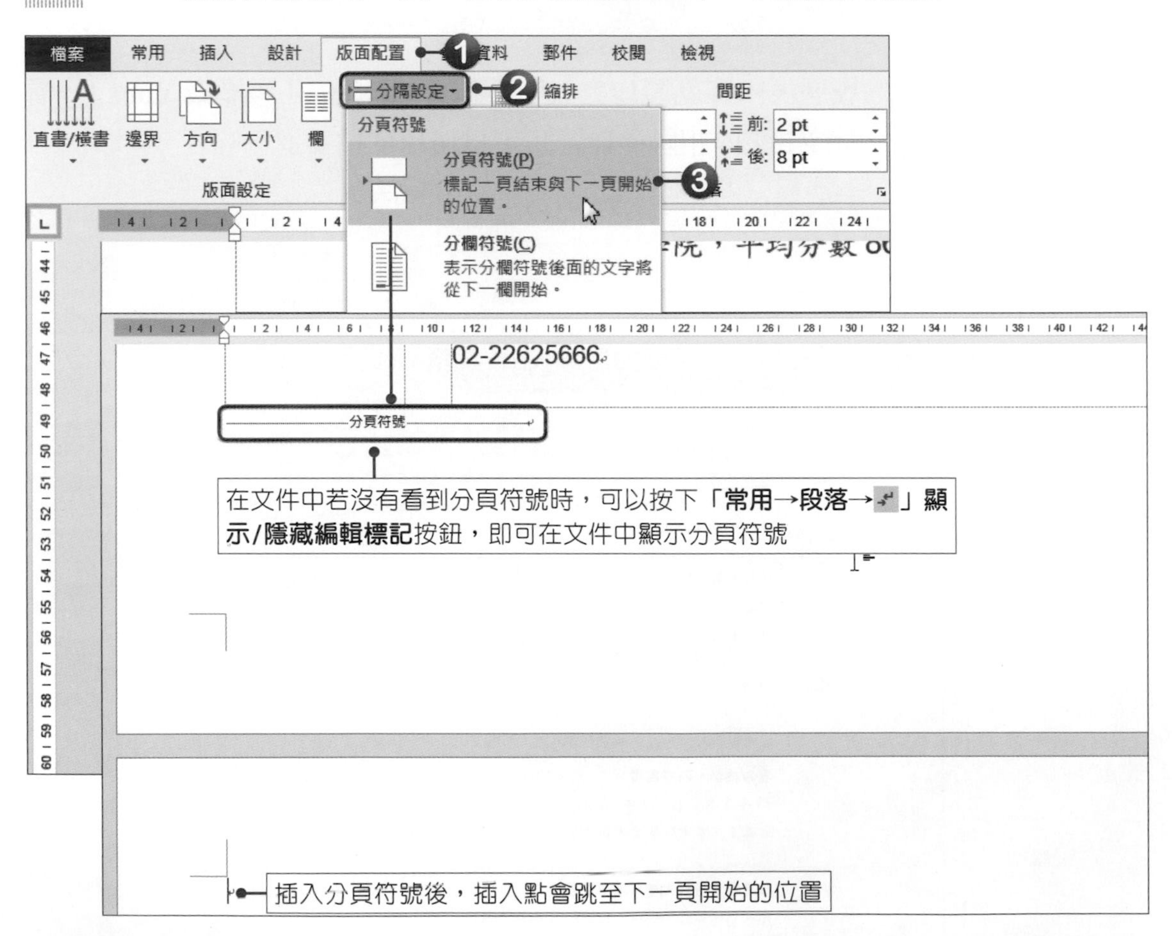

要在文件中加入新頁面時，也可以按下**「插入→頁面→空白頁」**按鈕；或按下**「插入→頁面→分頁符號」**按鈕，就會在插入點所在位置下新增一頁空白頁。

建立表格

表格是由多個**「欄」**和多個**「列」**組合而成的，假設一個表格有5個欄，6個列，簡稱它為**「5×6表格」**。表格中的每一格，稱之為**「儲存格」**，每一個儲存格又都有一個位址名稱，例如：表格中的第4欄第3列的儲存格，稱之為「D3」儲存格。

了解後，就要在頁面中建立一個**「8×7」**的表格。

01 建立表格前，先輸入**「我的在校成績表」**標題文字，文字輸入好後，按下**「常用→樣式」**群組中的**姓名**樣式，標題文字就會套用已設定好的文字格式。

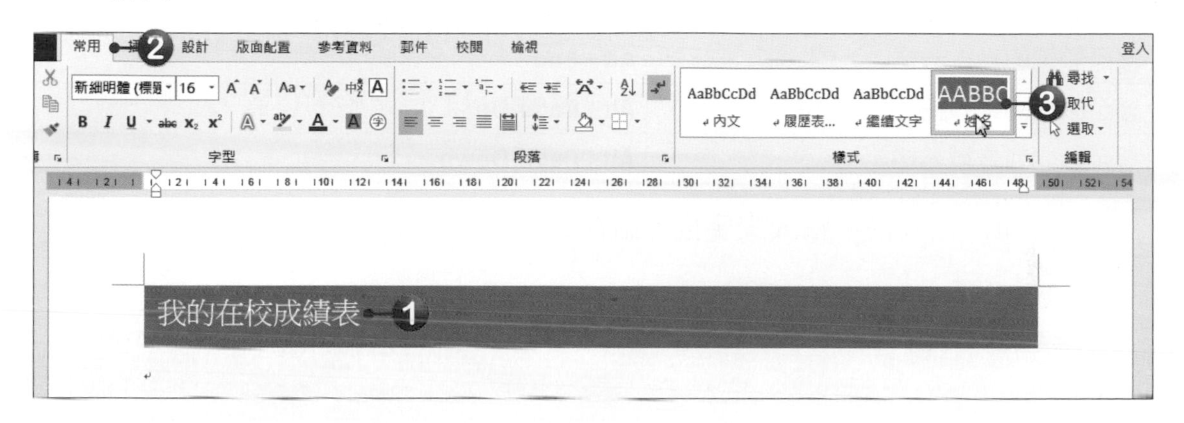

02 將插入點移至標題文字下，按下**「插入→表格→表格」**按鈕，於選單中拖曳出**8×7**的表格，拖曳好後按下**滑鼠左鍵**，即可在插入點中建立表格。

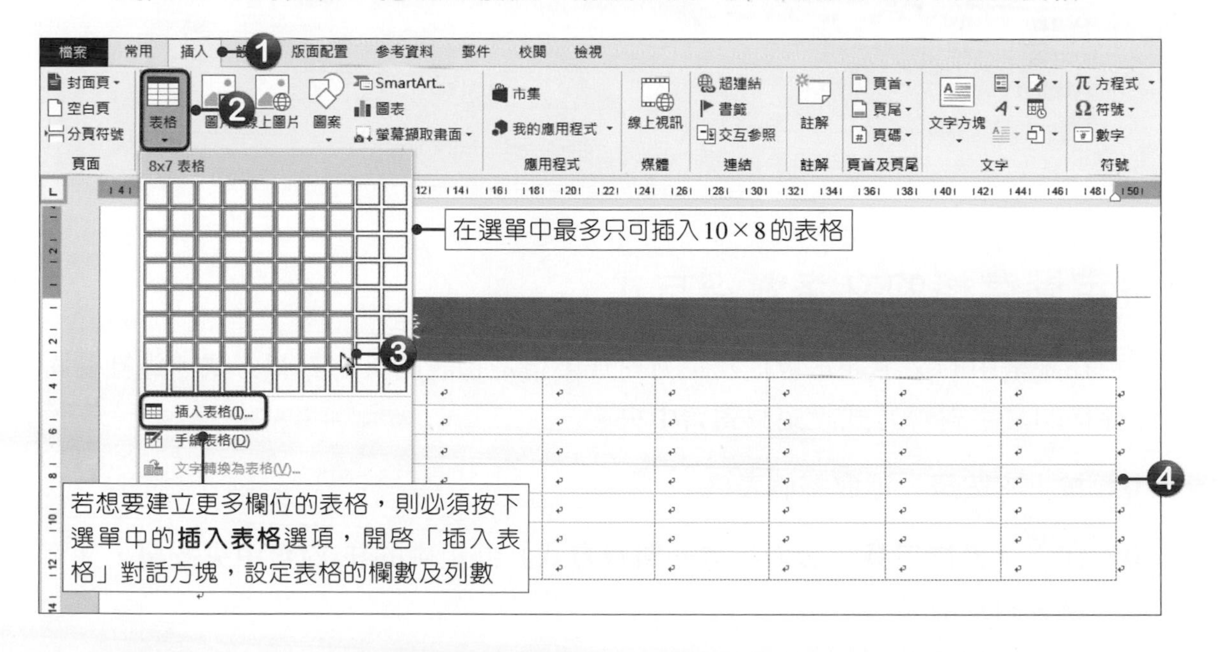

在表格中輸入文字及移動插入點

在表格中要輸入文字時，只要將滑鼠游標移至表格內的儲存格，按一下**滑鼠左鍵**，此時儲存格中就會有插入點，接著就可以輸入文字。在表格中要移動插入點時，可以直接用滑鼠點選，或是使用快速鍵來移動，使用方法請參考下表：

移動位置	按鍵
上一列	↑
下一列	↓
移至插入點位置的右方儲存格	Tab
移至插入點位置的左方儲存格	Shift+Tab
移至該列的第一格	Alt+Home
移至該列的最後一格	Alt+End
移至該欄的第一格	Alt+Page Up
移至該欄的最後一格	Alt+Page Down

了解如何在表格中輸入文字後，請在表格中輸入相關內容。

我的在校成績表

	一年級上	一年級下	二年級上	二年級下	三年級上	三年級下	平均
國文	80	85	84	87	79	91	
英文	95	90	91	81	85	86	
數學	82	85	79	87	87	93	
商業概論	93	78	84	85	86	80	
程式語言	79	83	86	92	81	87	
電腦網路與原理	86	89	98	88	84	90	

設定儲存格的文字對齊方式

在表格中的文字通常會往左上方對齊，這是預設的文字對齊方式，這裡要將儲存格的文字對齊方式設定爲**對齊中央**。

01 按下⊞按鈕，選取整個表格。

02 按下**「表格工具→版面配置→對齊方式」**群組中的▣**對齊中央**按鈕，文字就會對齊中央。

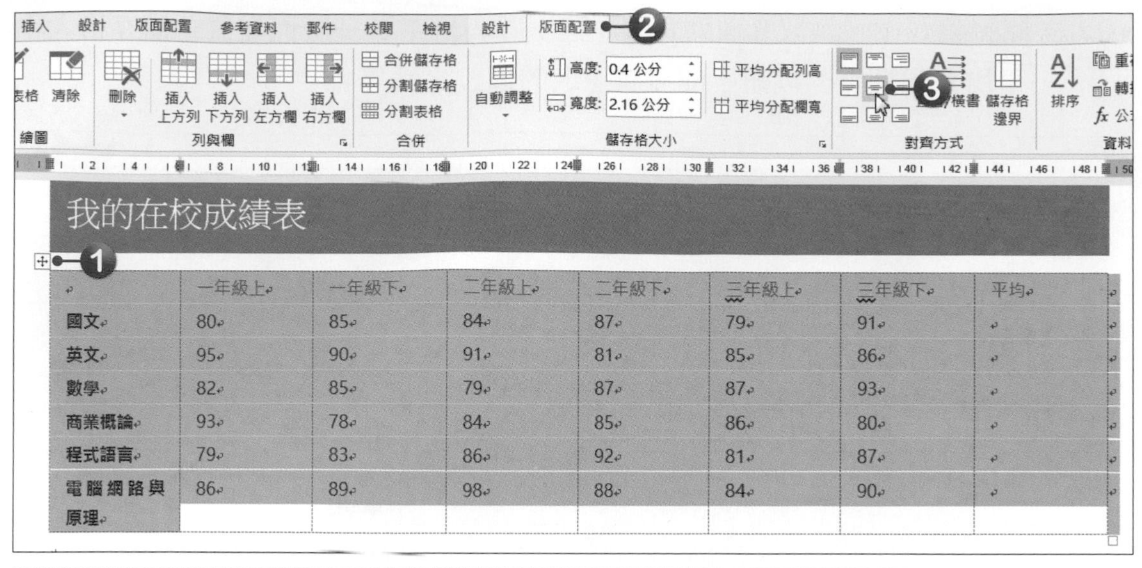

	一年級上	一年級下	二年級上	二年級下	三年級上	三年級下	平均
國文	80	85	84	87	79	91	
英文	95	90	91	81	85	86	
數學	82	85	79	87	87	93	
商業概論	93	78	84	85	86	80	
程式語言	79	83	86	92	81	87	
電腦網路與原理	86	89	98	88	84	90	

調整欄寬及列高

要調整欄寬及列高時，可以手動調整，或在「**表格工具→版面配置→儲存格大小**」群組中，使用各種調整儲存格大小的工具。

01 將滑鼠游標移至要調整欄寬的框線上，按著**滑鼠左鍵**不放並往右拖曳，將欄寬加寬。

	一年級上	一年級下	二年級上
國文	80	85	84
英文	95	90	91
數學	82	85	79
商業概論	93	78	84
程式語言	79	83	86
電腦網路與原理	86	89	98

1 將滑鼠游標移至框線上，按著**滑鼠左鍵**不放

	一年級上	一年級下	二年級上
國文	80	85	84
英文	95	90	91
數學	82	85	79
商業概論	93	78	84
程式語言	79	83	86
電腦網路與原理	86	89	98

2 往右拖曳即可將欄寬加寬

02 A欄調整好後，選取B欄到H欄，按下「**表格工具→版面配置→儲存格大小→平均分配欄寬**」按鈕，即可將選取的欄設定爲等寬。

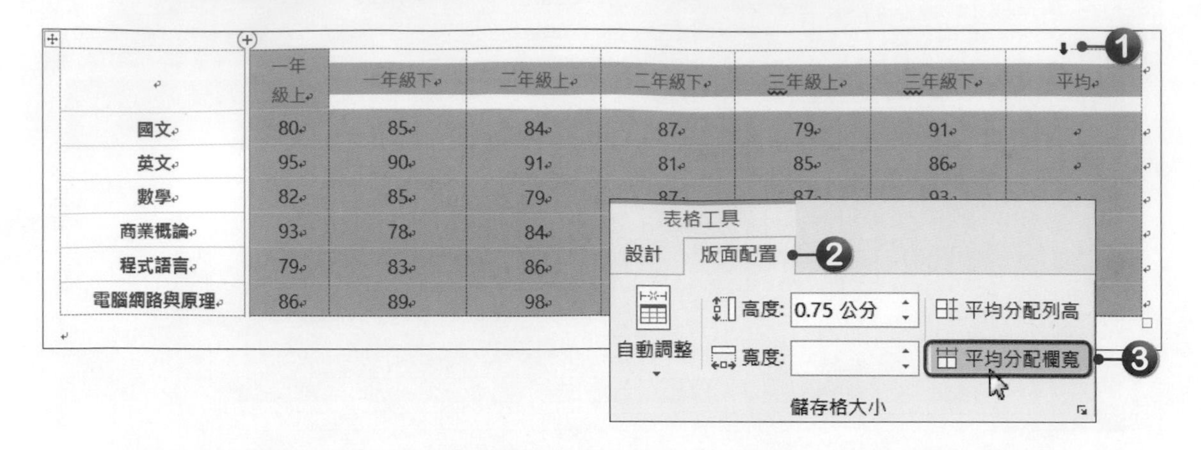

03 將滑鼠游標移至表格的最後一列框線上，按著**滑鼠左鍵**不放並往下拖曳調整列高。

	一年級上	一年級下	二年級上	二年級下	三年級上	三年級下	平均
國文	80	85	84	87	79	91	
英文	95	90	91	81	85	86	
數學	82	85	79	87	87	93	
商業概論	93	78	84	85	86	80	
程式語言	79	83	86	92	81	87	
電腦網路與原理	86	89	98	88	84	90	

	一年級上	一年級下	二年級上	二年級下	三年級上	三年級下	平均
國文	80	85	84	87	79	91	
英文	95	90	91	81	85	86	
數學	82	85	79	87	87	93	
商業概論	93	78	84	85	86	80	
程式語言	79	83	86	92	81	87	
電腦網路與原理	86	89	98	88	84	90	

04 列高調整好後，選取第1列到7列，按下「**表格工具→版面配置→儲存格大小→平均分配列高**」按鈕，即可將選取的列高設定爲等高。

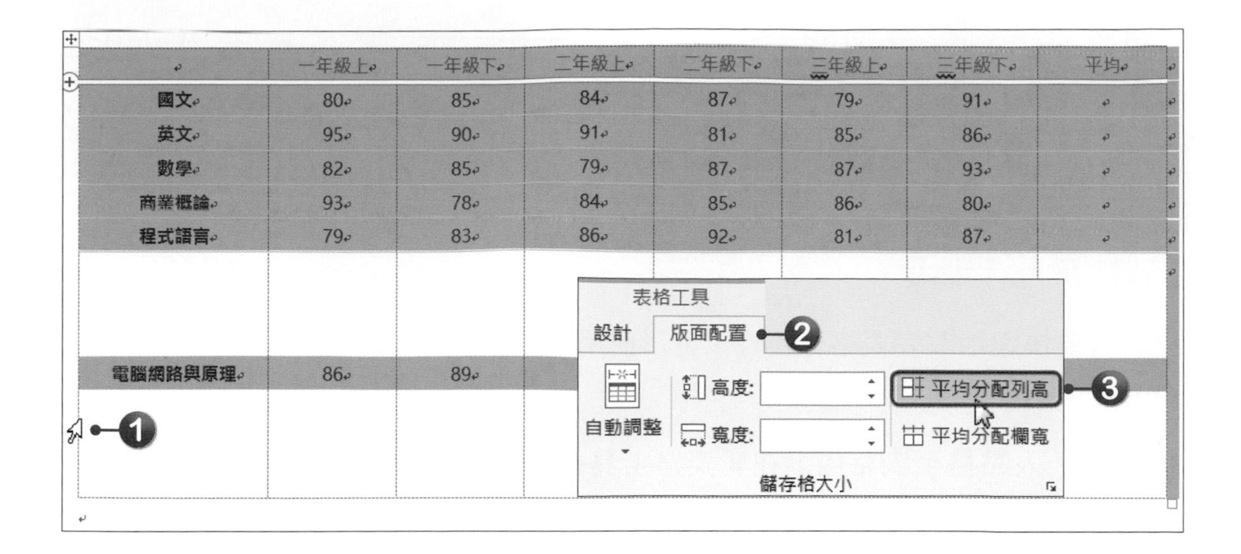

調整表格大小

要調整表格大小時，只要拖曳表格右下角的□控制點，即可調整表格的大小。

自動調整欄寬

若要讓欄寬隨文字數量自動調整時，可以按下**「表格工具→版面配置→儲存格大小→自動調整」**按鈕，可以選擇自動調整內容、自動調整視窗、固定欄寬等調整方式。

自動調整內容：在表格中輸入完文字時，表格的大小會依據文字內容多寡自動調整。

自動調整視窗：將表格自動調整成版面的大小，也就是說，當版面重新做了設定以後，表格的大小也會跟著變動。

固定欄寬：可以讓表格的欄寬固定，欄寬不會隨著資料量多寡而改變。

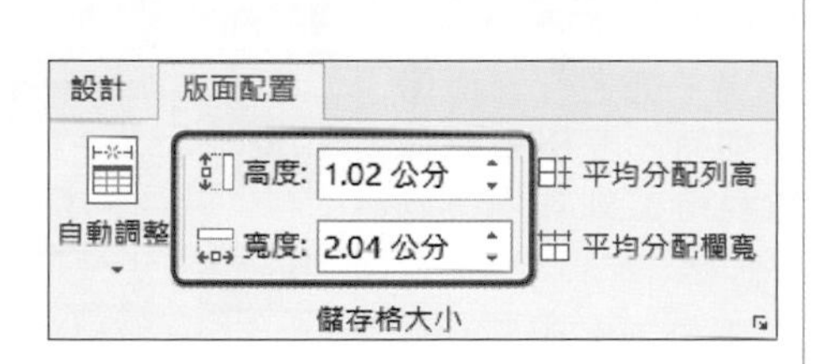

自訂欄寬或列高

要自訂表格的**欄寬**和**列高**時，只要在**「表格工具→版面配置→儲存格大小」**群組中，輸入寬度與高度即可。

新增欄、列及儲存格

要在既有的表格中加入一個新的欄或列時，只要將滑鼠游標移至要插入欄或列的位置上，在**「表格工具→版面配置→列與欄」**群組中，即可選擇要插入上方列、插入下方列、插入左方欄、插入右方欄等。

要新增欄或列時，也可以直接將滑鼠游標移至左側或上方框線，此時會出現**+**的符號，按下後便會在指定的位置新增一欄或一列。若要新增多欄或多列時，先選取要新增欄數或列數，再將滑鼠游標移至左側的框線，按下**+**符號，即可新增出多欄或多列。

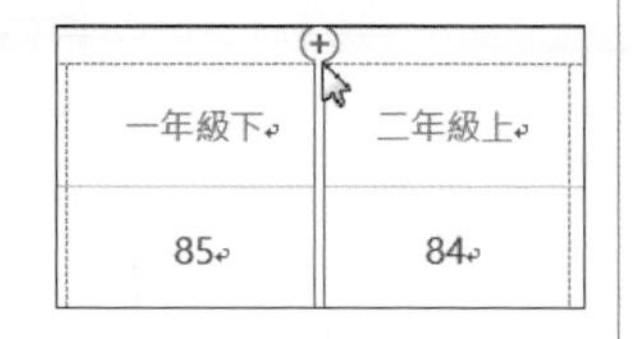

3-3 美化成績表

使用表格樣式、網底、框線等改變表格的外觀，可以讓表格的閱讀性更高。

套用表格樣式

若要快速地改變表格外觀時，可以使用**「表格工具→設計→表格樣式」**群組中所提供的表格樣式。

01 將插入點移至表格內，在**「表格工具→設計→表格樣式」**群組中所提供的表格樣式上按下**滑鼠右鍵**，點選**套用並保留格式設定**，這樣就可以保留原來所設定的文字格式，只套用表格樣式；若是直接點選要套用的樣式，那麼原先所進行的格式設定會被套用所選擇的表格樣式格式。

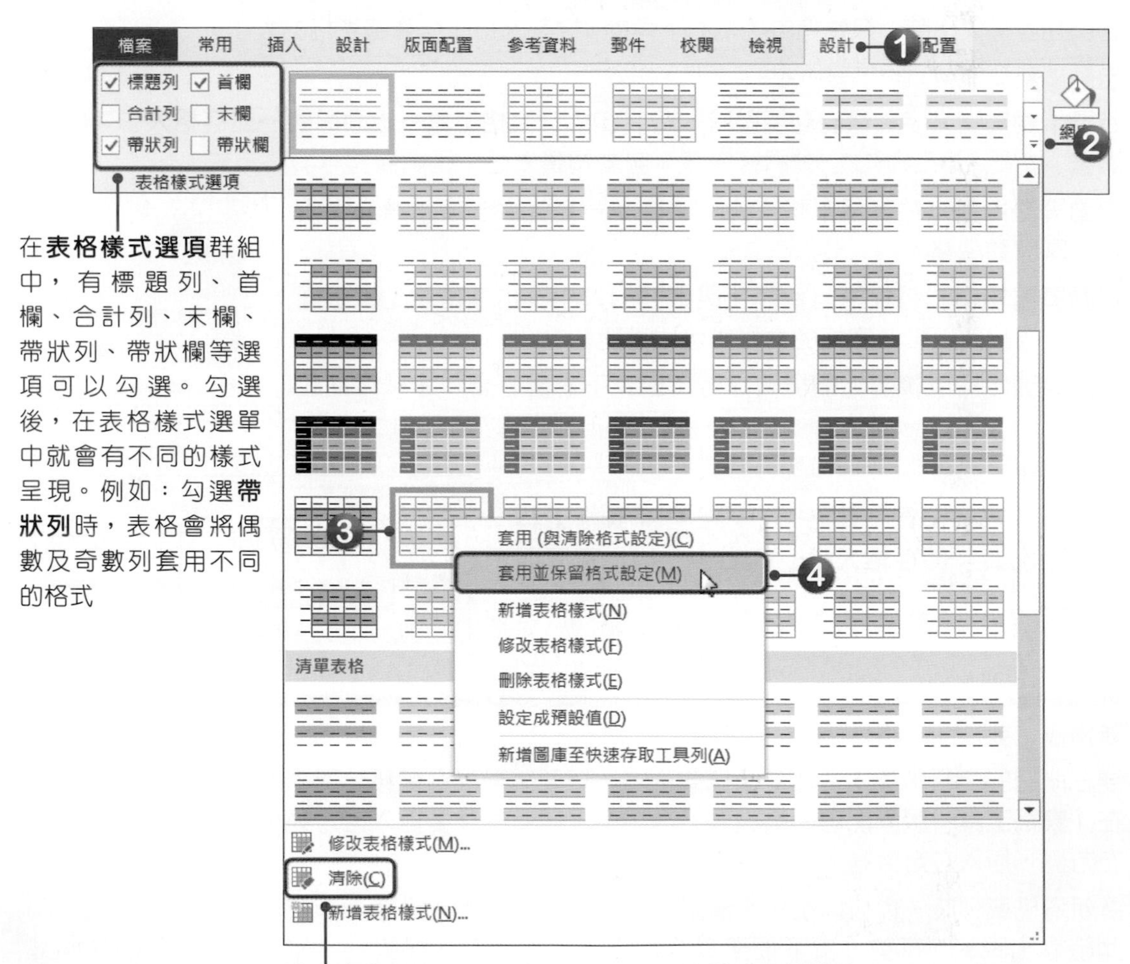

在**表格樣式選項**群組中，有標題列、首欄、合計列、末欄、帶狀列、帶狀欄等選項可以勾選。勾選後，在表格樣式選單中就會有不同的樣式呈現。例如：勾選**帶狀列**時，表格會將偶數及奇數列套用不同的格式

按下**清除**選項，可以將表格框線及網底樣式全部清除

02 點選後，表格就會套用所選的樣式，而先前所進行的文字對齊方式等設定都會被保留。

	一年級上	一年級下	二年級上	二年級下	三年級上	三年級下	平均
國文	80	85	84	87	79	91	
英文	95	90	91	81	85	86	
數學	82	85	79	87	87	93	
商業概論	93	78	84	85	86	80	
程式語言	79	83	86	92	81	87	
電腦網路與原理	86	89	98	88	84	90	

變更儲存格網底色彩

將表格套用樣式後，接著要改變標題列的網底色彩，突顯標題列。

01 選取表格的第1列，再按下**「表格工具→設計→表格樣式→網底」**按鈕，選擇要使用的網底色彩。

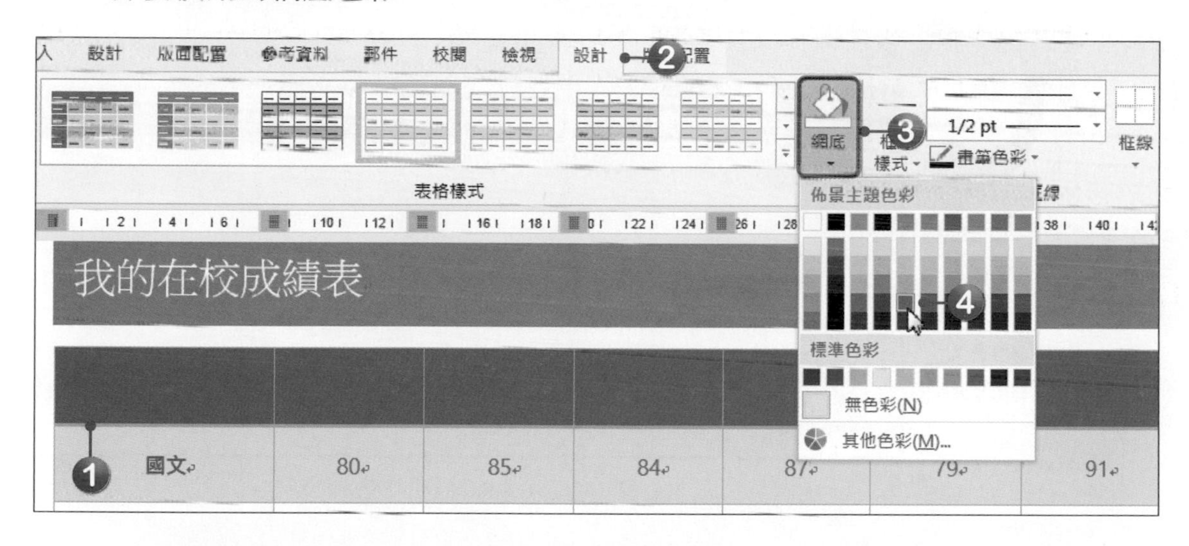

02 因為標題列的網底色彩與文字色彩被設定為一樣，所以請按下**「常用→字型→A」**按鈕，於選單中點選**白色**，這樣文字就可以呈現出來了。

	一年級上	一年級下	二年級上	二年級下	三年級上	三年級下	平均
國文	80	85	84	87	79	91	

將表格加上較粗的外框線

將表格加上較粗的外框線，可以讓表格看起來更有份量一些。

01 按下表格左上角的⊞控制鈕，選取整個表格，再至「**表格工具→設計→框線**」群組中設定框線的樣式、粗細、色彩等。

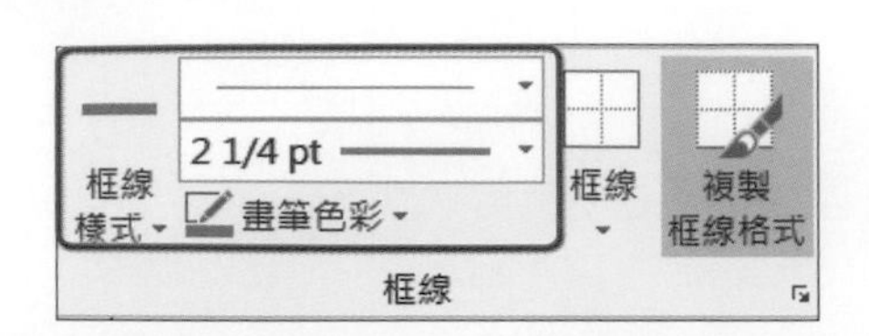

02 框線設定好後，按下**框線**按鈕，於選單中點選**外框線**，即可將表格外框線變更為剛剛所設定的樣式。

> **複製框線格式**
>
> 在Word 2013中，當設定了框線樣式後，會自動啟動**複製框線格式**按鈕，而滑鼠游標會呈🖌狀態，此時只要在要套用相同框線樣式的線段上拖曳滑鼠，即可將設定好的框線樣式複製到該框線上，要結束複製時，按下**Esc**鍵。

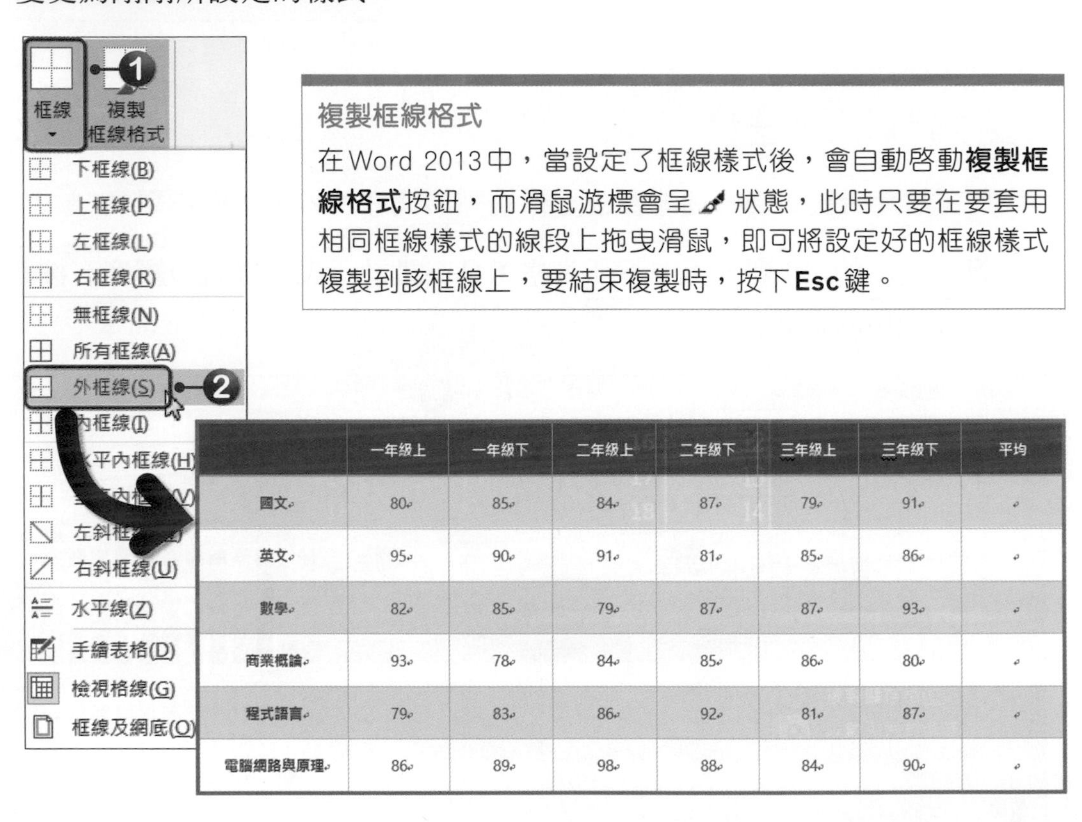

	一年級上	一年級下	二年級上	二年級下	三年級上	三年級下	平均
國文	80	85	84	87	79	91	
英文	95	90	91	81	85	86	
數學	82	85	79	87	87	93	
商業概論	93	78	84	85	86	80	
程式語言	79	83	86	92	81	87	
電腦網路與原理	86	89	98	88	84	90	

在儲存格內加入對角線

01 選取表格的**A1儲存格**，在這個儲存格中要加入對角線。

02 接著至「**表格工具→設計→框線**」群組中設定框線的樣式、粗細、色彩等。

03 框線設定好後，按下**框線**按鈕，於選單中點選**左斜框線**，即可在儲存格中加入對角線。

04 對角線加入後，再輸入相關文字，並進行段落的設定。

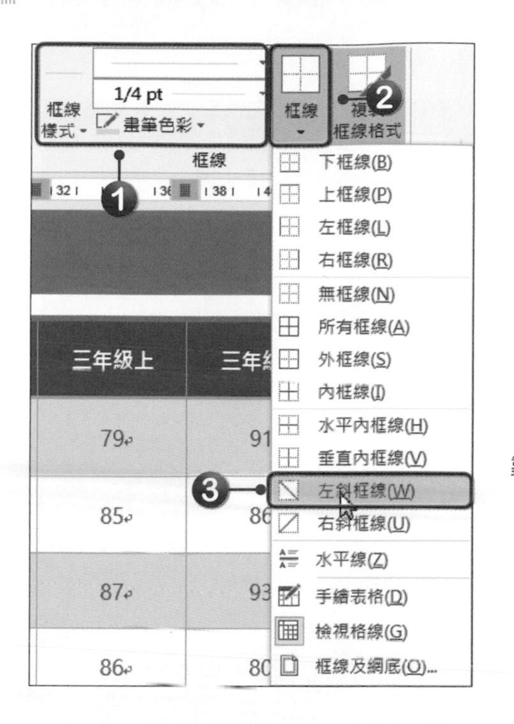

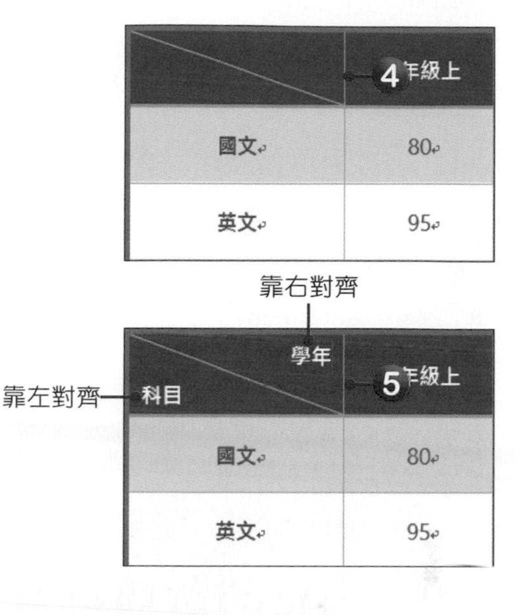

在表格內畫出想要的線段

當表格建立好後，若想要進一步修改或自行繪出想要的表格時，可以使用**手繪表格**來進行。將滑鼠游標移至表格內，再按下**「表格工具→版面配置→繪圖→手繪表格」**按鈕，此時滑鼠游標會變成**鉛筆狀**，即可在表格中繪製框線，要繪製框線時，可以先至**「表格工具→設計→框線」**群組中設定框線的樣式、粗細、色彩等，再進行繪製的動作。要結束**手繪表格**功能時，按下**手繪表格**按鈕，或**Esc**鍵，即可取消手繪表格狀態。

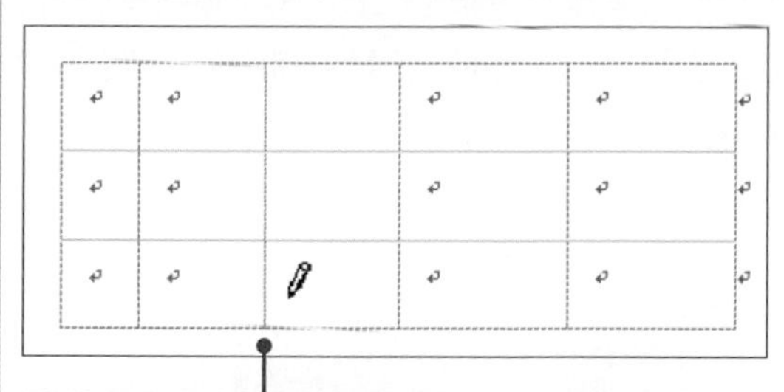

按著滑鼠左鍵不放，並由上往下拖曳滑鼠，即可畫出框線

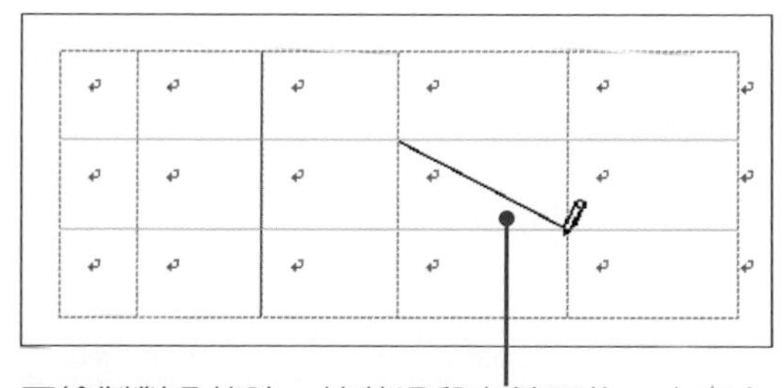

要繪製對角線時，按著滑鼠左鍵不放，由左上往右下拖曳滑鼠，即可畫對角線

在使用**手繪表格**功能進行表格的製作時，若按下**Shift**鍵，可將狀態轉換為**清除**狀態，進行框線清除的動作。

表格文字格式設定

表格都設定好後，接著要修改表格內的文字字型及大小，按下⊞按鈕，選取整個表格，進入**「常用→字型」**群組中，將字級大小設定爲**11級**、字型設定爲**微軟正黑體**。

學年 / 科目	一年級上	一年級下	二年級上	二年級下	三年級上	三年級下	平均
國文	80	85	84	87	79	91	
英文	95	90	91	81	85	86	
數學	82	85	79	87	87	93	
商業概論	93	78	84	85	86	80	
程式語言	79	83	86	92	81	87	
電腦網路與原理	86	89	98	88	84	90	

3-4 表格的數值計算

在表格中可以利用**公式**功能，進行一些簡單的計算，例如：加總(SUM)、平均(AVERAGE)、最大值(MAX)、最小值(MIN)等。

加入公式

在此範例中，要在「平均」儲存格中，計算出每科的總平均。

01 將滑鼠游標移至要加入公式的儲存格中，按下**「表格工具→版面配置→資料→公式」**按鈕，開啓「公式」對話方塊。

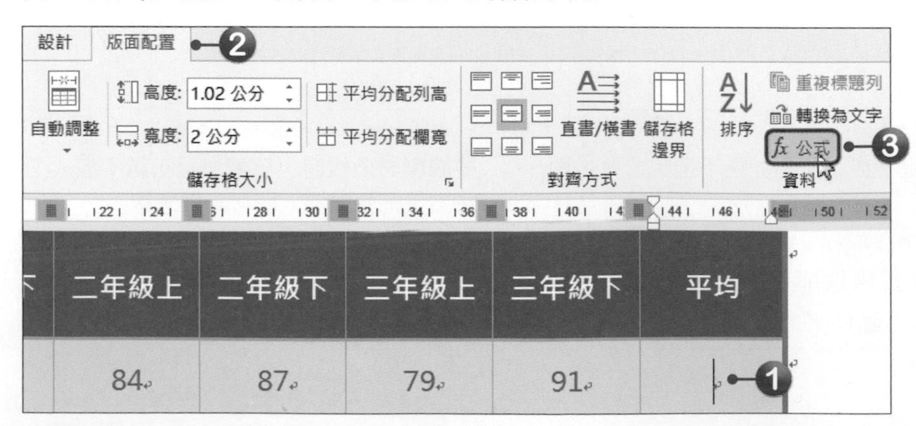

02 將預設的**SUM**公式刪除，再按下**加入函數**選單鈕，於選單中點選**AVERAGE**函數。

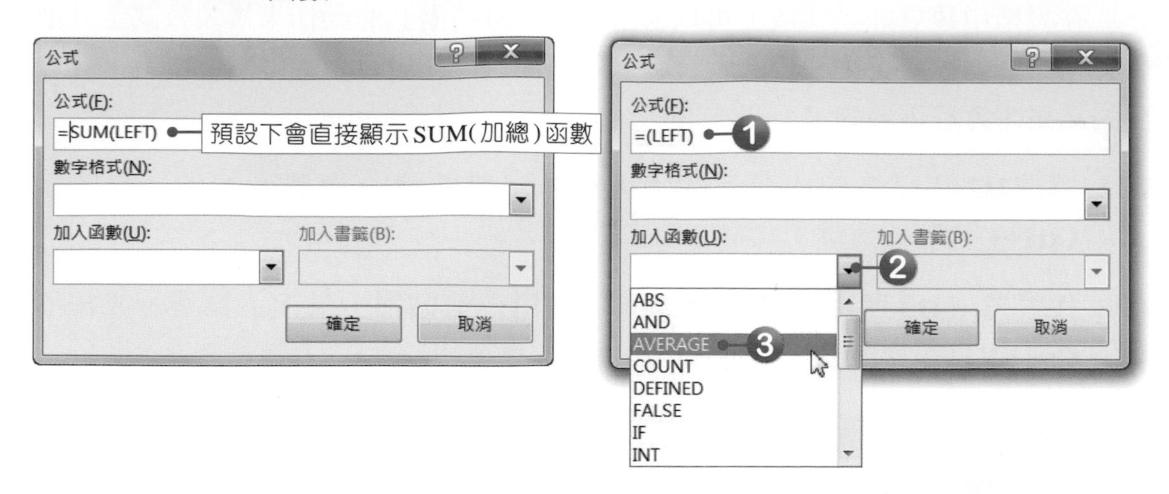

03 **AVERAGE**函數加入後，按下**數字格式**選單鈕，選擇要使用的格式，都設定好後按下**確定**按鈕。

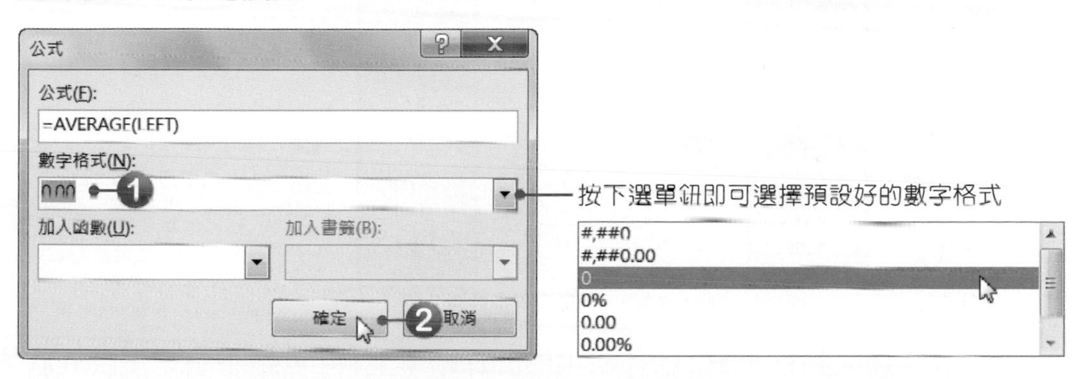

04 設定好後，儲存格就會計算出該科的平均。

學年 科目	一年級上	一年級下	二年級上	二年級下	三年級上	三年級下	平均
國文	80	85	84	87	79	91	84.33
英文	95	90	91	81	85	86	

在表格中加入公式時，Word會自行判斷要加總的數值有哪些儲存格，所以儲存格中只要是數值，大部分都會被加總起來。而Word會自動在表格中插入一個「**=SUM(ABOVE)**」公式，這個公式的意思就是：將儲存格上面屬於數值的儲存格資料加總，這個加總公式是Word預設的公式；若要加總的是從左到右的儲存格時，那麼儲存格的公式就是「**=SUM(LEFT)**」。

幾個常用的資料範圍表示方法：「**LEFT**」表示儲存格左邊的所有儲存格；「**RIGHT**」表示儲存格右邊的所有儲存格；「**ABOVE**」表示儲存格上面的所有儲存格。

複製公式

在表格中建立好公式後，可以利用**「複製與貼上」**的動作來複製公式至其他儲存格中，但在執行複製公式時，必須要特別執行**「更新功能變數」**指令，計算出的結果才會是正確的。

01 選取**H2**儲存格的內容，按下**「常用→剪貼簿→複製」**按鈕，或按下**Ctrl+C**複製快速鍵。

02 接著選取**H3到H7**儲存格，按下**「常用→剪貼簿→貼上」**按鈕，或按下**Ctrl+V**貼上快速鍵，此時H3到H7儲存格會顯示H2的計算結果。

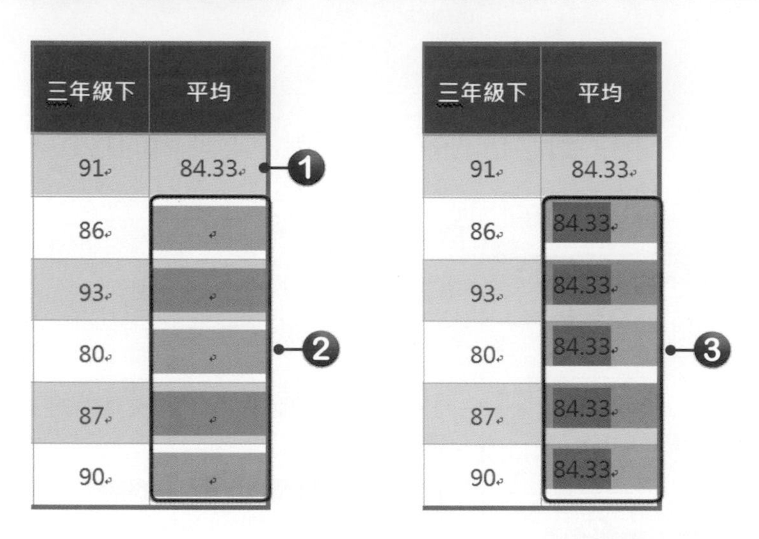

03 接著將插入點移至**H3**儲存格中的計算結果上(計算結果會呈現灰底狀態)，按下**滑鼠右鍵**，於選單中選擇**更新功能變數**，讓H3儲存格重新計算正確的結果。

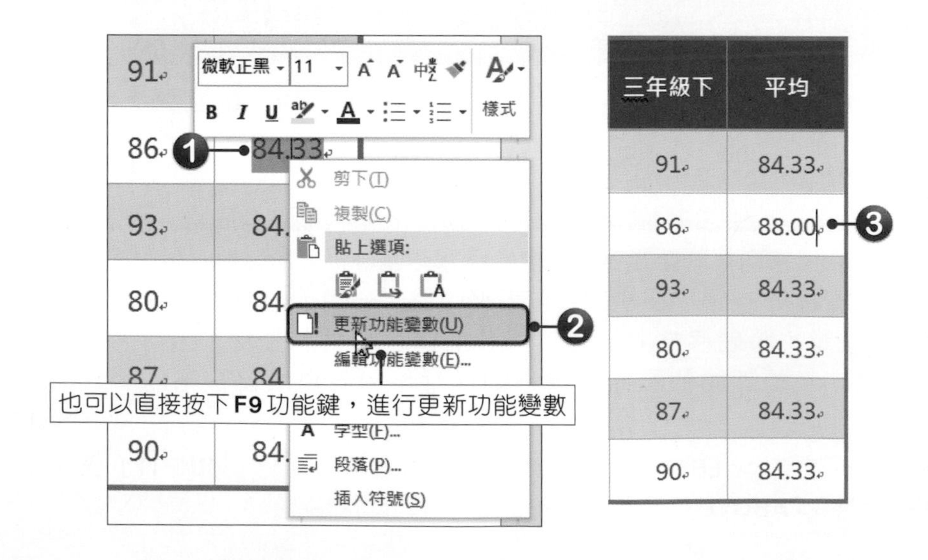

04 接著再利用相同方式，將其他儲存格內的公式都重新計算。

05 最後按下**「表格工具→版面配置→對齊方式」**群組中的**對齊中央**按鈕，讓計算結果對齊中央。

學年 / 科目	一年級上	一年級下	二年級上	二年級下	三年級上	三年級下	平均
國文	80	85	84	87	79	91	84.33
英文	95	90	91	81	85	86	88.00
數學	82	85	79	87	87	93	85.50
商業概論	93	78	84	85	86	80	84.33
程式語言	79	83	86	92	81	87	84.67
電腦網路與原理	86	89	98	88	84	90	89.17

運用公式完成表格計算時，儲存格中所顯示的是結果數字，若想檢視儲存格中的公式，可以按下**Alt+F9**快速鍵；若要再還原計算結果時，再按下**Alt+F9**快速鍵即可。

80	85	84	87	79	91	{ =AVERAGE(LEFT) \# "0.00" }
95	90	91	81	85	86	{ =AVERAGE(LEFT) \# "0.00" }

將表格轉換為一般文字

將滑鼠游標移至表格內，再按下**「表格工具→版面配置→資料→轉換為文字」**按鈕，即可將表格轉換為文字，且還可以選擇要以何種符號區隔文字。

將文字轉換為表格

將文字轉換為表格時，則要先將文字以**段落**、**逗號**、**定位點**等方式進行欄位區隔。再選取要轉換為表格的段落文字，按下**「插入→表格→表格→文字轉換為表格」**按鈕，開啓「文字轉換為表格」對話方塊，Word會依內文的定位點數自動判斷表格應該有幾欄和幾列。

3-5 加入個人作品、自傳及封面頁

履歷表的基本內容都製作完成後，接著可以在履歷表中加入個人的作品集及自傳等資料，最後再利用Word提供的封面頁功能，加入專業的封面，讓履歷表更加完整。

加入作品集

若有任何作品，或是重大事蹟時，也可以將它加入履歷表中。在此範例中，直接將個人作品加入於成績表下，而此內容的編排可以依照自己的喜好設計。

加入個人自傳

個人自傳在面試時，也是非常重要的內容，所以建議你，應徵工作時，別忘了一定要附上自傳，好讓面試者可以從自傳中更了解你。

在此範例中，要將自傳加入於第3頁，所以在第2頁最後，按下**Ctrl+Enter**快速鍵，在文件中新增第3頁，再進行自傳的輸入。

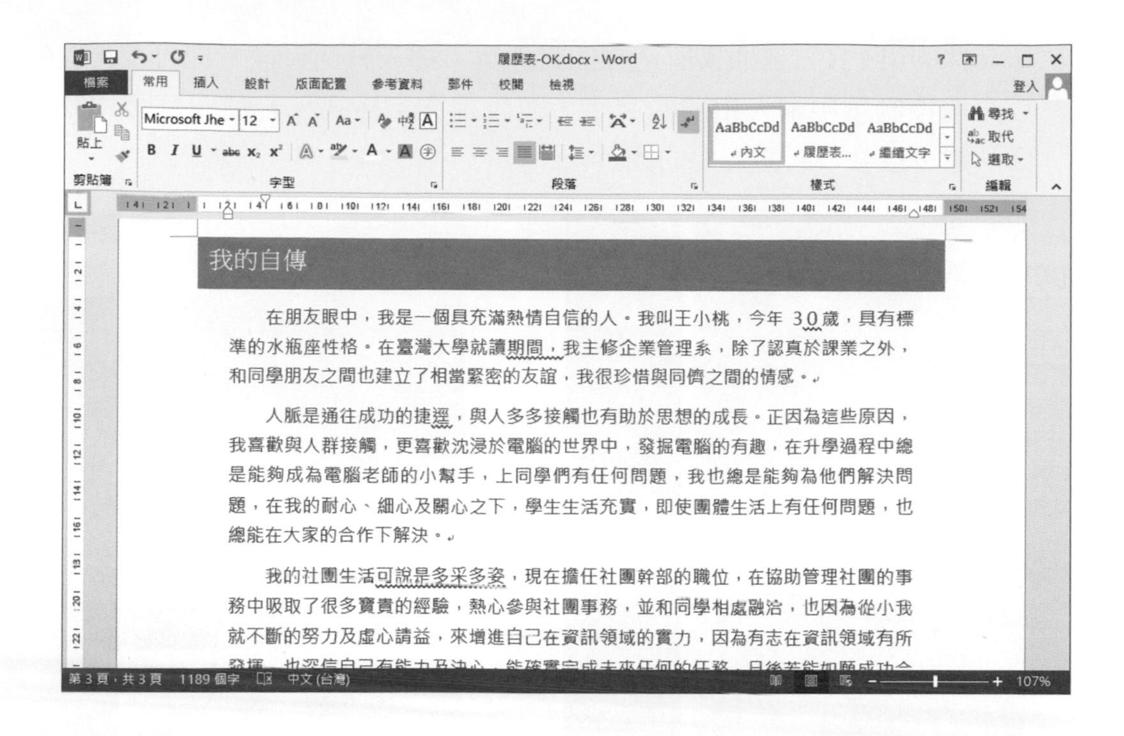

加入封面頁

Word提供了許多已格式化的封面頁，可以直接加入在文件的第1頁，省去許多製作封面的時間。

01 要於文件中加入封面頁時，按下**「插入→頁面→封面頁」**按鈕，開啟封面頁選單，於選單中點選要插入的封面頁。

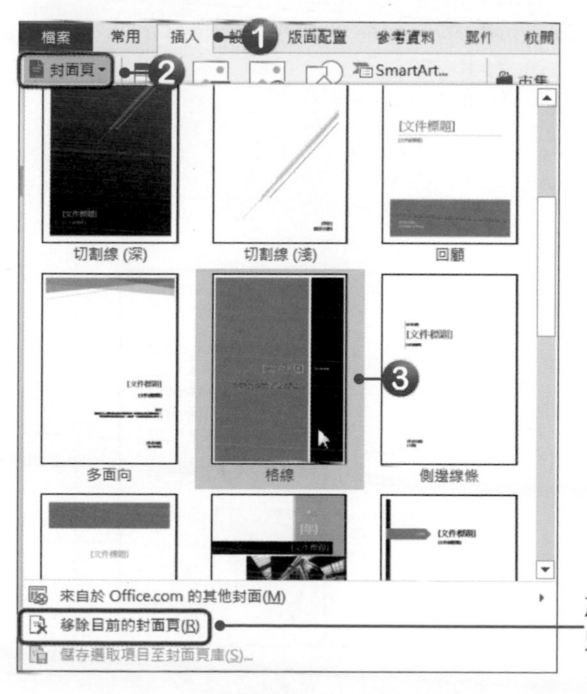

加入封面頁後，若想從文件中移除封面頁，只要按下**移除目前的封面頁**選項即可

02 在文件的第1頁就會插入所選擇的封面頁。插入封面頁後，即可在預設的文字方塊控制項中輸入相關的文字，並設定文字格式，若選擇有圖片的封面頁，還可以替換封面頁中的圖片。

Word預設的封面頁中，可能會包含年份、文件標題、文件副標題、摘要、作者、公司、日期等文件摘要資訊，這些摘要資訊是以文字方塊控制項的方式呈現，控制項裡的內容跟檔案的摘要資訊是相呼應的。

要了解文件的摘要資訊時，可以按下「**檔案→資訊**」功能，即可看到文件的頁面、字數、標題、最近儲存文件的人員姓名、文件的建立日期等。

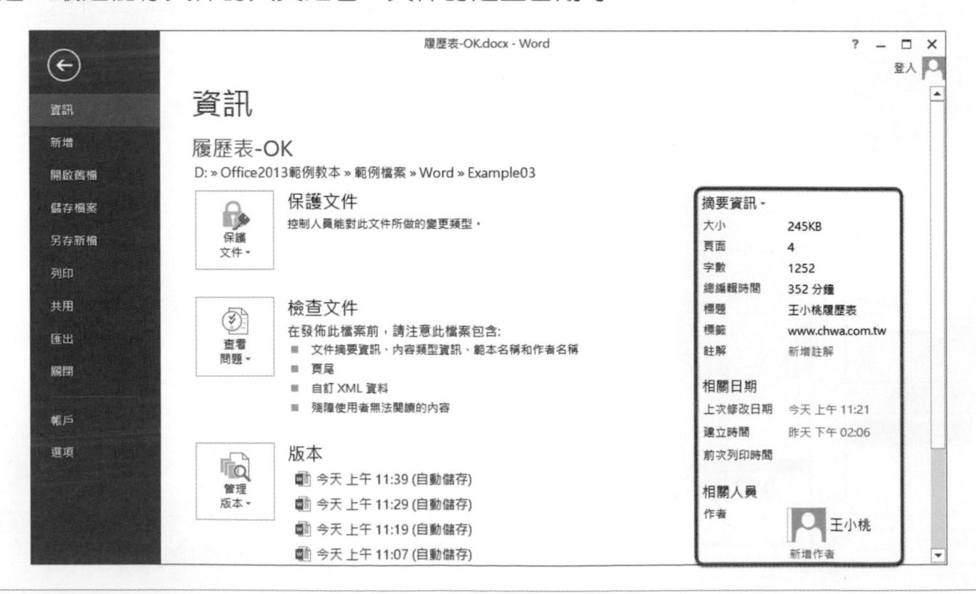

3-6 更換佈景主題色彩及字型

使用佈景主題可以快速地將整份文件設定統一的格式，包括了色彩、字型、效果等。要使用佈景主題時，直接按下**「設計→文件格式設定→佈景主題」**按鈕，在選單中點選想要套用的佈景主題即可。在此範例中，要來更換佈景主題色彩及字型。

更換佈景主題色彩

當文件的佈景主題設定好後，還可以進行色彩的更換，讓文件立即呈現另一種風格。要更換色彩時，按下**「設計→文件格式設定→色彩」**按鈕，於選單中點選要使用的色彩，文件的色彩就會被更換為所選擇的色彩。

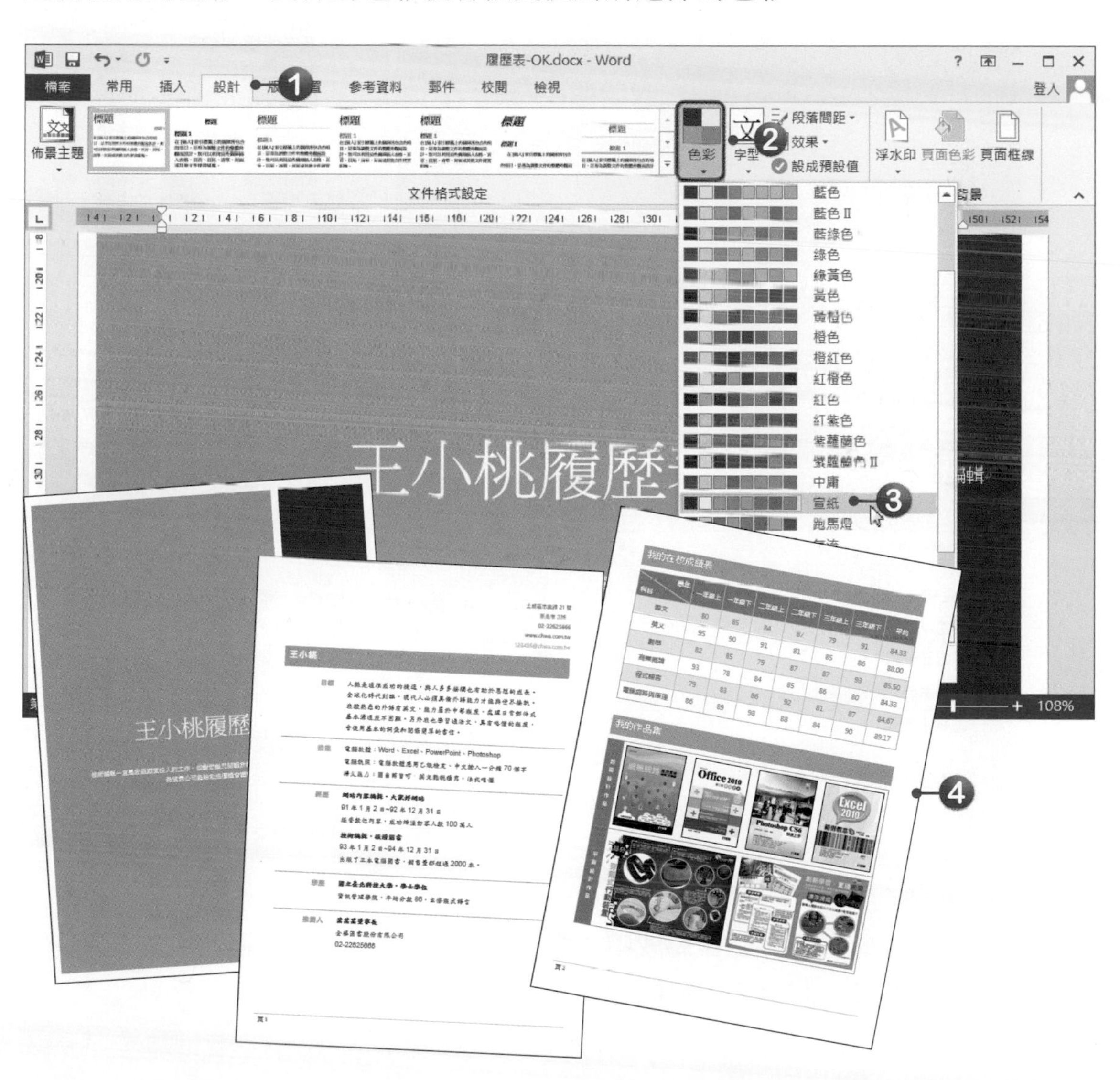

更換佈景主題字型

在Word中預設了許多不同佈景主題字型組合，讓我們在製作文件時，可以隨時選擇想要的字型組合。要更換字型時，按下**「設計→文件格式設定→字型」**按鈕，即可於選單看到預設的字型組合，直接點選要使用的組合，文件內原先套用佈景主題字型的文字字型就會被更改過來。

若預設的選項中沒有適用的組合時，可以按下**自訂字型**選項，開啟「建立新的佈景主題字型」對話方塊，自行設定想要的字型組合。

到這裡，履歷表就算製作完成囉！最後再檢查看看有哪裡還要修改或調整的地方，若沒問題後，記得將檔案儲存起來。

3-7 將文件轉存為PDF

製作好的文件除了儲存為Word文件外，還可以將它轉存為**PDF或XPS**格式，以方便傳送或上傳至網站中，且將文件存成PDF或XPS格式，具有可保存文件外觀、可以在檔案中內嵌所有字型、無法輕易地變更檔案內容等優點。

01 按下**「檔案→匯出」**功能，點選**建立PDF/XPS文件**，再按下**建立PDF/XPS**按鈕，開啓「發佈成PDF或XPS」對話方塊。

02 選擇檔案要儲存的位置，輸入檔案名稱，再選擇檔案要使用的最佳化方式，若需要較高的列印品質，請選擇**標準**。都設定好後，按下**發佈**按鈕，進行轉換的動作。

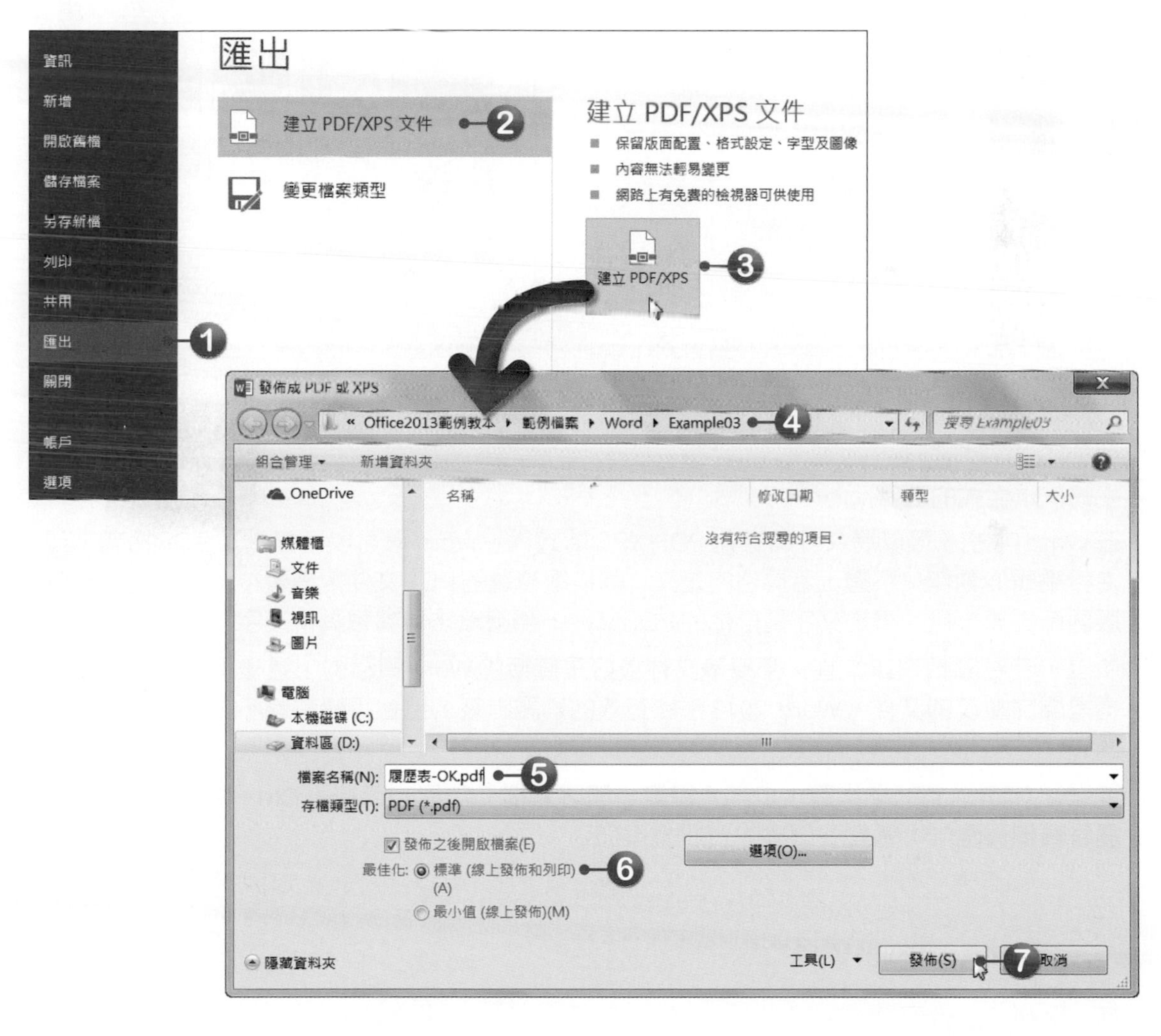

03 轉換完畢後便會開啟該檔案，檔案會以「Adobe Acrobat」或「Adobe Reader」軟體開啟。

編輯PDF格式的檔案

在Word中除了可以將文件轉存為PDF/XPS格式外，Word還可以直接讀取PDF格式，並進行編輯的動作。不過，若開啟的是文、圖排版複雜的PDF文件，開啟後可能會發現整個版面都亂掉，且如果是文字圖形化的PDF文件，那麼無法再編輯其中文字。

所以，若要編輯PDF文件，那麼該文件最好是直接由Word轉存的，這樣不管是純文字，還是圖文並茂的文件，Word 2013都能有效的辨識出來，且進行編輯都不會有什麼太大的問題。

要開啟PDF格式的檔案時，按下**「檔案→開啟舊檔」**功能；或按下**Ctrl+O**快速鍵，進入**開啟舊檔**頁面中，選擇要開啟的PDF檔案即可。

自我評量

✦選擇題

( )1. 在Word中，要插入表格時，要進入哪個索引標籤中？(A)常用 (B)插入 (C)版面配置 (D)檢視。

( )2. 在Word中，若要檢視儲存格內的公式時，可以按下下列哪組快速鍵？(A)Alt+F9 (B)Ctrl+F9 (C)Shift+F9 (D)Tab+F9。

( )3. 在Word的表格中，若要進行平均計算時，可以使用下列哪個函數？(A)AVERAGE (B)SUM (C)IF (D)MAX。

( )4. 在Word中，表格公式中若要進行加總計算時，可以使用下列哪個函數？(A)AVERAGE (B)SUM (C)IF (D)MAX。

( )5. 在Word中，於表格輸入文字時，若要跳至下一個儲存格時，可以使用哪個按鍵？(A)Shift (B)Ctrl (C)Tab (D)Alt。

( )6. 在Word中，若要計算表格內的B2到E2儲存格的加總時，於F2儲存格中要建立什麼樣的公式才能計算出正確的加總？(A)=SUM(ABOVE) (B)=AVERAGE(ABOVE) (C)=SUM(LEFT) (D)=AVERAGE(LEFT)。

( )7. 在Word中，要繪製不同高度之儲存格或每列欄數不同的表格，可運用下列哪一項功能執行？(A)插入表格 (B)手繪表格 (C)快速表格 (D)文字轉換爲表格。

( )8. 在Word中，將文件存成PDF或XPS格式時，具有什麼好處？(A)無法輕易變更檔案內容(B)可以在檔案中內嵌所有字型 (C)可保存文件外觀 (D)以上皆是。

( )9. 在Word中，若想要在插入點位置上進行強迫分頁時，按下鍵盤上的哪組快速鍵可以進行強迫分頁？(A)Ctrl+Alt (B)Ctrl+Shift (C)Ctrl+Tab (D)Ctrl+Enter。

( )10. 在Word中，若要在文件第一頁加入封面頁時，可以進入下列哪個群組中？(A)常用→頁面 (B)插入→頁面 (C)版面配置→頁面 (D)檢視→頁面。

✦實作題

1. 開啓「Word→Example03→行事曆.docx」檔案，進行以下的設定。
   - 在文件中插入一個「7×6」的表格，表格大小請依版面自行調整。

自我評量

- 在表格內輸入相關文字，並將表格套用一個自己喜歡的表格樣式。
- 將佈景主題字型更改爲「Tw Cen MT，微軟正黑體，微軟正黑體」組合。

2. 開啓「Word→Example03→成績單.docx」檔案，進行以下的設定。
   - 將標題以下的文字以定位點爲區隔轉換爲表格，將表格內的資料「對齊中央」。
   - 將表格欄寬由左到右分別設定爲：3、3、1.8、1.8、1.8、1.8、1.8、2.5，單位爲公分。
   - 將外框線設定爲2 1/4pt單線外框，框線色彩爲綠色，將內框線設爲1/4pt單線，框線色彩爲灰色。在標題列上加入網底顏色爲綠色，文字爲白色粗體。
   - 在表格最後加入一列，將前面二個儲存格合併爲一個，在欄位中輸入「各科平均」，文字設定爲「分散對齊」，網底色彩設定爲「15%灰色」。
   - 計算所有同學的總分，數字格式爲0.00。
   - 在國文、英文、數學、歷史、地理、總分欄位中計算出平均，數字格式爲0.00。

全華高職 資二乙成績單

學號	姓名	國文	英文	數學	歷史	地理	總分
10202301	周映君	72	70	68	81	90	381.00
10202302	李慧茹	75	66	58	67	75	341.00
10202303	郭欣怡	92	82	85	91	88	438.00
10202304	李素玲	80	81	75	85	78	399.00
10202305	鄭一成	61	77	78	73	70	359.00
10202306	林慧玲	82	80	60	58	55	335.00
10202307	金城曦	56	80	58	65	60	319.00
10202308	梁永心	78	74	90	74	78	394.00
10202309	羅翔玉	88	85	85	91	88	437.00
10202310	王小桃	81	69	72	85	80	387.00
10202311	王宏樂	94	96	71	97	94	452.00
10202312	劉語桐	85	87	68	65	72	377.00
各　科　平　均		78.67	78.92	72.33	77.67	77.33	384.92

說明：要合併儲存格時，選取要合併的儲存格，再按下「表格工具→版面配置→合併→合併儲存格」按鈕即可。

04 旅遊導覽手冊

Example

✪ 學習目標

文件版面設定、文件格式設定、樣式的使用、頁首頁尾的設定、尋找與取代的使用、拼字及文法檢查、插入註腳、大綱模式的應用、目錄的製作

✪ 範例檔案

Word→Example04→旅遊導覽手冊.docx

Word→Example04→偶數頁刊設.png

Word→Example04→奇數頁刊設.png

✪ 結果檔案

Word→Example04→旅遊導覽手冊-OK.docx

在編排報告、論文、企劃案、旅遊手冊等長文件資料時，大部分都會利用Word所提供的樣式、頁首頁尾、註腳等功能，進行文件的編排。而在「旅遊導覽手冊」範例中，就要運用樣式、頁首頁尾、大綱模式、目錄等功能，進行文件的編排。

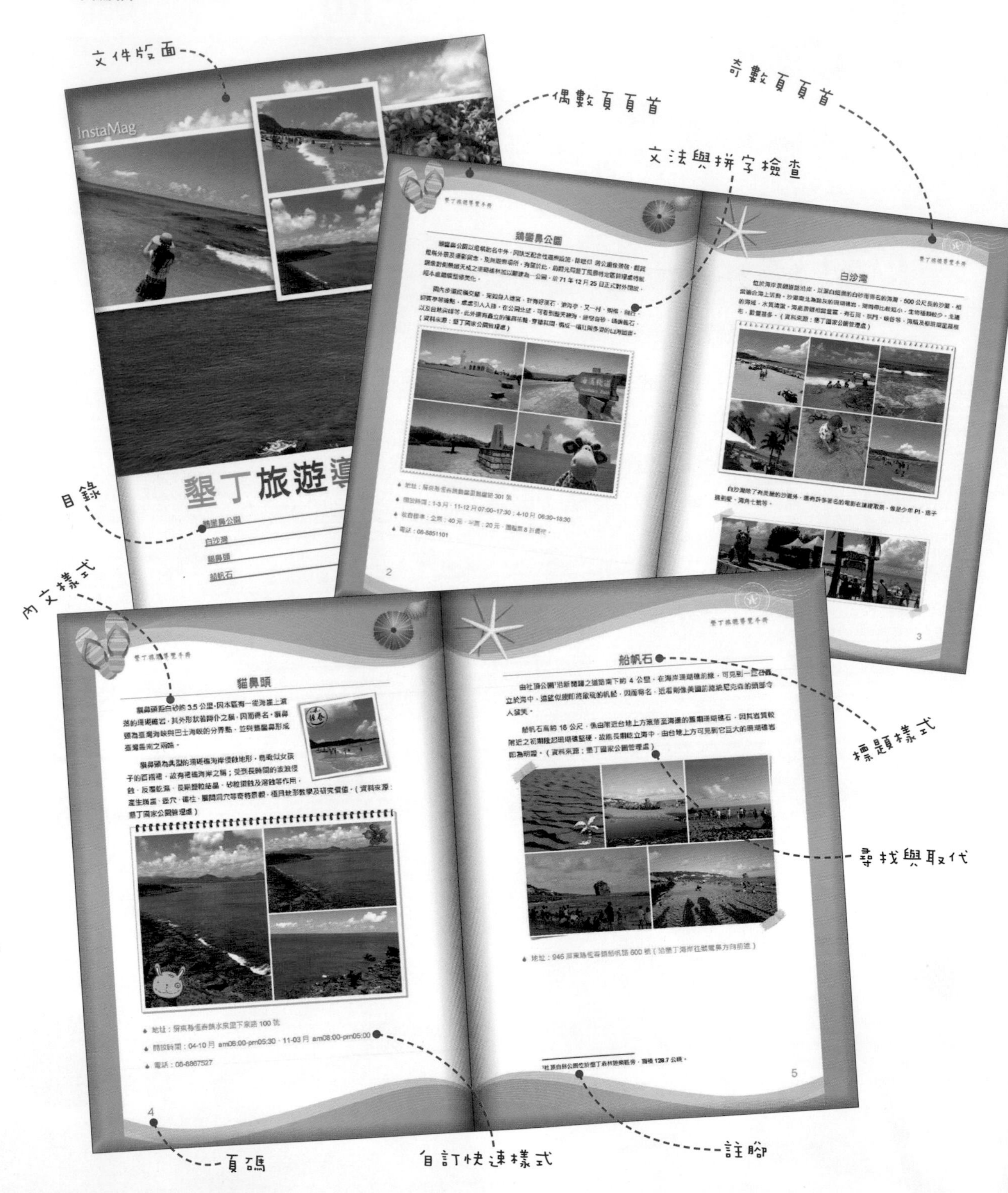

4-1 文件版面設定

在Word中預設的文件版面爲**A4**紙張，紙張方向則爲**直向**，紙張的上下邊界爲**2.54cm**，左右邊界則是**3.17cm**，當這些預設值不符合需求時，可以自行調整紙張的版面設定。

要設定文件的版面時，可以在**「版面配置→版面設定」**群組中，進行邊界、方向、大小、欄等設定，或進入「版面設定」對話方塊中進行紙張的邊界、方向、紙張大小、版面配置等設定。

在此範例中，文件所使用的紙張大小爲A4，方向爲直向，這二項都是正確的，所以不做更改，只更改文件上下邊界的值。

01 按下**「版面配置→版面設定」**群組右下角的對話方塊啓動器按鈕，開啓「版面設定」對話方塊，點選**邊界**標籤，將**上邊界**設定爲**4公分**；**下邊界**設定爲**3公分**，都設定好後按下**確定**按鈕。

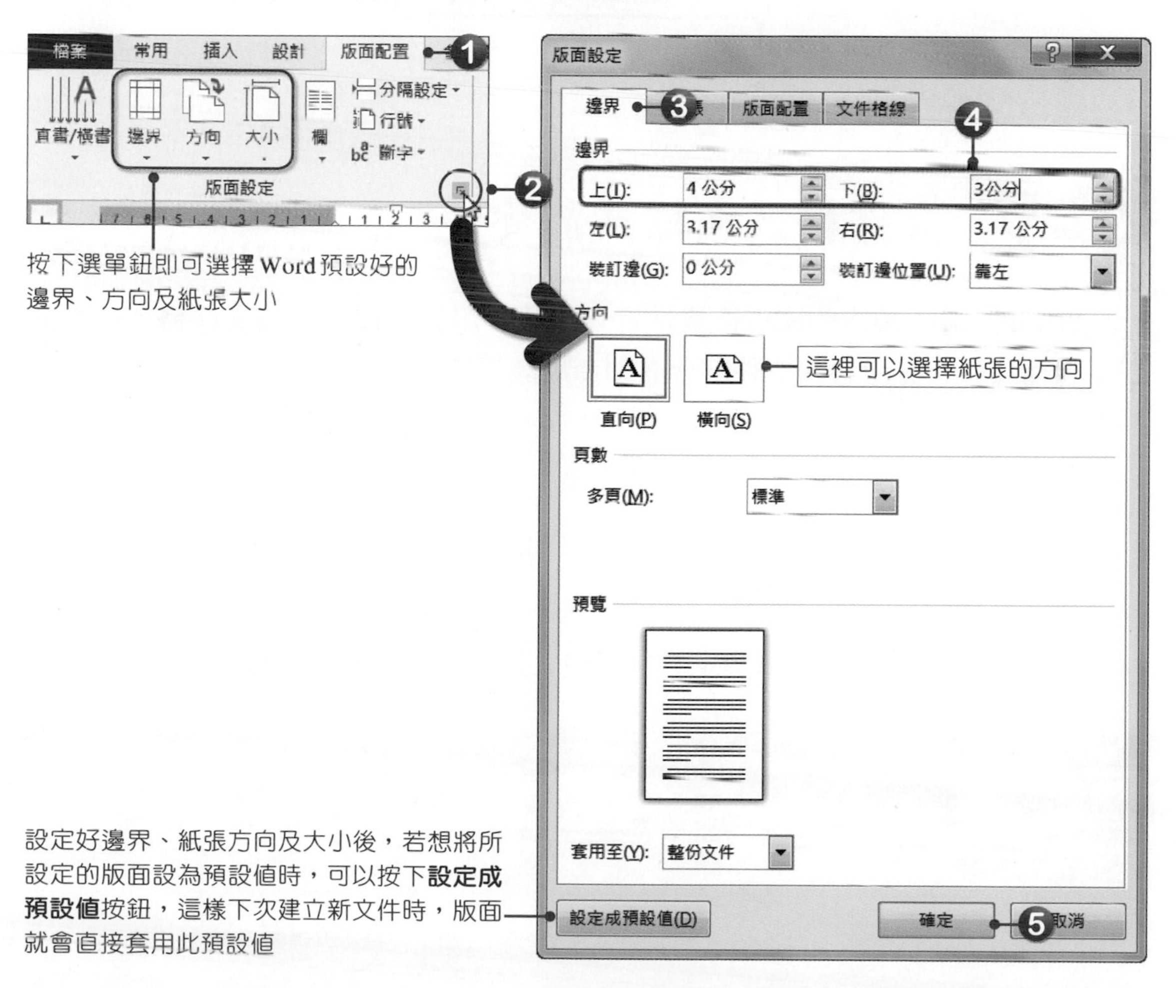

02 回到文件後，文件的邊界就會被修改過來。

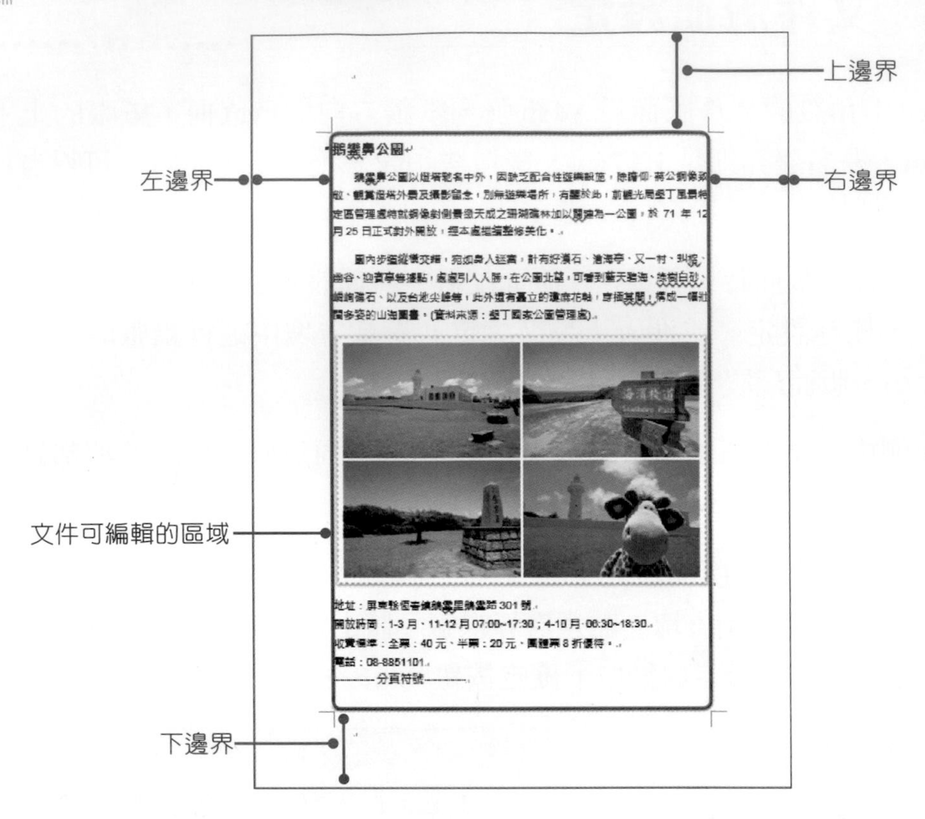

4-2 文件格式與樣式設定

Word提供了預設的文件格式，可以直接套用於文件中，該文件格式已預設好了各種樣式，點選後，文件就會立即套用該樣式。

文件格式的設定

在此範例中，要先選擇一個預設的文件格式，讓內容先套用設定好的樣式，接著再進行樣式的修改與調整。

01 進入**「設計→文件格式設定」**群組中，選擇一個要套用的樣式。

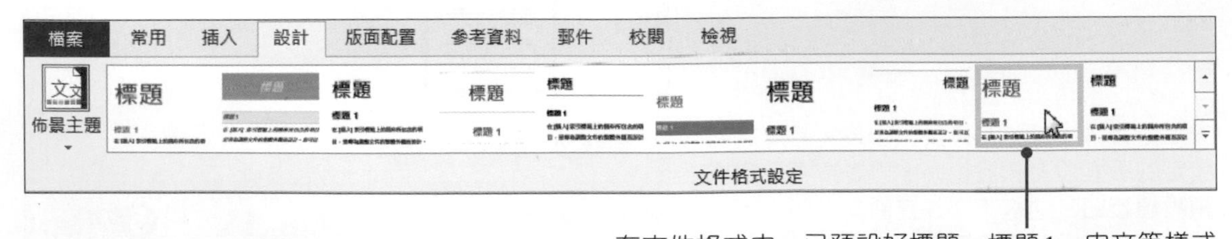

在文件格式中，已預設好標題、標題1、內文等樣式

02 點選後，文件中的內文就會套用所選擇的文件格式設定，而在**「常用→樣式」**群組中，即可看到該文件格式中所設定的各種樣式清單。

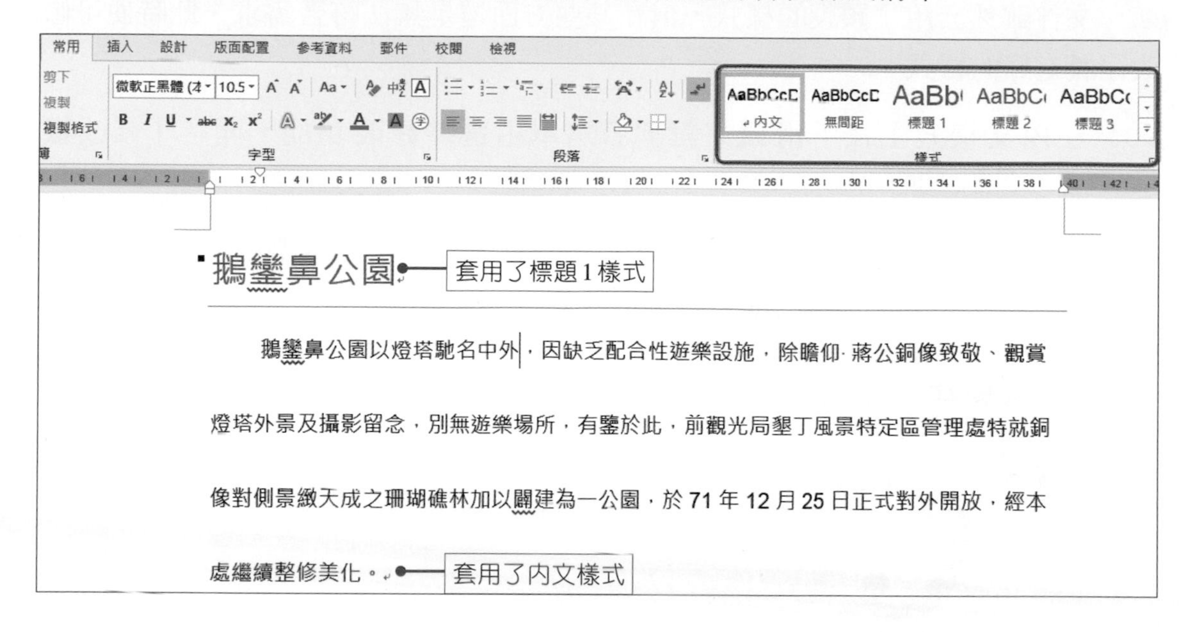

認識樣式

在編排一份長篇文件或報告時，通常會直接設定文件中的標題、內文等「樣式」，只要將文字套用樣式後，就可以輕鬆完成文件的編排。「樣式」是文字的特定顯示效果，使用樣式可以一次指定文件或文字中一系列格式的設定，以確保整篇文件具有一致性。

在「樣式」中，可以先設定文字的所有格式，像是字型、效果、定位點、項目符號、框線等格式，當這些格式設定好後，會將這個「樣式」設定一個名稱，以方便使用及對照。且設定「樣式」有一個很大的好處，那就是在修改某個樣式格式時，所有套用該樣式的文字都會自動更新，而不需要一一地去修改。

套用預設樣式

在Word中有一些預設好的樣式可以直接套用，只要按下**「常用→樣式」**群組中的預設樣式，文字就會自動套用該樣式所預設的各種格式。

在此範例中，已事先將標題文字套用了標題1樣式，內文部分則都套用了內文樣式，所以當設定文件格式時，文件內的文字便會自動更新所套用的文件格式樣式。

修改內文及標題1樣式

文件雖然套用了預設的樣式，但在某些方面還是無法符合需求，此時便可修改已設定好的樣式。

01 在**內文**樣式上按下**滑鼠右鍵**，於選單中選擇**修改**功能，開啓「修改樣式」對話方塊。

02 將字級設定爲**11級**、**左右對齊**，再按下**格式**按鈕，於選單中點選**段落**，開啓「段落」對話方塊，進行段落的設定。

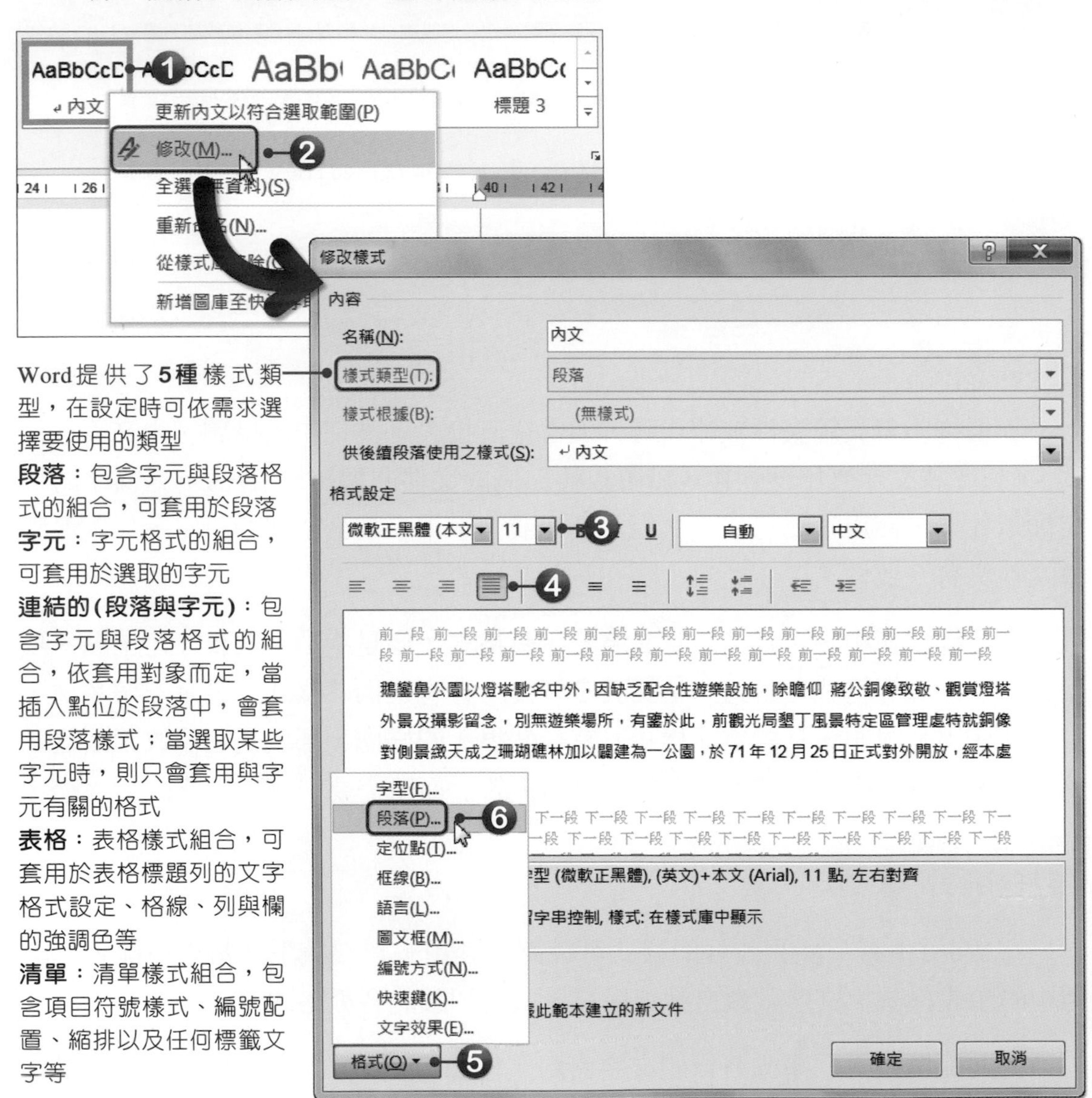

Word提供了**5種**樣式類型，在設定時可依需求選擇要使用的類型
段落：包含字元與段落格式的組合，可套用於段落
字元：字元格式的組合，可套用於選取的字元
連結的(段落與字元)：包含字元與段落格式的組合，依套用對象而定，當插入點位於段落中，會套用段落樣式；當選取某些字元時，則只會套用與字元有關的格式
表格：表格樣式組合，可套用於表格標題列的文字格式設定、格線、列與欄的強調色等
清單：清單樣式組合，包含項目符號樣式、編號配置、縮排以及任何標籤文字等
更新內文以符合選取範圍(P)
修改(M)...
修改樣式
內容
名稱(N):
內文
樣式類型(T):
段落
樣式根據(B):
(無樣式)
供後續段落使用之樣式(S):
格式設定
微軟正黑體 (本文
11
自動
中文
字型(F)...
段落(P)...
定位點(T)...
框線(B)...
語言(L)...
圖文框(M)...
編號方式(N)...
快速鍵(K)...
文字效果(E)...
格式(O)
確定
取消

03 將縮排指定方式設定為**第一行位移2字元**，與前段距離設定為**0.5行**，與後段距離設定為**0行**，行距設定為**單行間距**，將**文件格線被設定時，貼齊格線**選項勾選取消，都設定好後按下**確定**按鈕。

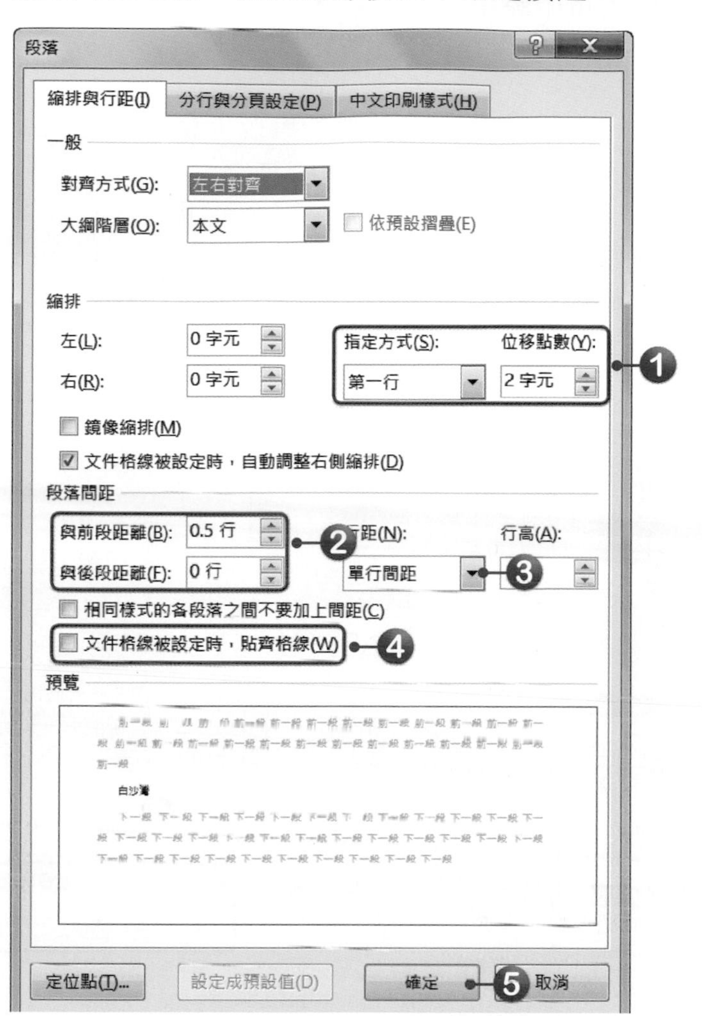

04 回到「修改樣式」對話方塊後，再按下**確定**按鈕，文件中套用內文樣式的內文就會套用修改後的樣式。

鵝鑾鼻公園

鵝鑾鼻公園以燈塔馳名中外，因缺乏配合性遊樂設施，除瞻仰蔣公銅像致敬、觀賞燈塔外景及攝影留念，別無遊樂場所，有鑒於此，前觀光局墾丁風景特定區管理處特就銅像對側景緻天成之珊瑚礁林加以闢建為一公園，於 71 年 12 月 25 日正式對外開放，經本處繼續整修美化。

05 內文樣式修改好後，於**標題1**樣式上按下**滑鼠右鍵**，於選單中選擇**修改**功能，開啓「修改樣式」對話方塊。

06 按下**樣式根據**選單鈕，於選單中點選(**無樣式**)，這樣內文樣式修改時，標題1樣式才不會跟著變動。

07 接著更換一個字型，並將段落設定爲**置中對齊**，再按下**格式**按鈕，於選單中點選**段落**，開啓「段落」對話方塊，進行段落的設定。

08 將縮排指定方式設定爲(**無**)，與前段距離設定爲**0行**，與後段距離設定爲**0行**，行距設定爲**單行間距**，將**文件格線被設定時，貼齊格線**選項勾選取消，都設定好後按下**確定**按鈕。

09 回到「修改樣式」對話方塊後，再按下**確定**按鈕，文件中套用**標題1**樣式的標題就會套用修改後的樣式。

鵝鑾鼻公園

若發現並沒有套用修改後的樣式時，在標題1樣式上按下**滑鼠右鍵**，於選單中點選**更新標題1以符合選取範圍**，即可更新樣式

鵝鑾鼻公園以燈塔馳名中外，因缺乏配合性遊樂設施，除瞻仰、將公銅像致敬、觀賞燈塔外景及攝影留念，別無遊樂場所，有鑒於此，前觀光局墾丁風景特定區管理處特就銅像對側景緻天成之珊瑚礁林加以闢建為一公園，於 71 年 12 月 25 日正式對外開放，經本處繼續整修美化。

自訂快速樣式

除了使用預設的樣式外，也可以自行建立樣式。在此範例中，要自訂一個項目清單樣式。

01 先將段落文字的所有格式設定完成，再選取該段落文字。

02 進入**「常用→樣式」**群組中，按下 **其他**按鈕，點選**建立樣式**選項，開啟「從格式建立新樣式」對話方塊。

03 於**名稱**欄位中輸入**「項目清單」**，輸入好後按下**確定**按鈕。

將段落文字加上項目符號，更改文字色彩

04 新增完樣式後，樣式選單中就會顯示所設定的樣式名稱，若要將段落套用該樣式時，先將滑鼠游標移至該段落上，或選取段落，再按下選單中的樣式即可。

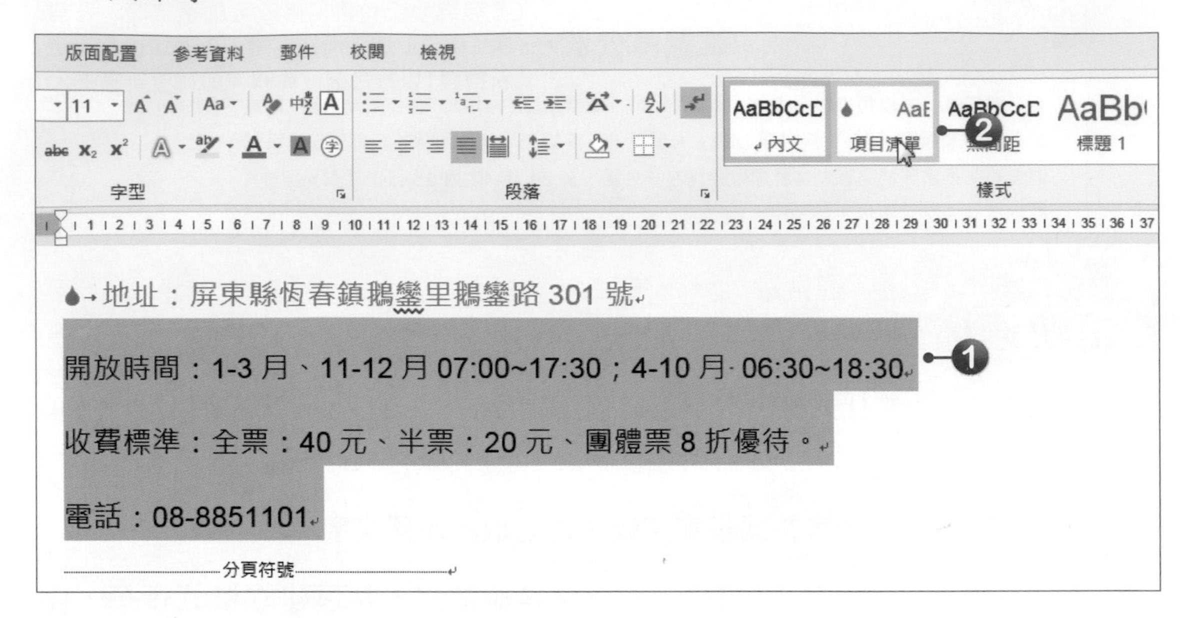

05 接著再利用相同方式，將相關段落都套用**項目清單**樣式。

刪除樣式

若在樣式清單中的樣式用不到時，可以將樣式從清單中移除掉，只要在樣式選項上按下**滑鼠右鍵**，於選單中點選**從樣式庫移除**選項，即可將樣式刪除。

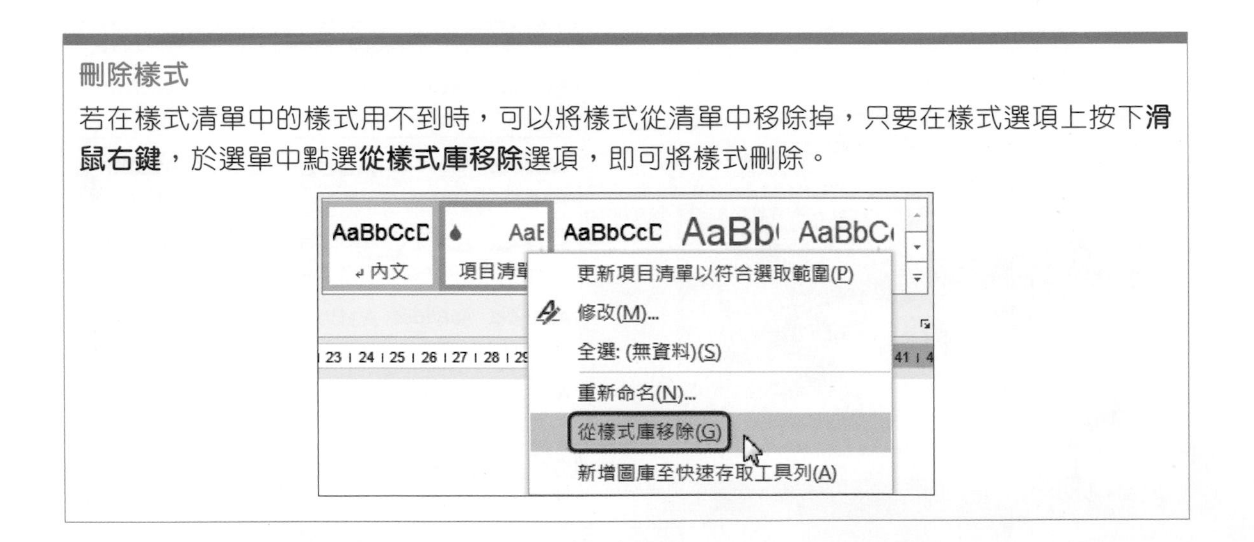

4-3 在文件中加入頁首頁尾

在製作一份長篇報告或手冊時，都會在頁面的左上方和右上方加入手冊名稱或圖片，而在頁面的最下方加入頁碼，像這樣的設定，會利用「頁首及頁尾」來完成。

頁首頁尾的設定

一份報告或手冊，通常第一頁會是封面或書名頁，而不是內文，內文通常會從偶數頁開始製作，也就是第二頁。所以，在製作頁首頁尾內容時，會先設定奇偶頁不同、第一頁不同等選項，並設定頁首頁尾與頁緣距離。

在此範例中，要將第一頁設定爲封面頁，該封面頁不套用頁首頁尾的設定，而奇數頁與偶數頁也會使用不同的頁首頁尾。

01 按下**「版面配置→版面設定」**群組右下角的對話方塊啓動器按鈕，開啓「版面設定」對話方塊。

02 點選**版面配置**標籤，**奇偶頁不同**與**第一頁不同**選項勾選，再將頁首及頁尾與頁緣距離設定爲**2.2公分**及**1.75公分**，都設定好後按下**確定**按鈕。

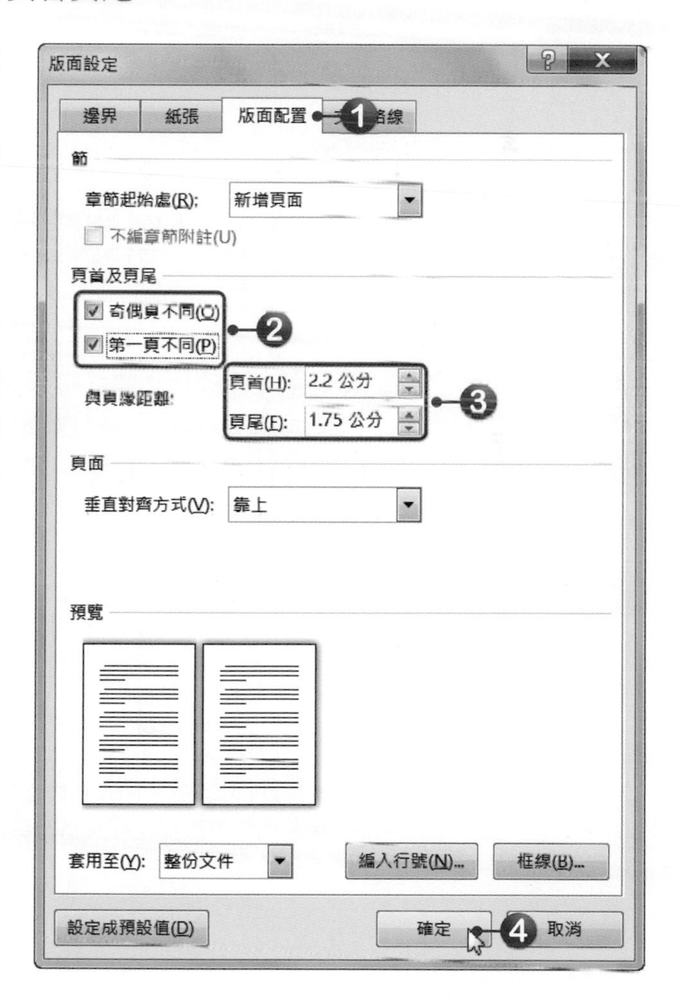

設定奇偶數頁的頁首及頁尾

在設定頁首及頁尾時，可以在頁首頁尾中加入任何的物件，像是圖片、圖案、線上圖片、文字藝術師、框線等，當然也可以直接使用Word所提供的頁首頁尾。

在此範例中，要於偶數頁及奇數頁中加入已製作好的圖片，再輸入相關的頁首文字，並於頁尾加入頁碼。

01 進入文件的第2頁，將滑鼠游標移至頁面左上角，並**雙擊滑鼠左鍵**，或按下**「插入→頁首及頁尾→頁首」**按鈕，於選單中點選**編輯頁首**，進入頁首及頁尾的設計模式中。

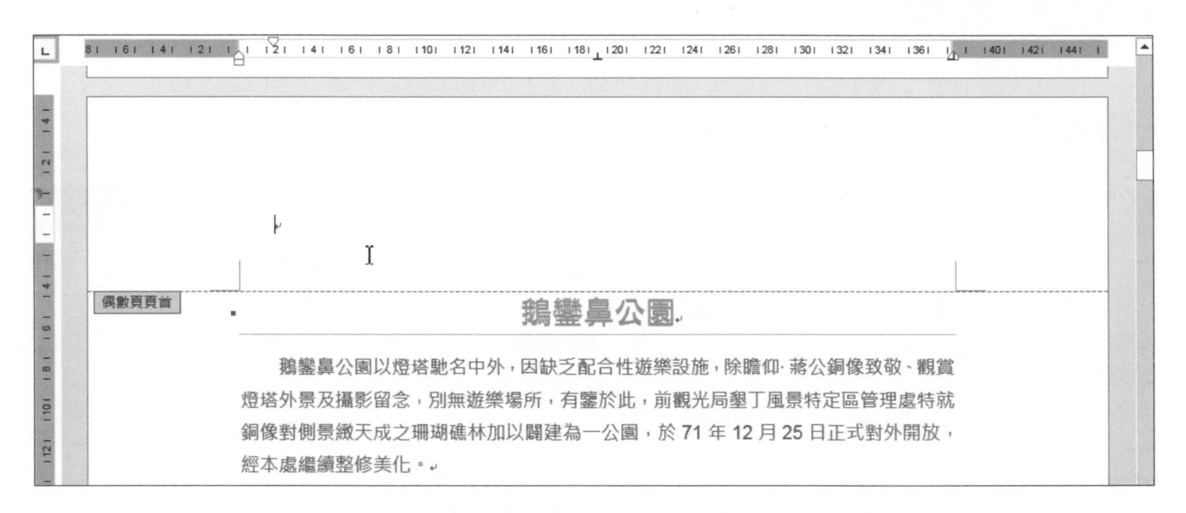

02 在偶數頁頁首中要插入已製作好的頁首圖片，先將滑鼠游標移至**偶數頁頁首**區域中，按下**「頁首及頁尾工具→設計→插入→圖片」**按鈕，開啟「插入圖片」對話方塊。

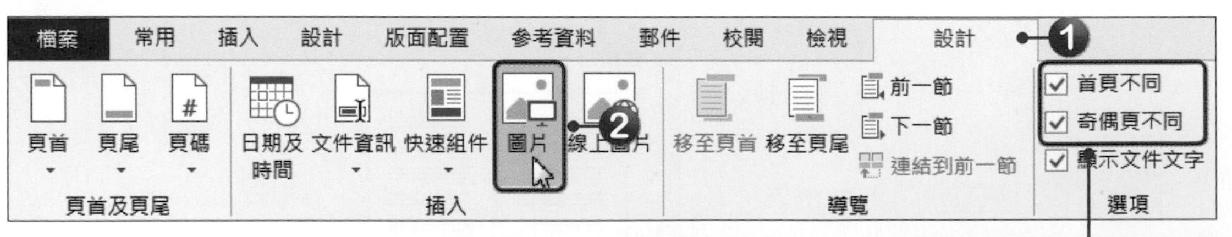

若在「版面設定」中沒有進行「第一頁不同」與「奇偶頁不同」的設定時，也可以直接在**「頁首及頁尾工具→設計→選項」**群組中進行設定

03 選擇要插入的圖片，按下**插入**按鈕。

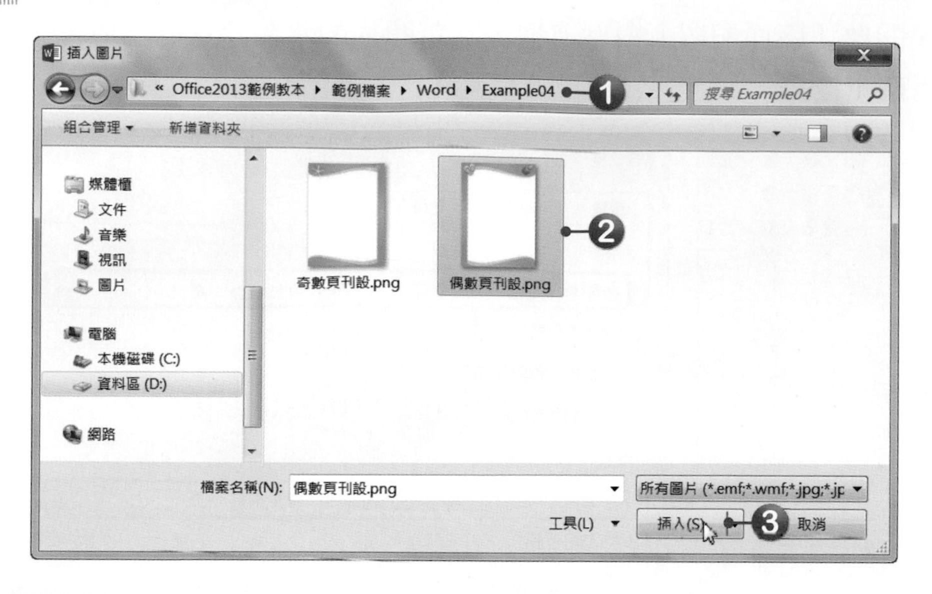

04 圖片插入後，進入**「圖片工具→格式→大小」**群組中，將圖片寬度設定爲**21**公分。

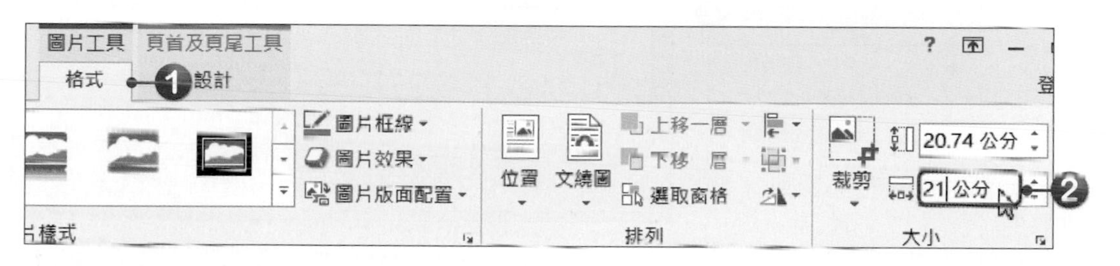

05 按下**「圖片工具→格式→排列→文繞圖」**按鈕，於選單中點選**文字在前**。

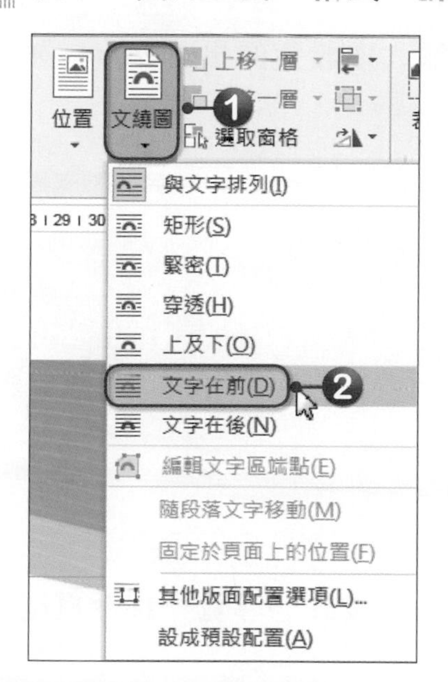

06 按下**「圖片工具→格式→排列→位置」**按鈕，於選單中點選**其他版面配置選項**，開啟「版面配置」對話方塊，設定圖片的水平及垂直位置，設定好後按下**確定**按鈕。

07 圖片就會自動於頁面中水平置中及垂直靠上對齊了。

08 接著將滑鼠游標移至**偶數頁頁首**區域中，輸入要設定的頁首文字，並進行文字格式設定。

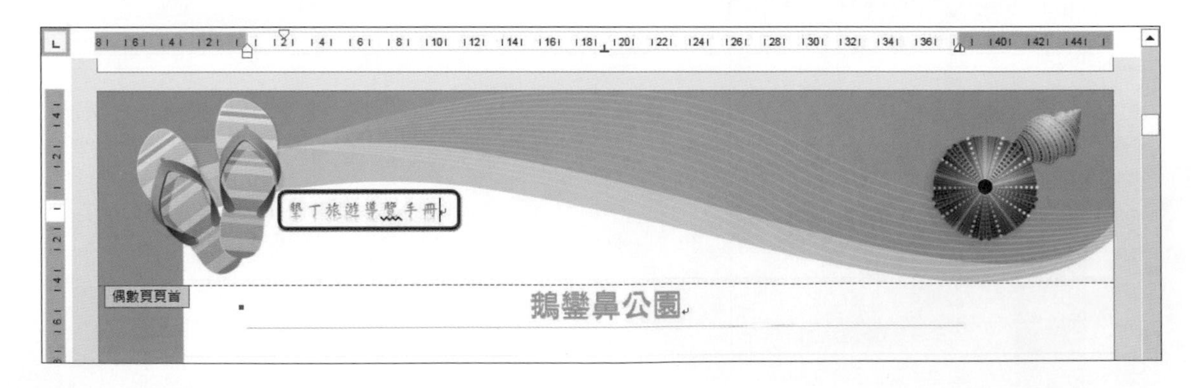

09 偶數頁頁首設定好後按下**「頁首及頁尾工具→設計→導覽→移至頁尾」**按鈕，切換到「偶數頁」的頁尾中。

10 按下**「頁首及頁尾工具→設計→頁首及頁尾→頁碼→目前位置」**按鈕，於選單中選擇**純數字**格式。

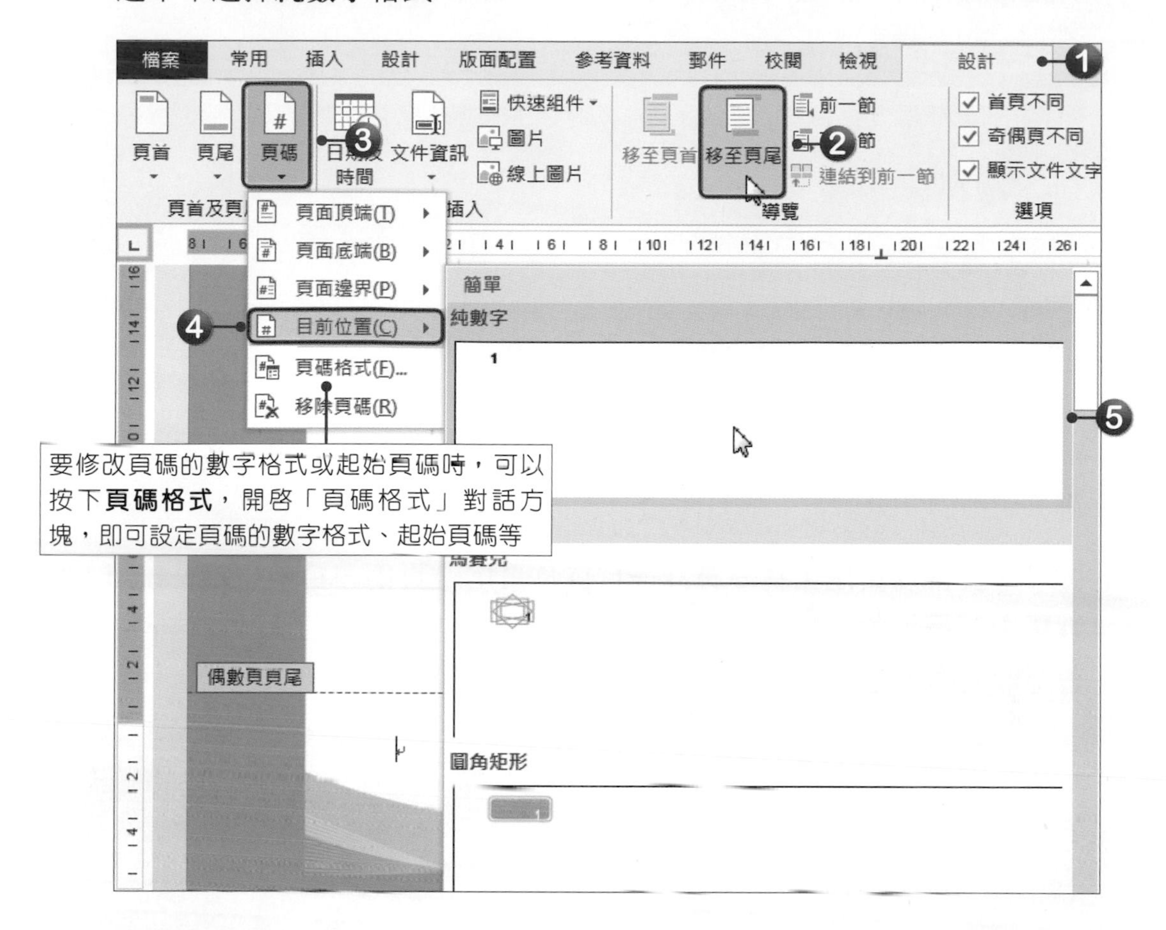

11 頁碼就會插入於頁尾的滑鼠游標所在位置中。接著選取頁碼，進行文字格式的設定。

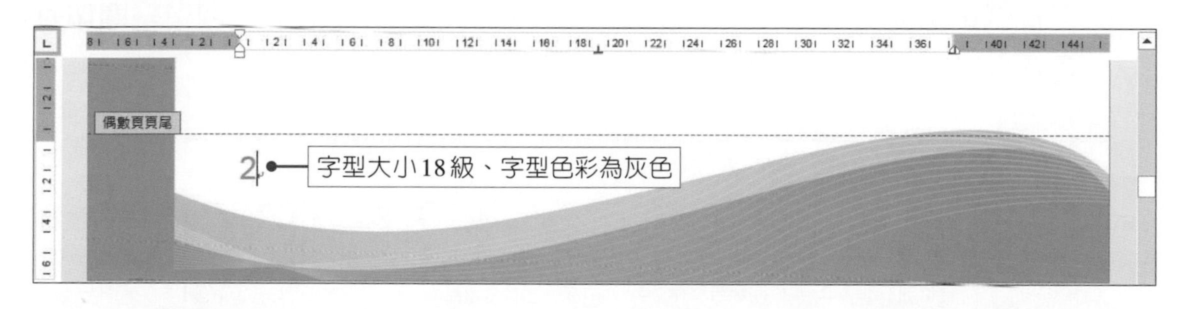

12 偶數頁的頁首及頁尾都設定好後，接著設定「奇數頁」的頁首及頁尾，按下**「頁首及頁尾工具→設計→導覽→下一節」**按鈕，將頁面切換到「奇數頁」的頁首中。

13 進行奇數頁的頁首設定，設定方式與偶數頁相同，請在奇數頁插入**奇數頁刊設.png**圖片，並輸入相關文字，將文字**靠右對齊**。

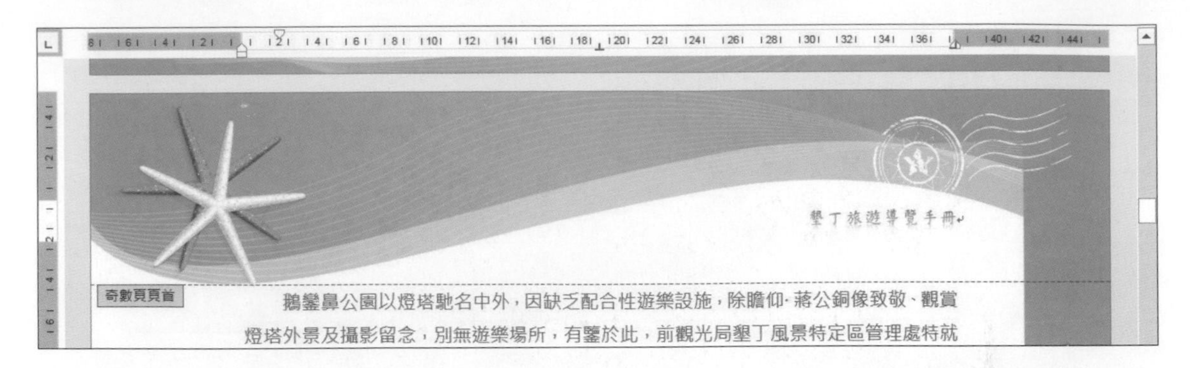

14 奇數頁頁首設定好後按下**「頁首及頁尾工具→設計→導覽→移至頁尾」**按鈕，切換到「奇數頁」的頁尾中。

15 按下**「頁首及頁尾工具→設計→頁首及頁尾→頁碼→目前位置」**按鈕，於選單中選擇**純數字**格式。頁碼就會插入於頁尾的滑鼠游標所在位置中，接著選取頁碼，進行文字格式的設定，並將頁碼靠右對齊。

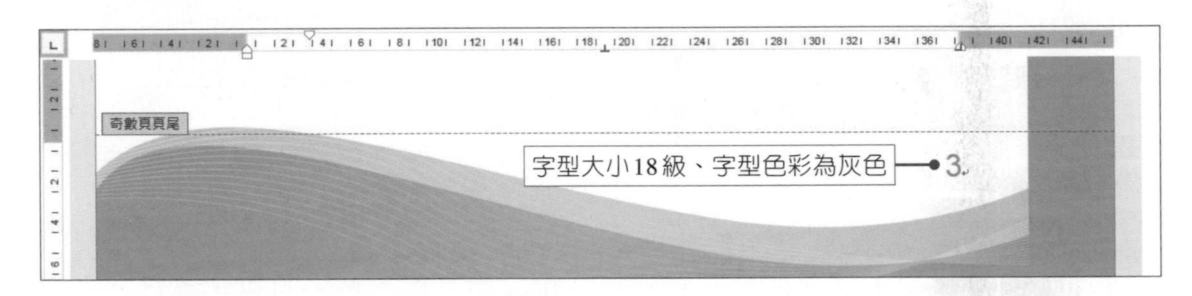

16 頁首頁尾都完成設定好後，按下**「頁首及頁尾工具→設計→關閉→關閉頁首及頁尾」**按鈕，離開頁首及頁尾設計模式。

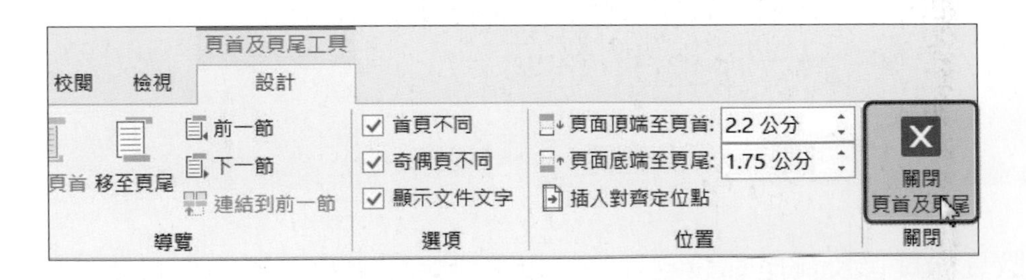

若文件中有插入**分節符號**，在設定頁首及頁尾時，就可以針對每節來設定不同的頁首及頁尾，若文件都使用相同的頁首及頁尾，那麼建議你，不要於文件中插入分節符號。

17 回到文件編輯模式後，即可看到設定好的頁首及頁尾。按下 **「檢視→顯示比例→多頁」** 按鈕，即可一次檢視多頁內容。

18 或按下 **「檢視→檢視→閱讀模式」** 按鈕，使用閱讀模式來檢視文件內容，檢視時不會顯示各種編輯符號，且頁首及頁尾內容也會真實呈現。

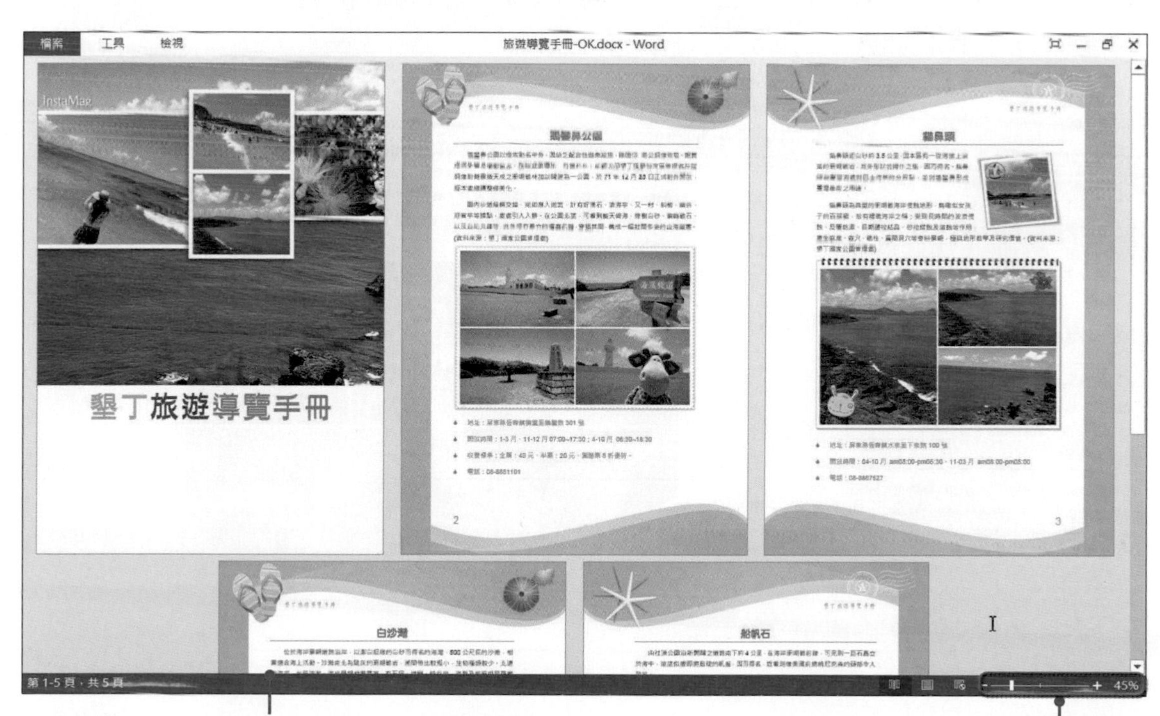

在閱讀模式中，會以一頁一頁的方式呈現文件，且可調整文字大小，方便閱讀

這裡可以進行文件顯示比例的調整

4-4 尋找與取代的使用

利用尋找與取代功能，可以快速地尋找到文件中的某個關鍵字，並進行取代的動作。

文字的尋找

在Word中可以利用**尋找**功能，於文件中尋找特定的文字、符號等。

01 按下**「常用→編輯→尋找」**按鈕，或按下**Ctrl+F**快速鍵，開啟**導覽窗格**。

02 在**導覽窗格**欄位中輸入要尋找的關鍵字，輸入時，Word便會將文件中所有找到的關鍵字，以黃色的醒目提示標示出來。

03 在清單中會列出該關鍵字的段落，點選該段落後，便會跳至該段落的所在位置。

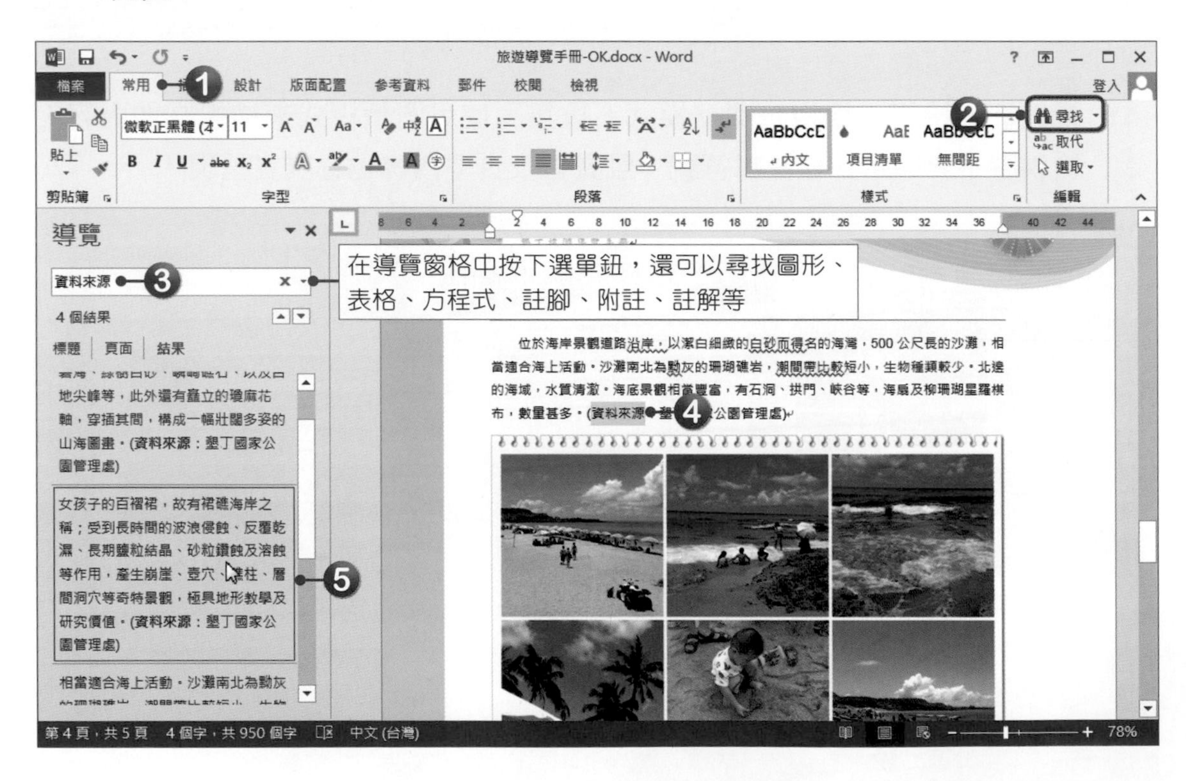

文字的取代

在文件中若有大量的文字需要修改，或是要套用相同格式時，可以使用**取代**功能來進行修改。在此範例中，要將文件中的半形「()」左右括號，改為全形「（ ）」。

01 按下**「常用→編輯→取代」**按鈕，或**Ctrl+H**快速鍵，開啓「尋找及取代」對話方塊。

02 在**尋找目標**欄位中輸入**「(」**，在**取代為**欄位中輸入「（ 」，設定好後，按下**全部取代**按鈕，文件便會開始進行取代的動作，取代完成後，按下**確定**按鈕即可。

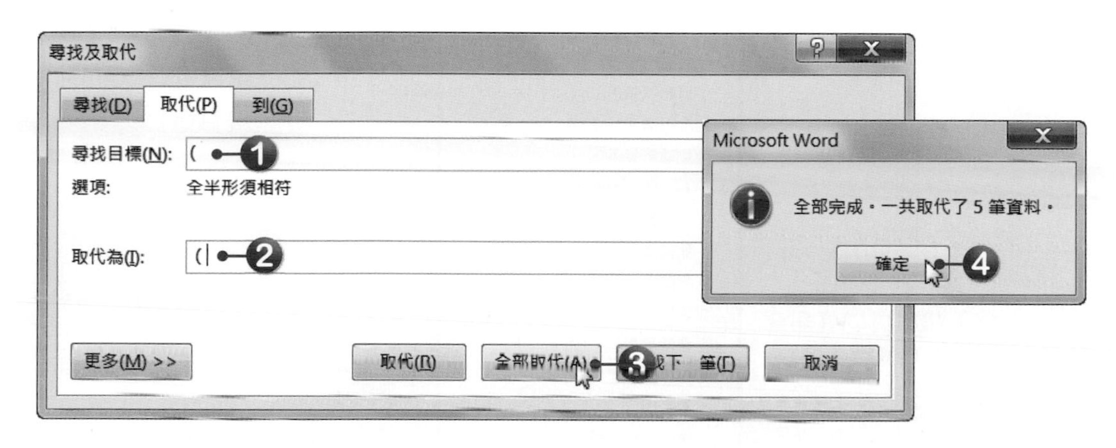

03 接著再於**尋找目標**欄位中輸入**「)」**，在**取代為**欄位中輸入「）」，設定好後，按下**全部取代**按鈕，文件便會開始進行取代的動作，取代完成後，按下**確定**按鈕即可。

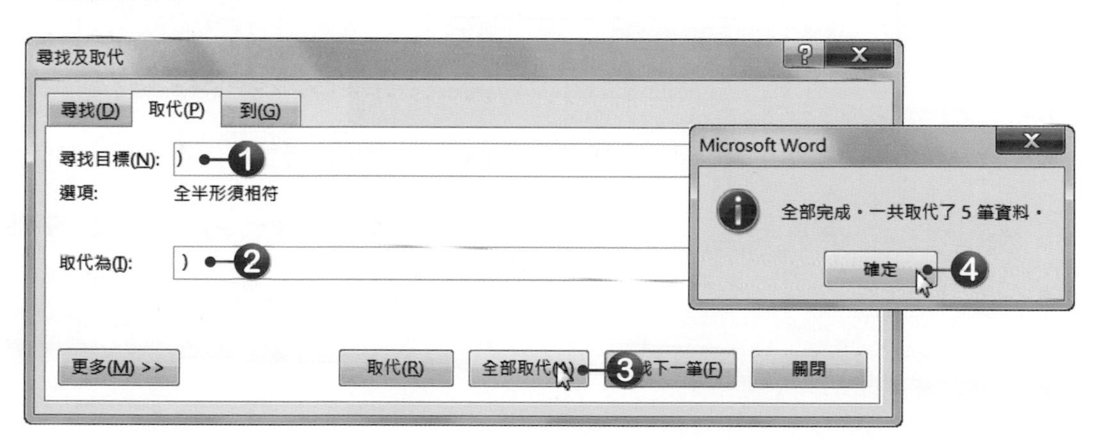

特殊符號的取代

當文件中有一些空白、分行符號、段落標記、定位點、大小寫要轉換時，都可以使用取代功能來完成。

在「尋找及取代」對話方塊，將滑鼠游標移至**尋找目標**欄位中，按下**指定方式**按鈕，在選單中選擇要取代的符號；而**取代為**欄位中不要輸入任何的文字，再按下**全部取代**按鈕，文件中所有相關符號就會被刪除。

要取代特殊符號時，也可以直接於**尋找目標**欄位中輸入相關的符號，進行取代的動作。

段落標記	定位字元	分行符號	剪貼簿內容	任一字元	任一數字
^p	^t	^l	^c	^?	^#

4-5 拼字及文法檢查

在Word中，輸入錯誤的拼字或文法時，Word會在文字加入波浪底線，警告我們可能有拼字或文法上的錯誤，而不同色彩的波浪底線有不同的意義喔！

- **紅色底線：**表示可能是拼字錯誤，或者是Word不認識這個字。
- **綠色底線：**Word認爲應該修訂此文法。
- **藍色底線：**拼字雖正確，但似乎非本句中應該使用的正確字眼。
- **綠色與藍色底線：**是提醒注意，需要自行判斷是否有誤。

略過拼字及文法檢查

若發現Word檢查的結果並不正確，或是判斷錯誤時，可以在文字上按下**滑鼠右鍵**，於選單中點選**略過一次**，即可將波浪底線標示移除。

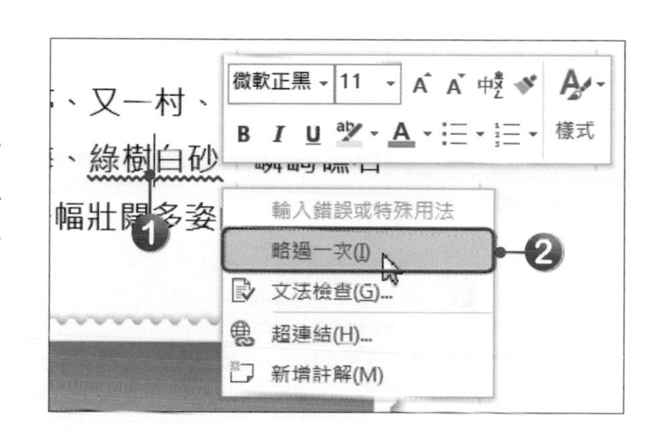

開啓拼字及文法檢查

按下**「校閱→校訂→拼字及文法檢查」**按鈕，或**F7**快速鍵，可以開啓**文法窗格**，在此窗格內即可查看錯誤說明及進行略過的動作。

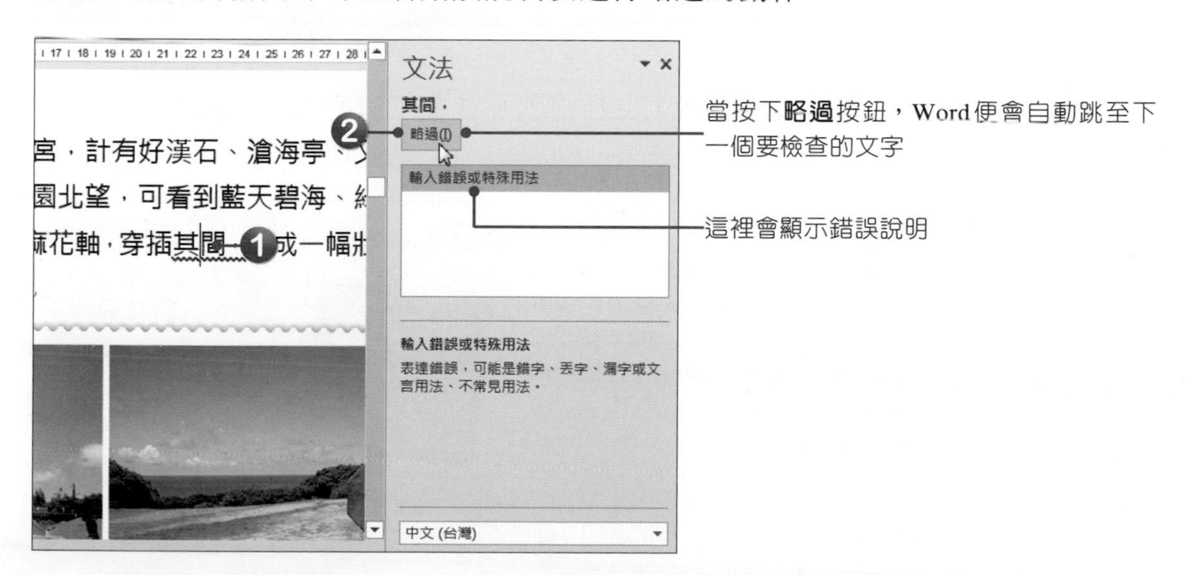

隱藏文件中拼字及文法錯誤的標示

若發現拼字及文法檢查的結果大都是因為Word不認得這個字，或不想要在文件中看見拼字及文法錯誤波浪線標示時，可以按下**「檔案→選項」**功能，開啟「Word選項」視窗，點選**校訂**標籤，選擇要設定的文件，再將**只隱藏文件中的拼字錯誤**及**只隱藏文件中的文法錯誤**選項勾選，這樣文件中的波浪底線標示就會被隱藏起來。

將拼字錯誤及文法錯誤隱藏後，文件中就不會顯示拼字及文法錯誤的波浪底線標示了。

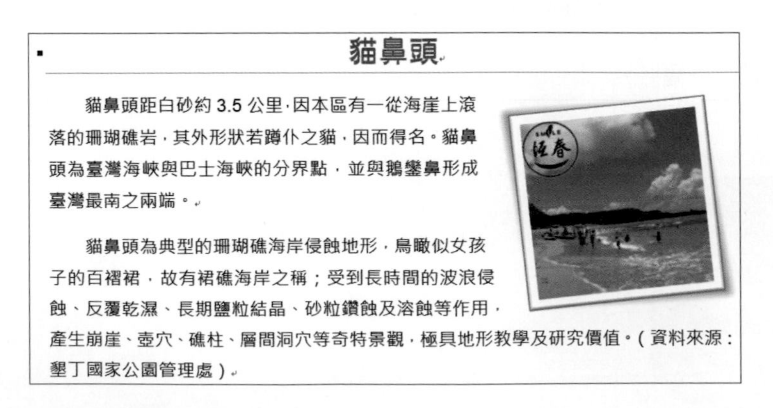

4-6 插入註腳

在文件中有些需要補充說明的文字或內容，可以使用註腳功能，將說明文字附註在該頁面的下緣，以便讀者參考。

01 選取欲建立註腳的文字，按下**「參考資料→註腳」**群組的對話方塊啟動鈕，開啟「註腳及章節附註」對話方塊。

02 設定註腳位置於**本頁下緣**，亦可設定註腳的**數字格式**，設定完成後，按下**插入**按鈕。

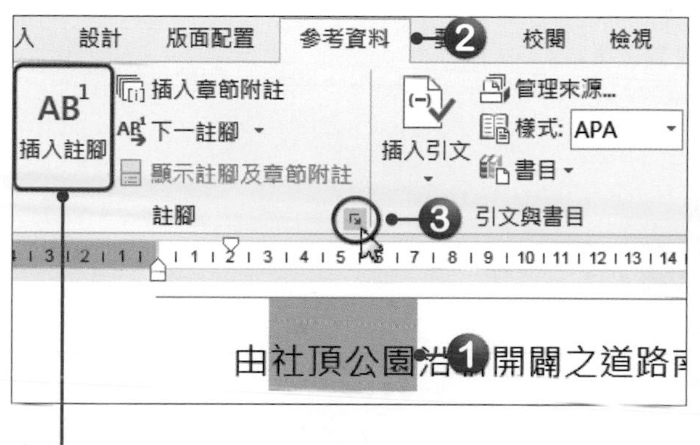

若要直接插入註腳，不進行註腳位置及數字格式等設定時，可以直接按下**插入註腳**按鈕，在該頁的下緣就會出現註腳

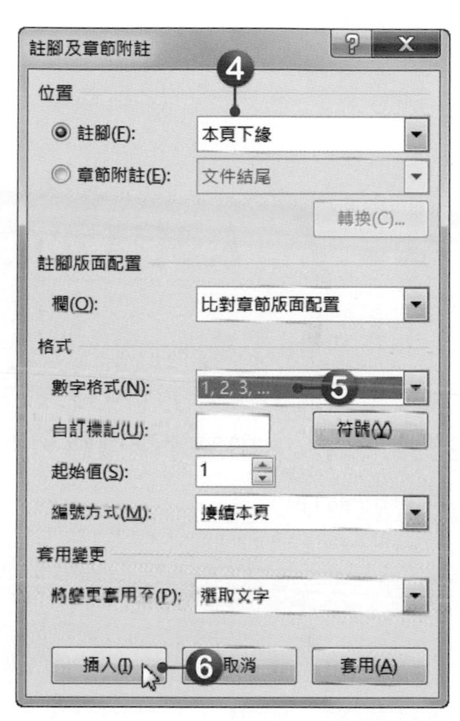

03 回到文件中，該頁的下緣就會出現註腳，接著輸入註腳文字，文字輸入完後還可以進行文字格式及段落的設定。

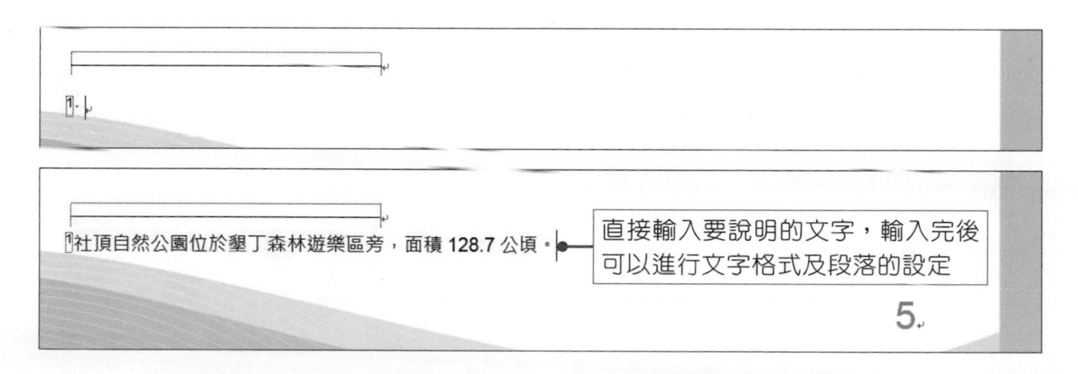

04 當文件中的名詞插入註腳後，該名詞後方會增加一個註腳編號，對應至頁面下的註腳內容。若要查看註腳內容，只要在名詞後方的註腳編號上**雙擊滑鼠左鍵**，即可直接跳到註腳內容上；同樣地，在註腳內容的編號上**雙擊滑鼠左鍵**，也可切換至文件中的名詞所在位置喔！

船帆石

由社頂公園1沿新開闢之道路南下約 4 公里，在海岸珊瑚礁前緣，可見到一巨石矗立於海中，遠望似艘即將啟碇的帆船，因而得名，近看則像美國前總統尼克森的頭部令人發笑。

船帆石高約 18 公尺，係由附近台地上方滾落至海邊的舊期珊瑚礁石，因其岩質較附近之初期隆起珊瑚礁堅硬，故能長期屹立海中，由台地上方可見到它巨大的珊瑚礁岩即為明證。（資料來源：墾丁國家公園管理處）

4-7 大綱模式的應用

在Word中編排一份文件時，大部分皆以**「整頁模式」**來進行編排的動作，這種模式能檢視文件所有格式的設定，是一個最好的編輯模式。但是，若要進行文件的內文、階層等調整時，則可以進入**「大綱模式」**，輕鬆地對文件內容進行調整的動作。

進入大綱模式

要利用大綱模式編輯文件時，必須先進入大綱模式才能進行編輯的動作。按下**「檢視→檢視→大綱模式」**按鈕，即可將文件切換到大綱模式，同時開啟**大綱**索引標籤。

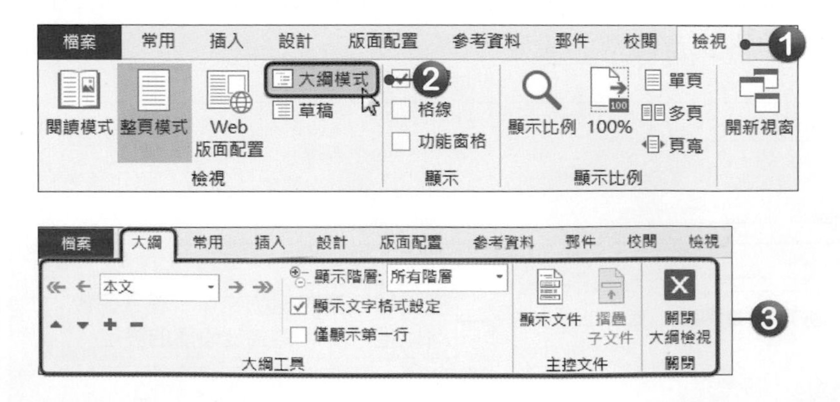

在大綱模式檢視內容

在大綱模式的預設情況下是顯示「所有階層」，也就是顯示文件中的所有內容。然而，在編輯長文件時，有時候只想看到某個階層以下的內容，這時候就可以設定顯示階層工具鈕選單，來選擇欲顯示的階層內容。

01 假設想要顯示階層1的內容，只要按下**「大綱→大綱工具→顯示階層」**選單鈕，在選單中點選**階層1**，文件就只會將階層1的段落文字顯示出來。

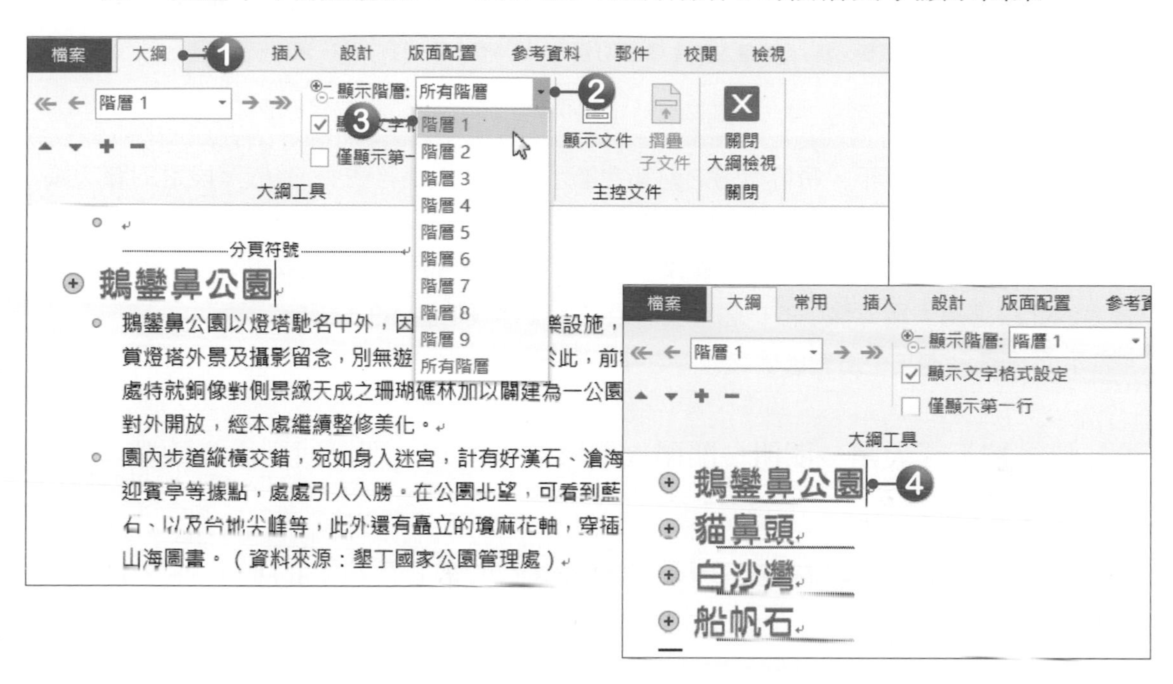

02 接著以滑鼠游標雙擊前方的 ⊕ 大綱符號，就可以將其下原本隱藏的內容顯示出來。

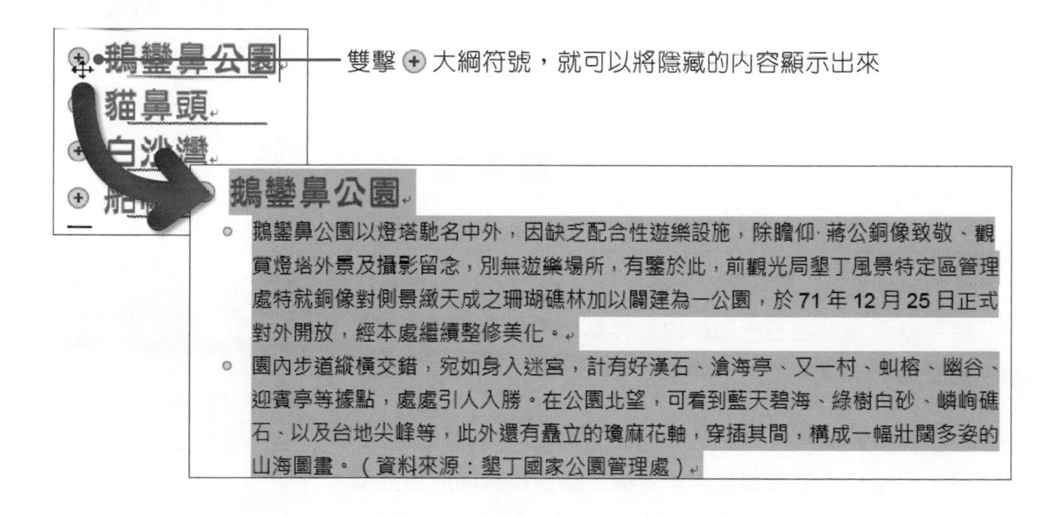

03 此外，如果只想顯示每個段落文字的第一行，則將**僅顯示第一行**的選項勾選起來，這樣在文件中就只會顯示每個段落的第一行。

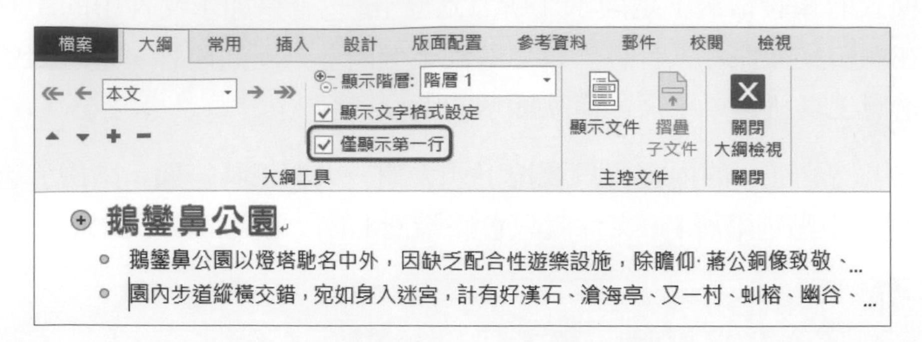

當文件處於大綱模式下，每個段落之前都會顯示一個「大綱符號」，並依照段落的層次順序縮排，以顯示文章的大綱結構。各大綱符號說明如下：

⊕表示此段落為大綱架構中的一個層次，且其下還有其他更小的層級或本文。

⊖表示此段落為大綱架構中的一個層次，且其下並無其他更小的層級。

◦表示此段落為本文，沒有層級之分。

04 最後按下**「大綱→關閉→關閉大綱檢視」**按鈕，即可回到原先的整頁模式下進行編輯。

在Word 2013中若套用了內建樣式名稱包含「標題」的樣式時，該段落在「整頁模式」下，就具有可顯示與隱藏其下段落的特性。

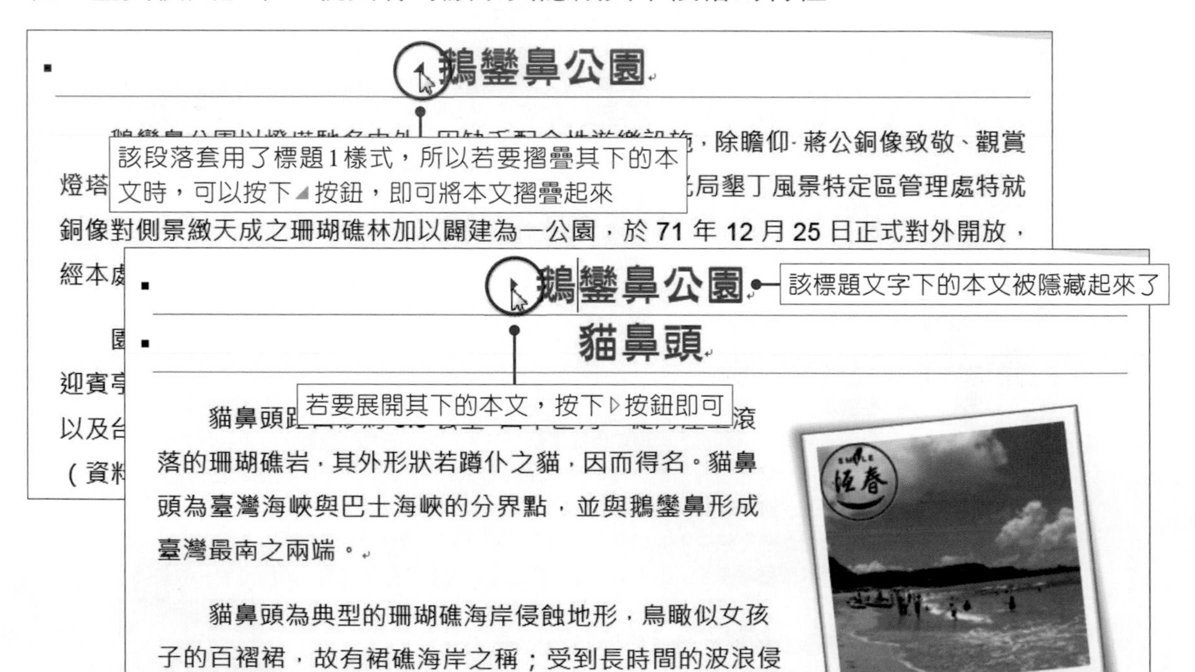

調整文件架構

在大綱模式下還可以輕易的調整文件架構，或重新排列文件內容。例如：想要將範例中的「白沙灣」內容移至「鵝鑾鼻公園」內容下時，只要將滑鼠游標移至「白沙灣」標題上，按下**「大綱→大綱工具→▲」上移**按鈕，或按下 **Alt+Shift+** ↑ 快速鍵，即可將「白沙灣」標題及其下的段落移至「鵝鑾鼻公園」標題其下的段落後。

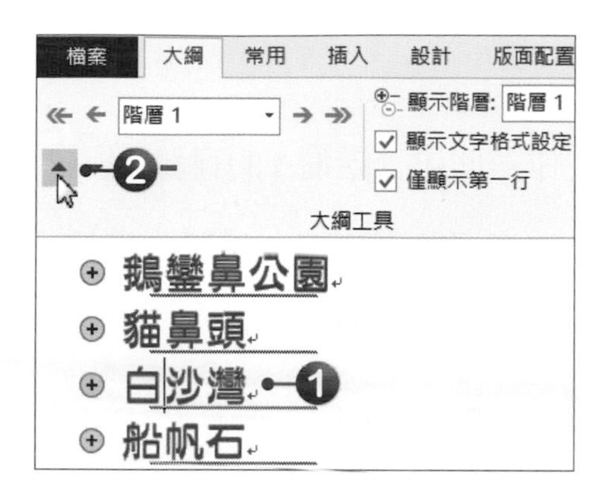

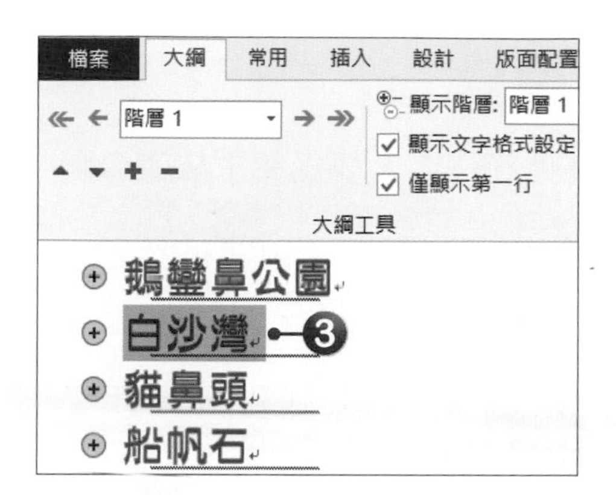

若要將內容往下移時，可以按下**「大綱→大綱工具→▼」下移**按鈕，或按下 **Alt+Shift+** ↓ 快速鍵。

文件檢視模式

在Word中提供**整頁模式**、**閱讀模式**、**Web版面配置**、**大綱模式**及**草稿**等文件檢視模式。要切換文件的檢視模式時，可以直接按下視窗右下角的檢視工具鈕，或是按下「**檢視**」索引標籤，進行檢視的設定。

檢視模式	說明
整頁模式	會顯示最完整的版面，包含所有設定的格式、編輯頁首及頁尾、調整邊界等。
閱讀模式	會以一頁一頁的方式呈現文件，且可調整文字大小，方便閱讀。
Web版面配置	在此模式下，可以建立一份網頁文件及編輯出網頁之外貌。
大綱模式	一個架構分明的文章，需要有一個清楚明確的大綱。大綱模式就是將文件中的內容依大綱為主軸，呈現文章的架構，可以有效率地進行建構、舖陳、重組等編輯，但在這個模式下不會顯示邊界、頁首及頁尾、圖形、背景。
草稿	主要用於文件內文尚在初擬及編修的階段。在草稿模式下，會簡化版面顯示的內容，只顯示文件中的文字內容，而忽略圖片、圖表、文字方塊等物件，同時也不會顯示頁面的章首章尾、註腳，及多欄的編排效果。

4-8 目錄的製作

文件編排完成後，可以在文件中加上目錄，讓文件更加完整。在製作文件目錄時，Word會將文件中有套用標題樣式的文字自動歸爲目錄，例如：套用了「標題1」樣式的文字，會被歸爲第一個階層的目錄；套用「標題2」則會被歸爲第二個階層的目錄。

建立目錄

在此範例中，要爲墾丁旅遊導覽手冊製作一個包含**階層1**的目錄。

01 將滑鼠游標移至第1頁的標題文字下，按下**「參考資料→目錄→目錄→自訂目錄」**按鈕，開啓「目錄」對話方塊，即可進行設定。

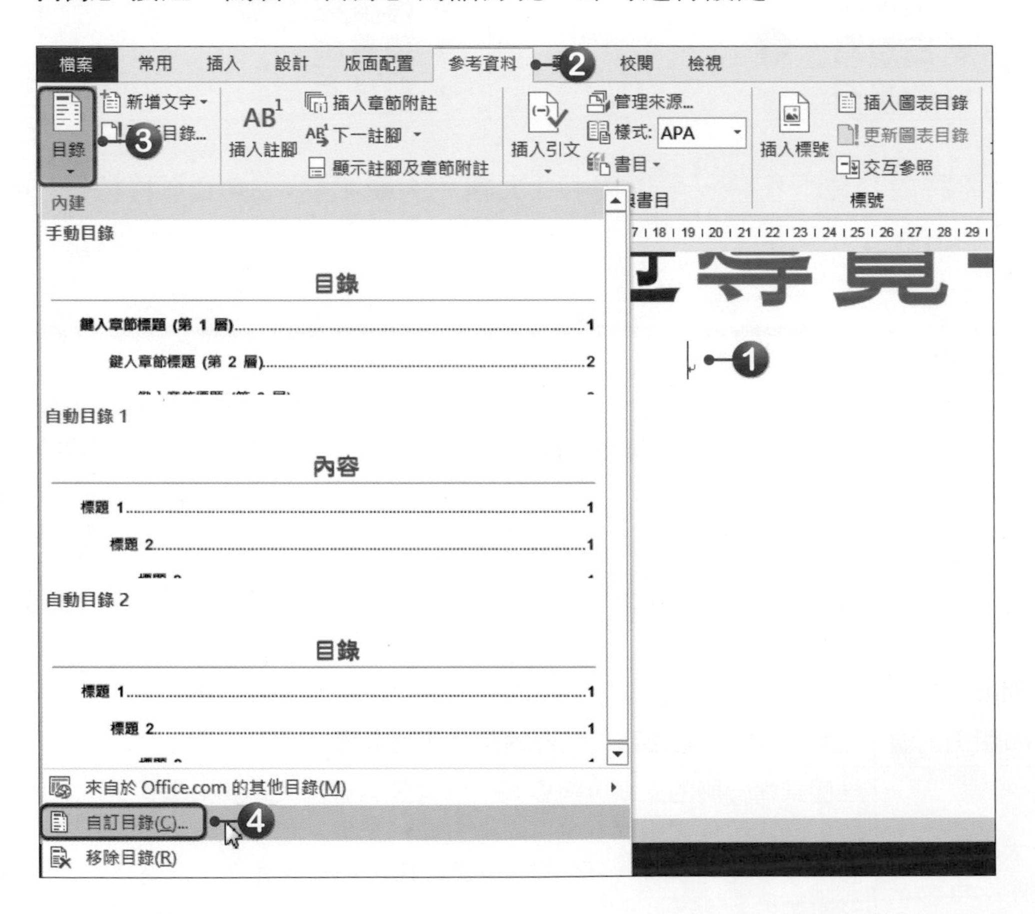

02 按下**格式**選單鈕，選擇目錄要使用的格式，再將顯示階層設定爲**1**，都設定好後按下**確定**按鈕。

03 回到文件中，在滑鼠游標所在位置上，就會插入文件目錄。此時便可選取目錄進行文字格式及段落的設定。

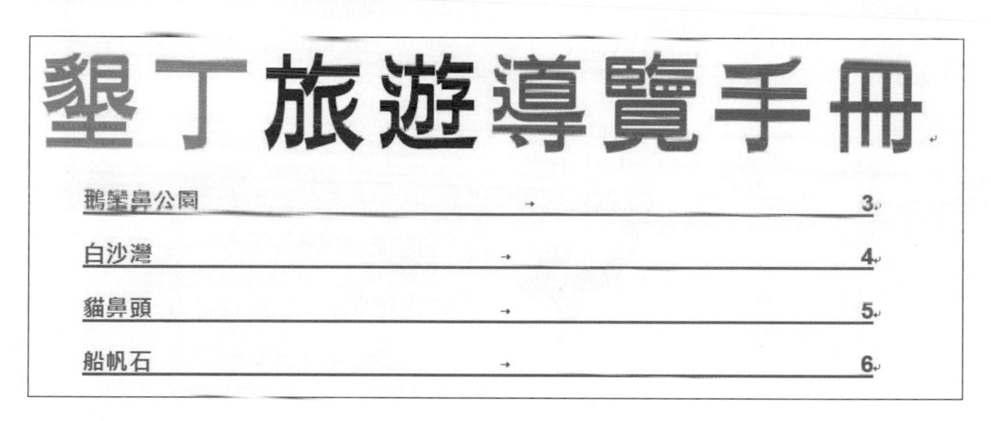

04 目錄製作完成後，將滑鼠游標移至目錄標題上，按著**Ctrl**鍵不放，再按下**滑鼠左鍵**，即可將文件跳至該標題所在的頁面。

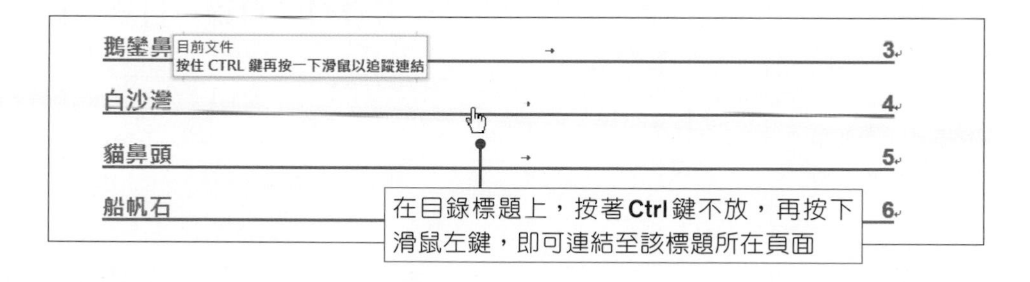

通常在自訂樣式的同時，會將樣式的階層也一起設定好，設定好以後，在製作目錄時，Word才會自動抓取要顯示的階層。要設定樣式的階層時，可以在「段落」對話方塊中，點選**縮排與行距**標籤頁，於**大綱階層**選項中，即可設定樣式的階層。

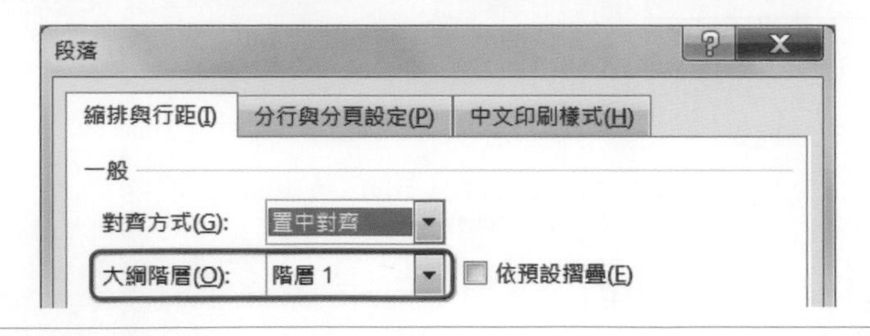

更新目錄

若文件中的某個標題文字位置被調整，或是被刪除時，那麼就要進行「更新目錄」的動作，在目錄上按下**滑鼠右鍵**，於選單中選擇**更新功能變數**，或是按下**「參考資料→目錄→更新目錄」**按鈕，也可以將滑鼠游標移至目錄上，再按下**F9**按鍵，開啓「更新目錄」對話方塊，即可進行更新目錄的動作。

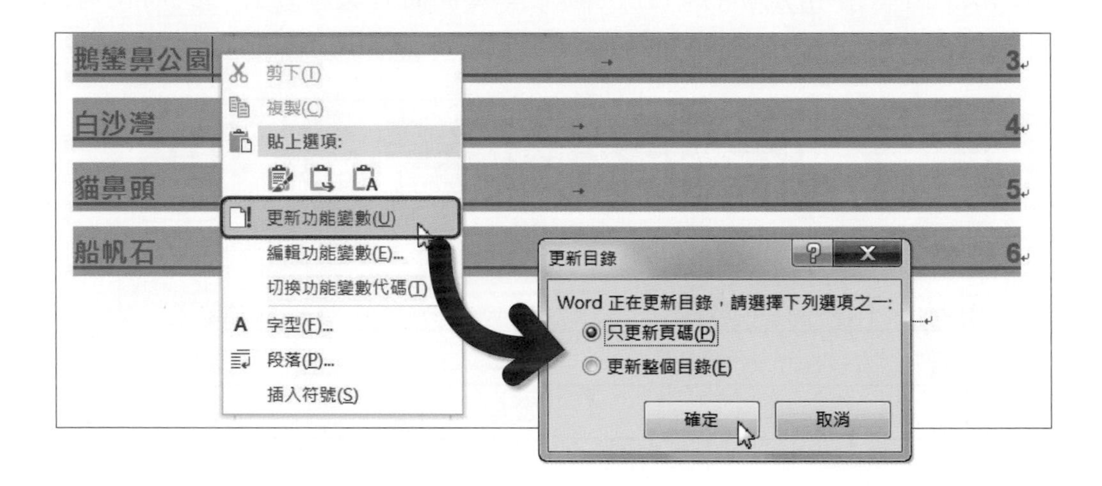

移除目錄

若想要移除文件中的目錄時，可以按下**「參考資料→目錄→目錄→移除目錄」**按鈕，即可將目錄從文件中移除。

自我評量

✦選擇題

(　　)1. 在Word中，文件包含多個不同部分，若希望每個部分都有獨特的頁首及頁尾，則需於文件的各部分之間，建立下列哪一項？(A)分節符號 (B)分頁符號 (C)版面配置 (D)版面設定。

(　　)2. 在Word中，若只需要封面頁的頁首及頁尾與其他頁面不同，應進行下列哪一項操作？(A)在首頁的最後一段之後插入一個「下一頁」分節符號 (B)直接刪除首頁的頁首及頁尾文字或物件 (C)勾選「版面配置」中的「第一頁不同」選項 (D)勾選「版面配置」中的「奇偶頁不同」選項。

(　　)3. 在Word中，下列哪個方式無法進入「頁首及頁尾工具」索引標籤中？(A)插入→頁首→編輯頁首 (B)插入→頁尾→編輯頁尾 (C)插入→頁碼→頁碼格式 (D)將插入點放在頁首或頁尾區，雙擊滑鼠左鍵。

(　　)4. 在Word中，下列關於頁碼格式與位置設定，何者不正確？(A)頁碼的起始頁可以爲任一正數 (B)一份文件中只能有一種頁碼格式 (C)可以在文件的第二頁上開始編號 (D)頁碼的位置可以在「頁首及頁尾」層的任一位置。

(　　)5. 在Word中，要建立目錄時，可以進入下列哪個群組中？(A)常用→目錄 (B)插入→目錄(C)參考資料→目錄 (D)版面配置→目錄。

(　　)6. 在Word中，要更新目錄時，可以按下下列哪個快速鍵？(A)F9 (B)F10 (C)F11 (D)F12。

(　　)7. 在Word中，欲使用層級功能來檢視檔案，應該在哪一種檢視模式下進行？(A)標準模式 (B)大綱模式 (C)整頁模式 (D)閱讀版面配置模式。

(　　)8. 欲在Word文件中建立註腳，應該要在下列哪一個索引標籤中進行設定？(A)常用 (B)插入 (C)版面配置 (D)參考資料。

✦實作題

1. 開啓「Word→Example04→企劃案.docx」檔案，進行以下的設定。
   - 幫文件加入頁首及頁尾(第1頁不套用)，頁首文字爲「數位內容產品企劃案」，頁尾須包含頁碼，格式請自行設計。
   - 將標題1的文字格式修改爲：文字大小20、粗體、置中對齊。
   - 標題1段落文字皆從各頁的第一行開始。

● 將文件中的 ※ 符號皆刪除。

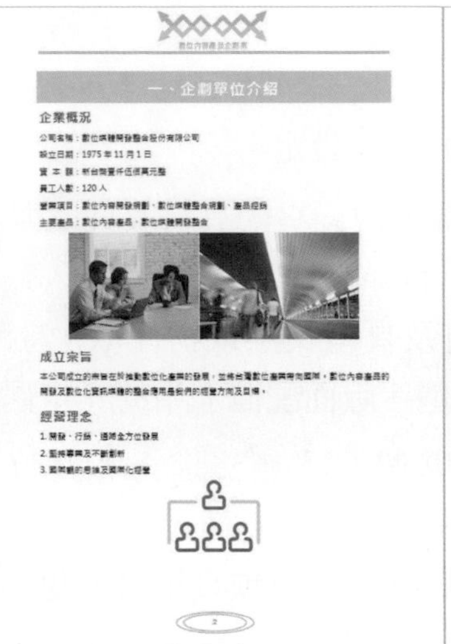

2. 開啓「Word→Example04→推甄備審資料.docx」檔案，進行以下的設定。

● 在第1頁加入目錄，目錄階層設定到階層1，目錄文字格式請自行設計。

● 將「專題製作」文字加入註腳，並自行輸入說明文字。

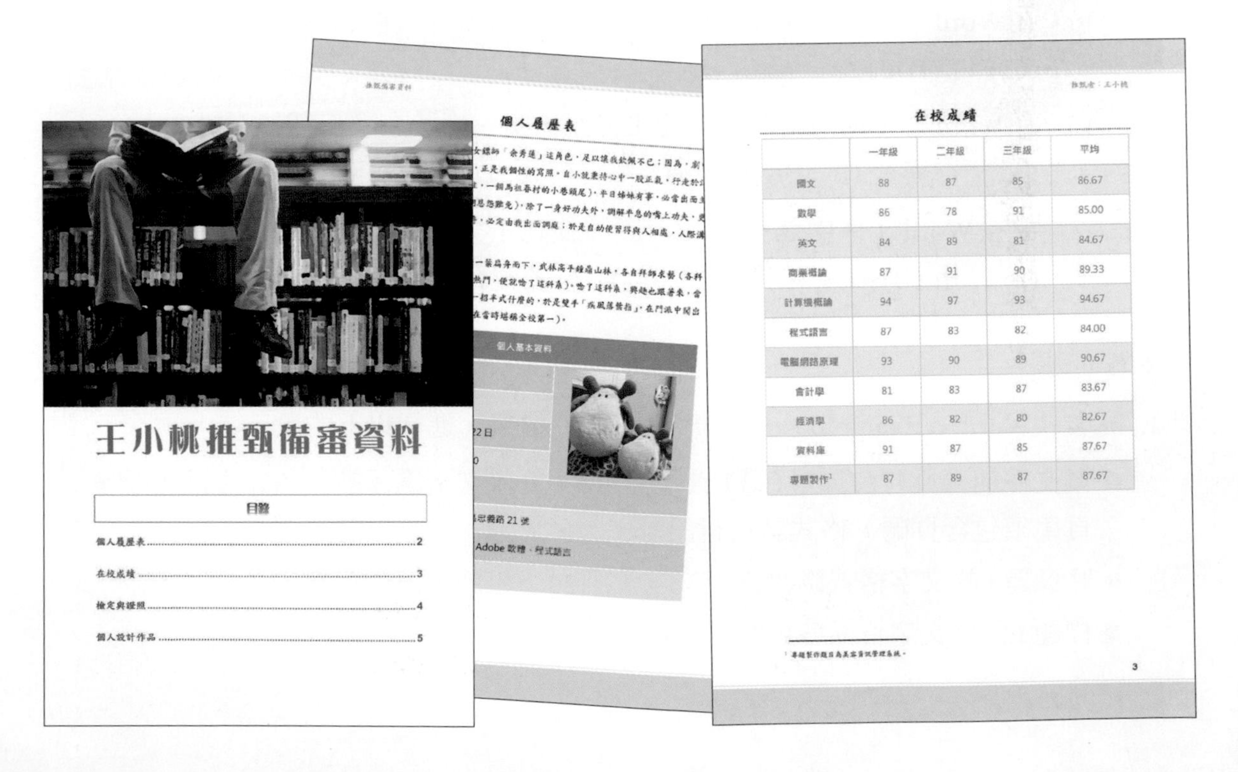

王小桃推甄備審資料

目錄

個人履歷表 2
在校成績 3
檢定與證照 4
個人設計作品 5

個人履歷表

在校成績

	一年級	二年級	三年級	平均
國文	88	87	85	86.67
數學	86	78	91	85.00
英文	84	89	81	84.67
商業概論	87	91	90	89.33
計算機概論	94	97	93	94.67
程式語言	87	83	82	84.00
電腦網路原理	93	90	89	90.67
會計學	81	83	87	83.67
經濟學	86	82	80	82.67
資料庫	91	87	85	87.67
專題製作[1]	87	89	87	87.67

05 喬遷茶會邀請函

Example

✪ 學習目標

認識合併列印、合併列印的設定、插入規則、篩選與排序的設定、合併列印到印表機或E-mail、郵寄標籤製作、信封製作、建立單一標籤及信封

✪ 範例檔案

Word→Example05→喬遷茶會邀請函.docx

Word→Example05→客戶名單.docx

Word→Example05→客戶名單.xslx

Word→Example05→底圖.png

✪ 結果檔案

Word→Example05→喬遷茶會邀請函-合併檔.docx

Word→Example05→喬遷茶會邀請函-文件檔.docx

Word→Example05→地址標籤-合併檔.docx

Word→Example05→地址標籤-文件檔.docx

Word→Example05→信封-合併檔.docx

Word→Example05→信封-文件檔.docx

在企業中常常會製作一些邀請函、地址標籤、套印信封等，而這些文件只要利用Word所提供的「合併列印」功能，就可以既輕鬆又簡單地完成這份工作。在「喬遷茶會邀請函」範例中，要先製作大量的邀請函文件，再印製地址標籤及信封。

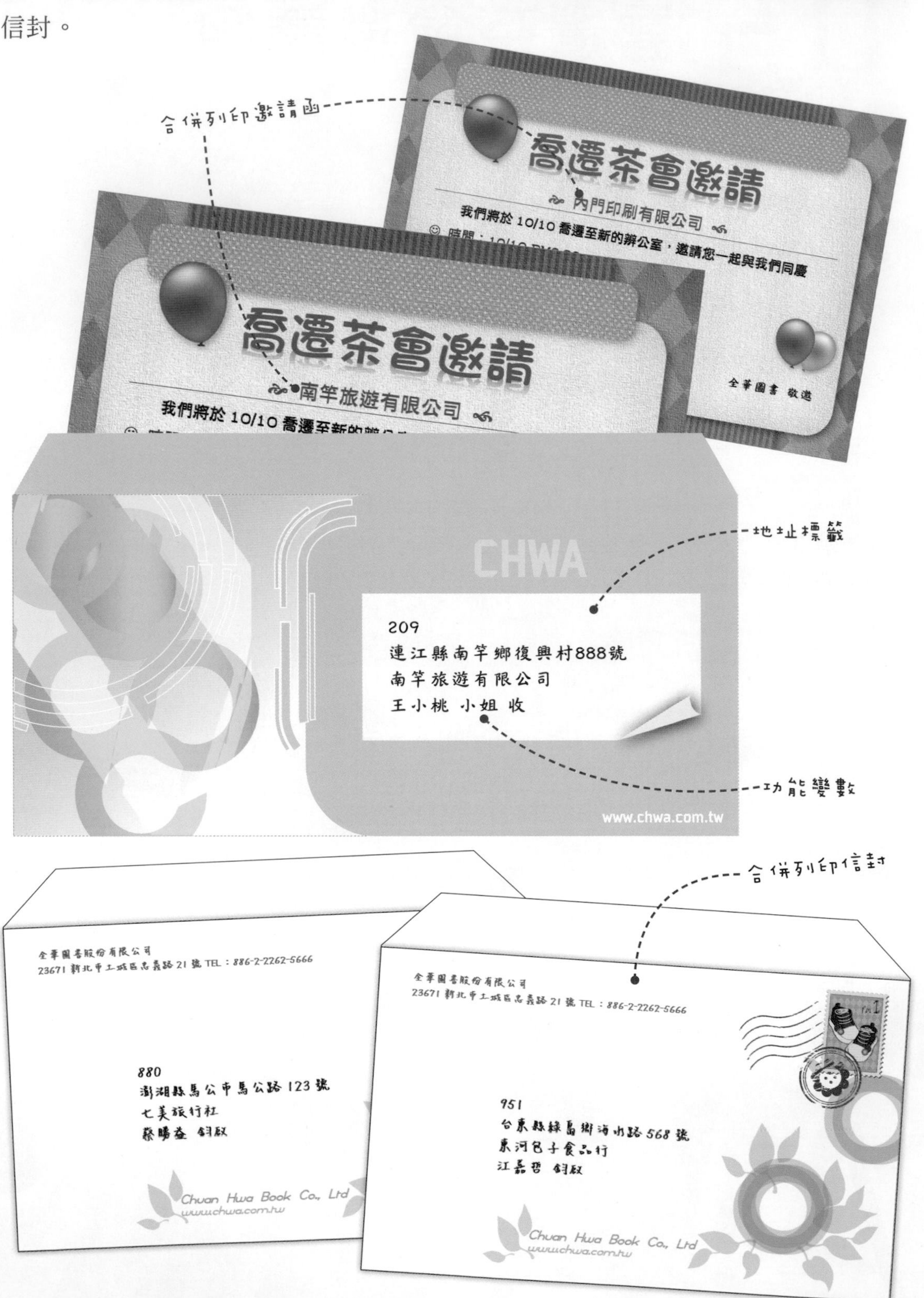

5-1 認識合併列印

當一份相同的資料要寄給十個不同的人時，作法可能是直接利用影印機印出十份，然後再分別將每個人的名字寫上，最後分寄給每個人。在Word中並不需要那麼的麻煩，只需利用「合併列印」功能，就可以完成這份工作。在進行合併列印前，需要先準備「主文件」檔案與「資料」檔案，其架構如下圖所示。

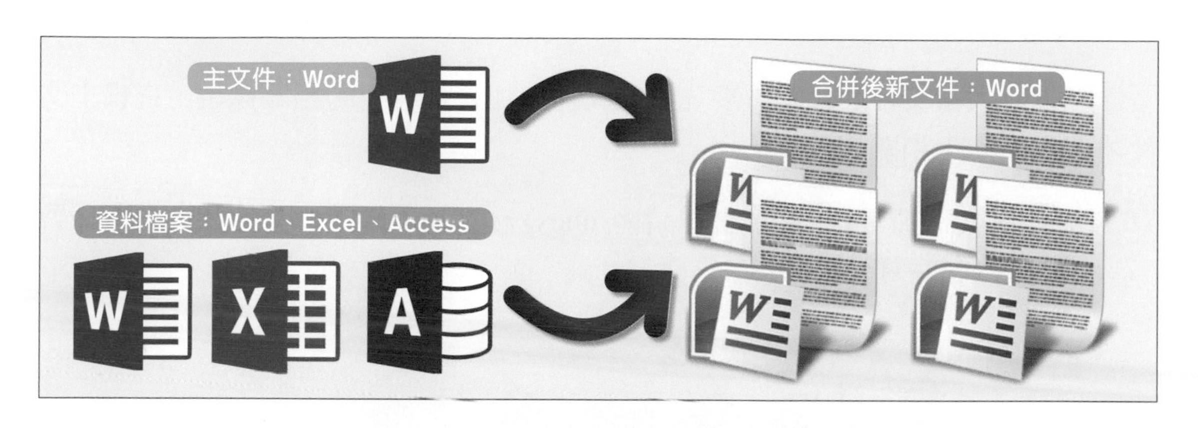

- **主文件檔案：**指的是用Word製作好的文件檔案，例如：要寄一封信函給多人時，就可以先將信函的內容用Word製作，而這份文件就是主文件。
- **資料檔案：**就是所謂的資料來源，或是資料庫檔案，而資料檔案可以是：**Word檔案、Excel檔案、Access檔案、Outlook連絡人**檔案。在製作這類檔案時，是有一定格式的。例如：資料來源如果是Word檔，通常它會以表格方式呈現，不僅欄、列固定，而且檔案的開頭就是表格，不要加入其他的文字列；若是使用Excel製作資料檔案時，也需要遵守這些規定。

班級	姓名	性別	備註
101	王小桃	女	
102	郭小怡	女	

正確的樣式：文件開頭就是表格

~~愛心學院學生通訊錄~~

班級	姓名	性別	備註
101	王小桃	女	
102	郭小怡	女	

不正確的樣式：文件開頭不能有標題文字

	A	B	C	D	E	F	G
1	班級	姓名	性別	備註			
2	101	王小桃	女				
3	102	郭小怡	女				

Excel正確的樣式：工作表開頭就是表格，通常每一列就代表一筆紀錄

5-2 大量邀請函製作

當要製作大量的信件、邀請函、通知單或是廣告宣傳單時，可以使用合併列印來完成。在此範例中，將利用合併列印功能，將套印後的邀請函文件利用電子郵件寄給收件人，讓每個連絡人都可以收到屬於自己的邀請函。

合併列印的設定

在進行大量文件製作時，要先於主文件中加入資料檔的相關欄位，這樣主文件才會自動產生相關的資料。

01 開啓主文件檔案(喬遷茶會邀請函.docx)，按下**「郵件→啓動合併列印→啓動合併列印→信件」**按鈕。

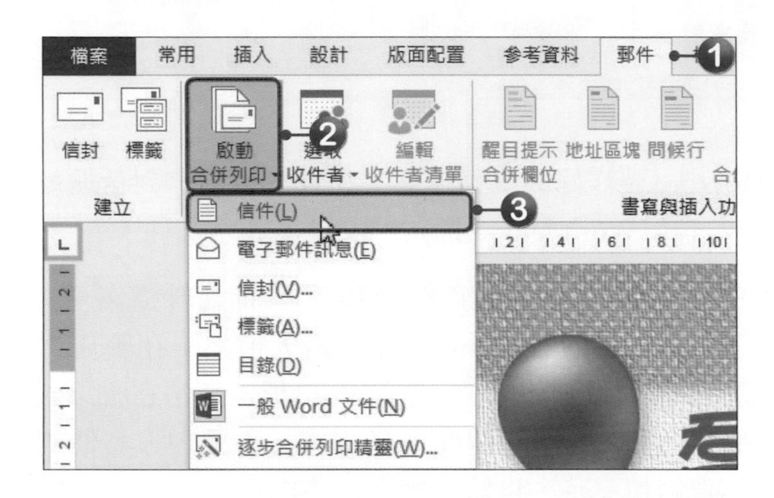

02 啓動合併列印功能後，按下**「郵件→啓動合併列印→選取收件者→使用現有清單」**按鈕，開啓「選取資料來源」對話方塊。

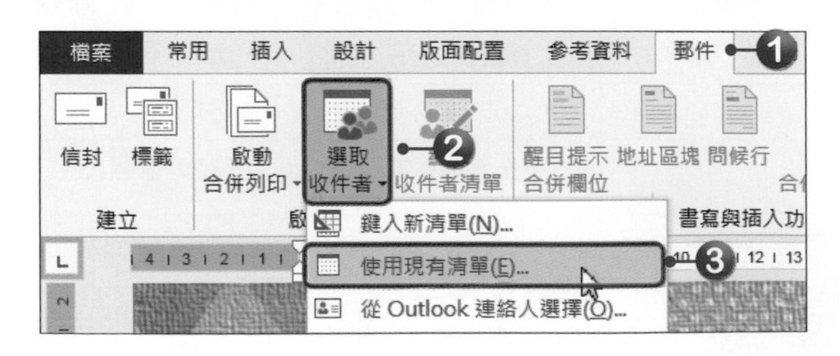

03 點選**客戶名單.docx**檔案，選擇好後按下**開啓**按鈕。

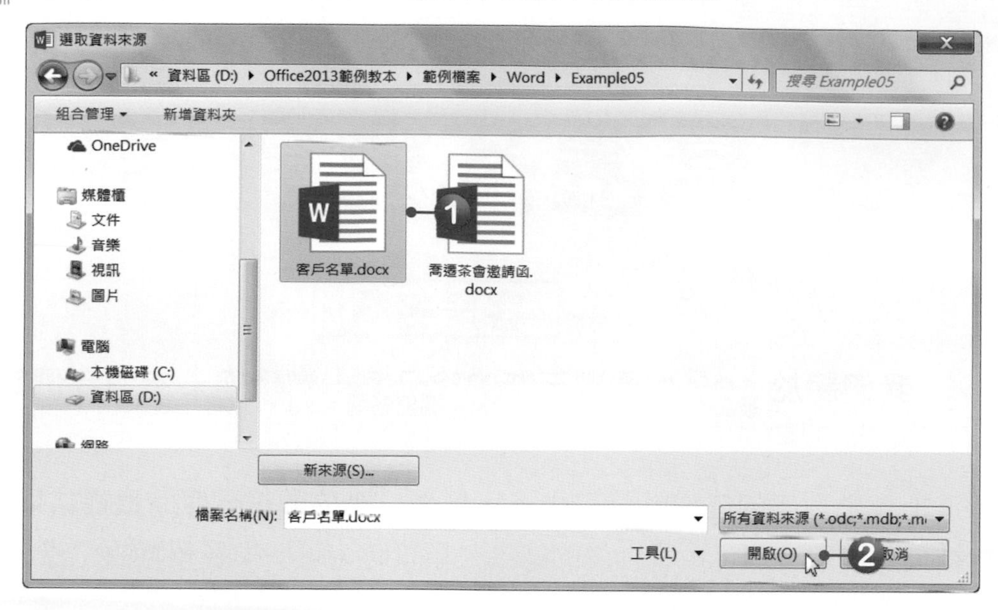

04 選擇好後，即可開始進行「插入合併欄位」的動作，這裡要在儲存格中分別插入相對應的欄位。先將滑鼠游標移至要插入欄位的儲存格中，按下**「郵件→書寫與插入功能變數→插入合併欄位」**按鈕，於選單中點選要插入的欄位。

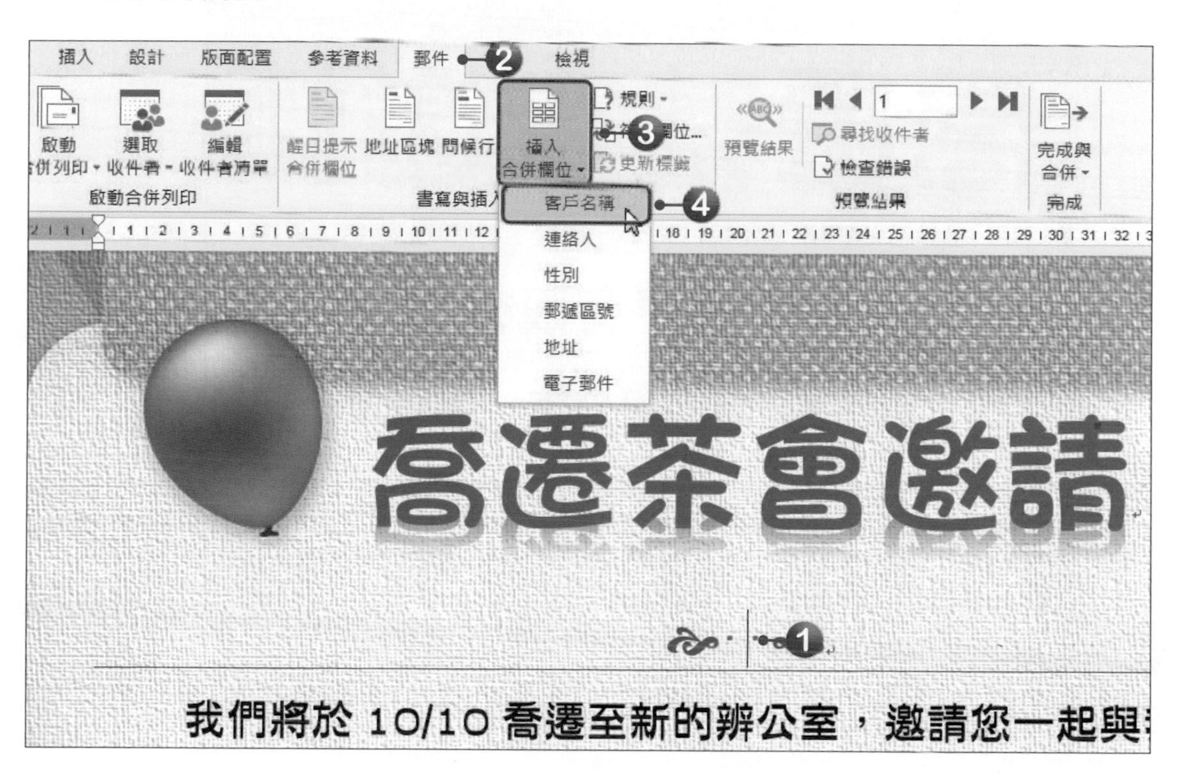

05 將所有欄位都插入到相關位置後，於位置上就會顯示該欄位的名稱。

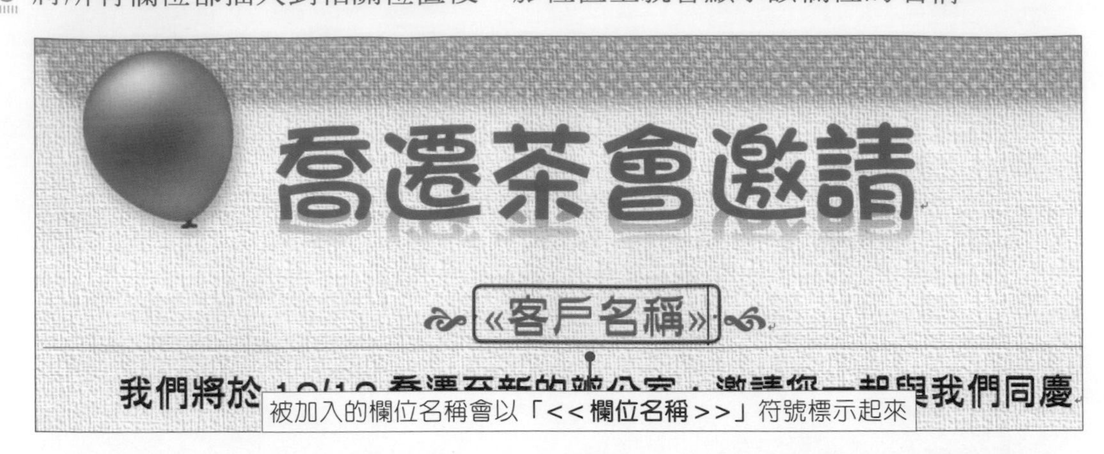

06 到這裡合併列印的工作就算完成了，最後只要按下**「郵件→預覽結果→預覽結果」**按鈕，即可預覽合併的結果。預覽時，可切換要預覽的紀錄。

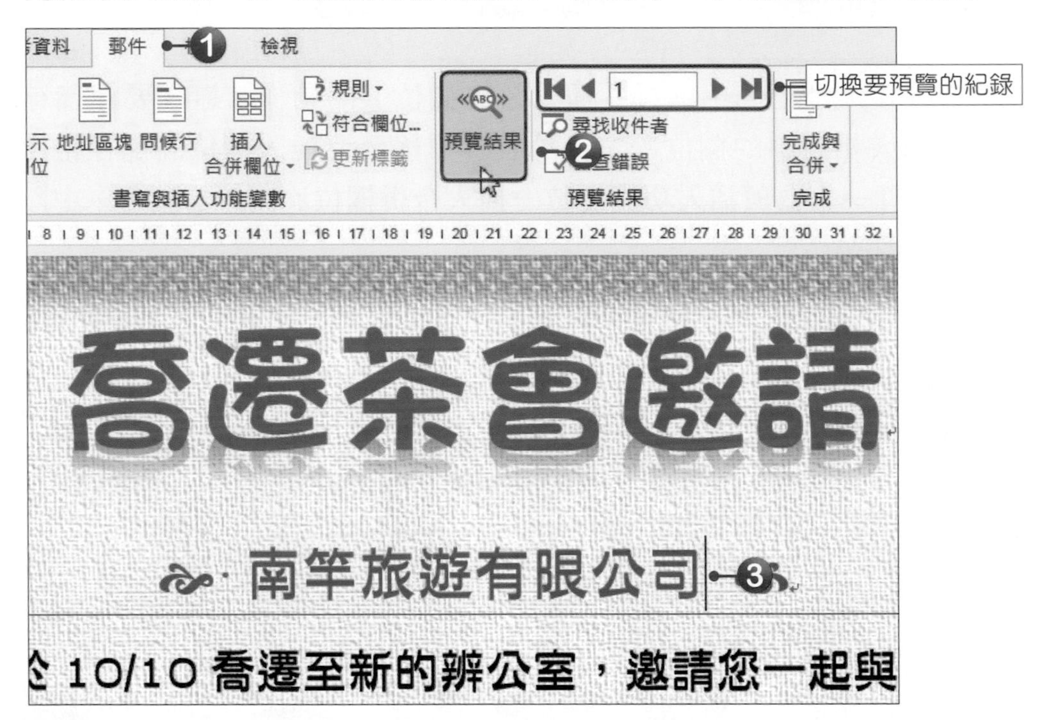

若想要查看資料檔中的所有資料時，可以按下**「郵件→啟動合併列印→編輯收件者清單」**按鈕，開啟「合併列印收件者」對話方塊，由此方塊中即可查看所有的收件者資料，也可以在此新增或移除合併列印中的收件者。

完成與合併

完成合併列印設定後，即可進行**完成與合併**的動作。按下**「郵件→完成→完成與合併」**按鈕，於選單中會有**編輯個別文件**、**列印文件**、**傳送電子郵件訊息**等選項，分別介紹如下：

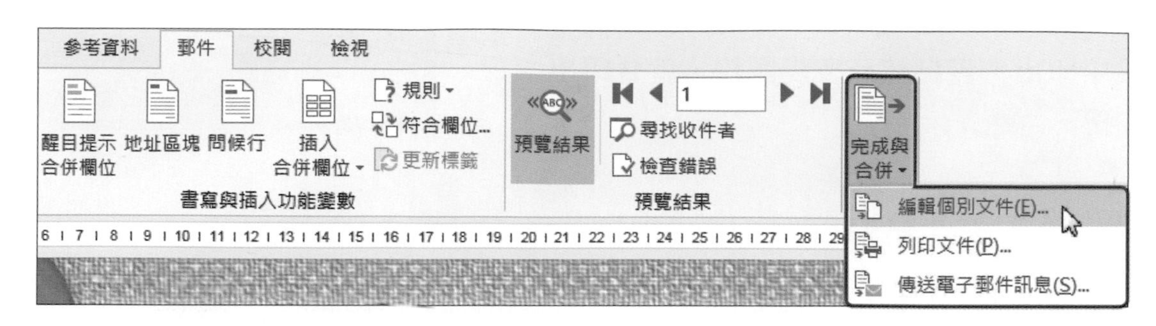

編輯個別文件

執行**「編輯個別文件」**後，會開啓「合併到新文件」對話方塊，即可選擇要合併哪些記錄，選擇好後按下**確定**按鈕，會將製作好的檔案合併至新文件，Word會開啓一份新的文件存放這些被合併的資料，若資料檔中有20筆資料，那麼新文件中就會有20頁不同資料的文件。在此文件中即可針對每筆資料，再進行個別編輯的動作，或是直接將文件儲存起來。

列印文件

執行「**列印文件**」選項，或按下**Alt+Shift+M**快速鍵，會開啟「合併到印表機」對話方塊，接著選擇要列印哪些記錄，選擇好後按下**確定**按鈕，即可將文件從印表機中印出，資料檔有多少記錄，就會印出多少份。

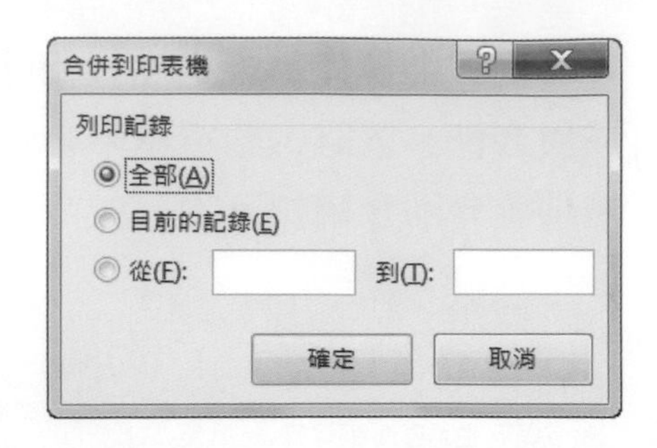

傳送電子郵件訊息

執行**「傳送電子郵件訊息」**選項時，有一點是必須注意的，那就是在資料檔案中必須包含存放**電子郵件地址**的欄位，這樣才會依據欄位中的電子郵件地址進行合併的動作。

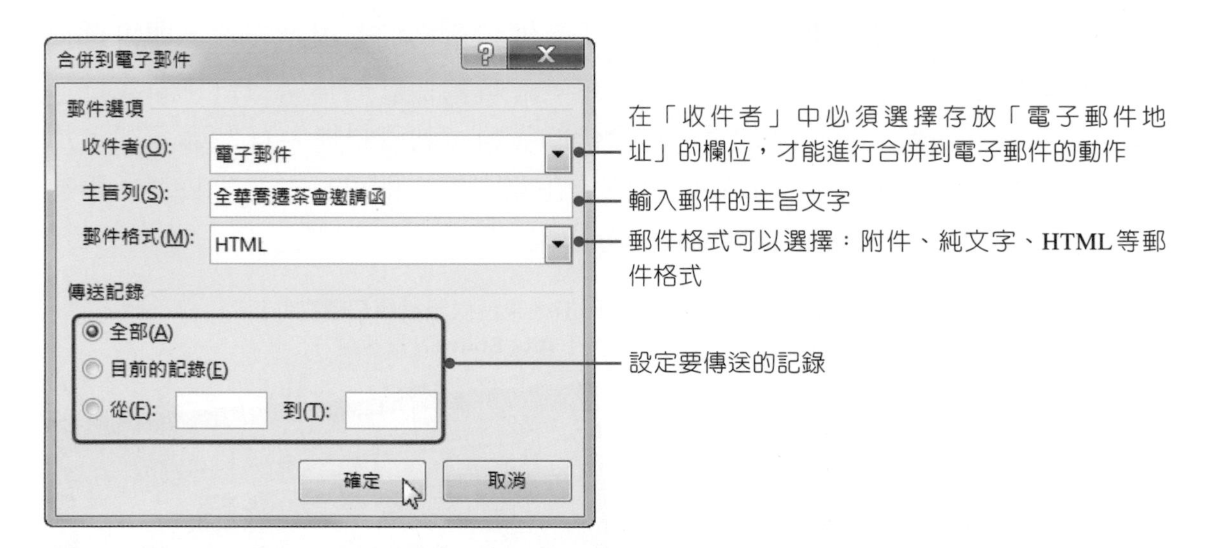

開啟一個有進行合併列印設定的檔案時，一開啟該檔案後，會先開啟一個警告視窗，當遇到這個視窗時，請直接按下**是**按鈕，才能順利開啟該檔案。

有時可能還會遇到找不到來源資料的問題，若遇到此問題，Word會先開啟一個訊息框，告訴你找不到來源資料，此時請按下**尋找資料來源**按鈕，開啟「選取資料來源」對話方塊，選擇正確的檔案位置即可。

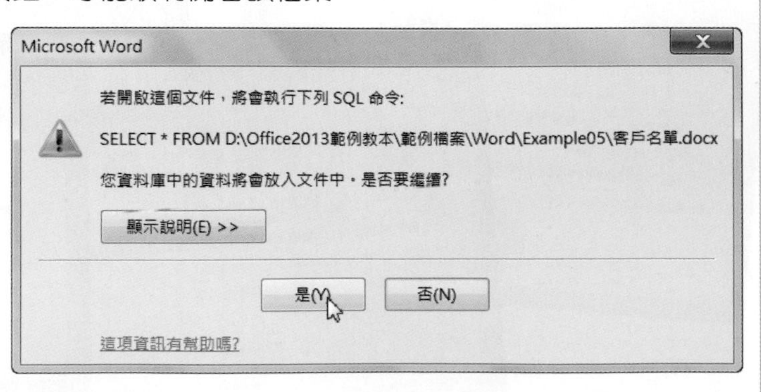

5-3 地址標籤的製作

完成了邀請函製作後，接著就可以利用標籤功能，製作客戶的地址標籤。

合併列印的設定

利用合併列印還可以快速地製作出地址、商品等標籤，要進行標籤製作時，必須確認標籤紙的規格，及每一個標籤的大小，這樣在設定標籤時，才能很精確地完成設定。

01 開啓一份空白文件，按下**「郵件→啓動合併列印→啓動合併列印→標籤」**按鈕，開啓「標籤選項」對話方塊，進行標籤的設定。

02 在**印表機資訊**中，選擇印表機類型，在**標籤樣式**選單中選擇一個樣式，在**標籤編號**中選擇要使用的標籤規格，都選擇好後按下**確定**按鈕。回到文件中，文件的版面已被設定成所選擇的標籤樣式了。

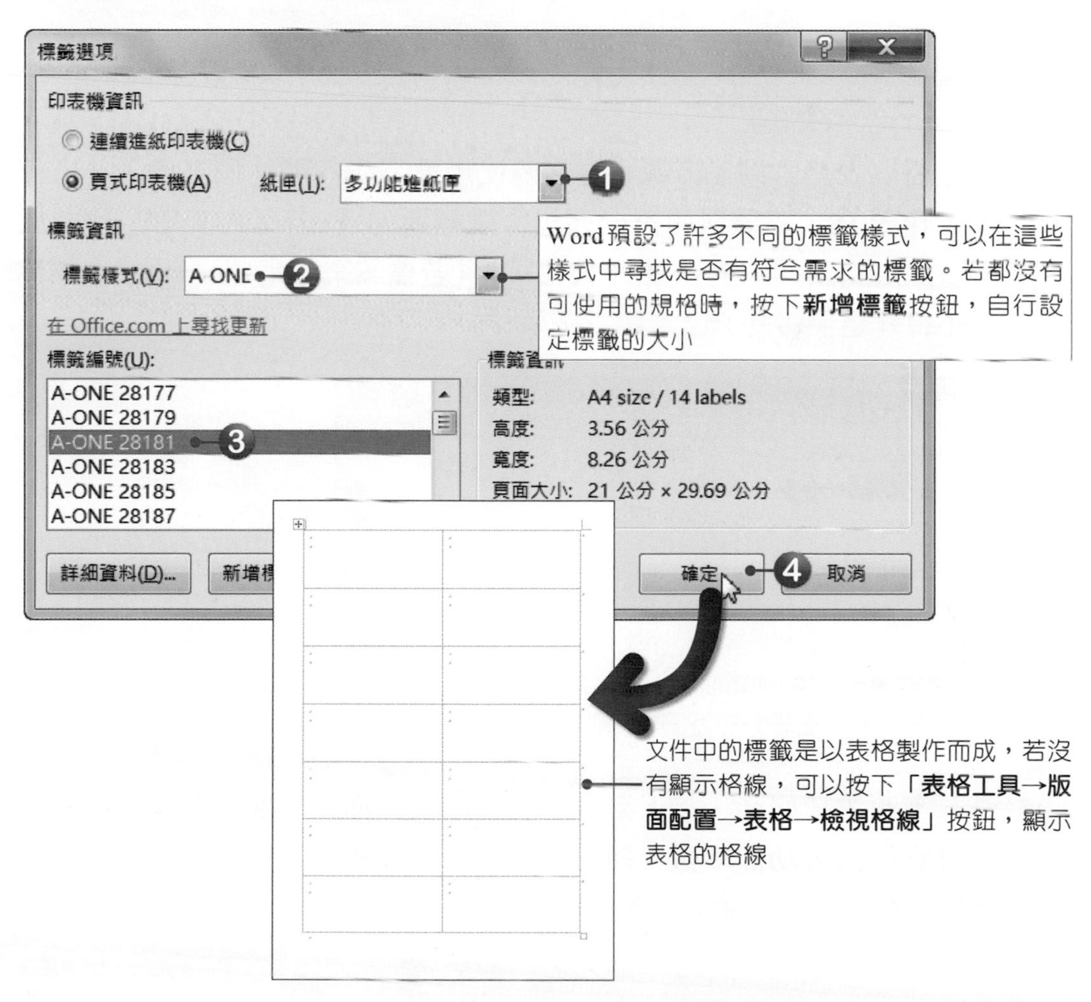

03 接著按下**「郵件→啟動合併列印→選取收件者→使用現有清單」**按鈕，選取資料來源。

04 開啟「選取資料來源」對話方塊，請選擇**客戶名單.xlsx**檔案，當作**「資料檔」**，選擇好後按下**開啟**按鈕。

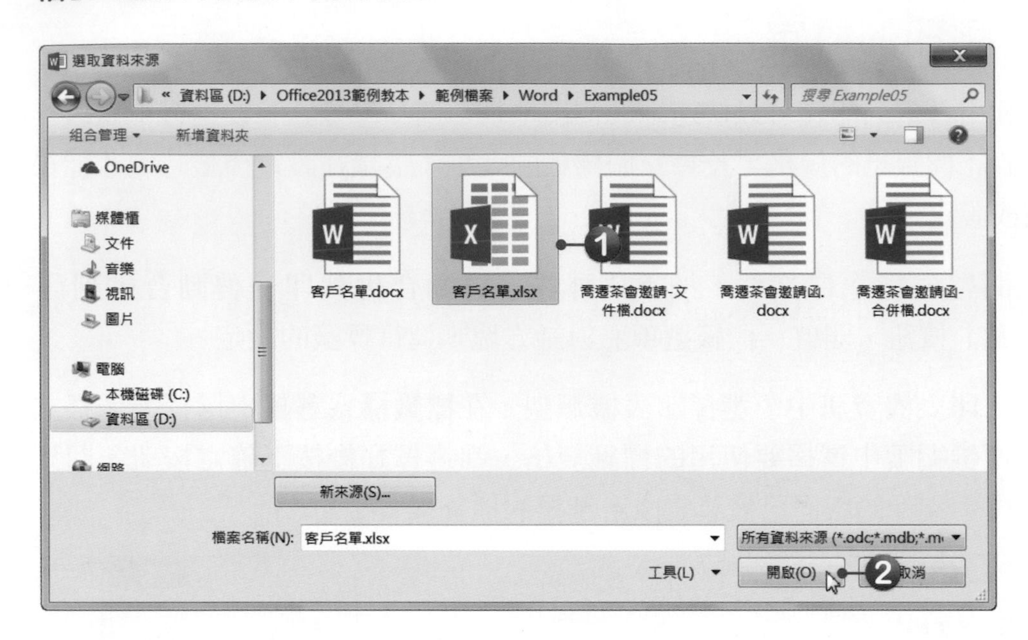

05 在「選取表格」對話方塊，選擇要使用檔案中的哪一個工作表，這裡請選擇**工作表1$**，將**資料的第一列包含欄標題**勾選(若工作表第一列非標題列時，此選項請勿勾選)，按下**確定**按鈕(若檔案來源是Word格式的檔案時，就不會有這個步驟)。

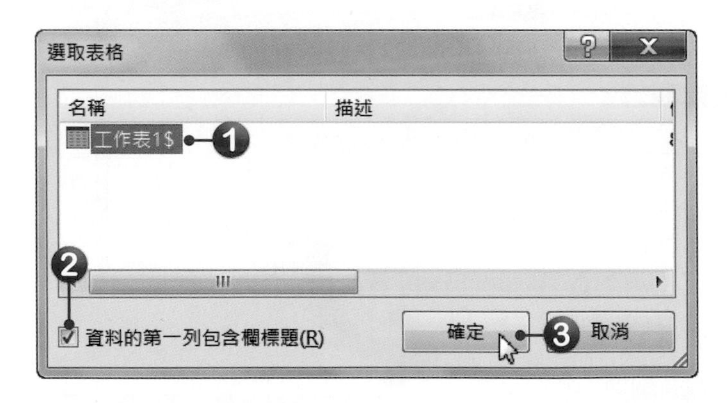

06 資料來源選擇好後，接下來就可以在標籤中插入相關的欄位。按下**「郵件→書寫與插入功能變數→插入合併欄位」**按鈕，選擇要插入的欄位，這裡請插入郵遞區號、地址、客戶名稱、連絡人等欄位。

«郵遞區號» «地址» «客戶名稱» «連絡人»	«Next Record (下一筆紀錄)»
«Next Record (下一筆紀錄)»	«Next Record (下一筆紀錄)»

在標籤中會看到「**Next Record(下一筆紀錄)**」功能變數，此功能變數是必須存在的，如果沒有此功能變數的話，那在每一個標籤中只會顯示同一筆紀錄，加上「**Next Record(下一筆紀錄)**」功能變數，資料才會顯示下一筆紀錄。

07 欄位都插入後，選取所有欄位名稱，進行文字格式的設定。

08 格式都設定好後，請按下**「郵件→書寫與插入功能變數→更新標籤」**按鈕，即可將第一個標籤中的欄位套用到其他標籤中。

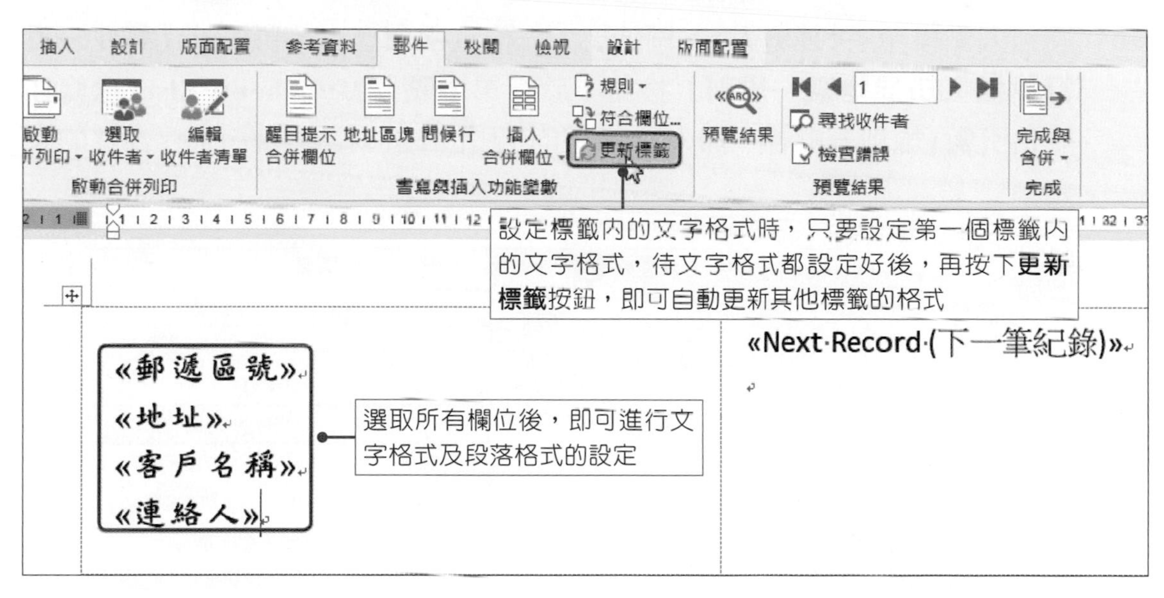

09 都設定好後，按下**「郵件→預覽結果→預覽結果」**按鈕，即可預覽結果。

使用規則加入稱謂

在合併列印中提供了許多不同的「規則」，利用這些「規則」，可以幫我們完成一些工作，規則的使用說明如下表所列。

規則	說明
Ask	可以設定書籤名稱，並提供提示文字。
Fill-in	可以設定提示文字。
If…Then…Else	可以設定條件。
Merge Record	可以在文件中加入資料的紀錄編號。
Merge Sequence	可以設定進行合併列印時顯示紀錄編號。
Next Record	設定將下一筆紀錄合併到目前的文件。
Next Record If	設定當條件符合時，將下一筆紀錄合併到目前文件。
Set BookMark	設定書籤名稱。
Skip Record If	設定當條件符合時，不要將下一筆紀錄合併到目前文件。

了解了規則的使用後，在範例中要使用「If…Then…Else」規則，在「連絡人」後自動依**性別**加入「小姐 收」或「先生 收」文字。

01 將插入點移至**<<連絡人>>**欄位後，先輸入兩個空白，再按下**「郵件→書寫與插入功能變數→規則」**按鈕，於選單中點選**If…Then…Else(以條件評估引數)**規則，開啓「插入Word功能變數:IF」對話方塊，進行條件的設定。

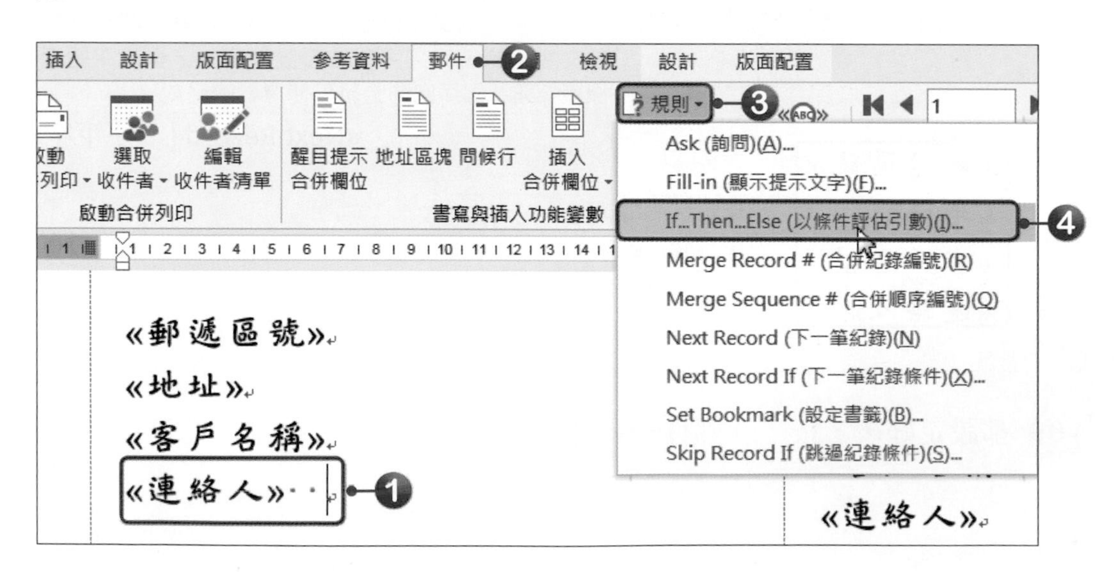

02 將條件設定為：若性別等於女時，插入「小姐 收」文字；否則插入「先生 收」文字，設定好後按下**確定**按鈕。

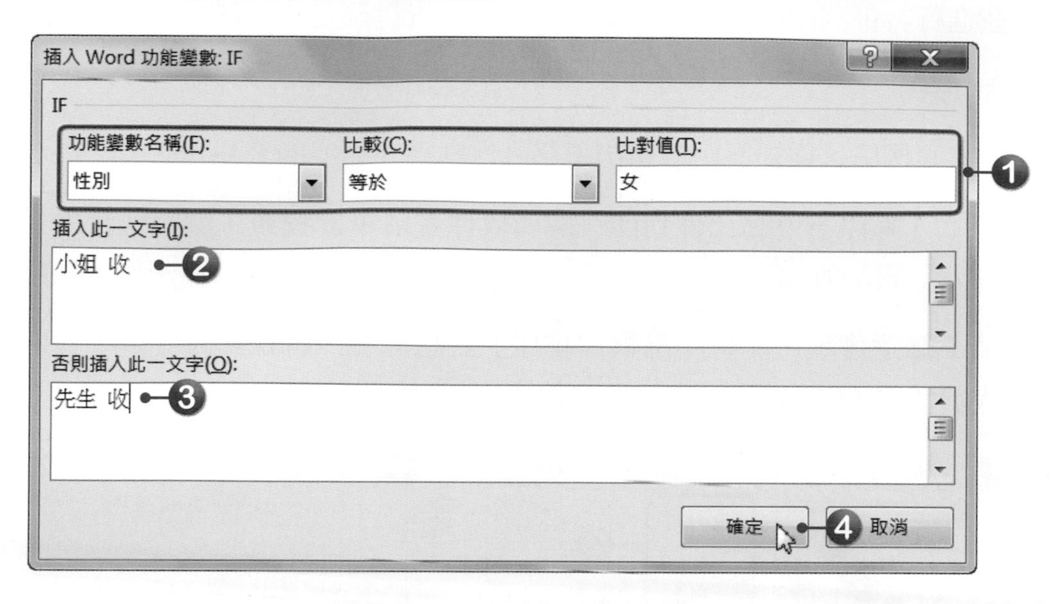

03 回到文件中，就會依據**性別**欄位，自動判斷是要加入「先生 收」或「小姐 收」文字了。

04 文字加入後，即可選取該文字並進行文字格式設定。

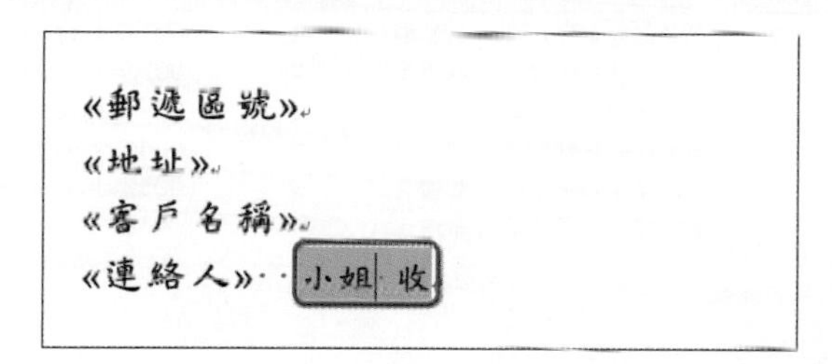

05 最後請按下**「郵件→書寫與插入功能變數→更新標籤」**按鈕，即可將第一個標籤中的設定套用到其他標籤中。

209 連江縣南竿鄉復興村 888 號 南竿旅遊有限公司 王小桃 小姐 收	300 新竹市光復路 2 段 101 號 新竹饅頭有限公司 徐甄環 小姐 收
106 台北市大安區羅斯福路 4 段 1 號 公館設計股份有限公司 蘇蓁如 小姐 收	103 台北市大同區和平東路 1 段 162 號 和平印刷有限公司 林威廷 先生 收

資料篩選與排序

在進行合併列印前，還可以針對資料進行**資料篩選**和**資料排序**的動作。

資料篩選

在此範例中，從檔案中篩選出連絡人性別爲「男」的客戶。

01 按下**「郵件→啟動合併列印→編輯收件者清單」**按鈕，開啓「合併列印收件者」對話方塊。

02 按下**篩選**選項，開啓「篩選與排序」對話方塊，將條件設定爲：**性別**必須**等於「男」**，設定好後按下**確定**按鈕。

篩選時可以設定多個條件，條件可以選擇**且**與**或**二種。**且**表示資料要符合所設定的二個條件才會被篩選出來；**或**則表示資料只要符合其中一個條件就會被篩選出來

03 回到「合併列印收件者」對話方塊後，會發現資料原來有32筆，經過篩選後，只剩下11筆，最後按下**確定**按鈕，完成篩選的動作。

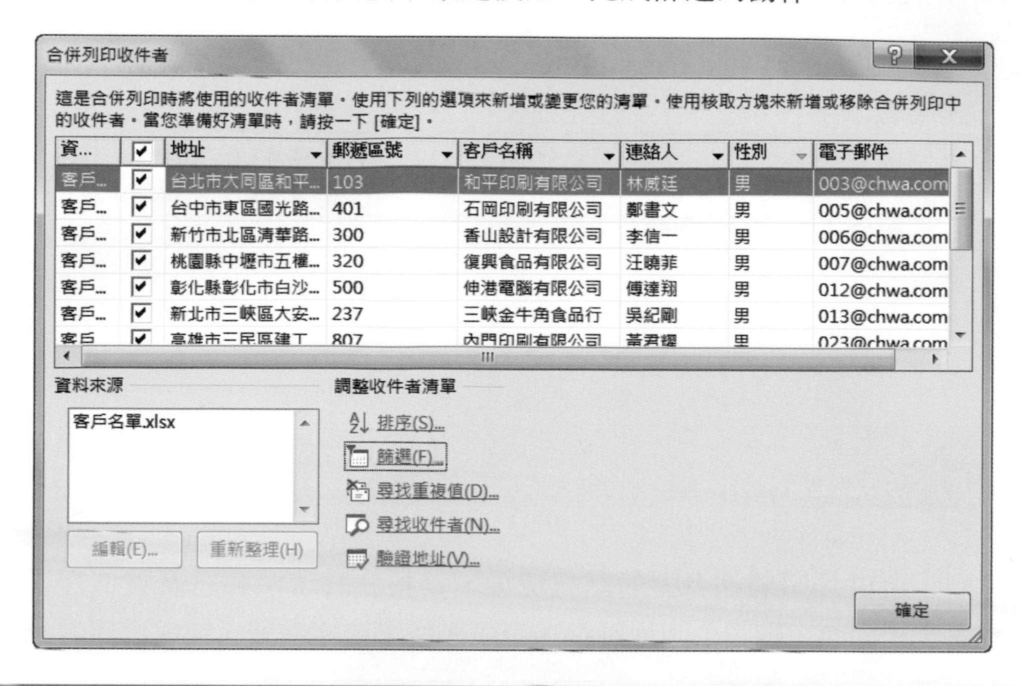

若要取消篩選結果，請進入「篩選與排序」對話方塊中，按下**全部清除**按鈕，即可取消篩選結果；或者是在「合併列印收件者」對話方塊中，按下有進行篩選的**欄位選單鈕**，在選單中選擇**(全部)**選項，此時資料就會全部顯示出來，而此動作也就表示取消了篩選的設定。

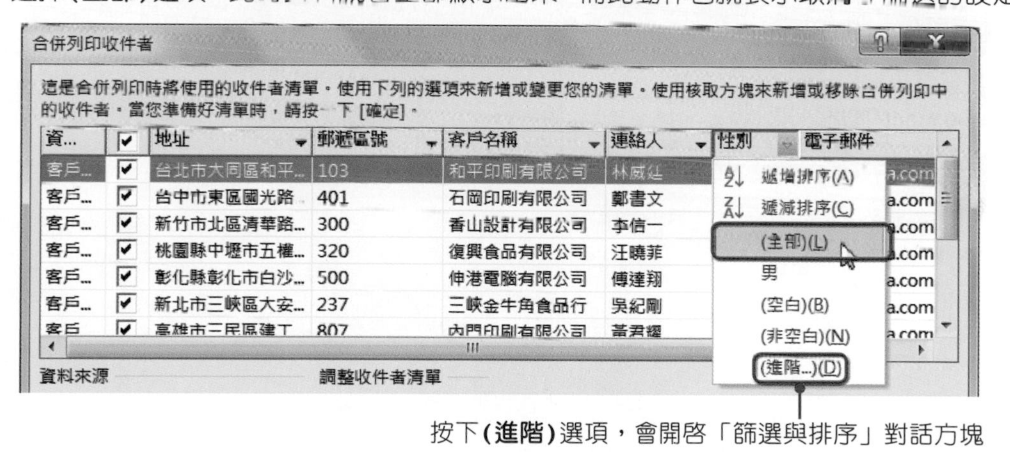

按下**(進階)**選項，會開啟「篩選與排序」對話方塊

資料排序

利用排序功能可以讓資料依照指定的順序排列。

01 按下**「郵件→啟動合併列印→編輯收件者清單」**按鈕，開啟「合併列印收件者」對話方塊，按下**排序**選項，開啟「篩選與排序」對話方塊。

02 將**排序方式**條件設定為「郵遞區號」以「遞增」排序；**次要鍵**條件設定為「地址」以「遞增」排序，設定好後按下**確定**按鈕。

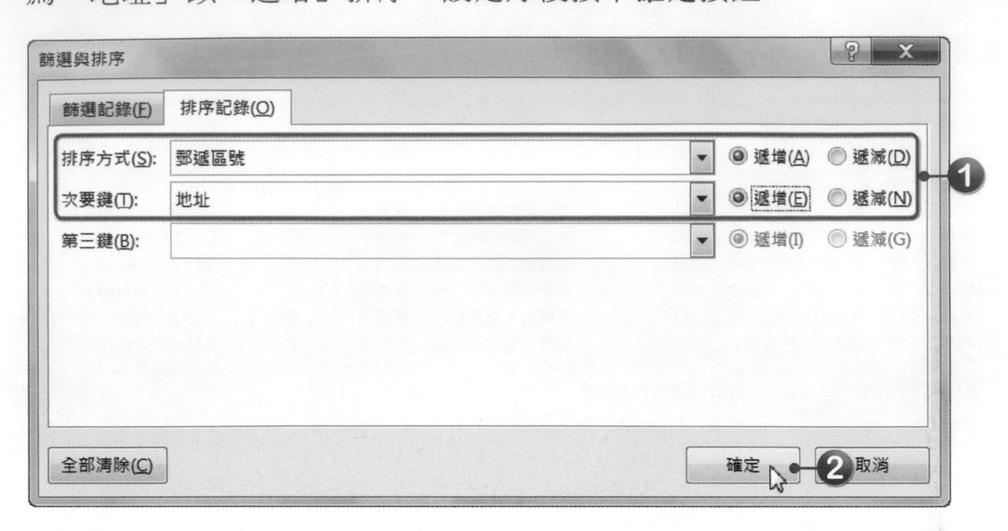

03 回到「合併列印收件者」對話方塊後，資料就會依照**郵遞區號**進行排序，若遇到相同時，則會依照**地址**排序，最後按下**確定**按鈕，完成排序的動作。

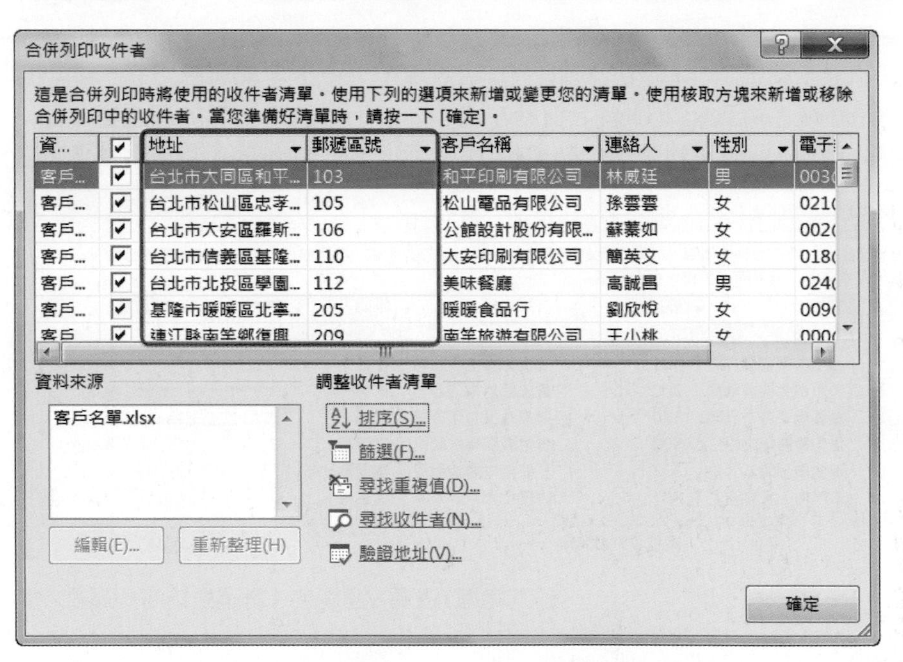

要進行排序時，也可以直接按下要排序的**欄位選單鈕**，於選單中即可選擇要遞增排序或遞減排序。

連絡人 | 性別 | 電子郵件
林威廷
鄭書文
李信一
遞增排序(A)
遞減排序(C)

在要排序的欄位按下選單鈕，即可選擇要排序的方式

列印地址標籤

當資料篩選排序好後，即可將地址標籤從印表機中印出。若要列印時，請先將標籤紙放置於印表機中，再按下**「郵件→完成→完成與合併→列印文件」**按鈕，進行列印。

在列印標籤時，有可能會發生列印位置不對的情形，此時可以依據列印結果再調整文字位置、文字段落等。標籤列印好後，即可將標籤粘貼至邀請函或是信封上。

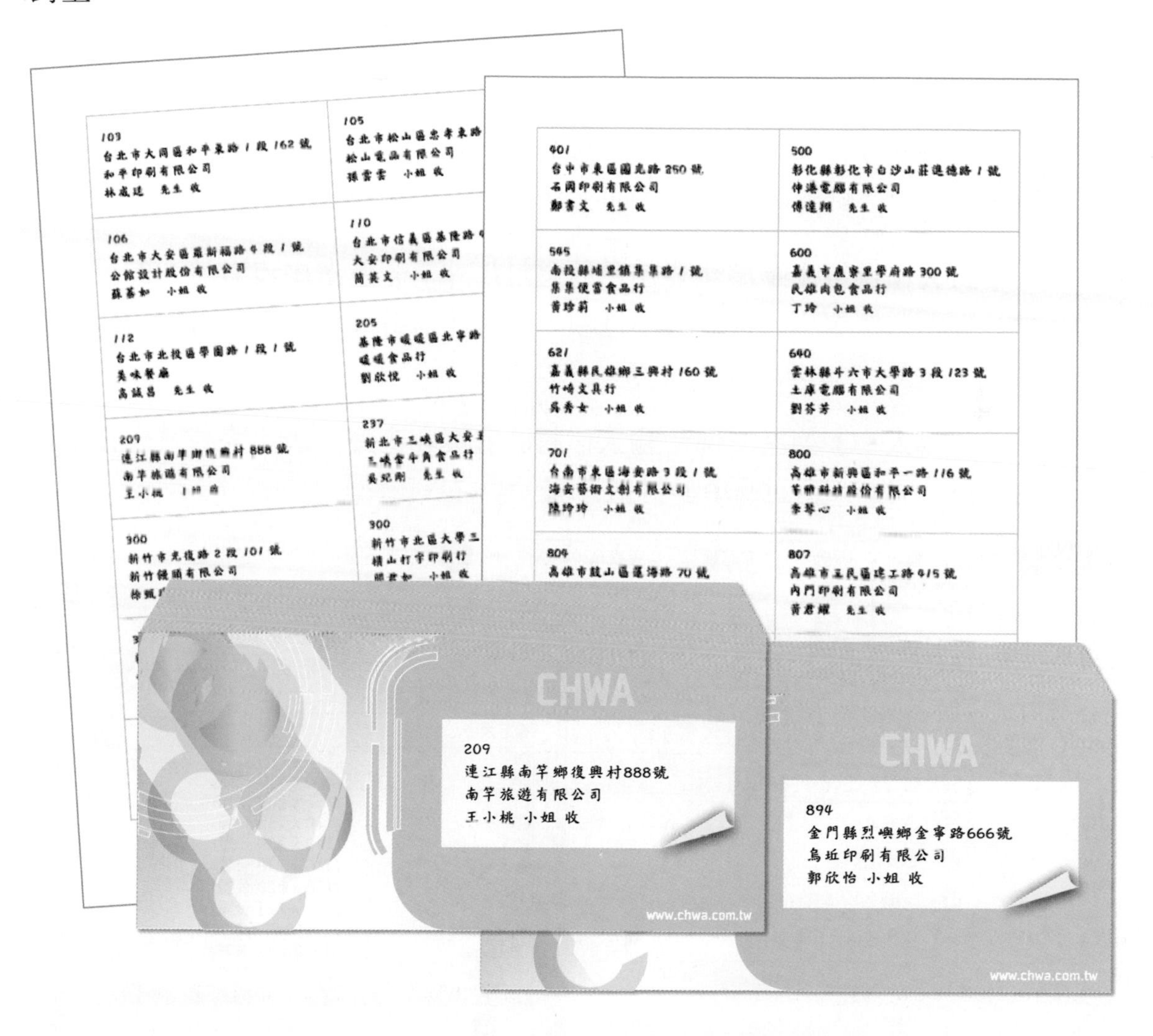

最後別忘了將檔案儲存起來，如此一來，當下次要使用時，就可以直接開啓使用，在開啓檔案時，則必須確認來源資料檔也在同一個資料夾中，才不會發生找不到資料檔的狀況。

5-4 信封的製作

如果想要快速印出大量收件者的郵寄信封，可以利用Word的合併列印功能，在現有信封上直接列印出所有收件者的資料，就不用一封一封編輯設定，十分方便。

合併列印設定

信封與標籤的合併列印設定方式大致上是差不多的，主要不同在於信封大小及樣式的選擇。

01 開啟一份新文件，按下**「郵件→啟動合併列印→啟動合併列印→信封」**按鈕，開啟「信封選項」對話方塊。

02 在**信封大小**選單中選擇想要套用的信封尺寸。若選單中沒有適合的信封尺寸，則點選選單中的**自訂大小**選項，開啟「信封大小」對話方塊自訂信封尺寸。

03 在「信封大小」對話方塊中輸入信封的**寬度**和**高度**，設定完成後，按下**確定**按鈕，回到「信封選項」對話方塊。

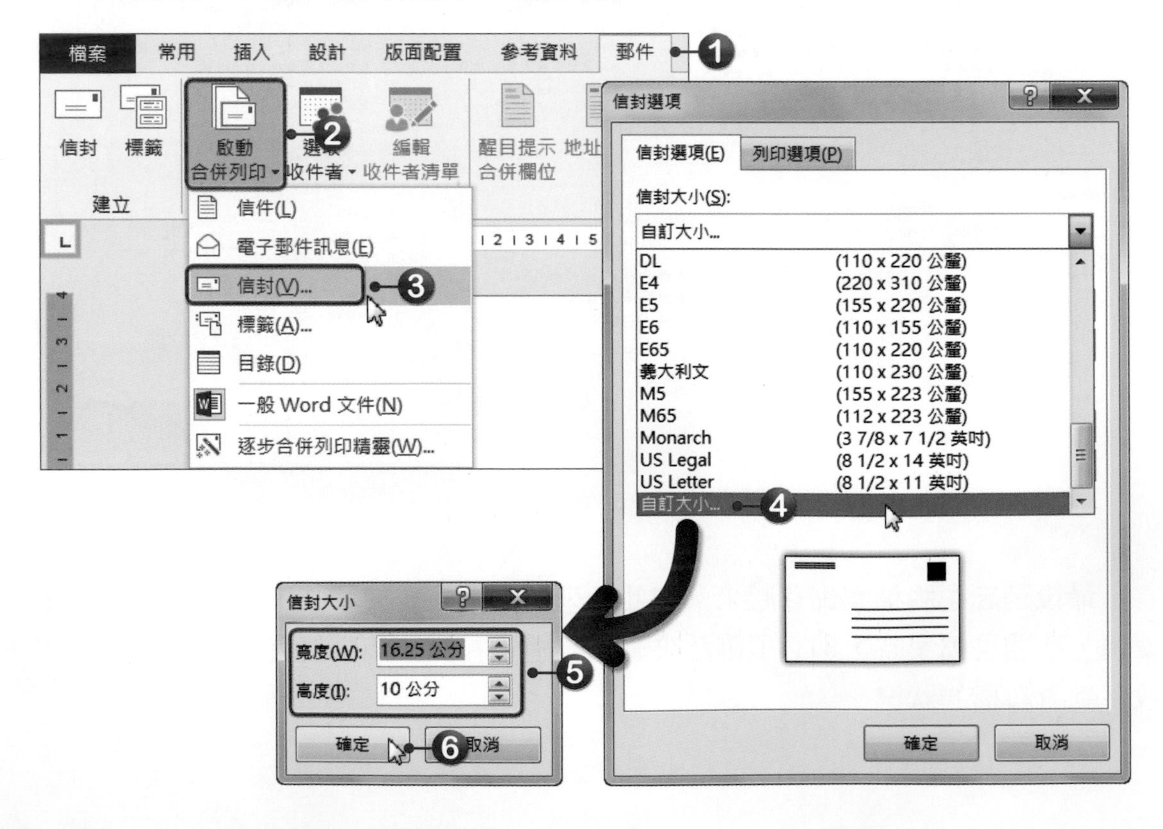

04 信封大小設定好後，按下**列印選項**標籤，在**進紙方式**中設定印表機的進紙方式，並設定**紙張來源**，最後按下**確定**按鈕完成設定。

05 回到文件中文件的版面就會調整成所設定的信封大小。接著按下**「郵件→啟動合併列印→選取收件者→使用現有清單」**按鈕，選擇資料來源。

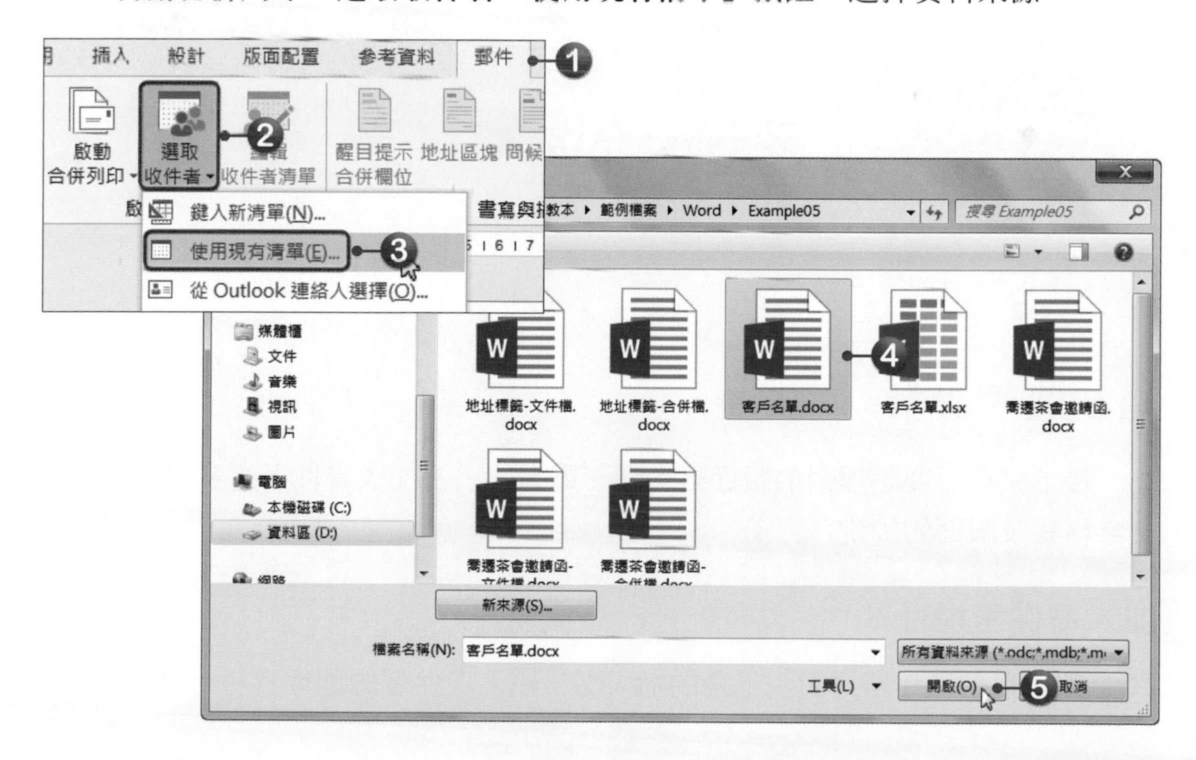

06 資料檔選擇好後，將插入點移至收件者圖文框中，接著按下**「郵件→書寫與插入功能變數→插入合併欄位」**按鈕，分別將**郵遞區號、地址、客戶名稱、連絡人**欄位插入於文字方塊中。

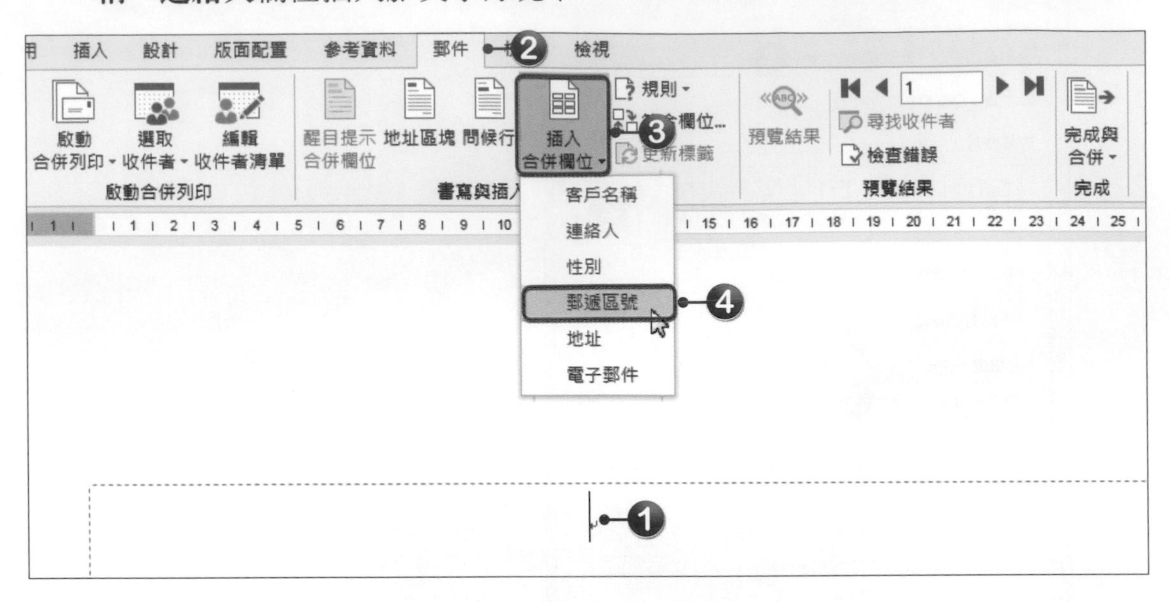

07 都設定好後，按下**「郵件→預覽結果→預覽結果」**按鈕，即可預覽結果。

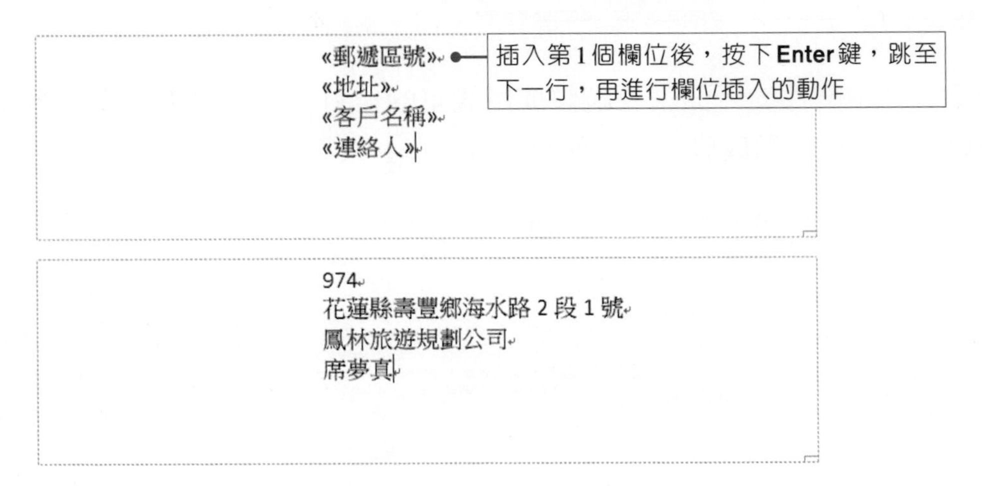

信封版面設計

接下來為了要讓信封的版面更美觀、更專業，要加入寄件者的資料，並進行文字格式及版面的設定。

加入寄件者地址

01 將滑鼠游標移至信封左上角的插入點，輸入寄件者的地址資料。

02 輸入後，再於**「常用→字型」**群組中，進行文字格式的設定。

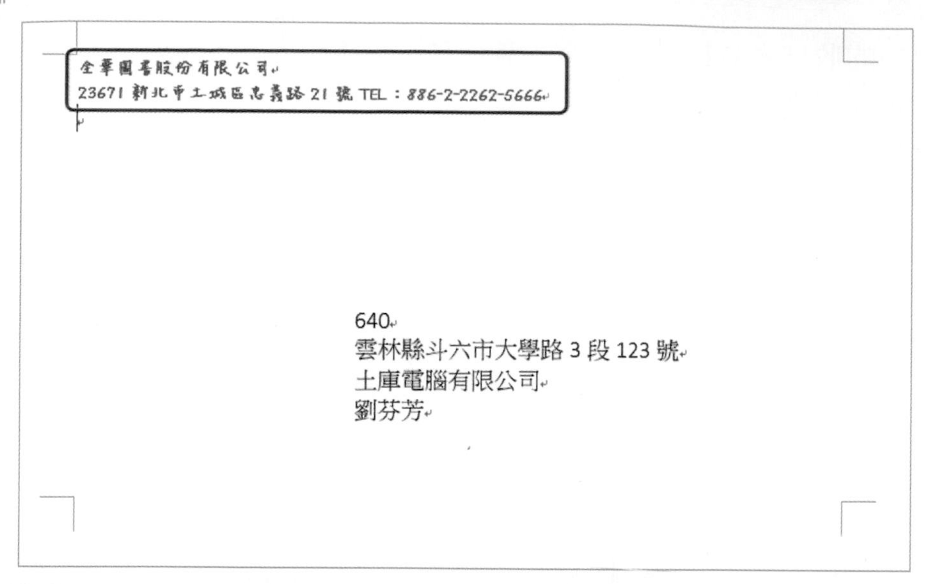

若常使用到信封的合併列印時，可以按下**「檔案→選項」**功能，開啓「Word 選項」視窗，點選**進階**標籤，將自己的寄件地址及資訊輸入到**地址**欄位中，日後在設定合併列印時，就會直接在寄件處顯示該段文字，而不必一直重複編輯寄件資訊的內容。

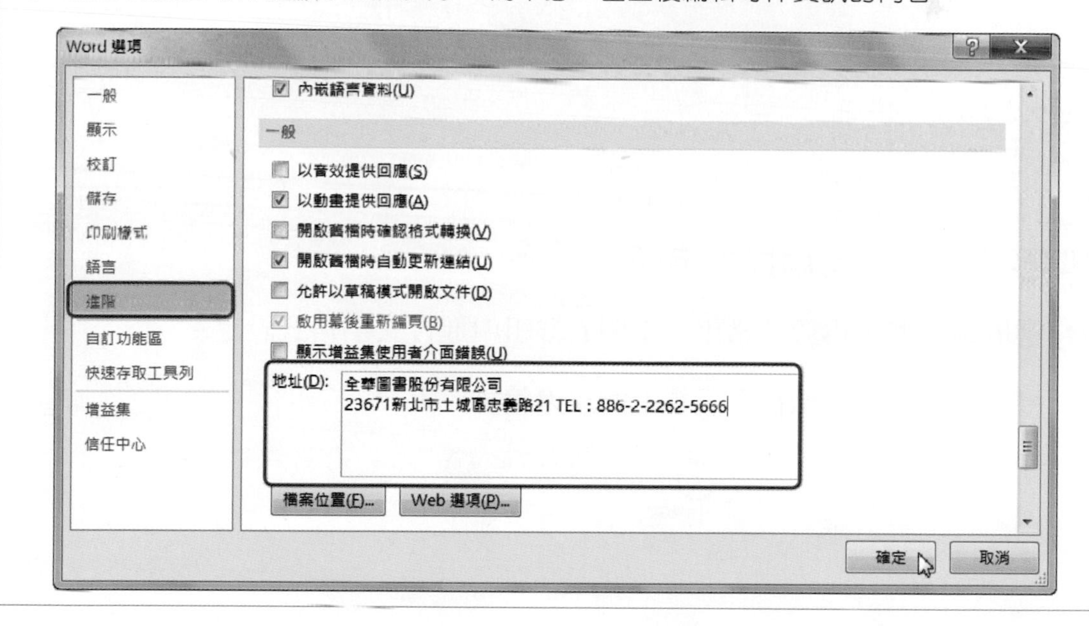

調整收件者位置

在信封中的收件者資料是以**「圖文框」**方式製作而成的，若要調整收件者資料位置時，可在圖文框的框線上按下**滑鼠左鍵**，此時圖文框會出現八個控制點，接著在圖文框的框線按下**滑鼠左鍵**不放並拖曳滑鼠，便可將圖文框搬移至適當位置，搬移好後放掉滑鼠左鍵，即可完成位置的調整。

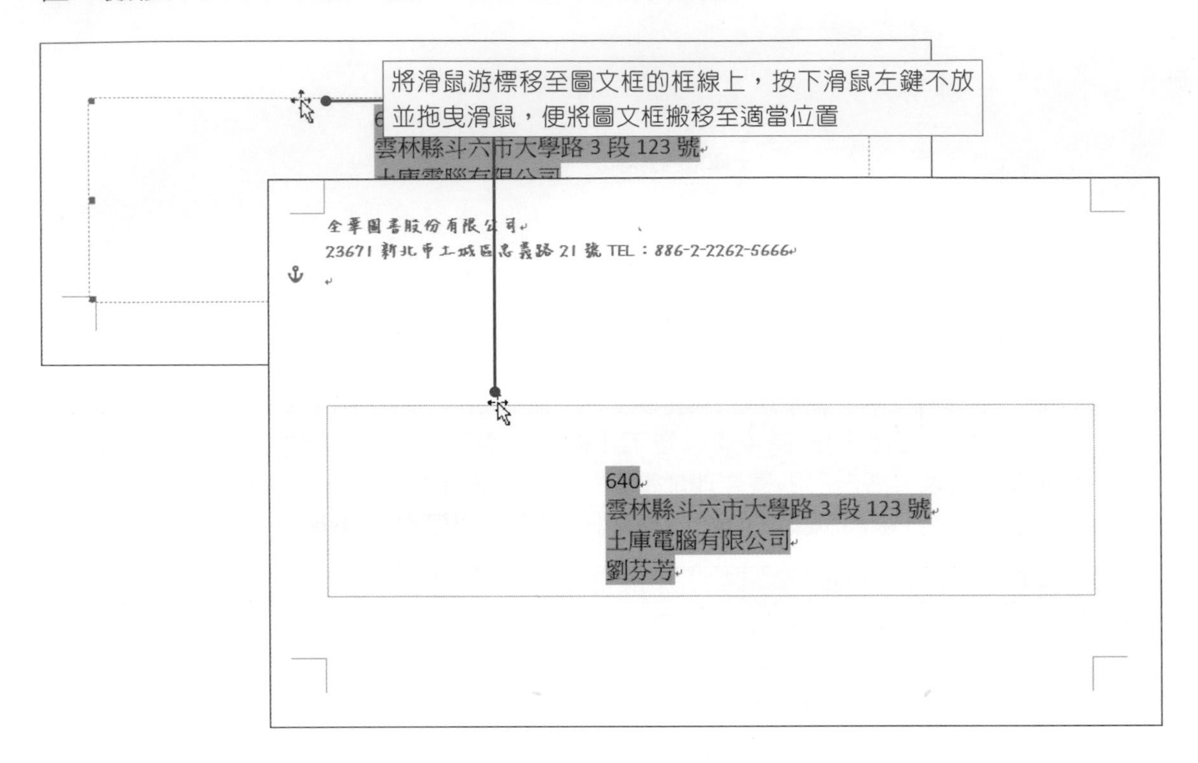

收件者文字格式及縮排設定

01 選取圖文框，再於**「常用→字型」**群組中進行文字格式設定。

02 接著再將滑鼠游標移至尺規上的**左邊縮排**鈕上。

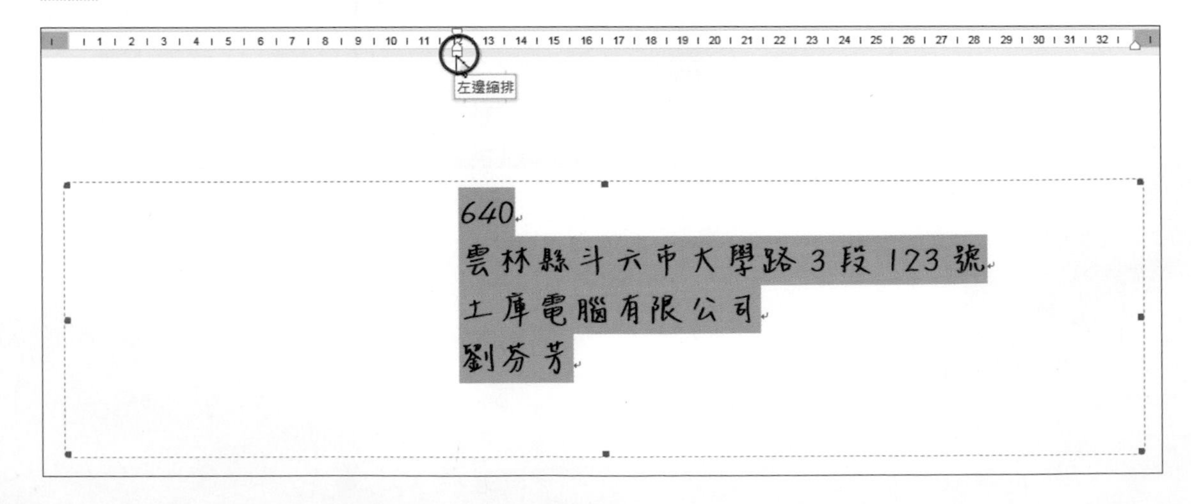

03 按著**滑鼠左鍵**不放並往左拖曳，將左邊的縮排縮小。

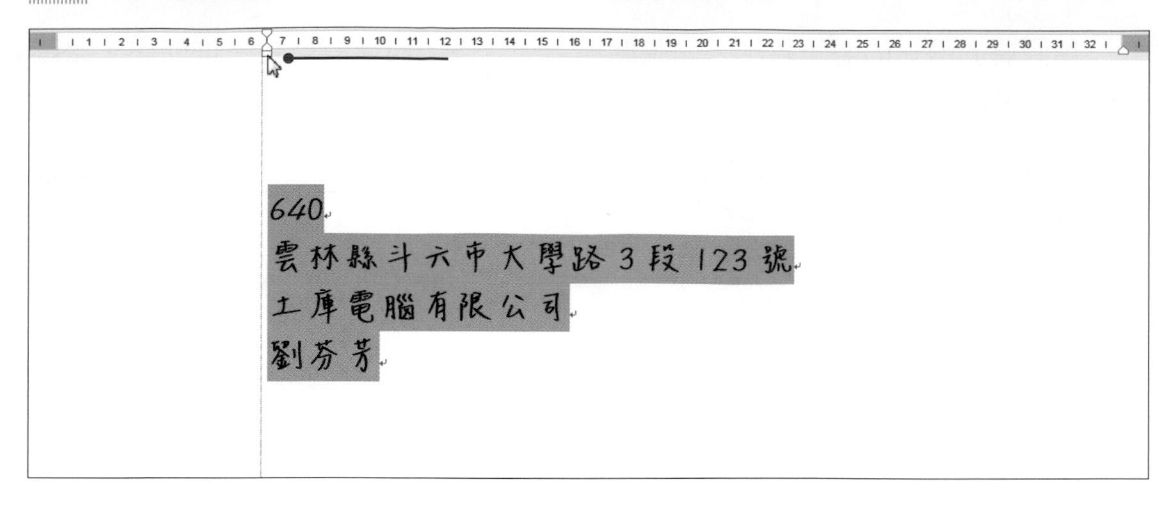

加入啓封詞

我們要在收件者的「連絡人」欄位後，統一加入啓封詞。當將信封合併到新文件或是印表機時，所有印出來的信封也會自動加上所輸入的啓封詞。將滑鼠游標移至「連絡人」欄位後，輸入要加上的啓封詞，或使用 **If...Then...Else** 規則來自動判斷要加入的稱謂。

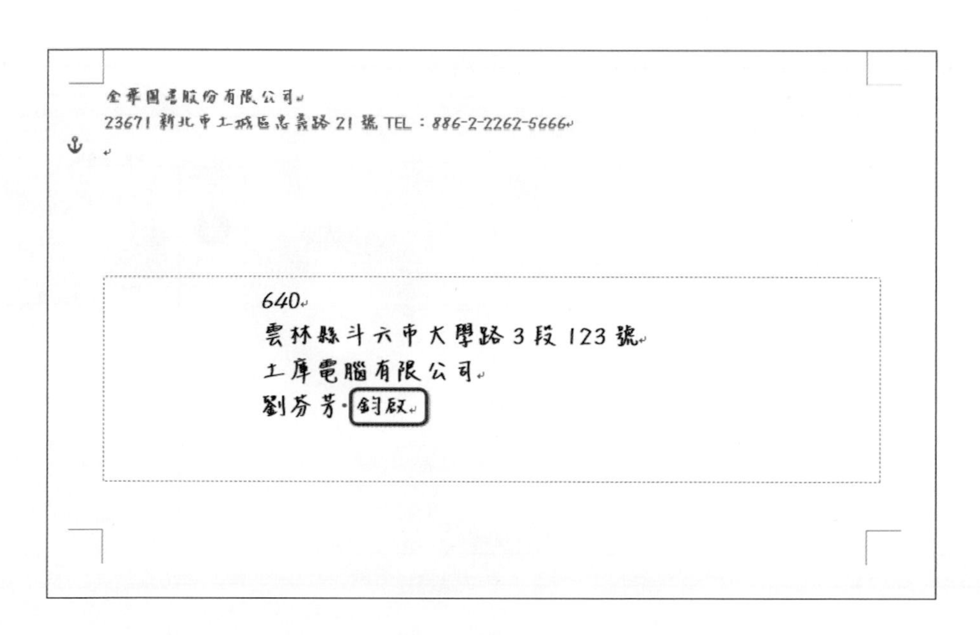

加入圖片

我們要於信封的右下角加入一張圖片，加入後，將信封進行合併列印，該圖片就會自動顯示在所有的信封上。

01 按下**「插入→圖例→圖片」**按鈕，開啓「插入圖片」對話方塊，選擇要插入的圖片。

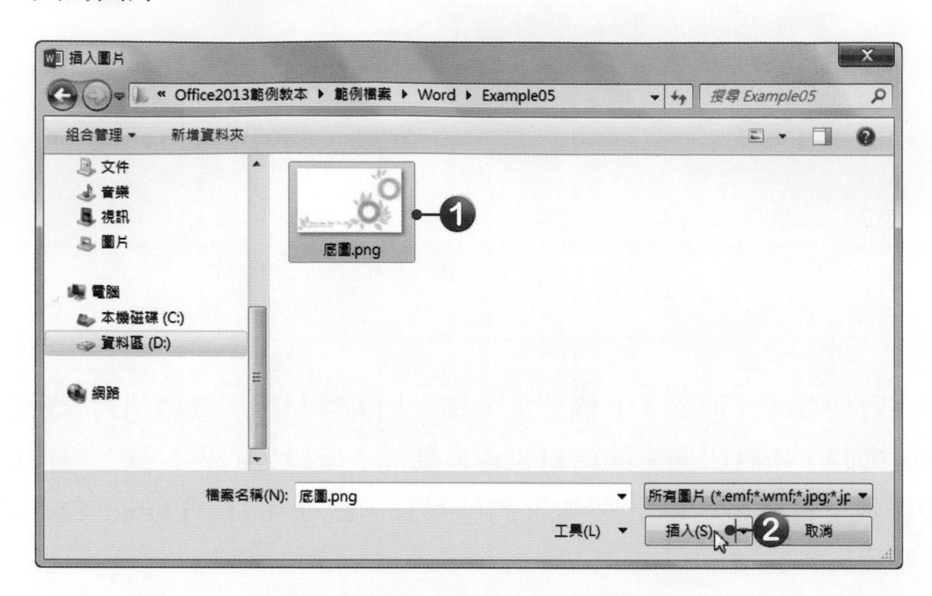

02 圖片插入後，將圖片的文繞圖方式設定爲**文字在前**。

03 接著將圖片搬移至信封的右下角位置，完成信封的製作。

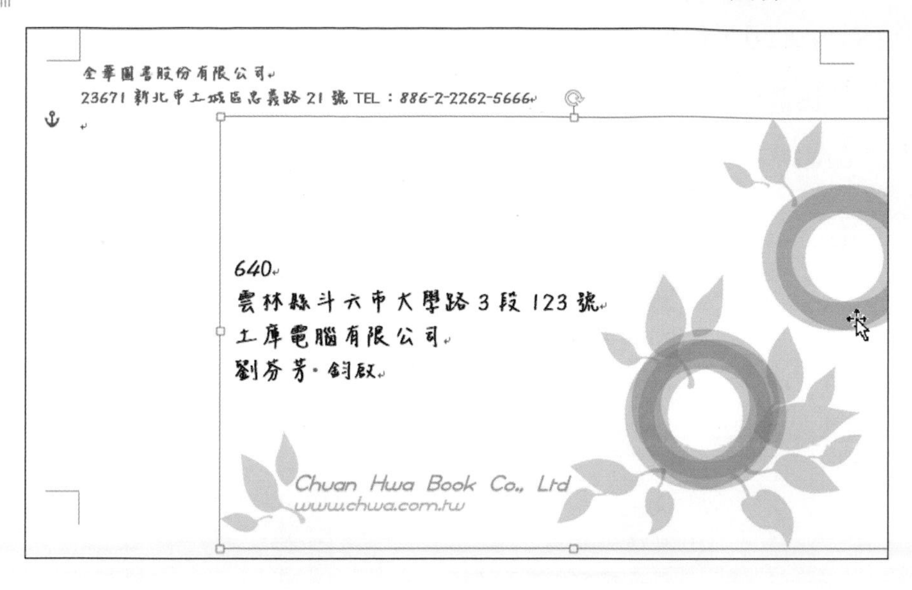

合併至印表機

信封設計好後，接下來要將資料合併到「印表機」，將編輯好的信封內容直接從印表機中列印出來。

01 按下 **「郵件→完成→完成與合併→列印文件」** 按鈕，開啟「合併到印表機」對話方塊。

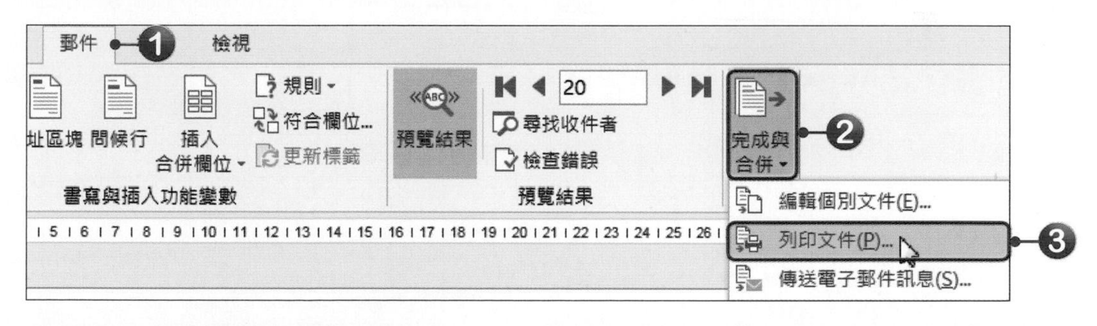

02 接著即可選擇要列印全部記錄、目前的記錄、從第幾筆記錄到第幾筆記錄，設定好後按下**確定**按鈕。

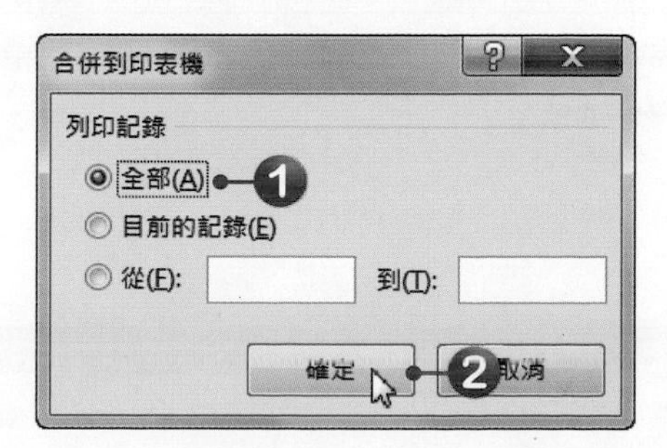

03 開啓「列印」對話方塊，進行列印的相關設定。設定完成後，按下**確定**按鈕，即可進行列印工作。

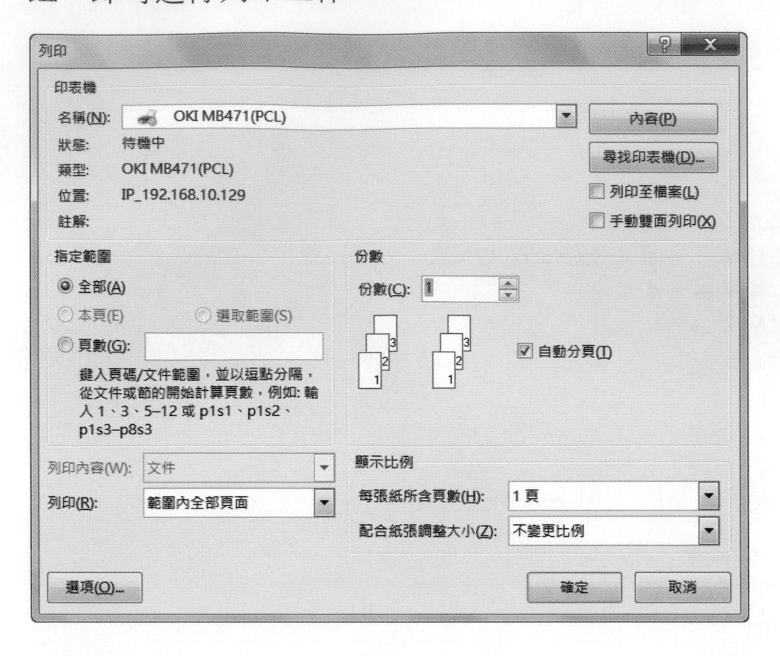

列印時別忘了要按照之前設定的進紙方向，將信封放入印表機中，若列印位置不正確時，可再回到文件中調整文字及圖文框的位置。

建立單一標籤及信封

使用合併列印功能可以製作大量的標籤及信封，但若只想製作單一標籤或信封時，可以按下「**郵件→建立**」群組中的**標籤**按鈕或**信封**按鈕，進行單一標籤或信封的製作。

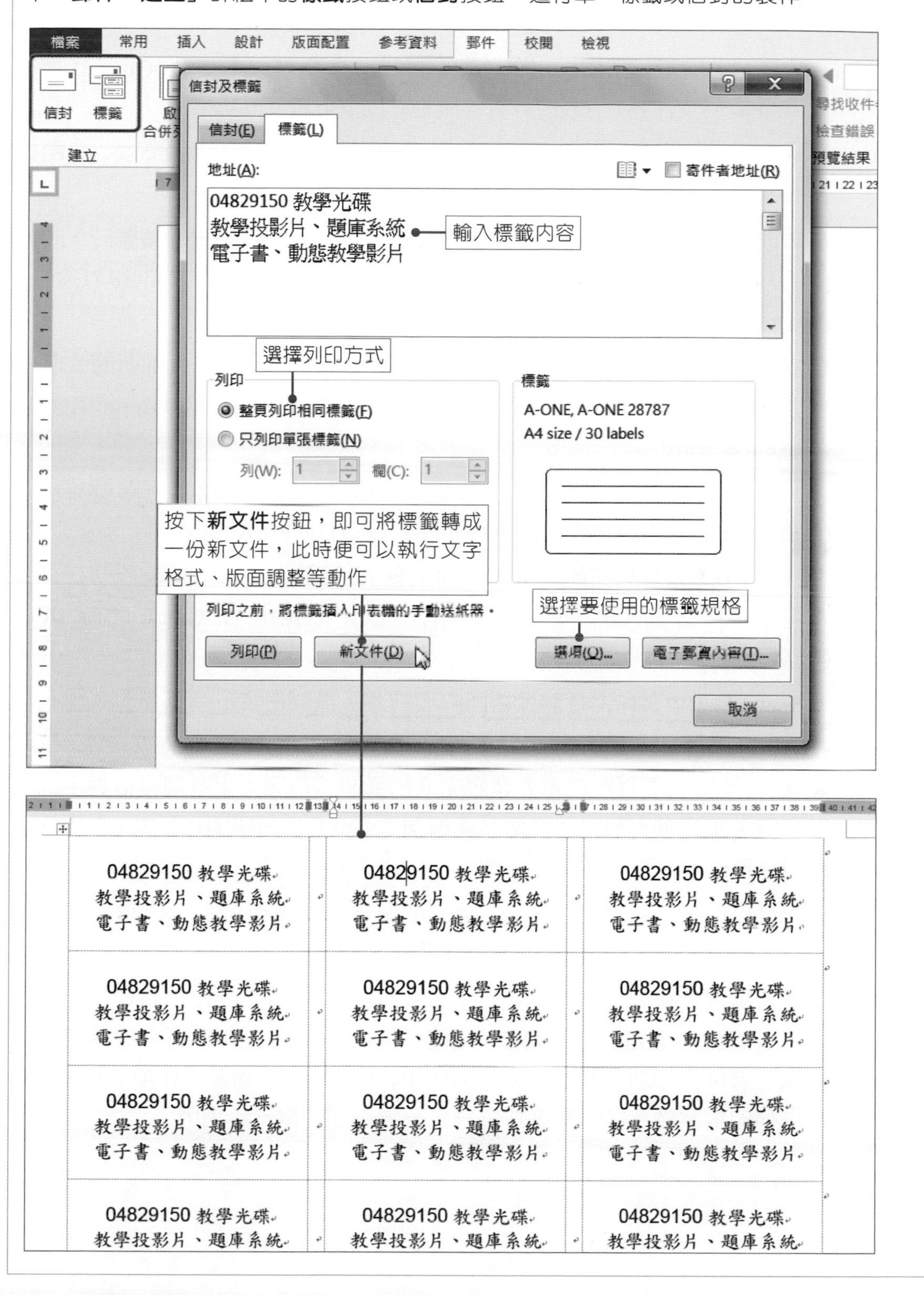

自我評量

✦選擇題

(　　)1. 在Word中，進行合併列印設定時，其資料來源可以是？(A)Outlook連絡人 (B)Excel工作表 (C)Access資料庫 (D)以上皆可。

(　　)2. 在Word中，進行合併列印時，可以將最後結果合併至？(A)新文件 (B)印表機 (C)電子郵件 (D)以上皆可。

(　　)3. 在Word中，進行合併列印時，若要在文件中加入資料的紀錄編號時，可以使用以下哪個規則？(A)If…Then…Else (B)Ask (C)Merge Record (D)Next Record。

(　　)4. 在Word中，進行合併列印時，要設定將下一筆紀錄合併到目前的文件，可以使用以下哪個規則？(A)If…Then…Else (B)Ask (C)Merge Record (D)Next Record。

(　　)5. 在Word中，進行合併列印時，若要設定條件，可以使用以下哪個規則？(A)If…Then…Else (B)Ask (C)Merge Record (D)Next Record。

(　　)6. 在Word中，合併列印的「電子郵件訊息」，提供下列哪一項軟體傳送個人化電子郵件給通訊錄清單中的收件者？(A)Facebook (B)Gmail (C)Outlook (D)MSN。

(　　)7. 在Word中，要製作大量而且相同的名牌時，最好使用下列哪種方式進行設定？(A)信封 (B)標籤 (C)目錄 (D)文件。

(　　)8. 在Word中，若要以一個預先建置完成的通訊錄檔案來大量製作信封上的郵寄標籤，下列哪一種製作方法最為簡便？(A)合併列印 (B)範本 (C)版面設定 (D)表格。

(　　)9. Word所提供的「合併列印」功能，可說是文書處理與下列何項功能的結合？(A)統計圖表 (B)資料庫 (C)簡報 (D)多媒體。

(　　)10. 下列有關「合併列印」之敘述，何者有誤？(A)若以Word表格作為合併列印的資料檔，表格上方必須要有標題文字 (B)一定要有資料來源檔案，才能執行合併列印功能 (C)可以將合併列印的結果合併到新文件中 (D)在開啓合併列印檔案時，必須確定其資料來源檔在同一個資料夾內。

✦實作題

1. 將「Word→Example05→房屋廣告.docx」檔案，設定為合併列印的資料來源，進行以下設定。

   - 製作一個房屋廣告標籤，標籤請選擇Word內建的「A-ONE 28447」標籤紙。
   - 分別插入相關欄位，文字格式請自行設定，標籤欄位順序如下所示：

   - 將設定好的結果合併至新文件。

2. 開啓「Word→Example05→員工薪資單.docx」檔案，進行以下的設定。

● 請以「薪資表.xlsx」爲資料來源檔。

● 於表格中插入相關的欄位。

員工編號	«員工編號»	員工姓名	«姓名»	
員工部門	«部門»			
本月薪資				
本　　薪	津貼加給	伙食費	加班費	健保費
«本薪»	«津貼加給»	«伙食費»	«加班費»	«健保費»
薪資合計	«薪資合計»			
備　　註	以上若有任何問題請洽管理部。			

● 合併列印前依照員工部門遞減排序，若員工部門相同再依員工編號遞增排序。

● 將設定好的結果合併至新文件。

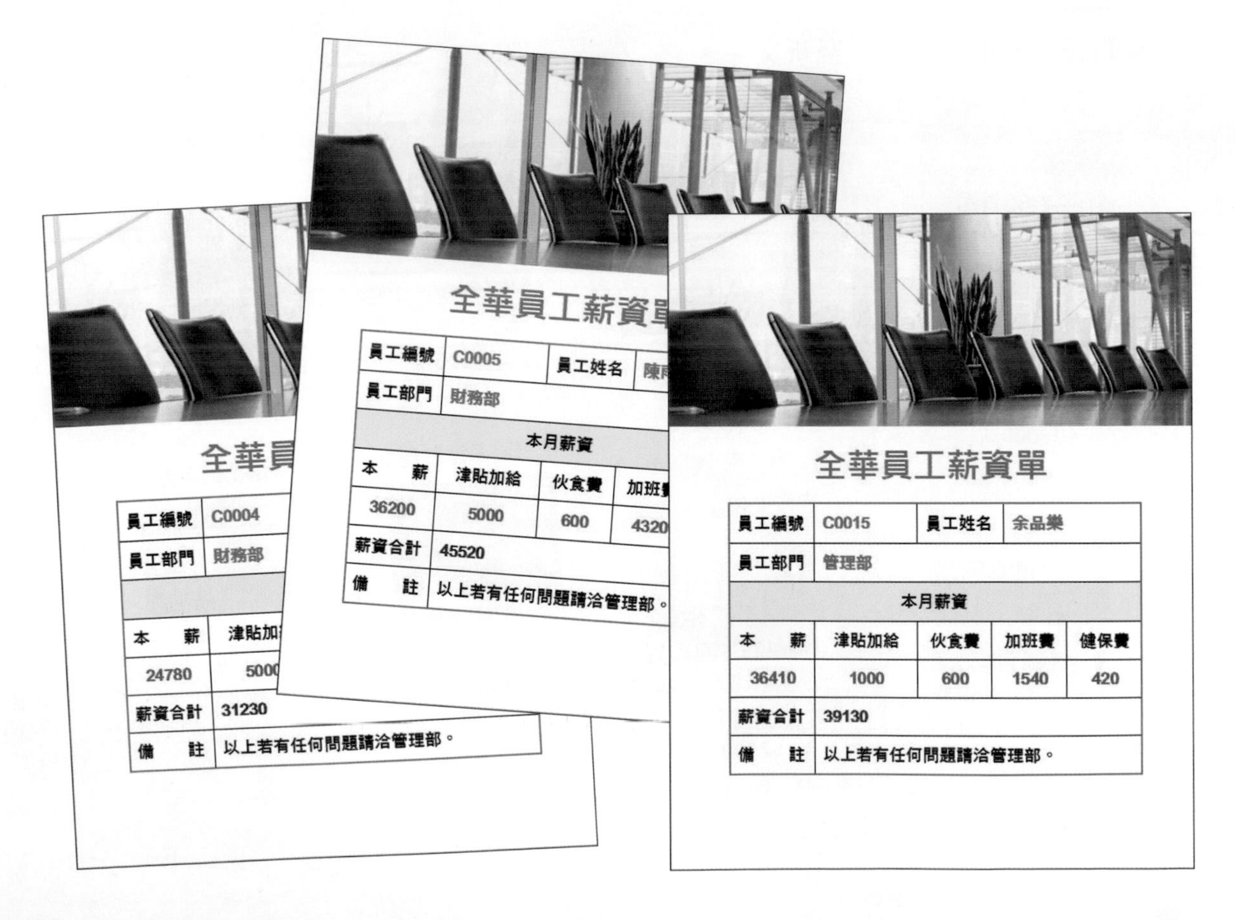

01 報價單

Example

✪ 學習目標

自動填滿的使用、儲存格的調整、儲存格的格式設定、資料格式的設定、認識運算符號及運算順序、輸入公式、修改公式、複製公式、加總函數的使用、幫儲存格加入註解、設定凍結窗格、活頁簿的儲存

✪ 範例檔案

Excel→Example01→報價單.xlsx

Excel→Example01→報價單-設計.xlsx

✪ 結果檔案

Excel→Example01→報價單-OK.xlsx

Excel→Example01→報價單-OK.xls

在製作商務類表單時，若需要運用到計算功能，那麼可以使用Excel試算表軟體來完成，Excel具有計算、統計、分析等功能，只要將資料輸入並進行相關設定，便可立即計算出結果，且還可以減少錯誤發生。

在「報價單」範例中，將學習如何進行文字格式、儲存格、工作表等基本操作，除此之外，還會學習到如何讓報價單具有計算的功能，以及如何藉由凍結窗格功能，讓工作表在視覺與功能上，更適合閱讀與查看。

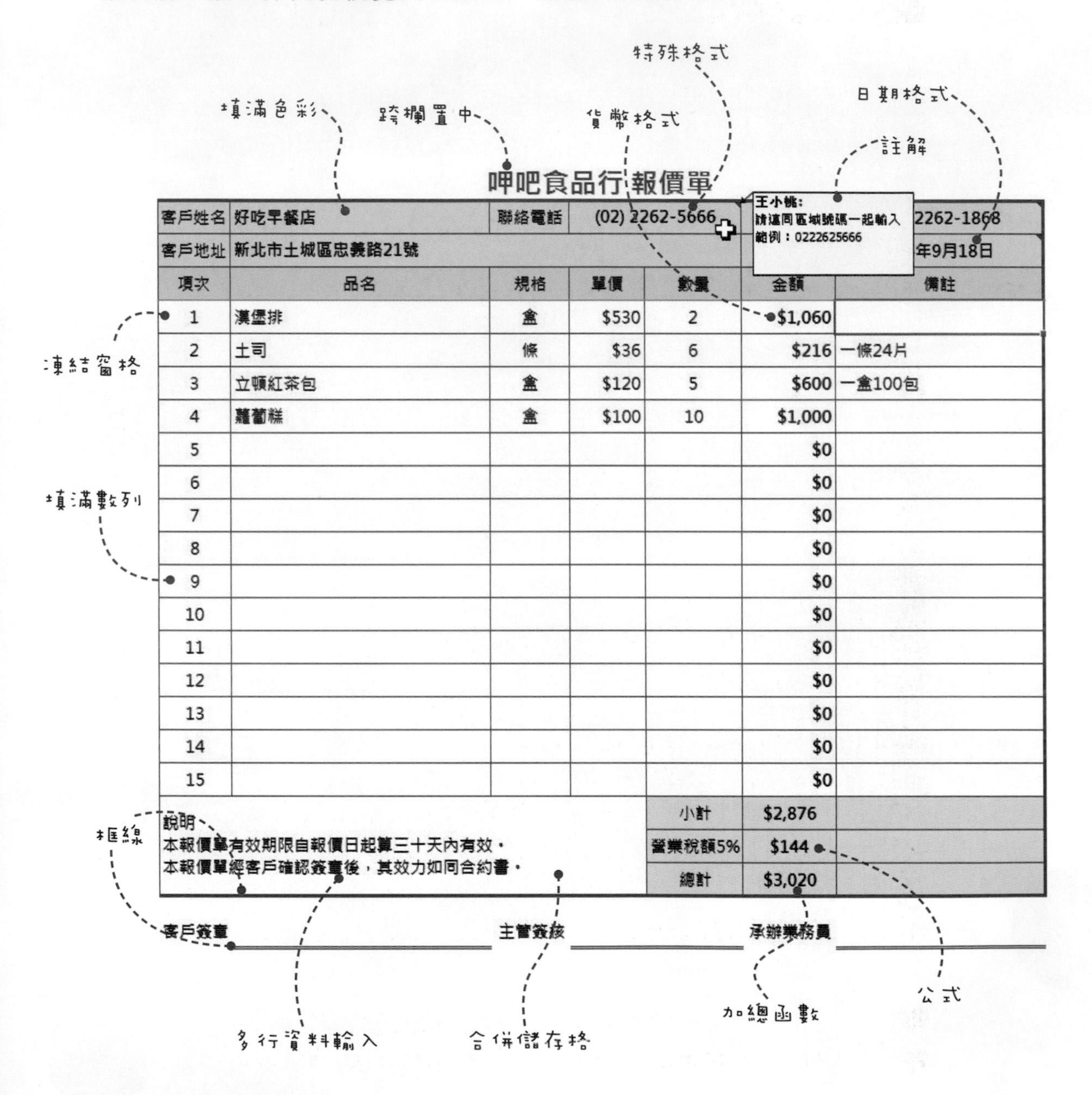

呷吧食品行 報價單

客戶姓名	好吃早餐店	聯絡電話	(02) 2262-5666			2262-1868
客戶地址	新北市土城區忠義路21號					年9月18日
項次	品名	規格	單價	數量	金額	備註
1	漢堡排	盒	$530	2	$1,060	
2	土司	條	$36	6	$216	一條24片
3	立頓紅茶包	盒	$120	5	$600	一盒100包
4	蘿蔔糕	盒	$100	10	$1,000	
5					$0	
6					$0	
7					$0	
8					$0	
9					$0	
10					$0	
11					$0	
12					$0	
13					$0	
14					$0	
15					$0	
說明 本報價單有效期限自報價日起算三十天內有效。 本報價單經客戶確認簽章後，其效力如同合約書。				小計	$2,876	
				營業稅額5%	$144	
				總計	$3,020	

客戶簽章　　主管簽核　　承辦業務員

1-1 建立報價單內容

在「報價單」範例中，已先將一些基本的文字輸入於工作表，但還有一些未完成的內容需要輸入，而在建立這些內容時，有一些技巧是不可不知的，這裡就來學習如何開啟檔案及輸入資料吧！

啟動Excel並開啟現有檔案

安裝好Office應用軟體後，若要啟動Excel 2013，請執行「**開始→所有程式→Microsoft Office 2013→Excel 2013**」，即可啟動**Excel**。

啟動Excel時，會先進入開始畫面中，在畫面的左側會顯示**最近**曾開啟的檔案，直接點選即可開啟該檔案；而在畫面的右側則會顯示**範本清單**，可以直接點選要使用的範本，或點選**空白活頁簿**，開啟一份新活頁簿，進行編輯的工作。

若要開啟現有的檔案時，可依以下步驟進行：

01 開啟Excel操作視窗後，請按下**開啟其他活頁簿**，進入**開啟舊檔**頁面中。

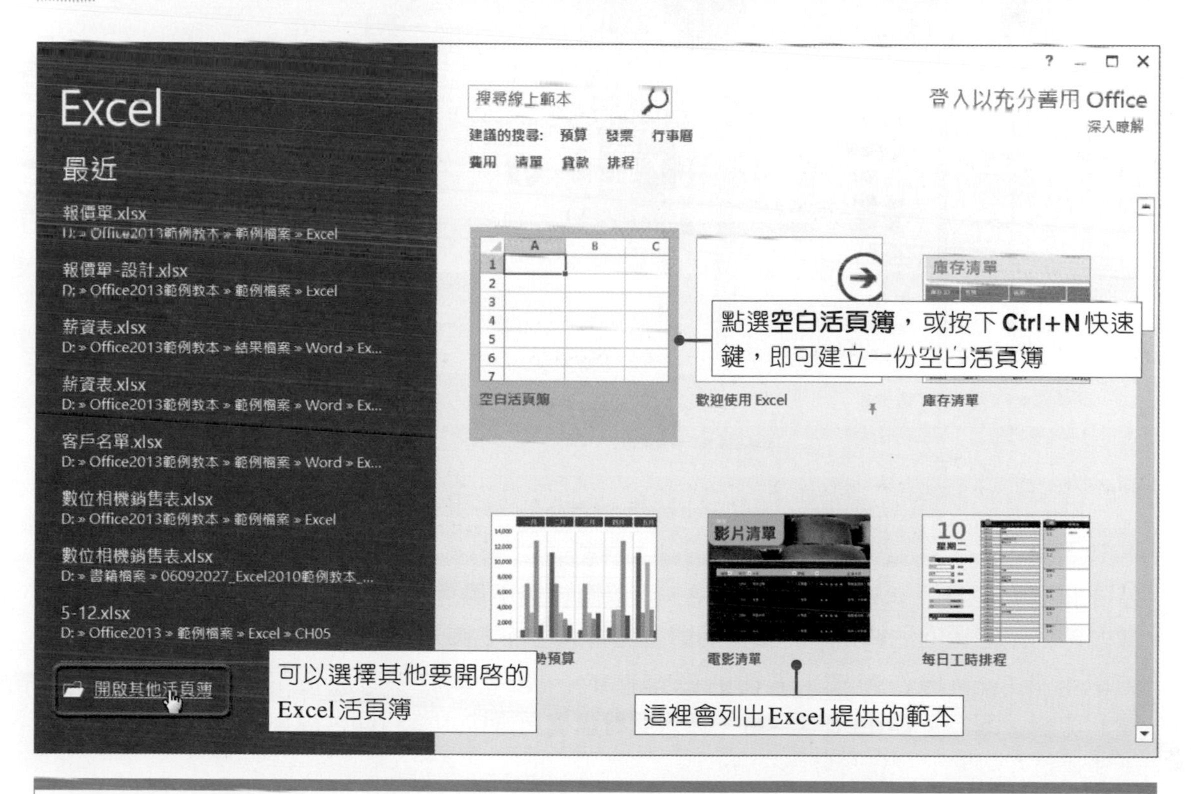

要啟動Excel並開啟現有檔案時，還可以直接在Excel活頁簿的檔案名稱或圖示上，**雙擊滑鼠左鍵**，啟動Excel操作視窗，並開啟該份活頁簿。

02 進入**開啓舊檔**頁面後，點選**電腦**選項，再按下**瀏覽**按鈕，開啓「開啓舊檔」對話方塊，即可選擇要開啓的檔案。

若要開啓的是最近編輯過的活頁簿時，可以直接按下**最近使用的活頁簿**，Excel就會列出最近曾經開啓過的活頁簿，而這份清單會隨著開啓的活頁簿而有所變換。

若已進入Excel操作視窗，要開啓已存在的Excel檔案時，可以按下**「檔案→開啓舊檔」**功能；或按下**Ctrl+O**快速鍵，進入**開啓舊檔**頁面中，進行開啓檔案的動作。

於儲存格中輸入資料

工作表是由一個個格子所組成的，這些格子稱爲**「儲存格」**，當滑鼠點選其中一個儲存格時，該儲存格會有一個粗黑的邊框，而這個儲存格即稱爲**「作用儲存格」**，該儲存格代表要在此作業。

要在儲存格中輸入文字時，須先選定一個作用儲存格，選定好後就可以進行輸入文字的動作，輸入完後按下**Enter**鍵，即可完成輸入。

若在同一儲存格要輸入多列時，可以按下**Alt+Enter**快速鍵，進行換行的動作。若要到其他儲存格中輸入文字時，可以按下鍵盤上的↑、↓、←、→及**Tab**鍵，移動到上面、下面、左邊、右邊的儲存格。

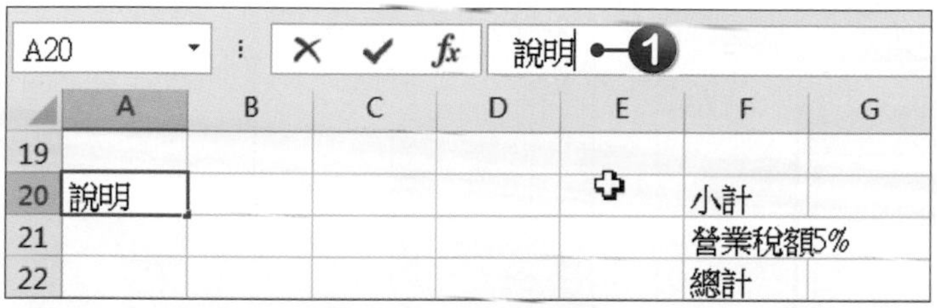

❶ 先選取儲存格，再把游標移到資料編輯列上按一下**滑鼠左鍵**，再按下**Alt+Enter**快速鍵，進行換行

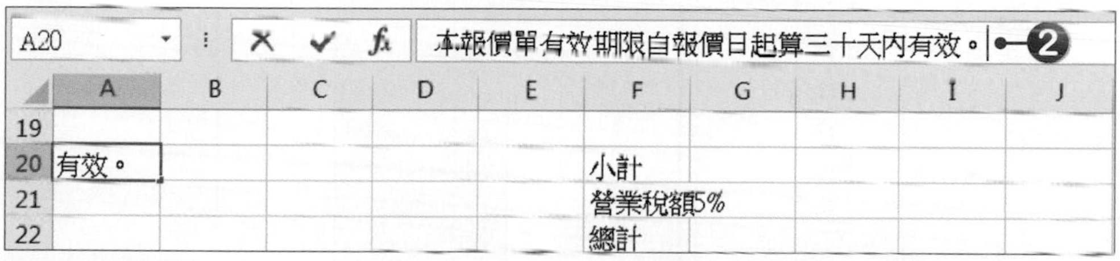

❷ 插入點移至下一行後，即可輸入文字，文字輸入好後，再按下**Alt+Enter**快速鍵換行

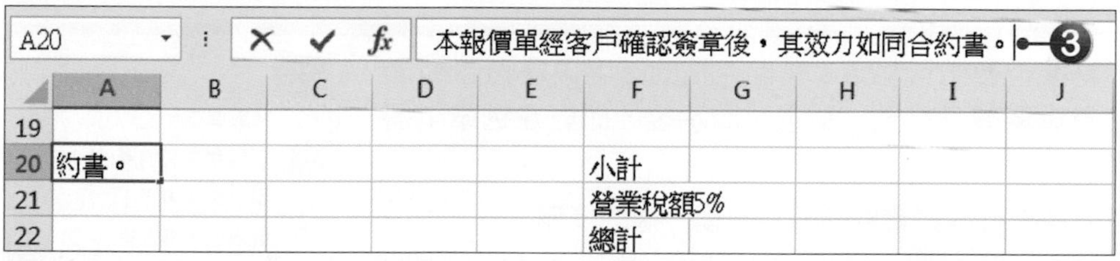

❸ 插入點移至下一行後，再繼續輸入文字即可，文字輸入好後，按下**Enter**鍵，完成輸入的動作

修改與清除資料

要修改儲存格的資料時，直接雙擊儲存格，或是先選取儲存格，到資料編輯列點一下，即可修改儲存格的內容。要清除儲存格內的資料時，先選取該儲存格，按下**Delete**鍵；或是直接在儲存格上按下**滑鼠右鍵**，點選**清除內容**，也可將資料刪除。

使用填滿功能輸入資料

在選取儲存格時，於儲存格的右下角有個黑點，稱作**填滿控點**，利用該控點可以依據一定的規則，快速填滿大量的資料。

在此範例中，於項次欄位下要輸入1~15的數字，而輸入時可以不必一個一個輸入，只要使用填滿功能的等差級數方式輸入即可。

01 先在**A5**及**A6**兩個儲存格中，輸入**1**和**2**，表示起始值是1，間距是1。

02 選取這兩個儲存格，將滑鼠游標移至**填滿控點**，並拖曳填滿控點到A19儲存格，即可產生間距為1的遞增數列。

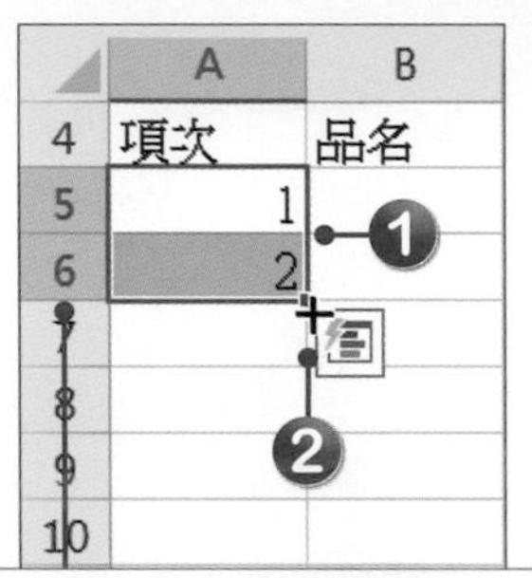
在工作表的上方是**欄標題**，以A、B、C等表示；而左方則是**列標題**，以1、2、3等表示

使用填滿控點進行複製資料時，在儲存格的右下角會有個圖示，此圖示為填滿智慧標籤，點選此圖示後，即可在選單中選擇要填滿的方式。

- 複製儲存格(C)
- 以數列方式填滿(S)
- 僅以格式填滿(F)
- 填滿但不填入格式(O)
- 快速填入(F)

複製儲存格：會將資料與資料的格式一模一樣的填滿。

以數列方式填滿：依照數字順序依序填滿，是一般預設的複製方式。

僅以格式填滿：只會填滿資料的格式，而不會將該儲存格的資料填滿。

填滿但不填入格式：會將資料填滿至其他儲存格，而不會套用該儲存格所設定的格式。

快速填入：會自動分析資料表內容，判斷要填入的資料，例如：想要將含有區碼的電話分成區碼及電話兩個欄位時，就可以利用**快速填入**來進行。

填滿功能的使用

利用填滿控點還能輸入具有順序性的資料，例如：日期、星期、序號、等差級數等，分別說明如下。

填滿重複性資料：當要在工作表中輸入多筆相同資料時，利用填滿控點，即可把目前儲存格的內容快速複製到其他儲存格中。

填滿序號：若要產生連續性的序號時，先在儲存格中輸入一個數值，在拖曳**填滿控點**時，同時按下**Ctrl**鍵，向下或向右拖曳，資料會以**遞增**方式(1、2、3……)填入；向上或向左拖曳，則資料會以**遞減**方式(5、4、3……)填入。

等差級數：若要依照自行設定的間距值產生數列時，先在兩個儲存格中，分別輸入1和3，表示起始值是1，間距是2，選取這兩個儲存格，將滑鼠游標移至填滿控點，並拖曳填滿控點到其他儲存格，即可產生間距為2的遞增數列。

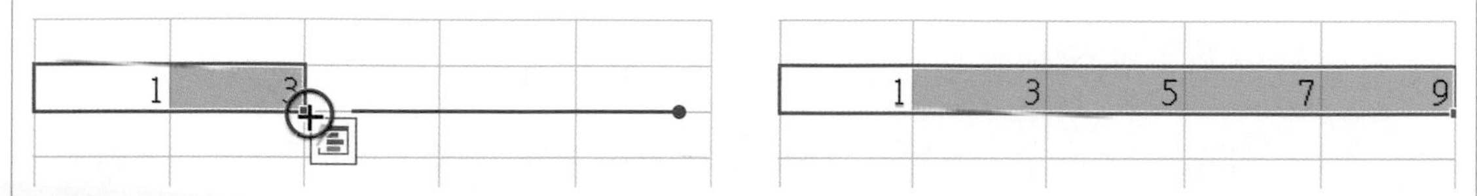

填滿日期：若要產生一定差距的日期序列時，只要輸入一個起始日期，拖曳填滿控點到其他儲存格中，即可產生連續日期。

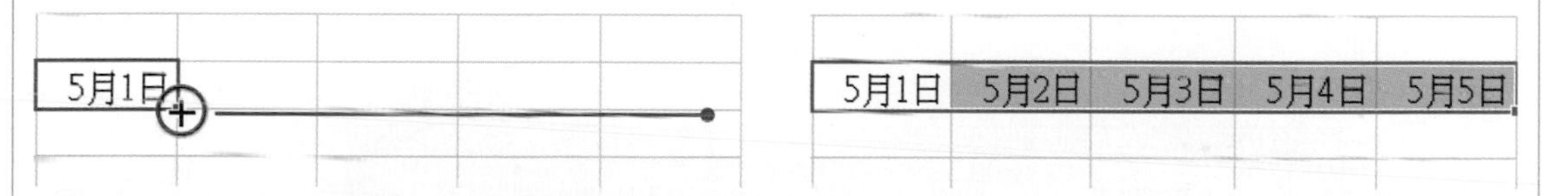

其他：在Excel中預設了一份填滿清單，所以輸入某些規則性的文字，例如：星期一、一月、第一季、甲乙丙丁、子丑寅卯、Sunday、January等文字時，利用自動填滿功能，即可在其他儲存格中填入規則性的文字。

若要查看Excel預設了哪些填滿清單，可按下**「檔案→選項」**功能，在「Excel選項」視窗中，點選**進階**標籤，於**一般**選項裡，按下**編輯自訂清單**按鈕，開啟「自訂清單」對話方塊，即可查看預設的填滿清單或自訂填滿清單項目。

除了使用填滿控點進行填滿的動作外，還可以按下**「常用→編輯→填滿」**按鈕，在選單中選擇要填滿的方式。

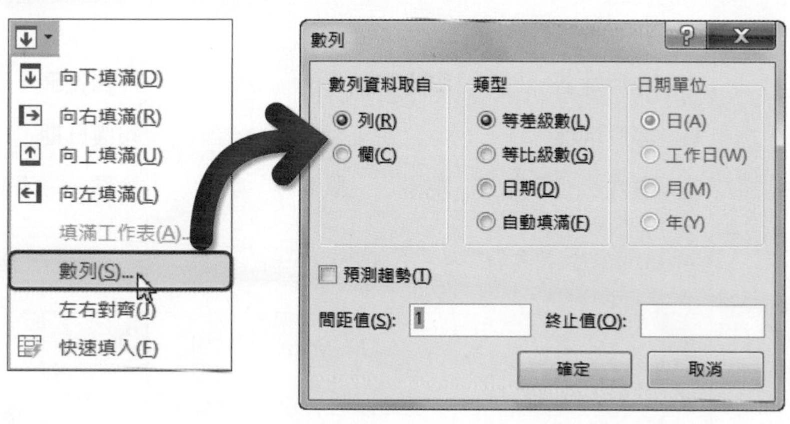

1-2 儲存格的調整

資料都建立好後，接著就要進行儲存格的列高、欄寬等調整。

欄寬與列高調整

在輸入文字資料時，若文字超出儲存格範圍，儲存格中的文字會無法完整顯示；而輸入的是數值資料時，若欄寬不足，則儲存格會出現「######」字樣，此時，可以直接拖曳欄標題或列標題之間的分隔線，或是在分隔線上雙擊滑鼠左鍵，改變欄寬，以便容下所有的資料。

在此範例中，要將列高都調成一樣大小，而欄寬則依內容多寡分別調整。

01 按下工作表左上角的 **全選方塊**，或 **Ctrl+A** 快速鍵，選取整份工作表。

02 將滑鼠移到列與列標題之間的分隔線，按下**滑鼠左鍵**不放，往下拖曳即可增加列高。

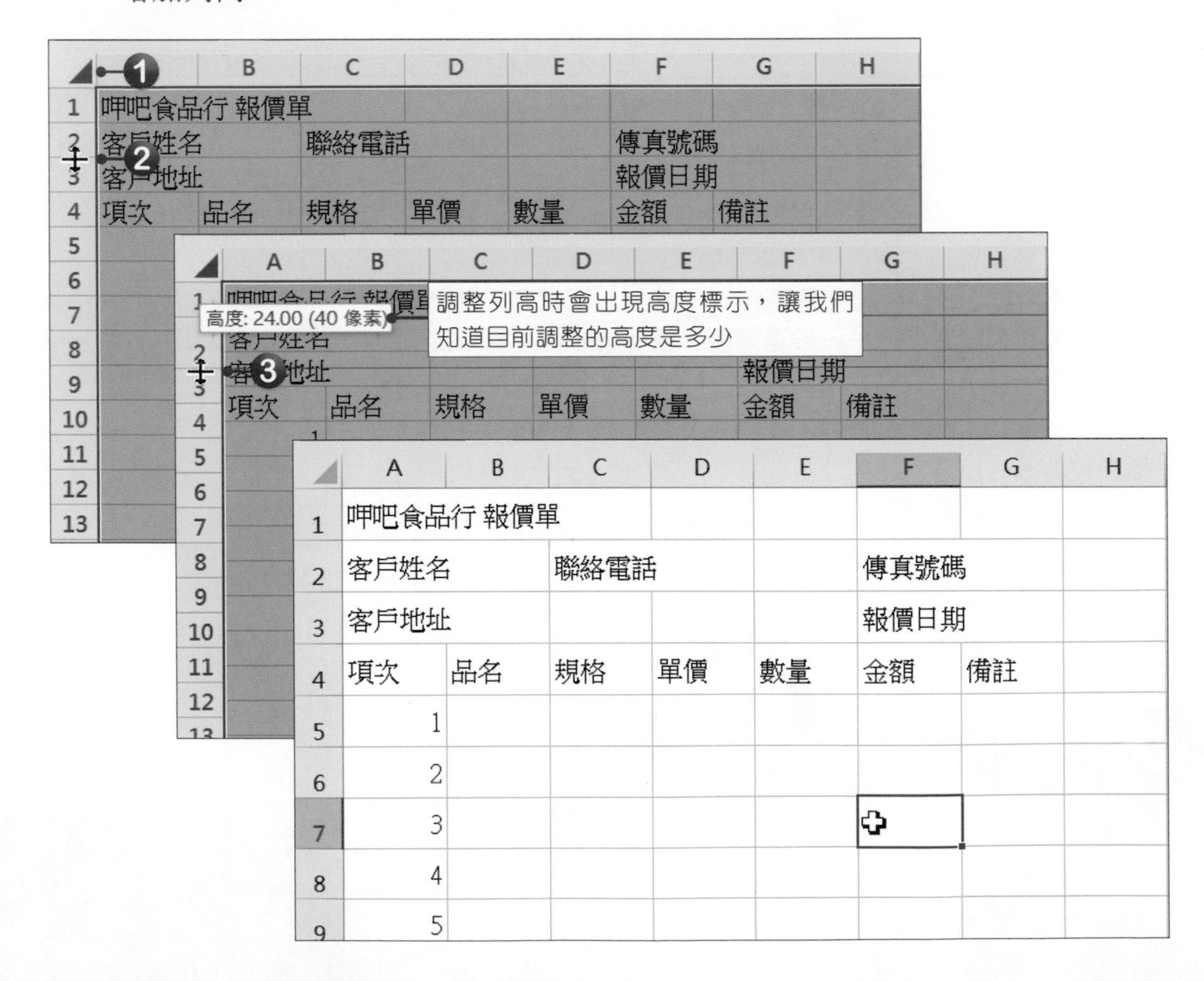

03 列高調整好後，將滑鼠移到要調整的欄標題之間的分隔線，按下**滑鼠左鍵**不放，往右拖曳即可增加欄寬；往左拖曳則縮小欄寬。

按下滑鼠左鍵不放往右拖曳可加寬；往左拖曳則縮小欄寬

	A	B	C	D	E	F	G
1	呷吧食品行 報價單						
2	客戶姓名		聯絡電話			傳真號碼	
3	客戶地址					報價日期	
4	項次	品名	規格	單價	數量	金額	備註
5	1						

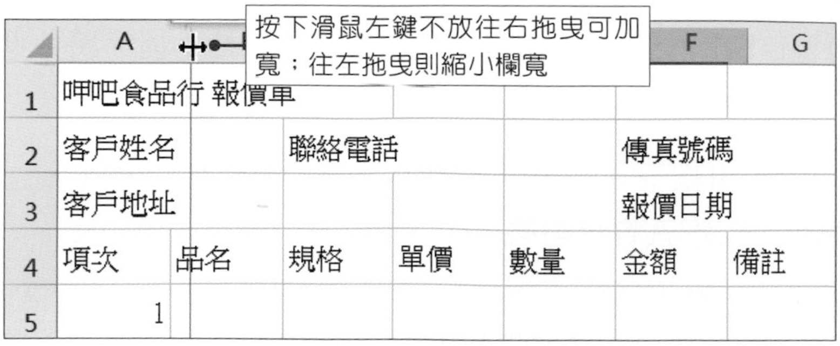

04 利用相同方式將所有要調整的欄寬都調整完成。

	A	B	C	D	E	F	G	H
1	呷吧食品行 報價單							
2	客戶姓名		聯絡電話			傳真號碼		
3	客戶地址					報價日期		
4	項次	品名	規格	單價	數量	金額	備註	
5	1							
6	2							
7	3							
8	4							
9	5							
10	6							
11	7							
12	8							

要調整欄寬或列高時，也可以按下「**常用→儲存格→格式**」按鈕，於選單中點選**自動調整欄寬**，儲存格就會依所輸入的文字長短，自動調整儲存格的寬度；若要自行設定儲存格的列高或欄寬時，可以點選**列高**或**欄寬**選項。

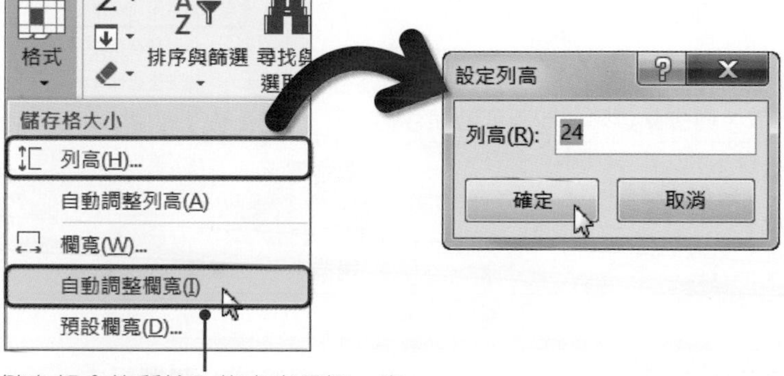

格式
排序與篩選
尋找與選取
儲存格大小
列高(H)...
自動調整列高(A)
欄寬(W)...
自動調整欄寬(I)
預設欄寬(D)...

設定列高
列高(R): 24
確定
取消

儲存格會依所輸入的文字長短，自動調整儲存格的寬度

跨欄置中及合併儲存格的設定

報價單的標題文字輸入於A1儲存格中，現在要利用**跨欄置中**功能，使它與表格齊寬，且文字還會自動**置中對齊**；還要再利用合併儲存格功能，將一些相連的儲存格合併，以維持報價單的美觀。

01 選取**A1:G1**儲存格，再按下**「常用→對齊方式→跨欄置中」**選單鈕，於選單中選擇**跨欄置中**，文字就會自動置中。

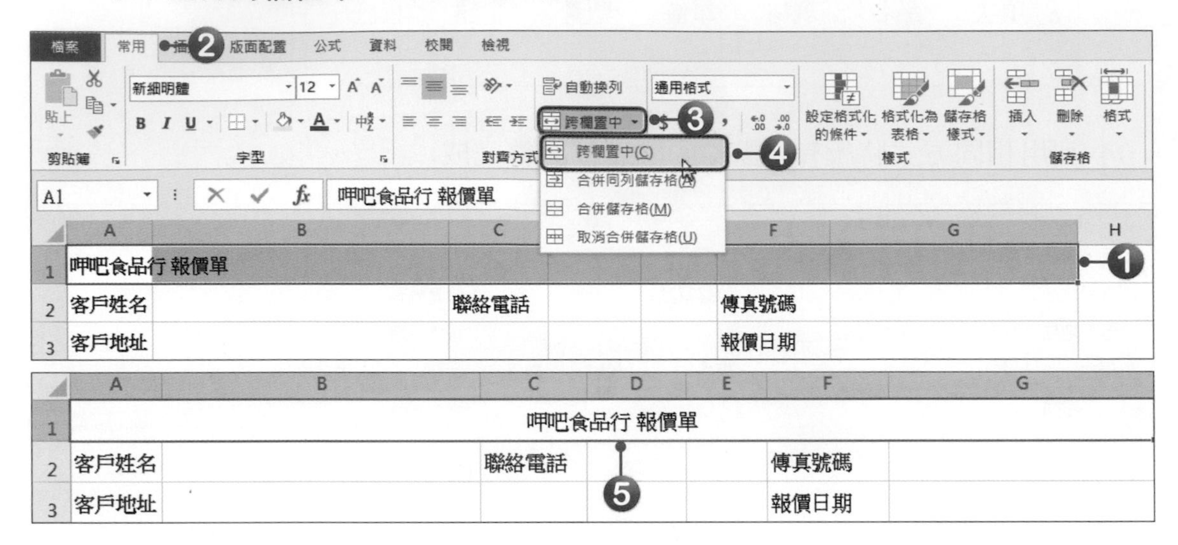

02 選取**D2:E2**、**B3:E3**及**D24：E24**儲存格，再按下**「常用→對齊方式→跨欄置中」**選單鈕，於選單中選擇**合併同列儲存格**，位於同列的儲存格就會合併為一個。

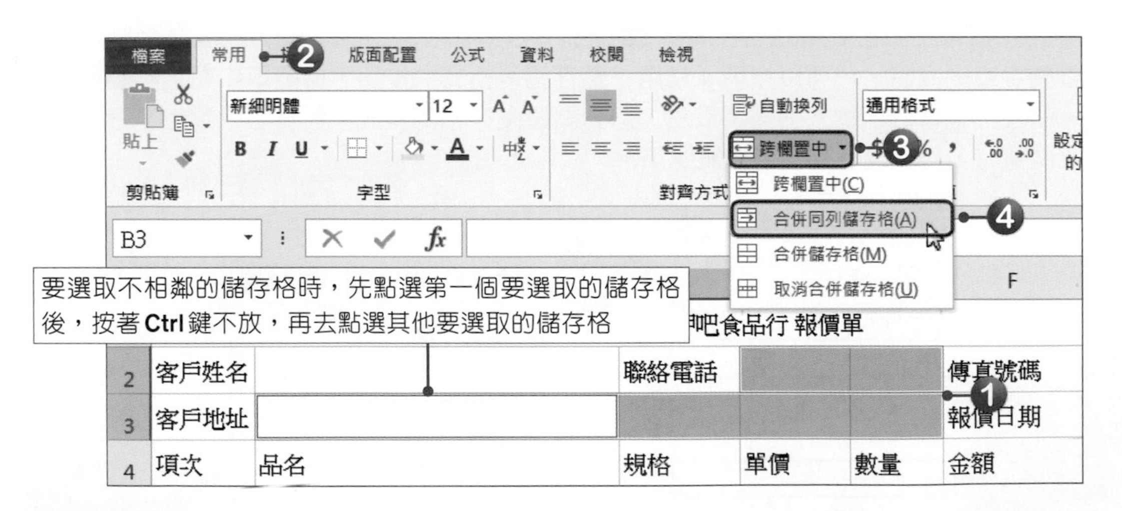

要選取不相鄰的儲存格時，先點選第一個要選取的儲存格後，按著Ctrl鍵不放，再去點選其他要選取的儲存格

若要將合併的儲存格還原時，可以按下**「常用→對齊方式→跨欄置中」**選單鈕，於選單中選擇**取消合併儲存格**，被合併儲存格就會還原回來。

03 選取**A20:D22**儲存格，按下**「常用→對齊方式→跨欄置中」**選單鈕，於選單中選擇**合併儲存格**，被選取的儲存格就會合併為一個。

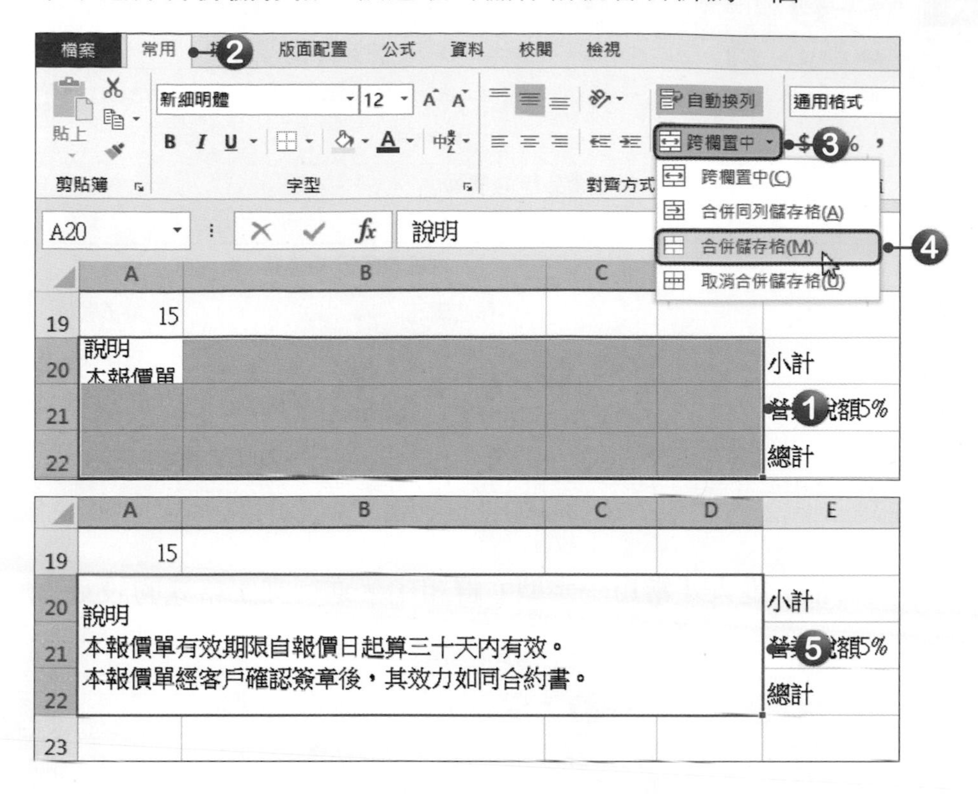

1-3 儲存格的格式設定

若要美化工作表時，可以幫儲存格進行一些格式設定，像是文字格式、對齊方式、外框樣式、填滿效果等，讓工作表更為美觀。

文字格式設定

要變更儲存格文字樣式時，可以使用**「常用→字型」**群組中的各種指令按鈕，即可變更文字樣式；或是按下**字型**群組的 **對話方塊啟動器**按鈕，開啟「儲存格格式」對話方塊，進行字型、樣式、大小、底線、色彩、特殊效果等設定。

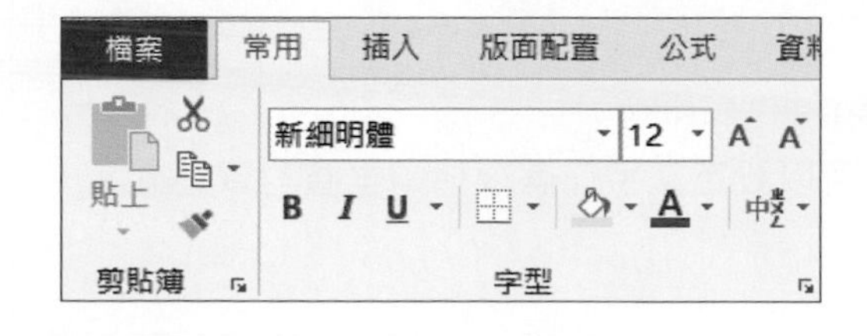

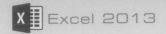

01 選取整個工作表，進入**「常用→字型」**群組中，更換字型。

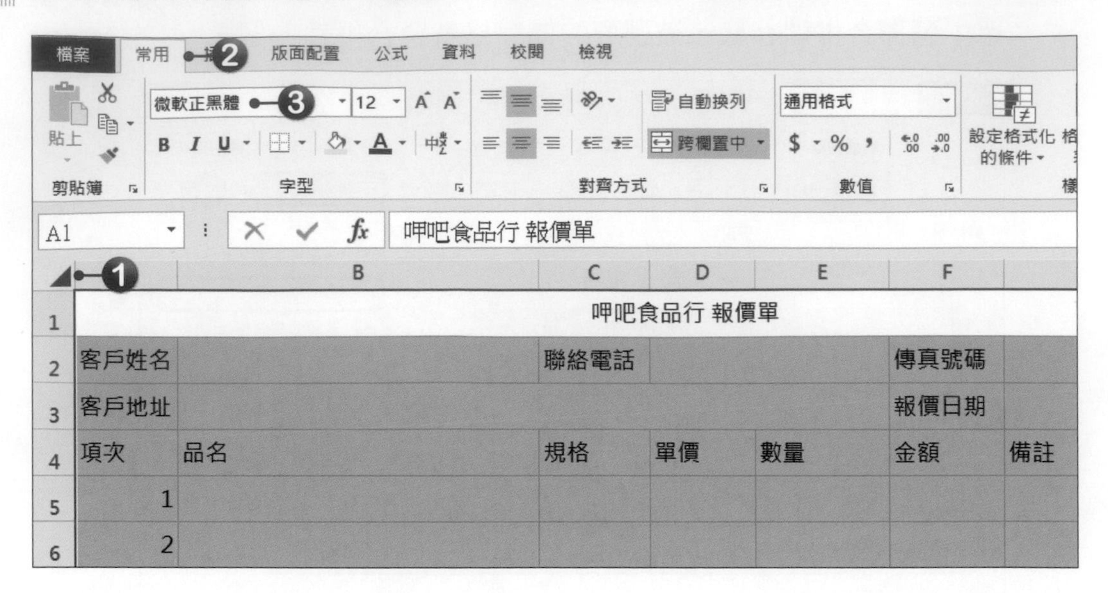

02 選取**A1**儲存格，進入**「常用→字型」**群組中，進行文字格式的設定。

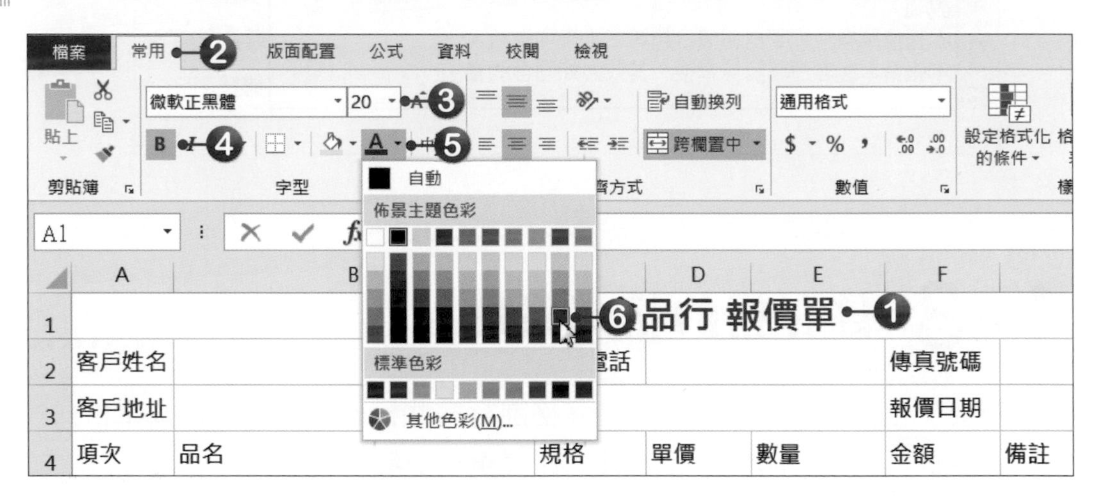

對齊方式的設定

使用**「常用→對齊方式」**群組中的指令按鈕，可以進行文字對齊方式的變更，操作方式如下表所列。

按鈕	功能	範例
靠上對齊 置中對齊 靠下對齊	可以設定文字在儲存格中垂直對齊方式。	垂直靠上對齊 垂直置中對齊 垂直靠下對齊

按鈕	功能	範例
靠左對齊文字 置中 靠右對齊文字	可以設定文字在儲存格中水平對齊方式。	靠左對齊文字 置中 靠右對齊文字
自動換列	可以讓儲存格中的文字資料自動換行。	王小桃零用金支出 王小桃零用金支出明細表
減少縮排	可以減少儲存格中框線和文字之間的邊界。	零用金支出明細
增加縮排	可以增加儲存格中框線和文字之間的邊界。	零用金支出明細
逆時針角度(O) 順時針角度(L) 垂直文字(V) 文字由下至上排列(U) 文字由上至下排列(D) 儲存格對齊格式(M)	可以設定文字的顯示方向。	順時針角度 王小桃 垂直文字 王 小 桃

了解了各種對齊方式指令按鈕的使用後，即可將儲存格內的文字進行各種對齊方式設定。

框線樣式與填滿色彩的設定

要美化工作表中的資料內容時，除了設定文字格式外，還可以幫儲存格套用不同的框線及填滿效果。

框線樣式的設定

在工作表上所看到灰色框線是屬於**格線**，而這格線在列印時並不會一併印出，所以若想要印出框線時，就必須自行手動設定。

01 選取**A2:G22**儲存格，按下**「常用→字型→ 」框線**按鈕，於選單中選擇**其他框線**選項，開啓「儲存格格式」對話方塊。

要隱藏格線時，只要在**「檢視→顯示」**群組中，將**格線**選項的勾選取消即可。

02 在**樣式**中選擇線條樣式；在**色彩**中選擇框線色彩，選擇好後按下**內線**按鈕，即可將框線的內線更改過來。

03 接著設定外框要使用的線條樣式，再按下**外框**按鈕，都設定好後按下**確定**按鈕，回到工作表中，被選取的儲存格就會加入所設定的框線。

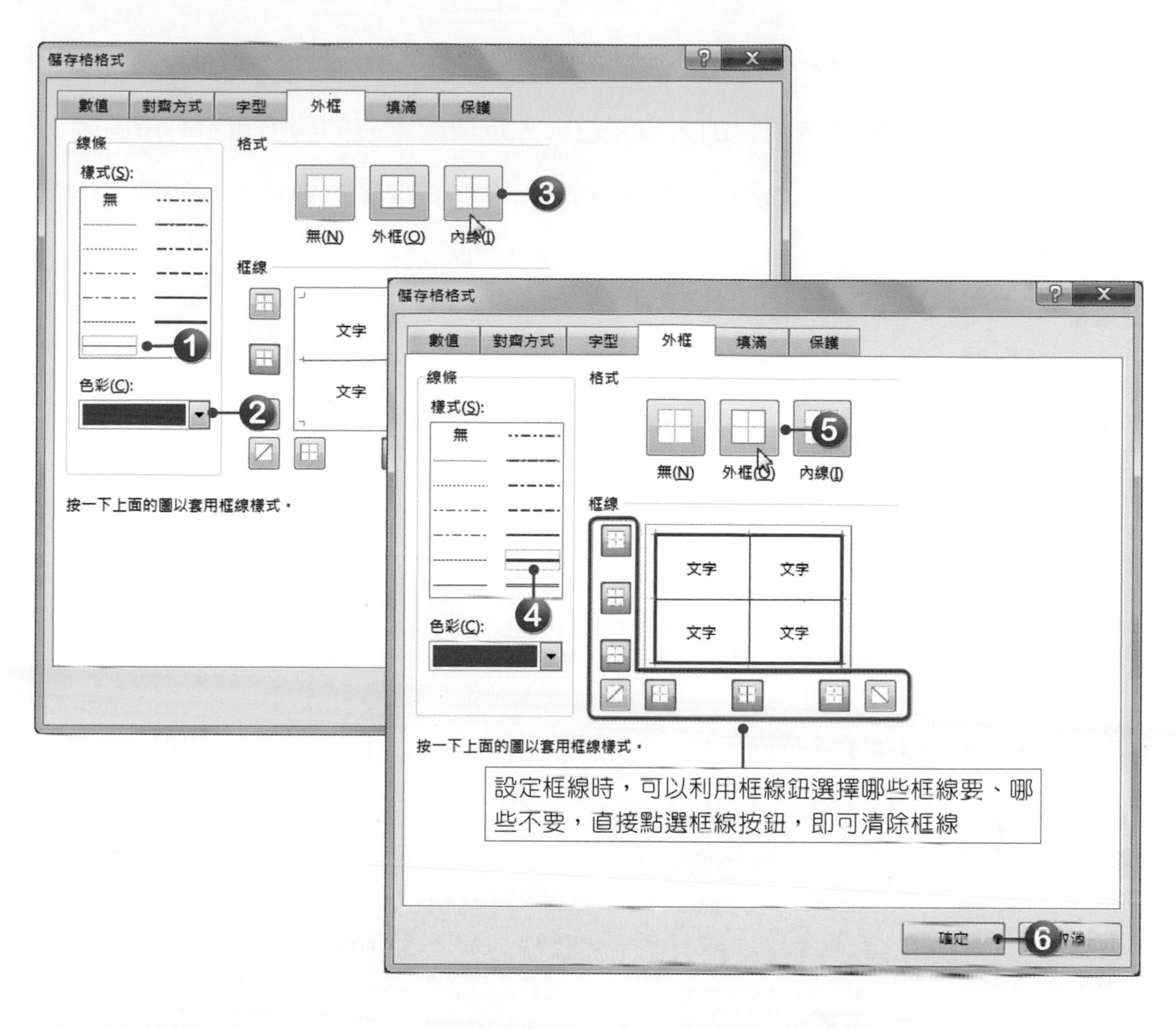

04 接著選取**B24**、**D24**、**G24**儲存格，按下「**常用→字型→**田▾」按鈕，於選單中點選**底端雙框線**，被選取的儲存格就會加入底端雙框線。

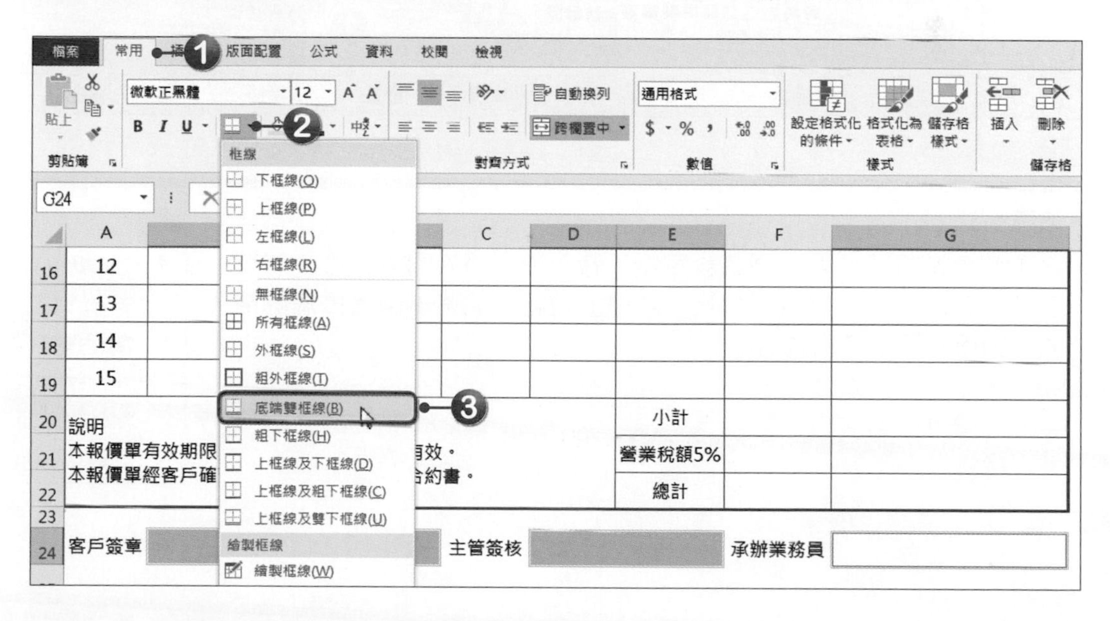

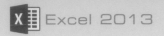

改變儲存格填滿色彩

這裡要將客戶的基本資料加入填滿色彩，以便跟下方的報價資料有所區隔。

01 選取**A2:G3**儲存格，按下**「常用→字型→」填滿色彩**按鈕，於選單中選擇要填入的色彩即可。

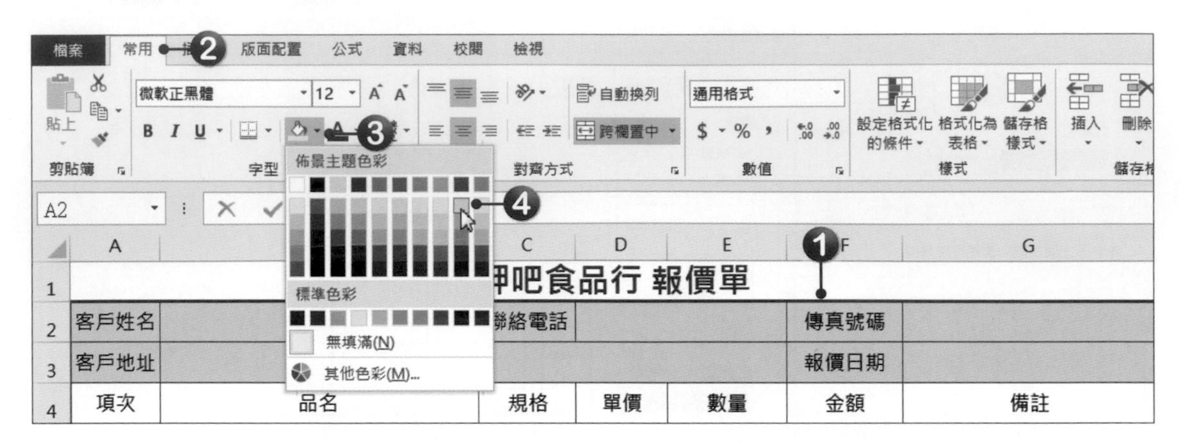

02 接著選取**A4:G4**儲存格，按下**「常用→字型→」**按鈕，於選單中選擇要填入的色彩。

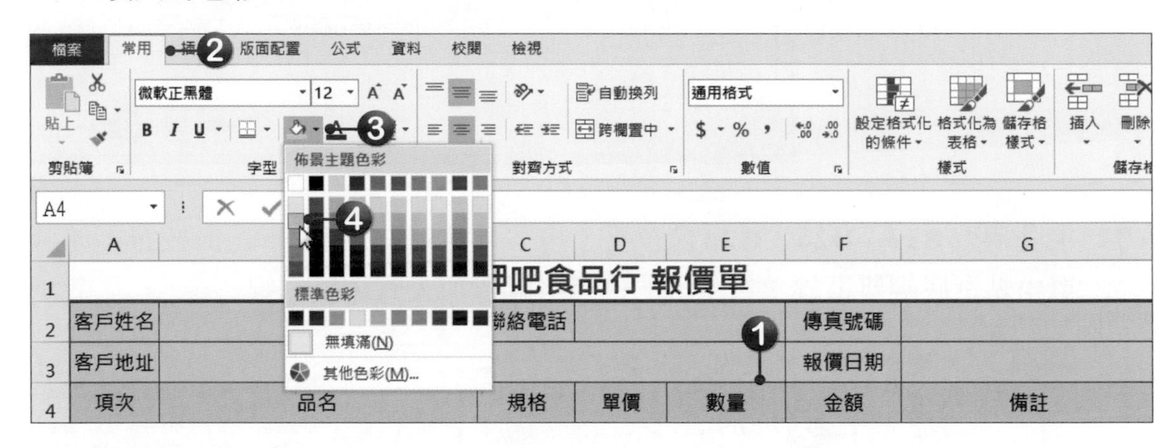

清除格式

將工作表進行了一堆的格式設定後，若想要將格式回復到最原始狀態時，可以按下**「常用→編輯→清除」**按鈕，於選單中選擇**清除格式**，即可將所有的格式清除。

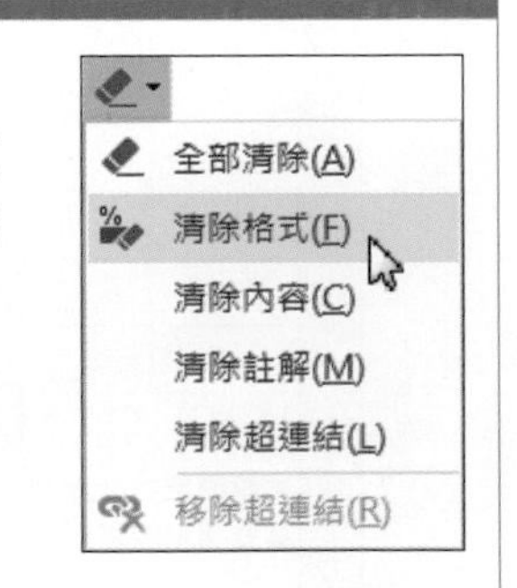

03 接著選取**E20:G22**儲存格，按下「**常用→字型→**」按鈕，於選單中選擇要填入的色彩。

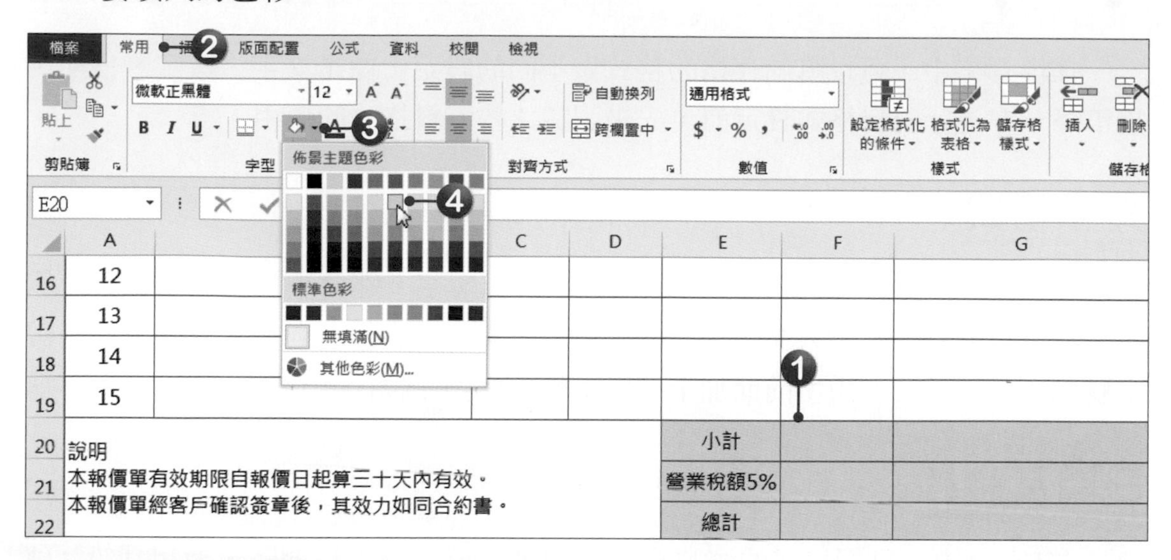

複製格式

將儲存格設定好字型、框線樣式及填滿色彩等格式後，若其他的儲存格也要套用相同格式時，可以使用「**常用→剪貼簿→**」**複製格式**按鈕，進行格式的複製，這樣就不用一個一個儲存格設定了。

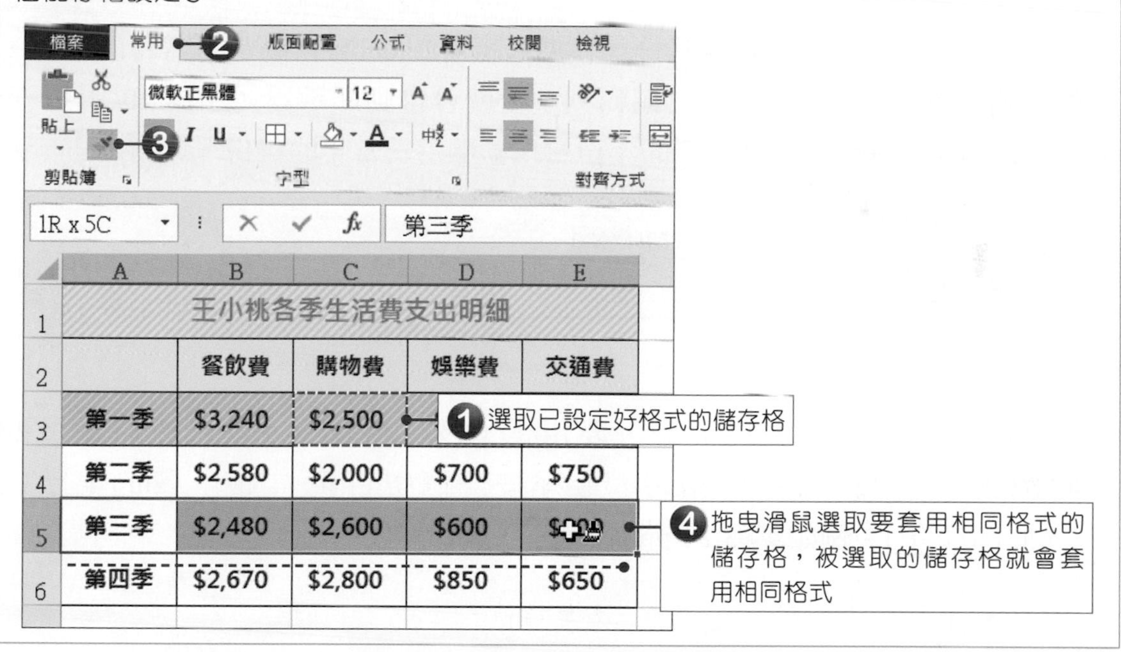

1-4 儲存格的資料格式

在儲存格中，可以將儲存格的格式做不同的設定，像是文字、數字、日期、貨幣等。在進行資料格式設定前，先來認識這些資料格式的使用。

文字格式

在Excel中，只要不是數字，或是數字摻雜文字，都會被當成文字資料，例如：身分證號碼。在輸入文字格式的資料時，文字都會**靠左對齊**。若想要將純數字變成文字，只要在**數字前面加上「'」(單引號)**，例如：'0123456。

日期及時間

在Excel中，日期格式的資料會**靠右對齊**，而要輸入日期時，**要用「-」(破折號)或「/」(斜線)區隔年、月、日**。年是以西元計，小於29的值，會被視爲西元20××年；大於29的值，會被當作西元19××年，例如：輸入00到29的年份，會被當作2000年到2029年；輸入30到99的年份，則會被當作1930年到1999年，這是在輸入時需要注意的地方。

在輸入日期時，若只輸入月份與日期，那麼Excel會自動加上當時的年份，例如：輸入10/10，Excel在資料編輯列中，就會自動顯示爲「2014/10/10」，表示此儲存格爲日期資料，而其中的年份會自動顯示爲當年的年份。

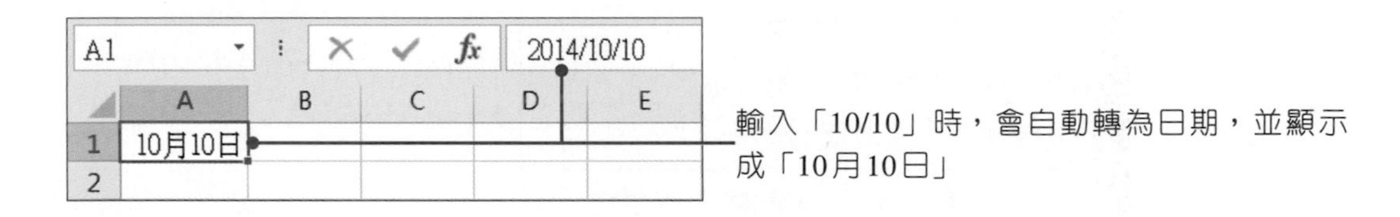

在儲存格中要輸入時間時，**要用「:」(冒號)隔開，以12小時制或24小時制表示**。使用12小時制時，最好按一個空白鍵，加上「am」(上午)或「pm」(下午)。例如：「3:24 pm」是下午3點24分。

數值格式

在Excel中，數值格式的資料會**靠右對齊**，數值是進行計算的重要元件，Excel對於數值的內容有很詳細的設定。首先來看看在儲存格中輸入數值的各種方法，如下表所列。

正數	負數	小數	分數
55980	-6987	12.55	4 1/2
	前面加上「-」負號	按鍵盤的「.」表示小數點	分數之前要按一個空白鍵

除了不同的輸入方法，也可以使用**「常用→數值→數值格式」**按鈕，進行變更的動作。而在**「數值」**群組中，還列出了一些常用的數值按鈕，可以快速變更數值格式，如下表所列。

按鈕	功能	範例
$ -	加上會計專用格式，會自動加入貨幣符號、小數點及千分位符號。按下選單鈕，還可以選擇英磅、歐元及人民幣等貨幣格式。 若輸入以「$」開頭的數值資料，如$3600，會將該資料自動設定為貨幣類別，並自動顯示為「$3,600」。	12345→$12,345.00
%	加上百分比符號，在儲存格中輸入百分比樣式的資料，如66%，必須先將儲存格設定為百分比格式，再輸入數值66，若先輸入66，再設定百分比格式，則會顯示為「6600%」。 要將數值轉換為百分比時，可以按下**Ctrl+Shift+%**快速鍵。	0.66→66%
,	加上千分位符號，會自動加入「.00」。	12345→12,345.00
←.0 .00	增加小數位數。	666.45→666.450
.00 →.0	減少小數位數，減少時會自動四捨五入。	888.45→888.5

特殊格式設定

在此範例中，要將聯絡電話與傳真號碼儲存格設定爲「特殊」格式中的「一般電話號碼」格式，設定後，只要在聯絡電話儲存格中輸入「0222625666」，儲存格就會自動將資料轉換爲「(02)2262-5666」。

01 選取**D2**及**G2**儲存格，按下**「常用→數值」**群組的 **對話方塊啓動器**按鈕，或按下**Ctrl+1**快速鍵，開啓「儲存格格式」對話方塊。

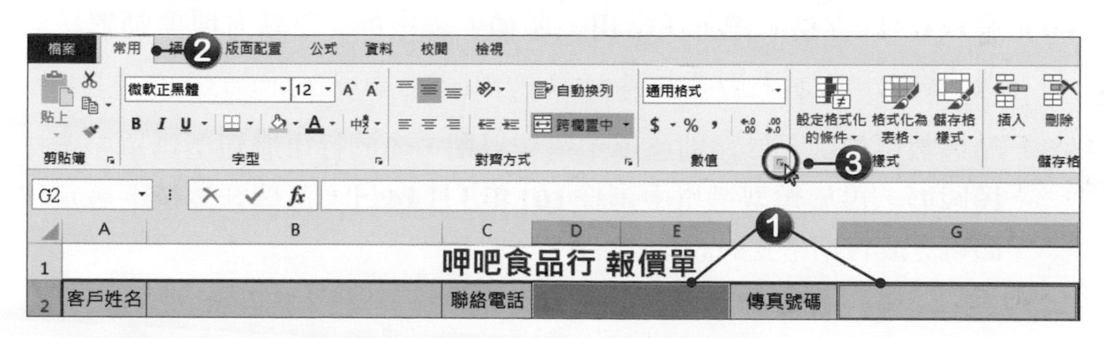

02 開啓「儲存格格式」對話方塊，點選**數値**標籤，於類別選單中選擇**特殊**，再於類型選單中選擇**一般電話號碼(8位數)**，選擇好後按下**確定**按鈕，即可完成特殊格式的設定。

03 於儲存格中輸入「0222625666」電話號碼，輸入完後按下**Enter**鍵，儲存格內的文字就會自動變更爲「(02)2262-5666」。

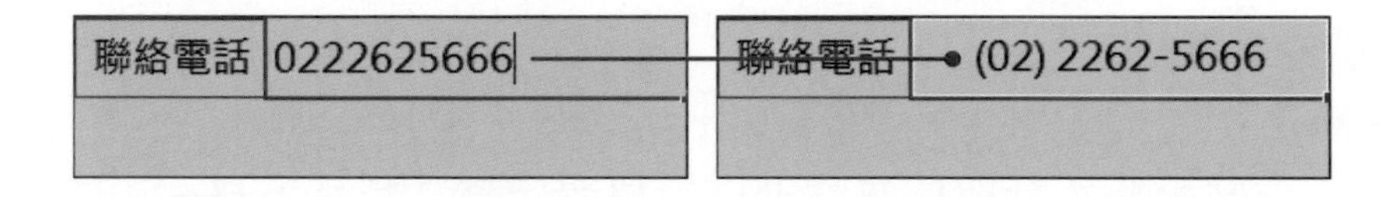

日期格式設定

在報價日期中，要將儲存格的格式設定爲日期格式。

01 選取**G3**儲存格，按下**「常用→數値」**群組的**對話方塊啓動器**按鈕，開啓「儲存格格式」對話方塊。

02 點選**數値**標籤，於類別選單中選擇**日期**，先於**行事曆類型**選單中選擇**中華民國曆**，再於類型選單中選擇**101年3月14日**，選擇好後按下**確定**按鈕，即可完成日期格式的設定。

輸入日期時若想要直接以民國顯示日期，可在輸入的日期前加上「**r**」，例如：r105/10/10。

貨幣格式設定

在報價單範例中，單價、金額、小計、營業稅額、總計等資料是屬於貨幣格式，所以要將相關的儲存格設定為貨幣格式。

01 選取 **D5:D19** 及 **F5:F22** 儲存格，按下「**常用→數值**」群組的 **對話方塊啟動器**按鈕，開啟「儲存格格式」對話方塊。

02 點選**數值**標籤，於類別選單中選擇**貨幣**，將小數位數設為 **0**，再將符號設定為 **$**，再選擇 **-$1,234** 為負數表示方式，選擇好後按下**確定**按鈕，即可完成貨幣格式的設定。

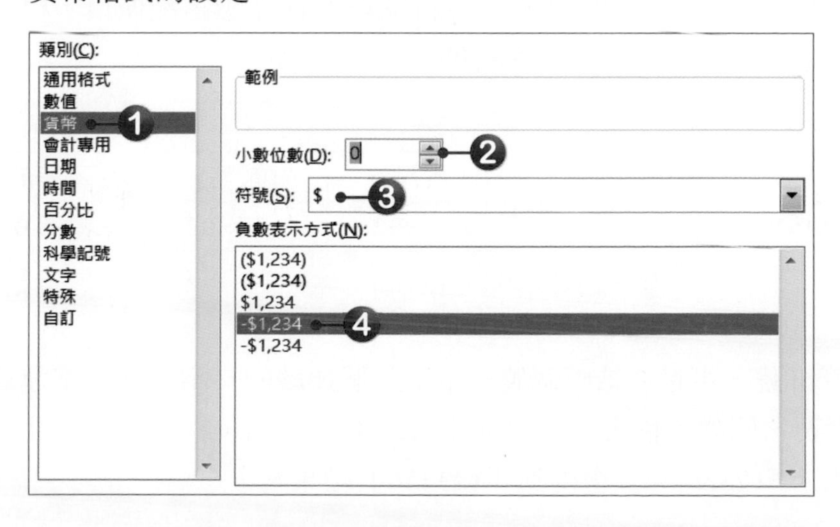

1-5 建立公式

Excel的公式跟一般數學方程式一樣，也是由「=」建立而成。Excel的公式是這麼解釋的：等號左邊的值，是存放計算結果的儲存格；等號右邊的算式，是實際計算的公式。建立公式時，會選取一個儲存格，然後從「=」開始輸入。只要在儲存格中輸入「=」，Excel就知道這是一個公式。

認識運算符號

在Excel中最重要的功能，就是利用公式進行計算。而在Excel中要計算時，就跟平常的計算公式非常類似。在進行運算前，先來認識各種運算符號。

算術運算符號

算術運算符號的使用，與平常所使用的運算符號是一樣的，像是加、減、乘、除等，例如：輸入「=(5-3)^6」，會先計算括號內的5減3，然後再計算2的6次方，常見的算術運算符號如下表所列。

+	-	*	/	%	^
加	減	乘	除	百分比	乘冪
6+3	5-2	6*8	9/3	15%	5^3
6加3	5減2	6乘以8	9除以3	百分之15	5的3次方

比較運算符號

比較運算符號主要是用來做邏輯判斷，例如：「10>9」是眞的(True)；「8=7」是假的(False)。通常比較運算符號會與IF函數搭配使用，根據判斷結果做選擇，下表所列爲各種比較運算符號。

=	>	<	>=	<=	<>
等於	大於	小於	大於等於	小於等於	不等於
A1=B2	A1>B2	A1<B2	A1>=B2	A1<=B2	A1<>B2

文字運算符號

使用文字運算符號，可以連結兩個值，產生一個連續的文字，而文字運算符號是以**「&」**爲代表。例如：輸入「="台北市"&"中山區"」，會得到「台北市中山區」結果；輸入「=123&456」會得到「123456」結果。

參照運算符號

在Excel中所使用的參照運算符號如下表所列。

符號	說明	範例
:(冒號)	**連續範圍**：兩個儲存格間的所有儲存格，例如：「B2:C4」就表示從B2到C4的儲存格，也就是包含了B2、B3、B4、C2、C3、C4等儲存格。	B2:C4
,(逗號)	**聯集**：多個儲存格範圍的集合，就好像不連續選取了多個儲存格範圍一樣。	B2:C4,D3:C5,A2,G:G
空格(空白鍵)	**交集**：擷取多個儲存格範圍交集的部分。	B1:B4 A3:C3

運算順序

在Excel中，上面所介紹的各種運算符號，在運算時，順序爲：**參照運算符號>算術運算符號>文字運算符號>比較運算符號**。而運算符號只有在公式中才會發生作用，如果直接在儲存格中輸入，則會被視爲普通的文字資料。

加入公式

在報價單範例中，分別要在金額、營業稅額、總計等儲存格加入公式，公式加入後，只要輸入「數量」與「單價」，即可計算出「金額」；再計算「小計」，即可計算出「營業稅額」，最後就可以知道「總計」金額了。

這裡可以開啓**「報價單-設計.xlsx」**檔案，進行公式及後續的函數練習，該檔案已先輸入了一些基本的資料及格式設定，方便接下來的公式設定。

01 選取**F5**儲存格，輸入**「=D5*E5」**公式，輸入完後，按下**Enter**鍵，即可計算出金額。

	A	B	C	D	E	F	
1			呷吧食品行 報價單				
2	客戶姓名	好吃早餐店	聯絡電話	(02) 2262-5666		傳真號碼	(02) 2
3	客戶地址	新北市土城區忠義路21號				報價日期	104年
4	項次	品名	規格	單價	數量	金額	
5	1	漢堡排	盒	$530	2	=D5*E5	
6	2	土司	條	$36	6		一條24片
7	3	立頓紅茶包					100包

在建立公式時，運算元與儲存格的框線會使用相同色彩，主要是讓我們可以清楚辨識他們的對應關係

02 公式建立好後，儲存格就會自動計算出D5*E5的結果。

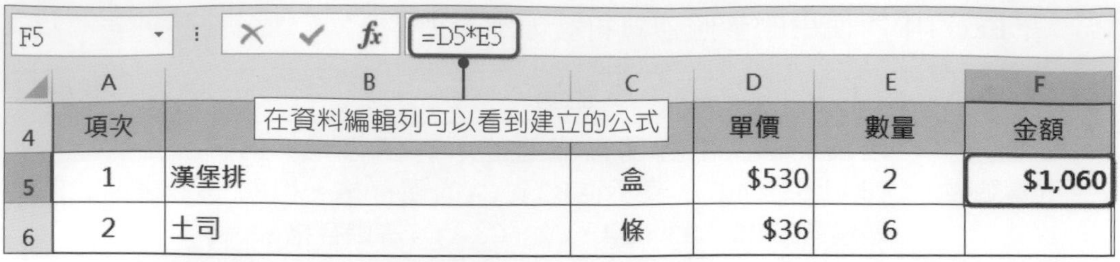

	A	B	C	D	E	F
4	項次			單價	數量	金額
5	1	漢堡排	盒	$530	2	$1,060
6	2	土司	條	$36	6	

F5 =D5*E5

在資料編輯列可以看到建立的公式

03 選取**F21**儲存格，輸入「**=F20*0.05**」公式，輸入完後按下**Enter**鍵，完成公式的建立。

COUNTIF =F20*0.05

	A	B	C	D	E	F
19	15					
20	說明				小計	
21	本報價單有效期限自報價日起算三十天內有效。				營業稅額5%	=F20*0.05
22	本報價單經客戶確認簽章後，其效力如同合約書。				總計	

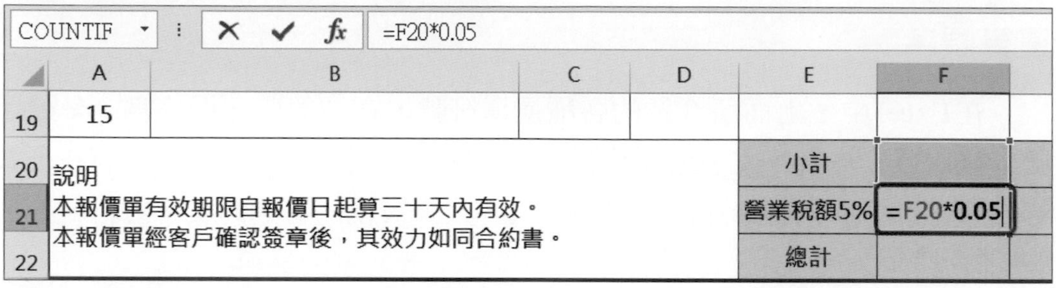

04 選取**F22**儲存格，輸入「**=F20+F21**」公式，輸入完後按下**Enter**鍵，完成公式的建立。

COUNTIF =F20+F21

	A	B	C	D	E	F
19	15					
20	說明				小計	
21	本報價單有效期限自報價日起算三十天內有效。				營業稅額5%	$0
22	本報價單經客戶確認簽章後，其效力如同合約書。				總計	=F20+F21

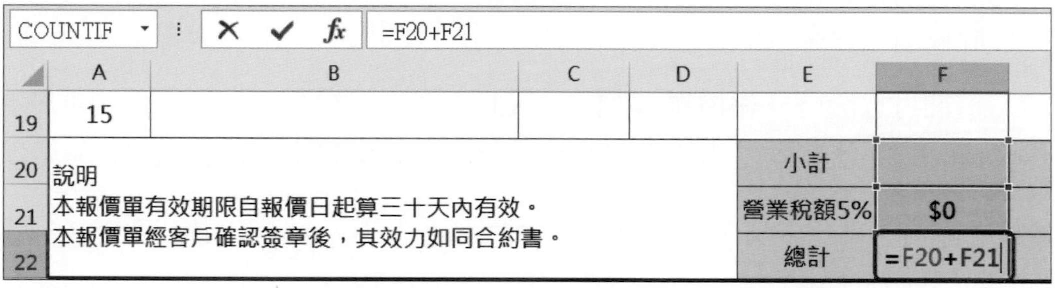

在建立公式時，為了避免儲存格位址的錯誤，可以在輸入「=」後，再用滑鼠去點選要運算的儲存格，在「=」後就會自動加入該儲存格位址。

修改公式

若公式有錯誤，或儲存格位址變動時，就必須要進行修改公式的動作，而修改公式就跟修改儲存格的內容是一樣的，直接雙擊公式所在的儲存格，即可進行修改的動作。也可以在資料編輯列上按一下**滑鼠左鍵**，進行修改。

複製公式

在一個儲存格中建立公式後，可以將公式直接複製到其他儲存格使用。選取**F5**儲存格，將滑鼠游標移至**填滿控點**，並拖曳填滿控點到**F19**儲存格中，即可完成公式的複製。在複製的過程中，公式會自動調整參照位置。

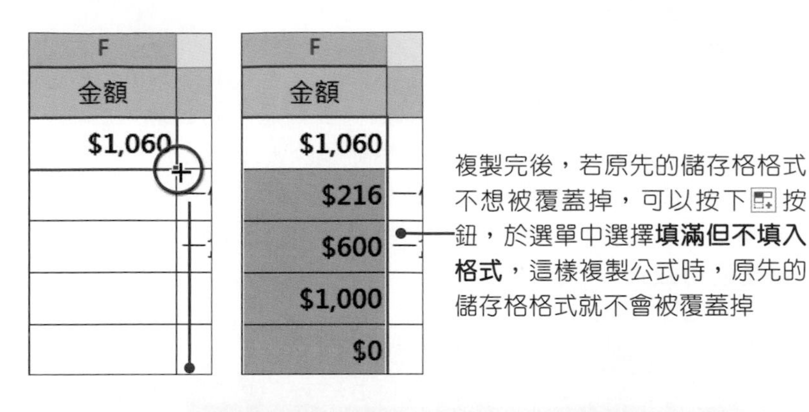

複製完後，若原先的儲存格格式不想被覆蓋掉，可以按下按鈕，於選單中選擇**填滿但不填入格式**，這樣複製公式時，原先的儲存格格式就不會被覆蓋掉

選擇性貼上

在複製公式時還可以使用**「選擇性貼上」**的方式，點選含有公式的儲存格後，按下**Ctrl+C**快速鍵，複製該儲存格的公式，接著再選取要貼上的儲存格，再按下**「常用→剪貼簿→貼上」**選單鈕，於選單中選擇**公式**選項，即可將公式複製到被選取的儲存格中。

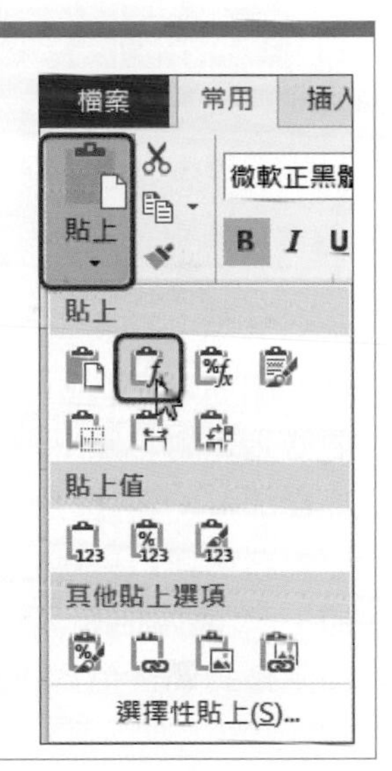

本書在說明功能區選項時，將統一以**按下「××→○○→☆☆」來表示，其中××代表索引標籤名稱；○○代表群組名稱；☆☆代表指令按鈕名稱**。例如：要將文字變為粗體時，我們會以**「常用→字型→粗體」**來表示。

認識儲存格參照

使用公式時，會填入儲存格位址，而不是直接輸入儲存格的資料，這種方式稱作**參照**。公式會根據儲存格位址，找出儲存格的資料，來進行計算。為什麼要使用參照？如果在公式中輸入的是儲存格資料，則運算結果是固定的，不能靈活變動。使用參照就不同了，當參照儲存格的資料有變動時，公式會立即運算產生新的結果，這就是電子試算表的重要功能—**自動重新計算**。

相對參照

在公式中參照儲存格位址，可以進一步稱為**相對參照**，因為Excel用相對的觀點來詮釋公式中的儲存格位址的參照。有了相對參照，即使是同一個公式，位於不同的儲存格，也會得到不同的結果。我們只要建立一個公式後，再將公式複製到其他儲存格，則其他的儲存格都會根據相對位置調整儲存格參照，計算各自的結果，而相對參照的主要的好處就是：**重複使用公式**。

E2 =B2-C2+D2

	A	B	C	D	E
1	單位：箱	上週庫存	賣出	進貨	本週庫存
2	桃子	23	15	32	40
3	櫻桃	67	24	10	53
4	芒果	36	10	7	33

將「=B2-C2+D2」公式複製到E3及E4儲存格時，會得到不同的結果，這是因為公式中使用了**相對參照**，所以公式會自動調整參照的儲存格位址

E2	=B2-C2+D2
E3	=B3-C3+D3
E4	=B4-C4+D4

絕對參照

雖然相對參照有助於處理大量資料，可是偏偏有時候必須指定一個固定的儲存格，這時就要使用**絕對參照**。只要在儲存格位址前面加上「**$**」，公式就不會根據相對位置調整參照，這種加上「$」的儲存格位址，例如：$F$2，就稱作**絕對參照**。

絕對參照可以只固定欄或只固定列，沒有固定的部分，仍然會依據相對位置調整參照，例如：B2儲存格的公式為「=B$1*$A2」，公式移動到C2儲存格時，會變成「=C$1*$A2」；如果移到儲存格B3時，公式會變為「=B$1*$A3」。

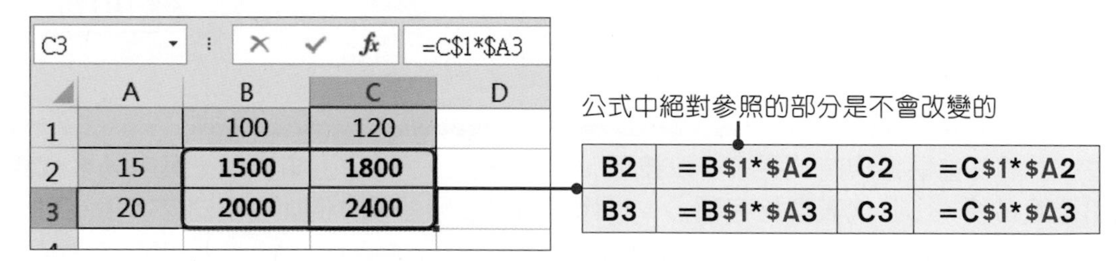

相對參照與絕對參照的轉換

當儲存格要設定為絕對參照時，要先在儲存格位址前輸入「**$**」符號，這樣的輸入動作或許有些麻煩，現在告訴你一個將位址轉換為絕對參照的小技巧，在資料編輯列上選取要轉換的儲存格位址，選取好後再按下**F4**鍵，即可將選取的位址轉換為絕對參照。

立體參照位址

立體參照位址是指參照到**其他活頁簿或工作表中**的儲存格位址，例如：活頁簿1要參照到活頁簿2中的工作表1的B1儲存格，則公式會顯示為：

= **[活頁簿2.xlsx]** **工作表1!** **B1**

[活頁簿2.xlsx]：參照的活頁簿檔名，以中括號表示

工作表1!：參照的工作表名稱，以驚嘆號表示

B1：參照的儲存格

1-6 加總函數的使用

函數是Excel事先定義好的公式，專門處理龐大的資料，或複雜的計算過程。

認識函數

使用函數可以不需要輸入冗長或複雜的計算公式，例如：當要計算A1到A10的總和時，若使用公式的話，必須輸入「=A1+A2+A3+A4+A5+A6+A7+A8+A9+A10」，若使用函數的話，只要輸入**=SUM(A1:A10)**即可將結果運算出來。

函數跟公式一樣，由「=」開始輸入，函數名稱後面有一組括弧，括弧中間放的是**引數**，也就是函數要處理的資料，而不同的引數，要用「**, (逗號)**」隔開，函數語法的意義如下所示：

函數中的引數，可以使用數值、儲存格參照、文字、名稱、邏輯值、公式、函數，如果使用文字當引數，文字的前後必須加上「**"**」符號。函數中可以使用多個引數，但最多只可以用到**255**個。函數裡又包著函數，例如：=SUM(B2:F7,SUM(B2:F7))，稱作**巢狀函數**。

加入SUM函數

在此範例中，要使用加總函數計算出「小計」金額。

01 將滑鼠游標移至**F20**儲存格中，按下「**公式→函數程式庫→自動加總**」或「**常用→編輯→自動加總**」按鈕，於選單中選擇**加總**。

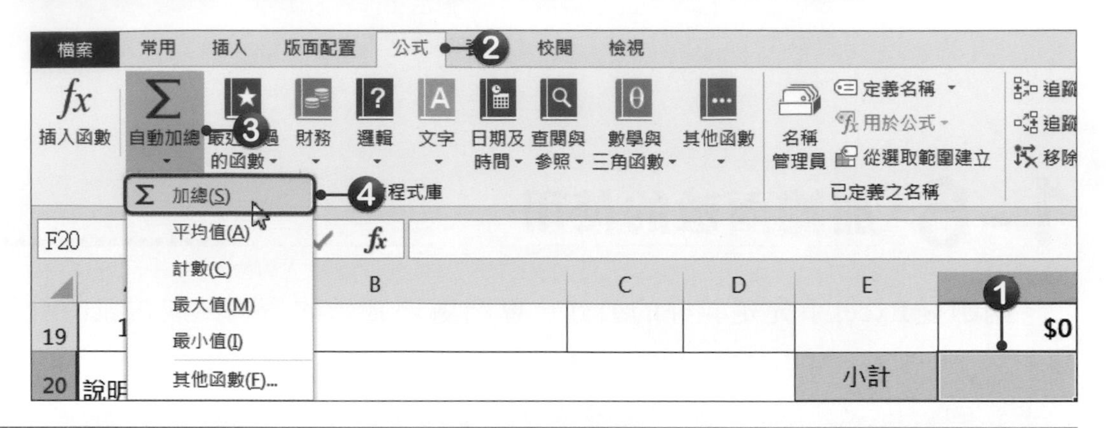

要計算**加總(SUM)**時，也可以直接按下**Alt+=**快速鍵。

02 此時Excel會自動產生「**=SUM(F5:F19)**」函數和閃動的虛線框框，表示會計算虛框內的總和。確定範圍沒有問題後，按下**Enter**鍵，完成計算。

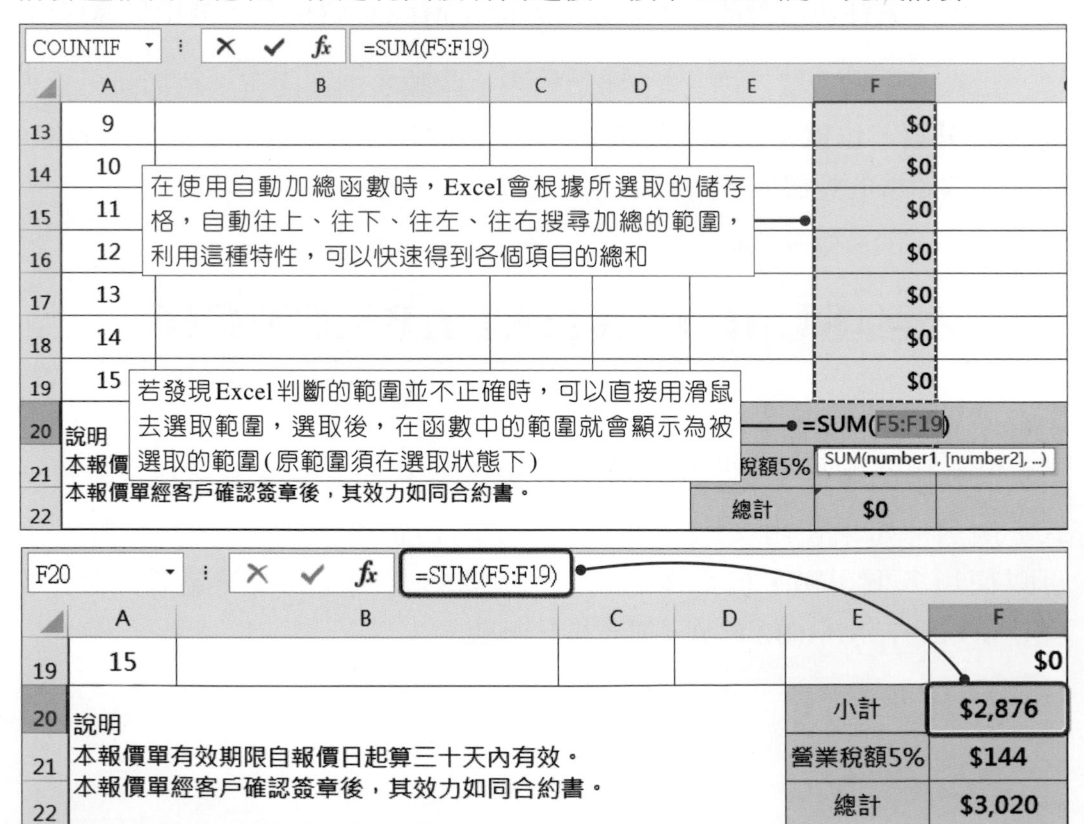

自動加總

在「**常用→編輯→Σ·**」及「**公式→函數程式庫→自動加總**」按鈕中，提供了幾種常用的函數，這些函數的功能及語法如下表所列。

加總	SUM	功能	可以計算多個數值範圍的總和。
		語法	SUM(數值範圍,數值範圍,…)
平均	AVERAGE	功能	可以快速地計算出指定範圍內的平均值。
		語法	AVERAGE(數值範圍,數值範圍,…)
計數	COUNT	功能	可以在一個範圍內，計算包含數值資料的儲存格數目。
		語法	COUNT(數值範圍,數值範圍,...)
最大值	MAX	功能	可以快速地取得指定範圍內的最大值。
		語法	MAX(數值範圍,數值範圍,...)
最小值	MIN	功能	可以快速地取得指定範圍內的最小值。
		語法	MIN(數值範圍,數值範圍,...)

公式與函數的錯誤訊息

在建立函數及公式時，可能會遇到◈圖示，當此圖示出現時，表示建立的公式或函數可能有些問題，此時可以按下◈圖示，開啟選單來選擇要如何修正公式。若發現公式並沒有錯誤時，選擇**忽略錯誤**即可。

除了會出現錯誤訊息的智慧標籤外，在儲存格中也會因為公式錯誤而出現某些文字，以下列出常見的錯誤訊息。

錯誤訊息	說明
#N/A	表示公式或函數中有些無效的值。
#NAME?	表示無法辨識公式中的文字。
#NULL!	表示使用錯誤的範圍運算子或錯誤的儲存格參照。
#REF!	表示被參照到的儲存格已被刪除。
#VALUE!	表示函數或公式中使用的參數錯誤。

1-7 註解的使用

「註解」不是儲存格的內容，它只是儲存格的輔助說明，只有當游標移到儲存格上時，註解才會出現。在此範例中要於D2、G2、G3等儲存格加入註解，讓輸入資料的人能更快掌握輸入技巧。

01 點選**D4**儲存格，再按下**「校閱→註解→新增註解」**按鈕，新增後，即可在黃色區域中輸入註解的內容。

02 內容輸入完後，在工作表上任一位置按下**滑鼠左鍵**，即可完成註解的建立。

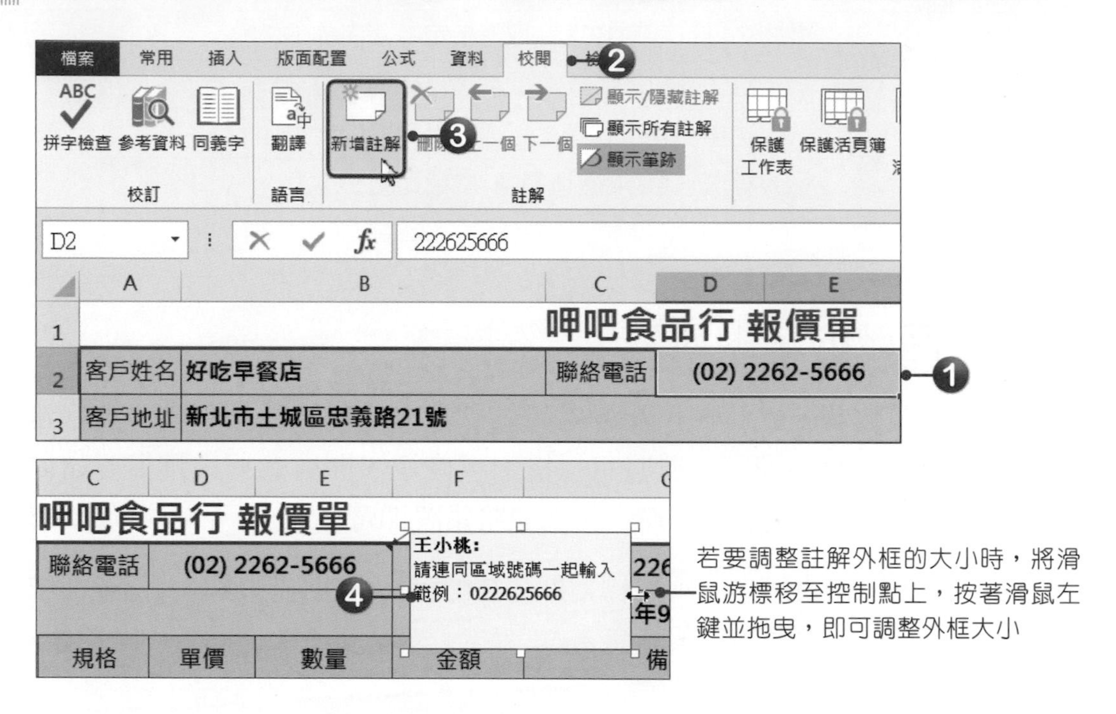

03 接著再利用相同方式將**G2**及**G3**儲存格也加入註解，註解都加入後，可以按下**「校閱→註解→顯示所有註解」**按鈕，查看所有的註解。

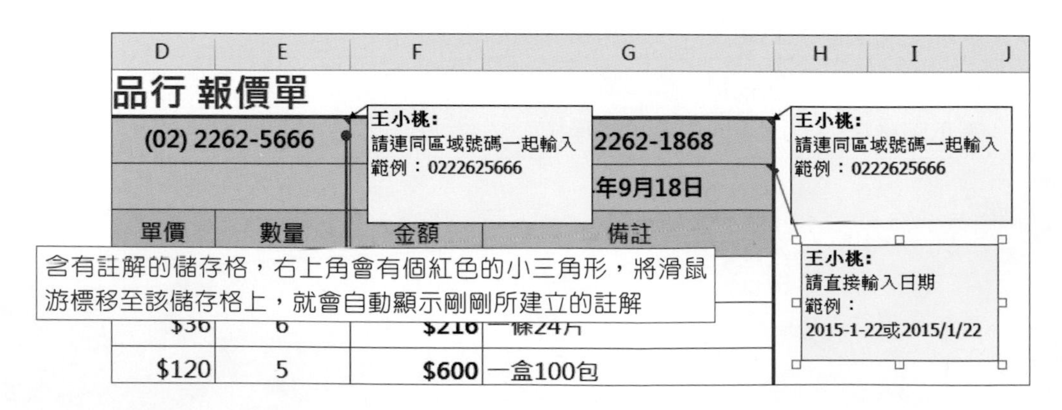

04 若要修改註解內容時，按下**「校閱→註解→編輯註解」**按鈕，即可修改註解內容；若按下**刪除**按鈕，則可以清除該儲存格的註解，而此時儲存格上的紅色小三角形也會消失。

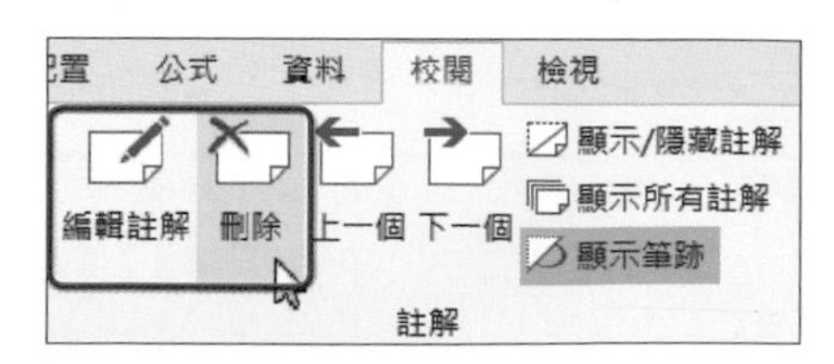

要在儲存格中加入註解時，也可以直接按下**Shift+F2**快速鍵，即可在儲存格中新增註解；若該儲存格已有註解時，按下**Shift+F2**快速鍵，則可以編輯該註解內的文字。

1-8 設定凍結窗格

資料量過多時，還會遇到另一個問題：當移動捲軸檢視下方的資料時，會看不到最上面的標題。此時利用**凍結窗格**功能，可以把標題凍結住，則不管捲軸如何移動，都可以看得到標題。

01 首先選取標題和資料交界處的儲存格，也就是**A5**儲存格；按下**「檢視→視窗→凍結窗格」**按鈕，於選單中選擇**凍結窗格**。

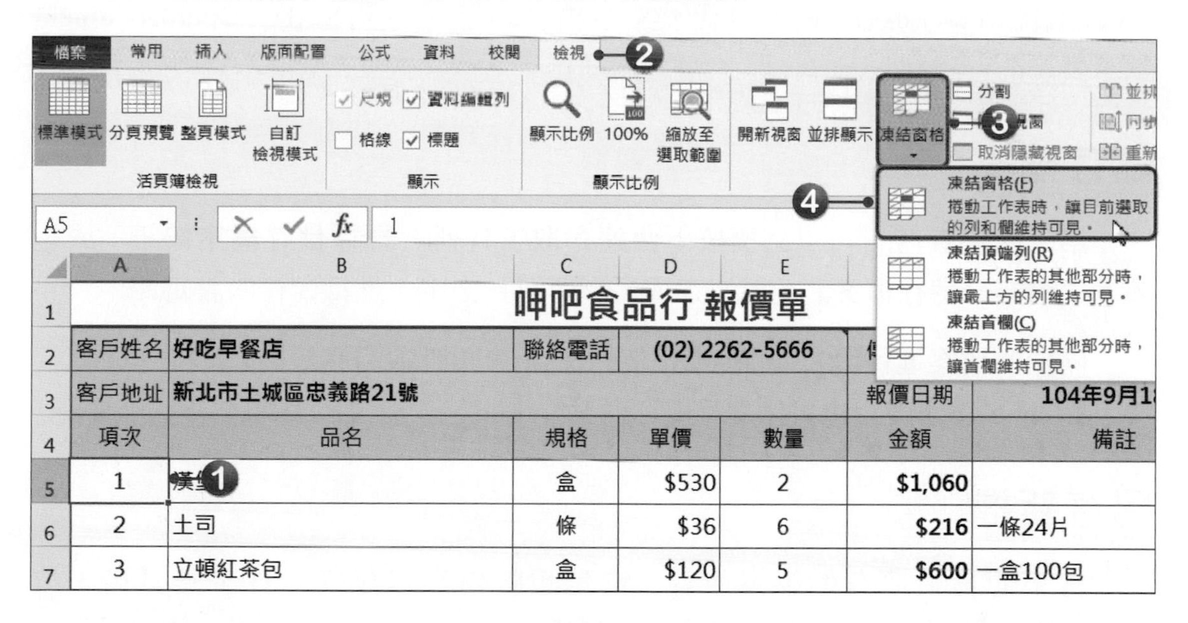

02 完成凍結窗格的設定後，乍看之下好像沒什麼不一樣，但在選取的儲存格上方和左方就會出現凍結線，你可以捲動縱向捲軸，會發現上方的標題列固定在頂端不動，捲動的只是下方的資料列而已。

	A	B	C	D	E	F	G	H
1	呷吧食品行 報價單							
2	客戶姓名	好吃早餐店	聯絡電話	(02) 2262-5666		傳真號碼	(02) 2262-1868	
3	客戶地址	新北市土城區忠義路21號				報價日期	104年9月18日	
4	項次	品名	規格	單價	數量	金額	備註	
17	13					$0		
18	14							
19	15							
20	說明				小計	$2,876		
21	本報價單有效期限自報價日起算三十天內有效。				營業稅額5%	$144		
22	本報價單經客戶確認簽章後，其效力如同合約書。				總計	$3,020		
23								
24	客戶簽章		主管簽核			承辦業務員		

此為凍結線，在捲動捲軸時，凍結線以上的資料不會跟著動

1-9 活頁簿的儲存

活頁簿編輯好後，便可進行儲存的動作，在儲存檔案時，可以將文件儲存成：Excel活頁簿(xlsx)、範本檔(xltx)、網頁(htm、html)、PDF、XPS文件、CSV(逗號分隔)(csv)、RTF格式、文字檔(Tab字元分隔)(txt)、OpenDocument試算表(ods)等類型。

儲存檔案

第一次儲存時，可以直接按下**快速存取工具列**上的**儲存檔案**按鈕，或是按下**「檔案→儲存檔案」**功能，進入**另存新檔**頁面中，進行儲存的設定。

同樣的檔案進行第二次儲存動作時，就不會再進入**另存新檔**頁面中了；直接按下**Ctrl+S**快速鍵，也可以進行儲存的動作。

另存新檔

當不想覆蓋原有的檔案內容，或是想將檔案儲存成「.xls」格式時，按下**「檔案→另存新檔」**功能，進入**另存新檔**頁面中；或按下**F12**鍵，開啓「另存新檔」對話方塊，即可重新命名及選擇要存檔的類型。

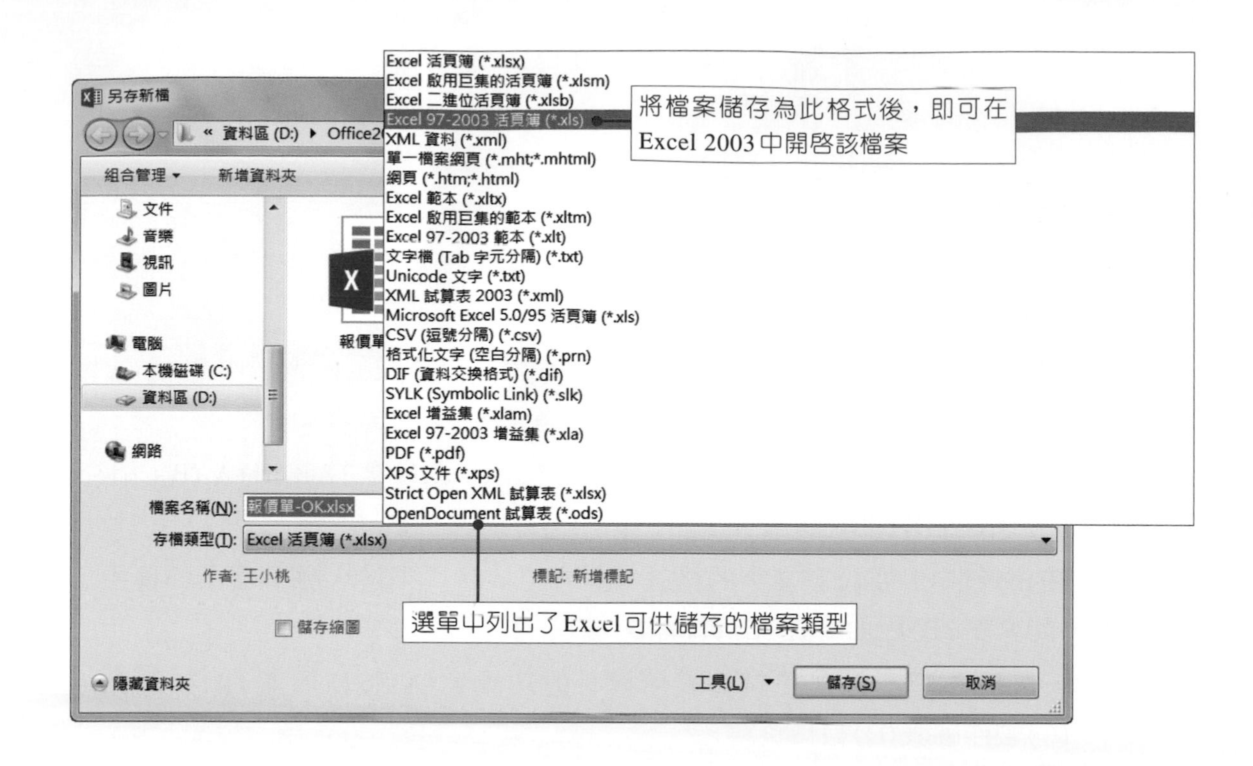

將檔案儲存爲Excel 97-2003活頁簿(*.xls)格式時，若活頁簿中有使用到2013的各項新功能，那麼會開啓相容性檢查程式訊息，告知舊版Excel不支援哪些新功能，以及儲存後內容會有什麼改變。若按下**繼續**按鈕將檔案儲存，那麼在舊版中開啓檔案時，某些功能將無法繼續編輯。

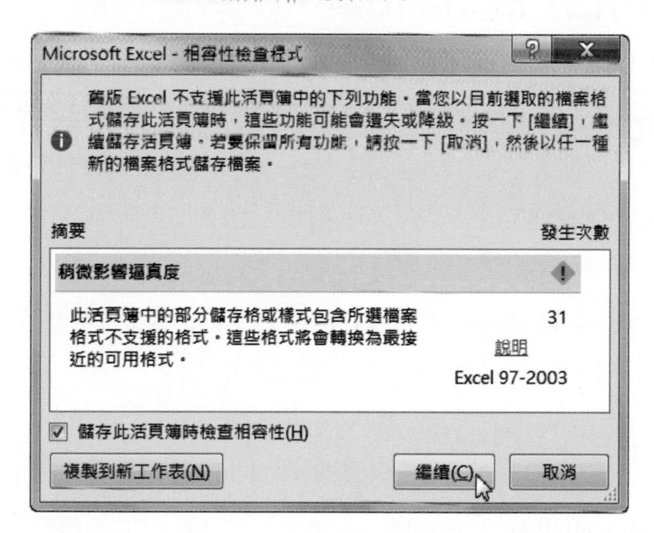

儲存完成後，若在Excel 2013中開啓Excel 2003的檔案格式(*.xls)時，在標題列上除了會顯示檔案名稱外，還會標示**「相容模式」**的字樣，若要轉換檔案，可以按下**「檔案→資訊」**功能，按下**轉換**按鈕，即可進行轉換的動作。

自我評量

✦選擇題

(　　)1. 在Excel中，使用「填滿」功能時，可以填入哪些規則性資料？(A)等差級數 (B)日期 (C)等比級數 (D)以上皆可。

(　　)2. 在Excel中，下列何者不可能出現在「填滿智慧標籤」的選項中？(A)複製儲存格 (B)複製圖片 (C)以數列方式填滿 (D)僅以格式填滿。

(　　)3. 在Excel中，按下哪組快速鍵可以儲存活頁簿？(A)Ctrl+A (B)Ctrl+N (C)Ctrl+S (D)Ctrl+O。

(　　)4. 在Excel中，要設定文字的格式與對齊方式時，須進入哪個索引標籤中？(A)常用 (B)版面配置 (C)資料 (D)檢視。

(　　)5. 下列哪一項不是電子試算表所擁有的功能？(A)製作簡報 (B)計算分析 (C)製作圖表 (D)編輯資料。

(　　)6. 在Excel中，下列哪個敘述是錯誤的？(A)按下工作表上的全選鈕可以選取全部的儲存格 (B)利用鍵盤上的「Ctrl」鍵可以選取所有相鄰的儲存格 (C)按下欄標題可以選取一整欄 (D)按下列標題可以選取一整列。

(　　)7. 在Excel中，如果想輸入分數「八又四分之三」，應該如何輸入？(A)8+4/3 (B)8 3/4 (C)8 4/3 (D)8+3/4。

(　　)8. 在Excel中，輸入「27-12-8」，是代表幾年幾月幾日？(A)1927年12月8日 (B)1827年12月8日 (C)2127年12月8日 (D)2027年12月8日。

(　　)9. 在Excel中，輸入「9:37 a」和「21:37」，是表示什麼時間？(A)都表示晚上9點37分 (B)早上9點37分和晚上9點37分 (C)都表示早上9點37分 (D)晚上9點37分和早上9點37分。

(　　)10. 在Excel中，要將輸入的數字轉換爲文字時，輸入時須於數字前加上哪個符號？(A)逗號 (B)雙引號 (C)單引號 (D)括號。

(　　)11. 在Excel中，如果儲存格的資料格式是數字時，若想要每次都遞增1，可在拖曳填滿控點時同時按下哪個鍵？(A)Ctrl (B)Alt (C)Shift (D)Tab。

(　　)12. 在Excel中，如果輸入日期與時間格式正確，則所輸入的日期與時間，在預設下儲存格內所顯示的位置爲下列何者？(A)日期靠左對齊，時間靠右對齊 (B)日期與時間均置中對齊 (C)日期與時間均靠右對齊 (D)日期靠右對齊，時間置中對齊。

自我評量

✦實作題

1. 開啓「Excel→Example01→單曲排行.xlsx」檔案，進行以下設定。
   - 將各欄調整至適當大小，將列高調整爲「22」。
   - 將B2:B11儲存格文字設定爲「水平靠左對齊」；F2:F11儲存格文字設定爲「水平靠右對齊」；其餘儲存格文字皆設定爲「水平置中對齊」，再將所有儲存格設定爲「垂直置中對齊」。
   - 將日期格式改爲「14-Mar-01」；將金額加上日幣的貨幣符號。
   - 自行設計框線及填滿色彩。

	A	B	C	D	E	F
1	張數	單曲名稱	發售日期	排行榜最高名次	進榜次數	價格
2	1	A · RA · SHI	3-Nov-14	1	14	¥971.00
3	2	SUNRISE日本	5-Apr-14	1	7	¥971.00
4	3	Typhoon Generation	12-Jul-14	3	9	¥971.00
5	4	感謝感激雨嵐	8-Nov-14	2	10	¥971.00
6	5	因為妳所以我存在	18-Apr-13	1	6	¥971.00
7	6	時代	1-Aug-14	1	9	¥971.00
8	7	a Day in our Life	6-Feb-14	1	11	¥500.00
9	8	心情超讚	17-Apr-14	1	6	¥500.00
10	9	PIKANCHI	17-Oct-14	1	14	¥500.00
11	10	不知所措	13-Feb-14	2	11	¥1,200.00

2. 開啓「Excel→Example01→成本計算.xlsx」檔案，進行以下的設定。
   - 計算出總成本、實際售價、促銷單價、銷售總額、獲得的利潤等。
   - 這裡所用到的折扣和成數，都必須先乘以10再加上%，因爲7折=70%、2成=20%。
   - 將D4到D8儲存格格式設定爲貨幣格式，並加上二位小數，對齊方式爲靠右對齊。

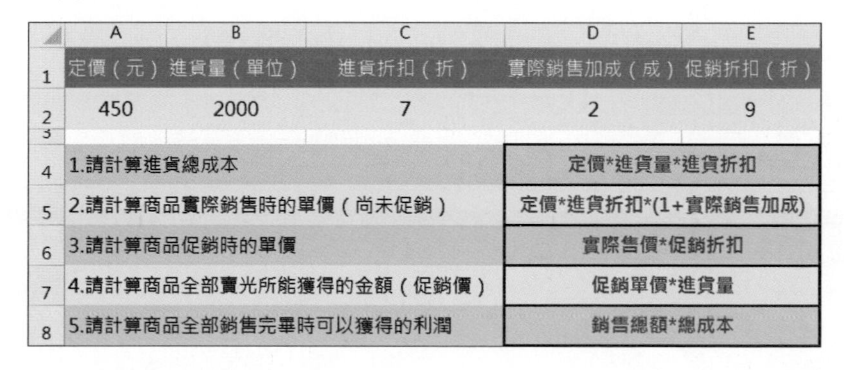

	A	B	C	D	E
1	定價（元）	進貨量（單位）	進貨折扣（折）	實際銷售加成（成）	促銷折扣（折）
2	450	2000	7	2	9
3					
4	1.請計算進貨總成本			定價*進貨量*進貨折扣	
5	2.請計算商品實際銷售時的單價（尚未促銷）			定價*進貨折扣*(1+實際銷售加成)	
6	3.請計算商品促銷時的單價			實際售價*促銷折扣	
7	4.請計算商品全部賣光所能獲得的金額（促銷價）			促銷單價*進貨量	
8	5.請計算商品全部銷售完畢時可以獲得的利潤			銷售總額*總成本	

自我評量

3. 開啓「Excel→Example01→國民年金.xlsx」檔案，進行以下的設定。
   - 將出生年月日欄位資料格式修改為日期格式中的「101年3月14日」。
   - 將聯絡電話欄位資料格式修改為特殊格式中的「一般電話號碼(8位數)」。
   - 將薪資、月投保金額、A式、B式等欄位的資料格式修改為「貨幣」，並加上二位小數點。
   - 在A式欄位中加入「(月投保金額×保險年資×0.65%)+3,000元」公式。
   - 在B式欄位中加入「月投保金額×保險年資×1.3%」公式。
   - 在G3與H3儲存格加入公式說明的註解。
   - 將第1、2、3列儲存格凍結。

	B	C	D	E	F	G	H
1	國民年金 - 老年年金給付 試算表						
2	出生年月日	聯絡電話	薪資	月投保金額	保險年資	試算結果	
3						A式	B式
13	37年6月21日	2365-1754	$38,200.00	$17,280.00	18	$5,021.76	$4,043.52
14	50年2月12日	2658-7457	$42,000.00	$17,280.00	28	$6,144.96	$6,289.92
15	50年9月24日	2145-7865	$18,300.00	$17,280.00	25	$5,808.00	$5,616.00
16	54年11月9日	2121-4574	$21,000.00	$17,280.00	20	$5,246.40	$4,492.80
17	55年9月4日	2135-4156	$55,400.00	$17,280.00	15	$4,684.80	$3,369.60
18	45年10月18日	2365-7844	$80,200.00	$17,280.00	20	$5,246.40	$4,492.80
19	49年2月8日	2987-4531	$76,500.00	$17,280.00	20	$5,246.40	$4,492.80
20	59年1月23日	2654-7854	$19,200.00	$17,280.00	18	$5,021.76	$4,043.52

02 員工考績表

Example

✪ 學習目標

YEAR函數、MONTH函數、DAY函數、IF函數、COUNTA函數、LOOKUP函數、RANK.EQ函數、VLOOKUP函數、隱藏資料、格式化條件設定

✪ 範例檔案

Excel→Example02→員工考績表.xlsx

✪ 結果檔案

Excel→Example02→員工考績表-OK.xlsx

公司在接近年底的時候，都會忙著考核員工的年度績效並計算年終獎金。雖然每家公司對於員工考績的核算以及獎金發放的標準不一，但如果能夠善用Excel的各項函數，同樣能夠輕鬆完成這項年度大事。

在「員工考績表」範例中，包含了「員工年資表」、「103年考績表」以及「查詢年終獎金」等三個工作表，我們將依序完成這個活頁簿中的各項函數設定，以利各項數值的計算。

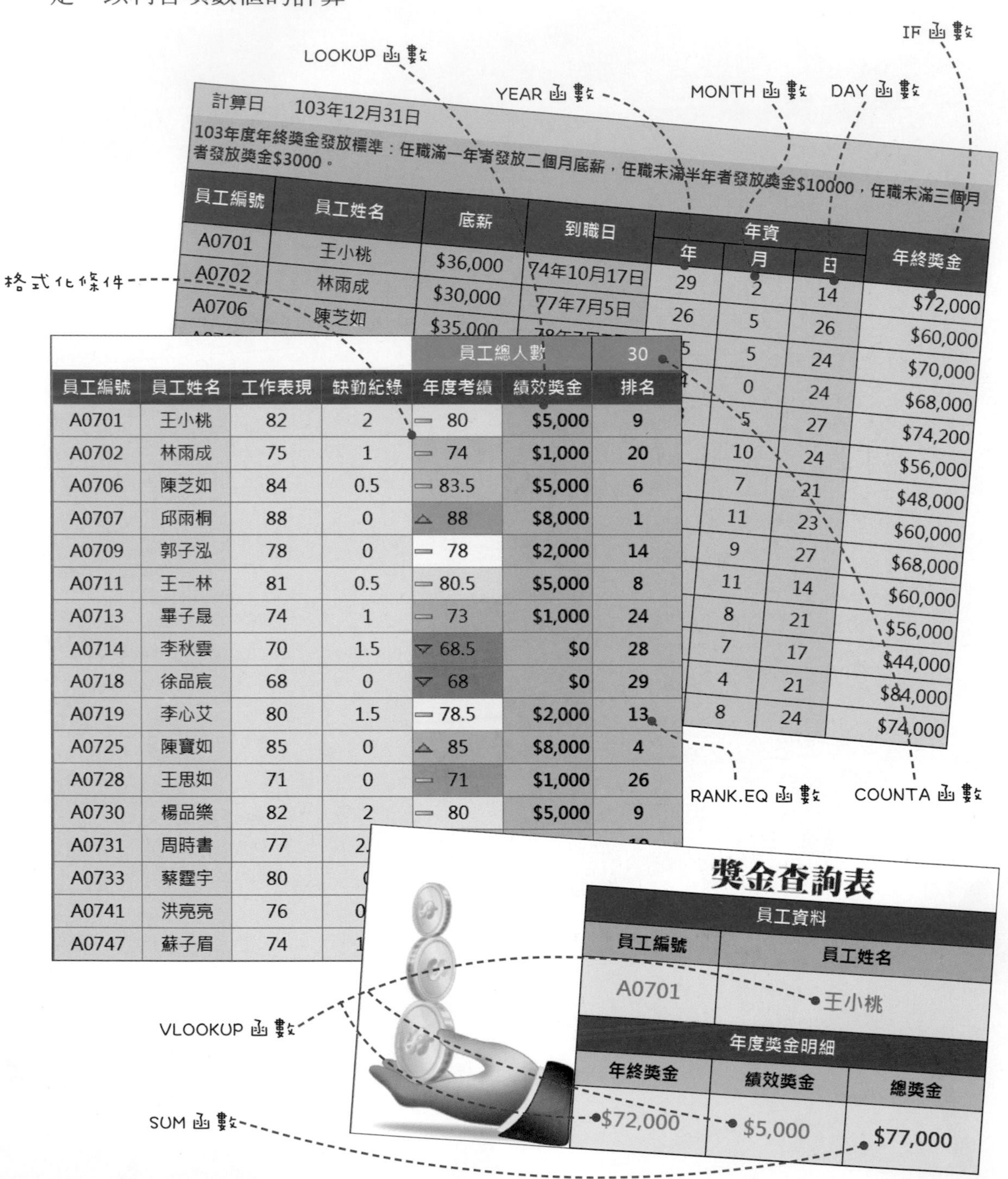

2-1 年資及年終獎金的計算

Excel預先定義了許多函數，每一個函數功能都不相同，而函數依其特性，大致上可分爲財務、日期與時間、數學與三角函數、統計、查閱與參照、資料庫、文字、邏輯、工程等。要使用函數時，可以至**「公式→函數程式庫」**群組中，按下**函數類別**選單鈕，從選單中選擇要使用的函數。

用YEAR、MONTH、DAY函數計算年資

在「員工年資表」工作表中，記錄了每位員工的到職日期以及底薪，這是計算年終獎金的兩個必要元素。在計算年終獎金之前，必須先完成年資的計算。

依照公司的規定，到職任滿一年者，均能領到二個月的年終獎金；而到職任滿六個月但未滿一年者，則發放一萬元的年終獎金；至於到職未滿三個月的新人，則發放三千元的年終獎金。

如果要以人工計算每位員工的年資，再填寫發放金額，不但費時費力，而且很容易發生計算上或填寫時的錯誤，這時可以利用Excel中的日期函數，來自動計算年資與應得的年終獎金。

在Excel中的「YEAR」、「MONTH」以及「DAY」函數，可分別將某一特定日期的年、月、日取出。所以可以利用這些函數，求出計算日及到職日的年、月、日，再將它們相減，以得到員工的實際年資。

語法	YEAR(Serial_number)
說明	Serial_number：為要尋找的日期。

語法	MONTH(Serial_number)
說明	Serial_number：為要尋找的日期。

語法	DAY(Serial_number)
說明	Serial_number：為要尋找的日期。

用YEAR取出年份

01 進入**「員工年資表」**工作表，點選**E5**儲存格，再按下**「公式→函數程式庫→日期及時間」**按鈕，於選單中點選**YEAR**函數，開啟「函數引數」對話方塊。

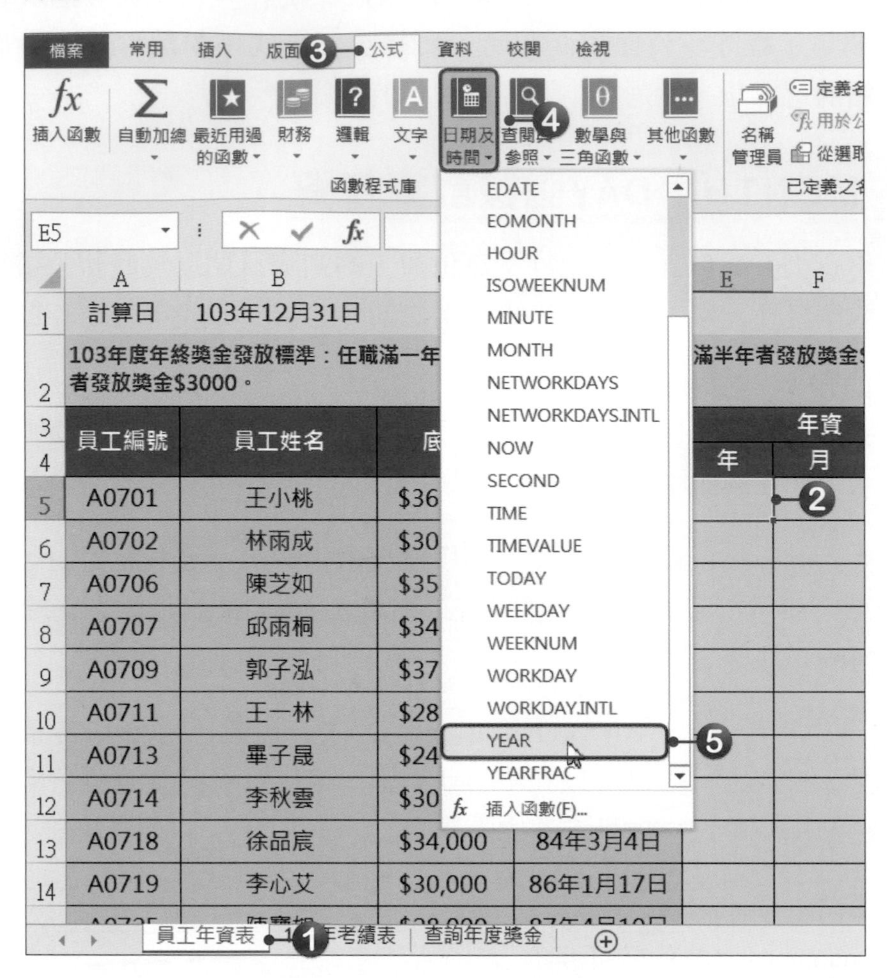

02 在「函數引數」對話方塊中，按下引數(Serial_number)欄位的按鈕，開啟公式色板，選擇儲存格範圍。

03 於工作表中選取**B1**儲存格，此儲存格為年資計算的標準日期。選取好後，按下按鈕，回到「函數引數」對話方塊。

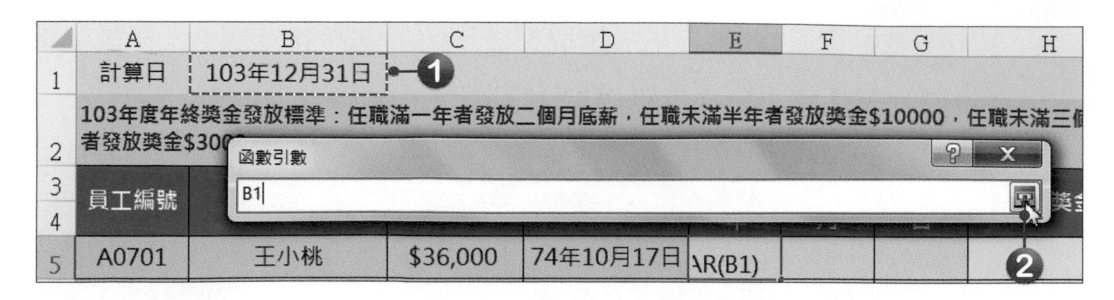

04 因為所有員工的年資計算都要以**B1**儲存格為計算標準，所以在這裡要將B1改成絕對參照位址**「$B$1」**，修改好後，請按下**確定**按鈕，回到工作表中。

05 目前已設定好的函數公式為**「=YEAR($B$1)」**，是用來擷取「103年12月31日」資料中的「年」，接下來還必須扣除員工的到職日，才能計算出實際年資。

06 在資料編輯列的公式最後，繼續輸入一個**「-」**減號。接著按下資料編輯列左邊的**方塊名稱**選單鈕，於選單中選擇**YEAR**函數。

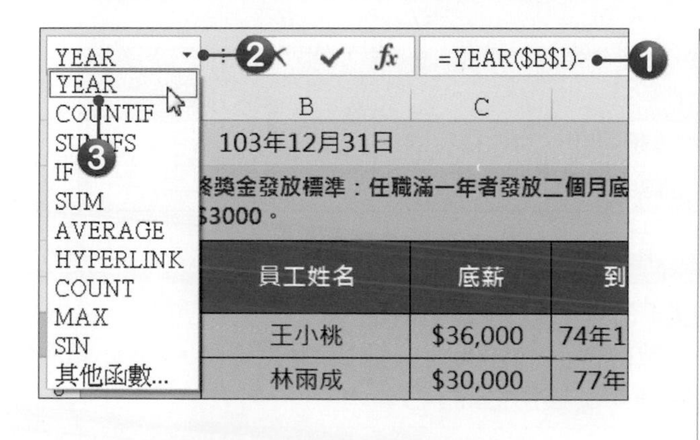

在儲存格中按下**方塊名稱**按鈕，或在有函數公式的儲存格中，將滑鼠游標移至資料編輯列，進入資料編輯狀態時，資料編輯列的左側就會出現一個函數選單，按下選單鈕，即可選擇最近使用過的函數，快速地插入函數，或者點選**其他函數**，選擇要使用的函數。

07 選擇後，會開啓「函數引數」對話方塊，請按下引數(Serial_number)欄位的按鈕。

08 在工作表中選取**D5**儲存格，選取好後，按下按鈕，回到「函數引數」對話方塊，最後按下**確定**按鈕，完成兩個YEAR函數的相減。

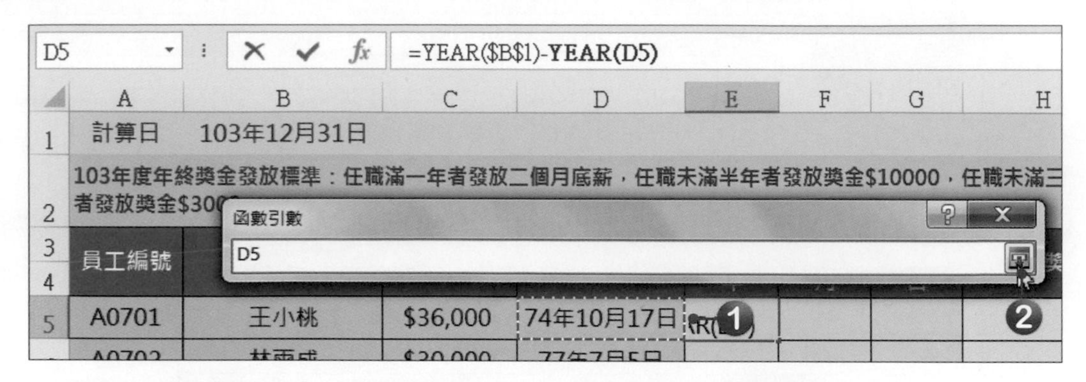

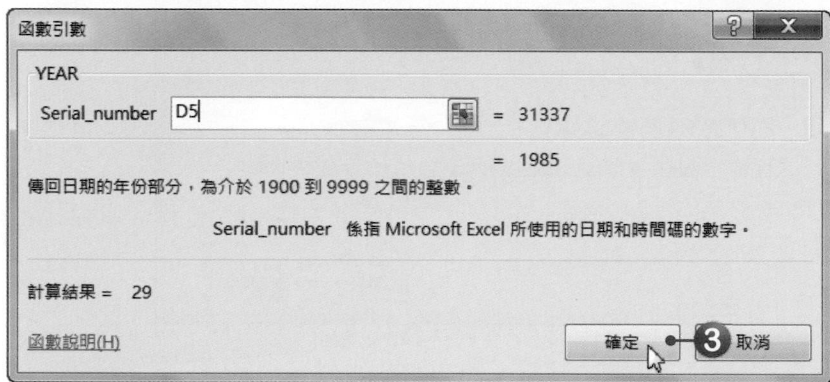

09 到這裡就計算出員工「王小桃」已經在公司服務29年了。

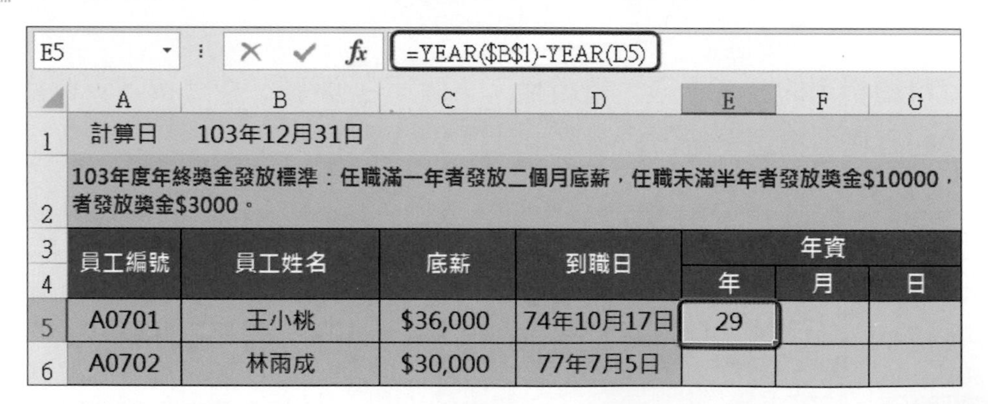

YEAR函數相減出來的結果，會以**「日期」**的格式顯示，所以必須將儲存格格式設定為**「G/通用格式」**，讓儲存格以一般數值顯示，才可以正確顯示計算結果。(在此範例中，已事先將E至G欄的儲存格格式設定為「G/通用格式」了)。

用MONTH函數取出月份

01 點選**F5**儲存格，按下**「公式→函數程式庫→日期及時間」**按鈕，於選單中點選**MONTH**函數，開啟「函數引數」對話方塊。

02 在「函數引數」對話方塊中，年資計算都要以**B1**儲存格爲計算標準，所以直接在引數(Serial_number)欄位中輸入**「$B$1」**，輸入好後按下**確定**按鈕。

03 接著在資料編輯列的公式最後，繼續輸入一個「-」減號，再按下資料編輯列左邊的**方塊名稱**選單鈕，於選單中選擇**MONTH**函數，開啟「函數引數」對話方塊。

04 直接在引數(Serial_number)欄位中輸入**D5**，輸入好後按下**確定**按鈕，完成兩個MONTH函數的相減。

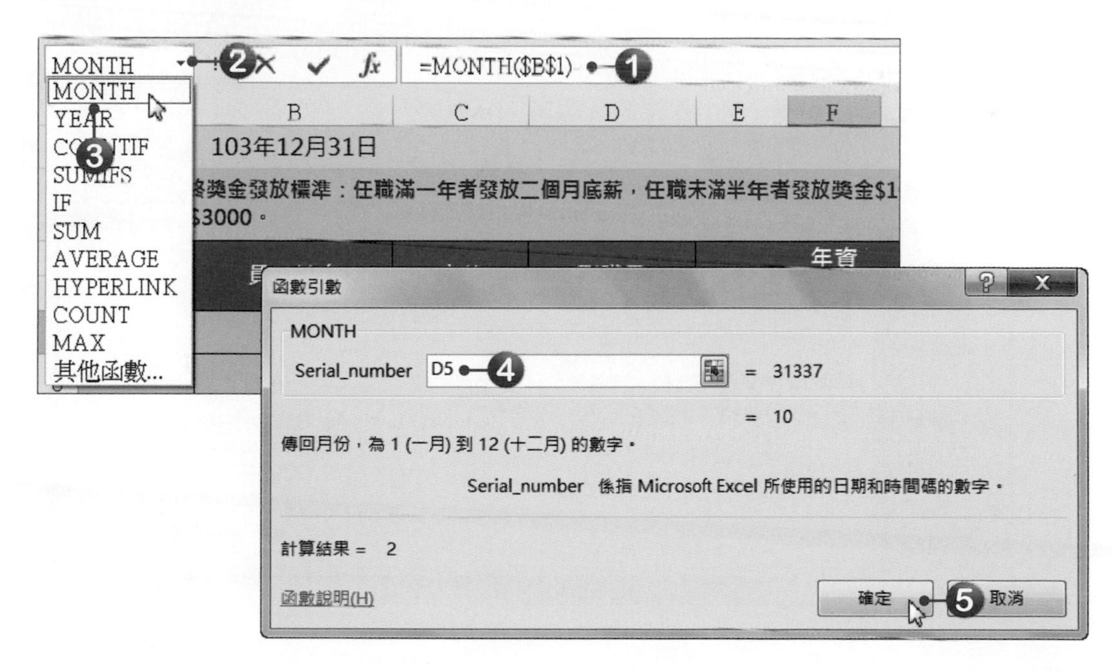

05 到這裡就計算出員工「王小桃」已經在公司服務29年2個月了。

F5 =MONTH($B$1)-MONTH(D5)

	A	B	C	D	E	F
1	計算日	103年12月31日				
2	103年度年終獎金發放標準：任職滿一年者發放二個月底薪，任職未滿半年者發放獎金$1 者發放獎金$3000。					
3	員工編號	員工姓名	底薪	到職日	年資	
4					年	月
5	A0701	王小桃	$36,000	74年10月17日	29	2

用DAY函數取出日期

01 點選**G5**儲存格，按下**「公式→函數程式庫→日期及時間」**按鈕，於選單中點選**DAY**函數，開啓「函數引數」對話方塊。

02 在「函數引數」對話方塊中，直接在引數(Serial_number)欄位中輸入**「$B$1」**，輸入好後按下**確定**按鈕。

03 接著在資料編輯列的公式最後，繼續輸入一個**「-」**減號，再按下資料編輯列左邊的**方塊名稱**選單鈕，於選單中選擇**DAY**函數，開啓「函數引數」對話方塊。

04 直接在引數(Serial_number)欄位中輸入**D5**，輸入好後按下**確定**按鈕，完成兩個DAY函數的相減。

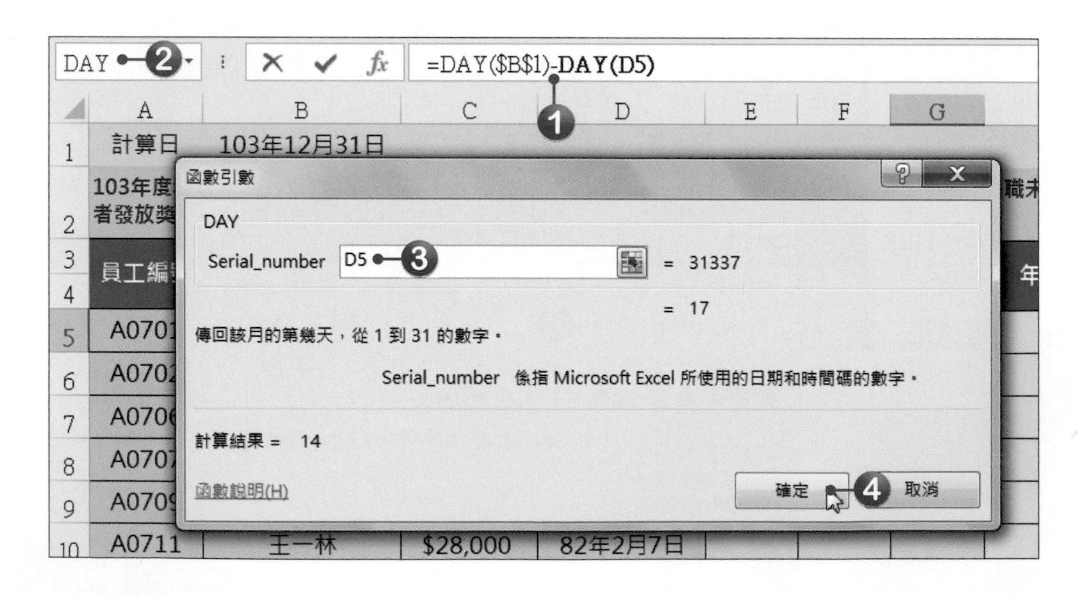

05 到這裡就計算出員工「王小桃」已經在公司服務29年2個月又14天了。

G5 =DAY($B$1)-DAY(D5)

	A	B	C	D	E	F	G
1	計算日	103年12月31日					
2	103年度年終獎金發放標準：任職滿一年者發放二個月底薪，任職未滿半年者發放獎金$10000，任…者發放獎金$3000。						
3	員工編號	員工姓名	底薪	到職日	年資		
4					年	月	日
5	A0701	王小桃	$36,000	74年10月17日	29	2	14

06 年、月、日都計算完成後，選取**E5:G5**儲存格，將滑鼠游標移至**G5**儲存格的填滿控點上，**雙擊滑鼠左鍵**，即可將公式複製到**E6:G34**儲存格中，完成所有員工的年資計算。

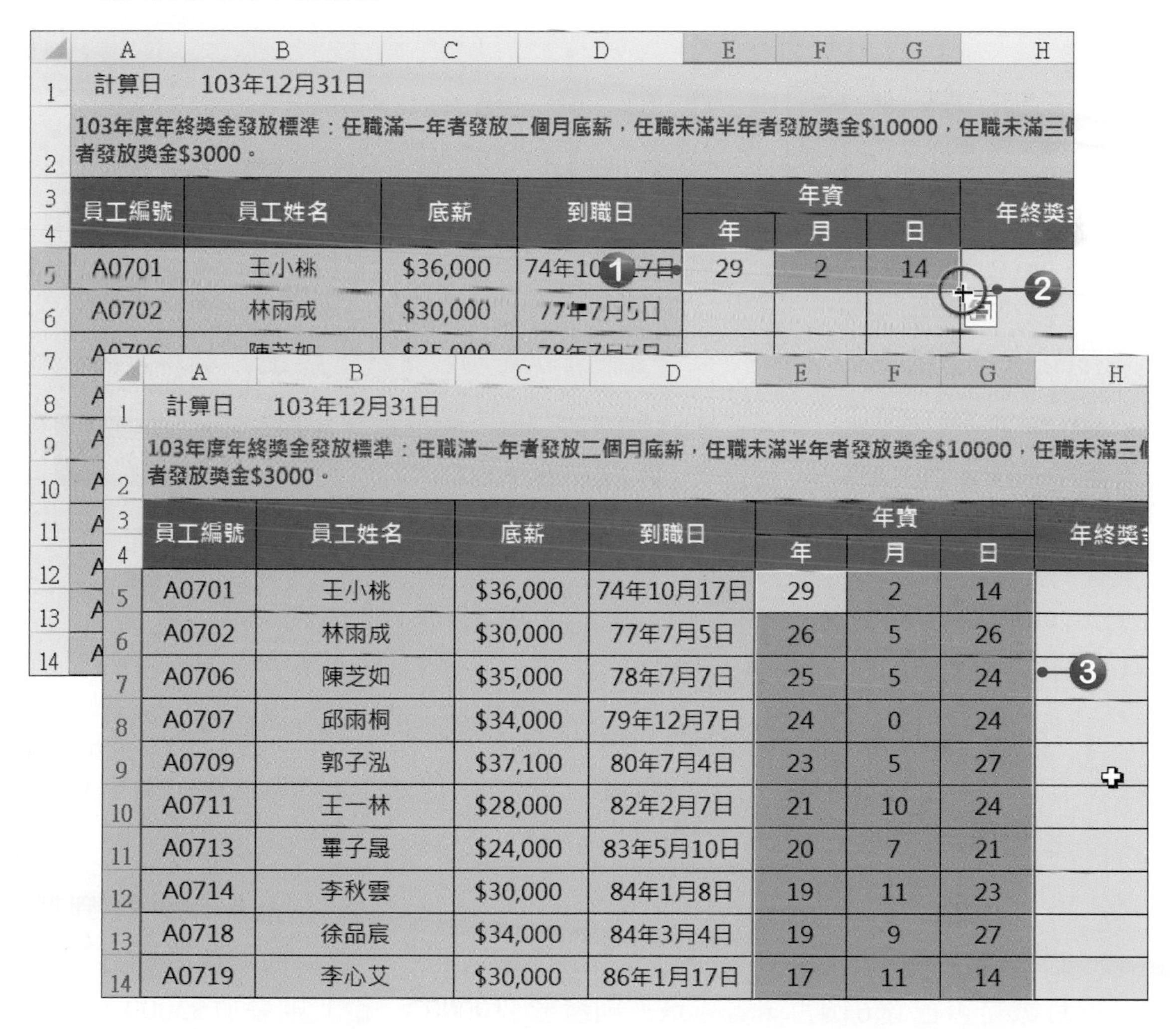

	A	B	C	D	E	F	G	H
1	計算日	103年12月31日						
2	103年度年終獎金發放標準：任職滿一年者發放二個月底薪，任職未滿半年者發放獎金$10000，任職未滿三個…者發放獎金$3000。							
3	員工編號	員工姓名	底薪	到職日	年資			年終獎金
4					年	月	日	
5	A0701	王小桃	$36,000	74年10月17日	29	2	14	
6	A0702	林雨成	$30,000	77年7月5日	26	5	26	
7	A0706	陳芝如	$35,000	78年7月7日	25	5	24	
8	A0707	邱雨桐	$34,000	79年12月7日	24	0	24	
9	A0709	郭子泓	$37,100	80年7月4日	23	5	27	
10	A0711	王一林	$28,000	82年2月7日	21	10	24	
11	A0713	畢子晟	$24,000	83年5月10日	20	7	21	
12	A0714	李秋雲	$30,000	84年1月8日	19	11	23	
13	A0718	徐品宸	$34,000	84年3月4日	19	9	27	
14	A0719	李心艾	$30,000	86年1月17日	17	11	14	

用IF函數計算年終獎金

計算出每位員工的年資之後，接下來可以用年資來推算每位員工的年終獎金了，這裡要使用「IF」函數來進行年終獎金的計算。

語法	IF(Logical_test,Value_if_true,Value_if_false,...)
說明	**Logical_test**：用來輸入判斷條件，所以必須是能回覆True或False的邏輯運算式。 **Value_if_true**：則是當判斷條件傳回True時，所必須執行的結果。如果是文字，則會顯示該文字；如果是運算式，則顯示該運算式的執行結果。 **Value_if_false**：則是當判斷條件傳回False時，所必須執行的結果。如果是文字，則會顯示該文字；如果是運算式，則顯示該運算式的執行結果。

01 點選**H5**儲存格，再按下**「公式→函數程式庫→邏輯」**按鈕，於選單中選擇**IF**函數，開啓「函數引數」對話方塊。

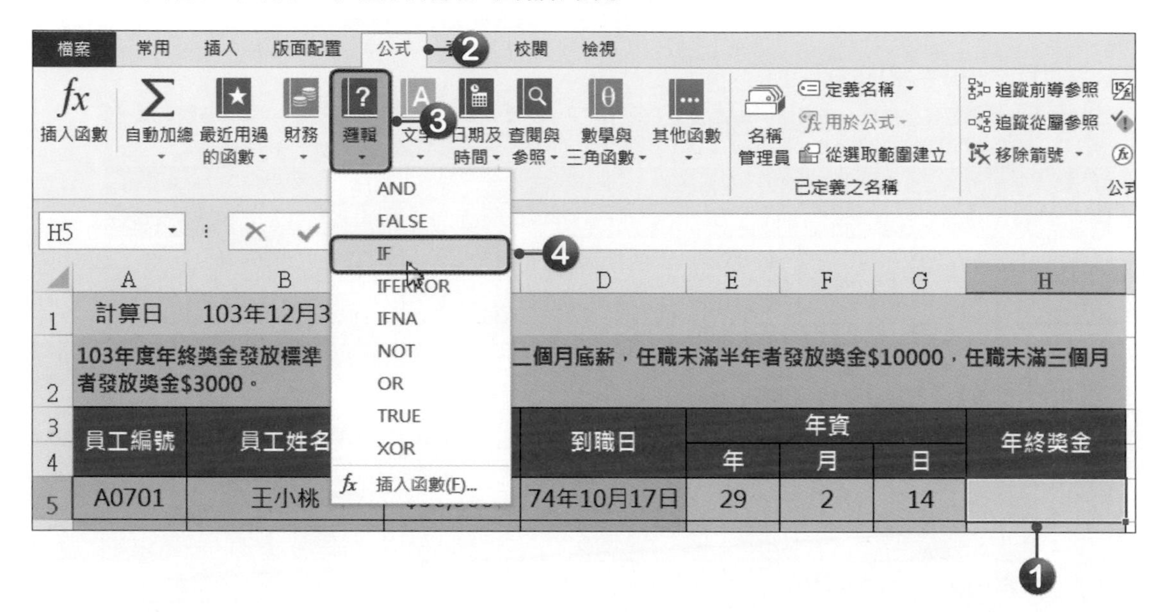

02 在「函數引數」對話方塊中，於第1個引數(Logical_test)欄位中，輸入**「E5>=1」**，判斷該員工年資年數是否任滿一年。

03 在第2個引數(Value_if_true)欄位中，輸入**「C5*2」**，表示若任滿一年以上，則年終獎金將發放二個月的底薪。

04 在第3個引數(Value_if_false)欄位中，輸入一個多重的IF巢狀判斷式**「IF(F5>=6,10000,3000)」**。表示任職未滿一年者，則繼續判斷其年資月數是否已達6個月，若「是」則發放$10000；「否」則發放$3000。都設定好後，按下**確定**按鈕，即可計算出年終獎金。

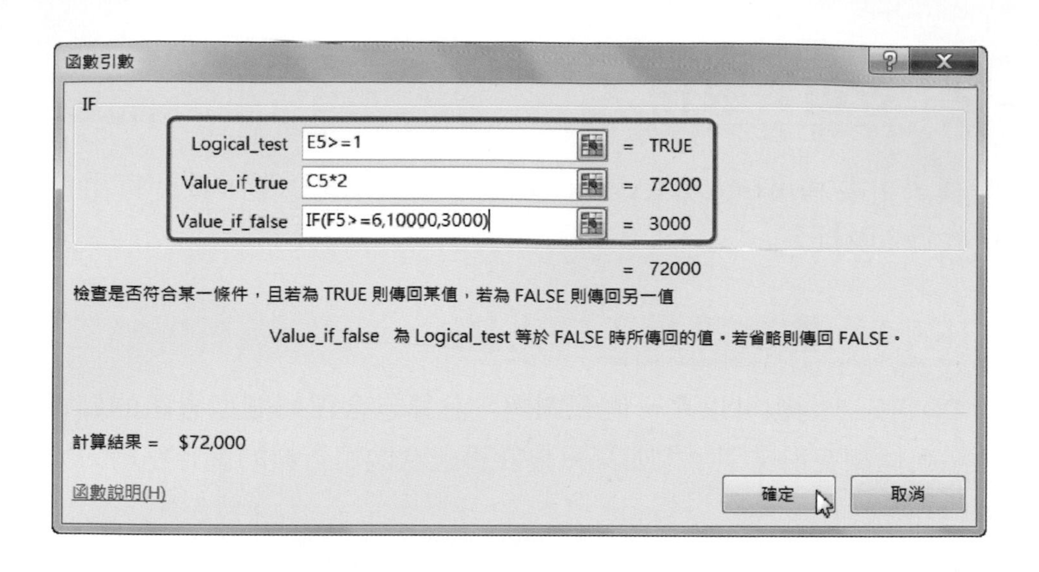

05 工作表中顯示員工「王小桃」，年資為**29年2個月又14天**，所以其年終獎金為二個月的底薪，即**「$36,000×2=$72,000」**。

H5 =IF(E5>=1,C5*2,IF(F5>=6,10000,3000))

	A	B	C	D	E	F	G	H
1	計算日	103年12月31日						
2	103年度年終獎金發放標準：任職滿一年者發放二個月底薪，任職未滿半年者發放獎金$10000，任職未滿三個月者發放獎金$3000。							
3	員工編號	員工姓名	底薪	到職日	年資			年終獎金
4					年	月	日	
5	A0701	王小桃	$36,000	74年10月17日	29	2	14	$72,000

06 第一位員工的年終獎金計算完成後，再將公式複製到其他儲存格中，完成所有員工的年終獎金計算。

在使用各類函數時，若不知該函數類別，可以按下**「公式→函數程式庫→插入函數」**按鈕，或**Shift+F3**快速鍵，或是按下資料編輯列上的 *fx* 按鈕，開啟「插入函數」對話方塊，在搜尋函數欄位中，輸入關鍵字來搜尋相關的函數。

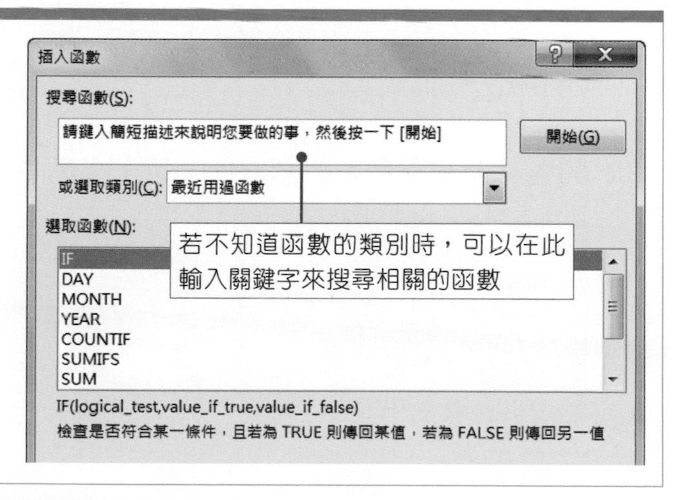

2-2 考績表製作

在考績表中要利用COUNTA、LOOKUP、RANK.EQ等函數計算出員工總人數、績效獎金及排名。

用COUNTA函數計算員工總人數

利用COUNTA函數可以在一個範圍內，計算包含任何類型資訊的儲存格數目，包括錯誤值和空白文字；但如果只要計算包含數值資料的儲存格時，則可以使用COUNT函數。

語法	COUNTA(Value1,Value2,...)
說明	Value1、Value2：為數值範圍，可以是1個到255個，範圍中若含有或參照到各種不同類型資料時，都會進行計數。

01 進入**「103年考績」**工作表中，點選**G1**儲存格，再按下**「公式→函數程式庫→其他函數→統計」**按鈕，於選單中點選**COUNTA**函數。

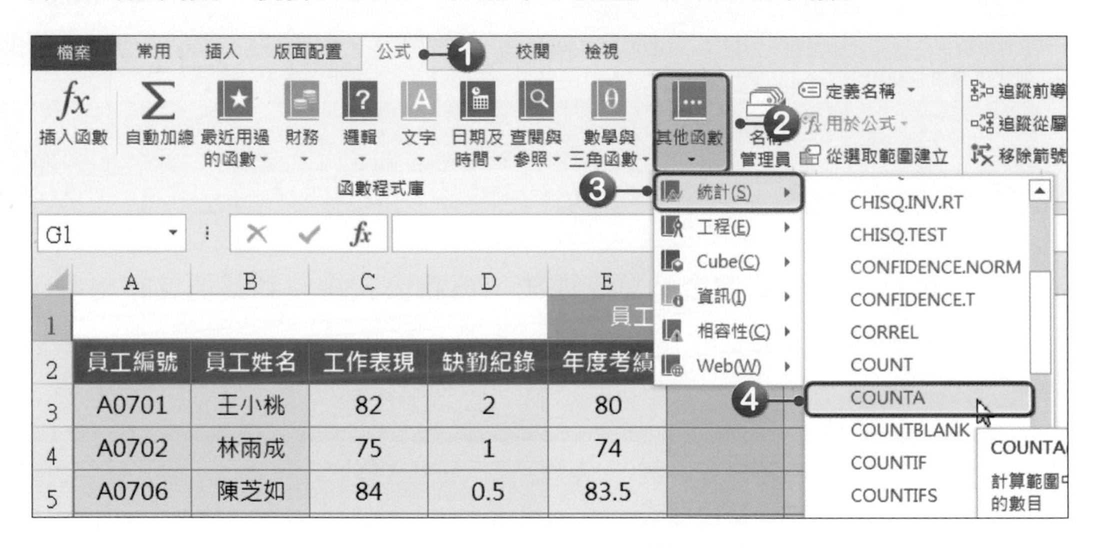

02 開啟「函數引數」對話方塊，按下引數(Value1)欄位的按鈕。

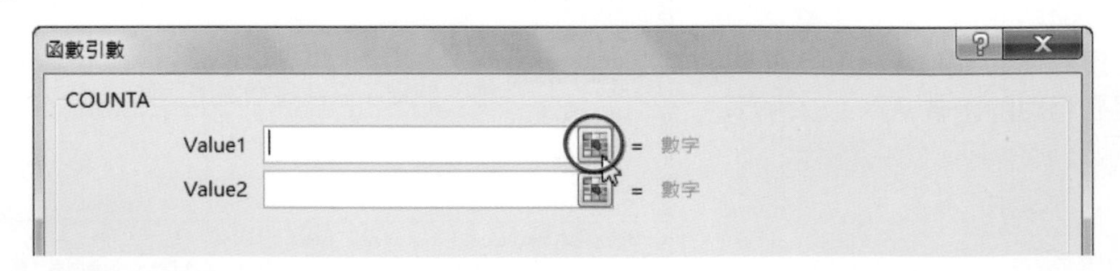

03 於工作表中選取**A3:A32**儲存格，選取好後，按下按鈕，回到「函數引數」對話方塊。

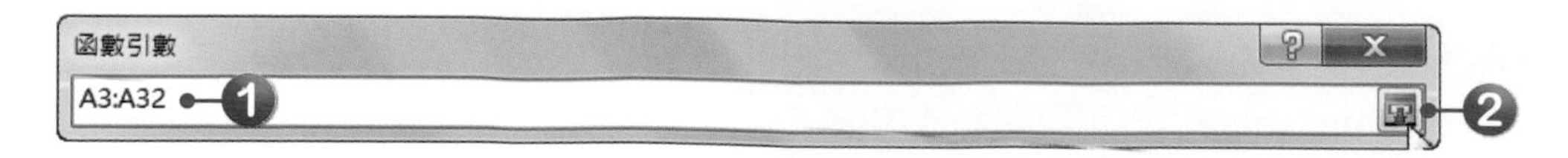

04 範圍選擇好後，按下**確定**按鈕，完成COUNTA函數的設定。

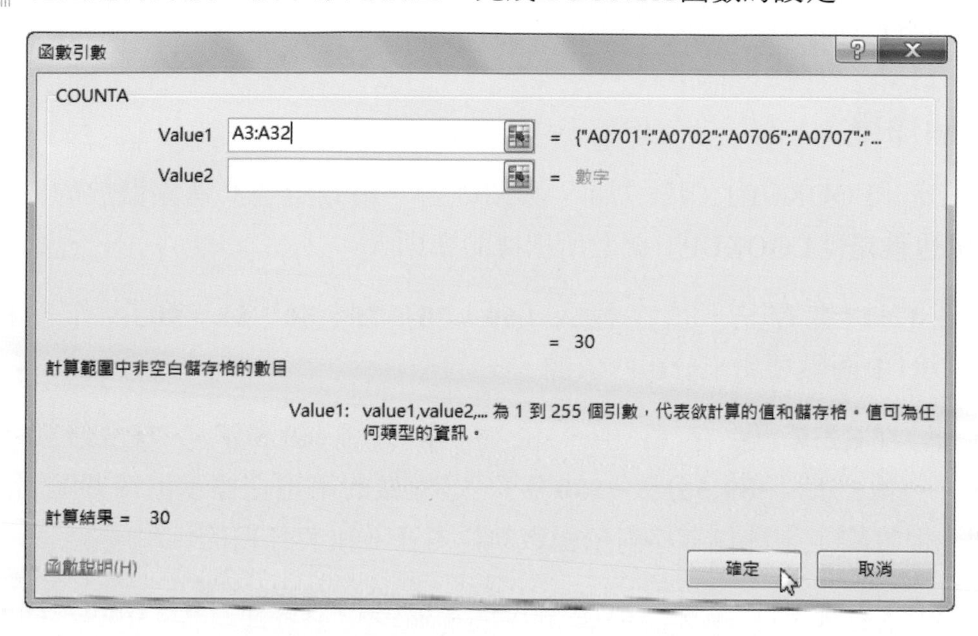

05 回到工作表後，公司總人數就計算出來了，共有30人。

G1 =COUNTA(A3:A32)

	A	B	C	D	E	F	G
1					員工總人數		30
2	員工編號	員工姓名	工作表現	缺勤紀錄	年度考績	績效獎金	排名
3	A0701	王小桃	82	2	80		

核算績效獎金

接下來要利用「LOOKUP」函數，依照員工「年度考績」的成績等級以及公司規定的發放標準，自動判斷每位員工所應得的「績效獎金」。LOOKUP函數有兩種語法型式，說明如下：

- **向量形式：**會在向量中找尋指定的搜尋值，然後移至另一個向量中的同一個位置，並傳回該儲存格的內容。本範例使用該形式。

● **陣列式：**會在陣列的第一列或第一欄搜尋指定的搜尋值，然後傳回最後一列(或欄)的同一個位置上之儲存格內容。

語法	LOOKUP(Lookup_value,Lookup_vector,Result_vector)
說明	Lookup_value：表示所要尋找的值。 Lookup_vector：表示在這個範圍內尋找符合的值。 Result_vector：表示找到符合的值時，所要回覆的值的範圍，其值範圍大小應與Lookup_vector相同。

建立區間標準

在設定「LOOKUP」函數之前，必須先替「績效獎金」建立發放的區間標準，而這也就是「LOOKUP」函數所依據的準則。

01 先在**J2:J7**儲存格，依序輸入**「60、70、75、80、85、90」**，作為稍後LOOKUP函數要用來分組的依據。

02 接著在**K2:K7**儲存格中，依序輸入**「~69.5分、~74.5分、~79.5分、~84.5分、~89.5分、~100分」**，這樣做的用意在標示出每個區間的範圍，但實際上這些儲存格對於函數執行本身並沒有任何的作用。

03 最後在**L2:L7**儲存格中，依序輸入各等級的績效獎金**「0、1000、2000、5000、8000、10000」**。

	A	B	C	D	E	F	G	H	I	J	K	L
1					員工總人數		30			成績		績效獎金
2	員工編號	員工姓名	工作表現	缺勤紀錄	年度考績	績效獎金	排名			60	~69.5分	$0
3	A0701	王小桃	82	2	80					70	~74.5分	$1,000
4	A0702	林雨成	75	1	74					75	~79.5分	$2,000
5	A0706	陳芝如	84	0.5	83.5					80	~84.5分	$5,000
6	A0707	邱雨桐	88	0	88					85	~89.5分	$8,000
7	A0709	郭子泓	78	0	78					90	~100分	$10,000

建立LOOKUP函數

01 選取**F2**儲存格，再按下**「公式→函數程式庫→查閱與參照」**按鈕，於選單中選擇**LOOKUP**函數。

02 LOOKUP有**向量**與**陣列**兩組引數清單，在「選取引數」對話方塊中，點選**向量**引數清單，也就是**look_up value, lookup_vector,result_vector**選項，選擇好後按下**確定**按鈕。

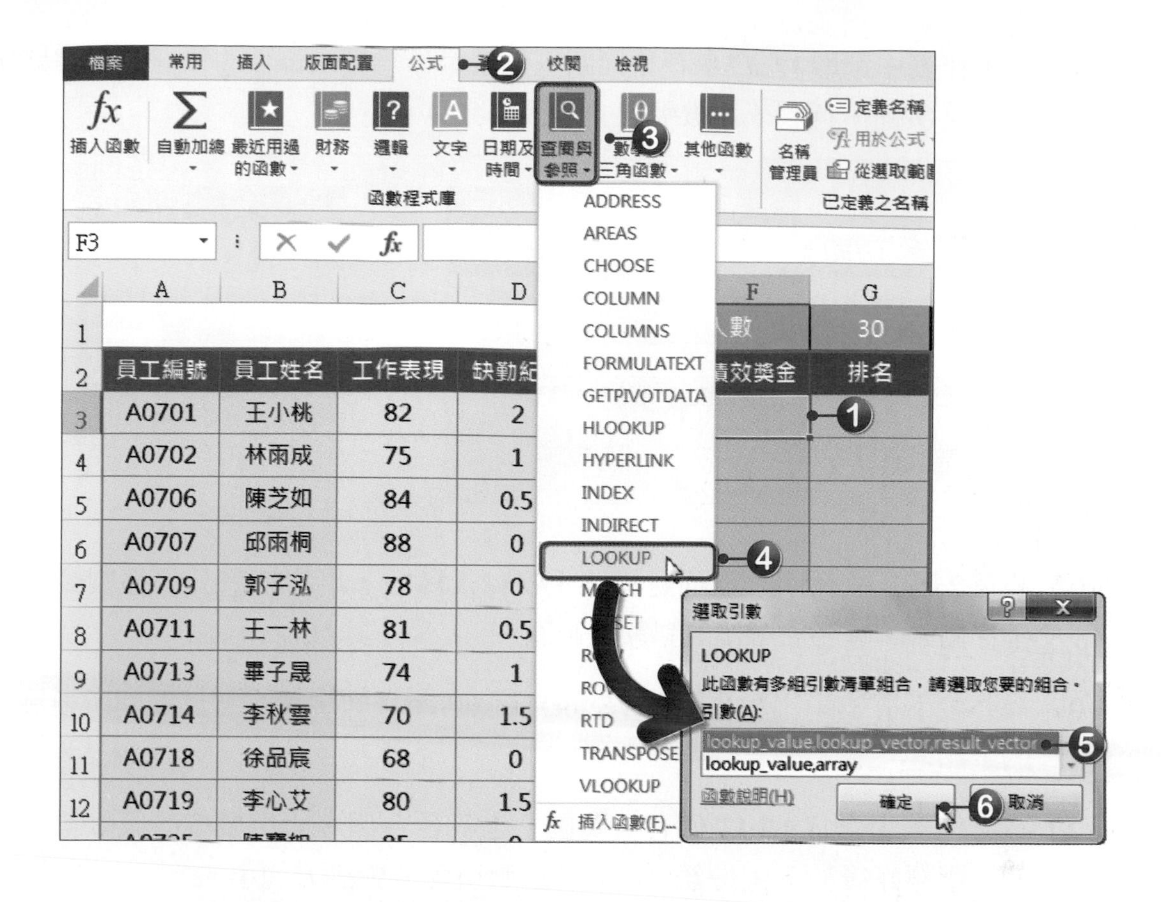

03 開啟「函數引數」對話方塊後，在第1個引數(Lookup_value)中輸入**E3**，也就是員工的「年度考績」成績。

04 接著按下第2個引數(Lookup_vector)欄位的按鈕。

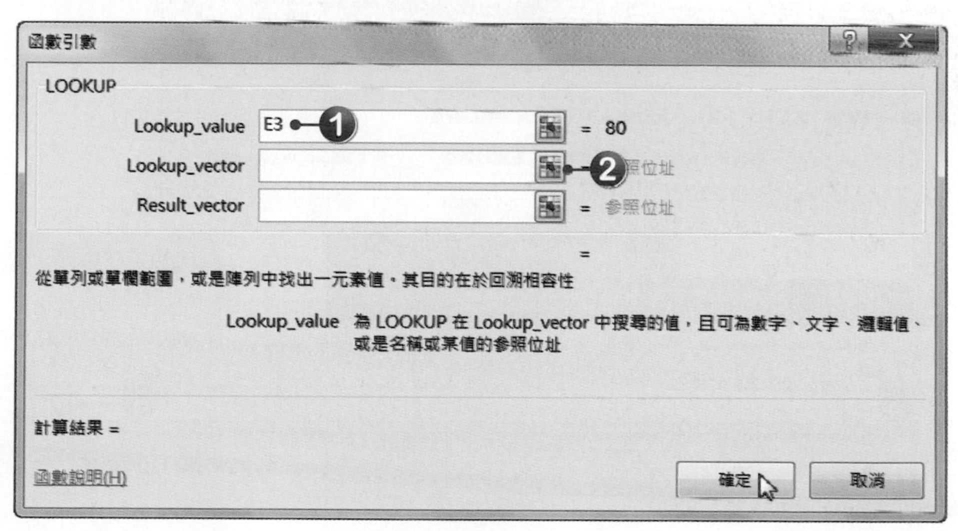

05 於工作表中選取**J2:J7**儲存格範圍，也就是作爲分組條件的依據。選擇好後按下按鈕，回到「函數引數」對話方塊中。

06 將第2個引數範圍改爲絕對位址**「$J$2:$J$7」**，這樣在將公式複製到其他儲存格時，才不會參照到錯誤的範圍。

07 接著按下第3個引數(Result_vector)欄位的按鈕，設定各個區間所要發放的金額。

08 在工作表中選取**L2:L7**儲存格範圍，也就是各個層級所發放的績效獎金金額。選擇好後按下按鈕，回到「函數引數」對話方塊中。

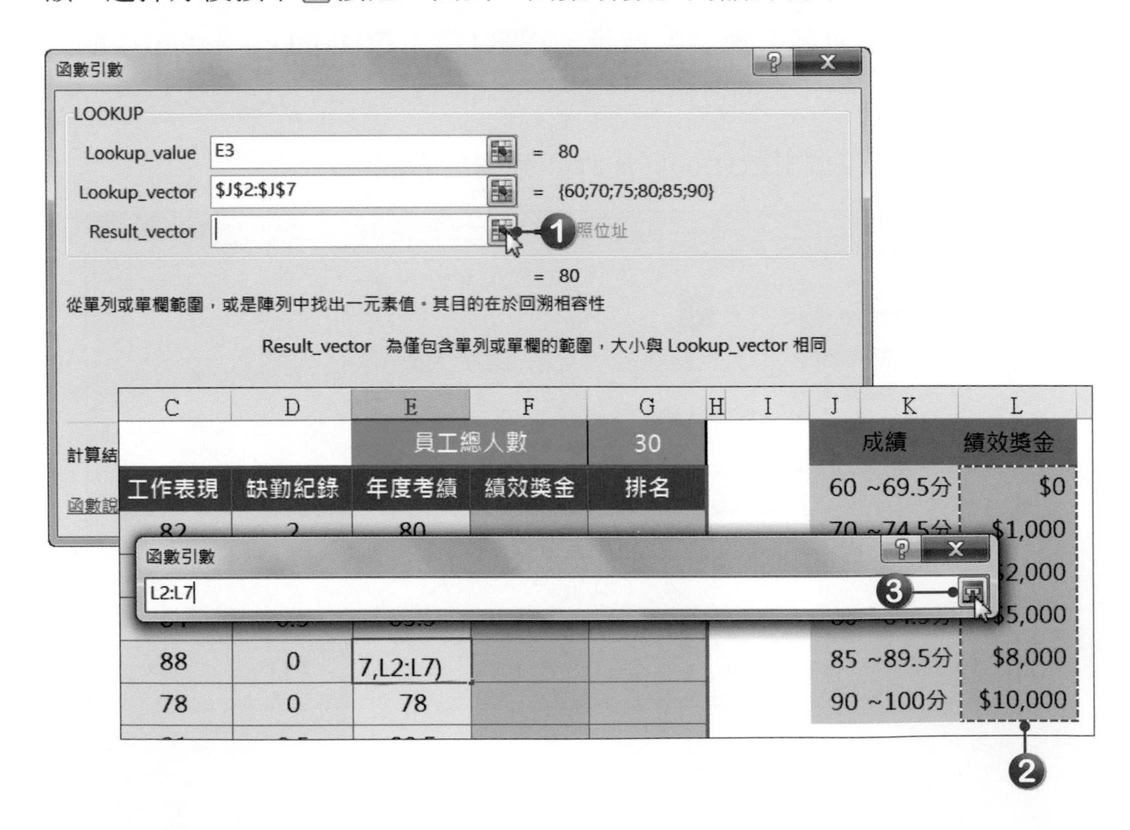

09 將第3個引數範圍改為絕對位址「**$L$2:$L$7**」，都設定好後按下**確定**按鈕，即可完成公式的設定。

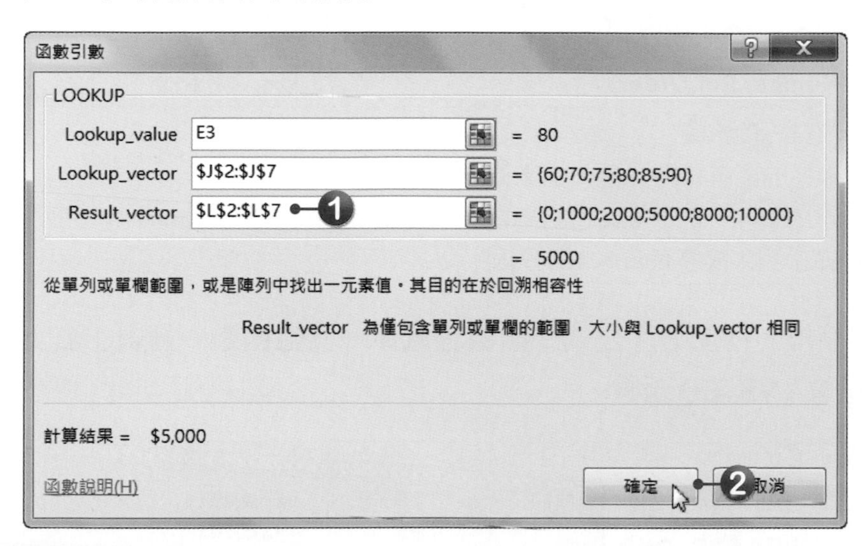

10 工作表中顯示王小桃的獎金為$5000，因為她的年度考績為80分，屬於「80~84.5分」這個層級，所以自動算出其今年度的績效獎金為$5000。

F3 =LOOKUP(E3,$J$2:$J$7,$L$2:$L$7)

	A	B	C	D	E	F	G
1					員工總人數		30
2	員工編號	員工姓名	工作表現	缺勤紀錄	年度考績	績效獎金	排名
3	A0701	王小桃	82	2	80	$5,000	
4	A0702	林雨成	75	1	74		
5	A0706	陳芝如	84	0.5	83.5		

11 最後拖曳**F2**儲存格的填滿控點，複製公式至**F3:F31**儲存格，就可以得知所有員工今年度的績效獎金金額了。

	A	B	C	D	E	F	G
1					員工總人數		30
2	員工編號	員工姓名	工作表現	缺勤紀錄	年度考績	績效獎金	排名
3	A0701	王小桃	82	2	80	$5,000	
4	A0702	林雨成	75	1	74	$1,000	
5	A0706	陳芝如	84	0.5	83.5	$5,000	
6	A0707	邱雨桐	88	0	88	$8,000	
7	A0709	郭子泓	78	0	78	$2,000	
8	A0711	王一林	81	0.5	80.5	$5,000	
9	A0713	畢子晟	74	1	73	$1,000	

用RANK.EQ計算排名

利用RANK.EQ函數可以計算出某數字在數字清單中的等級。

語法	RANK.EQ(Number,Ref,Order)
說明	Number：要排名的數值。 Ref：用來排名的參考範圍，是一個數值陣列或數值參照位址。 Order：指定的順序，若為0或省略不寫，則會從大到小排序Number的等級；若不是0，則會從小到大排序Number的等級。

01 點選**G3**儲存格，再按下**「公式→函數程式庫→其他函數→統計」**按鈕，於選單中點選**RANK.EQ**函數。

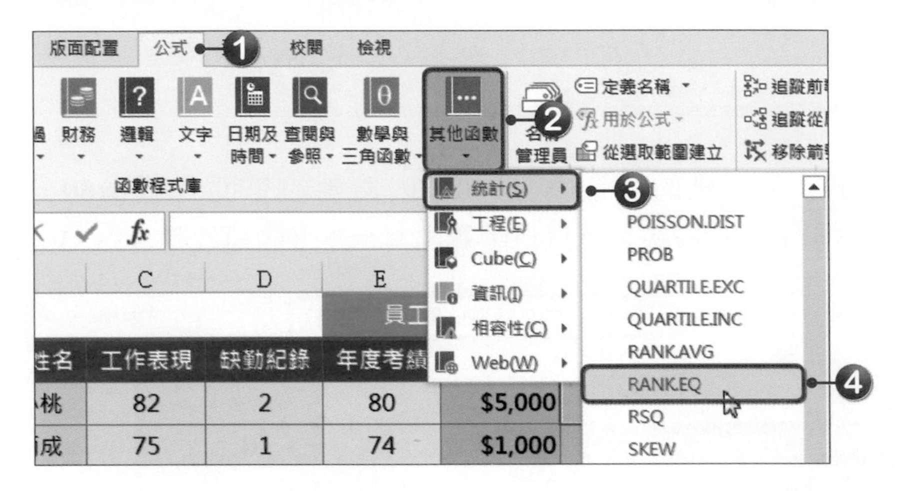

02 開啓「函數引數」對話方塊，在第1個引數(Number)中按下按鈕。

03 開啓公式色板後，請選擇**E3**儲存格，選擇好後再按下按鈕，回到「函數引數」對話方塊中。

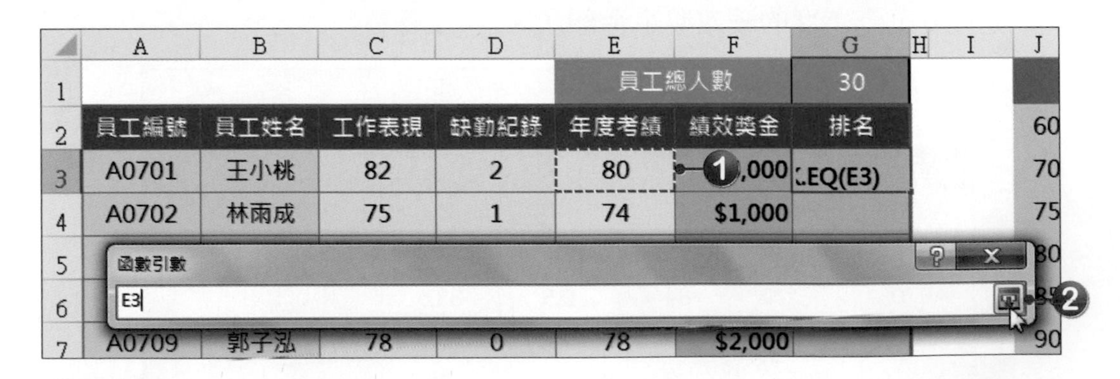

04 回到「函數引數」對話方塊後，在第2個引數(Ref)中，按下按鈕，要選取用來排名的參考範圍。

05 開啓公式色板後，請選擇**E3:E32**儲存格，選擇好後，再按下按鈕，回到「函數引數」對話方塊中。

06 在此範例中，因爲要比較的範圍不會變，所以要將**E3:E32**設定爲絕對位址**$E$3:$E$32**，這樣在複製公式時，才不會有問題。要修改時可以直接於欄位中進行修改，修改好後按下**確定**按鈕。

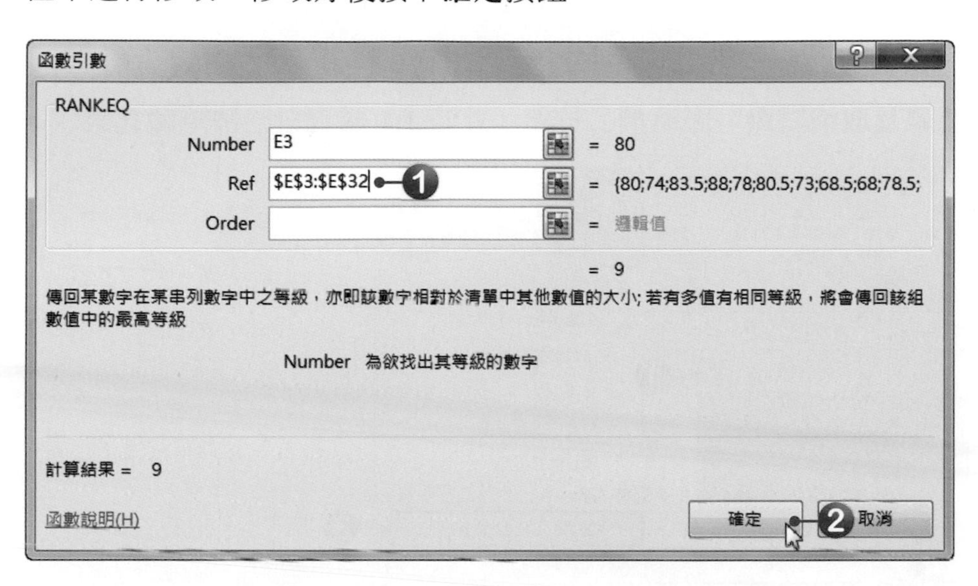

07 回到工作表後，該名員工的排名就計算出來了，接下來再將該公式複製到其他儲存格中即可。

RANK函數

在Excel 2007之前的版本，若要計算排名時，是使用「RANK」函數，在Excel 2013中也還是可以使用「RANK」函數，其作用與「RANK.EQ」相同。

RANK函數可用來進行數值的自動排序，其中又可分為RANK.AVG與RANK.EQ兩種計算平均的函數，兩者的差別在於當遇到有多個相同數值時，RANK.AVG函數會傳回該相同數值排序的平均值，而RANK.EQ函數則會傳回該數值的排序最高值。

隱藏資料

在資料量很多的情況下，或者工作表中有些資料不需要呈現的時候，不一定要刪除資料，只要暫時將這些不必要顯示的資料隱藏起來，就可以減少畫面上的資料，而同時保留這些內容。假設要將範例中所建立的區間標準資料隱藏起來，作法如下：

01 在「103年考績表」工作表中，選取J:L欄，再按下**「常用→儲存格→格式→隱藏及取消隱藏→隱藏欄」**按鈕，此時J:L欄資料已被隱藏起來了。

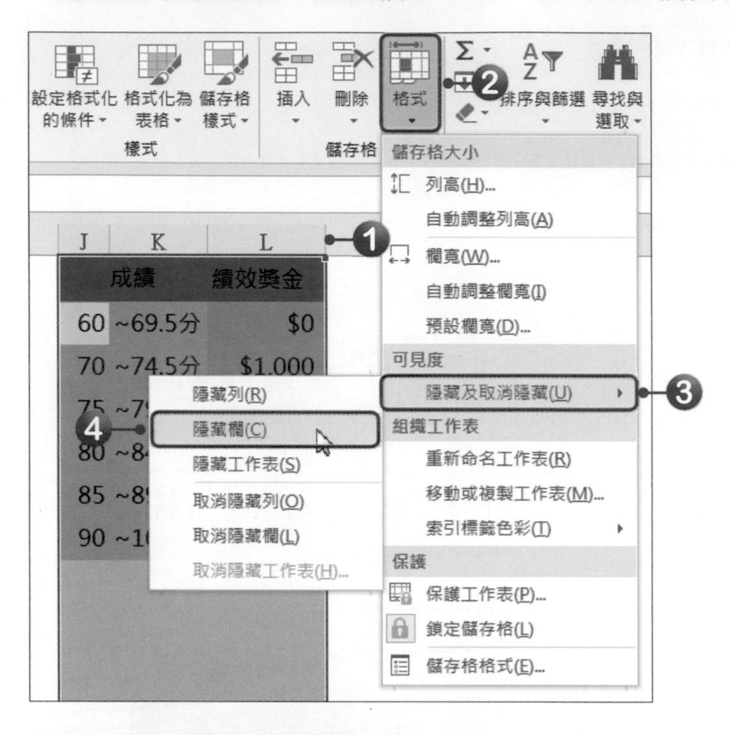

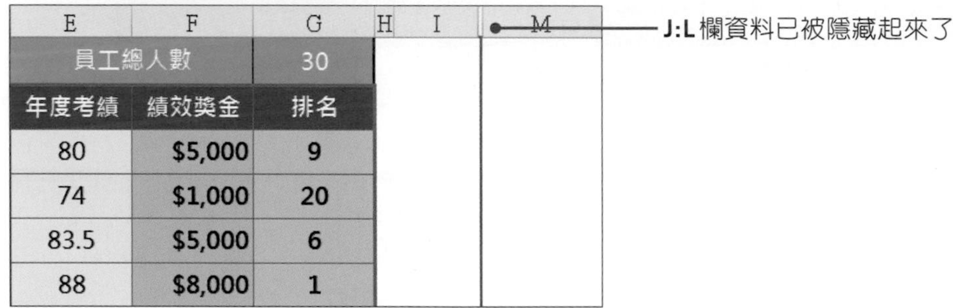

年度考績	績效獎金	排名
80	$5,000	9
74	$1,000	20
83.5	$5,000	6
88	$8,000	1

02 被隱藏的欄位並非消失，當需要時都可取消隱藏。只要同時選取隱藏欄兩旁的欄位，也就是**I欄**與**M欄**，再按下**「常用→儲存格→格式→隱藏及取消隱藏→取消隱藏欄」**功能即可。

2-3 年度獎金查詢表製作

年終獎金與績效獎金都計算完成後，接著要製作年度獎金查詢表，來查詢員工在今年度所能領到的總獎金。

用VLOOKUP函數自動顯示資料

在**「查詢年度獎金」**工作表，要使用**VLOOKUP**函數，使表格只須輸入員工編號，就能自動顯示這位員工的員工姓名、年終獎金、績效獎金以及總獎金。

語法	VLOOKUP(lookup_value,table_array,col_index_num,range_lookup)
說明	**Lookup_value**：打算在陣列最左欄中搜尋的值，可以是數值、參照位址或文字字串。 **Table_array**：要在其中搜尋資料的文字、數字或邏輯值的表格，通常是儲存格範圍的參照位址或類似資料庫或清單的範圍名稱。 **Col_index_num**：表示所要傳回的值位於Table_array的第幾個欄位。引數值為1代表表格中第一欄的值。 **Range_lookup**：是一個邏輯值，用來設定VLOOKUP函數要尋找「完全符合」(FALSE)或「部分符合」(TRUE)的值。若為TRUE或忽略不填，則表示找出第一欄中最接近的值(以遞增順序排序)。若為FALSE，則表示僅尋找完全符合的數值，若找不到，就會傳回#N/A。

01 點選**C4**儲存格，按下**「公式→函數程式庫→查閱與參照」**按鈕，於選單中選擇**VLOOKUP**函數，開啟「函數引數」對話方塊。

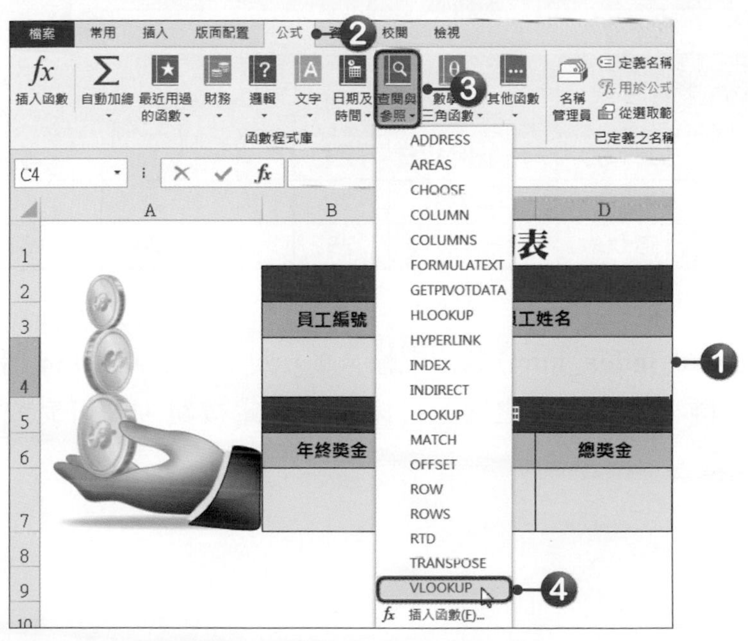

02 在「函數引數」對話方塊中，VLOOKUP函數共有四個引數，在第1個引數(Lookup_value)欄位中輸入**B4**，也就是員工編號的儲存格位址。

03 接著點選第2個引數(Table_array)欄位的按鈕，設定要搜尋的儲存格範圍。

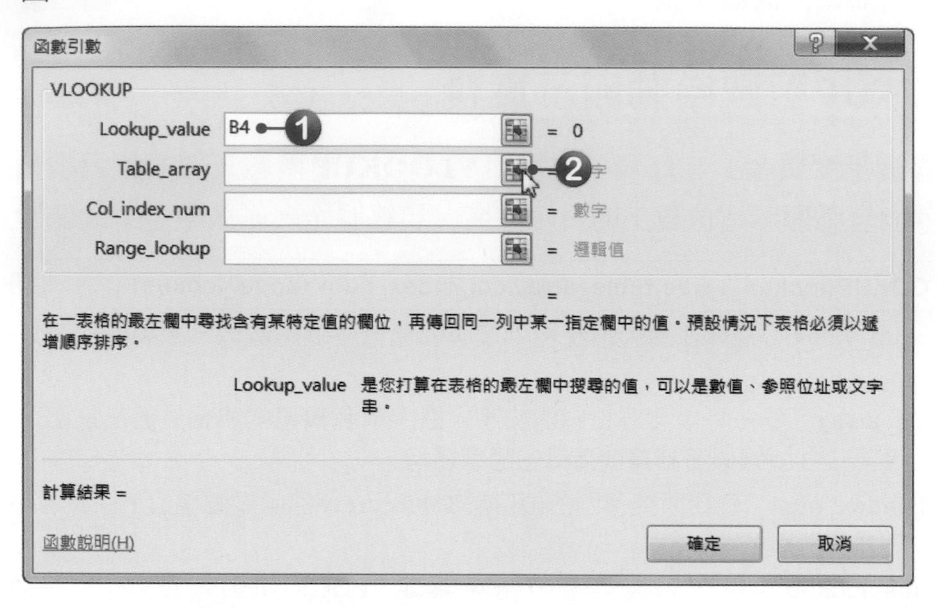

04 點選**「員工年資表」**工作表，在工作表中選取**A5:H34**儲存格範圍，選取好後，按下按鈕，回到「函數引數」對話方塊中。

函數引數
員工年資表!A5:H34
員工編號
員工姓名
底薪
到職日
年資
年
月
日
年終獎金
A0701 王小桃 $36,000 74年10月17日 29 2 14 $72,000
A0702 林雨成 $30,000 77年7月5日 26 5 26 $60,000
A0706 陳芝如 $35,000 78年7月7日 25 5 24 $70,000

05 接著在第3個引數(Col_index_num)欄位中輸入**2**，表示顯示**A5:H34**儲存格範圍中的第二欄資料，設定完成之後，最後按下**確定**按鈕，即可完成「員工姓名」查詢的設定。

函數引數

VLOOKUP

Lookup_value B4 = "A0701"

Table_array 員工年資表!A5:H34 = {"A0701","王小桃",36000,31337,29,2,1

Col_index_num 2 ❶ = 2

Range_lookup = 邏輯值

= "王小桃"

在一表格的最左欄中尋找含有某特定值的欄位，再傳回同一列中某一指定欄中的值。預設情況下表格必須以遞增順序排序。

Col_index_num 是個數值，代表所要傳回的值位於 table_array 中的第幾欄。引數值為 1 代表表格中首欄的值。

計算結果 =

函數說明(H) 確定 ❷ 取消

06「員工姓名」查詢設定完成後，選取**C4**儲存格，按下**Ctrl+C**複製快速鍵，選取**B7**儲存格，再按下**「常用→剪貼簿→貼上」**選單鈕，於選單中選擇**公式**，即可將公式複製到**B7**儲存格。

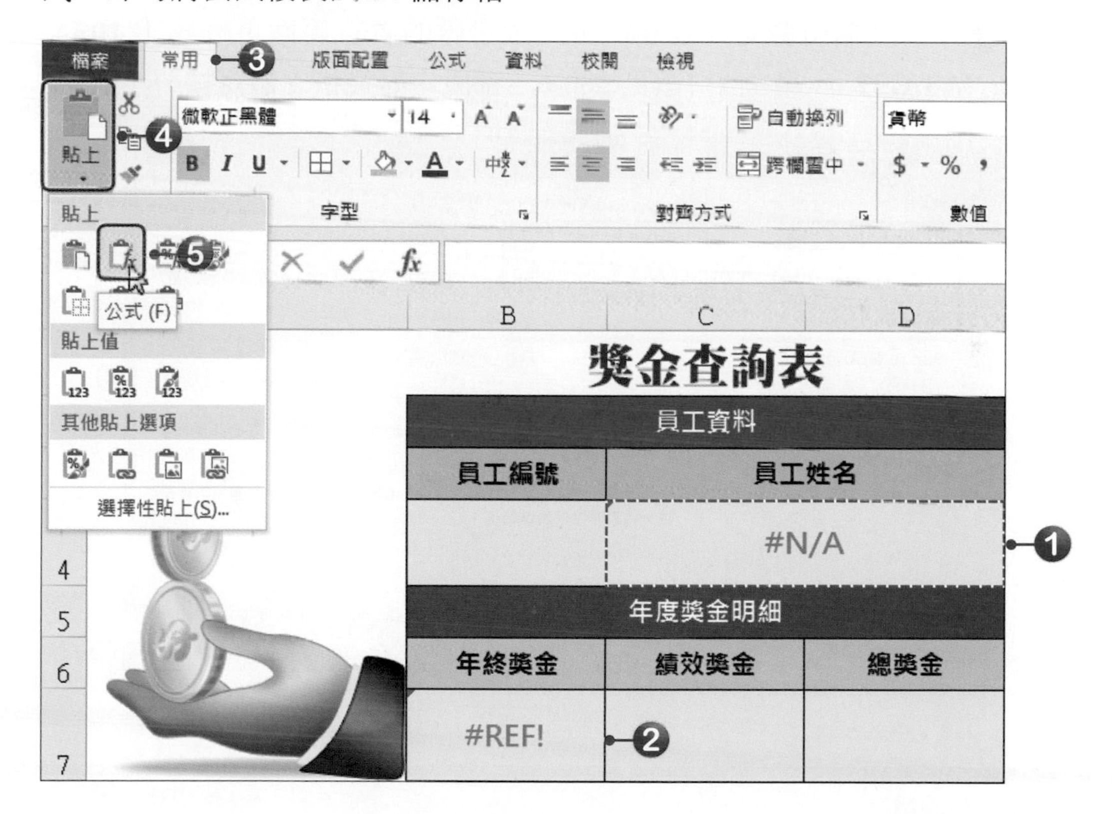

07 再利用相同方式，將公式複製到**C7**儲存格。

08 將C4公式複製到B7儲存格後，公式會變成「=VLOOKUP(A7,員工年資表!REF!,2)」，這公式並不正確，請將公式修改為**「=VLOOKUP(B4,員工年資表!A5:H34,8)」**。

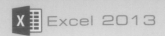

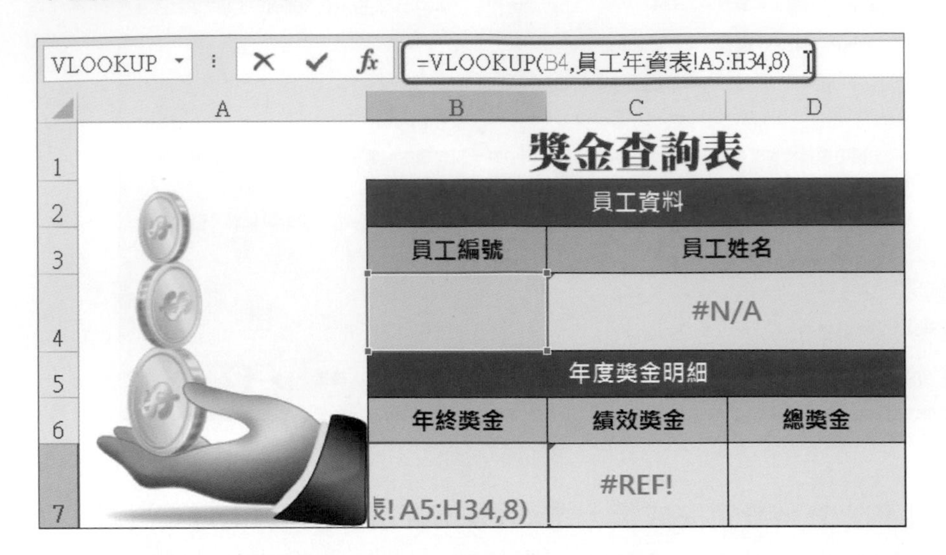

09 點選**C7**儲存格，按下資料編輯列上的 *fx* 按鈕，開啓「函數引數」對話方塊，將第1個引數更改為**B4**，第2個引數的資料範圍更改為**「'103年考績表'!A3:G32」**，第3個引數更改為**6**，都設定好後按下**確定**按鈕。

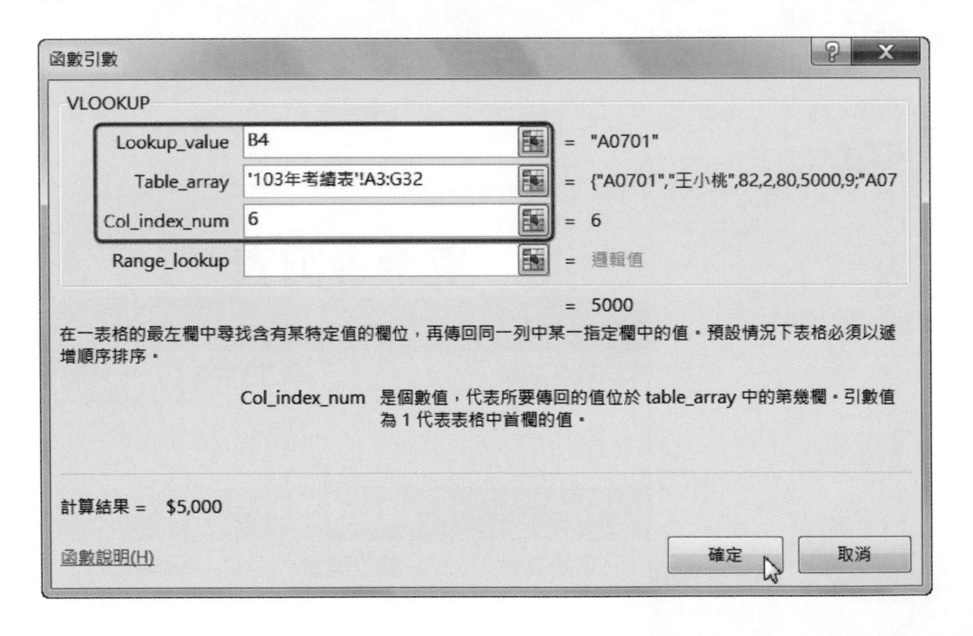

HLOOKUP函數

跟VLOOKUP函數類似，HLOOKUP函數可以查詢某個項目，傳回指定的欄位，只不過它在尋找資料時，是以水平的方式左右查詢，找到項目後，傳回同一欄的某一列資料。

用SUM函數計算總獎金

當年終獎金、績效獎金都被查詢出來後，就可以將這二個獎金加總，便是總獎金了。

01 點選**D7**儲存格，按下**「公式→函數程式庫→自動加總→加總」**按鈕，加入SUM函數。

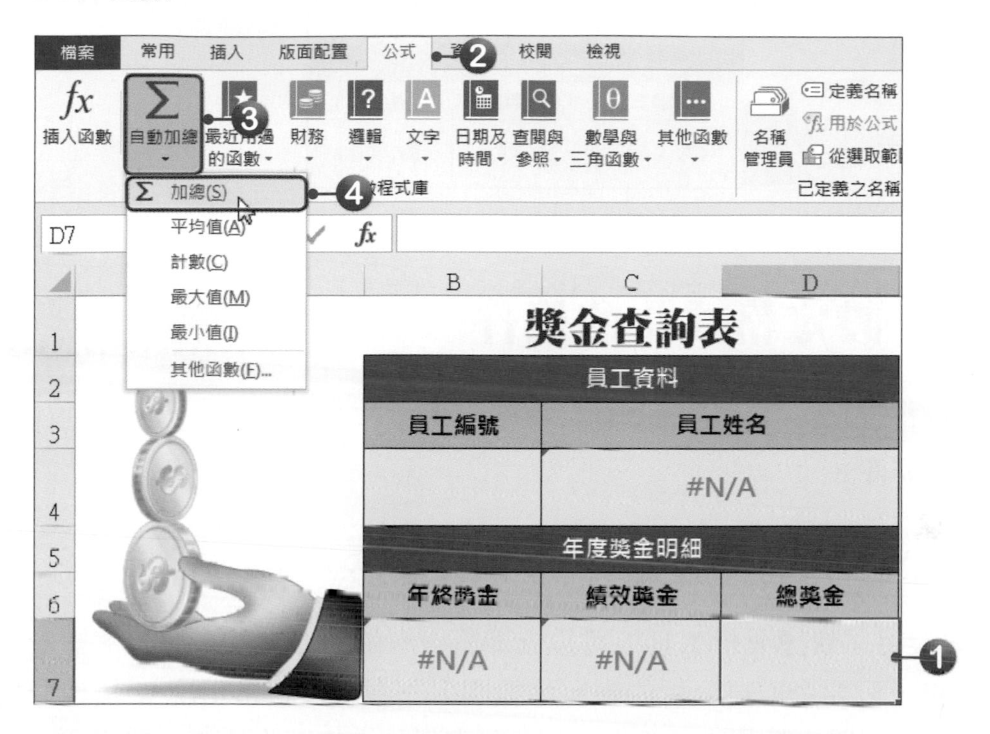

02 選取**B7:C7**儲存格，選取好後按下**Enter**鍵，完成函數的建立。

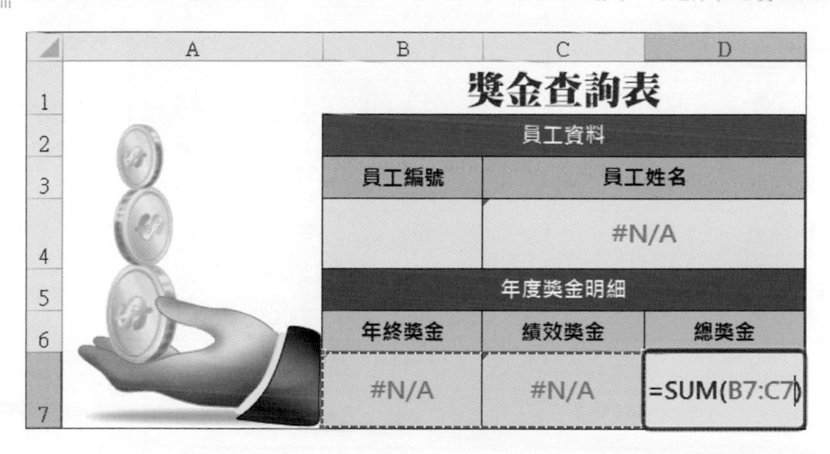

03 到這裡，年度獎金的查詢表已經製作完成囉！但是因爲用來查詢的「員工編號」儲存格(B4)，目前尚未輸入任何資料，所以其他欄位才會暫時出現「#N/A」錯誤訊息。

04 接著請在**B4**儲存格中，輸入員工編號**A0701**，輸入完後按下**Enter**鍵，即可查詢出員工王小桃的年度總獎金。

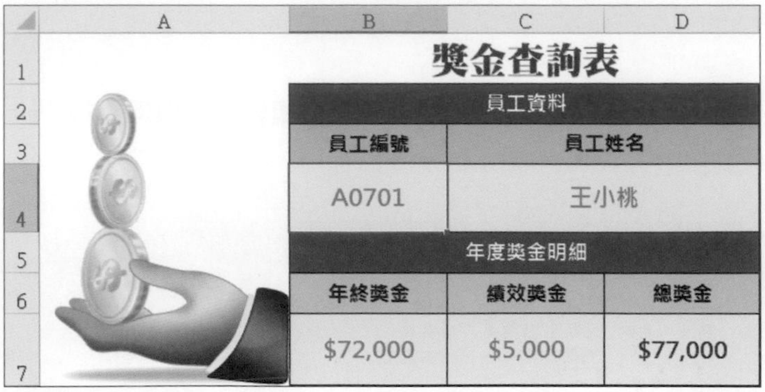

	A	B	C	D
1		獎金查詢表		
2		員工資料		
3		員工編號	員工姓名	
4		A0701	王小桃	
5		年度獎金明細		
6		年終獎金	績效獎金	總獎金
7		$72,000	$5,000	$77,000

2-4 設定格式化的條件

Excel可以根據一些簡單的判斷，自動改變儲存格的格式，這功能稱作**「設定格式化的條件」**。

使用快速分析工具設定格式化的條件

Excel提供了**快速分析工具**，可以立即將資料進行格式化、圖表、總計、走勢圖等分析，只要選取要分析的儲存格範圍，在右下角就會出現**快速分析**按鈕，即可開啟選單，點選格式設定，便可幫資料加上格式化的條件設定。

	A	B	C	D	E	F	G
26	A0763	張二忠	74	0	74	$1,000	20
27	A0766	余子夏	75	1.5	73.5	$1,000	23
28	A0768	王蓁如	72	1	71	$1,000	26
29	A0771	李書宇	75	1	74	$1,000	20
30	A0777	宋燕真	85	0	85	$8,000	4
31	A0780	劉裕翔	82	3	79	$2,000	12
32	A0781	吳興國	78	0	78	$2,000	14

格式設定 | 圖表 | 總計 | 表格 | 走勢圖

資料橫條 色階 圖示集 大於 前 10% 清除格式

設定格式化的條件會運用規則來醒目提示令人感興趣的資料。

自訂格式化規則

在使用設定格式化的條件時，除了使用預設的規則外，還可以自行設定想要的規則。

01 選取 **E3:E32** 儲存格，按下 **「常用→樣式→設定格式化的條件」** 按鈕，於選單中點選 **新增規則**，開啓「新增格式化規則」對話方塊。

02 於 **選取規則類型** 清單中，點選 **根據其值格式化所有儲存格** 類型，按下 **格式樣式** 選單鈕，選擇 **圖示集**，再按下 **圖示樣式** 選單鈕，選擇三 **箭號(彩色)**。

03 設定 **「當數值>=85時，顯示上升箭頭，當數值<85且>=70時，爲平行箭頭；其他則爲下降箭頭」** 規則，設定好後按下 **確定** 按鈕。

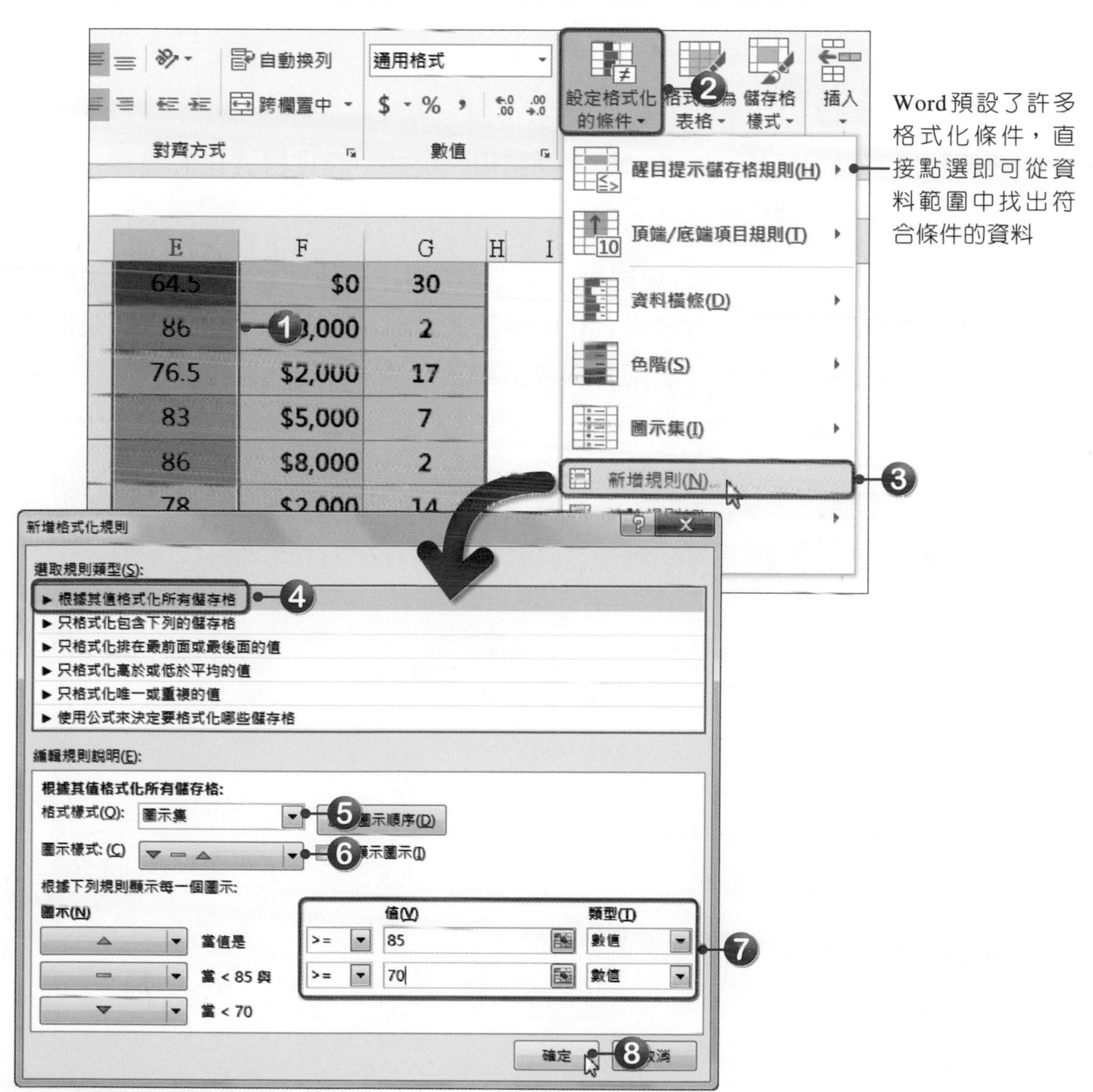

04 回到工作表後，**E3:E32**儲存格就會加上我們所設定的圖示集規則。

	A	B	C	D	E	F	G
1					員工總人數		30
2	員工編號	員工姓名	工作表現	缺勤紀錄	年度考績	績效獎金	排名
3	A0701	王小桃	82	2	80	$5,000	9
4	A0702	林雨成	75	1	74	$1,000	20
5	A0706	陳芝如	84	0.5	83.5	$5,000	6
6	A0707	邱雨桐	88	0	88	$8,000	1
7	A0709	郭子泓	78	0	78	$2,000	14
8	A0711	王一林	81	0.5	80.5	$5,000	8
9	A0713	畢子晟	74	1	73	$1,000	24
10	A0714	李秋雲	70	1.5	68.5	$0	28

清除及管理規則

要清除所有設定好的規則時，按下**「常用→樣式→設定格式化的條件→清除規則」**按鈕，即可選擇清除方式。

在工作表中加入了一堆的規則後，不管是要編輯規則內容或是刪除規則，都可以按下**「常用→樣式→設定格式化的條件」**按鈕，於選單中點選**管理規則**選項，開啟「設定格式化的條件規則管理員」對話方塊，即可在此進行各種規則的管理工作。

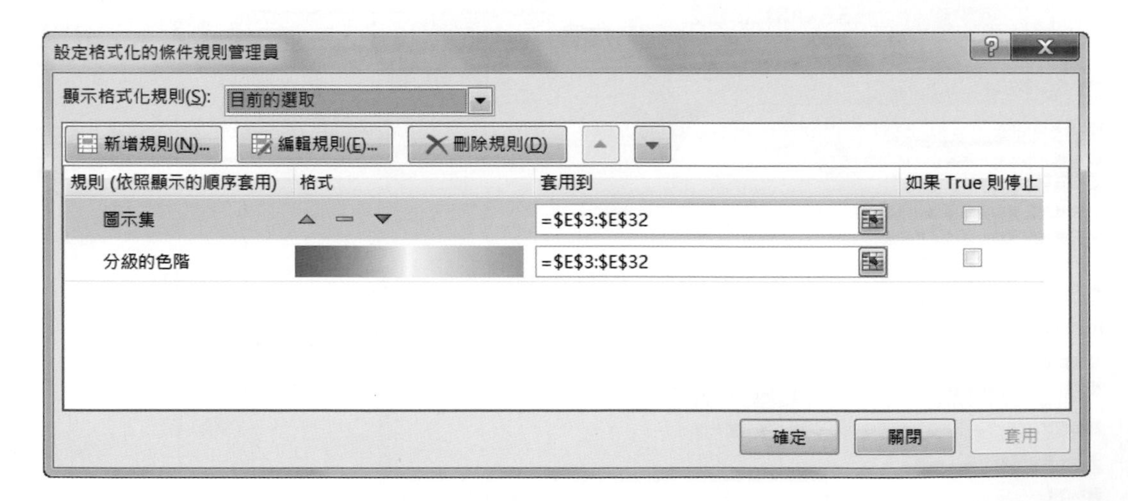

自我評量

✦選擇題

(　　)1. 在Excel中，下列哪個函數可以在表格裡垂直地搜尋，傳回指定欄位的內容？(A)VLOOKUP (B)HLOOKUP (C)MATCH (D)TRANSPOSE。

(　　)2. 在Excel中，若要幫某個範圍的數值排名次時，可以使用下列哪個函數？(A)RAND (B)QUARTILE (C)FREQUENCY (D)RANK.EQ。

(　　)3. 在Excel中，當儲存格顯示「#REF!」錯誤時，最不可能是因爲以下哪個原因？(A)刪除或移動公式內參照的儲存格資料 (B)連結至已啓動的動態資料交換(DEE)主題 (C)執行巨集時輸入函數，亦會傳回#REF! (D)使用物件連結與嵌入(OLE)連結至未執行的程式。

(　　)4. 在Excel中，當儲存格進入「公式」的編輯狀態時，資料編輯列左側出現的函數選單，代表何意？(A)最常使用到的函數清單 (B)系統依照目前表單需求而篩選出可能使用到的函數選單 (C)最近使用過的函數清單 (D)系統隨機顯示的函數清單。

(　　)5. 在Excel中，下列哪個說法不正確？(A)「A1」是相對參照 (B)「$A$1」是絕對參照(C)「$A6」只有欄採相對參照 (D)「A$1」只有列採絕對參照。

(　　)6. 在Excel中，「B2:C4」 指 的 是？(A)B2、B3、B4、C2、C3、C4儲 存 格 (B)B2、C4儲存格 (C)B2、C2、B4、C4儲存格 (D)B2、C2、B4儲存格。

(　　)7. 在Excel中，要計算含數值資料的儲存格個數時，可以使用下列哪個函數？(A)ISTEXT (B)OR (C)MID (D)COUNT。

(　　)8. 在Excel中，下列哪一個函數可以取出日期的月？(A)YEAR (B)MONTH (C)DAY (D)TODAY。

✦實作題

1. 開啓「Excel→Example02→班級成績單.xlsx」檔案，進行以下設定。
   - 計算出每位學生的總分、個人平均及總名次。
   - 將國文、英文、數學、歷史、地理等分數不及格的儲存格用塡滿色彩及紅色文字來表示。
   - 在「查詢表」工作表中，當輸入學號時，就會自動顯示該位學生的其他資料。

自我評量

● 在「成績等級」中，請自動依學生個人平均顯示成績的等級，當平均大於等於85時，顯示「優等」文字；當平均>=70時，顯示「中等」文字，否則顯示「不佳」文字。

	A	B	C	D	E	F	G	H	I	J
1	學號	姓名	國文	英文	數學	歷史	地理	總分	個人平均	總名次
2	9802301	王思如	72	70	68	81	90	381	76.20	12
3	9802302	朱學龍	75	66	58	67	75	341	68.20	20
4	9802303	林雨成	92	82	85	91	88	438	87.60	2
5	9802304	王一林	80	81	75	85	78	399	79.80	6
6	9802305	謝晶燕	61	77	78	73	70	359	71.80	18
7	9802306	王雲月	82	80	60	58	55	335	67.00	23
8	9802307	李書宇	56	80	58	65	60	319	63.80	27

	A	B	C	D	E	F	G	H
1	成績查詢表							
2	學號	9802311			姓名	王小桃		
3	國文	英文	數學	歷史	地理	總分	個人平均	總名次
4	94	96	71	97	94	452	90.4	1
5	成績等級	優等						

2. 開啓「Excel→Example02→拍賣交易紀錄.xlsx」檔案，試以LOOKUP函數，依據包裹資費表標準，在「郵資」欄位顯示各筆交易紀錄的郵資金額。

	A	B	C	D	E	F	G	H	I
1	拍賣編號	商品名稱	得標價格	物品重量	郵資				
2	c24341778	CanTwo格子及膝裙	$280	147	$40		包裹資費表		
3	g36445352	Nike黑色鴨舌帽	$150	101	$40		重量(克)		郵資
4	h34730759	Converse輕便側背包	$120	212	$50		0	~100	$30
5	p31329580	雅絲蘭黛雙重滋養全日霜膏(#74)	$400	34	$30		101	~200	$40
6	t34905309	Miffy兔可愛六孔活頁簿	$150	225	$50		201	~300	$50
7	h53356282	側背藤編小包包	$100	121	$40		301	~400	$60
8	e31546199	串珠項鍊	$350	150	$40		401	~500	$70
9	b34832467	Levis'牛仔外套	$2,200	704	$100		501	~600	$80
10	g34228177	Esprit金色尖頭鞋	$1,800	480	$70		601	~700	$90
11	c31813109	A&F繡花牛仔短裙	$2,000	290	$50		701	~800	$100
12	a35699052	Nike天空藍排汗運動背心	$590	241	$50		801	~900	$110
13	f53182829	黑色圍巾	$180	181	$40		901	~1000	$120

03 員工旅遊意見調查表

Example

✪ 學習目標

超連結的設定、資料驗證的設定、文件的保護、共用活頁簿、COUNTIF函數、SUMIF函數、工作表版面設定、頁首及頁尾設定、工作表的列印

✪ 範例檔案

Excel→Example03→旅遊意見調查表.xlsx

Excel→Example03→旅遊意見調查表-保護.xlsx

Excel→Example03→旅遊意見調查表-統計.xlsx

Excel→Example03→旅遊意見調查表-列印.xlsx

✪ 結果檔案

Excel→Example03→旅遊意見調查表-保護-OK.xlsx

Excel→Example03→旅遊意見調查表-統計-OK.xlsx

Excel→Example03→旅遊意見調查表-列印-OK.xlsx

某公司特地用Excel做了一份員工旅遊的意見調查表，讓員工能使用該表進行報名的作業，且員工還可以透過超連結功能，連結至各旅遊地點的行程說明文件中。當每位員工的意見都填妥後，最後就可以進行彙整、統計、共用、列印工作表等工作。

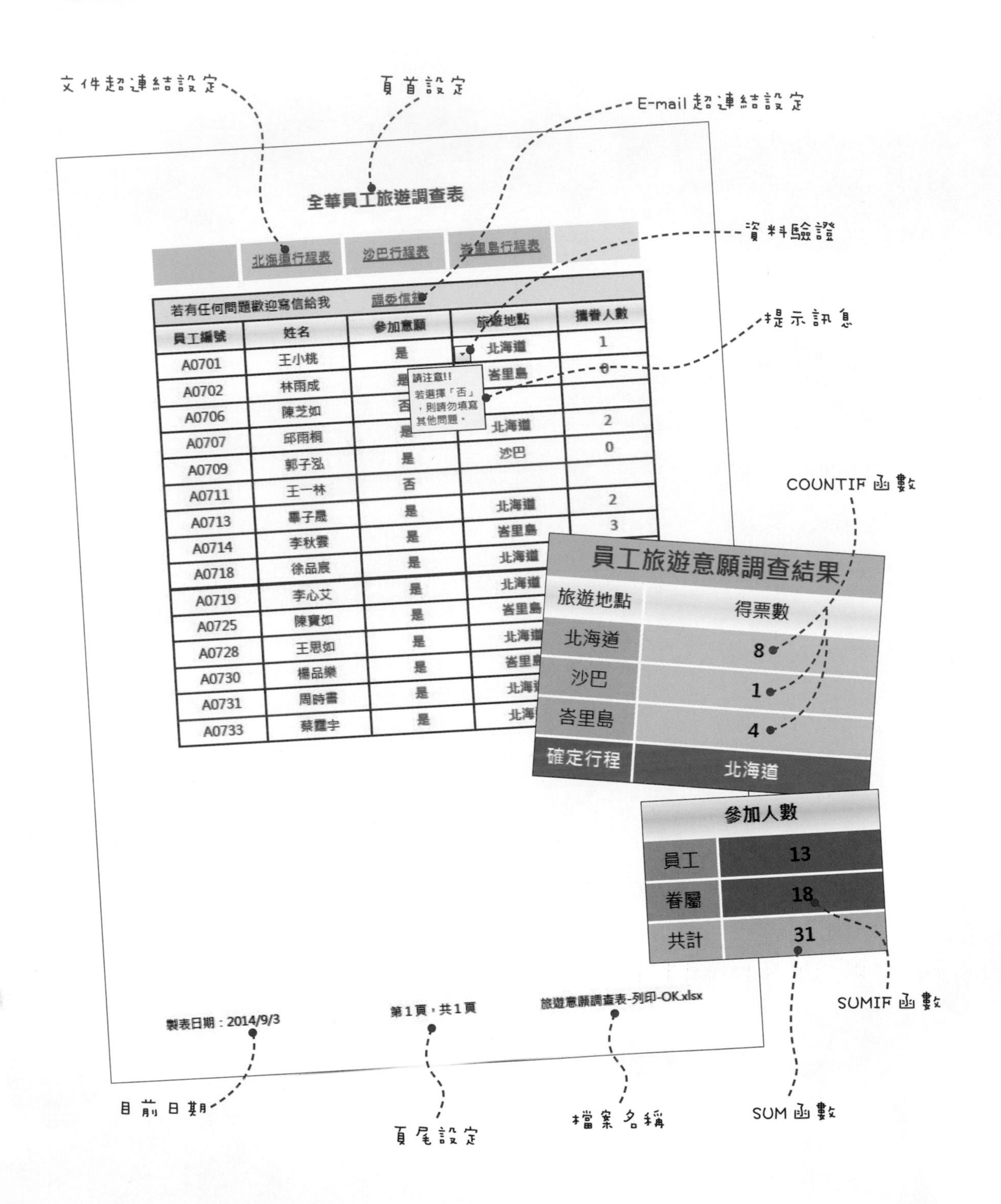

3-1 超連結的設定

利用超連結的功能，可以將圖片、儲存格等連結至文件檔案、圖片及電子郵件等外部資料。

連結至文件檔案

在此範例中，要將每個行程加上超連結，讓填表的使用者可以按下該文字連結後，即可開啓該地點的行程說明文件。

01 點選**C1**儲存格，再按下**「插入→連結→超連結」**按鈕，開啓「插入超連結」對話方塊。

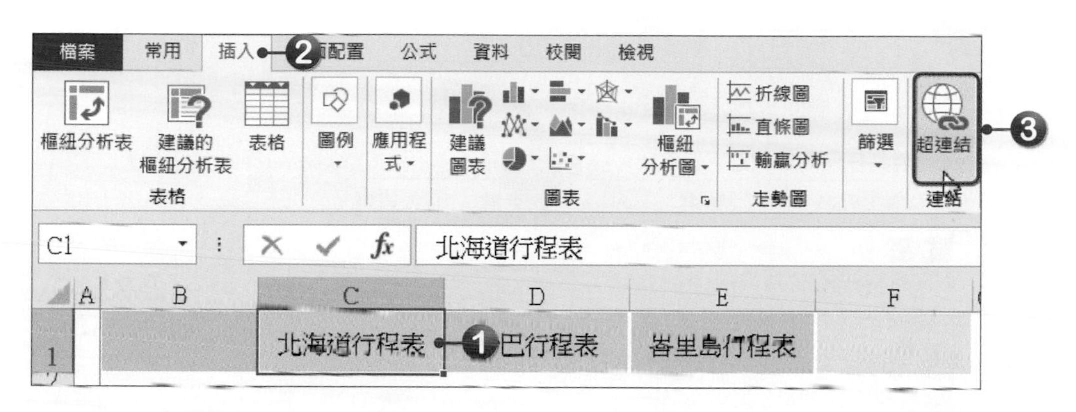

02 點選**現存的檔案或網頁**選項，再按下**目前資料夾**按鈕，即可選擇要連結的文件檔案，選擇好後按下**確定**按鈕。

03 設定好後，將滑鼠游標移至文字上時，滑鼠游標就會變成白色小手指標，並出現提示文字。

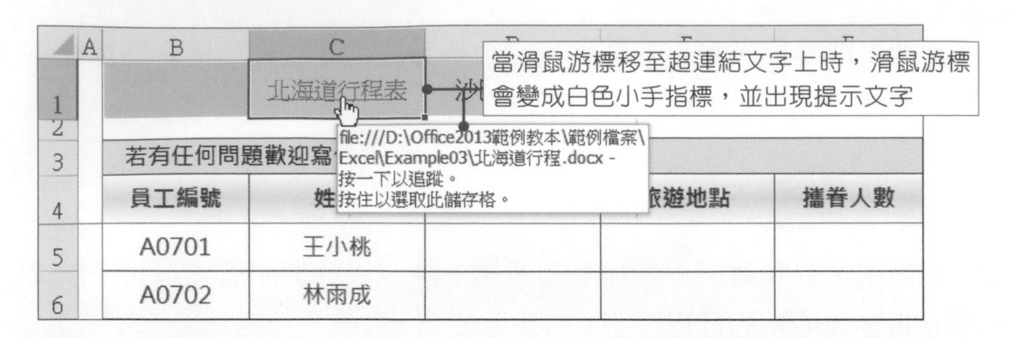

04 接著再利用相同方法將峇里島與沙巴也加上超連結。設定好後，來測試一下這個超連結，在文字上按下**滑鼠左鍵**，就會自動開啟所連結的檔案。

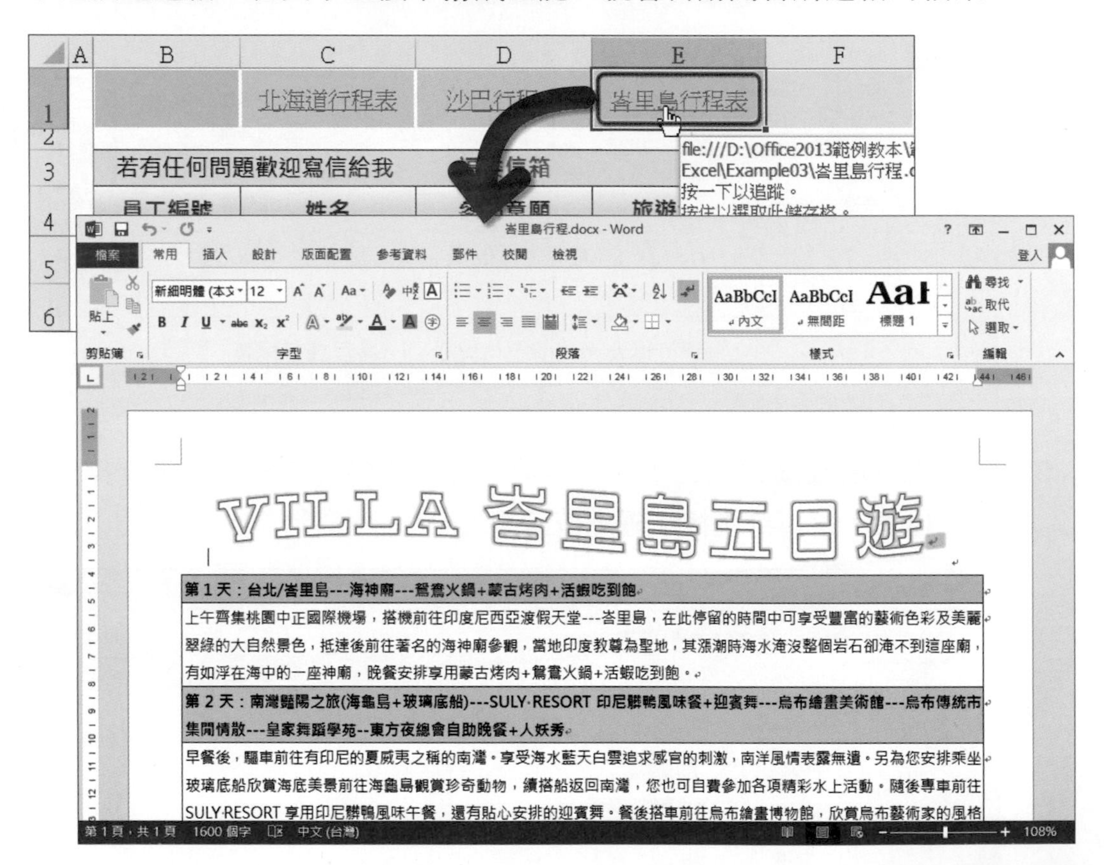

> **編輯及移除超連結**
>
> 將儲存格設定超連結後，若要修改超連結內容或移除超連結時，先選取該儲存格，再按下**滑鼠右鍵**，於選單中點選**編輯超連結**，即可開啟「編輯超連結」對話方塊；點選**移除超連結**，即可將設定的超連結移除。

連結至E-mail

除了連結到文件外，還可以直接連結到E-mail，這裡就要將「福委信箱」連結到某個E-mail地址，讓使用者按下後，即可直接開啓電子郵件軟體進行郵件撰寫的工作。

01 選取**D3**儲存格，再按下**「插入→連結→超連結」**按鈕，或按下**Ctrl+K**快速鍵，開啓「插入超連結」對話方塊。

02 點選**電子郵件地址**，於**電子郵件地址**欄位中輸入E-mail地址；於**主旨**欄位中輸入郵件的主旨內容，都設定好後按下**確定**按鈕。

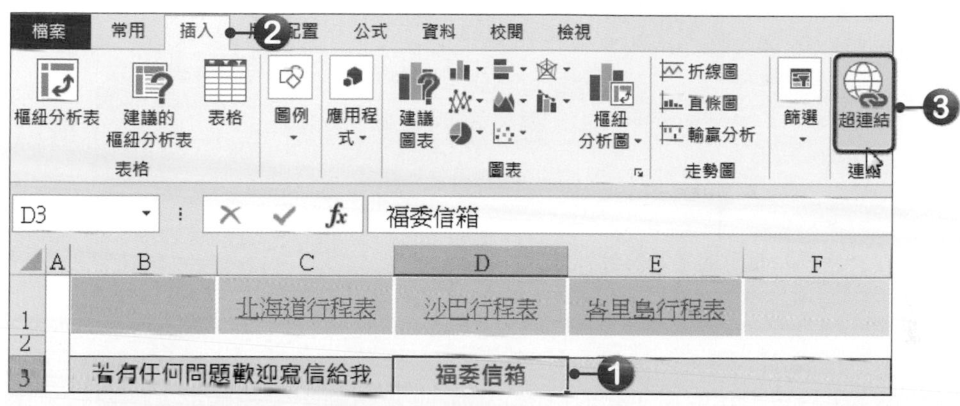

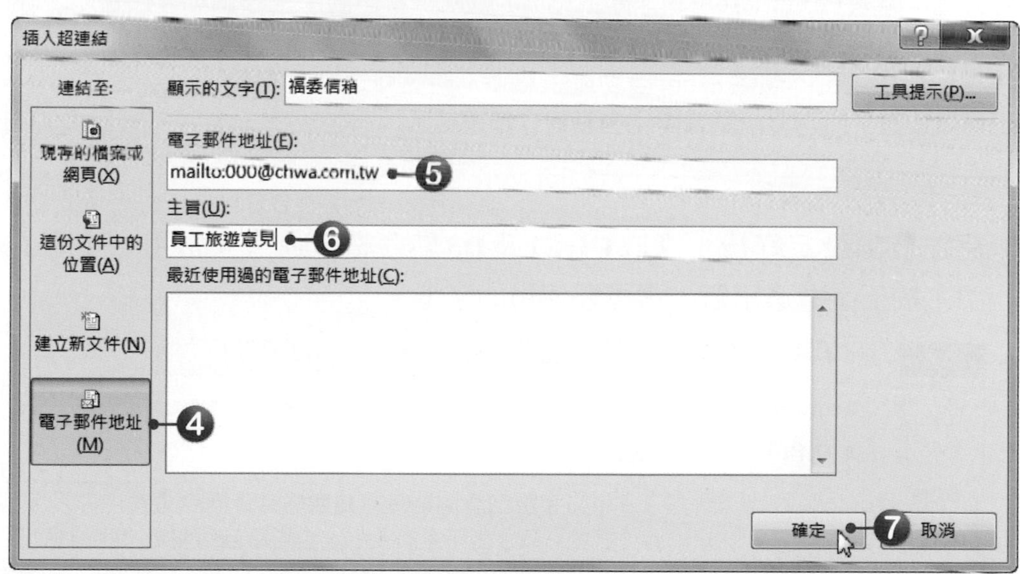

輸入電子郵件時，Excel會自動補上「**mailto**」語法，此語法請勿刪除，否則E-mail會無法順利寄出。

03 設定好後，儲存格內的文字就會變成另外一種色彩，並加上底線，表示該文字加上了超連結。

04 在儲存格上按下**滑鼠左鍵**，即可開啓郵件對話方塊，進行郵件撰寫的動作。

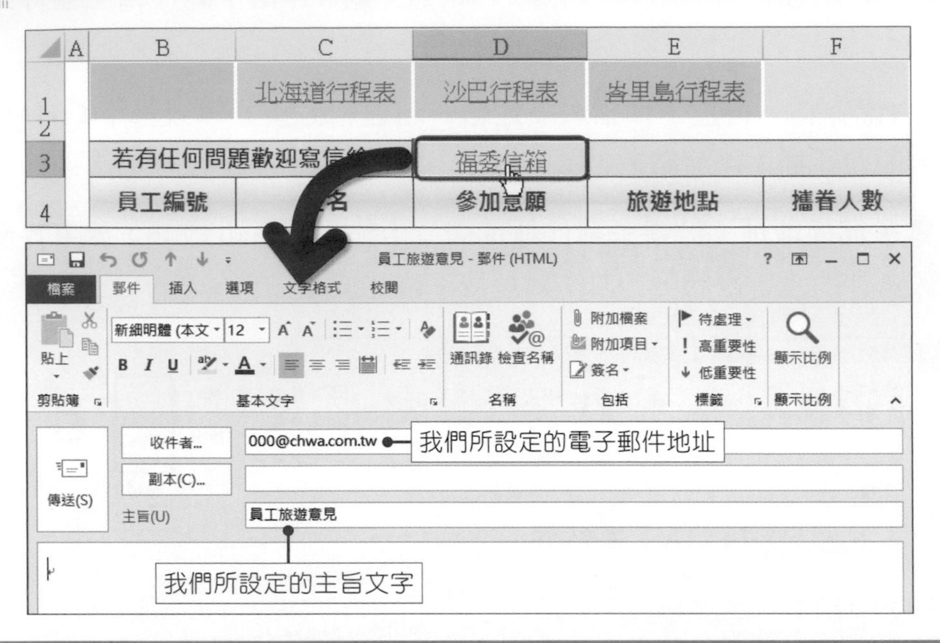

自動校正

在儲存格中輸入E-mail時(含有「@」符號)，Excel會自動產生一個郵件超連結。除此之外，在儲存格中輸入網站位址時，也會自動產生超連結，這是「自動校正」功能。若不想讓Excel自動產生超連結時，可以按下**自動校正選項**按鈕，於選單中點選**停止自動建立超連結**選項即可。

000@chwa.com.tw

自動校正選項

05 超連結都設定好後，選取**C1:E1**及**D3**儲存格，進入**「常用→字型」**群組中，按下**字型**選單鈕，選擇要使用的字型。

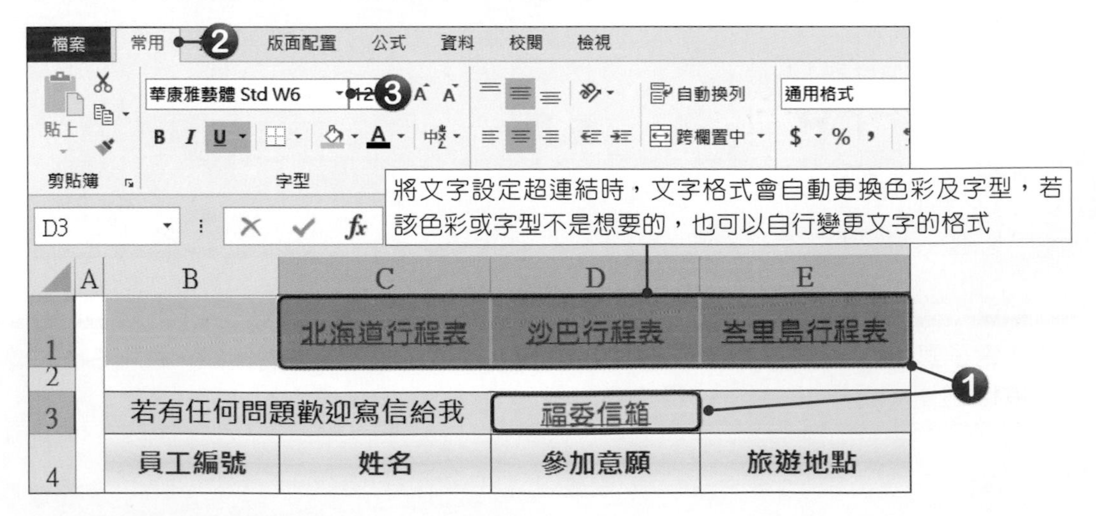

3-2 設定資料驗證

在某些只有特定選擇的情況下，為了提高表單填寫的效率，並避免填寫內容不統一而造成統計上的失誤，此時可以利用**資料驗證**功能，以提供選單的方式來限制填寫內容。

使用資料驗證建立選單及提示訊息

以此範例來說，「參加意願」的欄位是初步估計員工是否有意願參加本次的員工旅遊，所以限定員工必須填寫明確的意願，也就是說答案必須在「是」與「否」兩者擇一。在這樣的情況下，就可以在此欄位中設定資料驗證功能，來確保填寫者所填寫的答案符合本表單的填寫規則。

01 先選取「參加意願」的所有儲存格，也就是**D5:D19**儲存格，再按下**「資料→資料工具→資料驗證」**按鈕，開啟「資料驗證」對話方塊。

02 在資料驗證對話方塊中，按下**設定**標籤頁，在**儲存格內允許**的欄位中選擇**清單**選項，並將**儲存格內的下拉式清單**勾選，再於**來源**欄位中設定清單選項為**「是,否」**(選項之間用逗號間隔)。

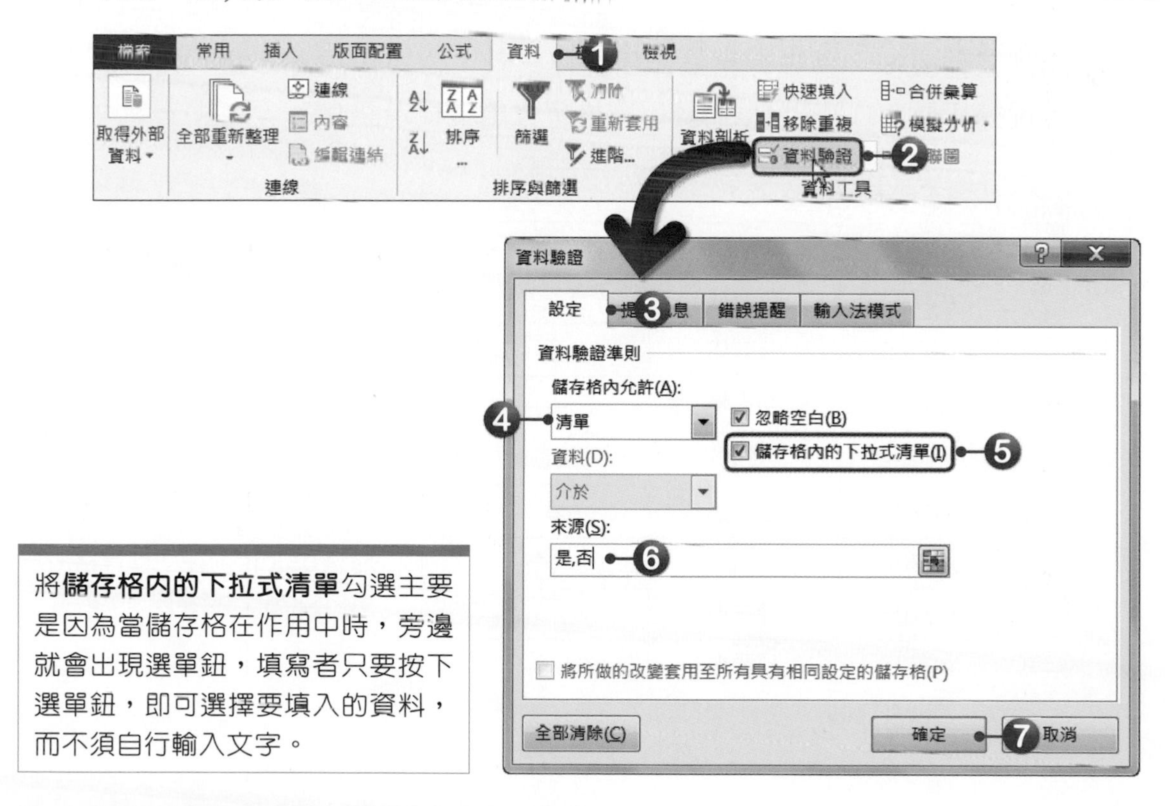

將**儲存格內的下拉式清單**勾選主要是因為當儲存格在作用中時，旁邊就會出現選單鈕，填寫者只要按下選單鈕，即可選擇要填入的資料，而不須自行輸入文字。

03 基於表單的設計，要提醒在「參加意願」欄位中填寫「否」的員工，不須再接續填寫其他欄位。所以，要在「參加意願」欄位上加入提示訊息的設定，即時提醒填表者須注意的事項。

04 點選**提示訊息**標籤頁，勾選**當儲存格被選取時，顯示提示訊息**選項；在**標題**欄位中，輸入提示訊息的標題，輸入**「請注意!!」**；再於**提示訊息**欄位中，輸入欲顯示的訊息內容，都設定好後按下**確定**按鈕。

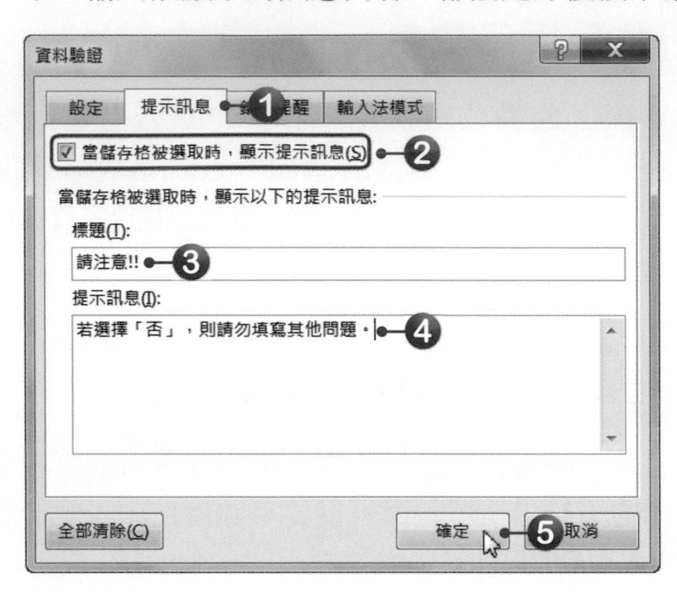

05 回到工作表後，當儲存格為作用儲存格時，便會出現選單鈕，按下此鈕即可選擇「是」或「否」；而該儲存格也會出現提示訊息。

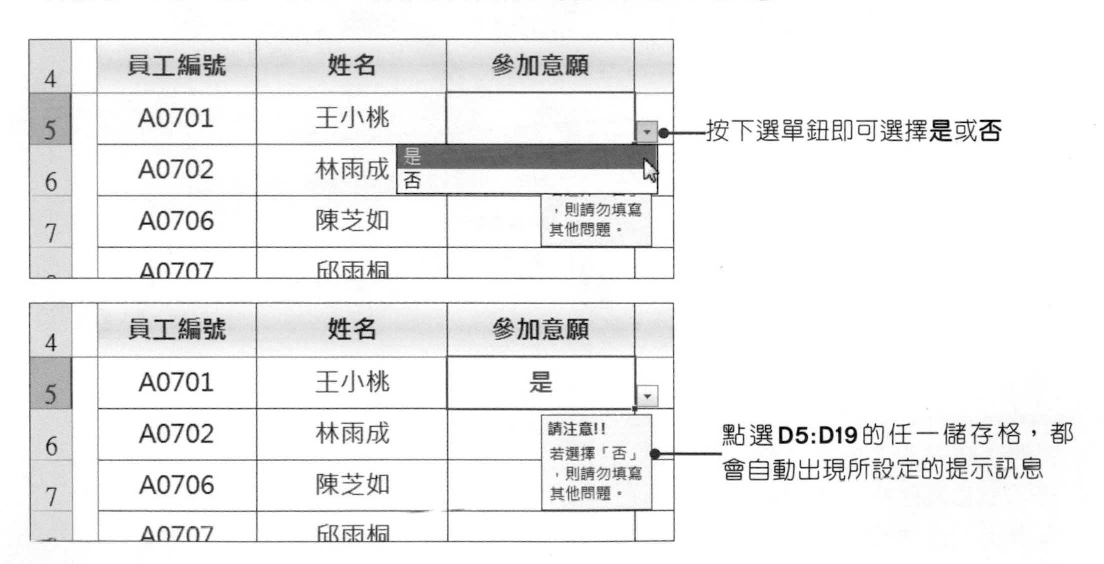

06 接著再利用資料驗證功能，於旅遊地點加入地點清單。選取 **E5:E19** 儲存格，也就是旅遊地點欄位的所有儲存格。

07 按下 **「資料→資料工具→資料驗證」** 按鈕，開啓「資料驗證」對話方塊，點選 **設定** 標籤頁，進行清單的設定，設定好後按下 **確定** 按鈕。

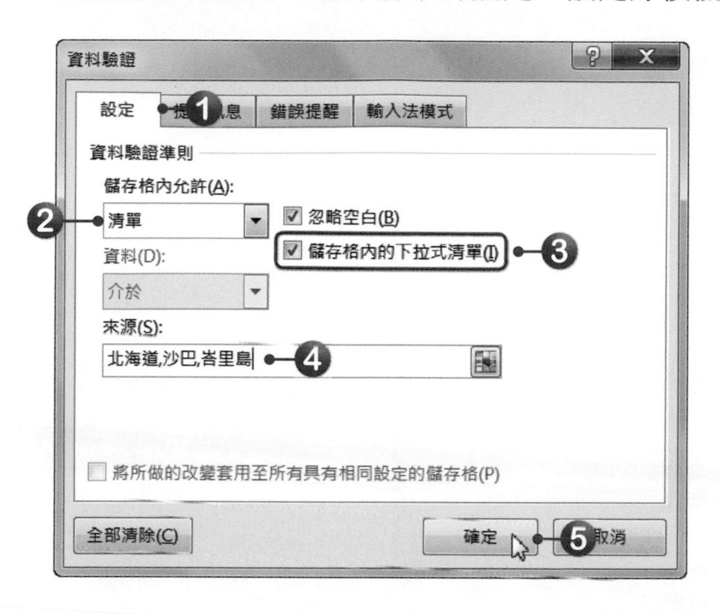

08 回到工作表後，即可完成清單設定，當儲存格為作用儲存格時，便會出現選單鈕，按下選單鈕即可選擇旅遊地點。

	A	B	C	D	E	F
1			北海道行程表	沙巴行程表	峇里島行程表	
2						
3		若有任何問題歡迎寫信給我		福委信箱		
4		員工編號	姓名	參加意願	旅遊地點	攜眷人
5		A0701	王小桃	是		
6		A0702	林雨成		北海道 沙巴 峇里島	
7		A0706	陳芝如			

用資料驗證設定限制輸入的數值

在「攜眷人數」中還是要利用資料驗證功能，將輸入的人數做一個限制，這裡只能填入0~3的數字，也就是說攜眷人數最多是3人。

01 選取 **F5:F19** 儲存格，也就是攜眷人數欄位的所有儲存格。

02 按下**「資料→資料工具→資料驗證」**按鈕，開啓「資料驗證」對話方塊，點選**設定**標籤頁。

03 在**儲存格內允許**的欄位中選擇**整數**選項，並在**資料**欄位中選擇**介於**，設定**最小值**爲**0**，**最大值**爲**3**，表示攜眷人數最多3人。

04 接著點選**提示訊息**標籤頁，加入提示訊息內容。

05 接著點選**錯誤提醒**標籤頁，將**輸入的資料不正確時顯示警訊**勾選，於**樣式**中選擇**警告**樣式，於**標題**及**訊息內容**中輸入訊息文字，設定好後按下**確定**按鈕。

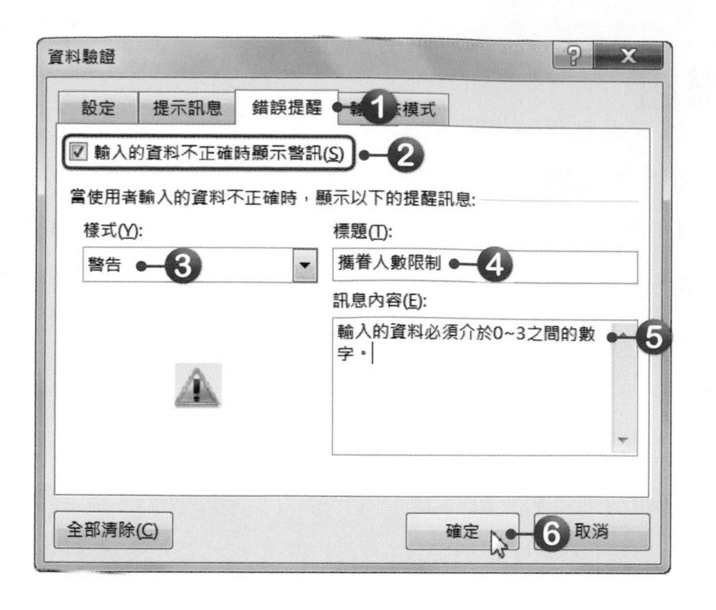

06 回到工作表後，試著於儲存格中輸入大於3的數字，輸入後就會出現錯誤的警告訊息。

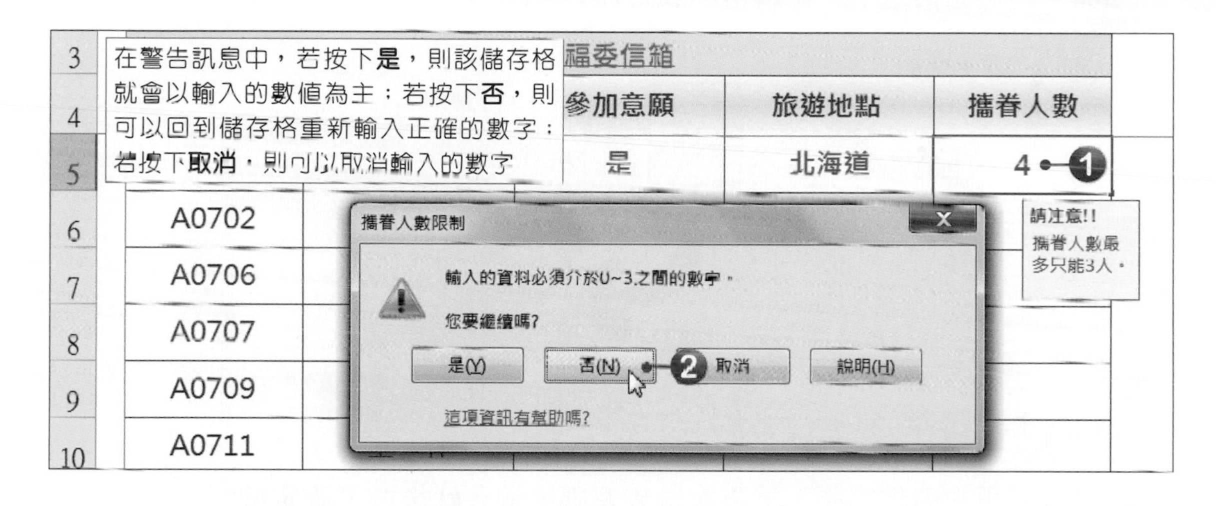

07 到這裡調查表都已設定完成了，試著自行輸入幾筆資料，看看設定有沒有什麼錯誤或遺漏的地方。

	員工編號	姓名	參加意願	旅遊地點	攜眷人數
5	A0701	王小桃	是	北海道	1
6	A0702	林雨成	否		
7	A0706	陳芝如	是	沙巴	0
8	A0707	邱雨桐	是	北海道	2
9	A0709	郭子泓	是	北海道	1
10	A0711	王一林	是	峇里島	3

3-3 文件的保護

調查表設計好後，可別先急著傳閱，由於這張意願調查表是要開放給公司員工逐一塡寫的，爲了避免在傳閱的過程中，工作表不小心被某些人誤刪或修改，而必須重新製作，所以要爲活頁簿加上保護的設定。這節可以使用**「旅遊意願調查表 - 保護.xlsx」**檔案進行練習。

活頁簿的保護設定

有時不希望活頁簿內容被別人擅自修改，可以針對活頁簿設定「保護」。設了「保護」之後，其他人就不能隨便修改工作表的內容或名稱，必須要有密碼才能解除保護。

01 按下**「校閱→變更→保護活頁簿」**按鈕，開啓「保護結構及視窗」對話方塊，勾選**結構**選項，並將密碼設定爲**chwa001**，設定好後按下**確定**按鈕。

02 接著要再次確認密碼，請再次輸入密碼，輸入好後按下**確定**按鈕。

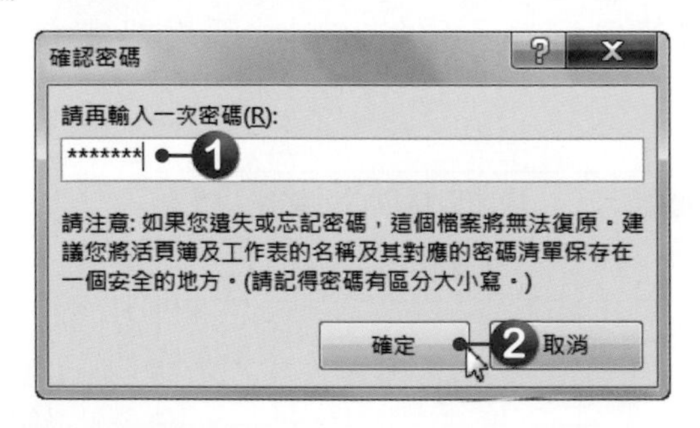

在設定保護活頁簿時，不一定要設定密碼，但若沒有設定密碼，任何使用者只要開啓該檔案都可以取消保護活頁簿的設定。

03 到這裡就完成了保護活頁簿的設定。而保護活頁簿的結構後，就無法移動、複製、刪除、隱藏、新增工作表了。

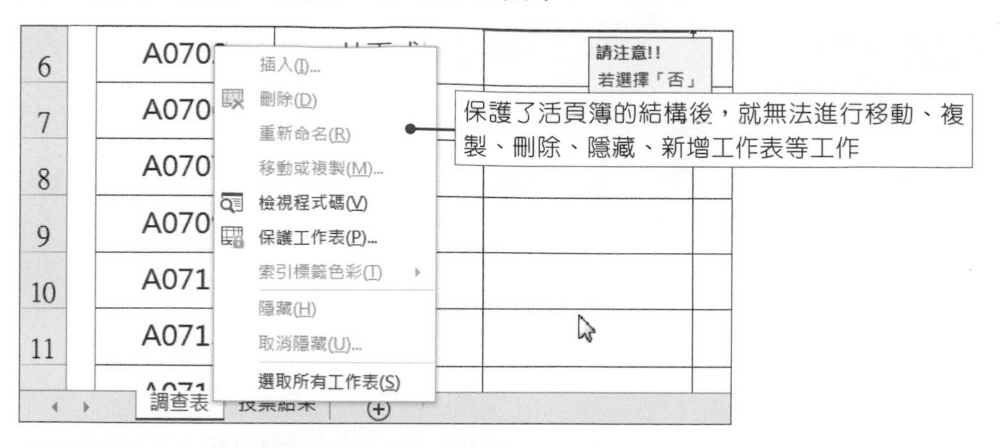

在設定保護活頁簿時，也可以按下**「檔案→資訊」**功能，再按下**「保護活頁簿→保護活頁簿結構」**選項，即可進行保護的設定。

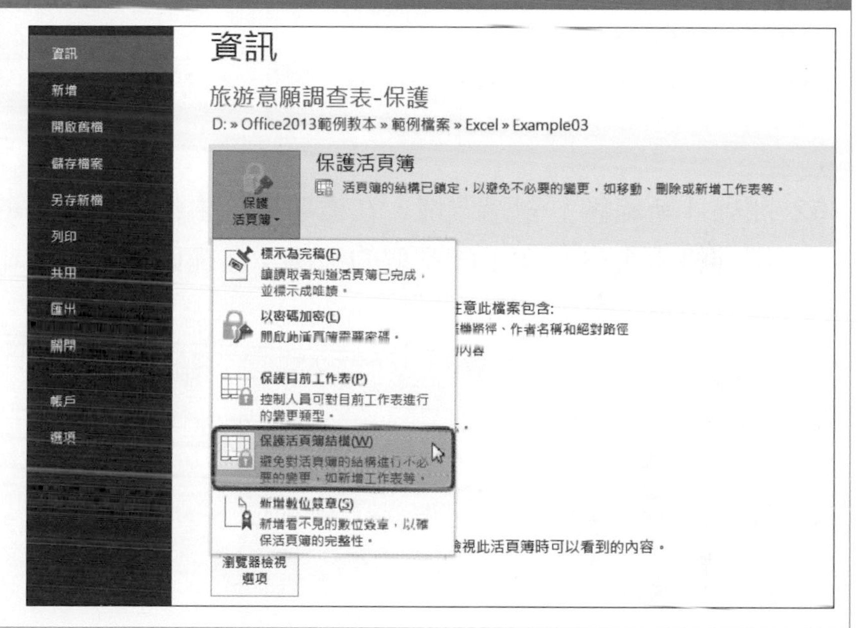

設定允許使用者編輯範圍

除了針對工作表、活頁簿設定保護外，也可以指定某些範圍不必保護，可以允許他人使用及修改。例如：在「調查表」工作表中，只讓各員工填入自己的資料，而其它部分則無法修改。所以要利用**「允許使用者編輯範圍」**功能，將每個人的儲存格範圍設定一組密碼。

01 選取**D5:F5**儲存格，按下**「校閱→變更→允許使用者編輯範圍」**按鈕，開啟「允許使用者編輯範圍」對話方塊，按下**新範圍**按鈕。

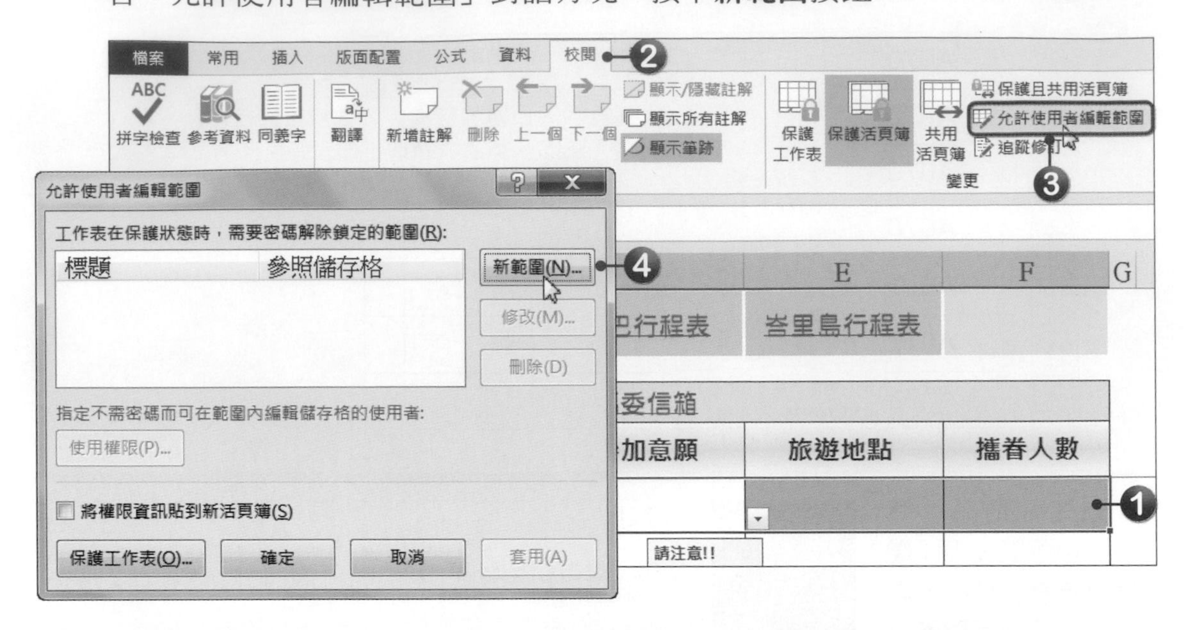

02 開啟「新範圍」對話方塊，在**標題**欄位中輸入要使用的標題名稱；在**參照儲存格**中會自動顯示所選取的範圍；在**範圍密碼**欄位中輸入密碼，不輸入表示不設定保護密碼。

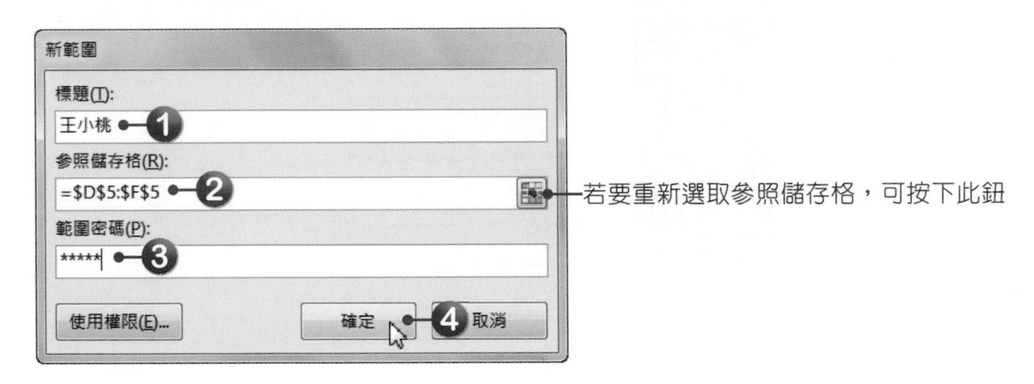

03 王小桃的密碼設定好後按下**確定**按鈕，會要再確認一次密碼，密碼確認完後，會回到「允許使用者編輯範圍」對話方塊。

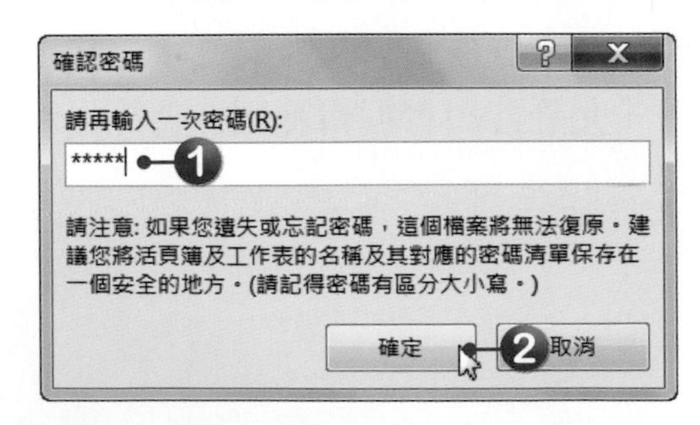

04 此時再按下**新範圍**按鈕，設定另外一位員工的密碼。利用此方法將所有員工的密碼(密碼為員工編號)皆設定完成。當所有範圍密碼都設定完成後，按下**保護工作表**按鈕，開啓「保護工作表」對話方塊。

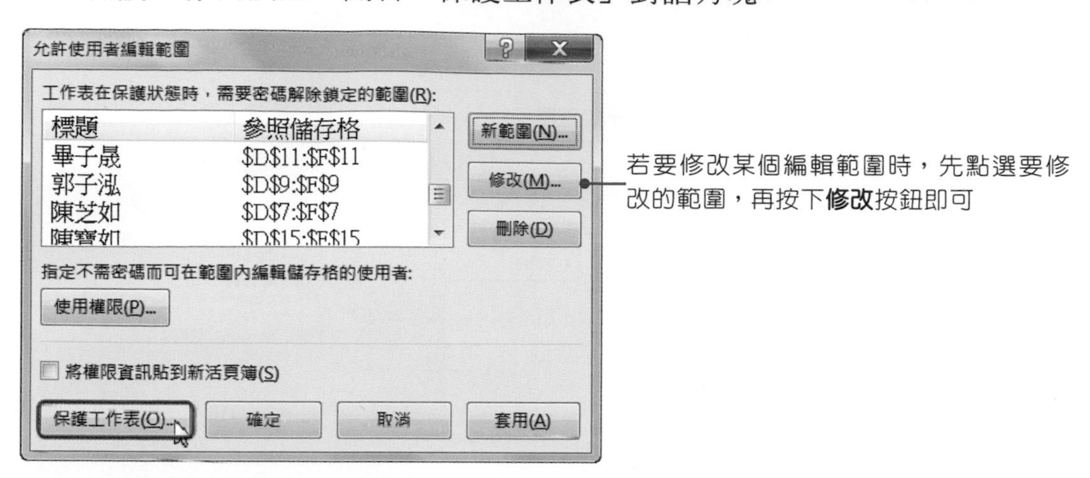

05 建立一個保護工作表的密碼(chwa001)，將**選取鎖定的儲存格**及**選取未鎖定的儲存格**選項勾選，設定好後按下**確定**按鈕。

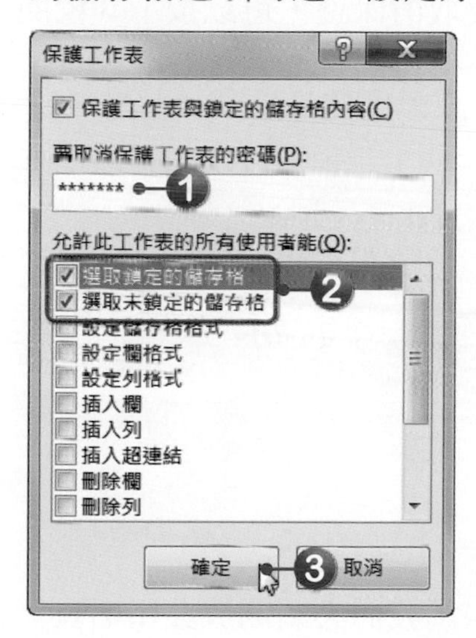

06 開啓「確認密碼」對話方塊，請再輸入一次密碼，輸入好後按下**確定**按鈕。

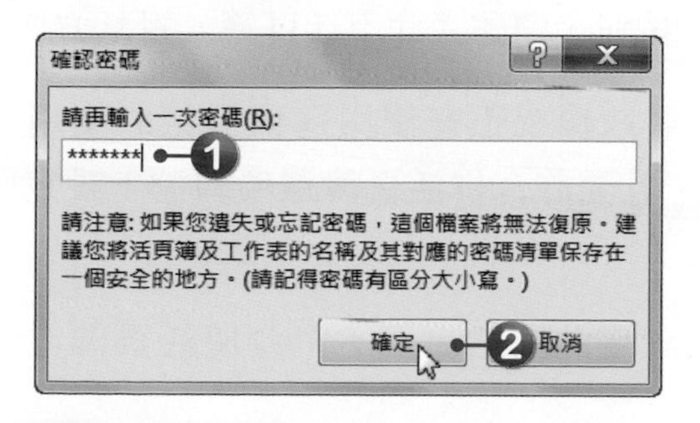

07 完成以上步驟後，當員工開啓該檔案，若要填寫資料時，必須先輸入密碼，才能進行資料輸入的動作。這裡可以開啓**「旅遊意願調查表-保護-OK」**檔案試試看，每個範圍的密碼是員工編號；活頁簿與工作表保護密碼為**「chwa001」**。

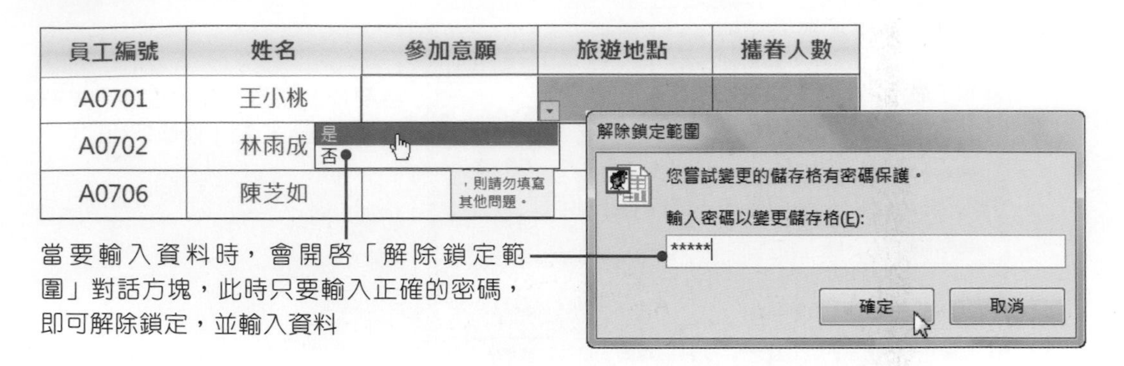

取消保護工作表及活頁簿

當工作表及活頁簿都被設定為保護時，若要取消保護，可以按下**「校閱→變更→取消保護工作表」**按鈕；或**「校閱→變更→保護活頁簿」**按鈕，即可取消保護，取消時會要求輸入設定的密碼。

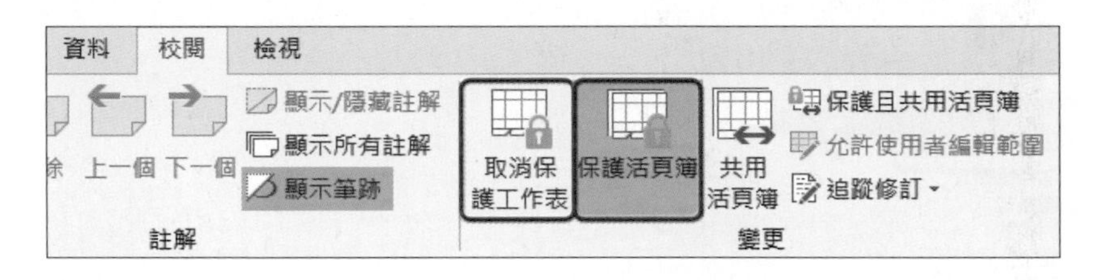

共用活頁簿

為了要讓所有人一同使用並填寫這張調查表，我們必須開放共用活頁簿，這樣大家才能一起使用這張調查表。

01 按下**「校閱→變更→共用活頁簿」**按鈕，開啓「共用活頁簿」對話方塊。

02 在「共用活頁簿」對話方塊中，可以檢視正在使用這個檔案的使用者名單，將**允許多人同時修改活頁簿，且允許合併活頁簿**選項勾選，設定好後按下**確定**按鈕。

03 接著會出現一個警告訊息，提醒設定共用活頁簿，將會使活頁簿立即儲存，在此按下**確定**即可完成設定。

04 檔案儲存完畢後，標題列上的檔案名稱會加上「共用」二個字，表示它已是共用的活頁簿。

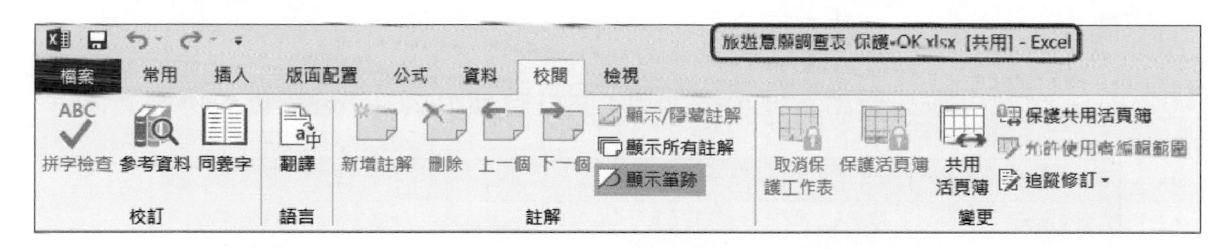

05 調查表都設定完成後，即可將調查表開放在內部網路，供員工開啓並填寫。在Windows 7及Windows 8中，只要將檔案放入**「公用」**資料夾，即可將檔案分享出去，讓員工填寫。

06 若想要知道目前有哪些人正在使用這個意願調查表，可以按下**「校閱→變更→共用活頁簿」**按鈕，於「共用活頁簿」對話方塊中即可看到正在使用該檔案的人員。

3-4 統計調查結果

當所有員工都填寫完畢，別忘了先關閉活頁簿的共用功能以及資源分享。接下來就可以計算最後的投票結果。這裡請開啓「旅遊意願調查表-統計.xlsx」檔案，這是一份經傳閱填寫完成的檔案。

用COUNTIF函數計算參加人數

如果只想計算符合條件的儲存格個數，例如：特定的文字、或是一段比較運算式，就可以使用「COUNTIF」函數。

語法	COUNTIF(Range,Criteria)
說明	Range：比較條件的範圍，可以是數字、陣列或參照。 Criteria：是用以決定要將哪些儲存格列入計算的條件，可以是數字、表示式、儲存格參照或文字。

這裡要利用「COUNTIF」函數來計算在「參加意願」中選擇「是」的個數，即可計算出要參加的員工人數。

01 進入**「投票結果」**工作表中，點選**E2**儲存格，按下「**公式→函數程式庫→其他函數→統計**」按鈕，點選**COUNTIF**函數，開啓「函數引數」對話方塊。

02 在「函數引數」對話方塊，按下第1個引數(Range)的按鈕，選取範圍。

03 要選取的範圍在「調查表」工作表中，所以進入**「調查表」**工作表中，選取**D5:D19**儲存格，選擇好後按下按鈕。

函數引數

調查表!D5:D19

員工編號	姓名	參加意願	旅遊地點	攜眷人數
A0725	陳寶如	是	峇里島	0
A0728	王思如	是	北海道	1
A0730	楊品樂	是	峇里島	1
A0731	周時書	是	北海道	2
A0733	蔡霆宇	是	北海道	3

04 回到「函數引數」對話方塊，將第二個引數(Criteria)的條件設定為**「是」**，設定好後按下**確定**按鈕，即可完成參加人數的計算。

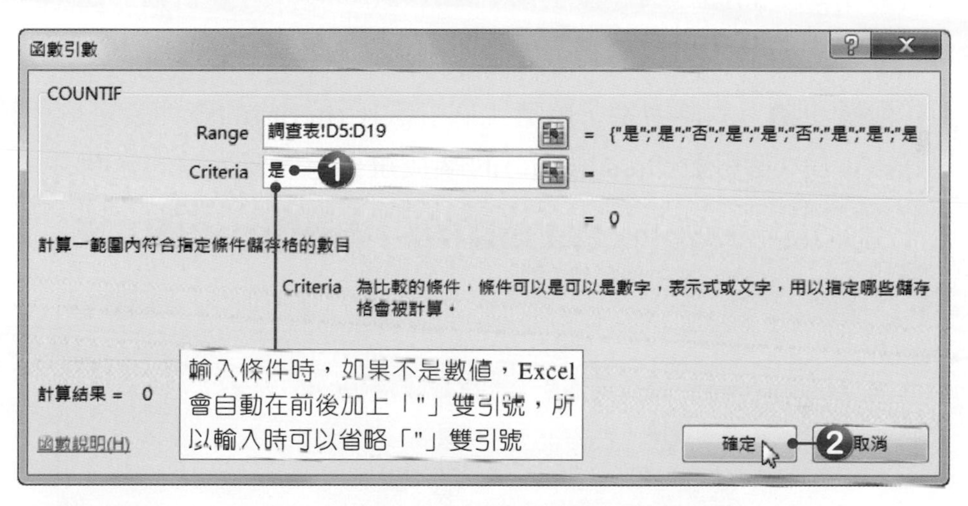

輸入條件時，如果不是數值，Excel會自動在前後加上「"」雙引號，所以輸入時可以省略「"」雙引號

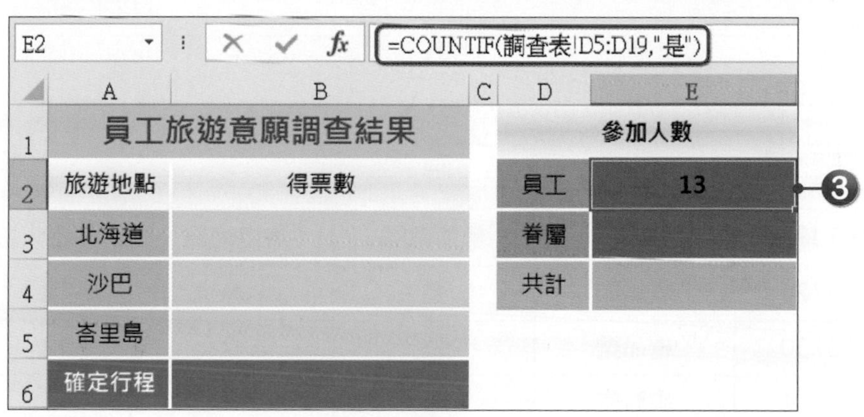

用SUMIF函數計算眷屬人數

要計算眷屬人數時，可以直接使用加總函數，將「G5:G19」儲存格內的數字加總即可，但為了避免某些人在參加意願選擇了「否」，但又多此一舉的在攜眷人數中填入數字，所以這裡要使用「SUMIF」函數來計算眷屬的人數。SUMIF函數可以計算符合指定條件的數值總和。

語法	SUMIF(Range,Criteria, [Sum_range])
說明	Range：要加總的範圍。 Criteria：要加總儲存格的篩選條件，可以是數值、公式、文字等。 Sum_range：將被加總的儲存格，如果省略，則將使用目前範圍內的儲存格。

01 點選**E3**儲存格，按下**「公式→函數程式庫→數學與三角函數」**按鈕，於選單中點選**SUMIF**函數，開啟「函數引數」對話方塊。

02 在「函數引數」對話方塊，按下第1個引數(Range)的按鈕，選取「調查表」工作表中的**D5:D19**儲存格，選擇好後按下按鈕。

03 回到「函數引數」對話方塊，將第二個引數(Criteria)的條件設定為**「是」**，設定好按下第3個引數(Sum_range)的按鈕，選取要加總的範圍。

04 選取「調查表」工作表中的**F5:F19**儲存格，選擇好後按下按鈕。

函數引數
調查表!F5:F19
4
5

	B	C	D	E	F
4	員工編號	姓名	參加意願	旅遊地點	攜眷人數
16	A0728	王思如	是	北海道	1
17	A0730	楊品樂	是	峇里島	1
18	A0731	周時書	是	北海道	2
19	A0733	蔡霆宇	是	北海道	3

05 回到「函數引數」對話方塊，按下**確定**按鈕，即可計算出眷屬人數。

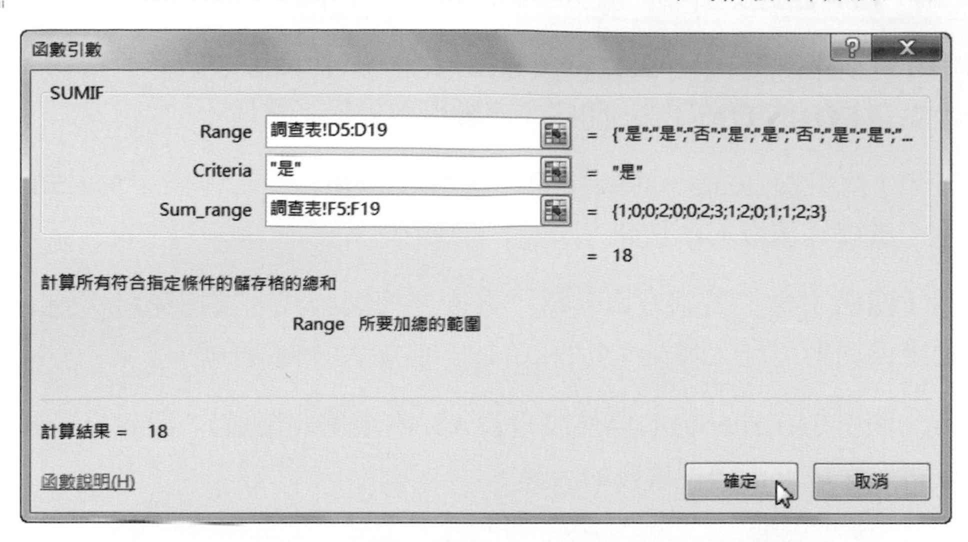

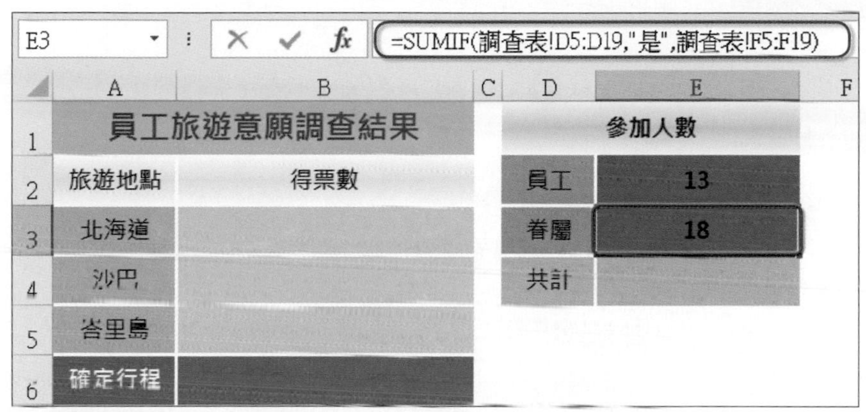

06 員工與眷屬人數都統計完成後，點選**E4**儲存格，按下**「公式→函數程式庫→自動加總」**按鈕，於選單中點選**加總**，或直接按下**Alt+=**快速鍵，Excel會自動偵測，並框選出加總範圍，範圍沒問題後，按下**Enter**鍵，即可完成總參加人數的計算。

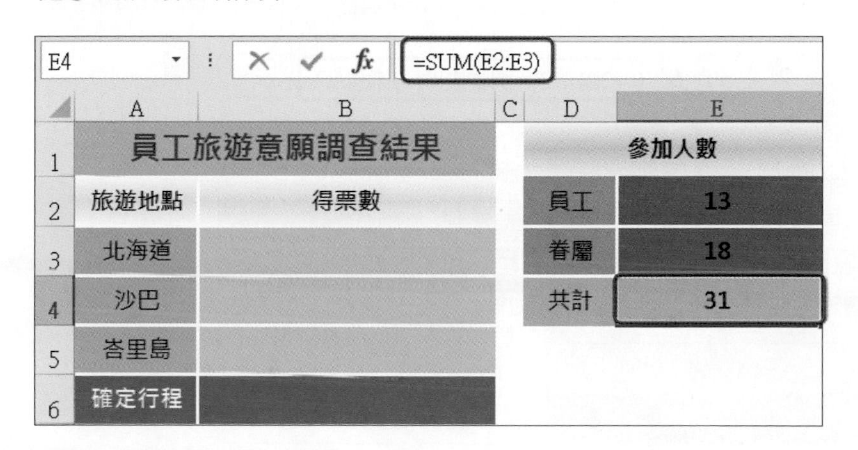

用COUNTIF函數計算旅遊地點的得票數

01 點選**B3**儲存格，按下**「公式→函數程式庫→其他函數→統計」**按鈕，於選單中點選**COUNTIF**函數，開啓「函數引數」對話方塊。

02 按下第1個引數(Range)的按鈕，選取「調查表」工作表中的**E5:E19**儲存格，選擇好後按下按鈕。

03 回到「函數引數」對話方塊，爲了之後要複製公式，這裡先將「列」的範圍設定爲絕對位址，請在「5」和「19」前加入「$」符號。

04 將第二個引數(Criteria)的條件設定爲**A3**(內容爲北海道)，設定好後按下**確定**按鈕，完成北海道得票數的計算。

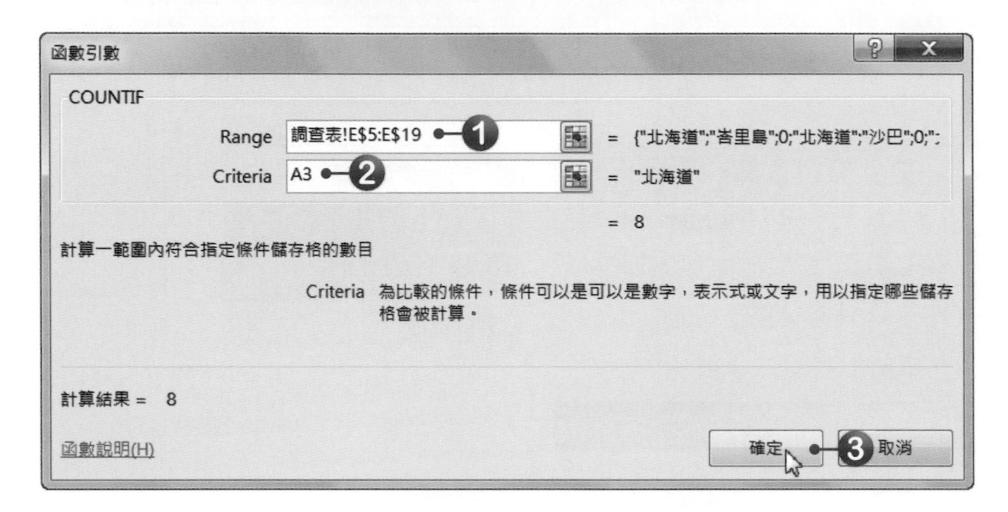

05 接著將公式複製到**B4:B5**儲存格中，即可計算出沙巴與峇里島的得票數。

06 旅遊地點的得票數計算完後，最後再將得票數最高的地點填入**B6**儲存格中，就完成了旅遊地點的統計。

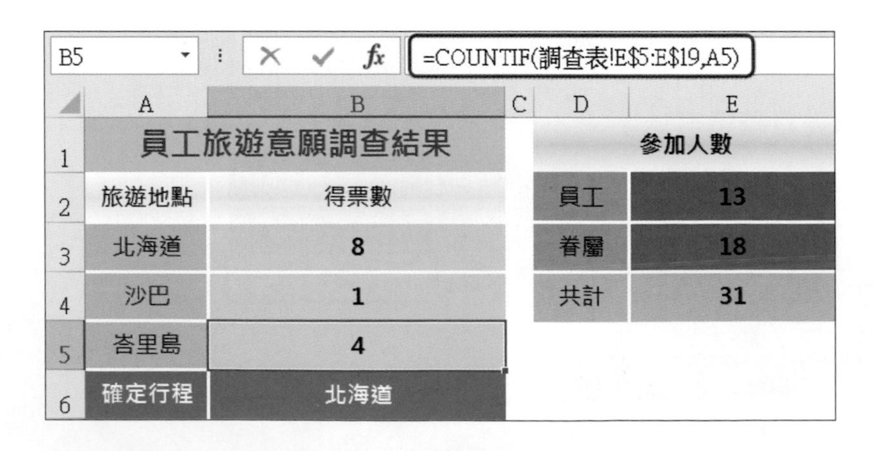

3-5 工作表的版面設定

在列印工作表前，可以先到「**版面配置→版面設定**」群組中，進行邊界、方向、大小、列印範圍、背景等設定。這節請開啓「**旅遊意願調查表-列印.xlsx**」檔案，進行以下的練習。

邊界設定

要調整邊界時，按下「**版面配置→版面設定→邊界**」按鈕，於選單中選擇**自訂邊界**，即可進行邊界的調整。在**置中方式**選項中，若將**水平置中**和**垂直置中**勾選，則會將工作表內容放在紙張的正中央。若都沒有勾選，則工作表內容會靠左邊和上面對齊。

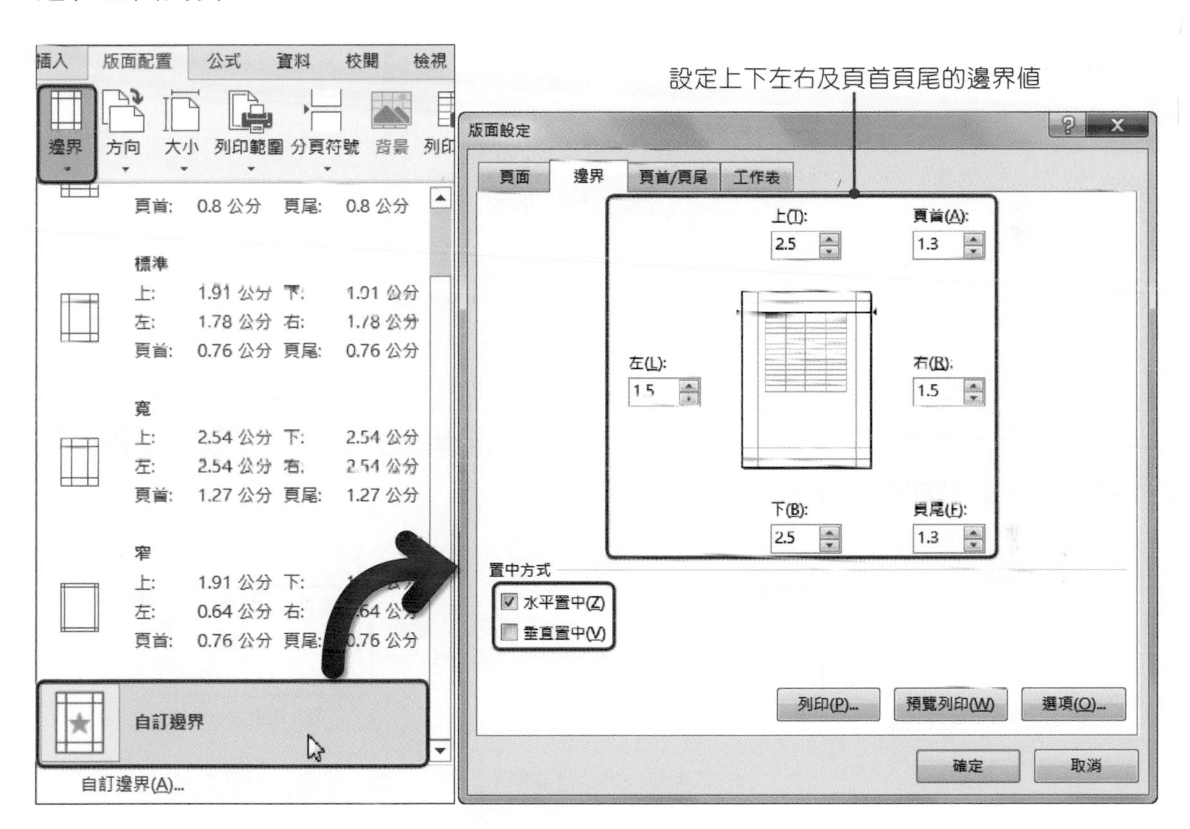

改變紙張方向與縮放比例

要設定紙張方向時，可以在「版面設定」對話方塊的**頁面**標籤頁中，選擇紙張要列印的方向，這裡提供了**直向**和**橫向**兩種選擇；而在**紙張大小**中可以選擇要使用的紙張大小。

當工作表超出單一頁面，又不想拆開兩頁列印時，可以將工作表縮小列印。在**縮放比例**欄位，輸入一個縮放的百分比，工作表就會依照一定比例縮放。通常會直接指定要印成幾頁寬或幾頁高，決定要將寬度或高度濃縮成幾頁，Excel就會自動縮放工作表以符合頁面大小。

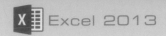

要設定紙張方向及紙張大小時，也可以至**「版面配置→版面設定」**群組中按下**方向**按鈕，選擇紙張方向；按下**大小**按鈕，選擇紙張大小。在**「版面配置→配合調整大小」**群組中，則可以進行縮放比例的設定。

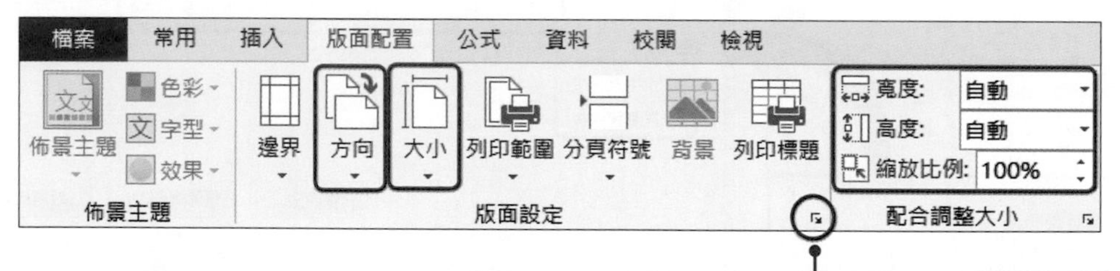

設定列印範圍及列印標題

只想列印工作表中的某些範圍時，先選取範圍再按下**「版面配置→版面設定→列印範圍→設定列印範圍」**按鈕，即可將被選取的範圍單獨列印成1頁，選取要列印的範圍時，可以是許多個不相鄰的範圍。

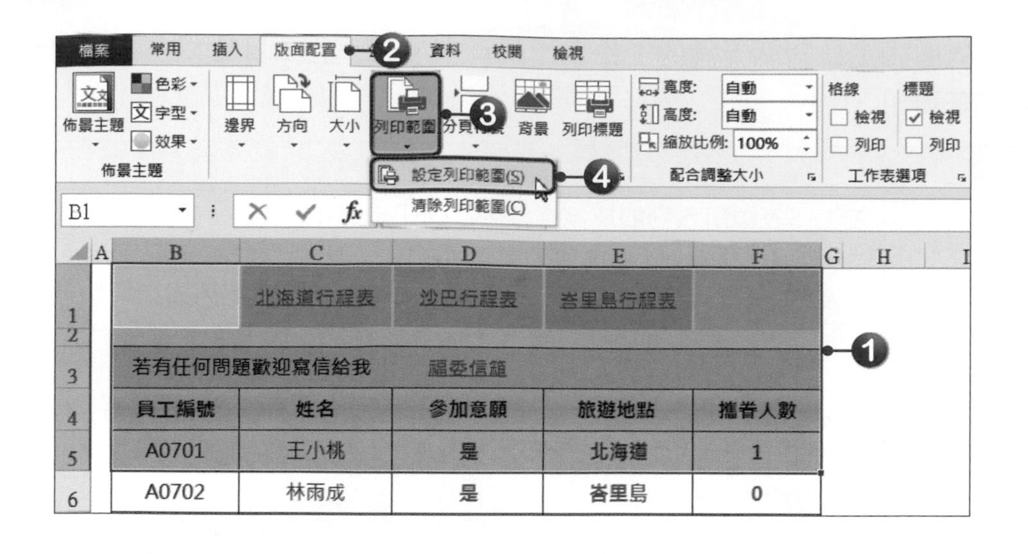

設定列印標題

一般而言，會將資料的標題列放在第一欄或第一列，在瀏覽或查找資料時，比較好對應到該欄位的標題。所以，當列印資料超過二頁時，就必須特別設定標題列，才能使表格標題出現在每一頁的第一欄或第一列。

要設定列印標題時，按下**「版面配置→版面設定→列印標題」**按鈕，開啟「版面設定」對話方塊，點選**工作表**標籤，即可進行列印標題的設定。

在「版面設定」對話方塊的**工作表**標籤頁中，有一些項目可以選擇以何種方式列印，表列如下。

選項	說明
列印格線	在工作表中所看到的灰色格線，在列印時是不會印出的，若要印出格線時，可以將**列印格線**選項勾選，勾選後列印工作表時，就會以虛線印出。在「**版面配置→工作表選項**」群組中，將**格線**的**列印**選項勾選，也可以列印出格線。 格線：☐ 檢視 ☐ 列印　標題：☑ 檢視 ☐ 列印　工作表選項
註解	如果儲存格有插入註解，一般列印時不會印出。但可以在**工作表**標籤的**註解**欄位，選擇**顯示在工作表底端**選項，則註解會列印在所有頁面的最下面；另外一種方法是將註解列印在工作表上。
儲存格單色列印	原本有底色的儲存格，勾選**儲存格單色列印**選項後，列印時不會印出顏色，框線也都印成黑色。
草稿品質	儲存格底色、框線都不會被印出來。
列與欄位標題	會將工作表的欄標題A、B、C……和列標題1、2、3……，一併列印出來。在「**版面配置→工作表選項**」群組中，將**標題**的**列印**選項勾選，也可以列印出列與欄位標題。 A B C D E 1 北海道行程表 沙巴行程表 峇里島行程表 2 3 若有任何問題歡迎寫信給我 福委信箱 4 員工編號 姓名 參加意願 旅遊地點
循欄或循列列印	當資料過多，被迫分頁列印時，點選**循欄列印**選項，會先列印同一欄的資料；點選**循列列印**選項，會先列印同一列的資料。例如：有個工作表要分成A、B、C、D四塊列印。 若選擇「**循欄列印**」，則會照著A→C→B→D的順序列印。 A B C D 若選擇「**循列列印**」，則會照著A→B→C→D的順序列印。 A B C D

3-6 頁首及頁尾的設定

工作表在列印前可以先加入頁首及頁尾等相關資訊，再進行列印的動作，而我們可以在頁首與頁尾中加入標題文字、頁碼、頁數、日期、時間、檔案名稱、工作表名稱等資訊。

這節請開啓**「旅遊意願調查表-列印.xslx」**檔案進行練習，因整頁模式與凍結窗格不相容，故該檔案已取消了凍結窗格的設定。除此之外，因設計頁首及頁尾時，會動到工作表的結構，所以也將保護活頁簿及保護工作表的設定取消，這樣才能順利的進行頁首及頁尾的設定。

01 進入**「調查表」**工作表中，按下**「插入→文字→頁首及頁尾」**按鈕，或點選檢視工具列上的**整頁模式**按鈕，進入整頁模式中。

02 在頁首區域中會分爲三個部分，在中間區域中按一下**滑鼠左鍵**，即可輸入頁首文字，文字輸入好後，選取文字，進入**「常用→字型」**群組中，進行文字格式設定。

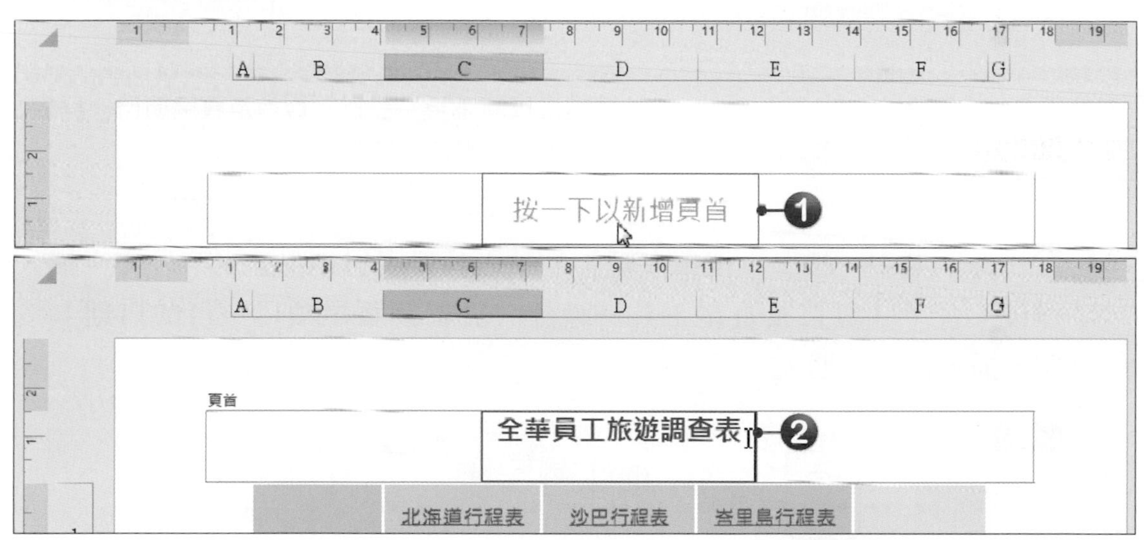

03 接著按下**「頁首及頁尾工具→設計→導覽→移至頁尾」**按鈕，切換至頁尾區域中。

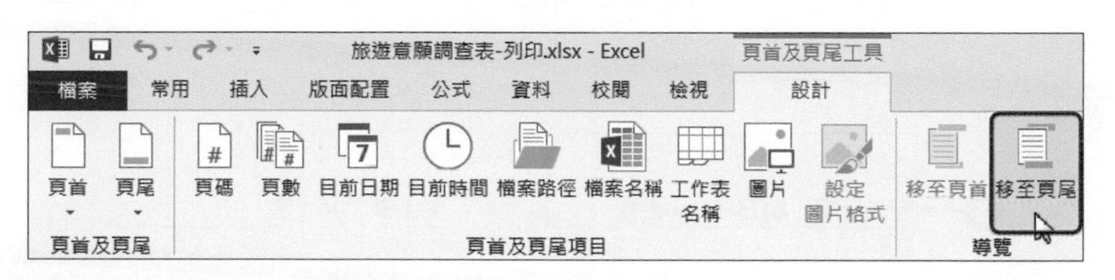

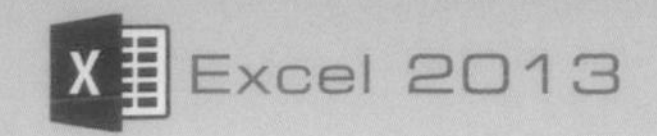

04 在中間區域按一下**滑鼠左鍵**，按下「**頁首及頁尾工具→設計→頁首及頁尾→頁尾**」按鈕，於選單中選擇要使用的頁尾格式。

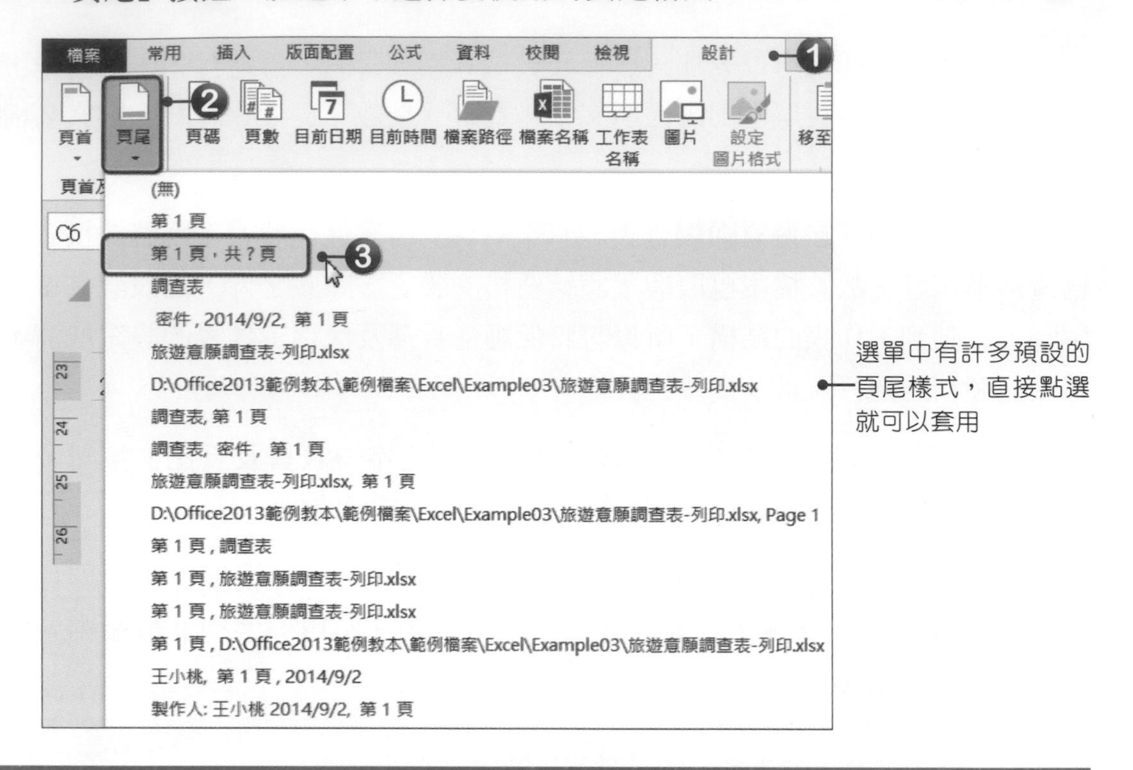

要插入頁碼或頁數時，也可以直接按下「**頁首及頁尾工具→設計→頁首及頁尾項目**」群組中的**頁碼**按鈕，即可插入頁碼；按下**頁數**按鈕，則可以插入總頁數。

05 在左邊區域中，按一下**滑鼠左鍵**，再輸入「**製表日期：**」文字，文字輸入好後，按下「**頁首及頁尾工具→設計→頁首及頁尾項目→目前日期**」按鈕，插入當天日期。

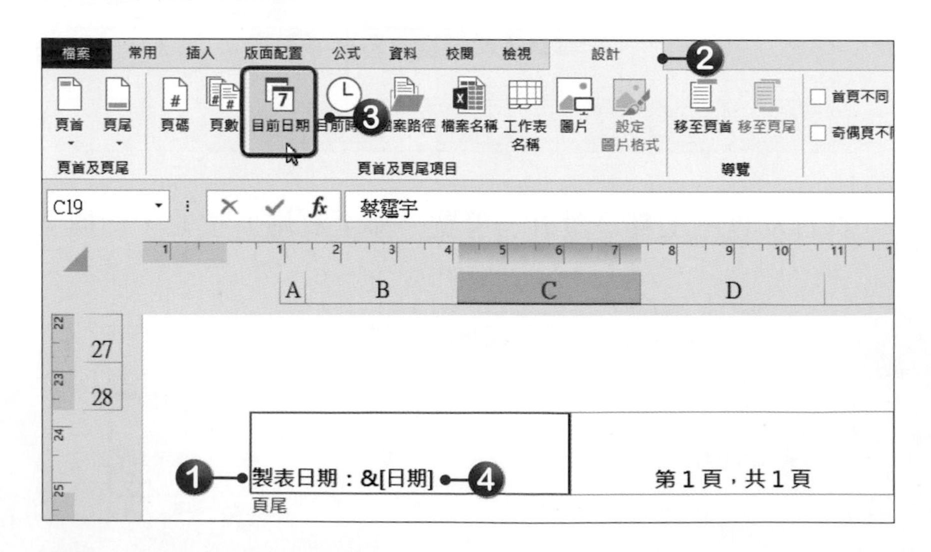

06 在右邊區域中，按一下**滑鼠左鍵**，按下**「頁首及頁尾工具→設計→頁首及頁尾項目→檔案名稱」**按鈕，插入活頁簿的檔案名稱。

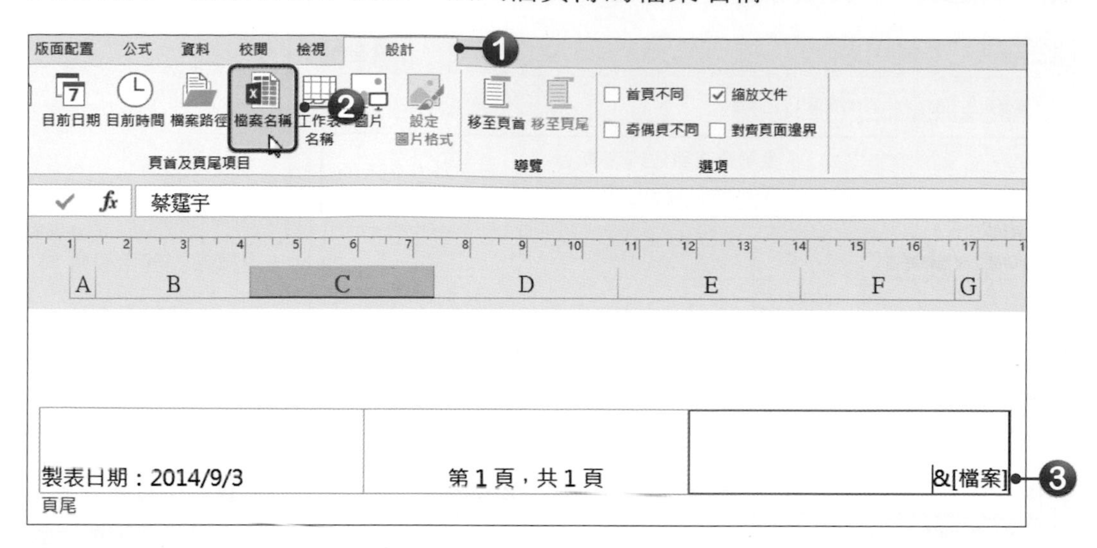

07 頁首頁尾設定好後，再檢查看看還有哪裡需要調整及修改。最後，於頁首頁尾編輯區以外的地方按一下**滑鼠左鍵**，或是按下檢視工具中的**標準模式**，即可離開頁首及頁尾的編輯模式。

全華員工旅遊調查表

北海道行程表　沙巴行程表　峇里島行程表

若有任何問題歡迎寫信給我　撰寫信箱

員工編號	姓名	參加意願	旅遊地點	攜眷人數
A0701	王小桃	是	北海道	1
A0702	林雨成	是	峇里島	0
A0706	陳芝如	否		
A0707	邱雨桐	是	北海道	2
A0709	郭子泓	是	沙巴	0
A0711	王一林	否		
A0713	畢子晟	是	北海道	2
A0714	李秋雲	是	峇里島	3
A0718	徐品宸	是	北海道	1
A0719	李心艾	是	北海道	2
A0725	陳寶如	是	峇里島	0
A0728	王思如	是	北海道	1
A0730	楊品樂	是	峇里島	1
A0731	周時雲	是	北海道	2
A0733	蔡霆宇	是	北海道	3

製表日期：2014/9/3　第 1 頁，共 1 頁　旅遊意願調查表-列印-OK.xlsx

除了使用整頁模式進行頁首及頁尾的設定外，還可以在「版面設定」對話方塊，點選**頁首 / 頁尾**標籤，即可進行頁首與頁尾的設定。

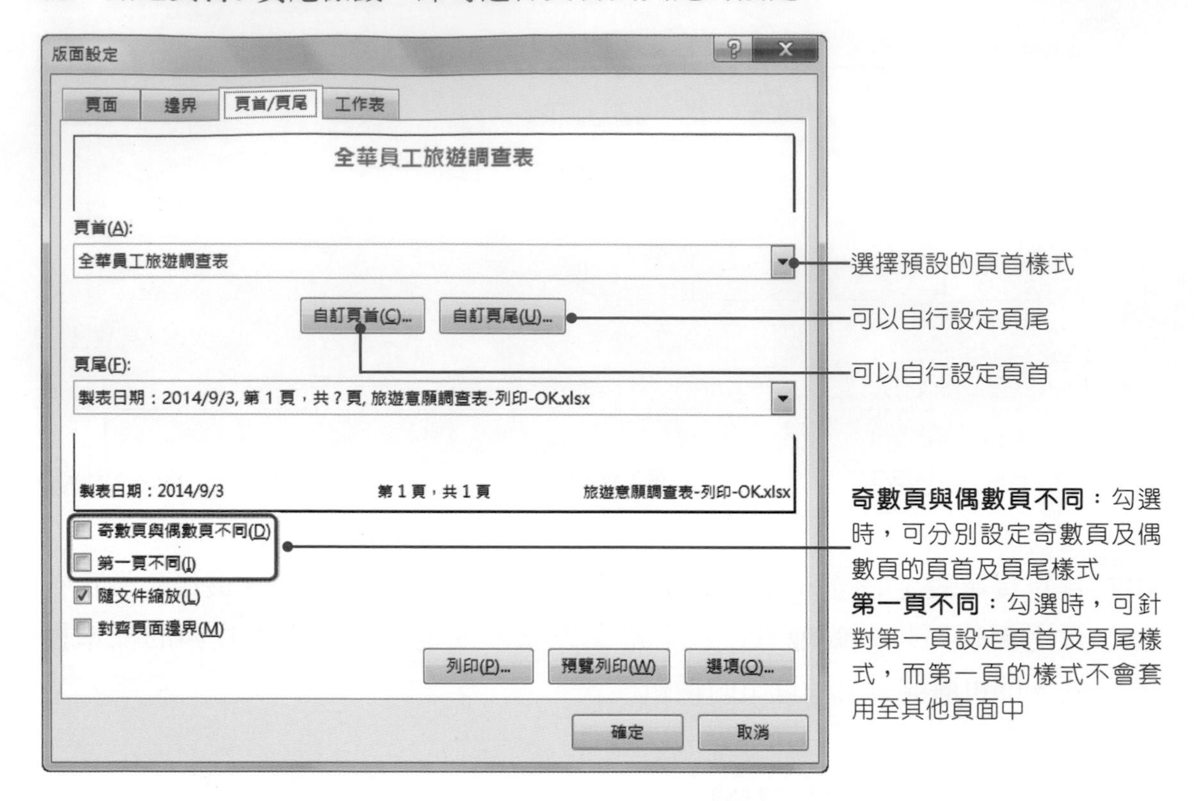

按下**自訂頁首**或**自訂頁尾**按鈕，便會開啓相關的對話方塊，開啓後，即可進行設定。

3-7 列印工作表

工作表版面及頁首頁尾都設定好後，即可將工作表從印表機中列印出，而列印前還可以進行一些相關設定，像是列印份數、選擇印表機、列印頁面等，這裡就來看看該如何設定。

預覽列印

當版面設定好後，按下「**檔案→列印**」功能，或**Ctrl+P**及**Ctrl+F2**快速鍵，即可預覽列印結果，並設定要列印的頁面。點選**顯示邊界**按鈕，即可顯示邊界。

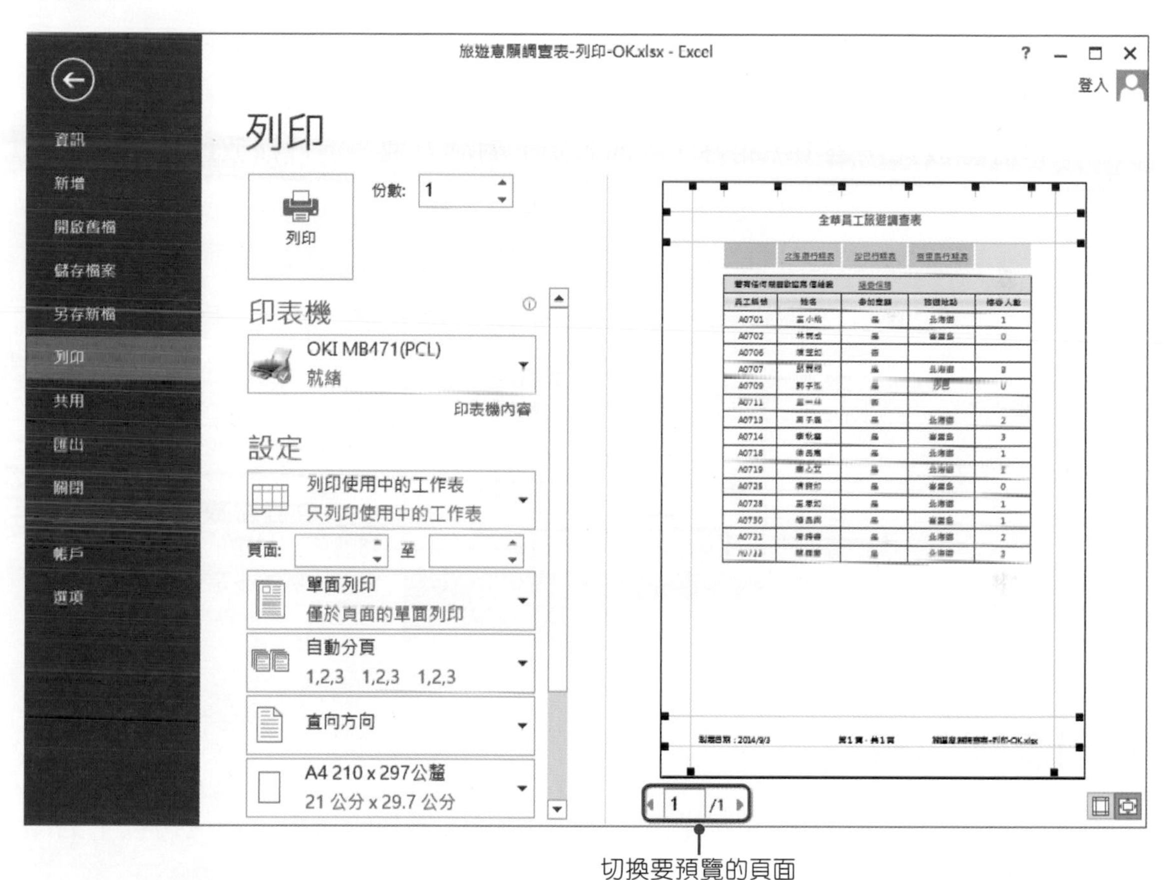

切換要預覽的頁面

選擇要使用的印表機

若電腦中安裝多台印表機時，則可以按下印表機選項，選擇要使用的印表機，因為不同的印表機，紙張大小和列印品質都有差異，可以按下**印表機內容**按鈕，進行印表機的設定。

指定列印頁數

在列印使用中的工作表選項中，可選擇列印使用中的工作表、整本活頁簿及選取範圍，或是指定列印頁數。

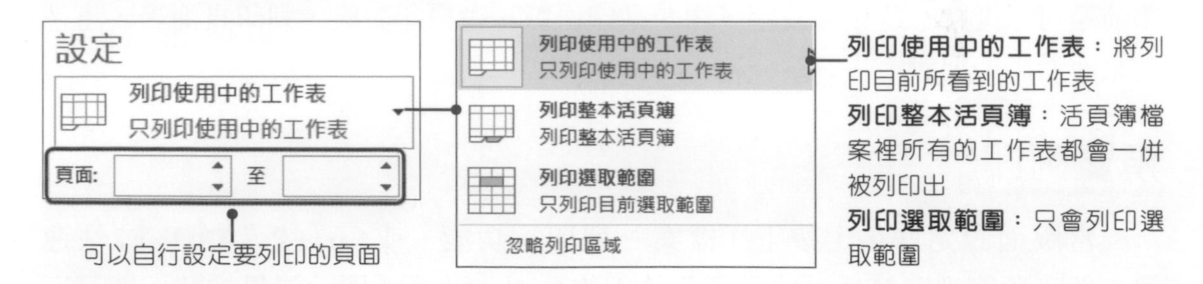

縮放比例

列印時還可以選擇縮放比例，選單中提供了四種選項，若想要自訂時，則可以按下**自訂縮放比例選項**，開啓「版面設定」對話方塊，進行縮放比例的設定。

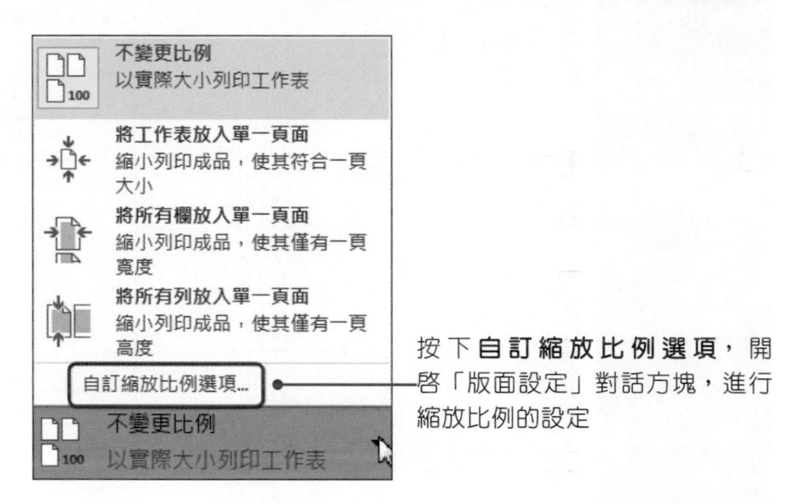

列印及列印份數

列印資訊都設定好後，即可在份數欄位中輸入要列印份數，最後再按下列印按鈕，即可將內容從印表機中印出。

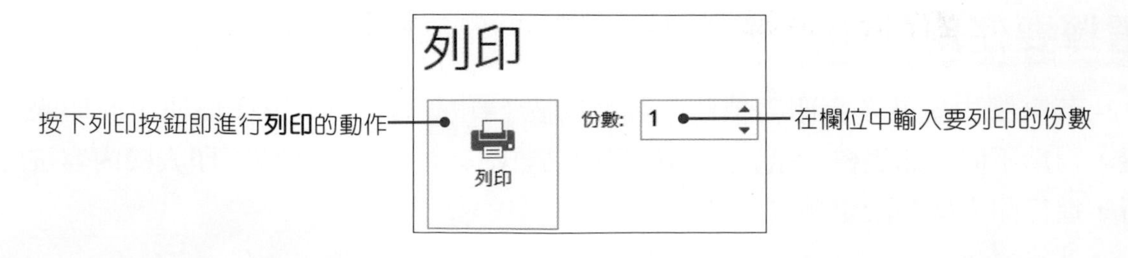

自我評量

✦選擇題

(　　)1. 在Excel中，下列關於頁首及頁尾設定的敘述，何者不正確？(A)設定頁尾的格式為「&索引標籤」時，頁尾可列印出該工作表名稱 (B)設定頁首的格式為「&檔案名稱」時，頁首可列印出該工作表的檔案名稱 (C)設定頁尾的格式為「&頁數」時，頁尾可列印出該工作表的頁碼 (D)設定頁首的格式為「&日期」時，頁首可列印出當天的日期。

(　　)2. 在Excel中，如果工作表大於一頁列印時，Excel會自動分頁，若想先由左至右，再由上至下自動分頁，則下列何項正確？(A)須設定循欄列印 (B)須設定循列列印 (C)無須設定(D)無此功能。

(　　)3. 在Excel中，於頁首及頁尾中，可以插入下列哪些項目？(A)日期及時間 (B)圖片 (C)工作表名稱 (D)以上皆可。

(　　)4. 在Excel中，要進入列印頁面中，可以按下下列哪組快速鍵？(A)Ctrl+P (B)Alt+P (C)Shift+D (D)Ctrl+Alt+P。

(　　)5. 在Excel中，要列印出格線時，可以進入「版面設定」對話方塊的哪個頁面中設定？(A)頁面 (B)邊界 (C)頁首頁尾 (D)工作表。

(　　)6. 儲存格「A1、A2、A3、A4、A5、A6」資料分別為「45、64、44、76、60、87」，利用COUNTIF()函數，在B2儲存格計算出大於60的值，下列何者正確？

(A)公式：COUNTIF(A1,A6;>60)，值為4。

(B)公式：COUNTIF(A1;A6,>"60")，值為3。

(C)公式：COUNTIF(A1:A6 ,">60")，值為3。

(D)公式：COUNTIF(A1,A6,">60")，值為4。

(　　)7. 若要與網路上其他使用者編輯同一活頁簿，應利用下列何種功能達成？(A)「校閱」功能區的「共用活頁簿」(B)「資料」功能區的「連線」(C)「資料」功能區的「現有連線」(D)「校閱」功能區的「連線」。

(　　)8. 在Excel「資料驗證」功能中，「提示訊息」的作用為下列何者？(A)指定該儲存格的輸入法模式 (B)輸入的資料不正確時顯示警訊 (C)設定資料驗證準則 (D)當儲存格被選定時，顯示訊息。

自我評量

✦實作題

1. 開啓「Excel→Example03→滿意度調查.xlsx」檔案，進行以下設定。

- 使用資料驗證功能在「主餐名稱」欄位中加入「主餐名稱」清單(清單內容請直接選取儲存格範圍)。
- 使用資料驗證功能在主餐品質、附餐品質、飲料品質、服務態度、上餐速度、餐廳氣氛等欄位中加入「滿意,普通,不滿意」清單，並加入提示訊息標題「請選擇」；提示訊息內容「請選擇對餐飲與服務的滿意度」。
- 將活頁簿設定為保護狀態，不設定密碼。
- 設定完後請自行填入所有資料。

東堤餐飲與服務滿意度調查

主餐名稱	嫩煎牛排	蒜香羊小排	香煎嫩雞	火烤鮭魚	海鮮拼盤	丁骨牛排
主餐名稱	餐飲與服務滿意度調查					
	主餐品質	附餐品質	飲料品質	服務態度	上餐速度	餐廳氣氛
香煎嫩雞	普通	滿意	普通	滿意	滿意	滿意
嫩煎牛排	滿意	滿意	滿意	普通	不滿意	滿意
火烤鮭魚	不滿意	滿	普通	普通	普通	普通
蒜香羊小排	滿意	滿	滿意	滿意	滿意	滿意
香煎嫩雞	滿意	普通	滿意	普通	滿意	滿意
丁骨牛排	滿意	滿意	滿意	滿意	滿意	滿意
海鮮拼盤	滿意	滿意	滿意	普通	普通	普通

請選擇
請選擇對餐飲與服務的滿意度

- 在「統計結果」工作表中，請利用COUNTIF函數計算出各主餐的點餐率及餐飲與服務滿意度的結果。

統計結果

主餐名稱	嫩煎牛排	蒜香羊小排	香煎嫩雞	火烤鮭魚	海鮮拼盤	丁骨牛排
點餐率	3	2	4	2	2	3

	餐飲與服務滿意度調查					
	主餐品質	附餐品質	飲料品質	服務態度	上餐速度	餐廳氣氛
滿意	9	9	7	6	8	12
普通	5	7	8	8	6	4
不滿意	2	0	1	2	2	0

04 智慧型手機銷售統計圖

Example

✪ 學習目標

建立走勢圖、認識圖表、建立直條圖、圖表的版面配置、圖表的組成、篩選圖表數列及類別、圖表格式設定、圖表的美化、變更佈景主題色彩

✪ 範例檔案

Excel→Example04→智慧型手機銷售量.xlsx

✪ 結果檔案

Excel→Example04→智慧型手機銷售量-OK.xlsx

圖表是Excel中很重要的功能，因為一大堆的數值資料，都比不上圖表的一目了然，透過圖表能夠很容易解讀出資料的意義。所以，這裡要學習如何輕鬆又快速地製作出美觀的圖表。

走勢圖

	第一季	第二季	第三季	第四季	走勢圖
S牌	44,740,000	51,380,900	60,356,800	63,317,200	
A牌	38,331,800	41,899,700	38,330,000	50,224,400	
H牌	19,217,500	18,359,000	21,547,700	20,949,300	
其它	79,676,400	70,213,600	92,941,800	86,937,900	
總計	**181,965,700**	**181,853,200**	**213,176,300**	**221,428,800**	

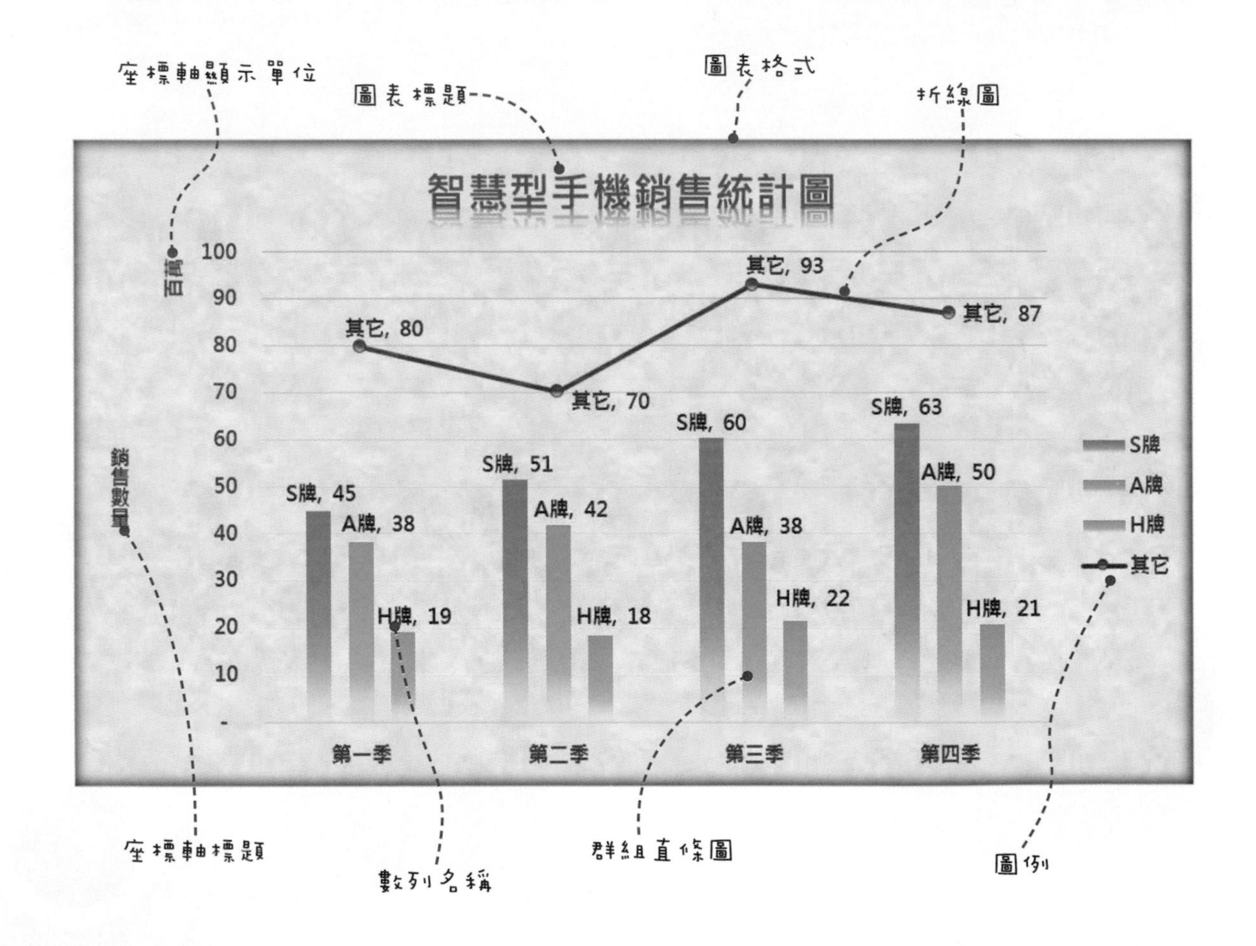

4-1 使用走勢圖分析資料的趨勢

Excel提供了走勢圖功能，可以快速地於單一儲存格中加入圖表，了解該儲存格的變化。

建立走勢圖

Excel提供了折線圖、直條圖、輸贏分析等三種類型的走勢圖，在建立時，可以依資料的特性選擇適當的類型。

01 選取要建立走勢圖的**B2:E5**資料範圍，按下**「插入→走勢圖→直線圖」**按鈕，開啓「建立走勢圖」對話方塊。

02 在資料範圍欄位中就會直接顯示被選取的範圍，若要修改範圍，按下按鈕，即可於工作表中重新選取資料範圍。

03 接著選取走勢圖要擺放的位置範圍，請按下按鈕。

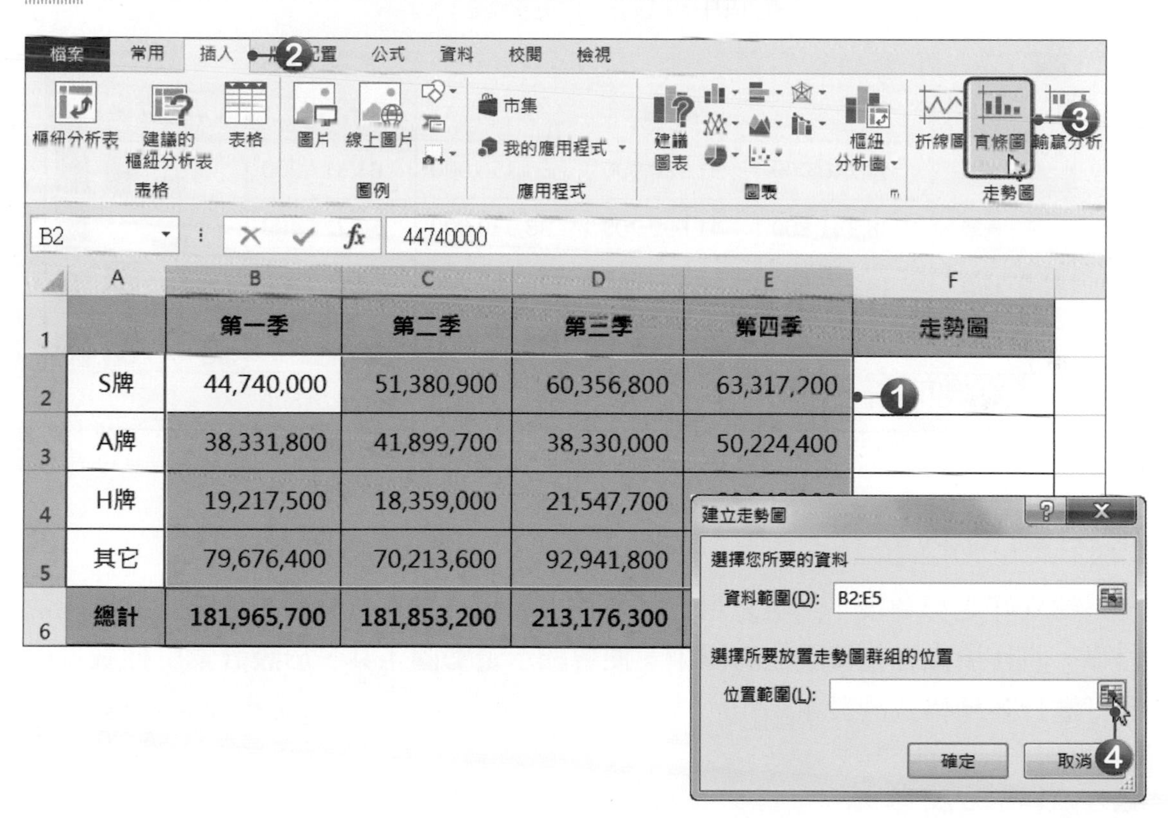

	A	B	C	D	E	F
1		第一季	第二季	第三季	第四季	走勢圖
2	S牌	44,740,000	51,380,900	60,356,800	63,317,200	
3	A牌	38,331,800	41,899,700	38,330,000	50,224,400	
4	H牌	19,217,500	18,359,000	21,547,700		
5	其它	79,676,400	70,213,600	92,941,800		
6	總計	181,965,700	181,853,200	213,176,300		

04 於工作表中選取**F2:F5**範圍，選取好後按下▣按鈕，回到「建立走勢圖」對話方塊，按下**確定**按鈕。

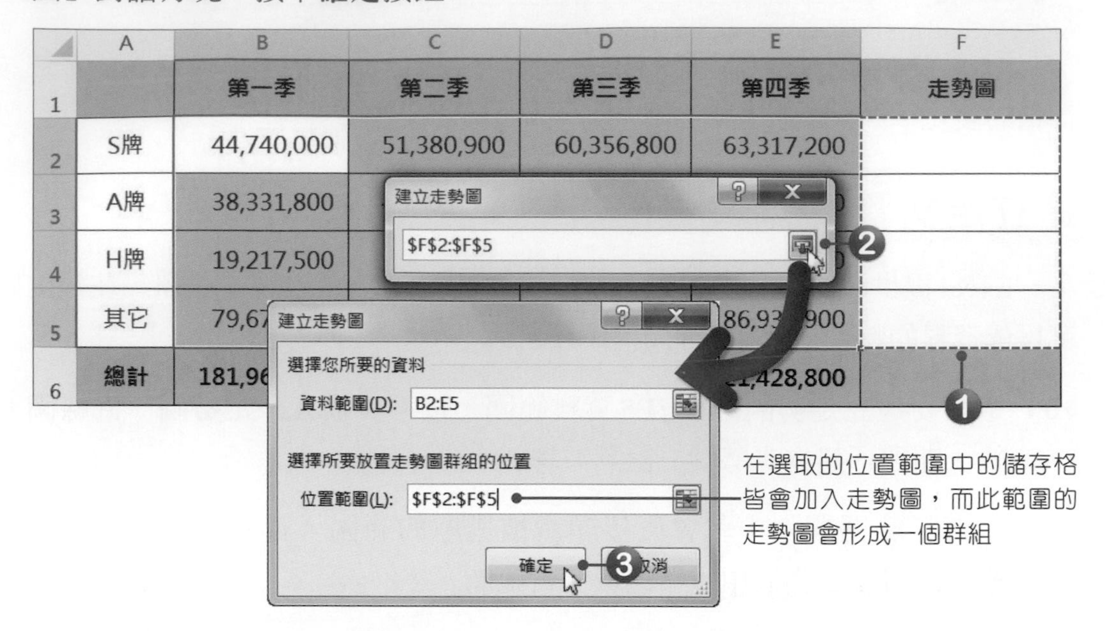

05 回到工作表後，位置範圍中就會顯示走勢圖。

	A	B	C	D	E	F
1		第一季	第二季	第三季	第四季	走勢圖
2	S牌	44,740,000	51,380,900	60,356,800	63,317,200	
3	A牌	38,331,800	41,899,700	38,330,000	50,224,400	
4	H牌	19,217,500	18,359,000	21,547,700	20,949,300	
5	其它	79,676,400	70,213,600	92,941,800	86,937,900	
6	總計	181,965,700	181,853,200	213,176,300	221,428,800	

走勢圖格式設定

建立好走勢圖後，還可以幫走勢圖加上標記、變更走勢圖的色彩，及標記色彩等。將作用儲存格移至走勢圖中，便會顯示**走勢圖工具**，於**設計**索引標籤頁中即可進行各種格式的設定。

顯示最高點及低點

在走勢圖中加入標記，可以立即看出走勢圖的最高點及最低點落在哪裡，只要將**「走勢圖工具→設計→顯示」**群組中的**高點**及**低點**勾選即可。

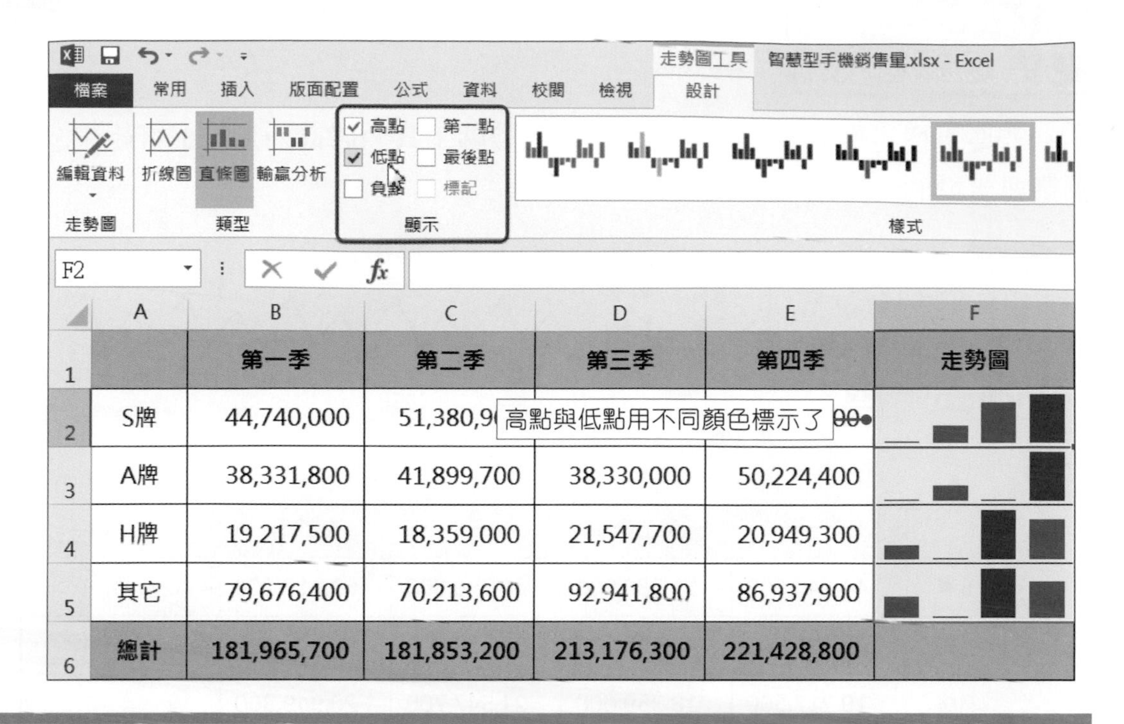

	A	B	C	D	E	F
1		第一季	第二季	第三季	第四季	走勢圖
2	S牌	44,740,000	51,380,9		00	
3	A牌	38,331,800	41,899,700	38,330,000	50,224,400	
4	H牌	19,217,500	18,359,000	21,547,700	20,949,300	
5	其它	79,676,400	70,213,600	92,941,800	86,937,900	
6	總計	181,965,700	181,853,200	213,176,300	221,428,800	

F2:F5儲存格中的走勢圖是一個群組，所以當設定走勢圖時，群組內的走勢圖都會跟著變動，若要單獨設定某個儲存格的走勢圖時，可以先按下**「走勢圖工具→設計→群組→取消群組」**按鈕，將群組取消後，再進行設定。

走勢圖樣式

在**「走勢圖工具→設計→樣式」**群組中，可以選擇走勢圖樣式、色彩及標記色彩。

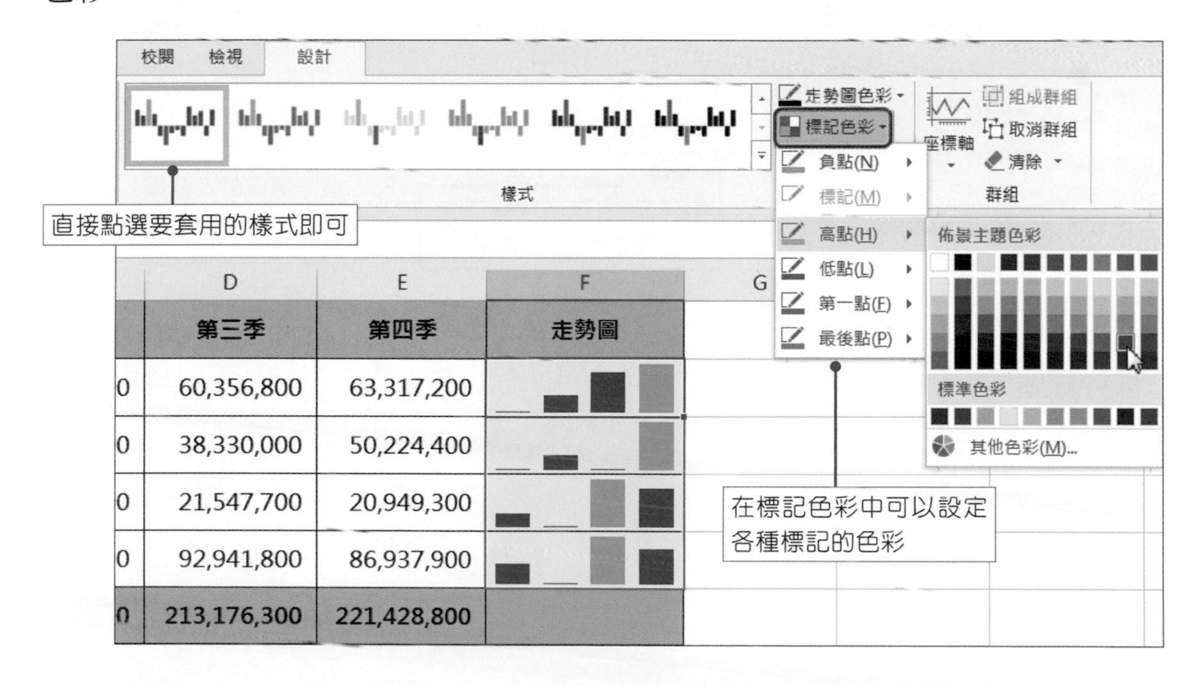

D	E	F
第三季	第四季	走勢圖
60,356,800	63,317,200	
38,330,000	50,224,400	
21,547,700	20,949,300	
92,941,800	86,937,900	
213,176,300	221,428,800	

變更走勢圖類型

若要更換走勢圖類型時，可以在**「走勢圖工具→設計→類型」**群組中，直接點選要更換的走勢圖類型。

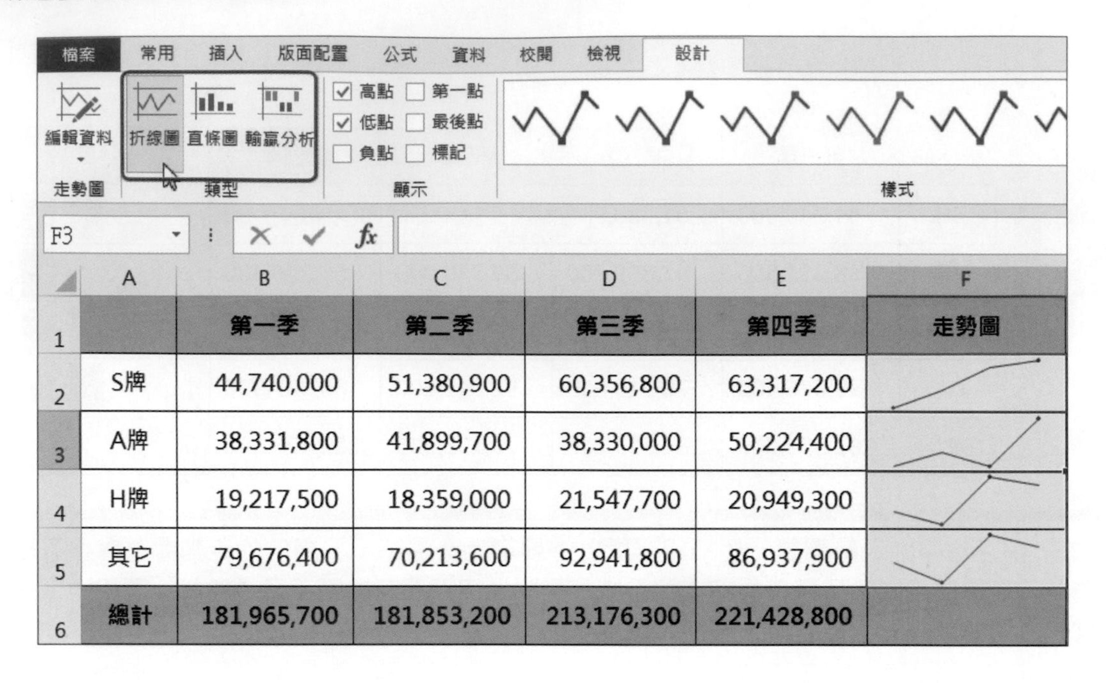

	A	B	C	D	E	F
1		第一季	第二季	第三季	第四季	走勢圖
2	S牌	44,740,000	51,380,900	60,356,800	63,317,200	
3	A牌	38,331,800	41,899,700	38,330,000	50,224,400	
4	H牌	19,217,500	18,359,000	21,547,700	20,949,300	
5	其它	79,676,400	70,213,600	92,941,800	86,937,900	
6	總計	181,965,700	181,853,200	213,176,300	221,428,800	

清除走勢圖

若要清除走勢圖時，按下**「走勢圖工具→設計→群組→清除」**按鈕，於選單中選擇清除選取的走勢圖，即可將走勢圖從儲存格中清除。

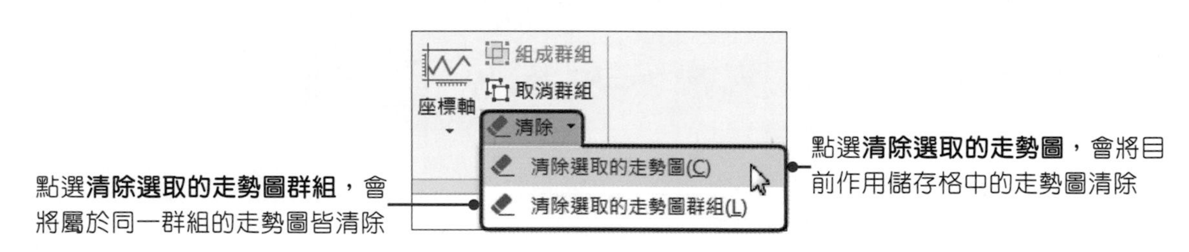

4-2 圖表的建立

圖表是Excel很重要的功能，因爲一大堆的數值資料，都比不上圖表的一目了然，透過圖表能夠很容易解讀出資料的意義。

認識圖表

Excel提供了許多圖表類型，每一個類型下還有副圖表類型，下表所列爲各圖表類型的說明。

類型	說明
直條圖	比較同一類別中數列的差異。
折線圖	表現數列的變化趨勢，最常用來觀察數列在時間上的變化。
圓形圖	顯示一個數列中，不同類別所佔的比重。
橫條圖	比較同一類別中，各數列比重的差異。
區域圖	表現數列比重的變化趨勢。
XY 散佈圖	XY 散佈圖沒有類別項目，它的水平和垂直座標軸都是數值，因為它是專門用來比較數值之間的關係。
股票圖	呈現股票資訊。
曲面圖	呈現兩個因素對另一個項目的影響。
雷達圖	表現數列偏離中心點的情形，以及數列分布的範圍。

在工作表中建立圖表

在此範例中，要將智慧型手機的銷售量建立爲立體群組直條圖。

01 選取要建立圖表的資料範圍，若工作表中並未包含標題文字時，則可以不用選取資料範圍，只要將作用儲存格移至任一有資料的儲存格即可。

	A	B	C	D	E	F
1		第一季	第二季	第三季	第四季	走勢圖
2	S牌	44,740,000	51,380,900	60,356,800	63,317,200	
3	A牌	38,331,800	41,899,700	38,330,000	50,224,400	
4	H牌	19,217,500	18,359,000	21,547,700	20,949,300	
5	其它	79,676,400	70,213,600	92,941,800	86,937,900	
6	總計	181,965,700	181,853,200	213,176,300	221,428,800	

02 按下**「插入→圖表→直條圖」**按鈕，於選單中選擇**群組直條圖**。

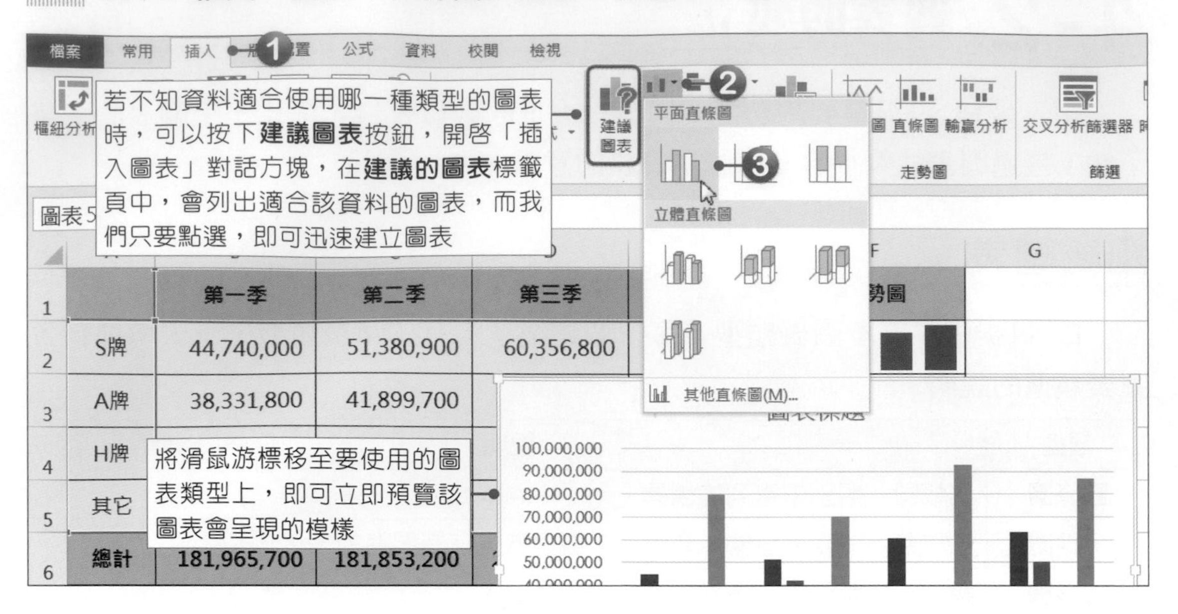

03 點選後，在工作表中就會出現該圖表。

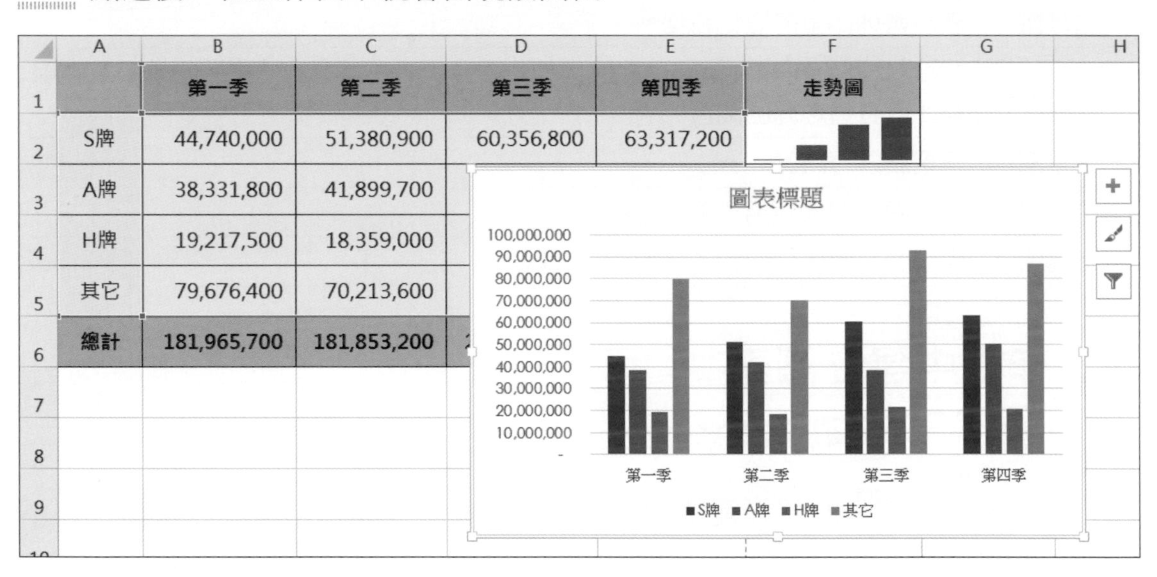

圖表建立好後，在圖表的右上方會看到 + **圖表項目**、 **圖表樣式**及 **圖表篩選**等三個按鈕，利用這三個按鈕可以快速地進行圖表的基本設定。

- + **圖表項目：**用來新增、移除或變更圖表的座標軸、標題、圖例、資料標籤、格線、圖例等項目。
- **圖表樣式：**用來設定圖表的樣式及色彩配置。
- **圖表篩選：**可篩選圖表上要顯示哪些數列及類別。

使用快速分析按鈕建立圖表

在建立圖表時，也可以使用**快速分析**按鈕來建立圖表，當選取資料範圍後，按下▣按鈕，點選**圖表**標籤，即可選擇要建立的圖表類型。

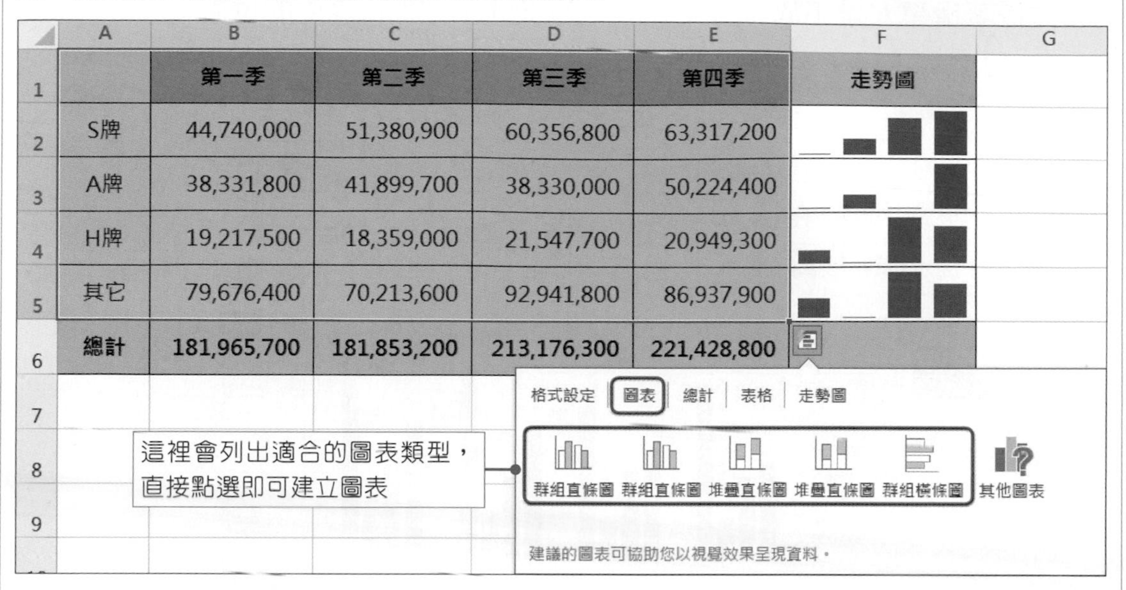

	第一季	第二季	第三季	第四季	走勢圖
S牌	44,740,000	51,380,900	60,356,800	63,317,200	
A牌	38,331,800	41,899,700	38,330,000	50,224,400	
H牌	19,217,500	18,359,000	21,547,700	20,949,300	
其它	79,676,400	70,213,600	92,941,800	86,937,900	
總計	181,965,700	181,853,200	213,176,300	221,428,800	

若選單中沒有適當的圖表可供選擇時，按下**其他圖表**，會開啟「插入圖表」對話方塊，選擇其他圖表樣式；或是在**建議的圖表**標籤頁中點選建議使用的圖表類型。

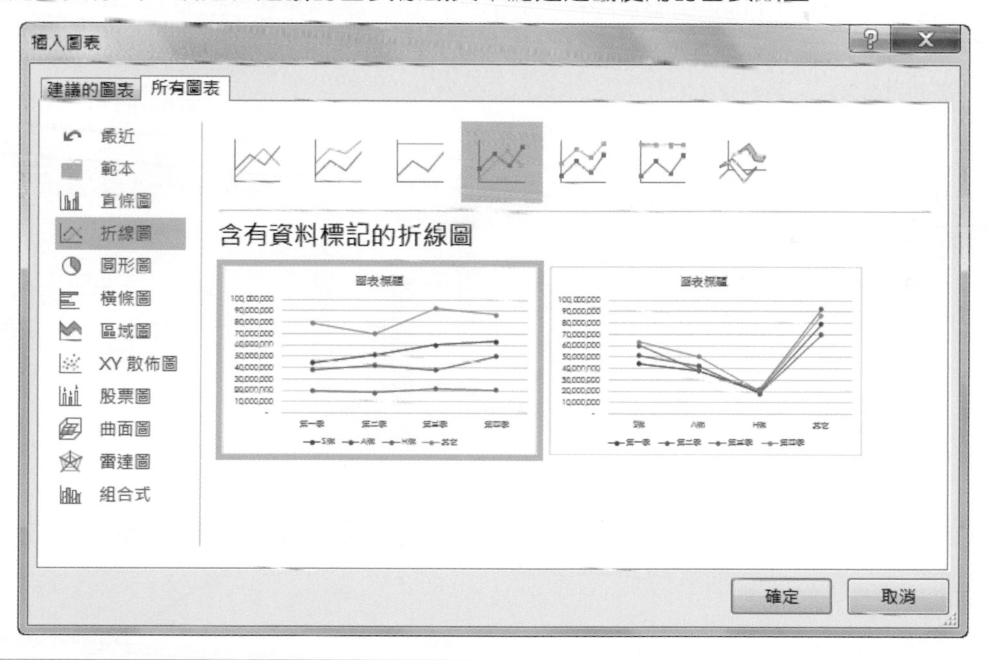

調整圖表位置及大小

在工作表中的圖表，是可以進行搬移的動作，只要將滑鼠游標移至圖表外框上，再按著**滑鼠左鍵**不放並拖曳，即可調整圖表在工作表中的位置。

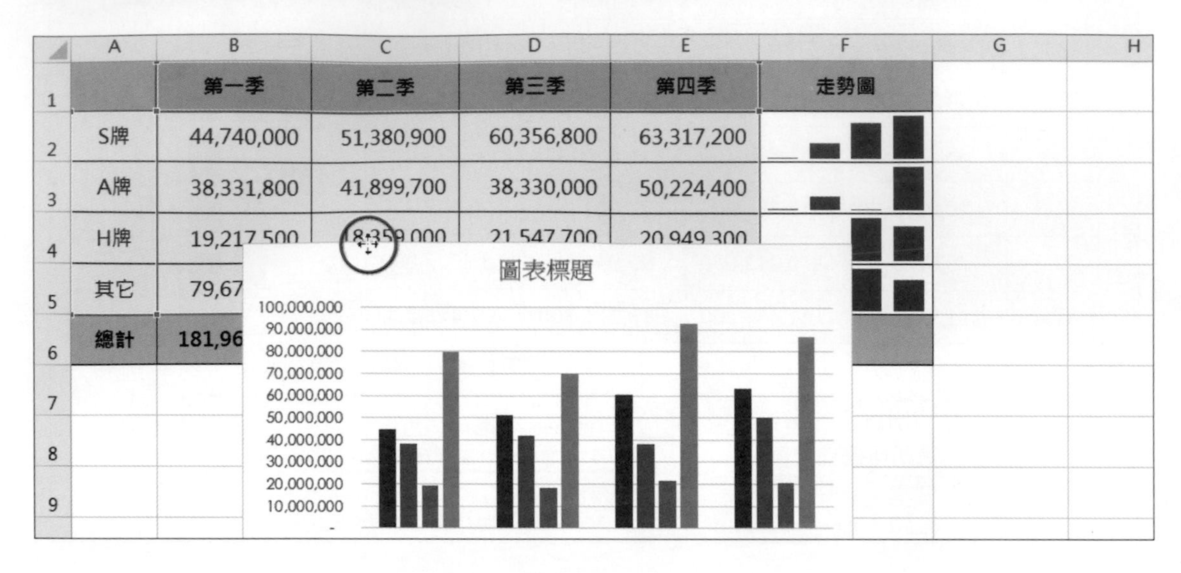

要調整圖表的大小時，只要將滑鼠游標移至圖表周圍的控制點上，再按著**滑鼠左鍵**不放並拖曳，即可調整圖表的大小。

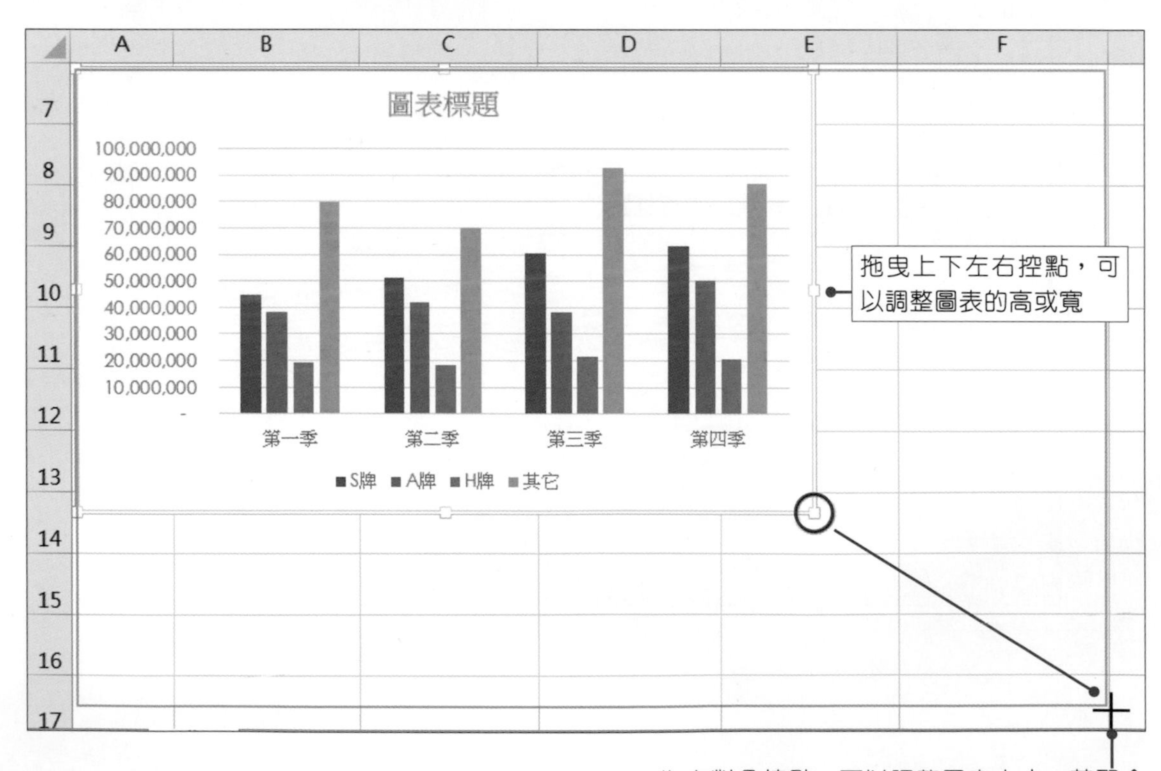

拖曳對角控點，可以調整圖表大小，若配合**Shift**鍵使用，則可以**等比例**的調整圖表

將圖表移動到新工作表中

建立圖表時，在預設下圖表會和資料來源放在同一個工作表中，若想將圖表單獨放在一個新的工作表，可以使用**移動圖表**功能，將圖表移至新工作表。按下**「圖表工具→設計→位置→移動圖表」**按鈕，開啟「移動圖表」對話方塊，點選**新工作表**，並輸入工作表名稱，設定好後按下**確定**按鈕，即可將圖表移動到新工作表中。

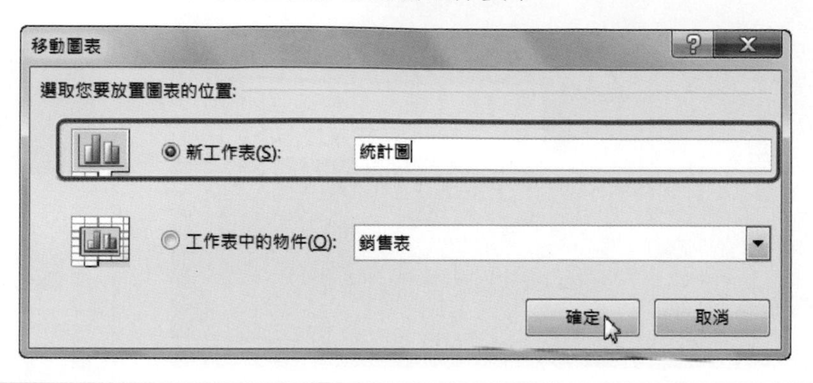

套用圖表樣式

Excel預設了一些圖表樣式，可以快速地製作出專業又美觀的圖表，只要在**「圖表工具→設計→圖表樣式」**群組中，直接點選要套用的樣式即可；而按下**變更色彩**按鈕，可以變更圖表的色彩。

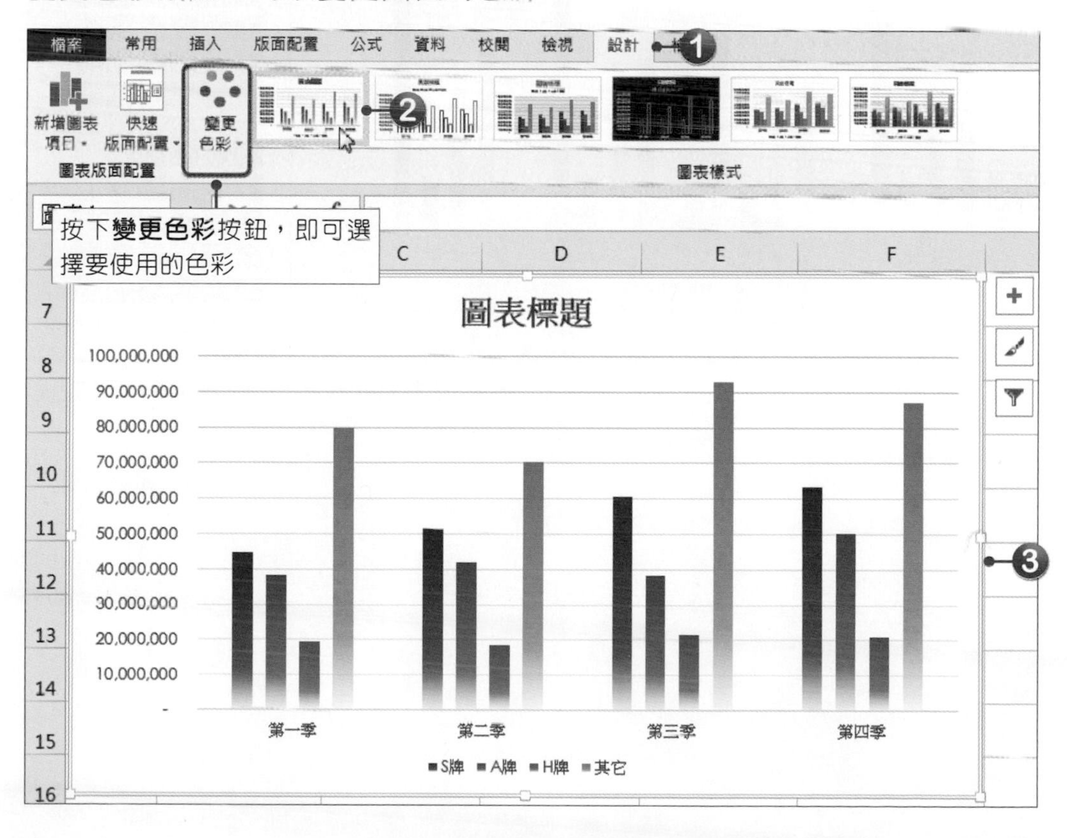

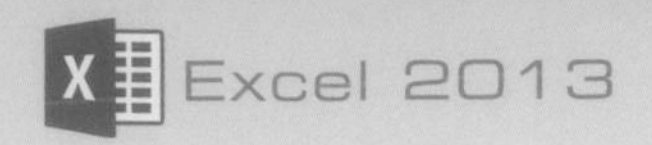

要變更圖表樣式及色彩時，也可以直接按下 **圖表樣式**按鈕，在**樣式**標籤頁中可以選擇要使用的樣式，在**色彩**標籤頁中可以選擇要使用的色彩。

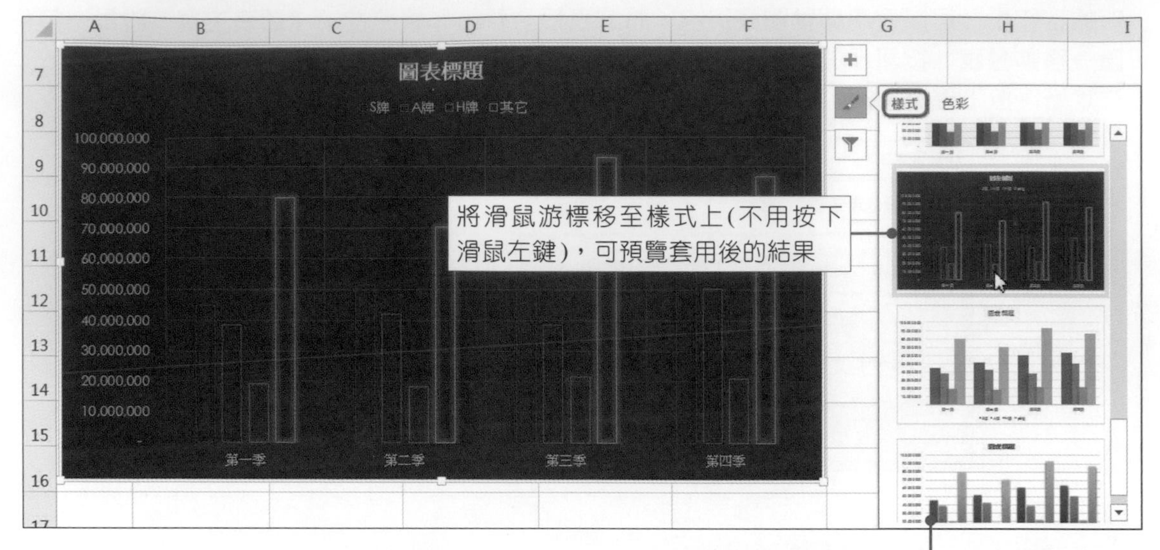

在**樣式**標籤頁中可以選擇要使用的樣式

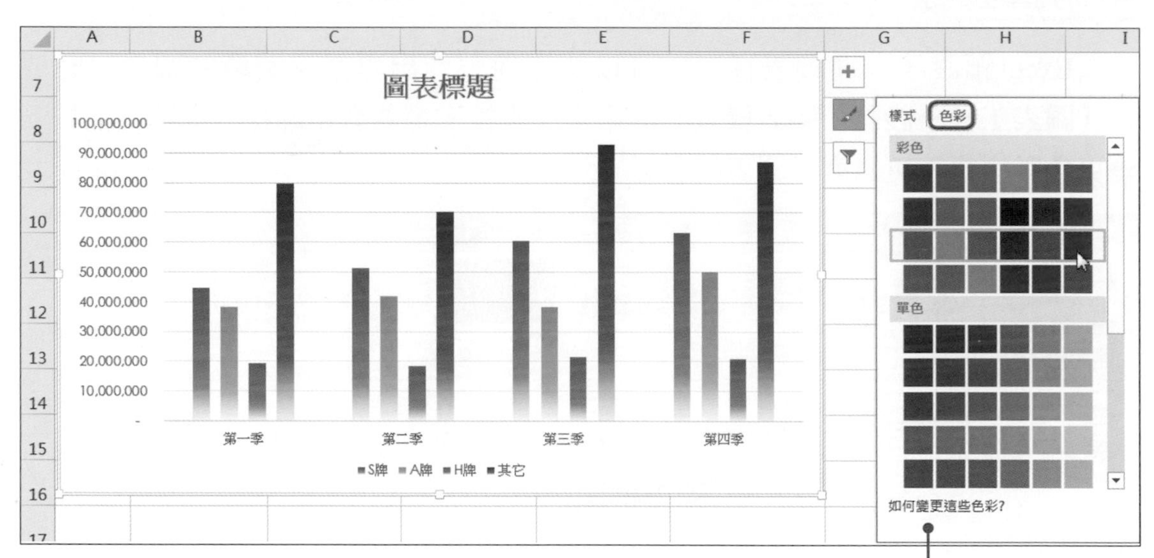

在**色彩**標籤頁中可以選擇要使用的色彩

4-3 圖表的版面配置

建立圖表後，還可以幫圖表加上一些相關資訊，讓圖表更完整。

圖表的組成

基本上，一個圖表的基本構成，包含了：資料標記、資料數列、類別座標軸、圖例、數值座標軸、圖表標題等物件。在圖表中的每一個物件都可以個別修改，下表所列爲圖表各物件的說明。

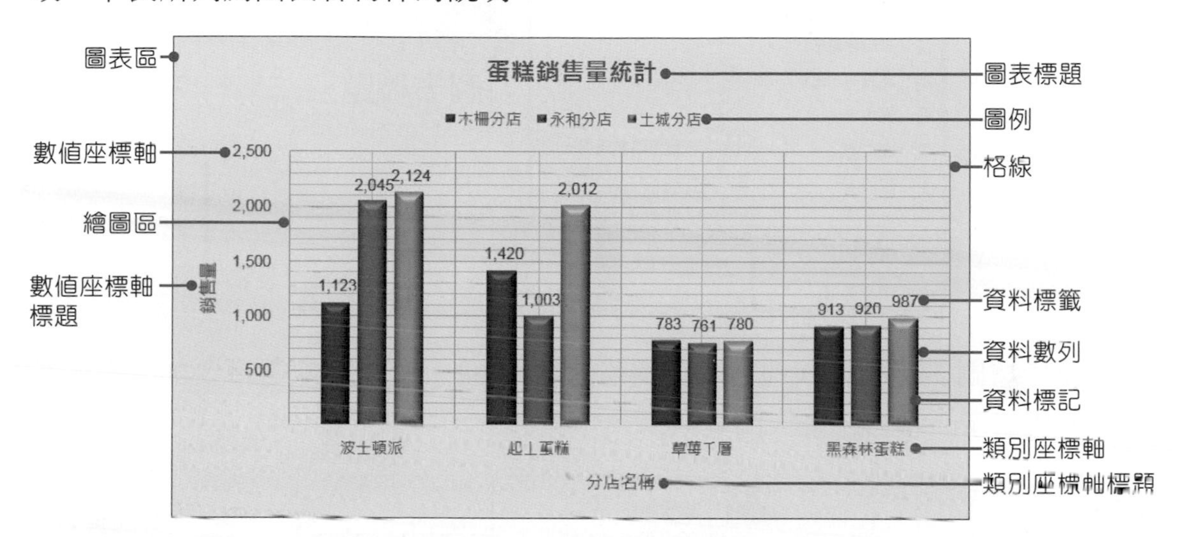

名稱	說明
圖表區	整個圖表區域。
數值座標軸	根據資料標記的大小，自動產生衡量的刻度。
繪圖區	不包含圖表標題、圖例，只有圖表內容，可以拖曳移動位置、調整大小。
數值座標軸標題	顯示數值座標軸上，數值刻度的標題名稱。
類別座標軸標題	顯示類別座標軸上，類別項目的標題名稱。
圖表標題	圖表的標題。
資料標籤	在數列資料點旁邊，標示出資料的數值或相關資訊，例如：百分比、泡泡大小、公式。
格線	數值刻度所產生的線，用以衡量數值的大小。
圖例	顯示資料標記屬於哪一組資料數列。
資料數列	同樣的資料標記，為同一組資料數列，簡稱**數列**。
類別座標軸	將資料標記分類的依據。
資料標記	是指資料數列的樣式，例如：長條圖中的長條。每一個資料標記，就是一個資料點，也表示儲存格的數值大小。

新增圖表項目

在製作圖表時，可依據實際需求爲圖表加上相關資訊。按下**「圖表工具→設計→圖表版面配置→新增圖表項目」**按鈕，於選單中即可選擇要加入哪些項目。

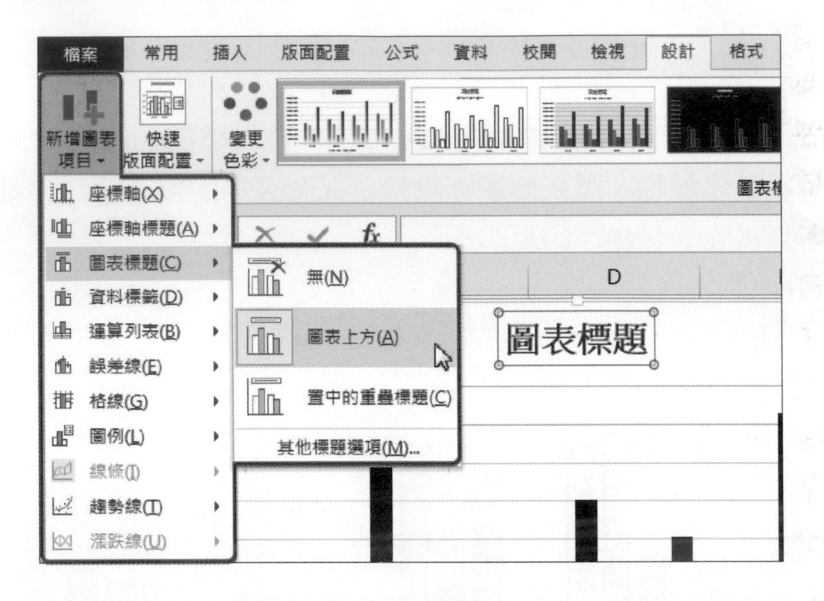

要新增圖表項目時，也可以直接按下 + 按鈕，於選單中選擇要加入哪些項目，勾選表示該項目已加入圖表中。

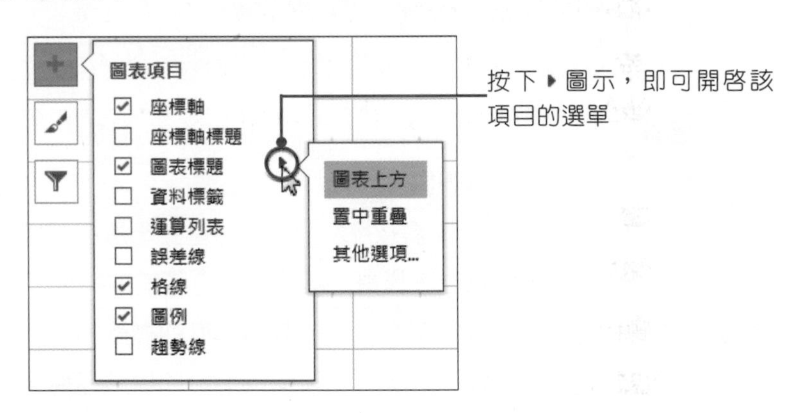

修改圖表標題及圖例位置

在建立圖表時，預設下便會有圖表標題及圖例，但圖表標題內容並不是正確的，而圖例位置也非想要的，所以這裡要來進行修改的動作。

01 選取圖表標題，按下**滑鼠左鍵**，即可將原內容刪除，並輸入文字。

02 圖表標題修改好後，選取圖表物件，按下 + 按鈕，於選單中按下圖例的 ▸ 圖示，再點選**右**，圖例就會置於圖表的右邊。

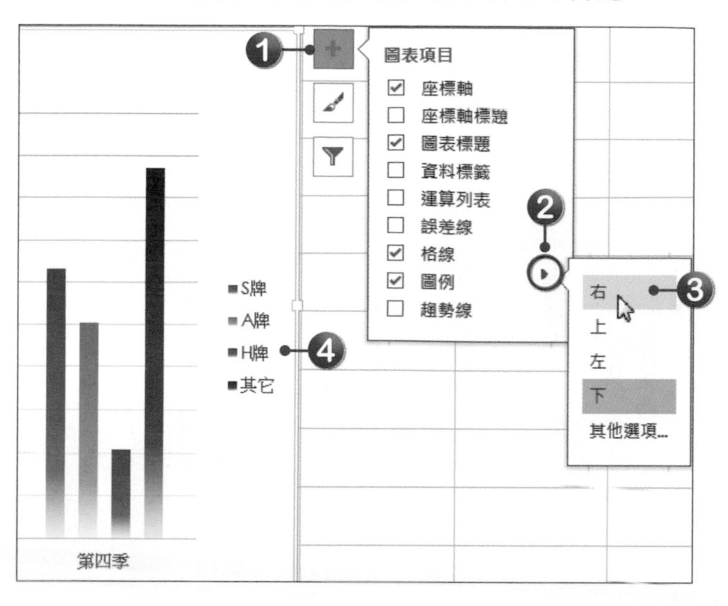

加入資料標籤

因圖表將數值以長條圖表現，因此不能得知真正的數值大小，此時可以在數列上加入**資料標籤**，讓數值或比重立刻一清二楚。

01 選取圖表物件，按下 + 按鈕，將**資料標籤**項目勾選，再按下 ▸ 圖示，點選**終點外側**，即可加入資料標籤。

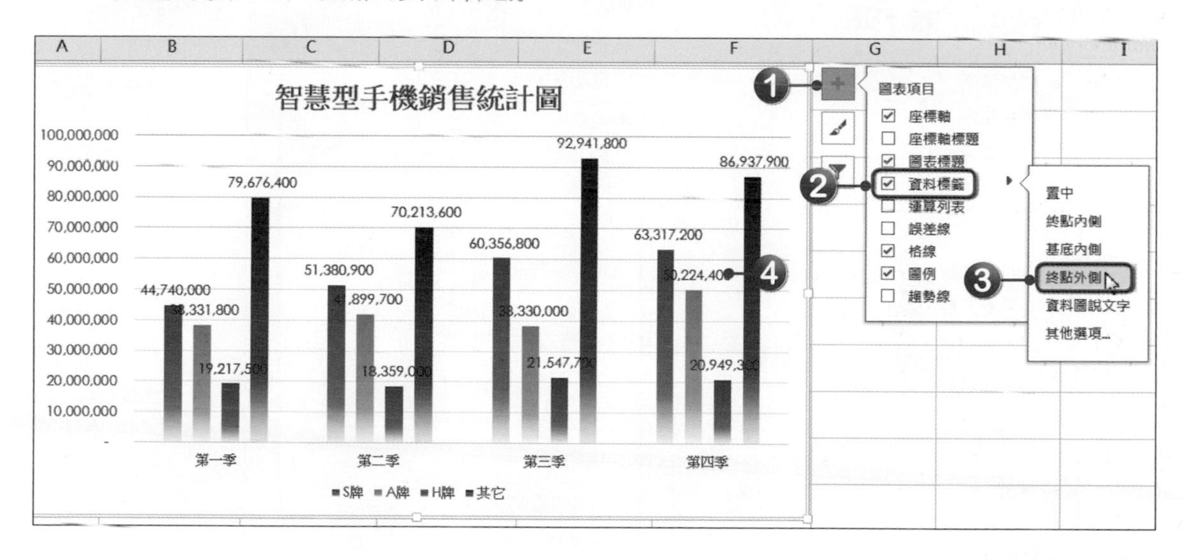

02 加入資料標籤後，點選**S牌數列**資料標籤，此時其他數列的資料標籤也會跟著被選取，接著就可以針對資料標籤進行文字大小及格式的修改，或是調整資料標籤的位置。

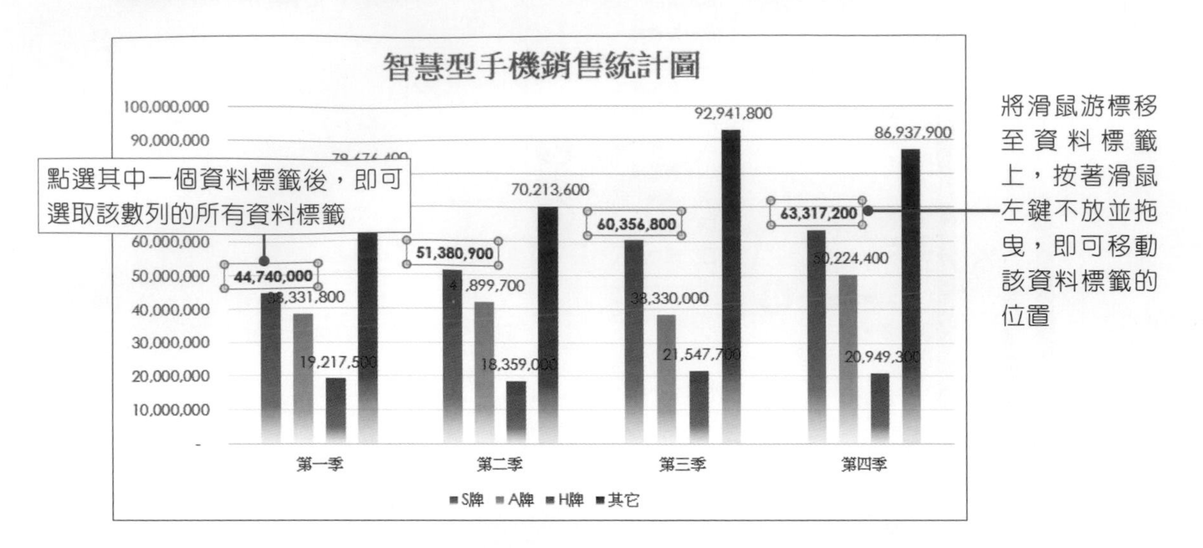

03 除了在數列上顯示「值」資料標籤外，還可以顯示數列名稱、類別名稱及百分比大小等，按下**「圖表工具→格式→目前的選取範圍→格式化選取範圍」**按鈕，開啓**「資料標籤格式」**窗格，在**標籤選項**中將**數列名稱**勾選，就會顯示數列名稱；在**數值**中可以設定類別及格式。

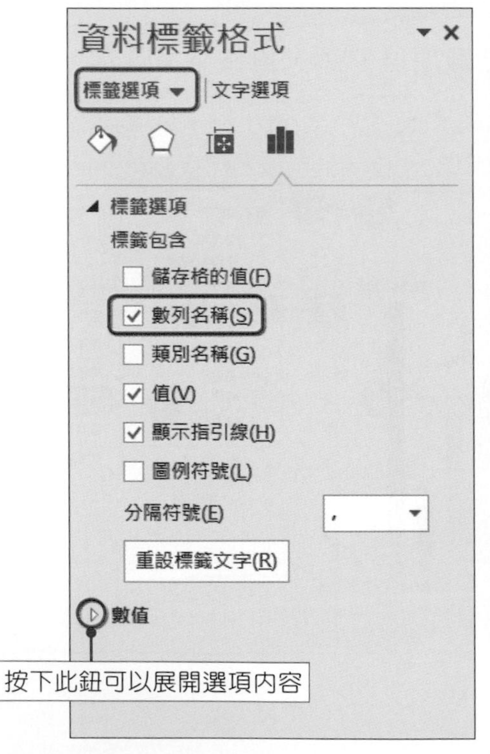

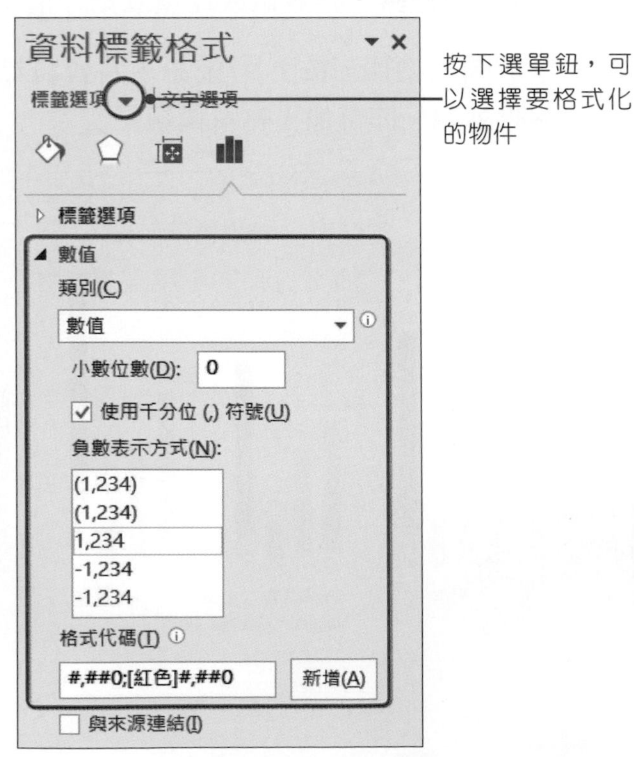

加入座標軸標題

加入座標軸標題可以清楚知道該座標軸所代表的意義。

01 選取圖表物件，按下 + 按鈕，將**座標軸標題**項目勾選，再按下 ▸ 圖示，將**主水平**選項的勾選取消，因爲我們只要加入主垂直座標軸標題。

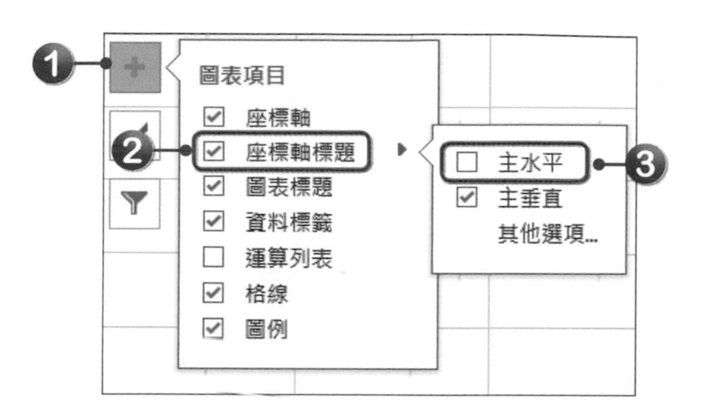

02 垂直座標軸標題加入後，按下**「圖表工具→格式→目前的選取範圍→格式化選取範圍」**按鈕，開啓**「座標軸標題格式」**窗格，點選**標題選項**標籤，按下 **大小與屬性**按鈕，將**垂直對齊**設定爲**正中**；**文字方向**設定爲**垂直**。

03 接著再將座標軸標題文字修改爲**「銷售數量」**。

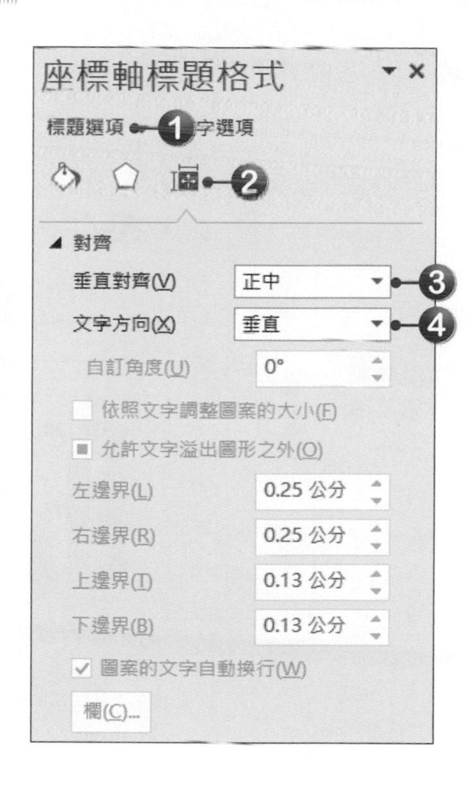

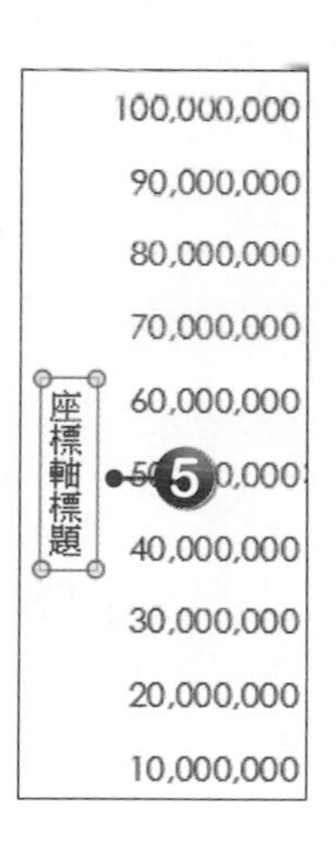

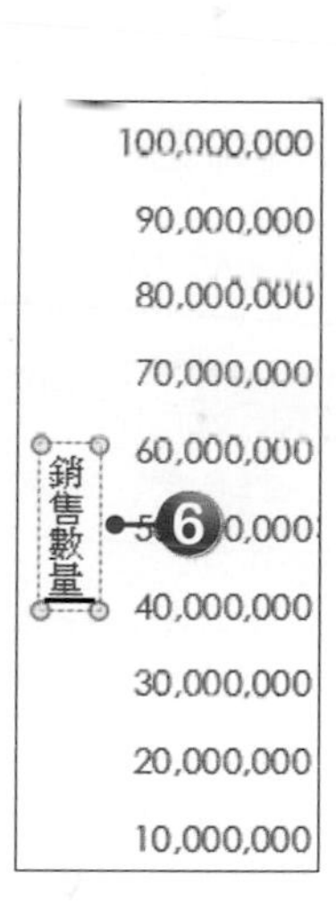

座標軸刻度及顯示單位修改

在預設下，圖表會直接顯示主水平座標軸與主垂直座標軸，不過，有時Excel自動產生的主垂直座標軸刻度會不如人意，此時必須自己動手修改，以便呈現最適合資料的主垂直座標軸。

01 點選圖表中的座標軸，按下**滑鼠右鍵**，於選單中點選**座標軸格式**，開啟**「座標軸格式」**窗格。

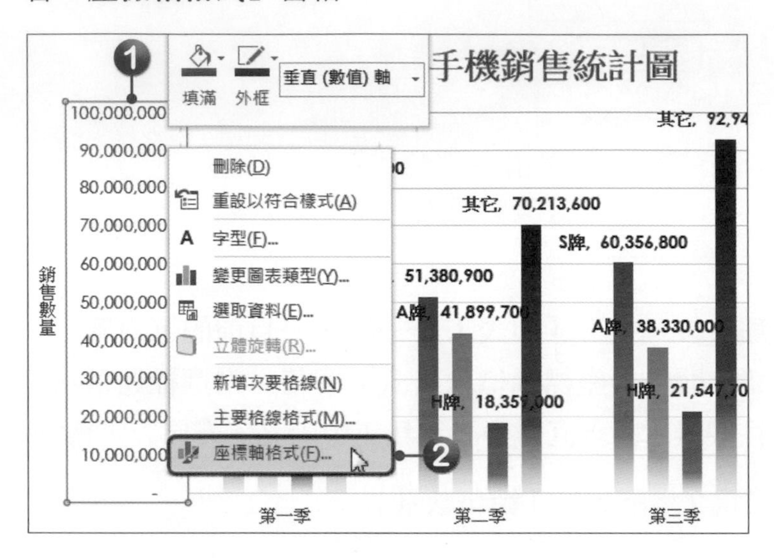

02 按下**顯示單位**選單鈕，於選單中點選**百萬**，圖表會立即顯示設定的結果。

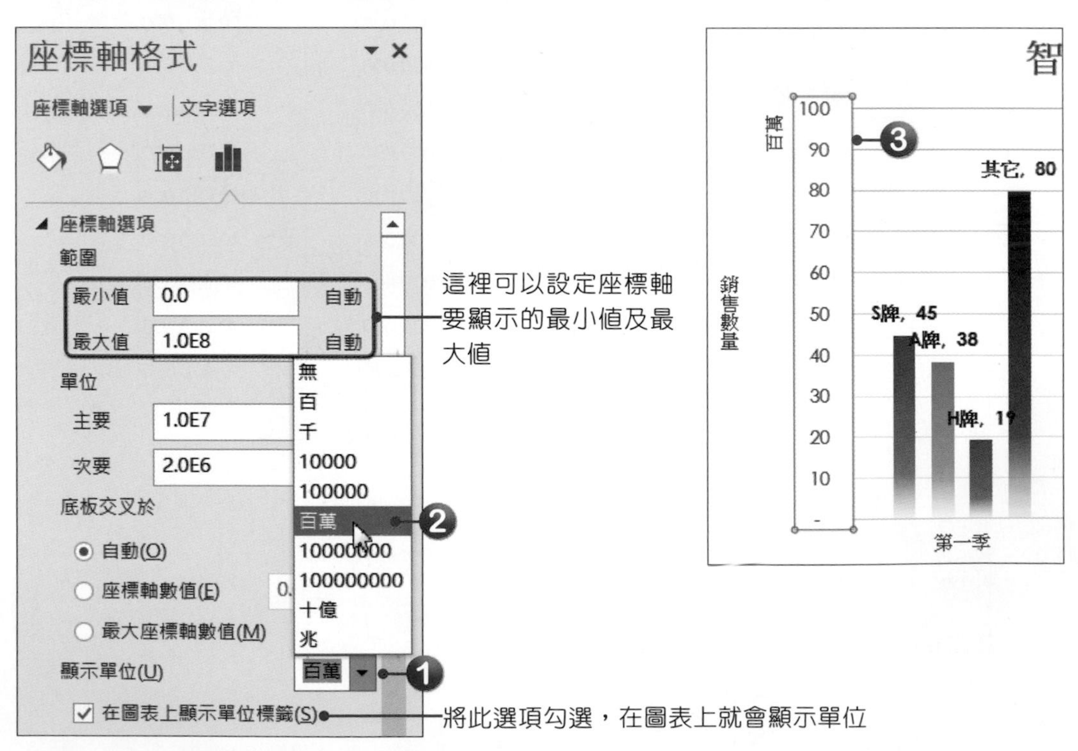

4-4 變更資料範圍及圖表類型

在建立好圖表之後，若發現選取的資料範圍錯了，或是圖表類型不適合時，不用擔心，因為在Excel中，可以輕易的變更圖表的資料範圍及圖表類型。

修正已建立圖表的資料範圍

製作圖表時，必須指定數列要循列還是循欄。如果數列資料選擇列，則會把一列當作一組數列；把一欄當作一個類別。

點選圖表物件，按下**「圖表工具→設計→資料→選取資料」**按鈕，開啟「選取資料來源」對話方塊，即可修正圖表的資料範圍。

事實上，若要變更資料範圍時，也可以直接在工作表中進行，在工作表中的資料範圍會以顏色來區分數列及類別，直接拖曳範圍框，即可變更資料範圍。

	A	B	C	D	E	F
1		第一季	第二季	第三季	第四季	走勢圖
2	S牌	44,740,000	51,380,900	60,356,800	63,317,200	
3	A牌	38,331,800	41,899,700	38,330,000	50,224,400	
4	H牌	19,217,500	18,359,000	21,547,700	20,949,300	
5	其它	79,676,400	70,213,600	92,941,800	86,937,900	
6	總計	181,965,700	181,853,200	213,176,300	221,428,800	

切換列/欄

資料數列取得的方向有循列及循欄兩種，若要切換時，可以按下**「圖表工具→設計→資料→切換列/欄」**按鈕，進行切換的動作。

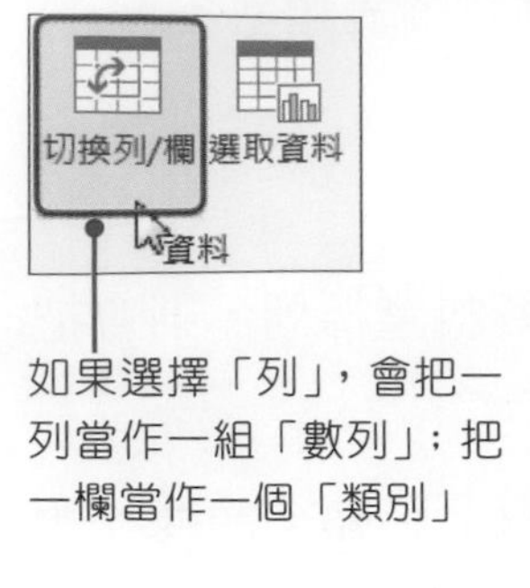

如果選擇「列」，會把一列當作一組「數列」；把一欄當作一個「類別」

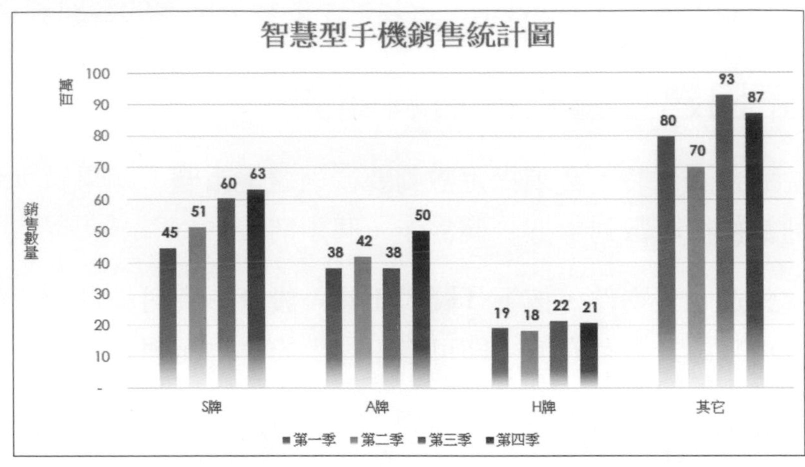

變更圖表類型

製作圖表時，可以隨時變更圖表類型，要變更時，直接按下**「圖表工具→設計→類型→變更圖表類型」**按鈕，開啓「變更圖表類型」對話方塊，即可重新選擇要使用的圖表類型。

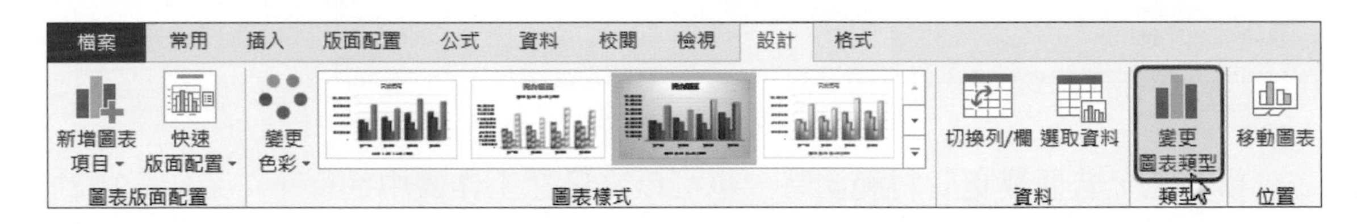

變更數列類型

變更圖表類型時，還可以只針對圖表中的某一組數列進行變更，這裡要將**其它數列**變更爲折線圖。

01 點選圖表中的任一數列，按下**滑鼠右鍵**，於選單中選擇變更數列圖表類型，開啓「變更圖表類型」對話方塊。

02 按下**其它**的圖表類型選單鈕，於選單中選擇要使用的圖表類型。

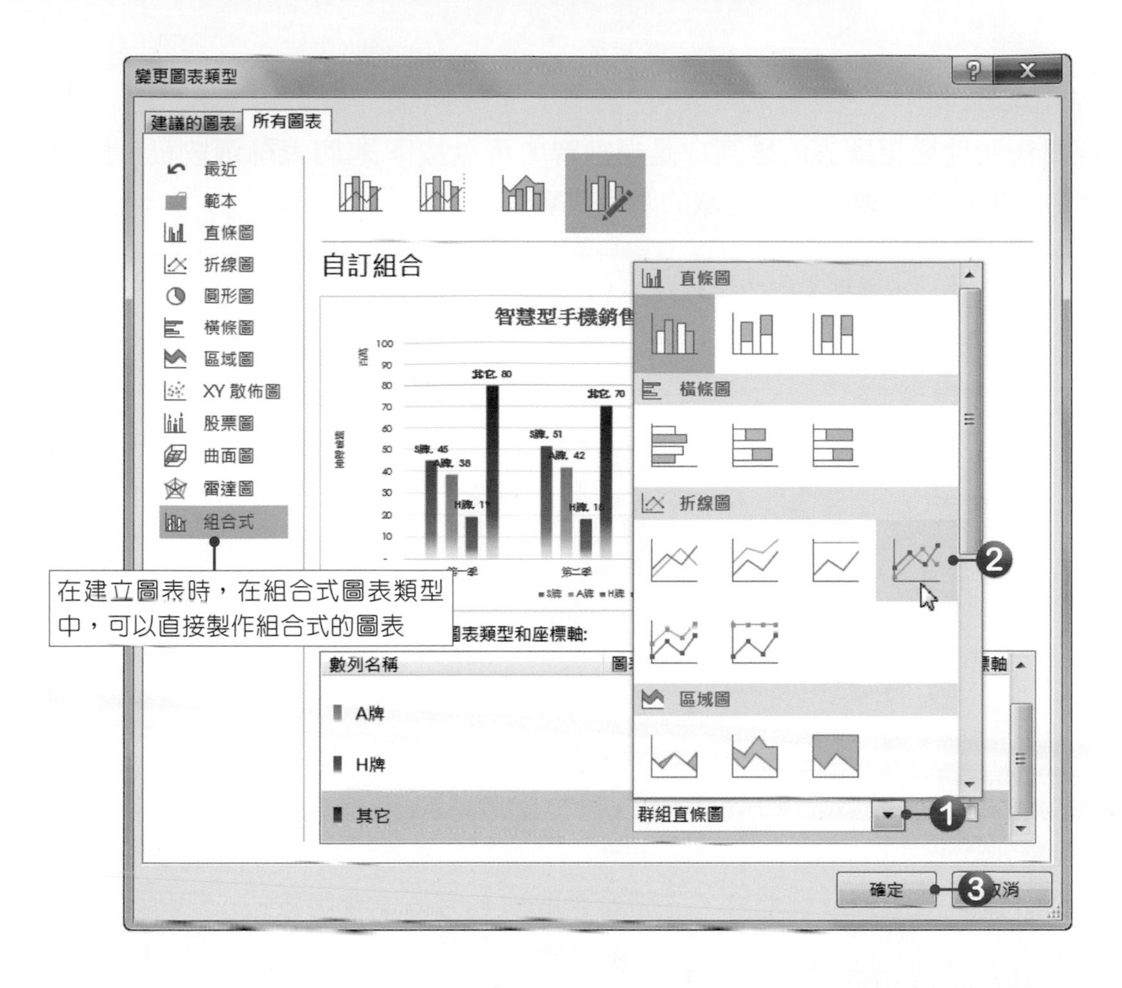

03 選擇好圖表類型後，按下**確定**按鈕，圖表中的**其它數列**就會被變更爲折線圖了。

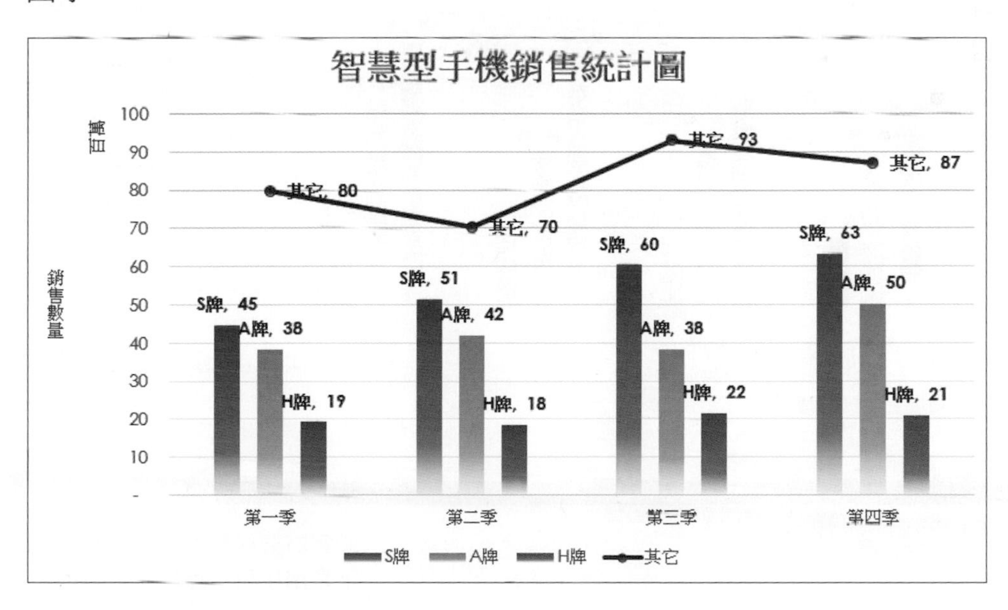

圖表篩選

若要快速地變更圖表的數列或是類別時，可以按下 **圖表篩選**按鈕，於**值**標籤頁中，即可設定要顯示或隱藏的數列或類別。

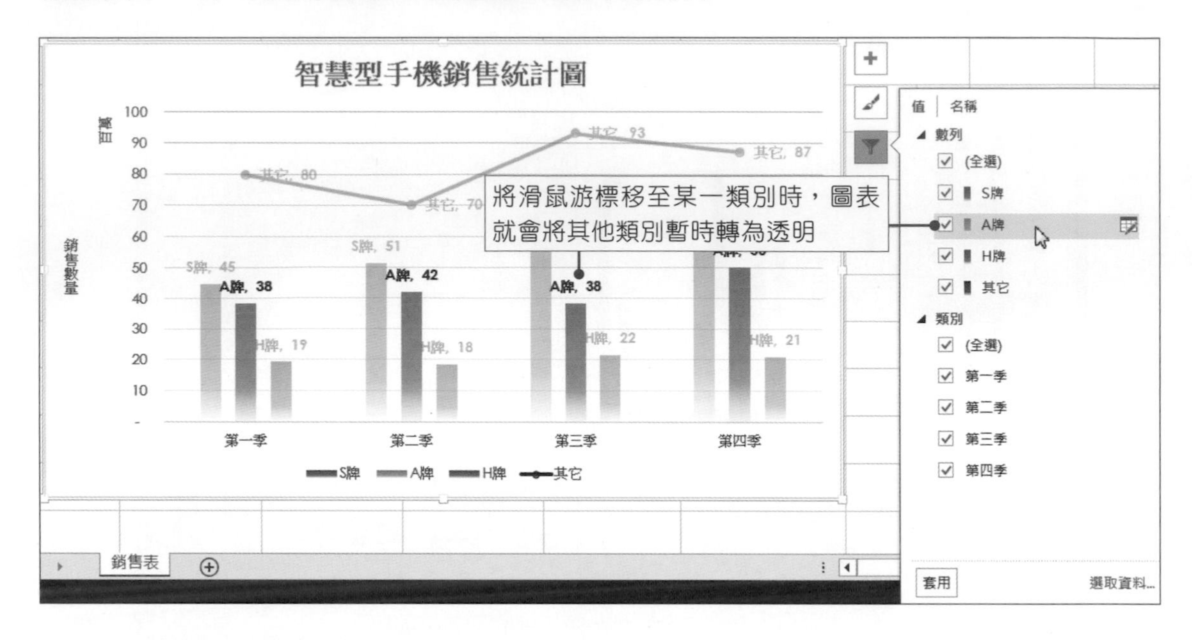

若要隱藏某個數列或類別時，先將勾選取消，再按下套用按鈕，即可變更圖表的數列或是類別資料範圍，若要再次顯示時，只要勾選**(全選)**選項即可。

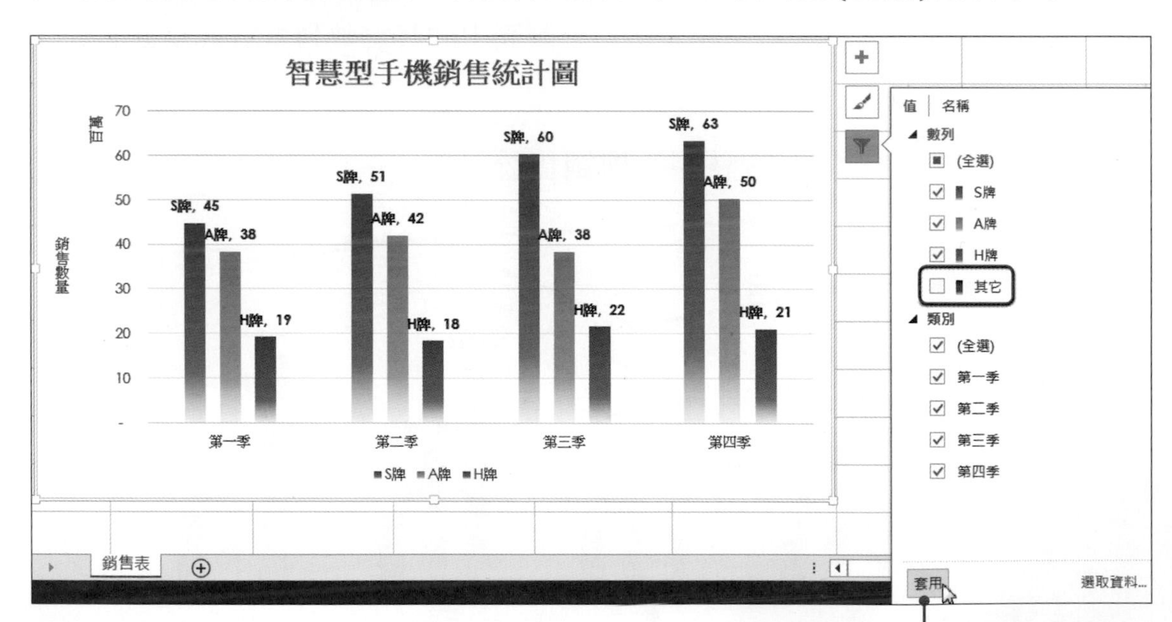

4-5 圖表的美化

在圖表裡的物件，都可以進行格式的設定及文字的修改，只要進入**「圖表工具→格式」**索引標籤中，即可針對圖表物件進行格式的設定，而且每個圖表物件經過格式設定後，都可以達到美化圖表的效果。

變更圖表物件的文字格式

若要針對圖表中的各個物件設定文字格式時，只要先點選圖表中的物件，再進入**「常用→字型」**群組中，設定文字格式。若要統一圖表內的文字字型時，可以直接點選圖表物件，再進入**「常用→字型」**群組中，選擇要使用的字型即可。

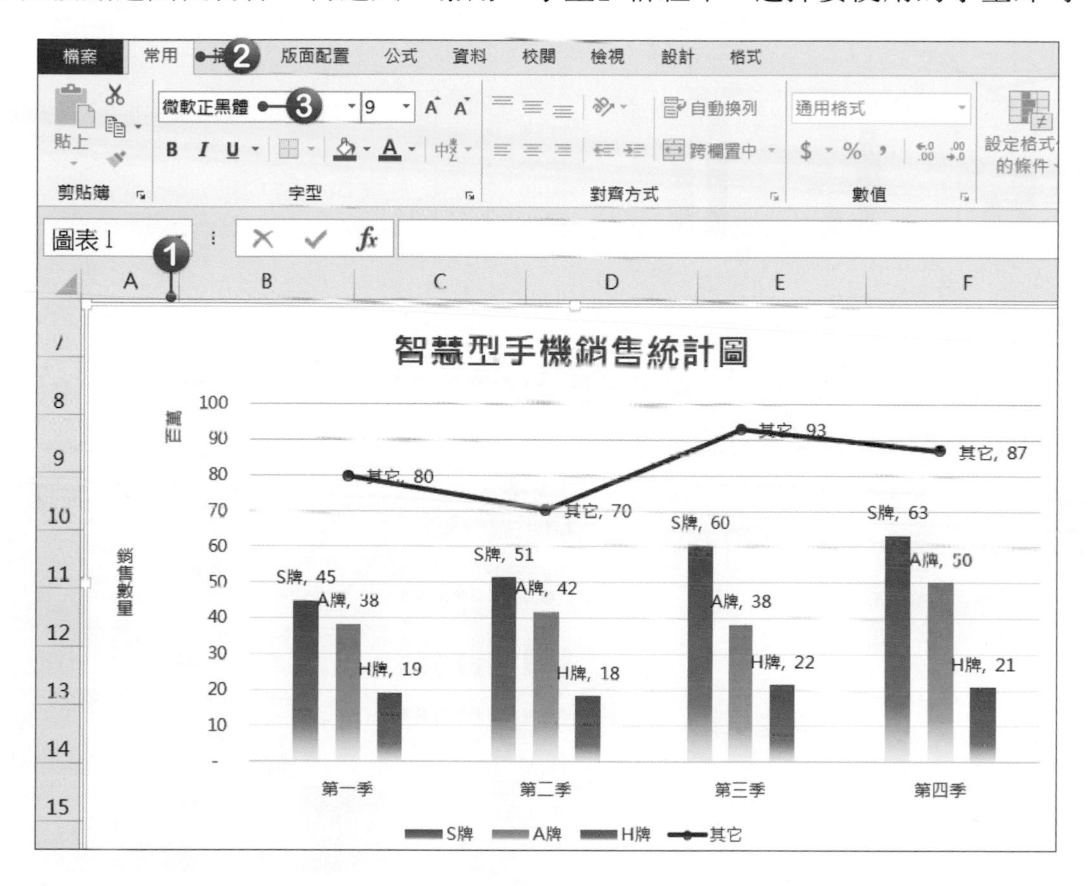

變更圖表物件的樣式

若要針對圖表中的各個物件設定樣式時，只要先點選圖表中的物件，再進入**「圖表工具→格式→圖案樣式」**群組中，即可設定樣式、填滿色彩、外框色彩、效果等。

變更圖表標題格式

點選圖表標題物件，進入**「圖表工具→格式→文字藝術師樣式」**群組中，即可進行文字填滿、文字外框、文字效果等設定。

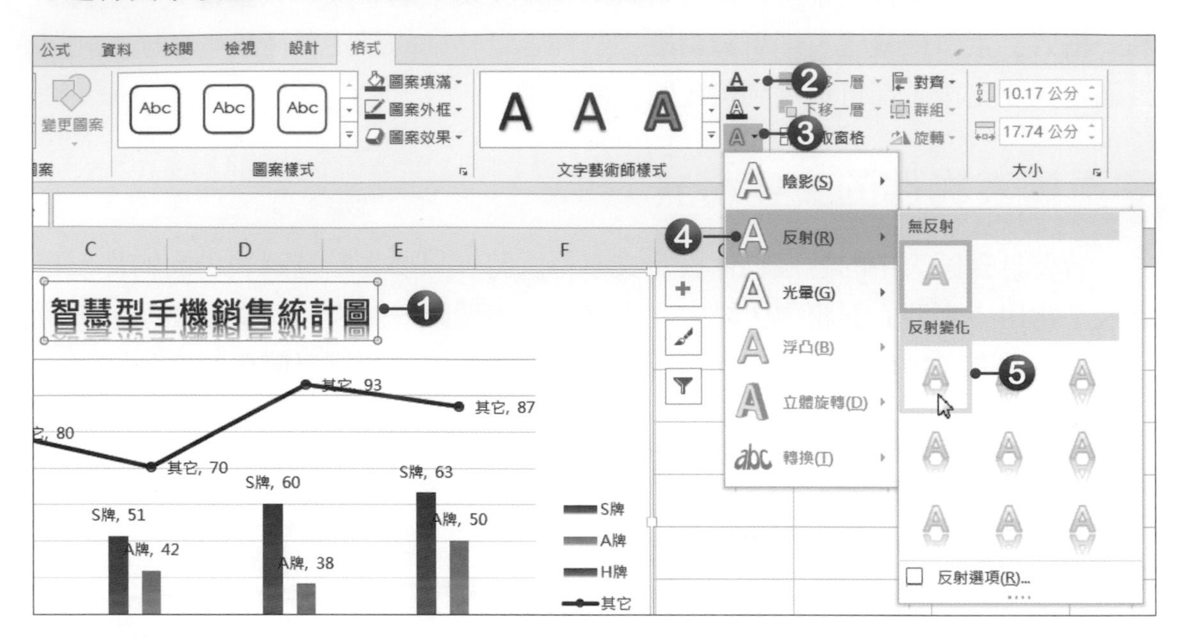

變更圖表格式

點選圖表物件，再按下**「圖表工具→格式→圖案樣式→圖案填滿」**按鈕，即可於選單中選擇要填滿的方式。

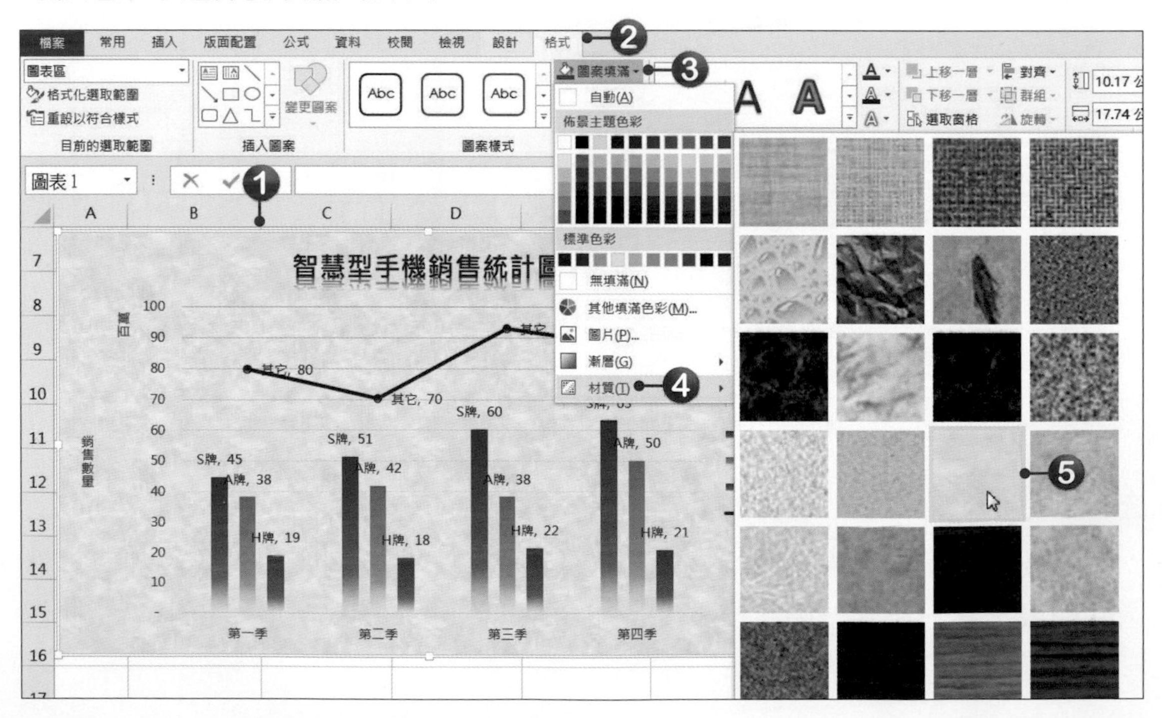

要設定物件格式時，也可以按下**「圖表工具→格式→圖案樣式」**群組的對話方塊啟動器按鈕，開啟**圖表區格式**窗格，即可進行物件的填滿、線條、效果、大小及屬性等格式設定。

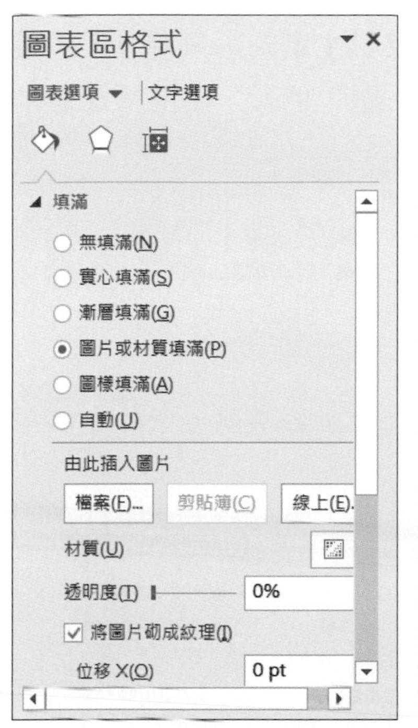

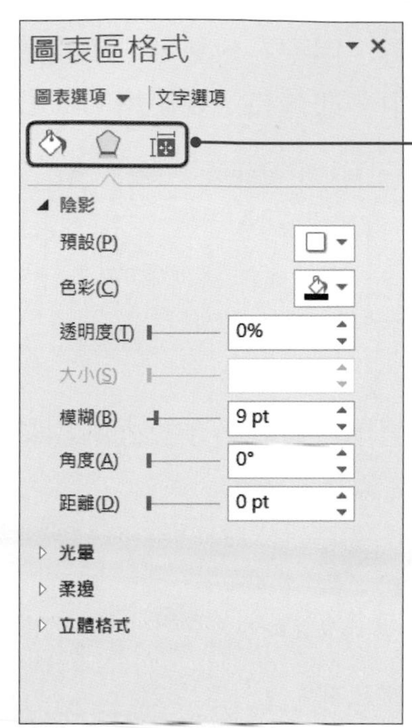

填滿與線條：設定填滿色彩、線條樣式及色彩

效果：設定陰影、光暈、柔邊、立體等格式

大小與屬性：設定物件大小、屬性及替代文字

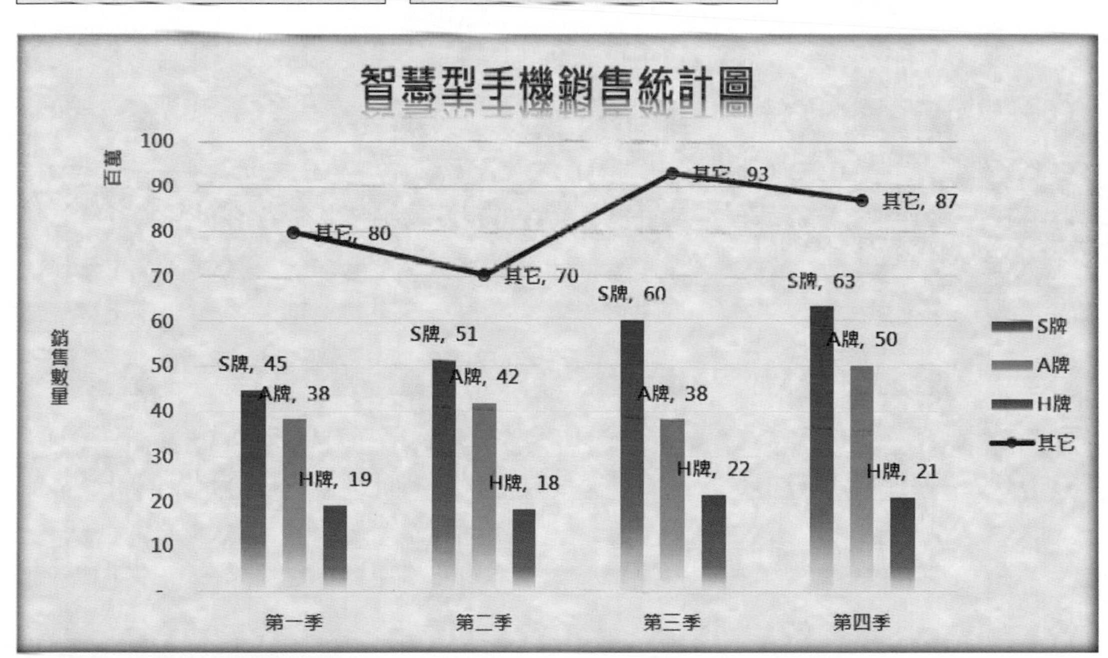

在圖表裡的物件，都可以進行格式化的設定，雖然圖表物件眾多，但有些格式設定其實是相同的，例如：色彩的變化、線條的粗細、文字的大小和方向。

4-6 佈景主題的設定

Excel提供了「佈景主題」功能，使用佈景主題，可以快速地將整份文件設定統一的格式，包括了色彩、字型、效果等。要設定佈景主題時，只要進入**「版面配置→佈景主題」**群組中，即可設定要使用的佈景主題、色彩、字型及效果。

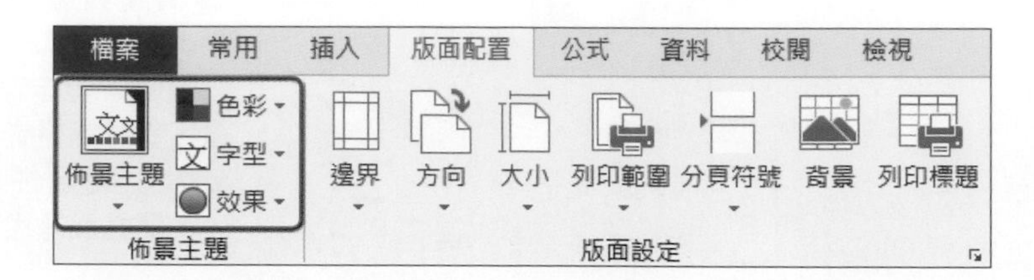

按下**色彩**選單鈕，於選單中有許多預設好的色彩，直接點選要套用的配色，工作表中的配色就會立即更換。

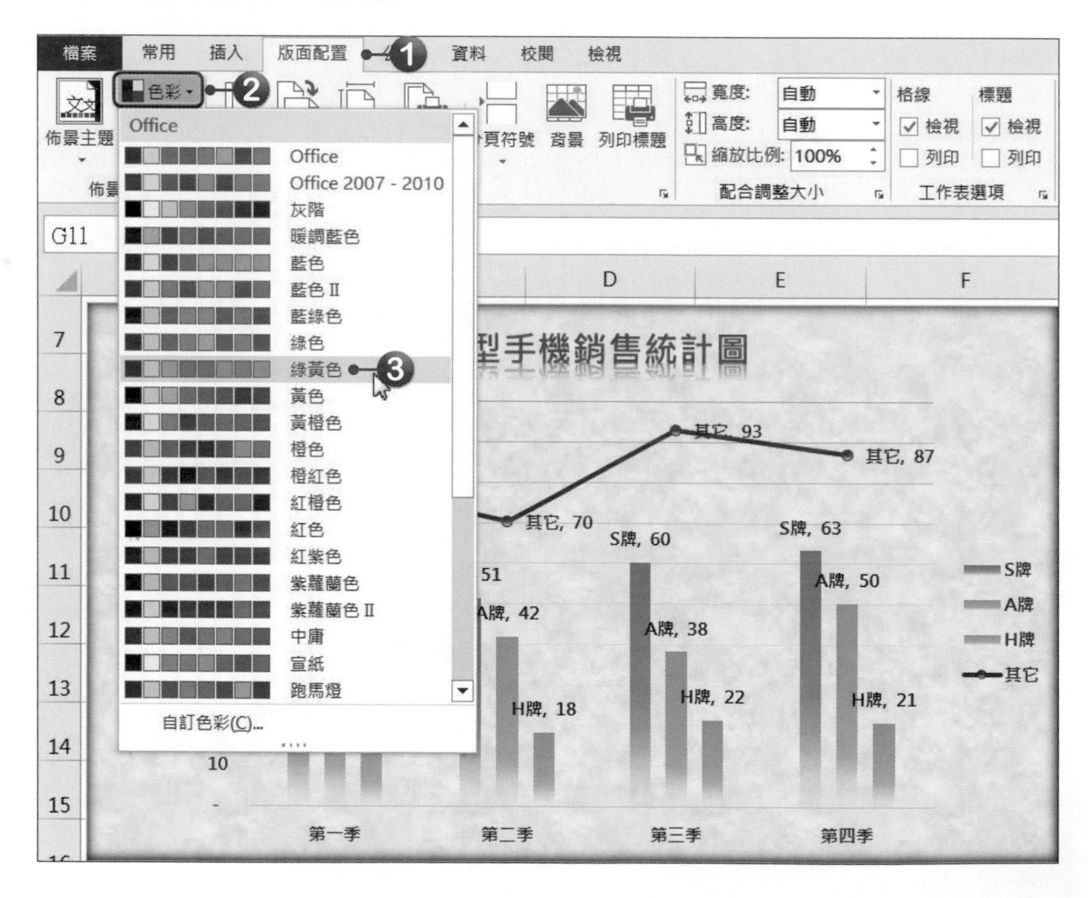

到這裡統計圖表就製作完成囉！最後再看看還有什麼地方需要加強或是調整的，調整完後別忘了將檔案儲存起來。

自我評量

✦選擇題

(　　)1. 在Excel中，下列哪個圖表類型只適用於包含一個資料數列所建立的圖表？(A)環圈圖 (B)圓形圖 (C)長條圖 (D)泡泡圖。

(　　)2. 在Excel中，下列哪個圖表無法建立趨勢線(代表特定資料數列的變動過程)？(A)折線圖 (B)直線圖 (C)圓形圖 (D)橫條圖。

(　　)3. 在Excel中，下列哪個是直條圖無法使用的資料標籤？(A)顯示百分比 (B)顯示類別名稱 (C)顯示數列名稱 (D)顯示數值。

(　　)4. 在Excel中，下列哪個元件是用來區別「資料標記」屬於哪一組「數列」，所以可以把它看成是「數列」的化身？(A)資料表 (B)資料標籤 (C)圖例 (D)圖表標題。

(　　)5. 在Excel中，無法製作出下列哪種類型的圖表？(A)股票圖 (B)魚骨圖 (C)立體長條圖 (D)曲面圖。

(　　)6. 在Excel中，製作好圖表後，可以透過下列哪一項操作來調整圖表的大小？(A)利用滑鼠拖曳圖表 (B)按下「移動圖表」按鈕 (C)拖曳圖表四周的控制點 (D)選取圖表，按下十、一鍵。

✦實作題

1. 開啟「Excel→Example04→綜藝節目調查.xlsx」檔案，進行以下設定。
   - 將得票數製作成「立體圓形圖」。
   - 圖表中要顯示圖表標題及資料標籤(包含類別名稱、值、百分比)，不顯示「圖例」，圖表格式請自行設計及調整。

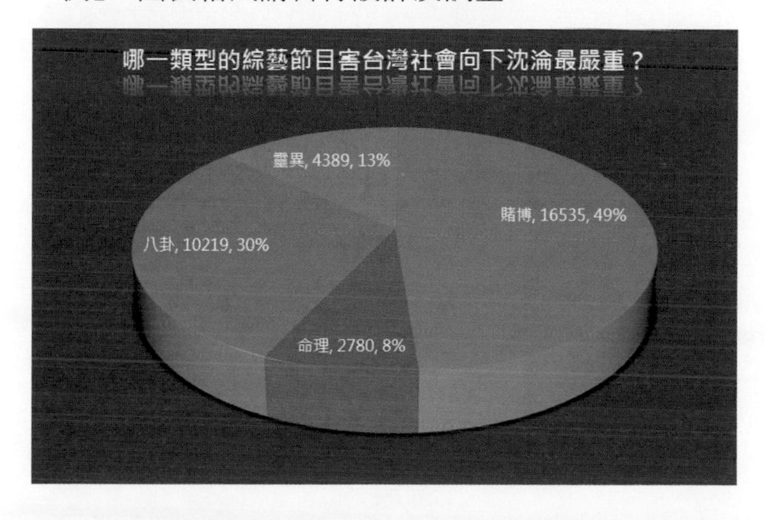

2. 開啓「Excel→Example04→血壓表.xlsx」檔案，進行以下設定。

- 利用血壓資料建立一個「折線圖」，圖表放置到新工作表中，並加入圖例及運算列表，圖表格式請自行設定。
- 將垂直軸的最小值設爲50、最大值設爲150、主要刻度間距爲10。

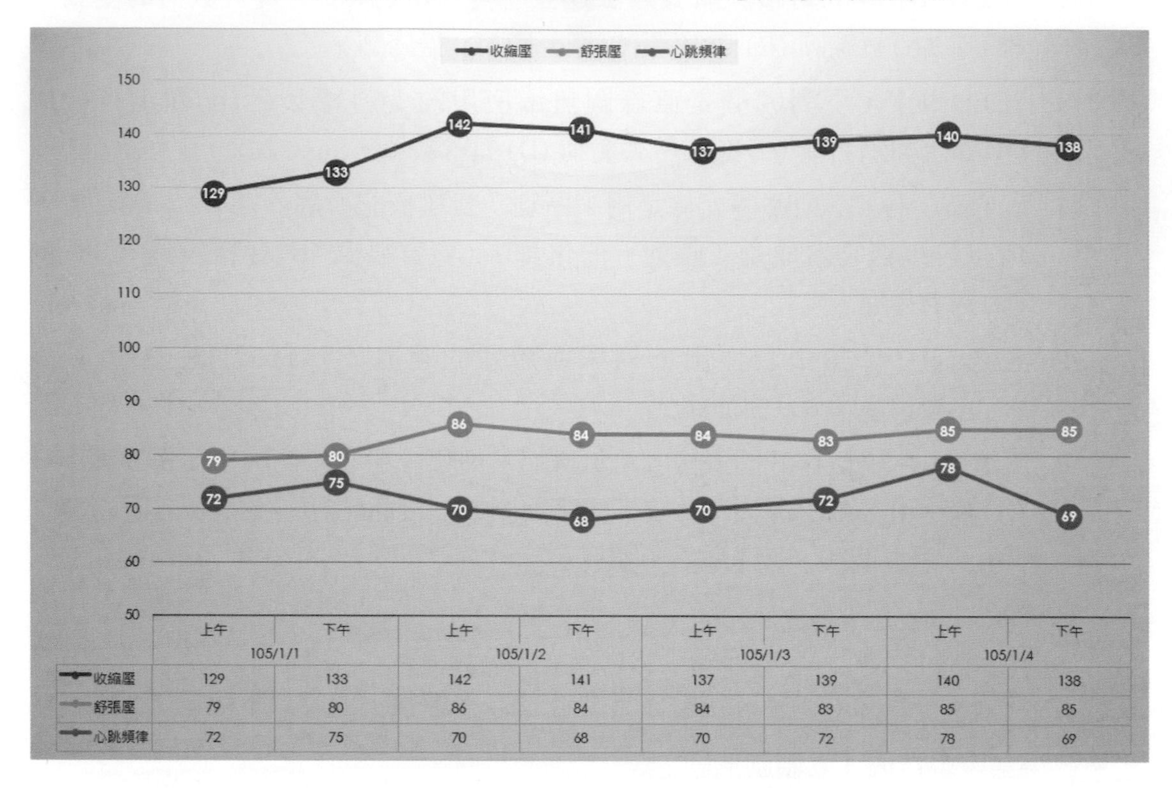

	105/1/1 上午	105/1/1 下午	105/1/2 上午	105/1/2 下午	105/1/3 上午	105/1/3 下午	105/1/4 上午	105/1/4 下午
收縮壓	129	133	142	141	137	139	140	138
舒張壓	79	80	86	84	84	83	85	85
心跳頻律	72	75	70	68	70	72	78	69

05 產品銷售分析

Example

✪ 學習目標

資料排序、資料篩選、小計、建立樞紐分析表、樞紐分析表的使用、交叉分析篩選器的使用、製作樞紐分析圖

✪ 範例檔案

Excel → Example05 → 數位相機銷售表.xlsx

✪ 結果檔案

Excel → Example05 → 數位相機銷售表-排序.xlsx

Excel → Example05 → 數位相機銷售表-篩選.xlsx

Excel → Example05 → 數位相機銷售表-小計.xlsx

Excel → Example05 → 數位相機銷售表-樞紐分析表.xlsx

運用Excel輸入了許多流水帳資料後，卻很難從這些資料中，立即分析出資料所代表的意義。所以Excel提供了許多分析資料的利器，像是排序、篩選、小計及樞紐分析表等，可以將繁雜、毫無順序可言的流水帳資料，彙總及分析出重要的摘要資料。

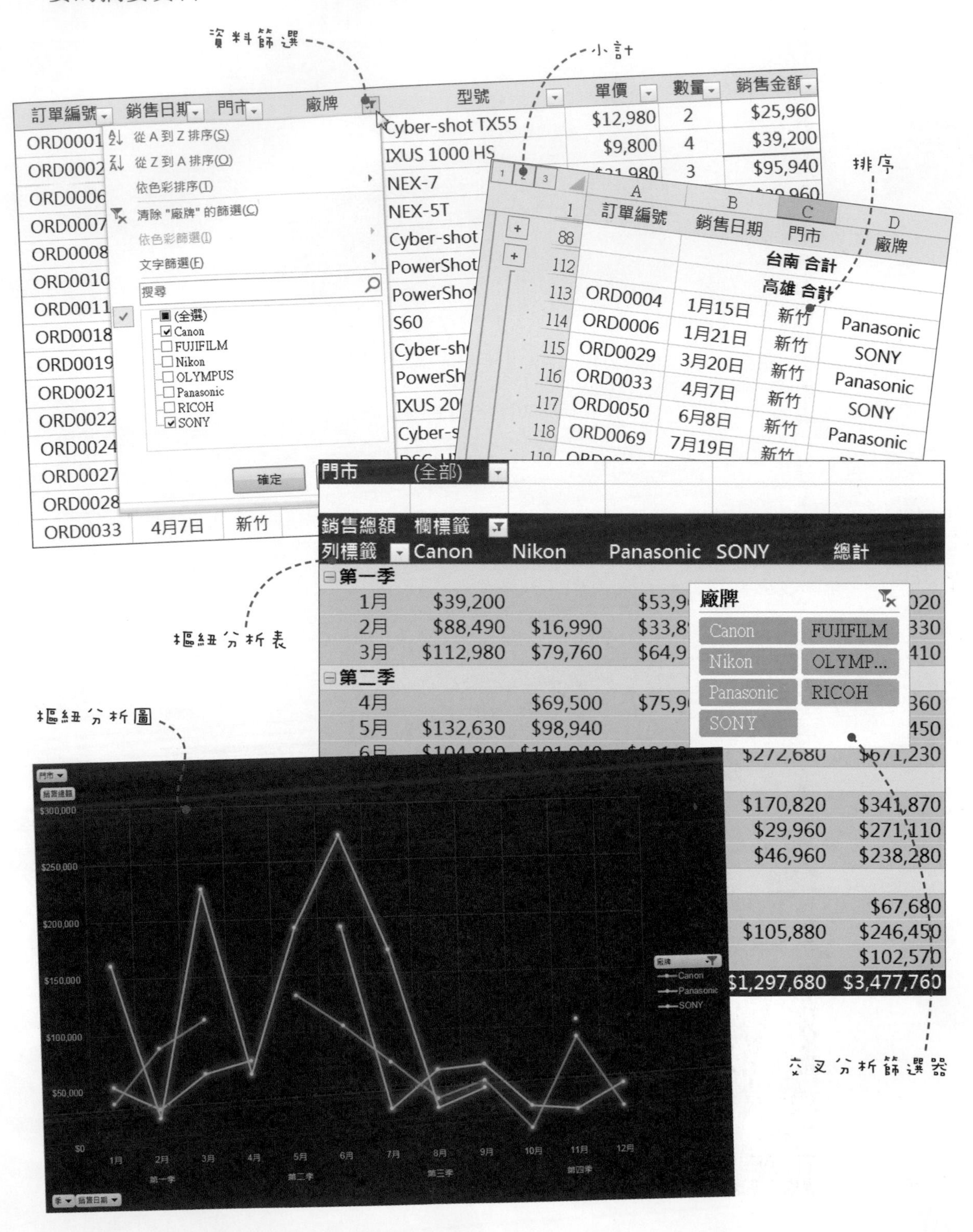

5-1 資料排序

當資料量很多時，爲了搜尋方便，通常會將資料按照順序重新排列，這個動作稱爲排序。同一「列」的資料爲一筆「記錄」，排序時會以「欄」爲依據，調整每一筆記錄的順序。

單一欄位排序

排序的時候，先決定好要以哪一欄作爲排序依據，點選該欄中任何一個儲存格，再按下**「常用→編輯→排序與篩選」**按鈕，即可選擇排序的方式。也可以按下**「資料→排序與篩選」**群組中的 **從最小到最大排序**、 **從最大到最小排序**按鈕，進行排序。

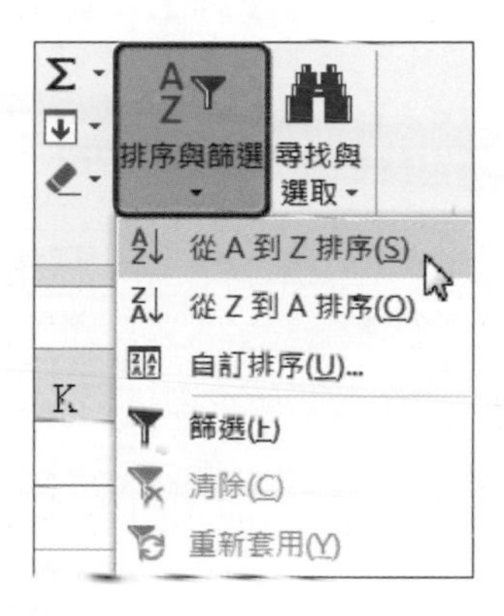

多重欄位排序

資料進行排序時，有時候會遇到相同數值的資料，此時可以再設定一個依據，對下層資料排序。在此範例中要使用排序功能，將先按照門市排序，遇到門市相同時，再根據廠牌、型號進行排序。

01 將作用儲存格移至資料範圍中的任一儲存格，按下**「資料→排序與篩選→排序」**按鈕，開啓「排序」對話方塊。

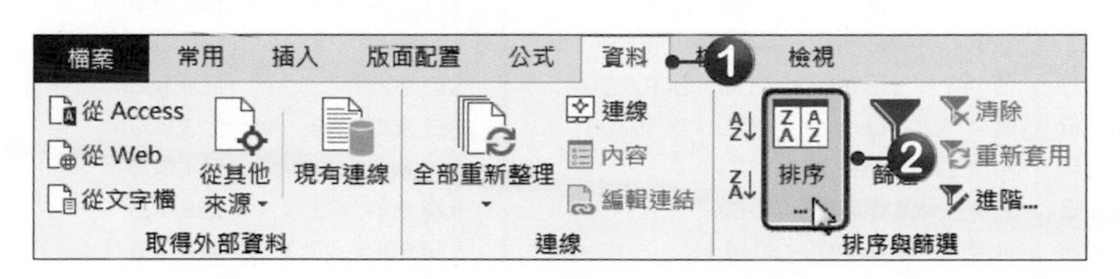

02 設定第一個排序方式，於排序方式中選擇**門市**欄位；再於順序中選擇**A 到 Z**，設定好後，按下**新增層級**，進行次要排序方式設定。

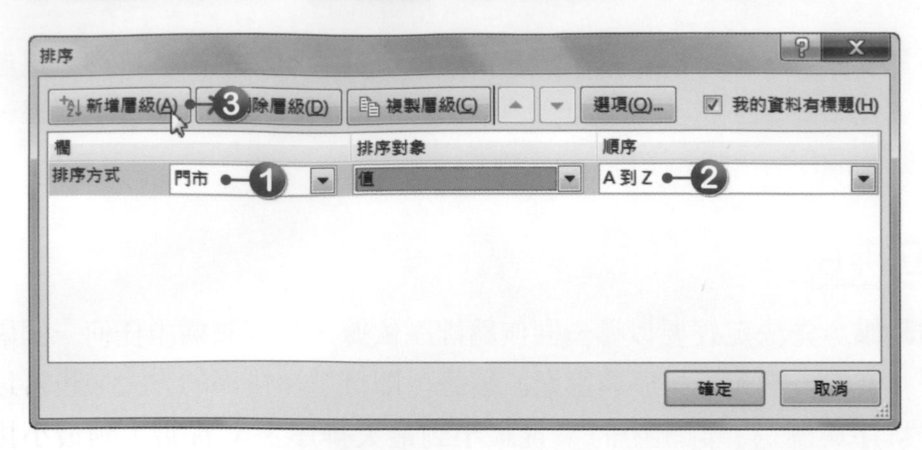

03 將廠牌及型號的排序順序設定為**A 到 Z**，都設定好後按下**確定**按鈕，完成資料排序。

04 資料就會依照所設定的排序方式將資料重新排列。

	A	B	C	D	E	F	G	H
1	訂單編號	銷售日期	門市	廠牌	型號	單價	數量	銷售金額
2	ORD0002	1月14日	台中	Canon	IXUS 1000 HS	$9,800	4	$39,200
3	ORD0067	7月14日	台中	Canon	PowerShot A85	$9,900	2	$19,800
4	ORD0010	2月7日	台中	Canon	PowerShot G12	$14,900	5	$74,500
5	ORD0062	7月4日	台中	Canon	S60	$13,990	3	$41,970
6	ORD0020	3月4日	台中	Nikon	AW100	$13,990	4	$55,960
7	ORD0072	8月4日	台中	Nikon	AW100	$13,990	3	$41,970
8	ORD0035	4月14日	台中	Nikon	COOLPIX P7000	$13,900	5	$69,500
9	ORD0030	3月21日	台中	Nikon	COOLPIX S9100	$11,900	2	$23,800
10	ORD0075	8月15日	台中	OLYMPUS	E-P3	$28,800	2	$57,600
11	ORD0101	11月8日	台中	OLYMPUS	E-P3	$28,800	3	$86,400
12	ORD0111	12月6日	台中	OLYMPUS	E-PL1	$14,900	1	$14,900
13	ORD0034	4月9日	台中	OLYMPUS	SP-310	$13,900	1	$13,900
14	ORD0017	2月24日	台中	OLYMPUS	u-1040	$8,900	5	$44,500
15	ORD0114	12月9日	台中	OLYMPUS	u-1040	$8,900	2	$17,800
16	ORD0012	2月10日	台中	Panasonic	DMC-FZ100	$14,900	1	$14,900

5-2 資料篩選

在眾多的資料中，有時候只需要某一部分的資料，可以利用篩選功能，把需要的資料留下，隱藏其餘用不著的資料。這節就來學習如何利用篩選功能快速篩選出需要的資料。

自動篩選

自動篩選功能可以為每個欄位設一個準則，只有符合每一個篩選準則的資料才能留下來。

01 按下**「常用→編輯→排序與篩選→篩選」**按鈕，或按下**「資料→排序與篩選→篩選」**按鈕，或按下**Ctrl+Shift+L**快速鍵。

02 點選後，每一欄資料標題的右邊，都會出現一個▼選單鈕，按下廠牌的▼選單鈕，勾選**SONY**廠牌，勾選好後按下**確定**按鈕。

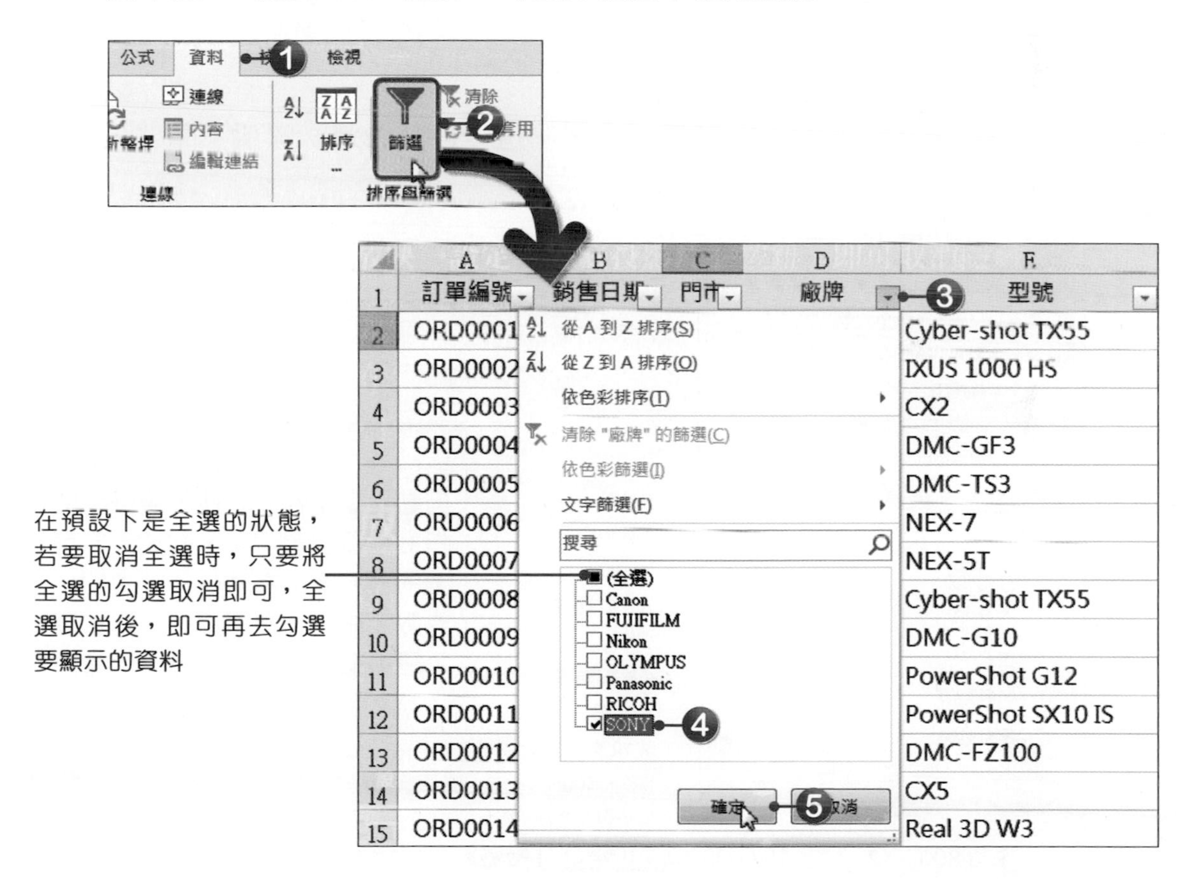

03 經過篩選後，不符合準則的資料就會被隱藏。

	A	B	C	D	E	F	G	H
1	訂單編號	銷售日期	門市	廠牌				銷售金額
2	ORD0001	1月8日	台北	SONY	Cybe			$25,960
7	ORD0006	1月21日	新竹	SONY	NEX-7	$31,980	3	$95,940
8	ORD0007	1月25日	台北	SONY	NEX-5T	$19,980	2	$39,960
9	ORD0008	2月2日	台中	SONY	Cyber-shot TX55	$12,980	2	$25,960
20	ORD0019	3月3日	台北	SONY	Cyber-shot N1	$16,980	4	$67,920
25	ORD0024	3月8日	高雄	SONY	Cyber-shot N1	$16,980	5	$84,900
28	ORD0027	3月14日	台北	SONY	DSC-HX60V	$14,980	1	$14,980
29	ORD0028	3月20日	台南	SONY	DSC-HX60V	$14,980	4	$59,920
34	ORD0033	4月7日	新竹	SONY	NEX-7	$31,980	2	$63,960
42	ORD0041	5月2日	高雄	SONY	NEX-7	$31,980	6	$191,880
52	ORD0051	6月9日	台中	SONY	NEX-5T	$19,980	7	$139,860
56	ORD0055	6月17日	台中	SONY	Cyber-shot TX55	$12,980	5	$64,900
61	ORD0060	6月20日	台南	SONY	Cyber-shot N1	$16,980	4	$67,920

表示已套用篩選，若要清除篩選時，再按下按鈕，於選單中點選**清除"廠牌"的篩選**即可

自訂篩選

除了自動篩選外，還可以自行設定篩選條件，例如：要篩選出銷售金額介於100,000~150,000之間的所有資料時，設定方式如下：

01 按下銷售金額選單鈕，選擇**「數字篩選→自訂篩選」**選項，開啓「自訂自動篩選」對話方塊。

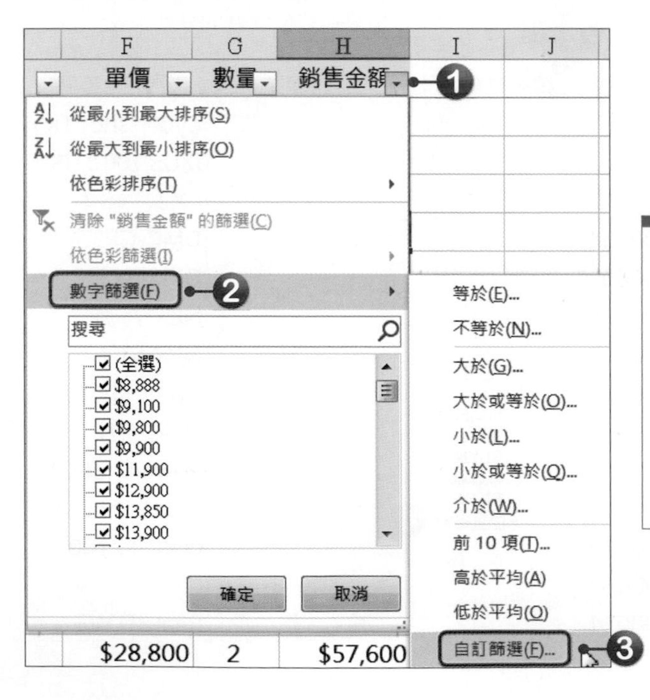

Excel會依據欄位的資料性質，自動判斷屬性，因此，清單中的指令也會自動調整，例如：若篩選的資料欄位為數值時，會顯示為**數字篩選**；為日期時，則會顯示**日期篩選**；為文字時，則會顯示為**文字篩選**。

02 將條件設定為：**大於或等於 100000；小於或等於 150000**，設定好後按下**確定**按鈕。

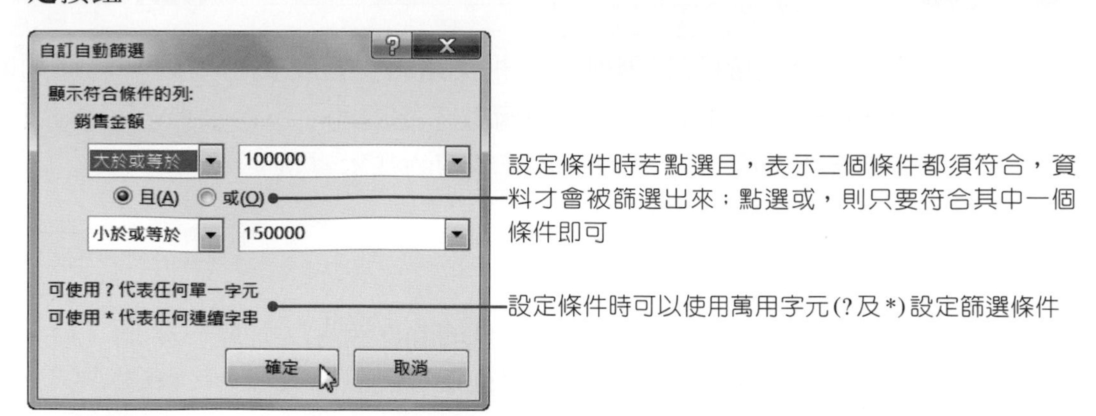

03 經過篩選後，只會顯示符合準則的資料。

	A	B	C	D	E	F	G	H
1	訂單編號	銷售日期	門市	廠牌	型號	單價	數量	銷售金額
52	ORD0051	6月9日	台中	SONY	NEX-5T	$19,980	7	$139,860
59	ORD0058	6月20日	台南	Nikon	P7100	$16,990	6	$101,940
72	ORD0071	7月23日	台北	SONY	NEX-5T	$19,980	6	$119,880
87	ORD0086	9月9日	台北	OLYMPUS	E-P3	$28,800	4	$115,200

清除篩選

當檢視完篩選資料後，若要清除所有的篩選條件，恢復到所有資料都顯示的狀態時，只要按下**「資料→排序與篩選→清除」**按鈕即可。

若要將「自動篩選」功能取消時，按下**「資料→排序與篩選→篩選」**按鈕，即可將篩選取消，而欄位中的▾按鈕，也會跟著清除。

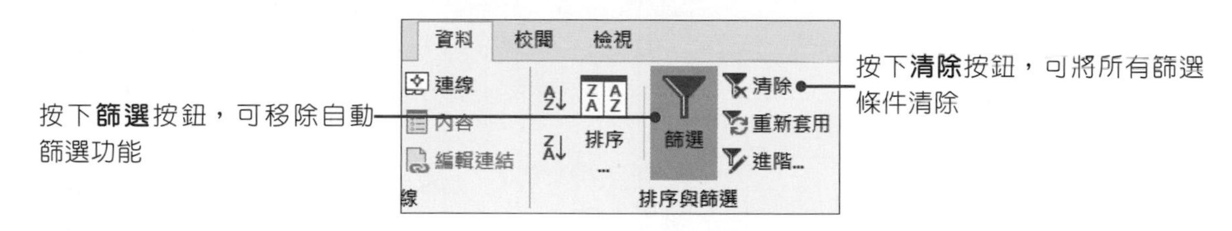

5-3 小計的使用

當遇到一份報表中的資料繁雜、互相交錯時，若要從中找到一個種類的資訊，必須使用SUMIF或COUNTIF這類函數才能處理。不過別擔心，Excel提供了小計功能，利用此功能，就會顯示各個種類的基本資訊。

建立小計

使用小計功能，可以快速計算多列相關資料，例如：加總、平均、最大值或標準差，在進行小計前，資料必須先經過排序。

01 先將資料依**門市**排序，排序好後，按下**「資料→大綱→小計」**按鈕，開啟「小計」對話方塊，進行小計的設定。

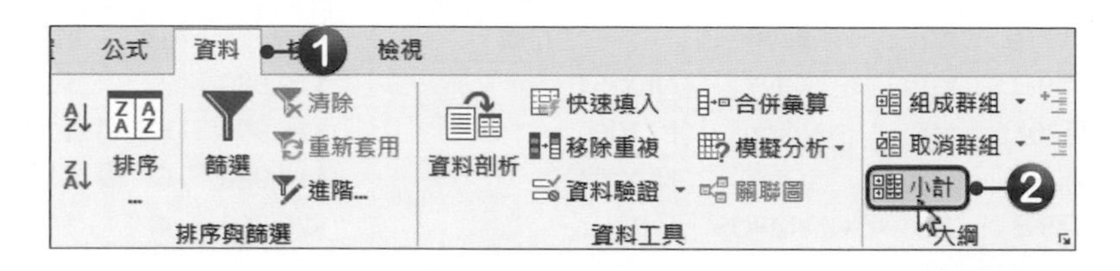

02 在**分組小計欄位**選單中選擇**門市**名稱，這是要計算小計時分組的依據；在**使用函數**選單中選擇**加總**，表示要用加總的方法來計算小計資訊；在**新增小計位置**選單中將**數量**及**銷售金額**勾選，則會將同一個分組的數量及銷售金額，顯示爲小計的資訊，都設定好後，按下**確定**按鈕，回到工作表中。

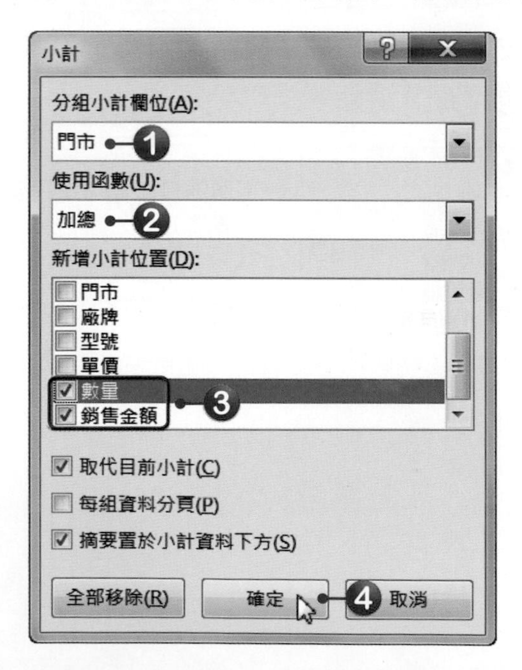

移除小計

如果不需要小計了，只要再按下**「資料→大綱→小計」**按鈕，於「小計」對話方塊中，按下**全部移除**即可。

03 回到工作表後，可以看到每一個門市類別下，顯示一個小計，就可以輕易地比較每一個分組的差距。而這裡的小計資訊，是將同一門市的數量和銷售金額加總得來的。

	A	B	C	D	E	F	G	H
1	訂單編號	銷售日期	門市	廠牌	型號	單價	數量	銷售金額
111	ORD0116	12月17日	高雄	FUJIFILM	FinePix Z90	$13,850	4	$55,400
112			高雄 合計				61	$1,006,820
113	ORD0004	1月15日	新竹	Panasonic	DMC-GF3	$12,990	3	$38,970
114	ORD0006	1月21日	新竹	SONY	NEX-7	$31,980	3	$95,940
115	ORD0029	3月20日	新竹	Panasonic	DMC-GF3	$12,990	5	$64,950
116	ORD0033	4月7日	新竹	SONY	NEX-7	$31,980	2	$63,960
117	ORD0050	6月8日	新竹	Panasonic	DMC-TS3	$14,990	2	$29,980
118	ORD0069	7月19日	新竹	RICOH	CX200	$12,900	2	$25,800
119	ORD0082	8月27日	新竹	Nikon	COOLPIX S9100	$11,900	1	$11,900
120	ORD0083	9月2日	新竹	SONY	DSC-HX60V	$14,980	1	$14,980
121	ORD0093	9月20日	新竹	Nikon	AW100	$13,990	5	$69,950
122	ORD0103	11月11日	新竹	SONY	Cyber-shot TX55	$12,980	2	$25,960
123	ORD0115	12月15日	新竹	Nikon	COOLPIX P7000	$13,900	1	$13,900
124			新竹 合計				27	$456,290
125			總計				334	$4,917,414

04 產生小計後，在左邊的大綱結構中列出了各層級的關係，按下 - 按鈕，可以隱藏分組的詳細資訊，只顯示每一個分組的小計資訊；若要再展開時，按下 + 按鈕，就可以顯示分組的詳細資訊。

	A	B	C	D	E	F	G	H
1	訂單編號	銷售日期	門市	廠牌	型號	單價	數量	銷售金額
25			台中 合計				70	$1,001,280
60			台北 合計				94	$1,336,674
88			台南 合計				82	$1,116,350
112			高雄 合計				61	$1,006,820
124			新竹 合計				27	$456,290
125			總計				334	$4,917,414

層級符號的使用

在工作表左邊有個 1 2 3 層級符號鈕，這裡的層級符號鈕是將資料分成三個層級，經由點按這些符號鈕，便可變更所顯示的層級資料。按下 **1** 只會顯示總計資料；按下 **2** 會將品名、售價等資料隱藏，只顯示每個分店的數量及業績的小計；按下 **3** 則會顯示完整的資料。

	A	B	C	D	E	F	G	H
1	訂單編號	銷售日期	門市	廠牌	型號	單價	數量	銷售金額
125			總計				334	$4,917,414

按下**1**只會顯示總計資料

5-4 樞紐分析表的應用

在「數位相機銷售表」範例中的流水帳資料，很難看出哪個時期哪一款數位相機賣得最好，將資料製作成樞紐分析表後，只需拖曳幾個欄位，就能夠將大筆的資料自動分類，同時顯示分類後的小計資訊，而它還可以根據各種不同的需求，隨時改變欄位位置，即時顯示出不同的資訊。

建立樞紐分析表

在「數位相機銷售表」範例中，要將數位相機全年度的銷售記錄建立一個樞紐分析表，這樣就可以馬上看到各種相關的重要資訊。

01 按下**「插入→表格→樞紐分析表」**按鈕，開啟「建立樞紐分析表」對話方塊。

02 Excel會自動選取儲存格所在的表格範圍，請確認範圍是否正確，再點選**新工作表**，將產生的樞紐分析表放置在新的工作表中，都設定好後按下**確定**按鈕。

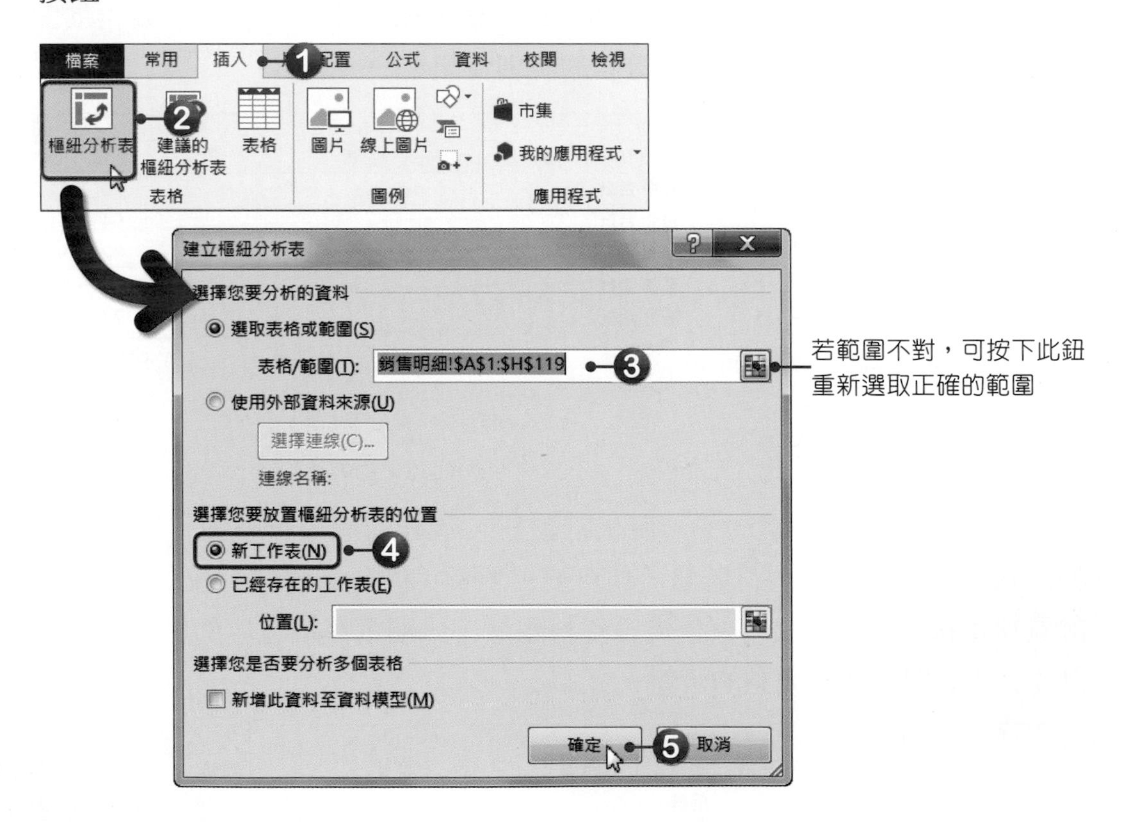

03 Excel就會自動新增**「工作表1」**，並於工作表中顯示樞紐分析表的提示，而在工作表的右邊則會有**「樞紐分析表欄位」**工作窗格。Excel會從樞紐分析表的來源範圍，自動分析出欄位，通常是將一整欄的資料當作一個欄位，這些欄位可以在**「樞紐分析表欄位」**窗格中看到。

建議的樞紐分析表

若不知該如何建立樞紐分析表時，可以按下**「插入→表格→建議的樞紐分析表」**按鈕，開啓「建議的樞紐分析表」對話方塊，即可選擇Excel所建議的樞紐分析表，直接點選便可立即建立樞紐分析表。

產生樞紐分析表資料

有了樞紐分析表後，接著就要開始在樞紐分析表中進行版面的配置及加入欄位的動作了。一開始所產生的樞紐分析表都是空白的，因此必須手動加入欄位。

在此範例中，要將「門市」加入「篩選」中；將「銷售日期」加入「列」中；將「廠牌」、「型號」加入「欄」中；將「數量」及「銷售金額」加入「Σ 值」區域中。以下為各區域的說明：

- **篩選：**限制下方的欄位只能顯示指定資料。
- **列：**用來將資料分類的項目。
- **欄：**用來將資料分類的項目。
- **Σ 值：**用來放置要被分析的資料，也就是直欄與橫列項目相交所對應的資料，通常是數值資料。

01 選取樞紐分析表欄位中的**門市**欄位，將它拖曳到**篩選**區域中。

02 將**廠牌**及**型號**欄位，拖曳到**欄**區域中。在樞紐分析表中就可以對照出每一個日期所交易的型號及數量。

03 將**銷售日期**欄位，拖曳到**列**區域中。

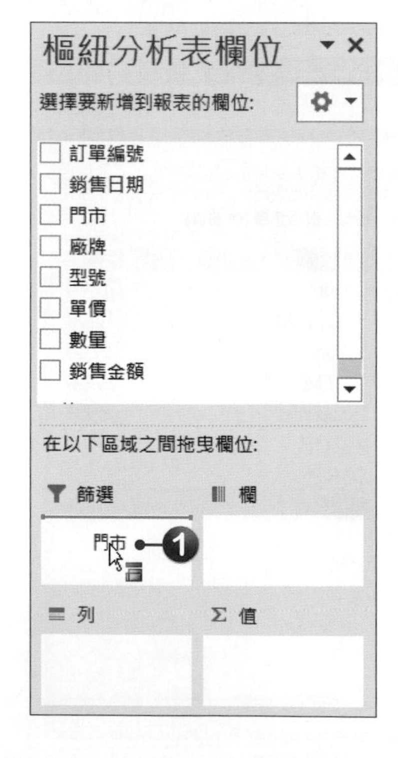

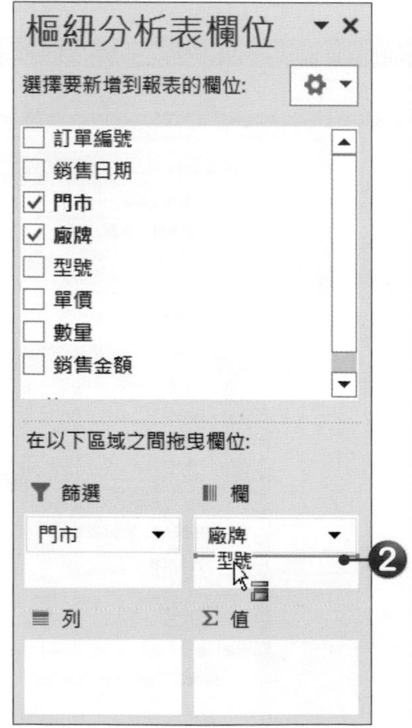

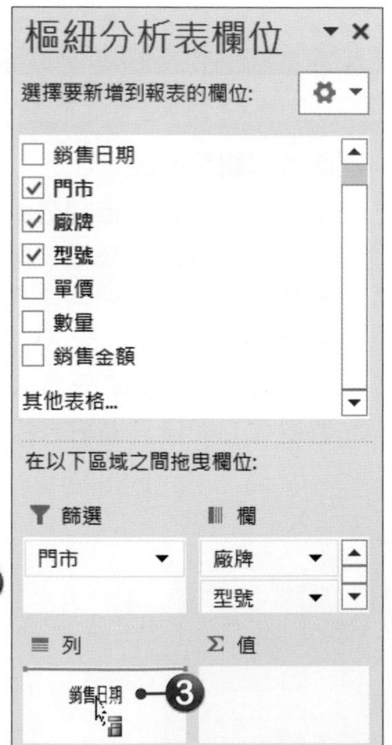

04 將**數量**及**銷售金額**欄位，拖曳到 **Σ 值**區域中。

05 到這裡，基本樞紐分析表就完成了，從樞紐分析表中可以看出各廠牌產品的銷售數量及銷售金額。

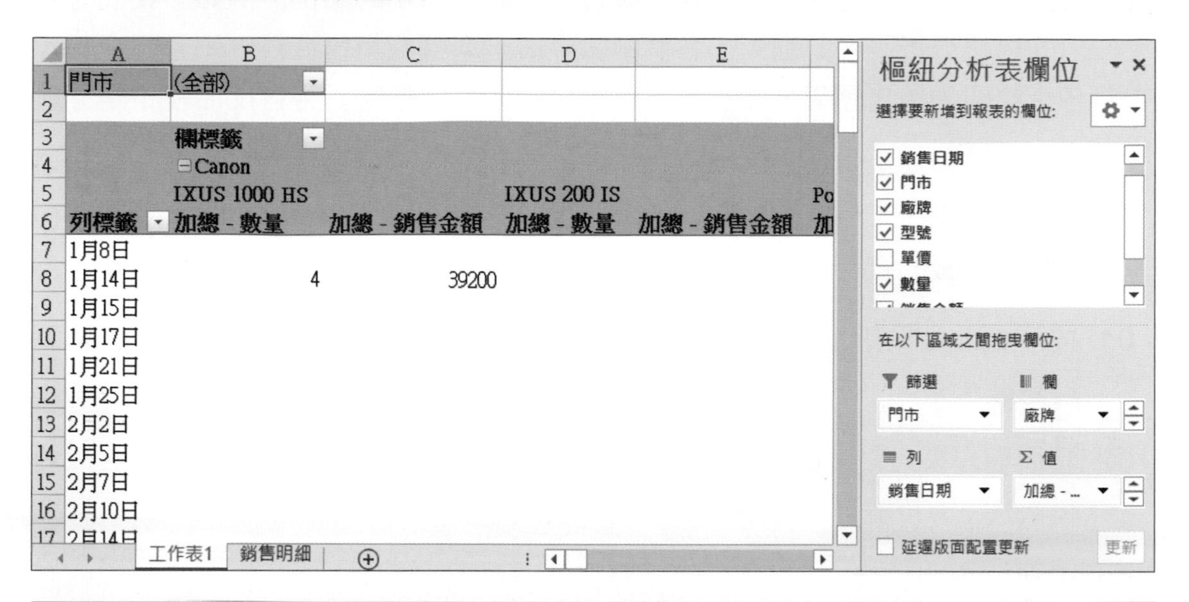

樞紐分析表的各個標籤允許放置多個欄位，但要注意欄位放置的先後順序，會影響報表顯示的內容。若是順序弄錯了，直接拖曳標籤內的欄位進行順序的調整即可。

若要刪除樞紐分析表的欄位，可以用拖曳的方式，將樞紐分析表中不需要的欄位，再拖曳回「樞紐分析表欄位」中，或者將欄位的勾選取消，也可以直接在欄位上按一下滑鼠左鍵，於選單中選擇**「移除欄位」**，即可將欄位從區域中移除，而此欄位的資料也會從工作表中消失。

06 樞紐分析表製作好後，在**工作表1**上按下**滑鼠右鍵**，於選單中點選**重新命名**，或直接在名稱上**雙擊滑鼠左鍵**，將工作表重新命名，這裡請輸入**樞紐分析表**，輸入完後按下 **Enter** 鍵，即可完成重新命名的工作。

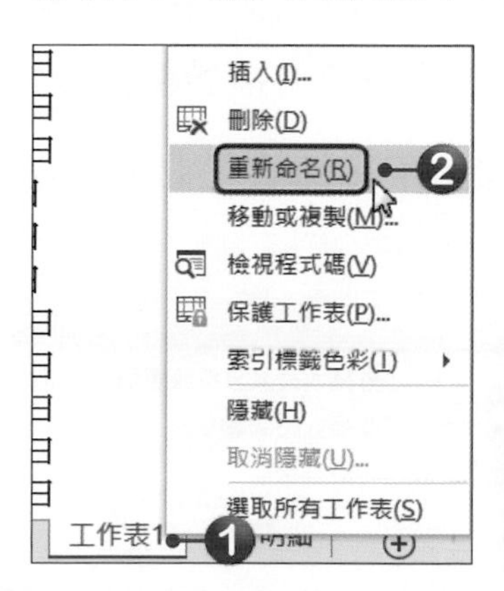

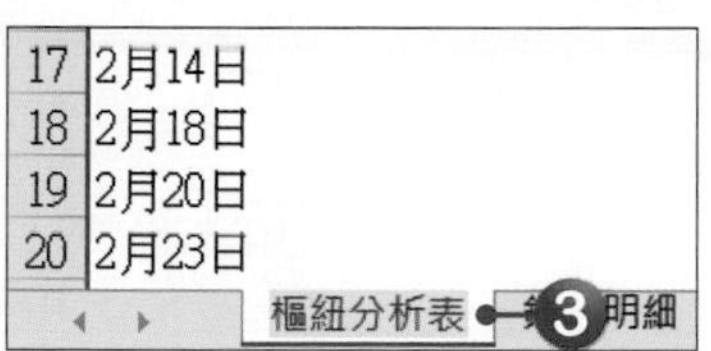

隱藏明細資料

雖然樞紐分析表對於資料的分析很有幫助，但有時分析表中過多的欄位反而會使人無所適從，因此必須適時地隱藏暫時不必要出現的欄位。例如：我們方才製作出的樞紐分析表，詳細列出各個廠牌中所有型號的銷售資料。假若現在只想查看各廠牌間的銷售差異，那麼其下所細分的各家「型號」資料反而就不是分析重點了。

在這樣的情形下，應該將有關「型號」的明細資料暫時隱藏起來，只檢視「廠牌」標籤的資料就可以了。

01 按下**Canon**廠牌前的⊟摺疊鈕，即可將Canon廠牌下的各款型號的明細資料隱藏起來。

02 當摺疊起來之後，Canon前方的符號就會變成⊞，表示其內容已摺疊，只要再次按下⊞符號，即可再次將其內容展開。

03 再利用相同方式，即可將其他廠牌的資料明細隱藏起來。將多餘的資料隱藏後，反而更能馬上比較出各個廠牌之間的銷售差異。

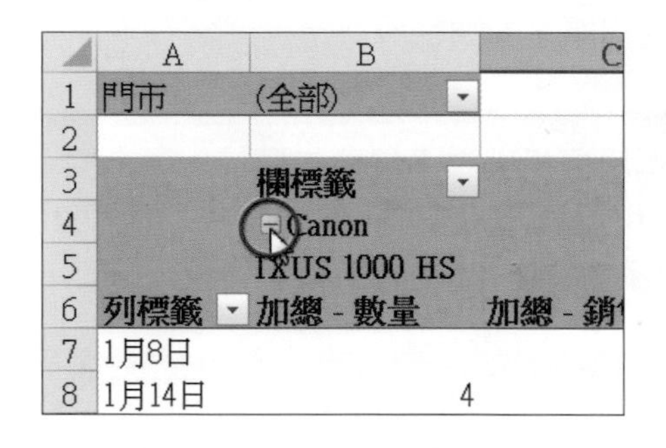

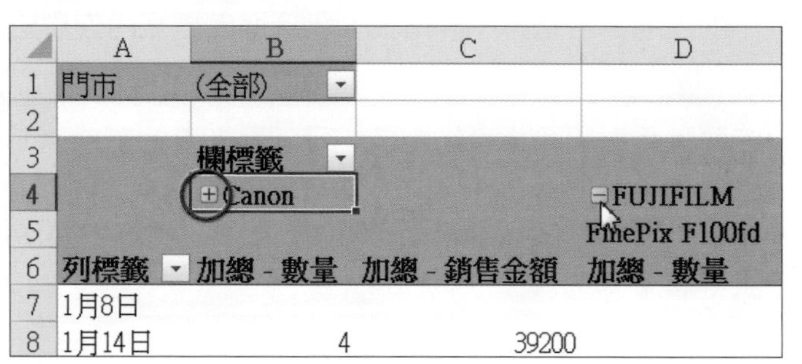

04 雖然可以透過摺疊按鈕快速展開或摺疊某一家廠牌下的各款型號明細資料。但因各家品牌眾多，如果要一個一個設定摺疊，恐怕要花上一點時間。如果想要一次隱藏所有「型號」明細資料，將作用儲存格移至廠牌欄位中，按下**「樞紐分析表工具→分析→作用中欄位→⊟」摺疊欄位**按鈕。

05 點選後，所有的型號資料都隱藏起來了，這樣是不是節省了很多重複設定的時間呢！

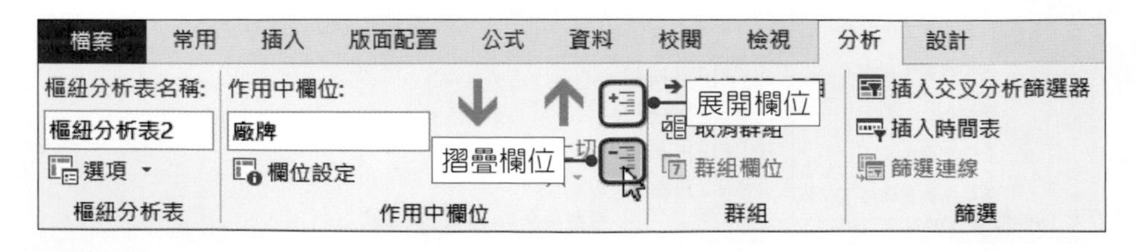

資料的篩選

樞紐分析表中的每個欄位旁邊都有▾選單鈕，它是用來設定篩選項目的。當按下任何一個欄位的▾選單鈕，從選單中選擇想要顯示的資料項目，即可完成篩選的動作。

例如：要在分析表只顯示**台北**門市中，所有**Canon**及**SONY**這兩個品牌的數位相機銷售資料時，其作法如下：

01 按下**門市**的▾選單鈕，於選單中先將**選取多重項目**勾選起來，將**台北**門市勾選，這樣分析表中就只會顯示台北門市的銷售記錄，而其他門市的資料則不會顯示，設定好後按下**確定**按鈕。

02 按下**「欄標籤」**的▾選單鈕，選取**廠牌**欄位，勾選**Canon**及**SONY**，則資料又會被篩選出只有這兩家廠牌的銷售資料，設定好後按下**確定**按鈕。

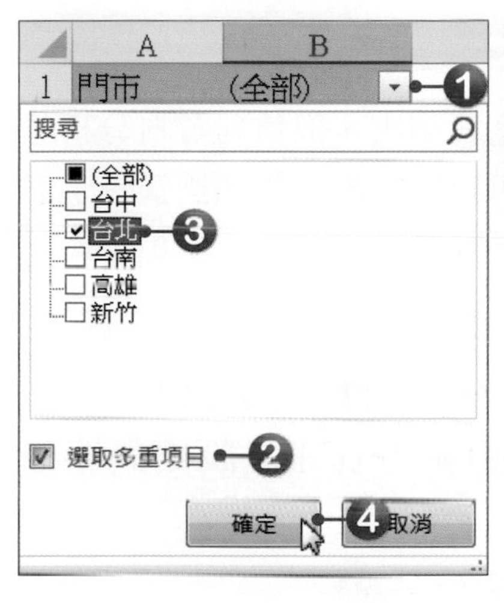

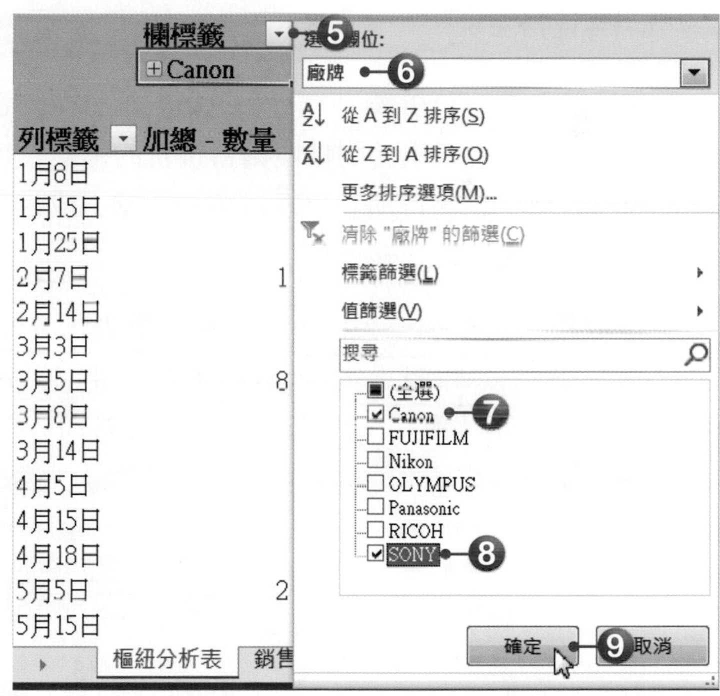

若想要再次顯示全部廠商的資料，則點選**「欄標籤」**旁的▾按鈕，在開啟的選單中點選**「清除"廠牌"的篩選」**即可。

或是按下**「樞紐分析表工具→分析→動作→清除→清除篩選」**按鈕，即可將樞紐分析表內的篩選設定清除。

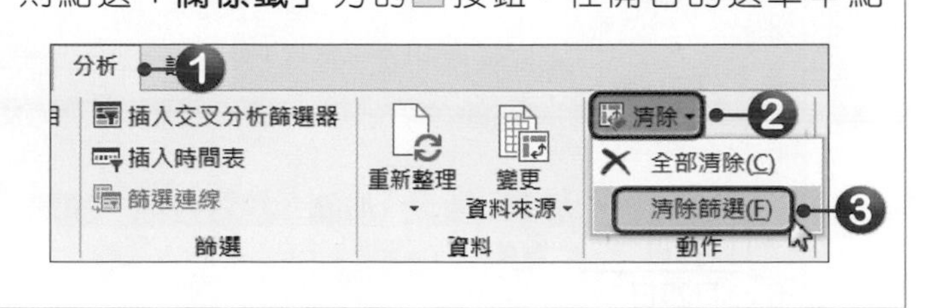

03 這樣在樞紐分析表中就只會顯示Canon及SONY的資料。

	A	B	C	D	E	F	G
1	門市	台北					
2							
3		欄標籤					
4		Canon		SONY		加總 - 數量 的加總	加總 - 銷售金額 的加總
5							
6	列標籤	加總 - 數量	加總 - 銷售金額	加總 - 數量	加總 - 銷售金額		
7	1月8日			2	25960	2	25960
8	1月25日			2	39960	2	39960
9	2月7日	1	13990			1	13990
10	3月3日			4	67920	4	67920
11	3月5日	8	85000			8	85000
12	3月14日			1	14980	1	14980
13	5月5日	2	27980			2	27980
14	6月18日	2	25600			2	25600
15	7月12日			3	50940	3	50940
16	7月20日	1	9800			1	9800
17	7月23日			6	119880	6	119880
18	9月5日	2	29800			2	29800
19	9月10日			1	31980	1	31980

設定標籤群組

在目前的樞紐分析表中，將一整年的銷售明細逐日列出，但這對資料分析並無任何助益。若要看出時間軸與銷售情況的影響，可以將較瑣碎的列標籤設定群組，例如：將「銷售日期」分成以每一「季」或每一「月」分組，以呈現資料之中所隱藏的意義。

01 選取**銷售日期**欄位，按下**「樞紐分析表工具→分析→群組→群組欄位」**按鈕，開啓「群組」對話方塊，在「群組」對話方塊中，設定間距值爲**「月」**及**「季」**，設定好後按下**確定**按鈕。

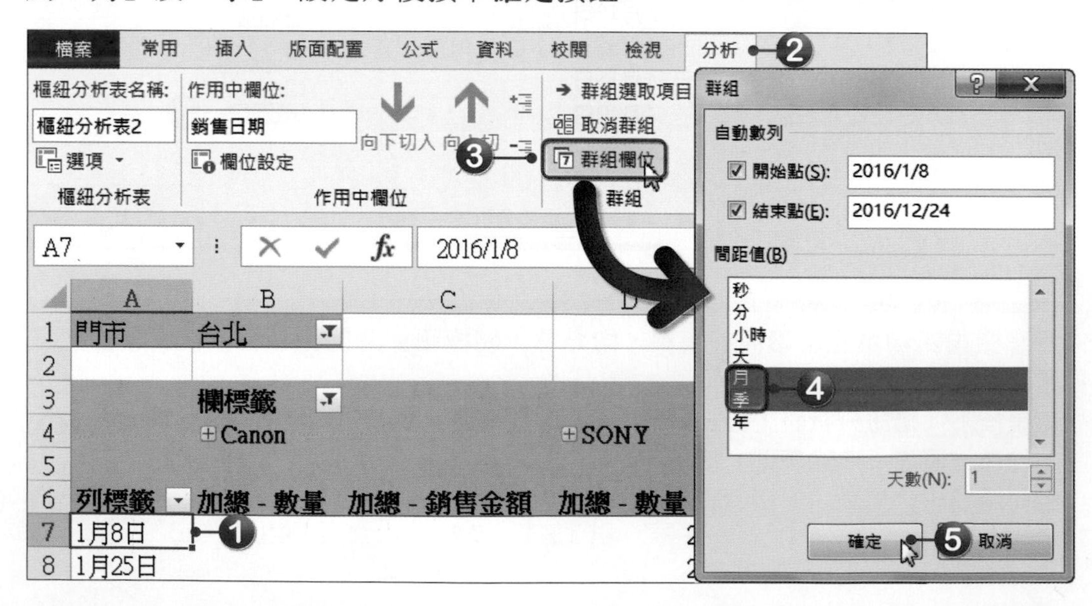

02 回到工作表中，原先逐日列出的**銷售日期**便改以「**季**」與「**月**」呈現了。

	A	B	C	D	E	F	G
1	門市	台北					
2							
3		欄標籤					
4		⊞Canon		⊞SONY		加總 - 數量 的加總	加總 - 銷售金額 的加總
5							
6	列標籤	加總 - 數量	加總 - 銷售金額	加總 - 數量	加總 - 銷售金額		
7	⊟第一季						
8	1月			4	65920	4	65920
9	2月	1	13990			1	13990
10	3月	8	85000	5	82900	13	167900
11	⊟第二季						
12	5月	2	27980			2	27980
13	6月	2	25600			2	25600
14	⊟第三季						
15	7月	1	9800	9	170820	10	180620
16	9月	2	29800	1	31980	3	61780
17	⊟第四季						
18	10月	1	9900			1	9900
19	11月	1	13990			1	13990
20	12月	2	27980			2	27980

修改欄位名稱及儲存格格式

建立樞紐分析表時，樞紐分析表內的欄位名稱是Excel自動命名的，但有時這些命名方式並不符合需求，所以這裡就將欄位名稱做個修改，並設定數值格式。

01 選取**B6**儲存格的「**加總-數量**」欄位，按下「**樞紐分析表工具→分析→作用中欄位→欄位設定**」按鈕，開啟「值欄位設定...」對話方塊，於**自訂名稱**欄位中輸入「**銷售數量**」文字，輸入好後按下**確定**按鈕。

02 接著再選取**E6**儲存格，也就是**「加總-銷售金額」**欄位名稱，再按下**「樞紐分析表工具→分析→作用中欄位→欄位設定」**按鈕，開啓「值欄位設定...」對話方塊，於「自訂名稱」欄位中輸入**「銷售總額」**，輸入好後按下**數值格式**按鈕，進行格式的設定。

03 開啓「儲存格格式」對話方塊，於類別中點選**貨幣**，將小數位數設爲**0**，負數表示方式選擇**-$1,234**，設定好後按下**確定**按鈕。

04 回到「值欄位設定 ...」對話方塊後，按下**確定**按鈕，回到工作表後，每一個月份的資料名稱「加總 - 銷售金額」都一併修改成「銷售總額」了，且數值也套用了「貨幣」格式。

	A	B	C	D	E	F	G
1	門市	台北					
2							
3		欄標籤					
4		⊞Canon		⊞SONY		銷售數量 的加總	銷售總額 的加總
5							
6	列標籤	銷售數量	銷售總額	銷售數量	銷售總額		
7	⊟第一季						
8	1月			4	$65,920	4	$65,920
9	2月	1	$13,990			1	$13,990
10	3月	8	$85,000	5	$82,900	13	$167,900
11	⊟第二季						
12	5月	2	$27,980			2	$27,980
13	6月	2	$25,600			2	$25,600
14	⊟第三季						
15	7月	1	$9,800	9	$170,820	10	$180,620
16	9月	2	$29,800	1	$31,980	3	$61,780
17	⊟第四季						
18	10月	1	$9,900			1	$9,900
19	11月	1	$13,990			1	$13,990
20	12月	2	$27,980			2	$27,980

在樞紐分析表中若欄位沒有資料時，會以空白來表示，這種方式在閱讀時，會較難辨識，此時可以在欄位中加入「—(破折號)」，來表示該欄位沒有資料。要設定時，按下**「樞紐分析表工具→分析→樞紐分析表→選項」**按鈕，於選單中選擇**選項**，開啟「樞紐分析表選項」對話方塊，點選**版面配置與格式**標籤。勾選**若為空白儲存格，顯示**選項，在欄位裡輸入「—」，則沒有資料的欄位，會顯示一個「—(破折號)」，設定好後按下**確定**按鈕。

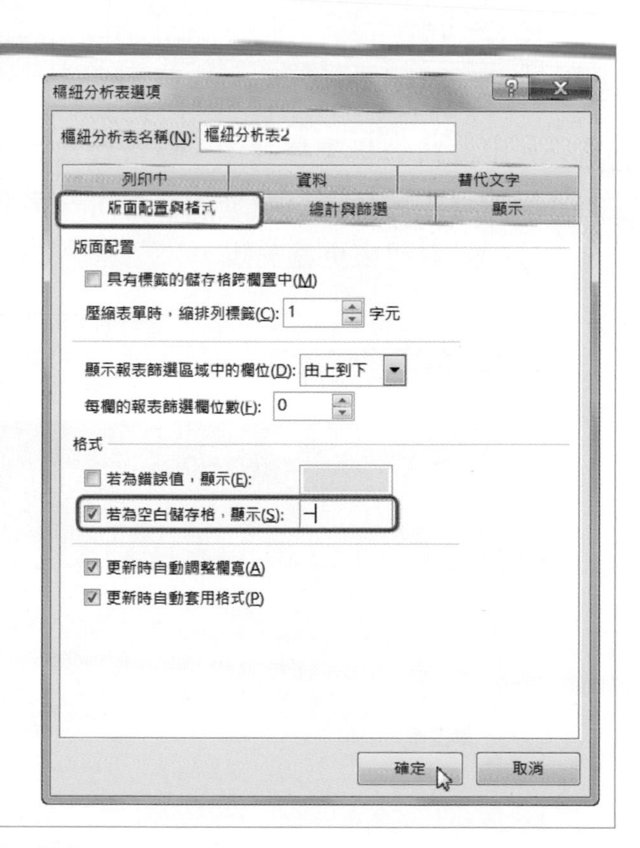

套用樞紐分析表樣式

Excel提供了樞紐分析表樣式，讓我們可以直接套用於樞紐分析表中，而不必自行設定樞紐分析表的格式。

01 進入「**樞紐分析表工具→設計→樞紐分析表樣式**」群組中，即可在其中點選想要使用的樣式。

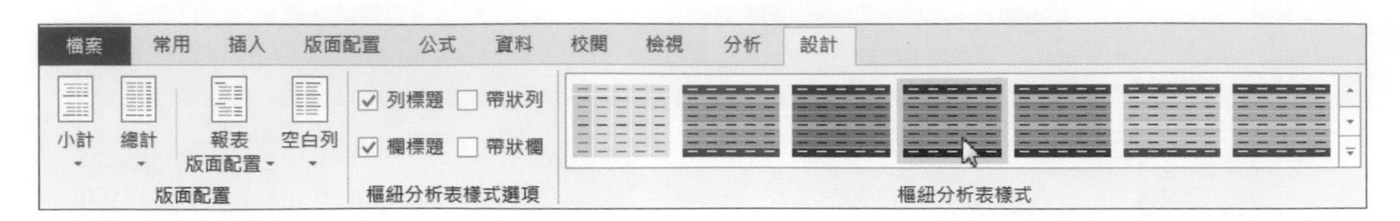

02 點選後便會套用於樞紐分析表中。

	A	B	C	D	E	F	G
1	門市	台北					
2							
3		欄標籤					
4		⊞Canon		⊞SONY		銷售數量 的加總	銷售總額 的加總
5							
6	列標籤	銷售數量	銷售總額	銷售數量	銷售總額		
7	⊟第一季						
8	1月			4	$65,920	4	$65,920
9	2月	1	$13,990			1	$13,990
10	3月	8	$85,000	5	$82,900	13	$167,900

03 套用樞紐分析表樣式後，還可以進入「**版面配置→佈景主題**」群組中，變更佈景主題色彩，再進入「**常用→字型**」群組中，設定文字格式，讓樞紐分析表看起來更爲美觀。

	A	B	C	D	E	F	G
1	門市	台北					
2							
3		欄標籤					
4		⊞Canon		⊞SONY		銷售數量 的加總	銷售總額 的加總
5							
6	列標籤	銷售數量	銷售總額	銷售數量	銷售總額		
7	⊟第一季						
8	1月			4	$65,920	4	$65,920
9	2月	1	$13,990			1	$13,990
10	3月	8	$85,000	5	$82,900	13	$167,900
11	⊟第二季						
12	5月	2	$27,980			2	$27,980
13	6月	2	$25,600			2	$25,600

5-5 交叉分析篩選器

使用「交叉分析篩選器」可以將樞紐分析表內的資料做更進一步的交叉分析，例如：

- 想要知道「台北」門市「Canon」廠牌的銷售數量及銷售金額為何？
- 想要知道「台北」門市「Canon」及「SONY」廠牌在「第三季」的銷售數量及銷售金額為何？

此時，便可使用「交叉分析篩選器」來快速統計出我們想要的資料。

插入交叉分析篩選器

01 按下**「樞紐分析表工具→分析→篩選→插入交叉分析篩選器」**按鈕，開啟「插入交叉分析篩選器」對話方塊。

02 選擇要分析的欄位，這裡請勾選**門市**、**廠牌**及季等欄位，勾選好後按下**確定**按鈕，回到工作表後，便會出現我們所選擇的交叉分析篩選器。

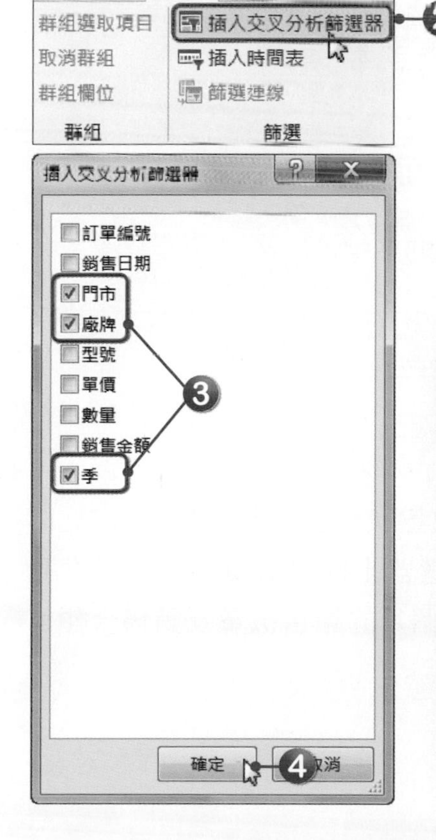

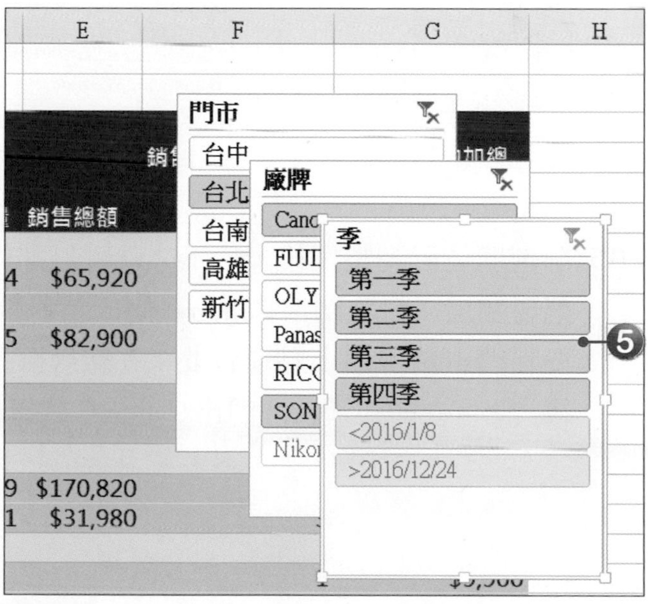

03 交叉分析篩選器加入後，將滑鼠游標移至篩選器上，按下**滑鼠左鍵**不放並拖曳滑鼠，即可調整篩選器的位置。

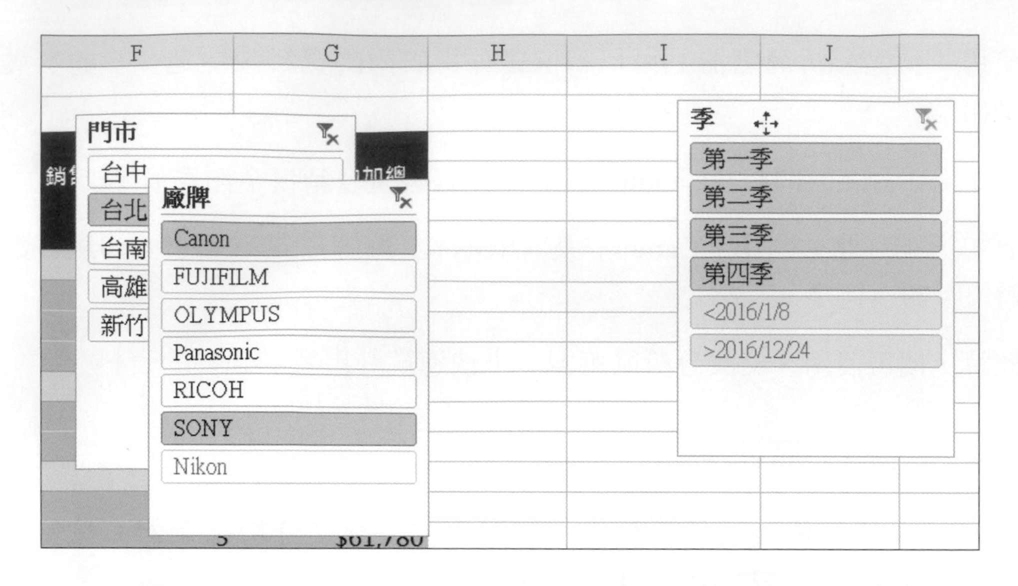

04 將滑鼠游標移至篩選器的邊框上，按下**滑鼠左鍵**不放並拖曳滑鼠，即可調整篩選器的大小。

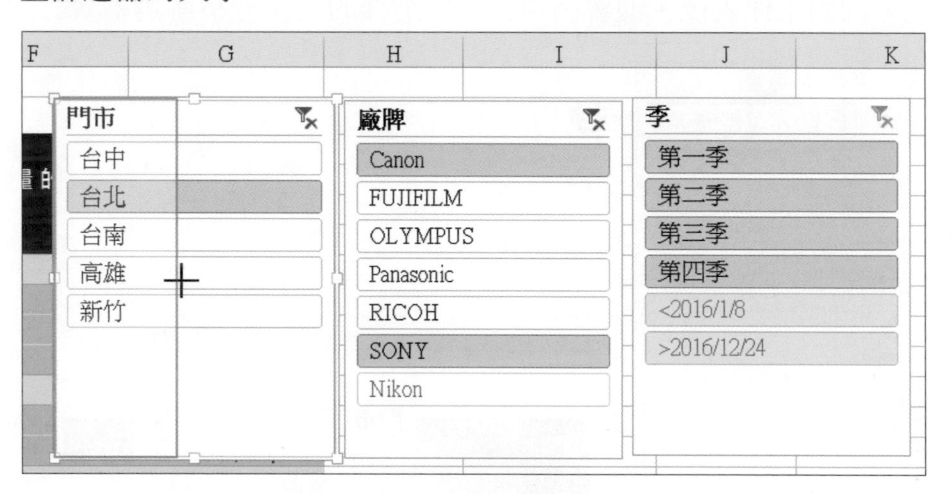

05 篩選器位置調整好後，接下來就可以進行交叉分析的動作了，首先，我們想要知道「台北門市Canon廠牌的銷售數量及銷售金額為何？」。此時，只要在**門市**篩選器上點選**台北**；在**廠牌**篩選器上點選**Canon**。經過交叉分析後，便可立即知道台北門市Canon廠牌每個月的銷售數量及銷售金額。

門市	台北			
	欄標籤			
	Canon		銷售數量 的加總	銷售總額 的加總
列標籤	銷售數量	銷售總額		
第一季				
2月	1	$13,990	1	$13,990
3月	8	$85,000	8	$85,000
第二季				
5月	2	$27,980	2	$27,980
6月	2	$25,600	2	$25,600
第三季				
7月	1	$9,800	1	$9,800
9月	2	$29,800	2	$29,800
第四季				
10月	1	$9,900	1	$9,900
11月	1	$13,990	1	$13,990
12月	2	$27,980	2	$27,980
總計	20	$244,040	20	$244,040

門市：台中、台北、台南、高雄、新竹

廠牌：Canon、FUJIFILM、OLYMPUS、Panasonic、RICOH、SONY、Nikon

06 接著想要知道「台北門市Canon及SONY廠牌在第三季的銷售數量及銷售金額爲何？」。此時，只要在**門市**篩選器上點選**台北**，在**廠牌**篩選器上點選**Canon**及**SONY**，在**季**篩選器上點選**第三季**，即可看到分析結果。

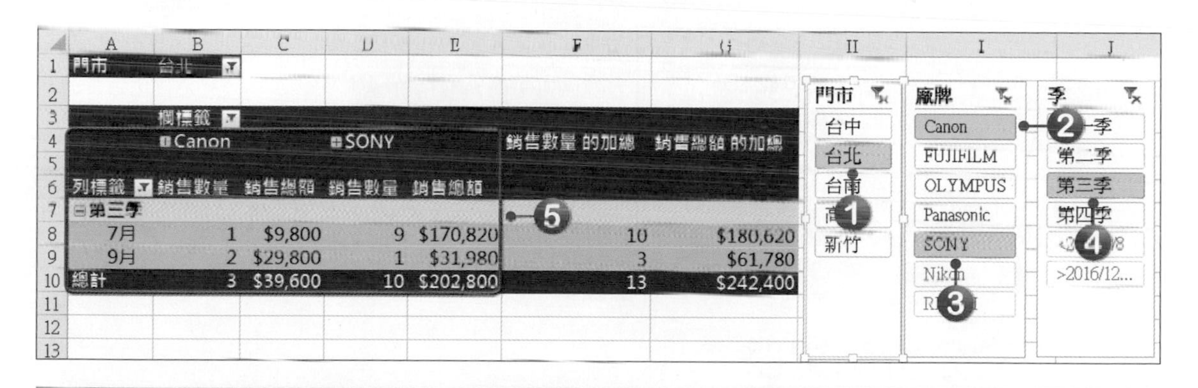

門市	台北					
	欄標籤					
	Canon		SONY		銷售數量 的加總	銷售總額 的加總
列標籤	銷售數量	銷售總額	銷售數量	銷售總額		
第三季						
7月	1	$9,800	9	$170,820	10	$180,620
9月	2	$29,800	1	$31,980	3	$61,780
總計	3	$39,600	10	$202,800	13	$242,400

若要清除篩選器上的篩選結果，可以按下篩選器右上角的按鈕，或按下**Alt+C**快速鍵，即可清除篩選，而恢復成選取每個資料項。

美化交叉分析篩選器

要美化交叉分析篩選器時，先選取要更換樣式的交叉分析篩選器，進入**「交叉分析篩選器工具→選項→交叉分析篩選器樣式」**群組中，於選單中選擇要套用的樣式，即可立即更換樣式。

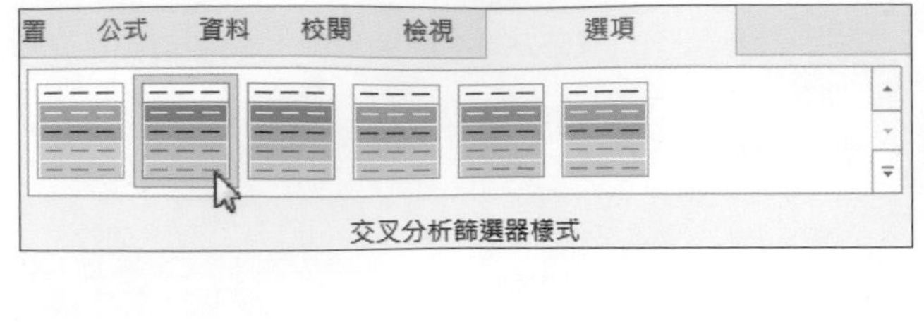

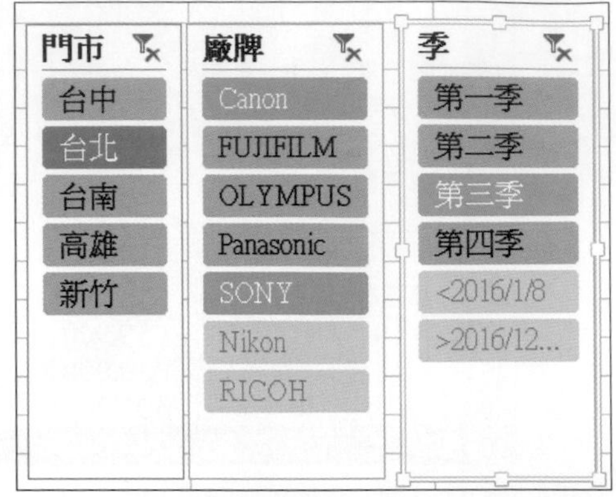

除了更換樣式外，還可以進行欄位數的設定，選取要設定的交叉分析篩選器，在**「交叉分析篩選器工具→選項→按鈕→欄」**中，輸入要設定的欄數，即可調整交叉分析篩選器的欄位數。

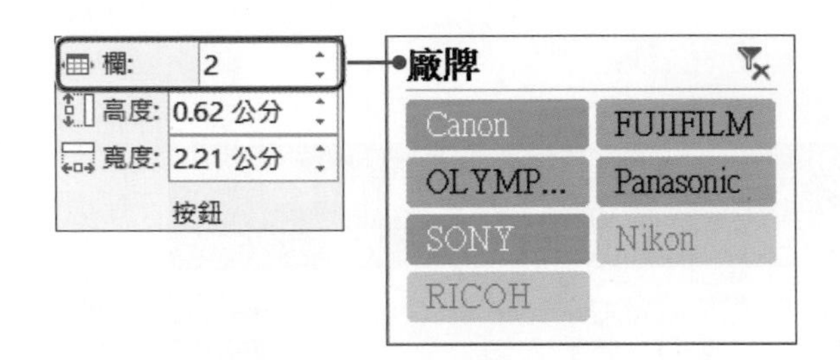

移除交叉分析篩選器

若不需要交叉分析篩選器時，可以點選交叉分析篩選器後，再按下鍵盤上的**Delete**鍵，即可刪除；或是在交叉分析篩選器上，按下**滑鼠右鍵**，於選單中點選**移除**選項，即可刪除。

5-6 製作樞紐分析圖

將樞紐分析表的概念延伸，使用拖曳欄位的方式，也可以產生樞紐分析圖。

建立樞紐分析圖

要建立樞紐分析圖時，可以依以下步驟進行。

01 按下**「樞紐分析表工具→分析→工具→樞紐分析圖」**按鈕，開啟「插入圖表」對話方塊，選擇要使用的圖表類型，選擇好後按下**確定**按鈕，在工作表中就會產生樞紐分析圖。

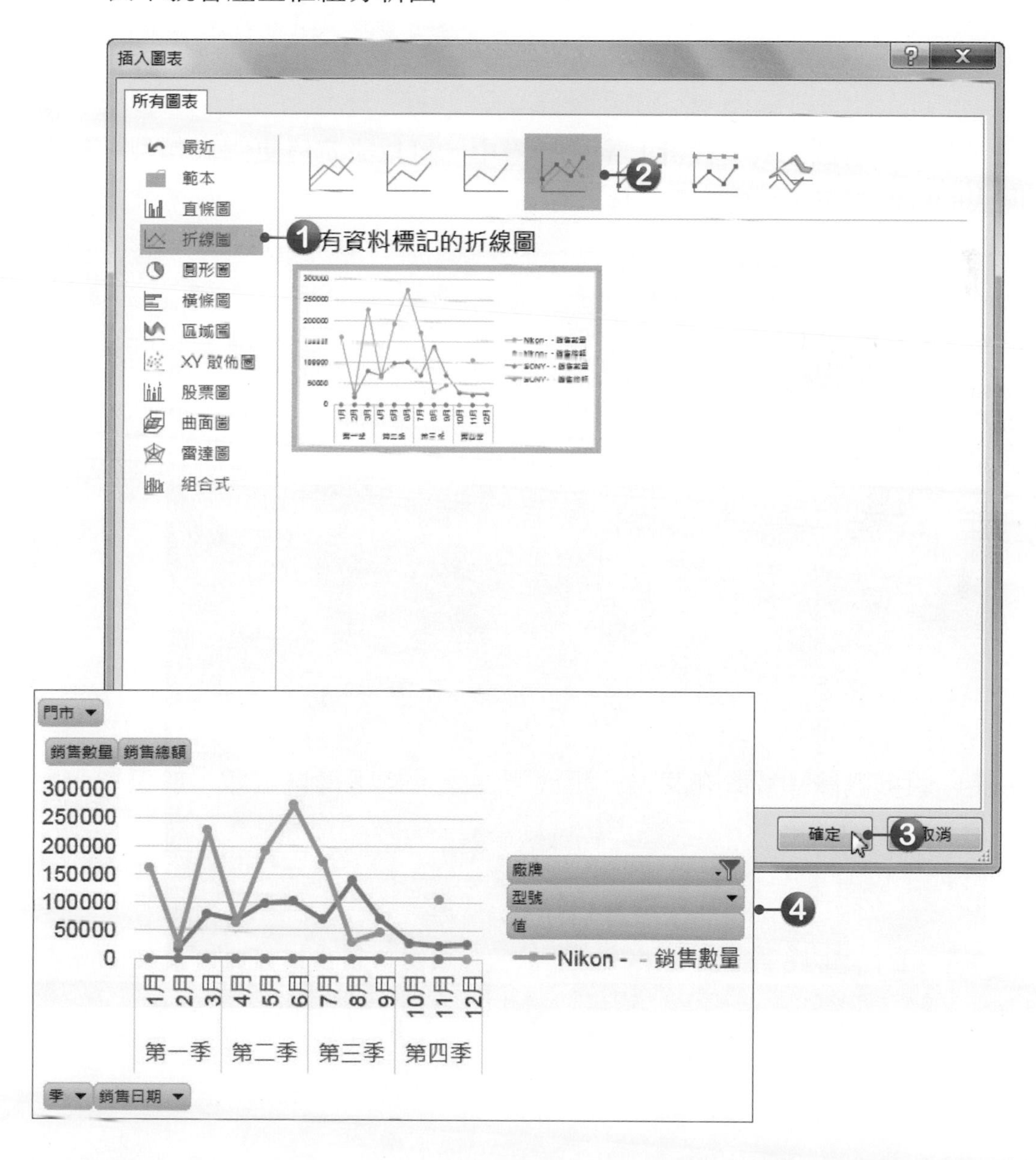

02 接著按下**「樞紐分析圖工具→設計→位置→移動圖表」**按鈕，開啟「移動圖表」對話方塊。

03 點選**新工作表**，並將工作表命名為**「樞紐分析圖」**，設定好後按下**確定**按鈕，即可將樞紐分析圖移至新的工作表中。

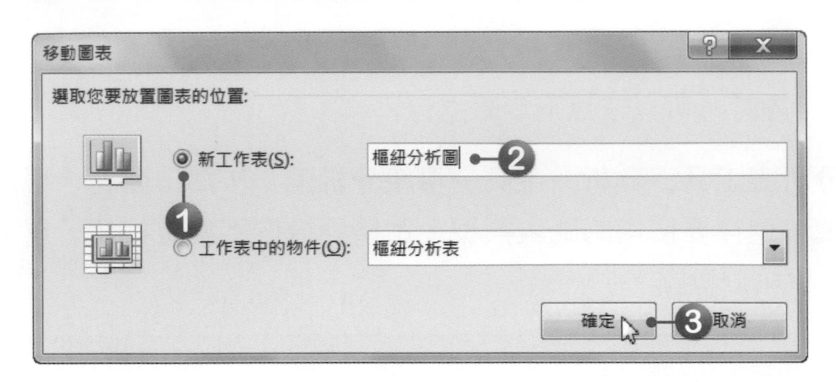

04 在**「樞紐分析圖工具→設計」**索引標籤中，可以設定變更圖表類型、設定圖表的版面配置、更換圖表的樣式等。

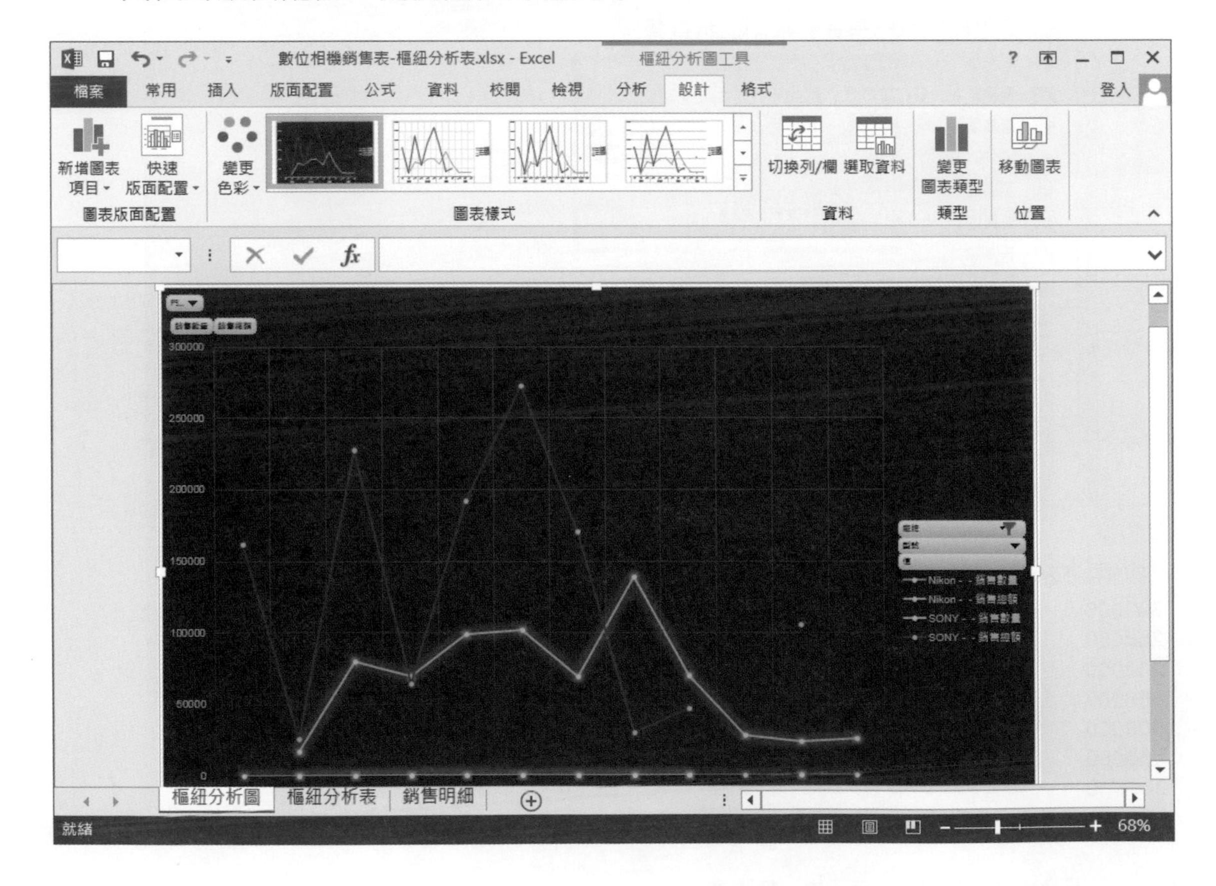

設定樞紐分析圖顯示資料

與樞紐分析表一樣，我們同樣可以在「欄位清單」中設定報表欄位，來決定樞紐分析圖想要顯示的資料內容。依照所選定的顯示條件，就可以看到樞紐分析圖的多樣變化喔！

01 按下**「樞紐分析圖工具→分析→顯示/隱藏→欄位清單」**按鈕，開啟**「樞紐分析圖欄位」**工作窗格。

02 在樞紐分析圖欄位清單中，將**型號**及**數量**兩個欄位取消勾選，表示不顯示該兩者的相關資訊。

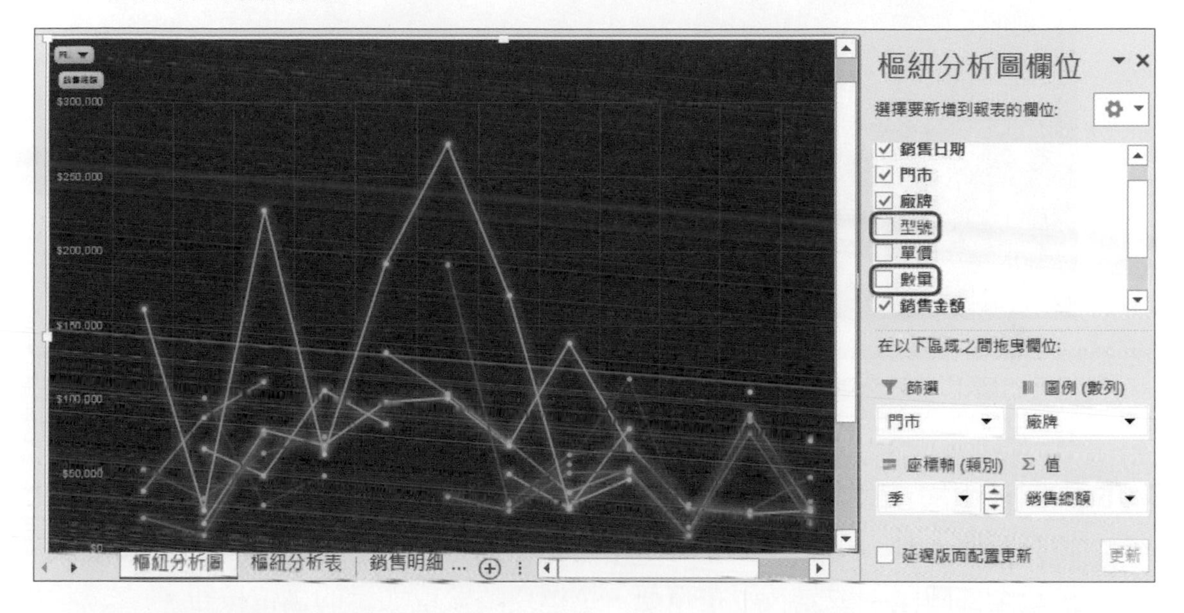

03 接著在樞紐分析圖中，按下**「廠牌」**欄位按鈕，勾選**Canon**、**Panasonic**及**SONY**三個廠牌，勾選好後按下**確定**按鈕。

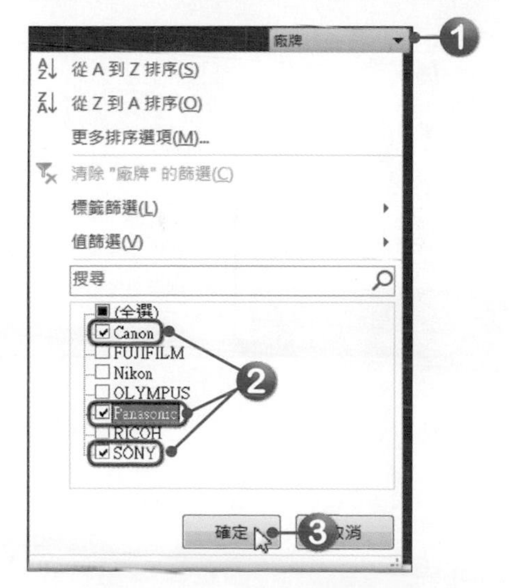

04 最後顯示的樞紐分析圖內容，會是Canon、Panasonic及SONY三個廠牌的年度銷售額分析圖表。

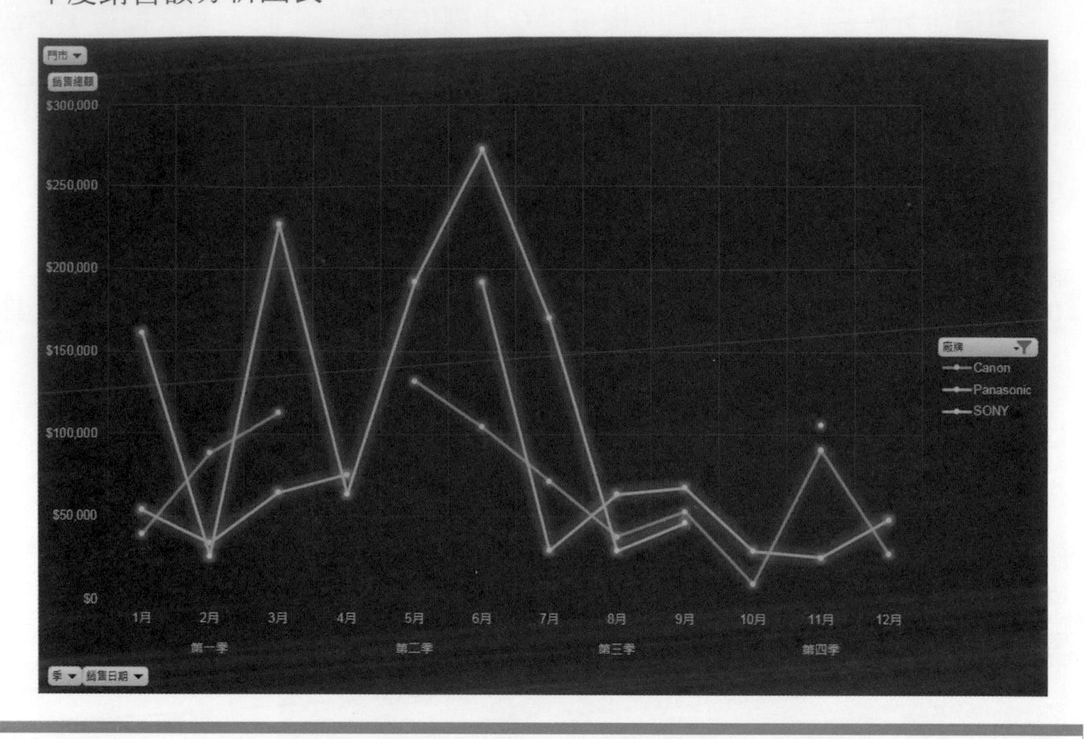

在樞紐分析圖上進行篩選的設定時，這些設定也會反應到它所根據的樞紐分析表中。

05 在圖表中顯示了各種欄位按鈕，若要隱藏這些欄位按鈕時，可以按下**「樞紐分析圖工具→分析→顯示/隱藏→欄位按鈕」**按鈕，即可將圖表中的欄位按鈕全部隱藏；或是按下選單鈕，選擇要隱藏或顯示的欄位按鈕。

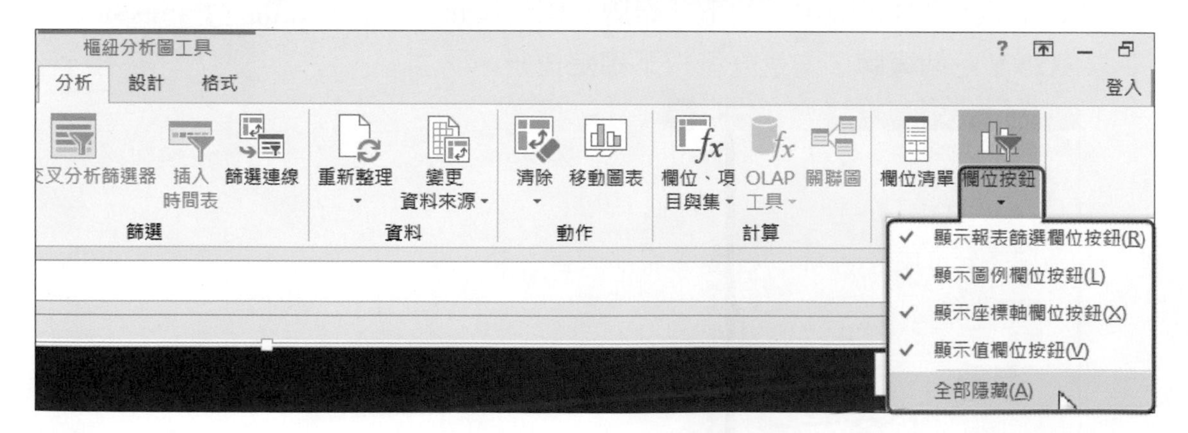

自我評量

✦選擇題

(　　)1. 在Excel中，輸入篩選準則時，以下哪個符號可以代表一串連續的文字？(A)「*」(B)「?」(C)「/」(D)「+」。

(　　)2. 在Excel中，以下對篩選的敘述何者是對的？(A)執行「篩選」功能後，除了留下來的資料，其餘資料都會被刪除 (B)利用欄位旁的▾按鈕做篩選，稱作「進階篩選」(C)要進行篩選動作時，可執行「資料→排序與篩選→篩選」功能 (D)設計篩選準則時，不需要任何標題。

(　　)3. 關於Excel的樞紐分析表，下列敘述何者正確？(A)樞紐分析表上的欄位一旦拖曳確定，就不能再改變 (B)欄欄位與列欄位上的分類項目，是「標籤」；資料欄位上的數值，是「資料」(C)欄欄位和列欄位的分類標籤，交會所對應的數值資料，是放在分頁欄位 (D)樞紐分析圖上的欄位，是固定不能改變的。

(　　)4. 在Excel中，使用下列哪一個功能，可以將數值或日期欄位，按照一定的間距分類？(A)分頁顯示 (B)小計 (C)排序 (D)群組。

(　　)5. 關於Excel的樞紐分析表中的「群組」功能設定，下列敘述何者不正確？(A)文字資料的群組功能必須自行選擇與設定 (B)日期資料的群組間距值，可依年、季、月、天、小時、分、秒 (C)數值資料的群組間距值，可爲「開始點」與「結束點」之間任何數值資料範圍 (D)只有數值、日期型態資料才能執行群組功能。

(　　)6. 在樞紐分析表中可以進行以下哪項設定？(A)排序 (B)篩選 (C)移動樞紐分析表 (D)以上皆可。

(　　)7. 在Excel中，要在資料清單同一類中插入小計統計數之前，要先將資料清單進行下列何種動作？(A)存檔 (B)排序 (C)平均 (D)加總。

(　　)8. 在Excel中，若排序範圍僅需部分儲存格，則排序前的操作動作爲下列何者？(A)將作用儲存格移入所需範圍 (B)移至空白儲存格 (C)選取所需排序資料範圍 (D)排序時會自動處理，不須有前置操作動作。

✦實作題

1. 開啓「Excel→Example05→拍賣商品表.xlsx」檔案，進行以下設定。

   - 找出商品名稱包含「場刊」的拍賣記錄，並將資料以「得標價格」從最小到最大排序。

自我評量

	A	B	C	D	E	F
1	拍賣編號	商品名稱	結標日	得標價格	賣家代號	賣家姓名
15	53721737	Kyo to Kyo2015場刊	4月29日	¥500	ki	堀口
23	53570356	新宿少年偵探團場刊	5月15日	¥510	yamato	大和
24	c36126932	2016年場刊	5月10日	¥630	blue	秋山
26	53767981	2016春Con場刊	5月6日	¥900	doraa	小林
29	53535956	2015夏Con場刊	5月6日	¥1,000	e11a	木下
30	e25058192	2016夏Con場刊	5月10日	¥1,000	nazu	白岩
33	e24909593	2016春Con場刊	5月8日	¥1,300	basara	倉家
35	e25533571	Johnnys祭場刊	5月18日	¥1,400	sam	鮫島
37	e24935032	Kyo to Kyo場刊2冊	5月10日	¥5,750	satoko	笠原
39	54735835	Stand by me場刊	5月17日	¥8,250	yunrun	成田

- 找出得標價格前5名的拍賣記錄。

	A	B	C	D	E	F
1	拍賣編號	商品名稱	結標日	得標價格	賣家代號	賣家姓名
17	53734100	Jr.時代雜誌內頁47頁	5月1日	¥3,200	HINA	平木
22	d30567193	雜誌內頁240頁	5月4日	¥3,600	satoko	笠原
28	e25018091	會報1～13	5月9日	¥3,300	michi	後藤
37	e24935032	Kyo to Kyo場刊2冊	5月10日	¥5,750	satoko	笠原
39	54735835	Stand by me場刊	5月17日	¥8,250	yunrun	成田

2. 開啓「Excel→Example05→手機銷售表.xlsx」檔案，進行以下設定。

- 在新的工作表中製作樞紐分析表，樞紐分析表的版面配置如右圖所示。
- 將「交易日期」欄位設定群組，分別設爲「季」、「月」，在「分店」和「廠牌」欄位中篩選出北區、Apple廠牌的資料。
- 將樞紐分析表套用一個樣式。

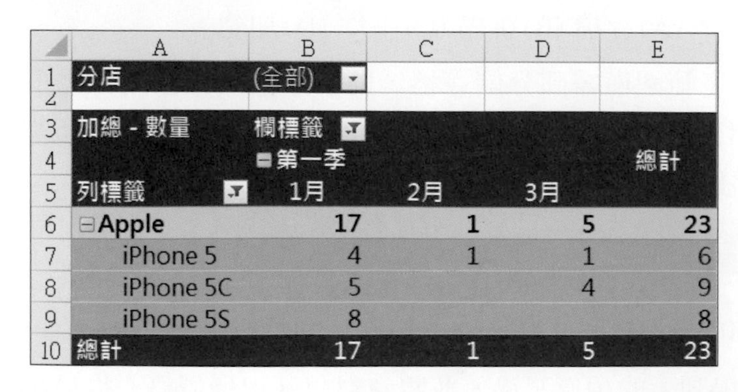

	A	B	C	D	E
1	分店	(全部)			
2					
3	加總 - 數量	欄標籤			
4		⊟第一季			總計
5	列標籤	1月	2月	3月	
6	⊟Apple	17	1	5	23
7	iPhone 5	4	1	1	6
8	iPhone 5C	5		4	9
9	iPhone 5S	8			8
10	總計	17	1	5	23

01 新書發表

Example

✪ 學習目標

從佈景主題建立簡報、從Word文件建立投影片、簡報的設計、從大綱窗格修改內容、更換版面配置、調整清單階層、從母片統一簡報格式、加入頁首及頁尾、投影片的切換、簡報的儲存

✪ 範例檔案

PowerPoint→Example01→新書簡介.docx

✪ 結果檔案

PowerPoint→Example01→新書發表.pptx

PowerPoint→Example01→新書發表.ppts

製作簡報的目的，是希望能透過簡報讓其他人從中了解作者所要闡述的想法，而最重要的是如何將簡報的重點呈現出來，讓聽眾能快速掌握簡報的內容。

在第一個範例中，將學習如何快速地建立一份簡報；如何從Word中插入大綱文件，製作成投影片；如何使用母片統一簡報風格；如何將簡報儲存成播放檔，並在檔案中嵌入字型。

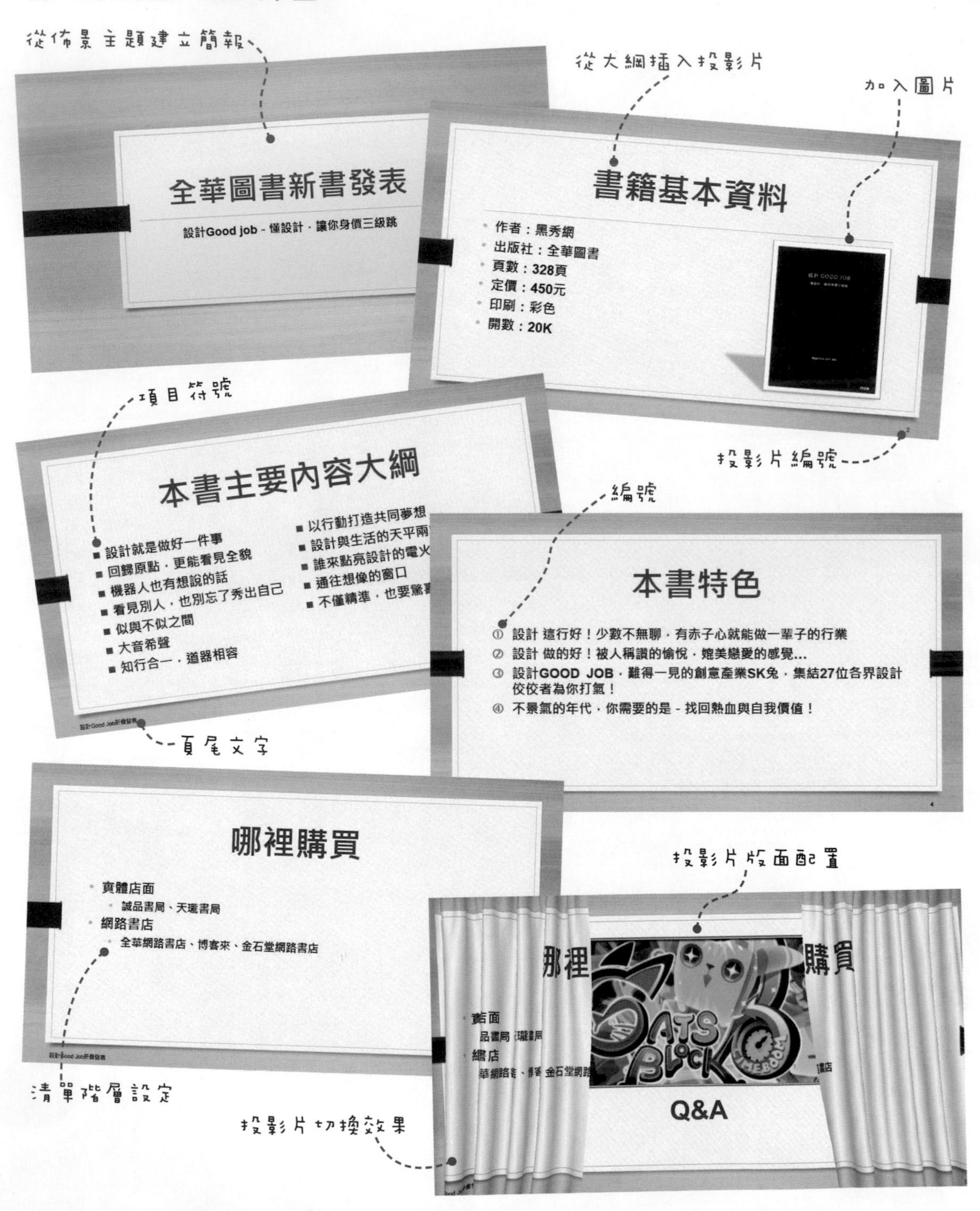

1-1 從佈景主題建立簡報

PowerPoint提供了已經設計好背景、字型、色彩、版面等樣式的佈景主題範本，讓我們直接建立一份新的簡報。

啓動PowerPoint

安裝好Office應用軟體後，若要啓動PowerPoint 2013，請執行**「開始→所有程式→ Microsoft Office 2013 → PowerPoint 2013」**，即可啓動PowerPoint。

啓動PowerPoint時，會先進入開始畫面中，在畫面的左側會顯示最近曾開啓的檔案，直接點選即可開啓該檔案；而在畫面的右側則會顯示佈景主題範本清單，可以直接點選要使用的範本，或點選**空白簡報**，開啓一份新簡報，進行編輯的工作。

按下此選項可以選擇其他要開啓的PowerPoint簡報

從佈景主題建立簡報

要建立簡報時，可以直接從佈景主題中選擇想要使用的主題，來建立簡報內容。

01 開啟PowerPoint操作視窗，點選要使用的佈景主題，便可進行預覽，預覽時還可以選擇不同的變化方式，來建立一份新的簡報。

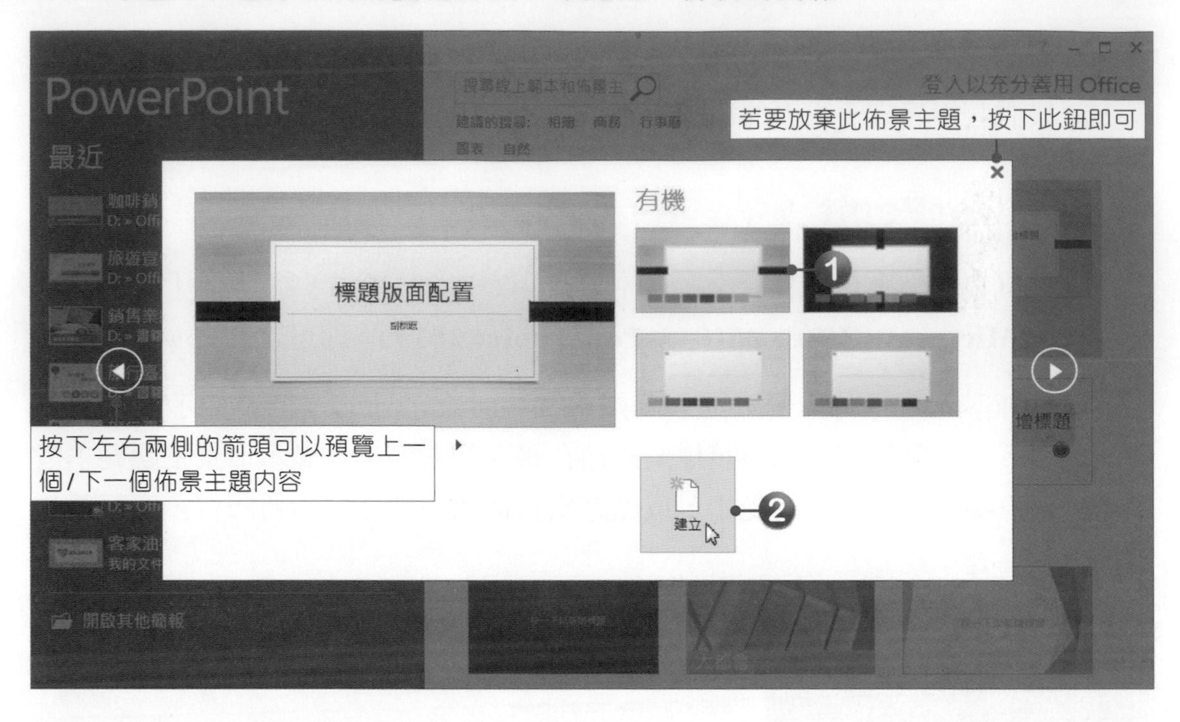

02 新增一個使用「有機」佈景主題的簡報。

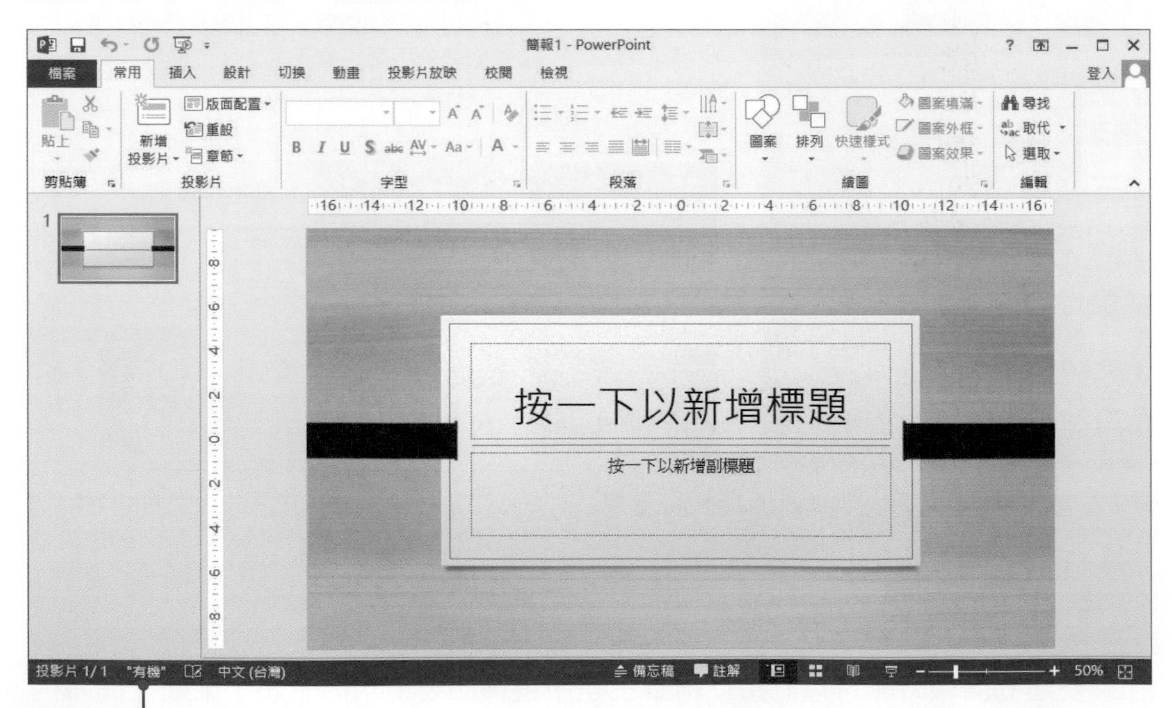

在標題投影片中輸入文字

開啓一份新簡報時，PowerPoint會自動新增第1張投影片，並套用**「標題投影片」**的版面配置，此時只要依據指示，即可進行標題文字的輸入。

01 在**「按一下以新增標題」**配置區中，按一下**滑鼠左鍵**，輸入**「全華圖書新書發表」**標題文字。

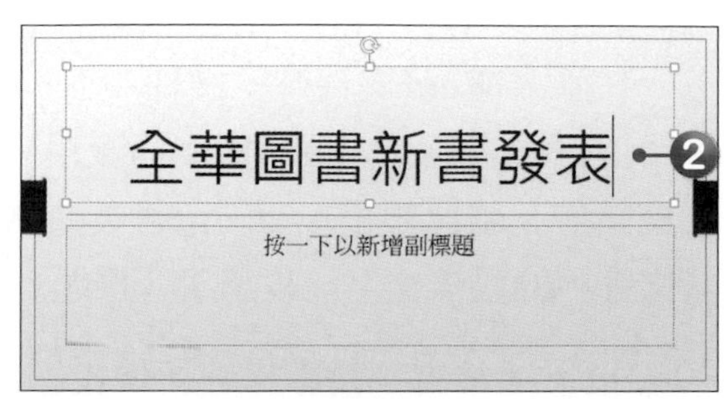

02 在**「按一下以新增副標題」**配置區中，按一下**滑鼠左鍵**，輸入書籍名稱。

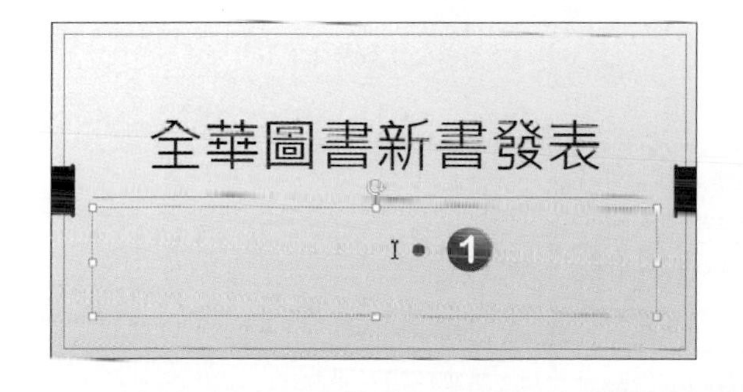

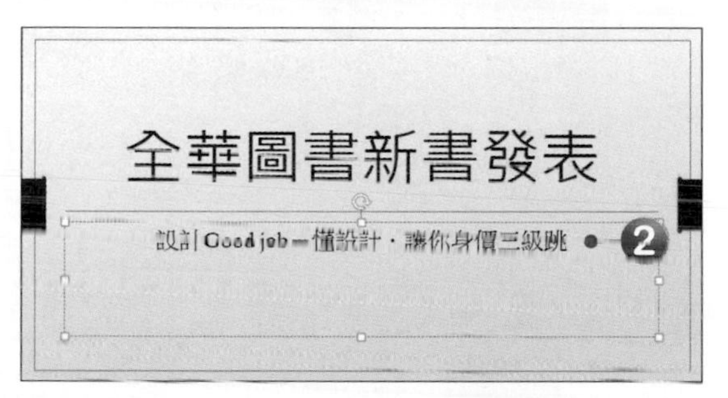

投影片大小

在PowerPoint中建立一份新簡報時，在預設下，其投影片大小皆設定為**寬螢幕(16:9)**。當然，PowerPoint除了提供16:9的寬螢幕外，也提供了4:3、16:10、A4、A3、B4等尺寸，在製作簡報時，能依據需求選擇要使用的大小。

一般在製作簡報時，會選擇「如螢幕大小」的尺寸，而不會選擇A4、A3、A5等紙張尺寸，因為簡報的最終目的就是要在電腦上或是投影布幕上播放。要更換投影片大小時，按下**「設計→自訂→投影片大小」**按鈕，就可以選擇要更換的大小。

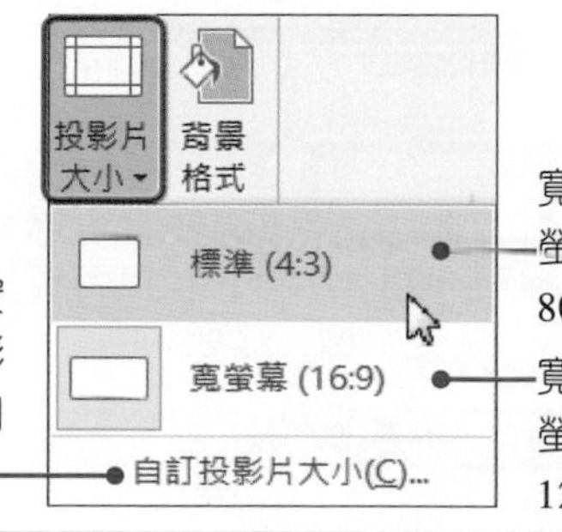

若要選擇其他投影片大小時，可以按下**自訂投影片大小**選項，開啓「投影片大小」對話方塊，即可設定要使用的投影片大小及方向

寬25.4公分，高19.05公分
螢幕解析度為(像素)：
800*600或1024*768

寬25.4公分，高14.29公分
螢幕解析度為(像素)：
1280*720或1920*1080

1-2 從Word文件建立投影片

Office系列軟體有個好處，就是各軟體間的相容性高，常有可互相支援的功能。例如：想要將一份報告內容製作成簡報，除了透過複製與貼上的反覆作業之外，還有一個更聰明的方法：可以直接將Word中的大綱文件插入至PowerPoint簡報中。

在匯入Word文件時，文件中套用「標題1」樣式的段落內容，會轉換為投影片項目內容的第一個階層；而套用「標題2」樣式的段落內容，則會轉換為第二個階層，依此類推……。這裡要將Word文件內的大綱文字插入於簡報中，而該文件內的段落文字已經過了「標題1」及「標題2」的樣式設定。

01 按下**「常用→投影片→新增投影片」**選單鈕，於選單中點選**從大綱插入投影片**。

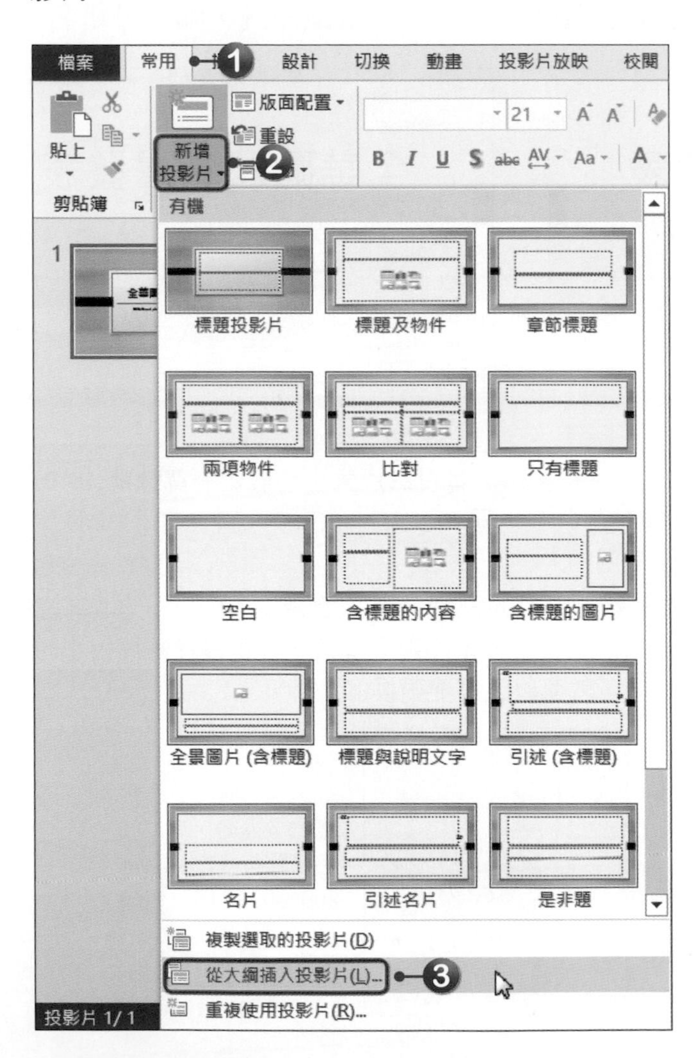

02 開啓「插入大綱」對話方塊，選擇檔案，選擇好後按下**插入**按鈕。

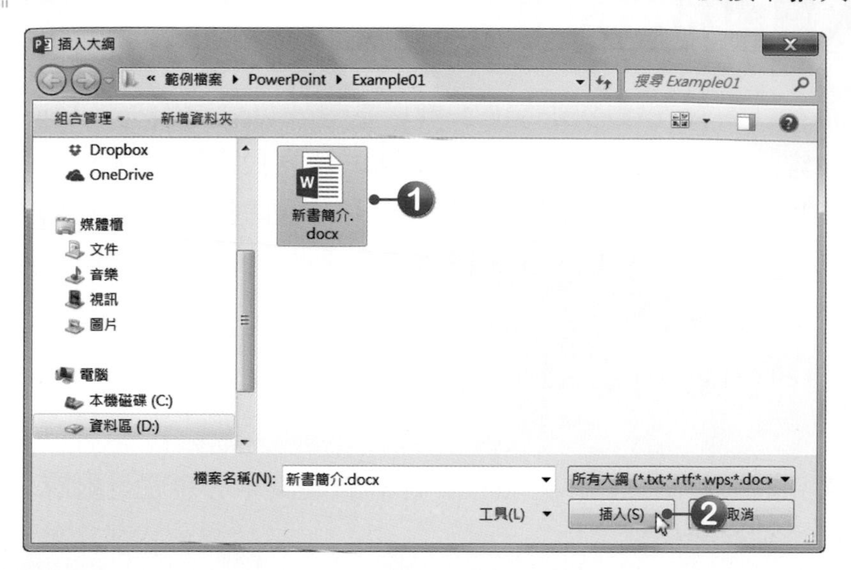

在選擇要插入的Word檔案時，該檔案必須是關閉的；若檔案為開啓狀態，則無法進行插入的動作。

03 Word文件內的大綱文字就會插入於簡報中。

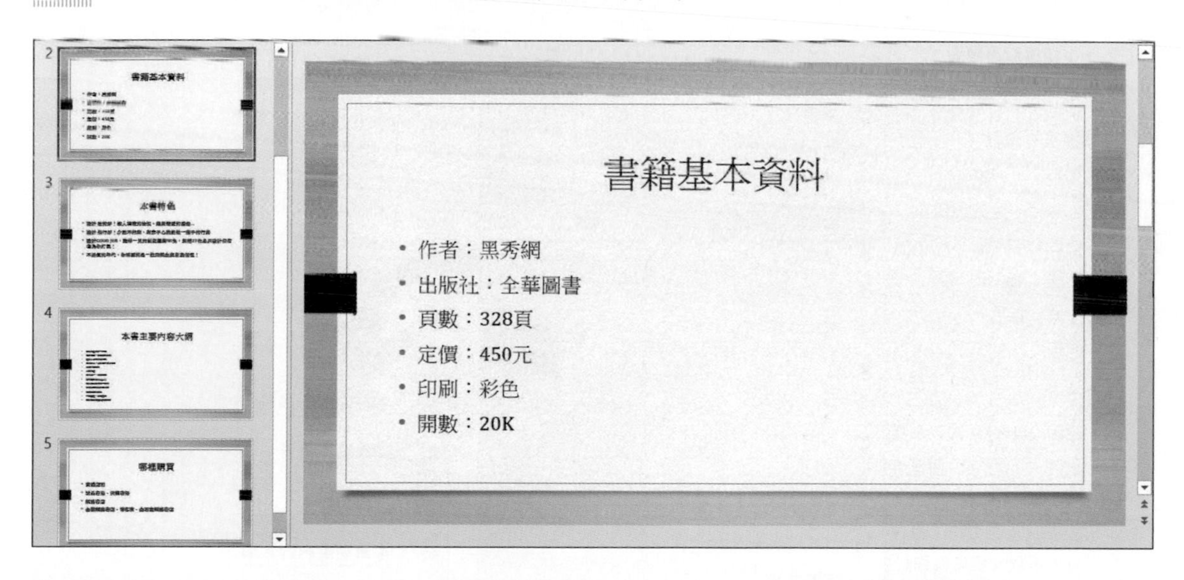

從Word插入大綱文字時，在簡報中的文字格式會以原Word所設定的格式為主，若要套用現有簡報的格式時，可以先進入該張投影片，再按下「**常用→投影片→重設**」按鈕，投影片內的文字格式就會重設成預設值。

1-3 大綱窗格的使用

在PowerPoint操作視窗左邊的窗格中，可以選擇要以「投影片」或是「大綱」來顯示簡報內容。投影片窗格會顯示該份簡報的所有投影片縮圖，在投影片窗格中，還可以調整投影片的排列順序、複製投影片及刪除投影片等。大綱窗格則會將投影片內容以大綱模式呈現，在大綱窗格中，也可以調整文字的排列順序、複製文字及刪除文字等。

摺疊與展開

在使用大綱窗格時，可以只顯示各張投影片的標題文字，也就是**階層1**的文字，而將其他階層全部摺疊起來。

01 按下**檢視工具列**上的**標準模式**按鈕；或按下**「檢視→簡報檢視→大綱模式」**按鈕，在視窗左邊的窗格就會顯示為大綱內容。

02 在窗格中按下**滑鼠右鍵**，於選單中點選**「摺疊→全部摺疊」**，即可將階層1以下的段落文字全部摺疊起來。

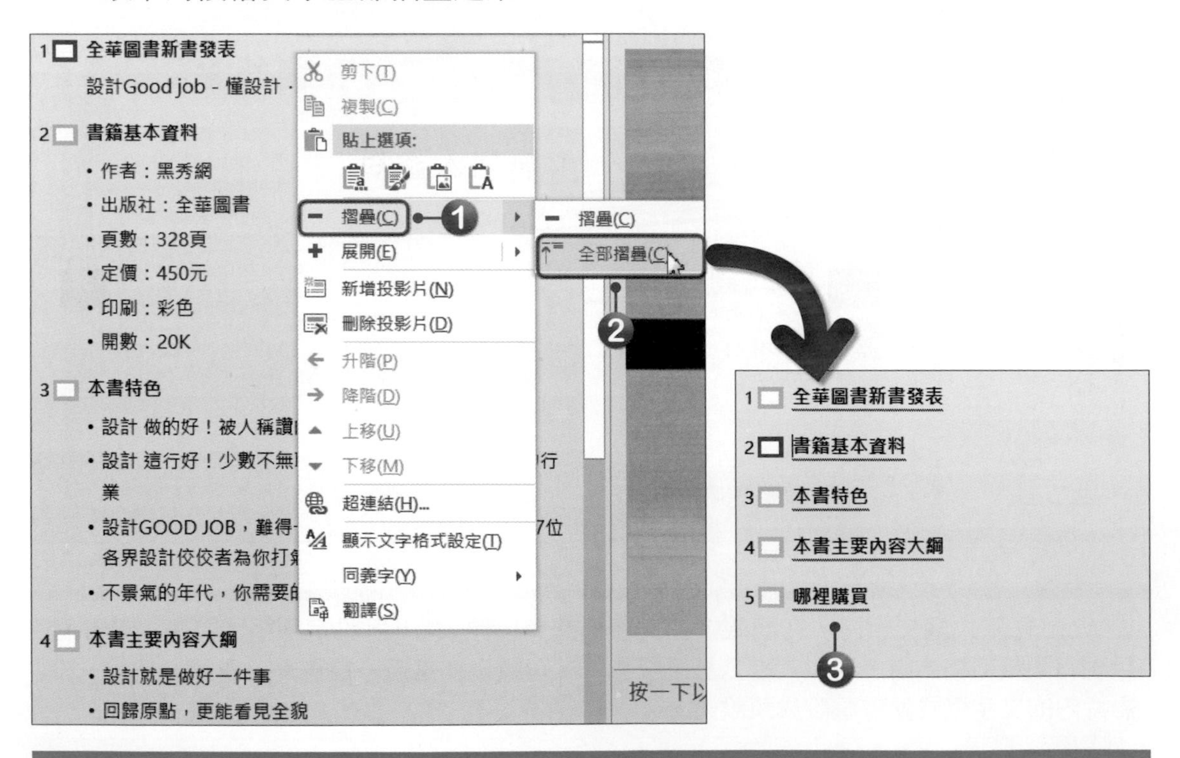

若在標準模式下，按下按鈕，可以切換至大綱模式；反之，在大綱模式下，按下按鈕，會切換至標準模式中。

03 若要展開某張投影片的階層時，只要在大綱窗格的標題投影片上**雙擊滑鼠左鍵**，即可展開該張投影片階層 1 以下的階層。

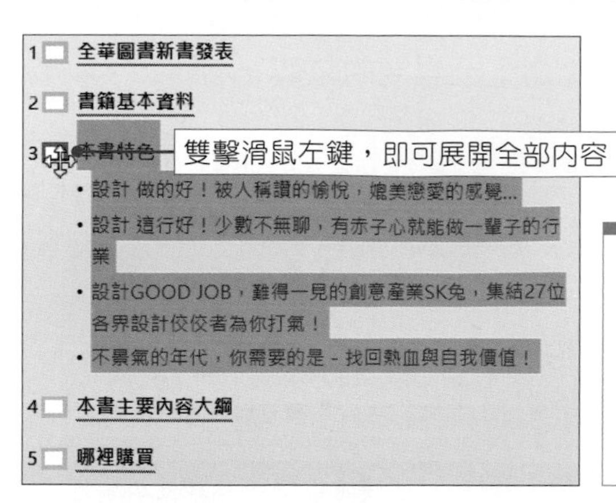

1 全華圖書新書發表
2 書籍基本資料
3 本書特色
雙擊滑鼠左鍵，即可展開全部內容
設計 做的好！被人稱讚的愉悅，媲美戀愛的感覺...
設計 這行好！少數不無聊，有赤子心就能做一輩子的行業
設計GOOD JOB，難得一見的創意產業SK兔，集結27位各界設計佼佼者為你打氣！
不景氣的年代，你需要的是 - 找回熱血與自我價值！
4 本書主要內容大綱
5 哪裡購買

要展開或摺疊大綱各階層時，也可以使用**Alt+Shift++**快速鍵**展開**內容；使用**Alt+Shift+-**快速鍵**摺疊**內容。若在大綱窗格中只想顯示階層 1 的內容時，可以直接按下**Alt+Shift+1**快速鍵。

編輯大綱內容

在編輯投影片內容時，也可以直接在大綱窗格中進行，在窗格中可以調整文字的階層、移動文字的排列順序、新增文字等。

01 將滑鼠游標移至或選取要調整順序的段落文字，按下**滑鼠右鍵**，於選單中點選**上移**。

02 點選後，被選取的段落文字就會上移。

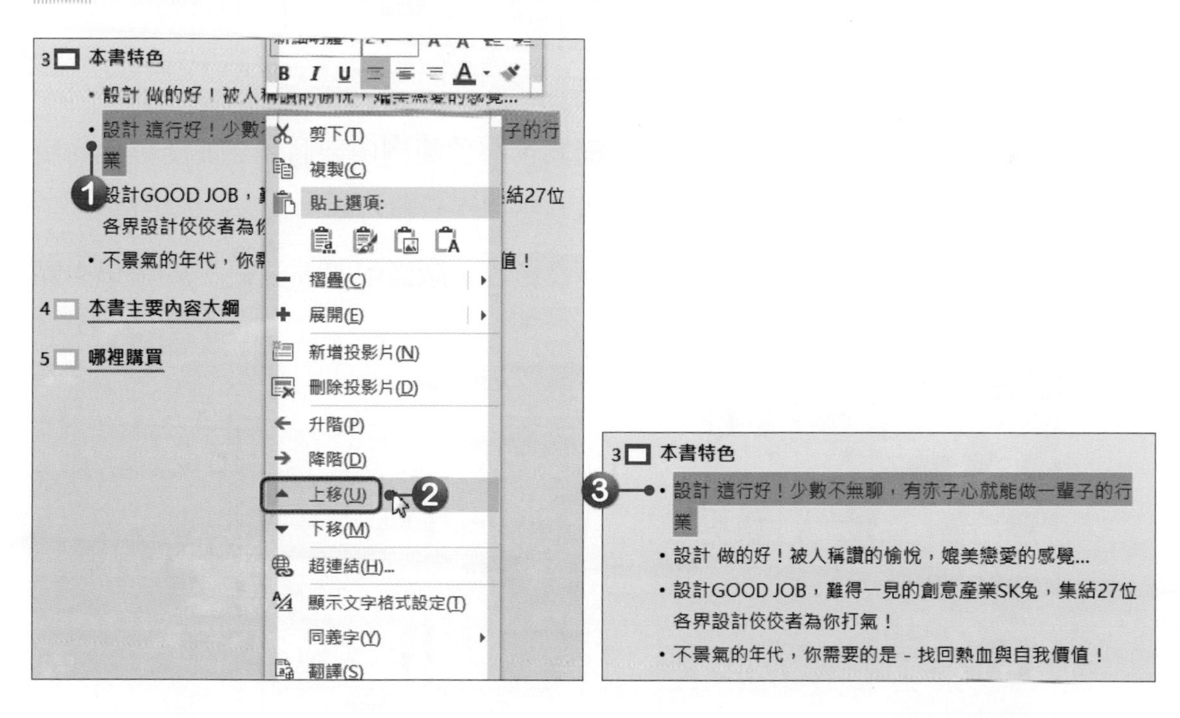

3 本書特色
設計 做的好！被人稱讚的愉悅，媲美戀愛的感覺...
設計 這行好！少數不無聊，有赤子心就能做一輩子的行業
設計GOOD JOB，難得一見的創意產業SK兔，集結27位各界設計佼佼者為你打氣！
不景氣的年代，你需要的是 - 找回熱血與自我價值！
4 本書主要內容大綱
5 哪裡購買
剪下(T)
複製(C)
貼上選項:
摺疊(C)
展開(E)
新增投影片(N)
刪除投影片(D)
升階(P)
降階(D)
上移(U)
下移(M)
超連結(H)...
顯示文字格式設定(T)
同義字(Y)
翻譯(S)
1
2
3
3 本書特色
設計 這行好！少數不無聊，有赤子心就能做一輩子的行業
設計 做的好！被人稱讚的愉悅，媲美戀愛的感覺...
設計GOOD JOB，難得一見的創意產業SK兔，集結27位各界設計佼佼者為你打氣！
不景氣的年代，你需要的是 - 找回熱血與自我價值！

調整投影片順序

在大綱窗格中，還可以調整投影片的排列順序，只要選取要調整的投影片，按著**滑鼠左鍵**不放並拖曳，即可將投影片調整至想要的位置。

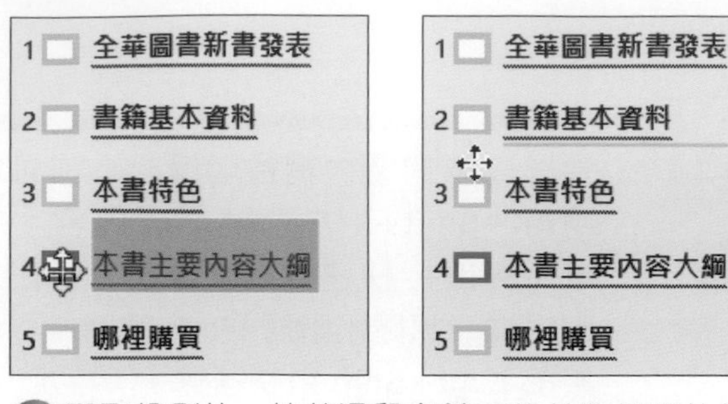

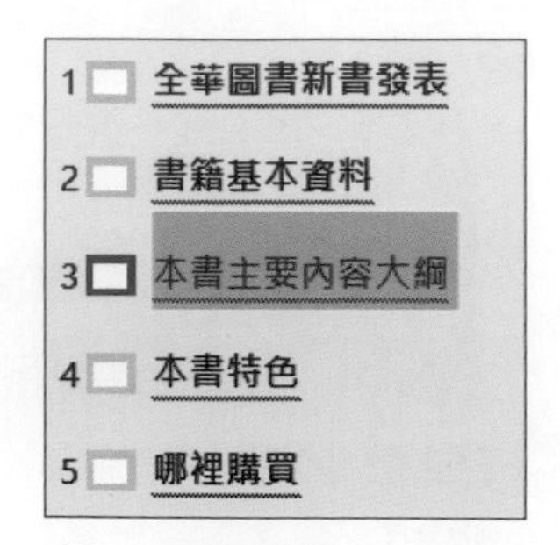

❶ 選取投影片，按著**滑鼠左鍵**不放並將投影片拖曳至想要的位置

❷ 位置確定後，放掉滑鼠左鍵即可完成位置的調整

1-4 投影片的版面配置

所謂的「版面配置」是指PowerPoint事先規劃好投影片要呈現的方式，並在簡報中預設了要放置的文字位置、圖表位置、圖片位置等，只要點選這些預設的版面配置區，即可進行圖片的插入、文字的輸入等動作。

更換版面配置

PowerPoint提供了許多不同的版面配置，在此範例中要將第2張投影片的版面配置更換為**兩項物件**版面配置，這樣就可以加入書籍的封面。

01 進入第2張投影片中，按下**「常用→投影片→版面配置」**按鈕，於選單中點選**兩項物件**。

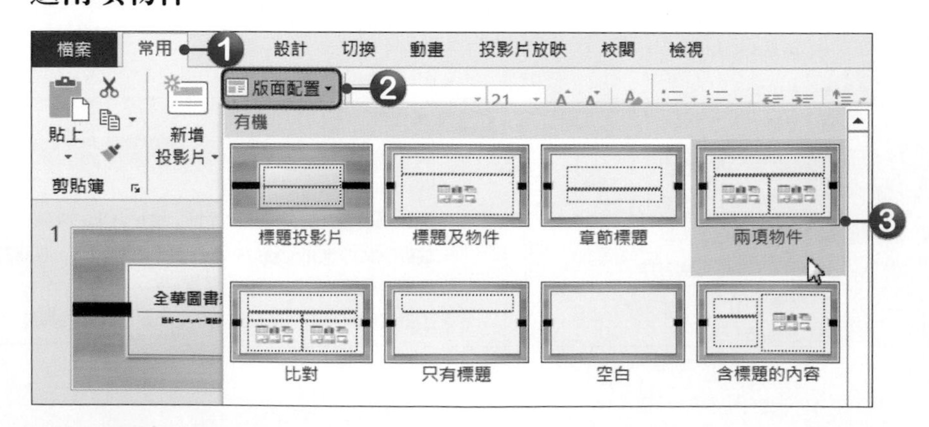

02 點選後，版面配置就會被更換過來。

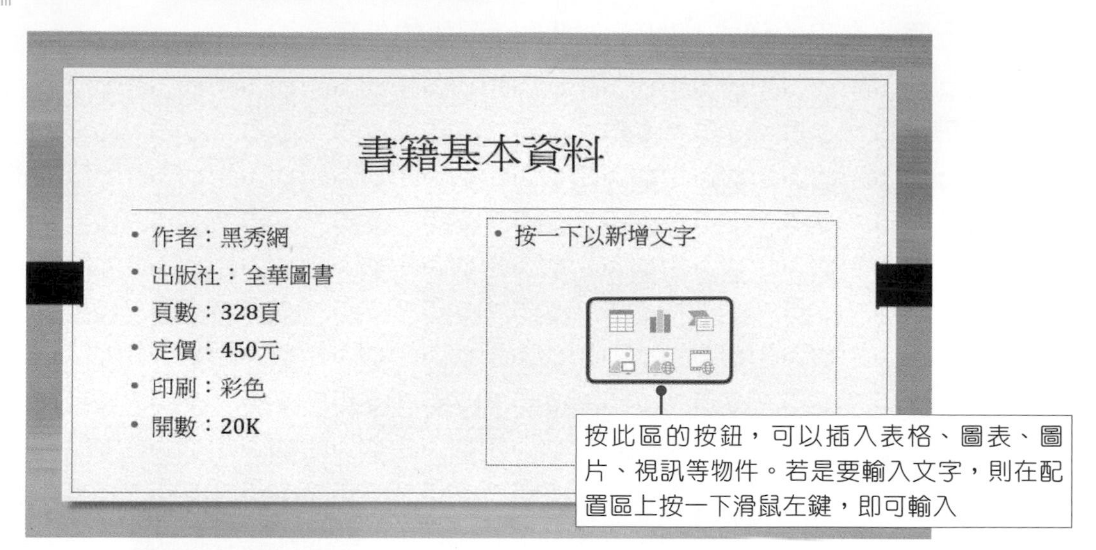

03 接著按下配置區中的按鈕，開啓「插入圖片」對話方塊，點選要插入的圖片，再按下**插入**按鈕，圖片就會插入於投影片中。

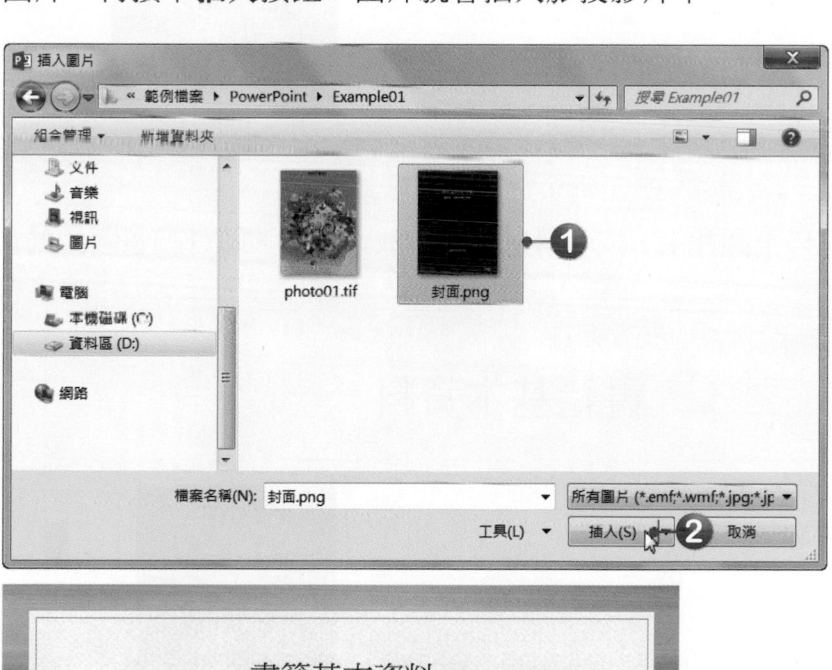

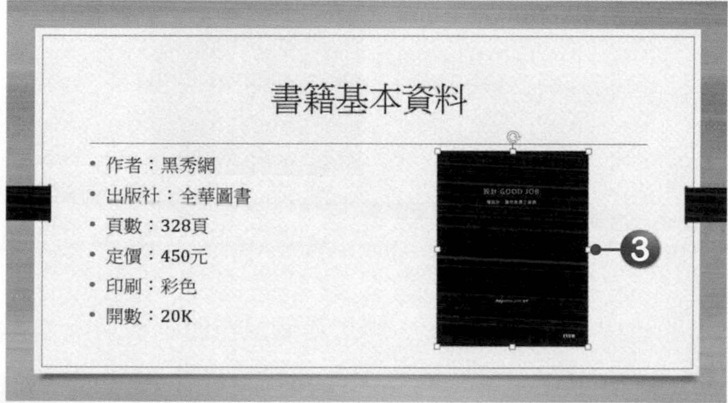

04 圖片插入後，點選圖片，進入**「圖片工具→格式→圖片樣式」**群組中，選擇一個要套用的樣式，即可立即改變圖片的外觀。

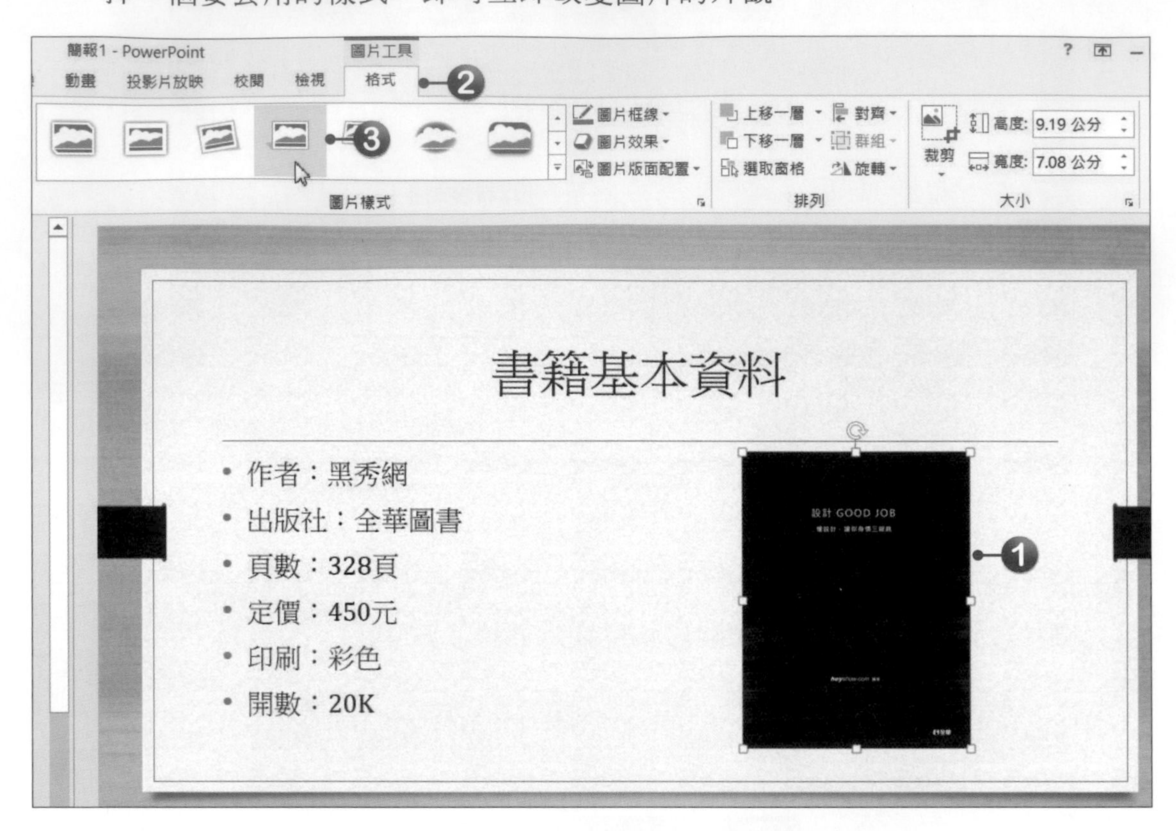

05 將滑鼠游標移至圖片上，按著**滑鼠左鍵**不放並拖曳，即可調整圖片的位置。

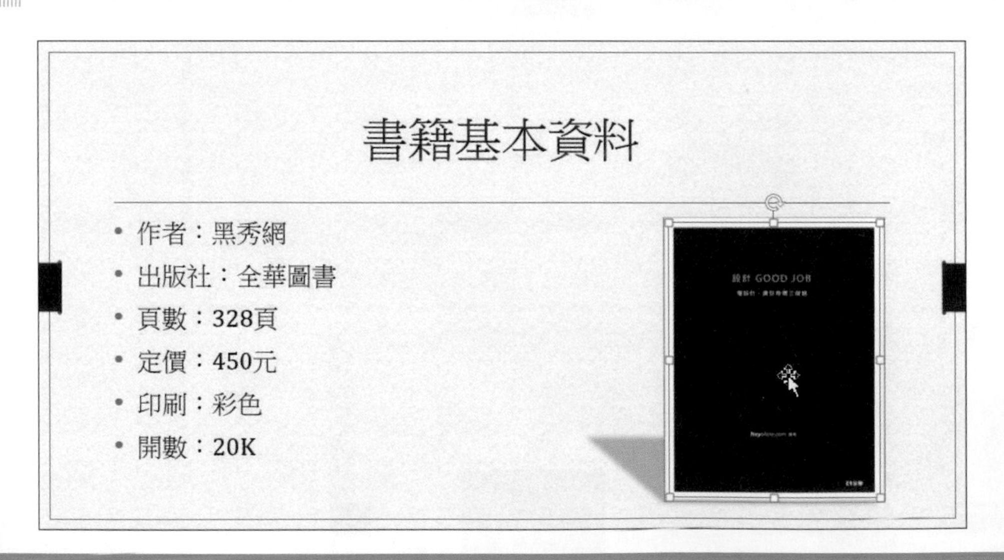

調整物件大小

要調整物件的大小時，只要將滑鼠游標移至控制點上，再按著**滑鼠左鍵**不放並拖曳，即可調整物件大小。

調整版面配置

在調整配置區時，配置區內的文字大小也會隨著調整。若調整的尺寸小於配置區內的文字時，PowerPoint會自動將文字縮小以配合新的配置區，而在配置區左下角就會出現 **自動調整選項**按鈕，可以選擇如何處理配置區內的文字。

在範例中的第3張投影片因爲內容過多，所以PowerPoint自動將文字縮小了，但這樣並不是很美觀，所以要停止自動調整並將段落文字以兩欄方式呈現。

01 進入第3張投影片，將插入點移至配置區內，右下角就會出現 **自動調整選項**按鈕，按下 按鈕，於選單中點選**停止調整文字到版面配置區**。

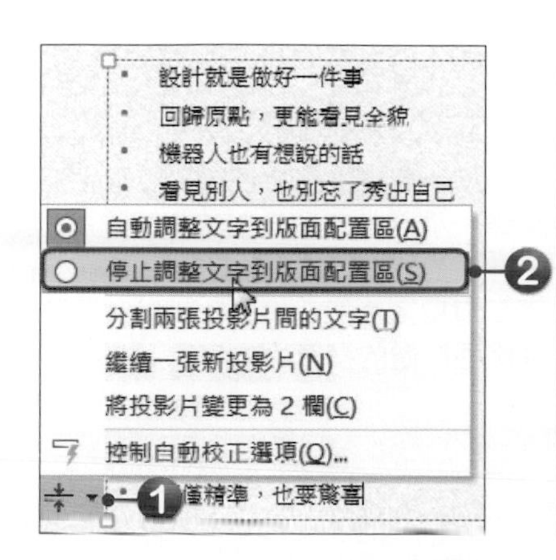

分割兩張投影片間的文字：會將原有的內容自動分割成兩張投影片。

繼續一張新投影片：會自動新增一張新的投影片。

將投影片變更為2欄：會將投影片的配置區設定為2欄，文字就會以2欄方式呈現。

控制自動校正選項：點選此選項時，會開啓「自動校正」對話方塊，可以設定在輸入文字時，是否要設定為自動調整版面配置區等。

02 點選後，配置區內的文字就會還原回預設的大小，接著再按下 按鈕，於選單中點選**將投影片變更爲2欄**，配置區內的文字就會以2欄呈現。

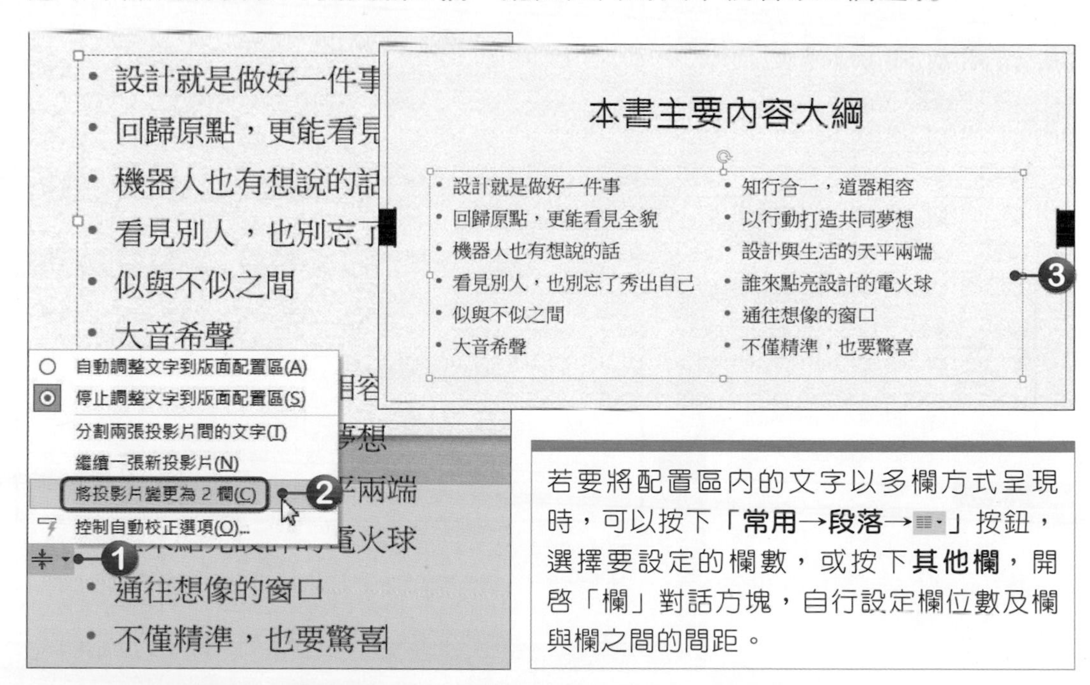

若要將配置區內的文字以多欄方式呈現時，可以按下「**常用→段落→** 」按鈕，選擇要設定的欄數，或按下**其他欄**，開啓「欄」對話方塊，自行設定欄位數及欄與欄之間的間距。

新增全景圖片(含標題)投影片

在版面配置中的「全景圖片(含標題)」投影片，配置了「標題」、「文字」及「圖片」等，而「圖片」配置區已事先做好了外框及陰影的設定，我們只要加入自己準備好的圖片即可。

01 點選第5張投影片，再按下**「常用→投影片→新增投影片」**選單鈕，於選單中點選**全景圖片(含標題)**版面配置。

02 點選後，在第5張投影片後，便會新增一張使用**全景圖片(含標題)**版面配置的投影片。

03 接著在**標題**配置區上按一下**滑鼠左鍵**，並輸入「Q&A」標題文字。

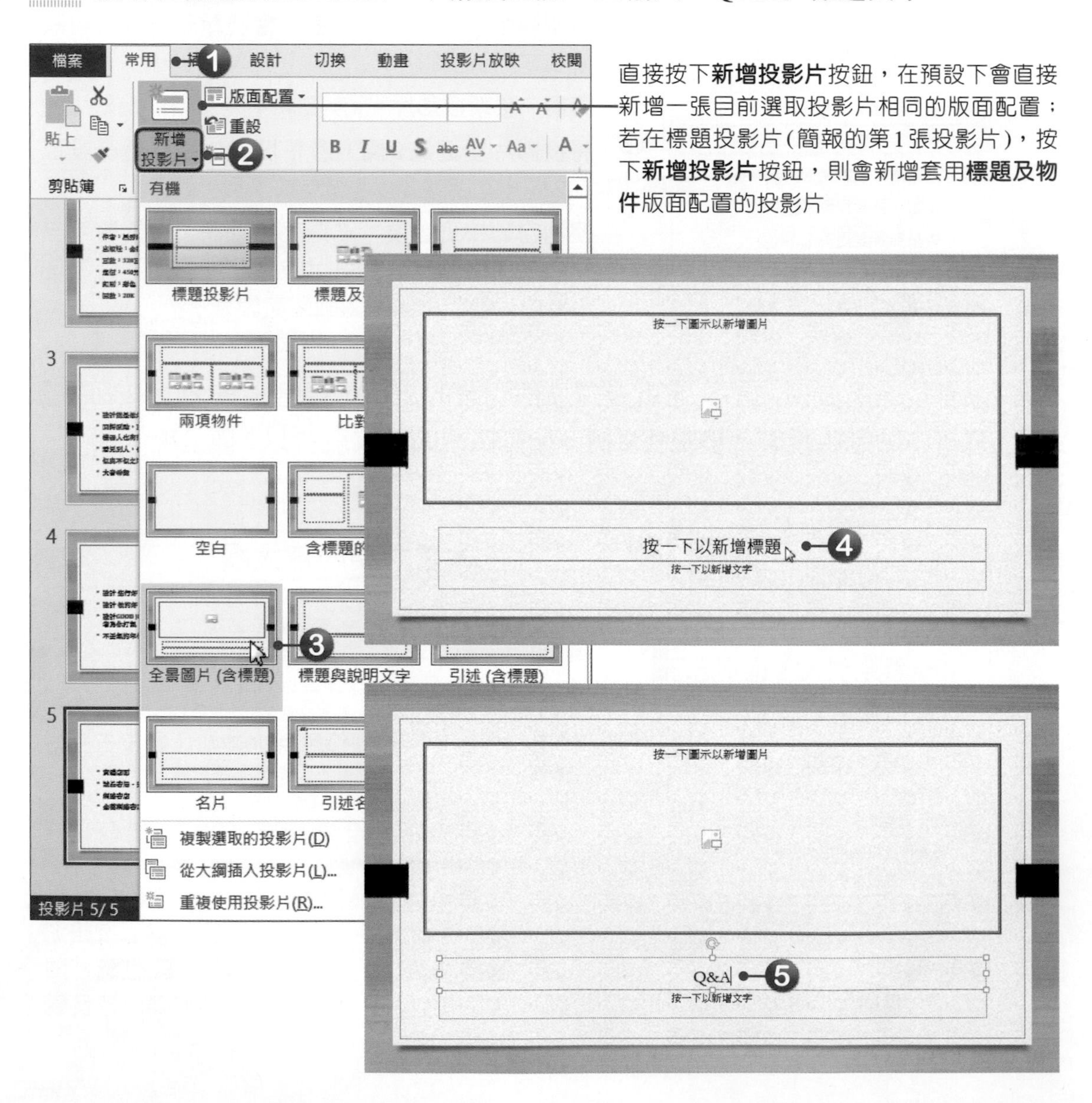

04 按下「按一下圖示以新增圖片」配置區中的按鈕，開啟「插入圖片」對話方塊，選擇要插入的圖片。

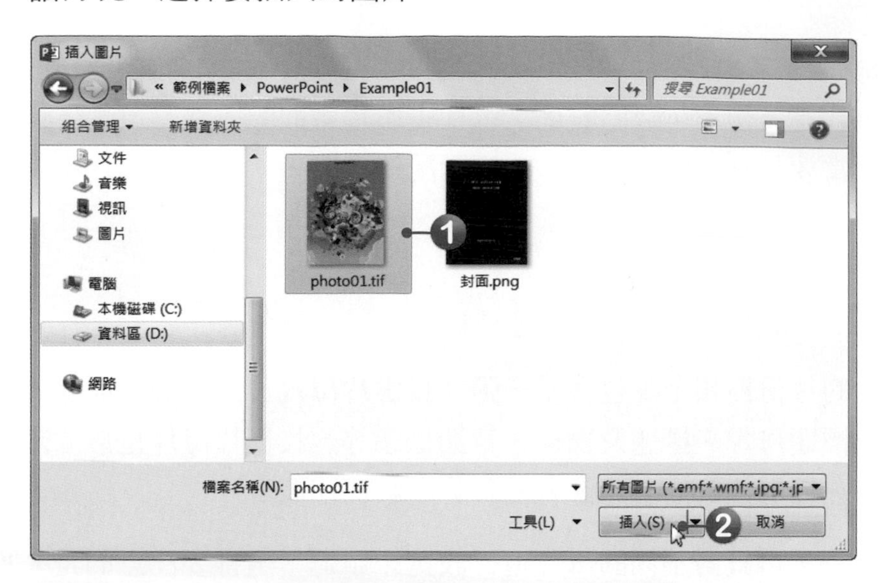

05 回到投影片後，圖片配置區上就會加入所選擇的圖片。

該圖片已先經過裁剪的設定，所以只會呈現圖片的部分，若要調整裁剪區域時，可以按下「**圖片工具→格式→裁剪**」按鈕，便會顯示該圖片被隱藏的部分，此時將滑鼠游標移至圖片上並上下拖曳滑鼠，即可調整要顯示的區域

新增投影片

若要在簡報中新增投影片時，只要按下「**常用→投影片→新增投影片**」按鈕，或是直接按下 **Ctrl+M** 快速鍵，即可新增一張投影片。

在投影片窗格中按下**滑鼠右鍵**，點選**新增投影片**，會新增一張套用與目前選取投影片相同版面配置的投影片。

刪除投影片

若要刪除簡報中的某一張投影片時，只要在投影片窗格中先選取要刪除的投影片，再按下 **Delete** 鍵，即可將選取的投影片刪除。除此之外，也可以直接在縮圖上按下**滑鼠右鍵**，於選單中選擇**刪除投影片**即可。

1-5 使用母片統一簡報風格

當建立一份簡報時，簡報便會提供各式各樣的投影片版面配置，而這些投影片版面配置與母片有著密不可分的關係，每種投影片版面配置都有母片，母片是指簡報的版型，當要調整或修改「投影片版面配置」時，便可進入**母片**中進行修改的動作。

投影片母片

PowerPoint的每份簡報至少包含了一張**「投影片母片」**及每個版面配置專屬的母片，例如：標題母片、標題及物件、章節標題等。投影片母片是母片階層中最上層的母片，在投影片母片下還會有相關聯的版面配置母片。

在設定母片時，可針對不同的母片進行設定。不過，這裡要注意的是，投影片母片儲存了簡報之佈景主題與投影片版面配置的相關資訊，因此設定投影片母片時，會影響到使用相同物件的其他版面配置母片，例如：文字格式、背景及頁碼等。所以，若要設定整份簡報的一致風格時，建議從投影片母片中進行設定。

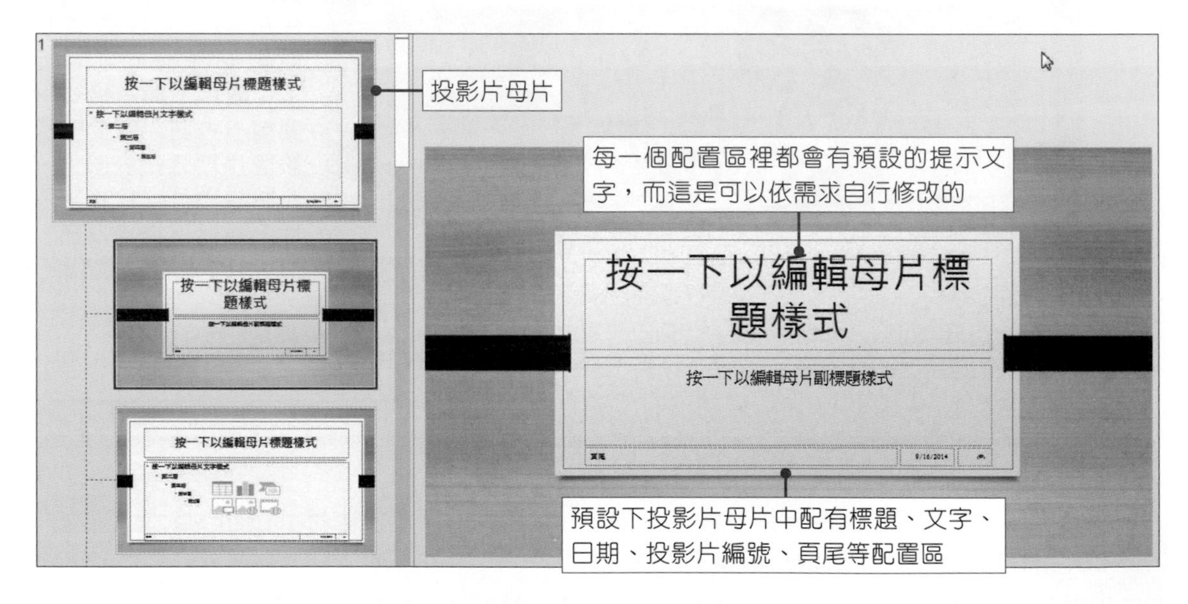

在投影片母片中編輯佈景主題

PowerPoint提供了許多內建的佈景主題，可以直接套用於簡報中，一個佈景主題包含了色彩配置、字型配置及效果配置等。

當簡報套用了佈景主題後，簡報中的文字、項目符號、表格、SmartArt圖形、圖案、圖表、超連結色彩等都會隨著佈景主題而改變，所以使用佈景主題有許多好處，也省去了簡報版面設計及色彩配置的時間。

在設定佈景主題時可以在投影片中進行，不過，當投影片的量很大時，若要一一修改投影片的佈景主題色彩、字型、效果、背景時，會花非常多的時間。所以建議可以直接進入投影片母片，在母片中針對不同的版面配置進行不同的佈景主題設定。

01 按下 **「檢視→母片檢視→投影片母片」** 按鈕，進入母片中。

02 按下 **「投影片母片→背景→色彩」** 按鈕，將佈景主題色彩更改為黃色。

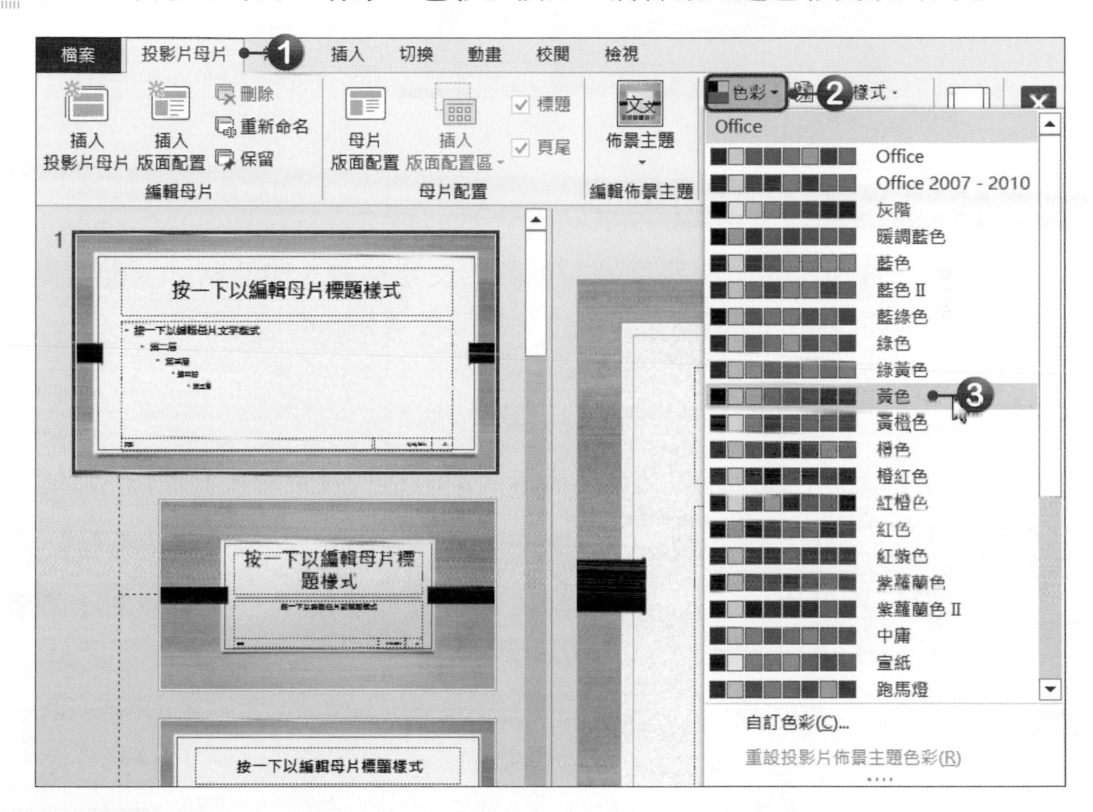

套用佈景主題

當建立一份新的空白簡報時，在預設下會套用「Office佈景主題」，該佈景主題並沒有做任何的版面、色彩及字型等設計。要將簡報套用佈景主題時，只要在 **「設計→佈景主題」** 群組中，選擇要使用的佈景主題即可，套用後還可以隨時更換佈景主題及變化方式。

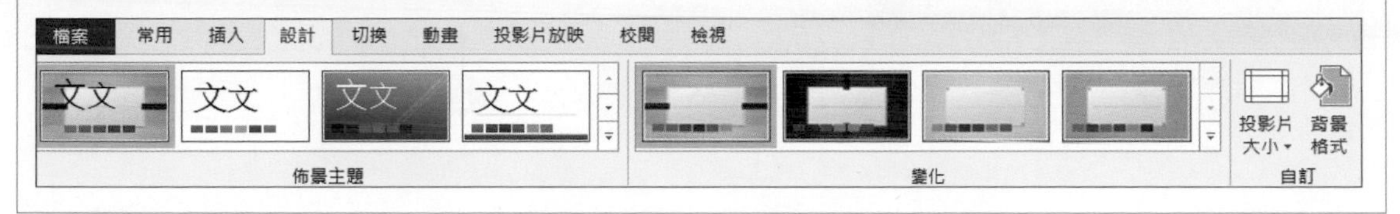

03 按下**「投影片母片→背景→字型」**按鈕，點選要使用的字型組合。

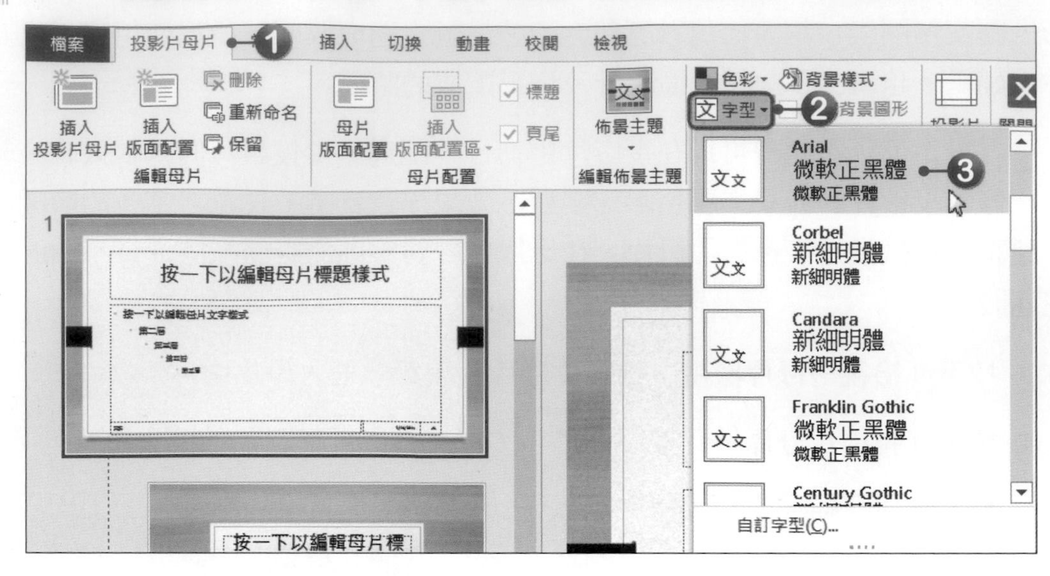

統一簡報文字及段落格式

利用投影片母片可以快速地統一簡報的文字格式、段落格式、配置區位置等，只要點選要設定的配置區，再進行文字及段落格式的設定即可。

字型的設定

在投影片母片中進行標題文字及段落文字的格式設定時，其他母片中的標題文字及段落文字也會跟著變動。

01 進入**投影片母片**中，點選**標題**配置區，按下**「常用→字型→B」粗體**按鈕，或**Ctrl+B**快速鍵，將文字加上粗體樣式。

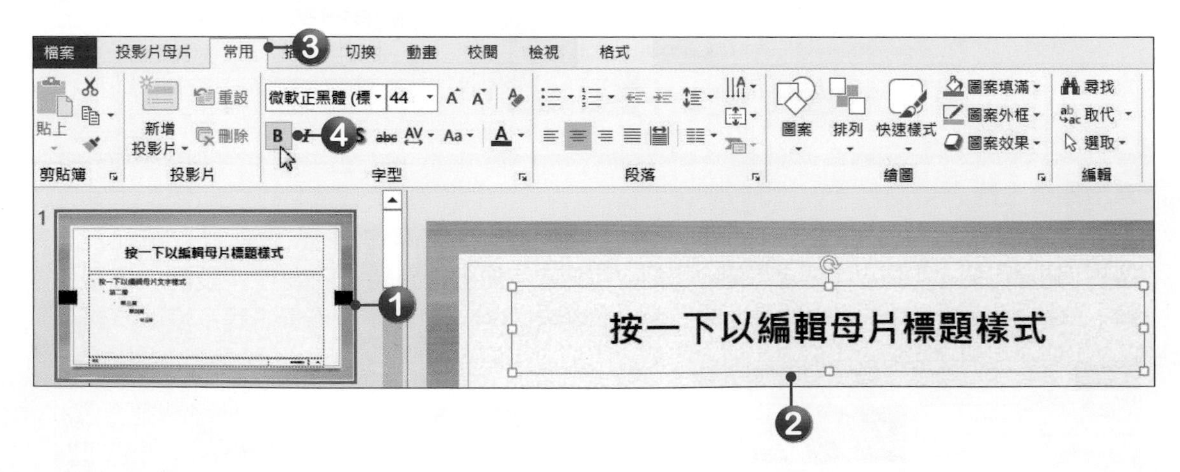

02 按下「**常用→字型→A^**」**放大字型**按鈕兩次，將文字大小設定為60級。

03 按下「**常用→字型→A -**」**字型色彩**按鈕，選擇要使用的色彩。

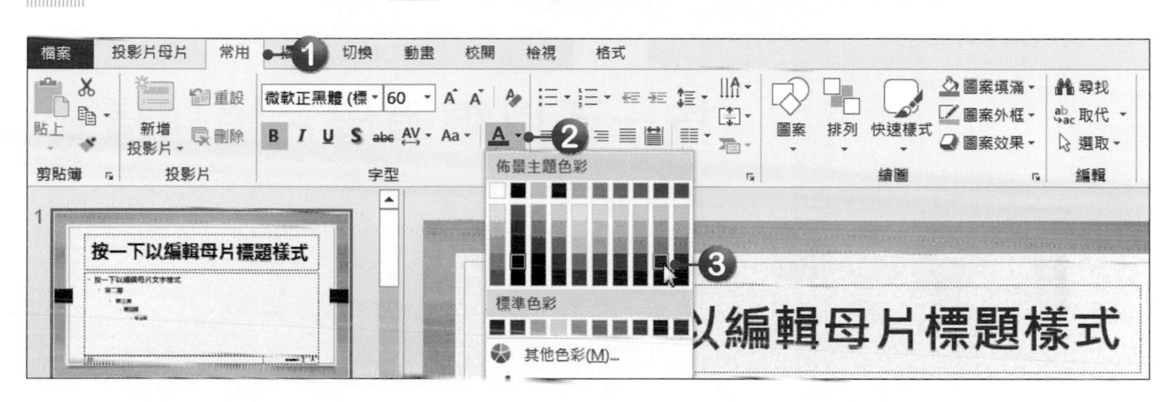

04 點選**文字配置區**，按下「**常用→字型→B**」按鈕，將文字都設定為粗體。

05 接著點選**全景圖片(含標題)母片**，將標題配置區的字型樣式設定為粗體、文字大小為48級。

段落格式設定

字型格式設定好後，接著進行段落格式的設定，設定時同樣是在投影片母片中進行設定。

01 進入**投影片母片**，點選要設定的配置區，按下**「常用→段落→≡」左右對齊**按鈕。

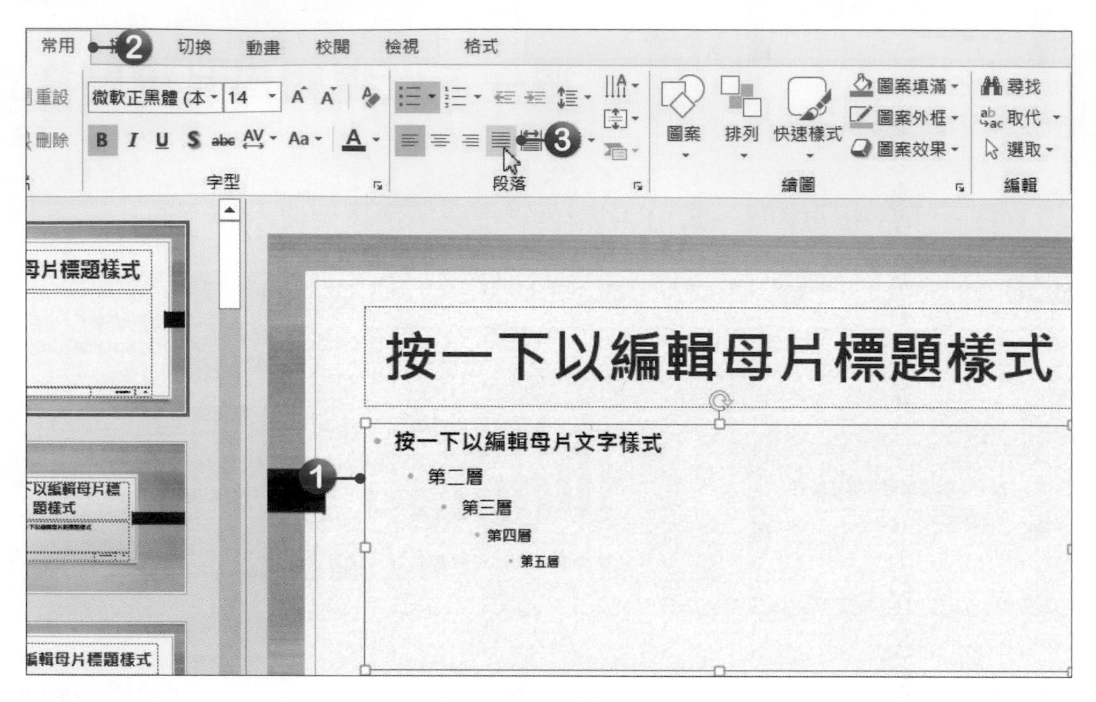

02 按下**「常用→段落→↕≡」行距**按鈕，於選單中點選**行距選項**，開啓「段落」對話方塊，將與前段間距設爲**0pt**；後段設爲**6pt**。

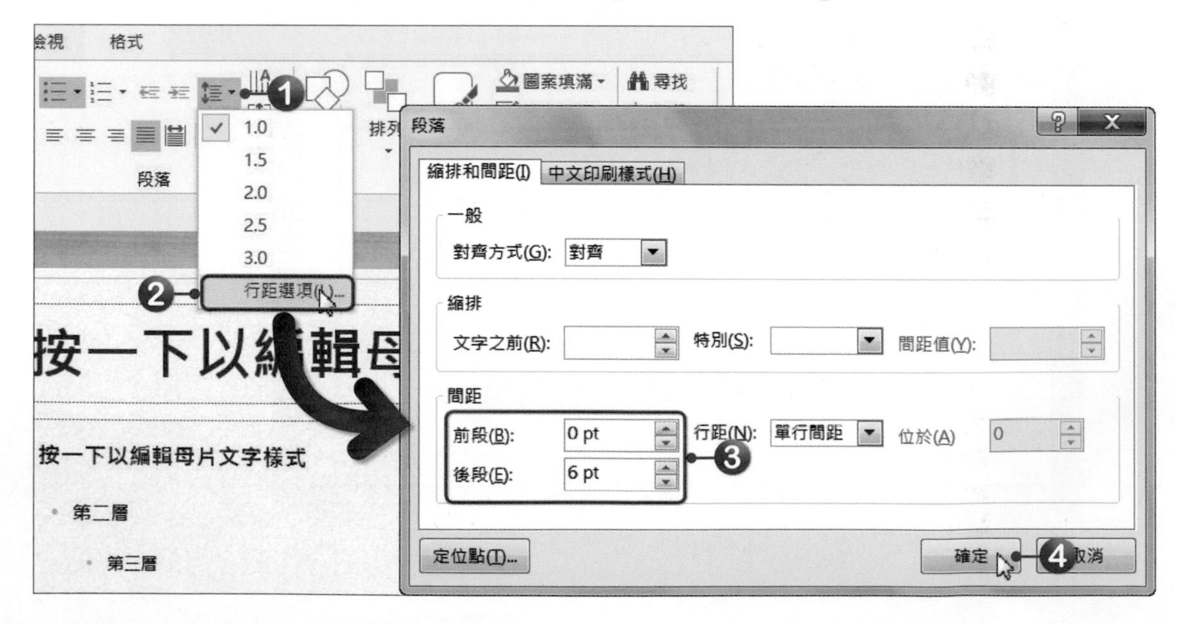

加入頁尾及投影片編號

進入投影片母片時，都會看到日期、頁尾、投影片編號等配置區，這是母片預設的，這些配置區的內容，沒經過設定，是不會顯示於投影片中的，若要顯示，則必須經過設定，要設定時可以在投影片母片模式或標準模式下進行。

01 按下**「插入→文字→頁首及頁尾」**按鈕，開啟「頁首及頁尾」對話方塊。

02 將**投影片編號**、**頁尾**及**標題投影片中不顯示**選項皆勾選，勾選好後再於頁尾欄位中輸入要呈現的文字，輸入好後按下**全部套用**按鈕。

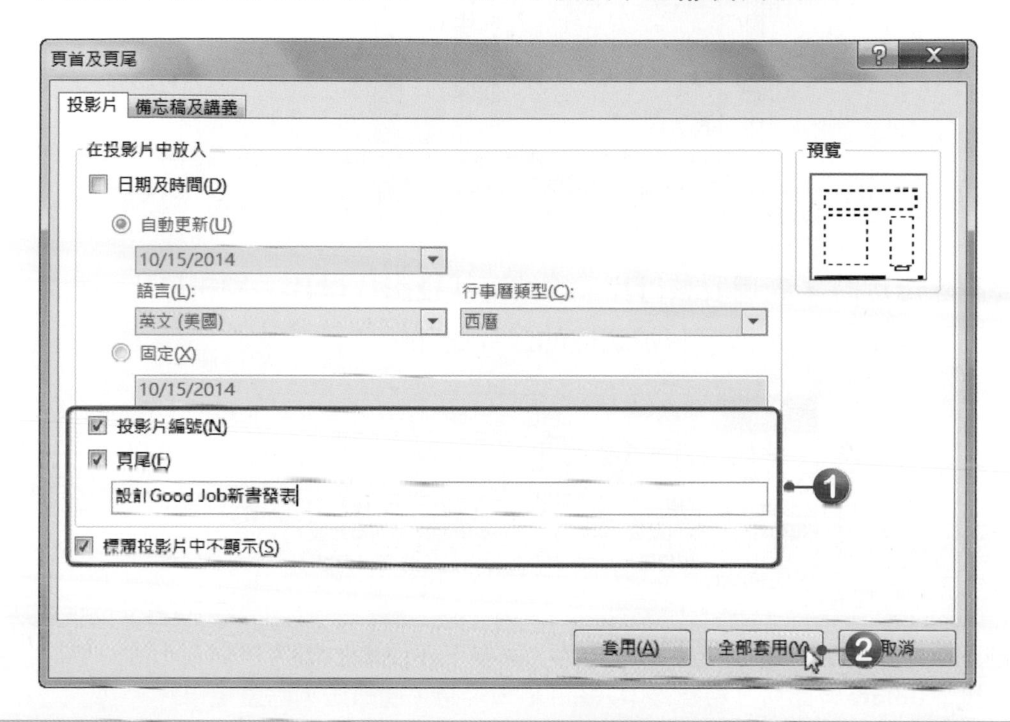

在**文字**群組中按下**日期及時間**按鈕，或**插入投影片編號**按鈕，也都可以開啟「頁首及頁尾」對話方塊。

03 頁首頁尾設定好後，再將**頁尾**及**投影片編號**文字方塊搬移至投影片的左下角及右下角。

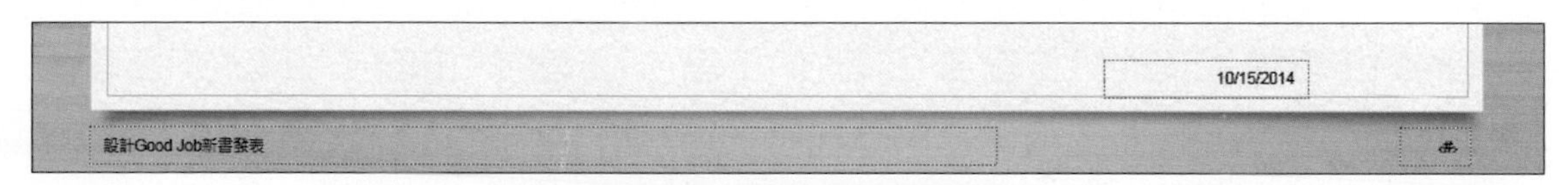

刪除不用的版面配置母片

在投影片母片中，可以直接將不會使用到的版面配置母片，從母片組中刪除，這樣在編輯母片時，也不致於眼花撩亂。於投影片母片中被刪除的母片，在**「常用→投影片→版面配置」**選單中的版面配置也會跟著被刪除。

在刪除前，可以先將滑鼠游標移至版面配置母片上，看看該張版面配置母片是否有被套用於投影片中，若已被套用則無法單獨刪除。

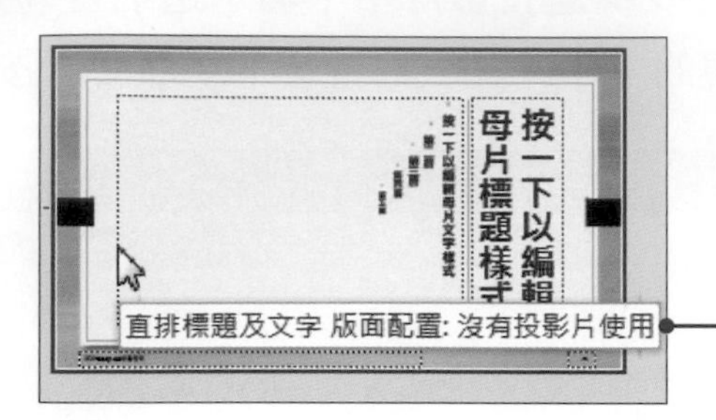

將滑鼠游標移至版面配置母片上，便可以知道哪些投影片使用了該母片

要刪除母片時，先選取該母片，再按下**「投影片母片→編輯母片→刪除」**按鈕，或按下**Delete**鍵，即可將被選取的母片刪除。

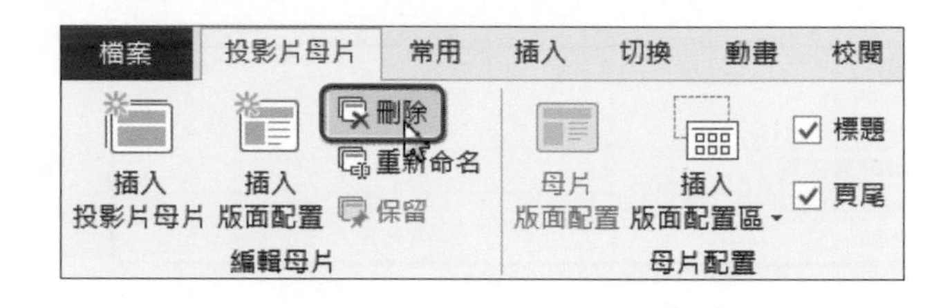

若要刪除整組母片時，先點選**投影片母片**，再按下「**投影片母片→編輯母片→刪除**」按鈕，或按下**Delete**鍵即可，若簡報中只有1組母片時，便無法刪除整組母片。

關閉母片檢視及重設投影片

母片都設定好後，按下**「投影片母片→關閉→關閉母片檢視」**按鈕，即可離開母片檢視模式。

回到標準模式後即可檢視看看設定的結果，若投影片中的文字並沒有套用所設定的格式時，請按下**「常用→投影片→重設」**按鈕。

當投影片的版面配置區的格式、位置、大小被修改後，若想要將投影片的版面配置區回到最初的預設值，也可以按下**「常用→投影片→重設」**按鈕。

1-6 清單階層、項目符號及編號的設定

在「標題及物件」版面配置的預設下，當在物件配置區中輸入文字時，文字都會以條列式方式呈現，而在製作簡報時，所輸入的內容大都也以條列式爲主，因爲這樣的呈現方式可以讓簡報內容架構更清楚。

清單階層的設定

在物件配置區中輸入文字後，按下**Enter**鍵，就會產生一個新的段落，若要調整該段落階層時，會先按下**Tab**鍵，再輸入文字，此時該段落就會屬於第2個階層，且字級會比上一階層的段落文字來得小。

若段落文字皆已輸入完成，臨時要調整段落階層時，也可以事後再使用**「常用→段落」**群組中的 **增加清單階層**及 **減少清單階層**按鈕。

01 進入第5張投影片中，將滑鼠游標移至第2個段落上的項目符號上，按下**滑鼠左鍵**，選取該段落，接著按著**Ctrl**鍵不放，將滑鼠游標移至第4個段落的項目符號上，按下**滑鼠左鍵**，選取該段落。

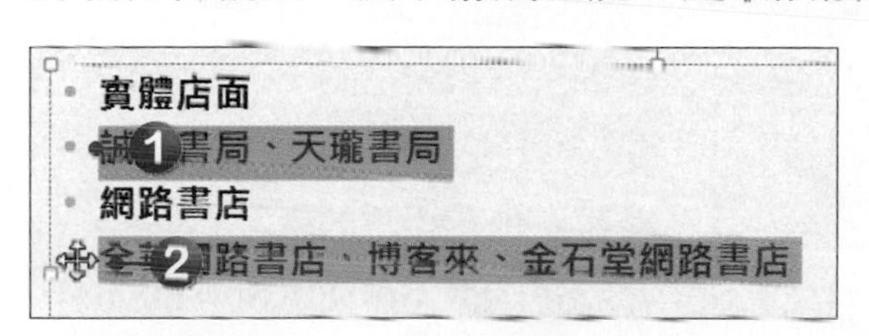

02 段落選取好後，按下**「常用→段落→ 」增加清單階層**按鈕，即可將段落調整至下一個階層。

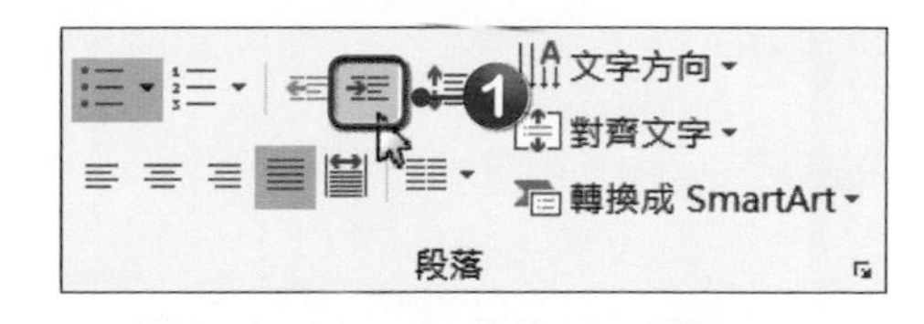

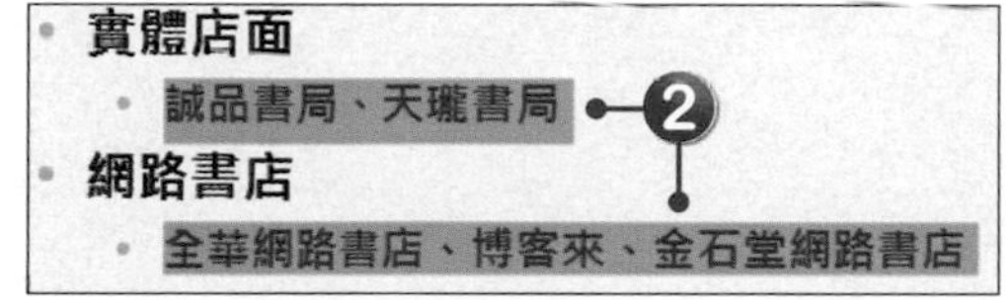

> 調整段落階層時，也可以直接使用快速鍵來調整，先將插入點移至段落文字的最前面(按下鍵盤上的**Home**鍵，即可將插入點移至該段落的最前面)，若是要降低階層，請按下**Tab**鍵；若是要提升層級，則請按下**Shift+Tab**鍵。

項目符號的使用

當投影片套用版面設定時，在預設下，文字都會先套用項目符號，而這項目符號是可以修改的。

01 進入第3張投影片，選取配置區，按下**「常用→段落→☰」項目符號**選單鈕，於選單中點選**項目符號及編號**。

02 開啟「項目符號及編號」對話方塊，選擇要使用的項目符號，並設定大小及色彩，設定好後按下**確定**按鈕，即可變更項目符號的樣式。

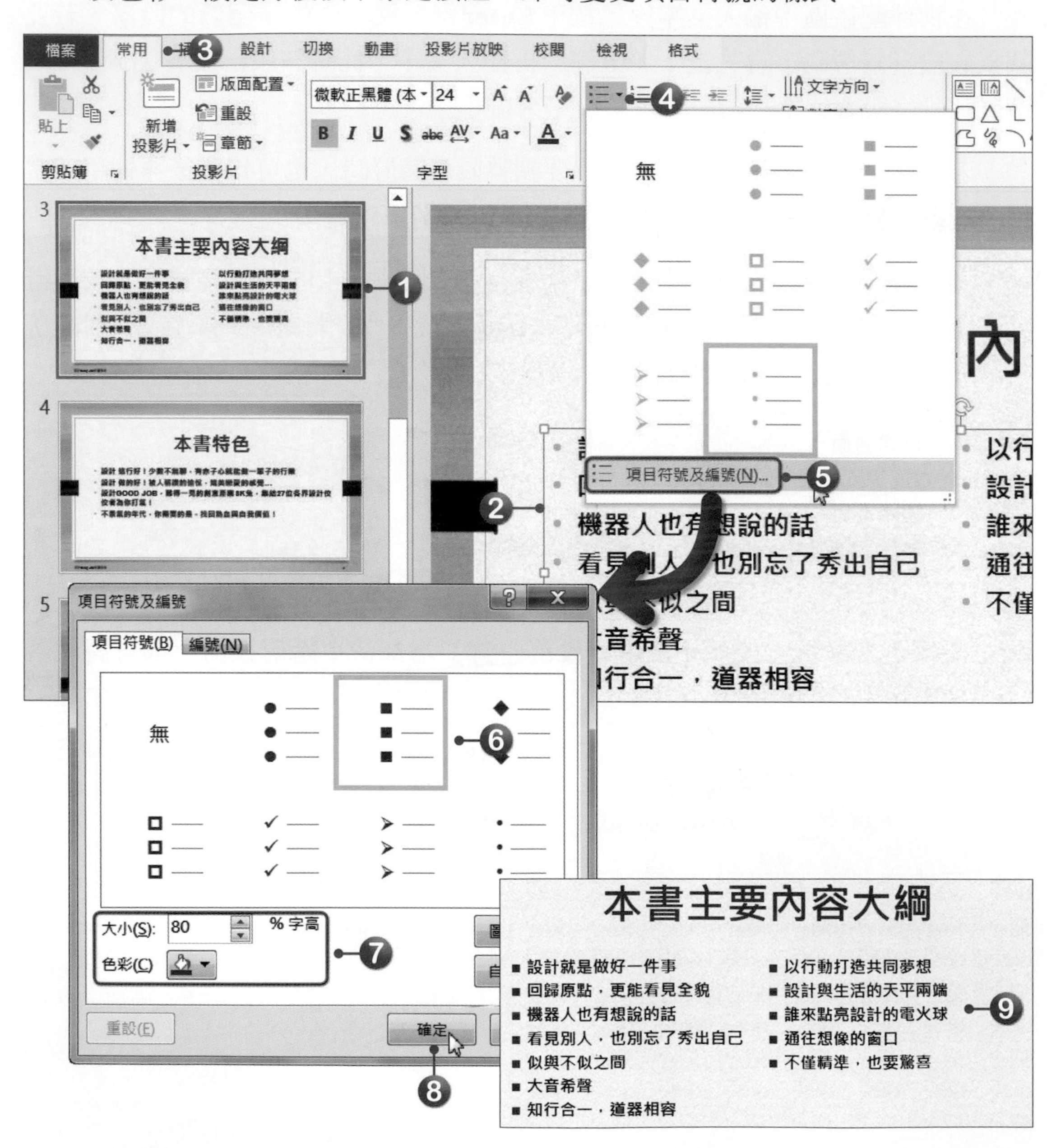

編號的使用

條列式文字除了使用項目符號外，還可以使用編號來呈現。

01 進入第4張投影片，選取配置區，按下 **「常用→段落→☰▾」編號** 選單鈕，於選單中點選**項目符號及編號**。

02 開啟「項目符號及編號」對話方塊，選擇要使用的編號樣式，並設定大小及色彩，設定好後按下**確定**按鈕，即可將條列式文字加上編號。

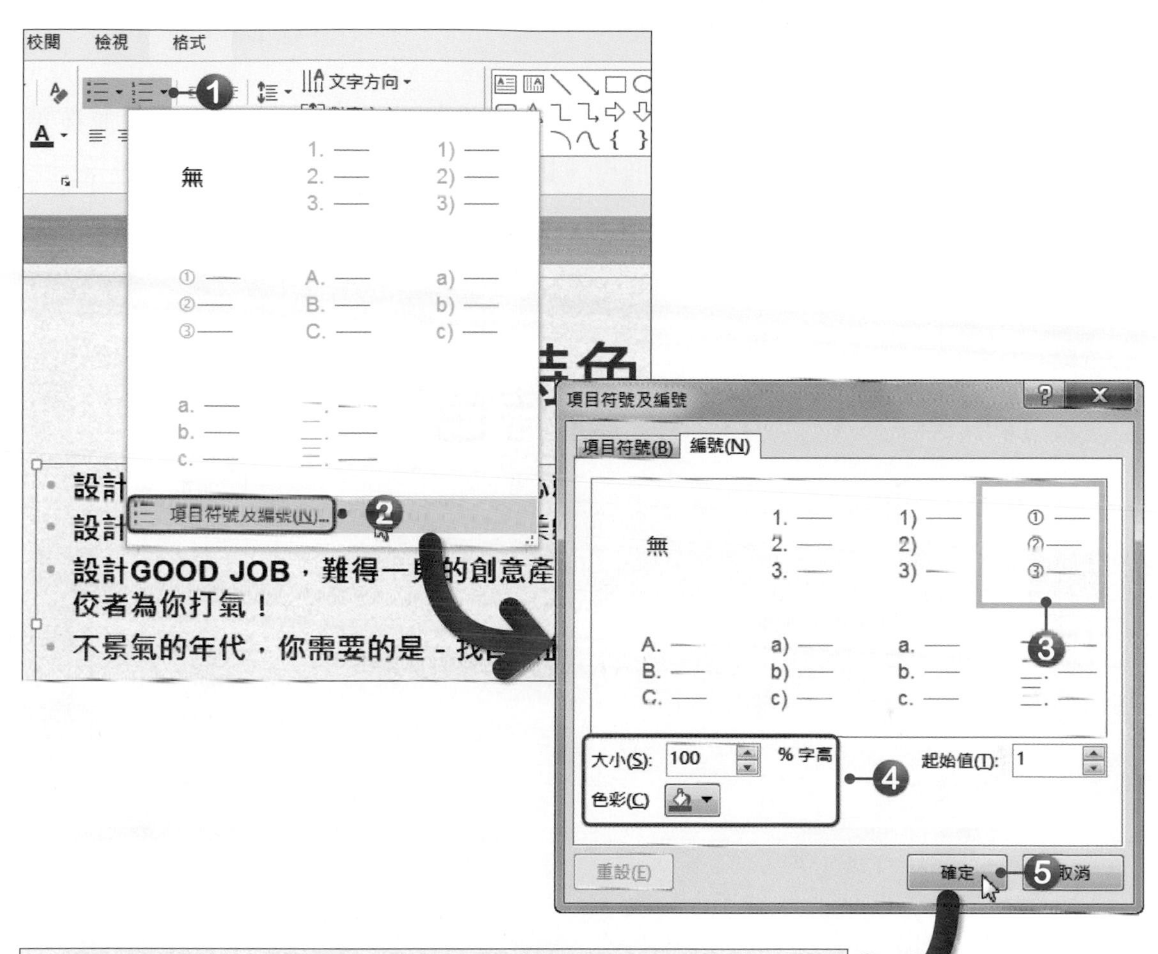

校閱
檢視
格式
文字方向
無
項目符號及編號(N)...
項目符號及編號
項目符號(B)
編號(N)
大小(S): 100 % 字高
色彩(C)
起始值(I): 1
重設(E)
確定
取消
① 設計 這行好！少數不無聊，有赤子心就能做一輩子的行業
② 設計 做的好！被人稱讚的愉悅，媲美戀愛的感覺...
③ 設計GOOD JOB，難得一見的創意產業SK兔，集結27位各界設計佼佼者為你打氣！
④ 不景氣的年代，你需要的是 - 找回熱血與自我價值！

在設定編號時，還可以進行編號的起始值設定，只要在**「起始值」**欄位中直接輸入要開始的編號數值即可。

03 將項目符號更改爲「編號」後，發現編號與文字的距離有點遠，這是因爲「縮排」的關係，所以這裡要來修改一下「縮排」的距離。將**「檢視→顯示」**群組中的**尺規**選項勾選，即可在投影片編輯區中開啓「水平尺規及垂直尺規」。

校閱
檢視
格式
尺規
格線
輔助線
備忘稿
顯示比例
調整成視窗大小
顯示
顯示比例

04 選取配置區內的所有段落文字，再將滑鼠游標移至**左邊縮排鈕**上，並按著**滑鼠左鍵**不放，將縮排鈕往**左**拖曳，即可縮小編號及文字之間的距離。

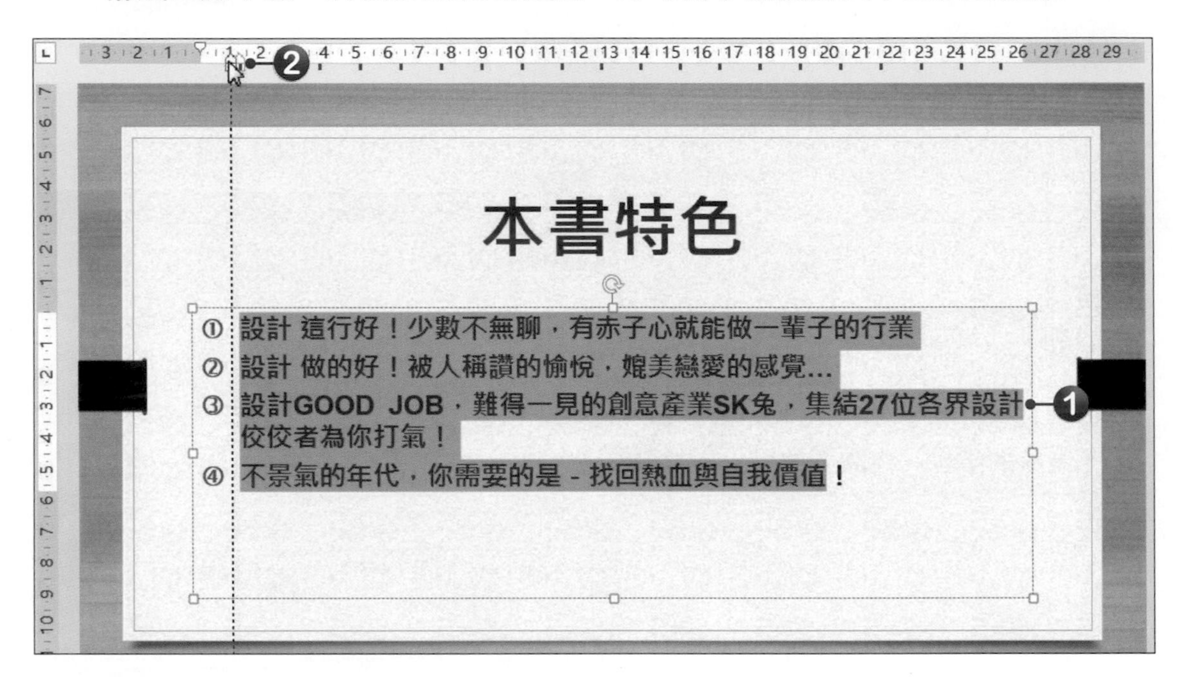
本書特色
① 設計 這行好！少數不無聊，有赤子心就能做一輩子的行業
② 設計 做的好！被人稱讚的愉悅，媲美戀愛的感覺...
③ 設計GOOD JOB，難得一見的創意產業SK兔，集結27位各界設計佼佼者為你打氣！
④ 不景氣的年代，你需要的是－找回熱血與自我價值！

1-7 幫投影片加上換頁特效

在投影片與投影片轉換的過程中，加上切換效果，可以讓簡報在播放時更為生動活潑。PowerPoint提供了許多投影片的切換效果，可以套用於投影片中，且還可以設定切換音效、時間、切換方式等。

01 進入第1張投影片，按下 **「切換→切換到此投影片」** 群組中的 ▾ 按鈕，於選單中選擇要使用的切換效果。

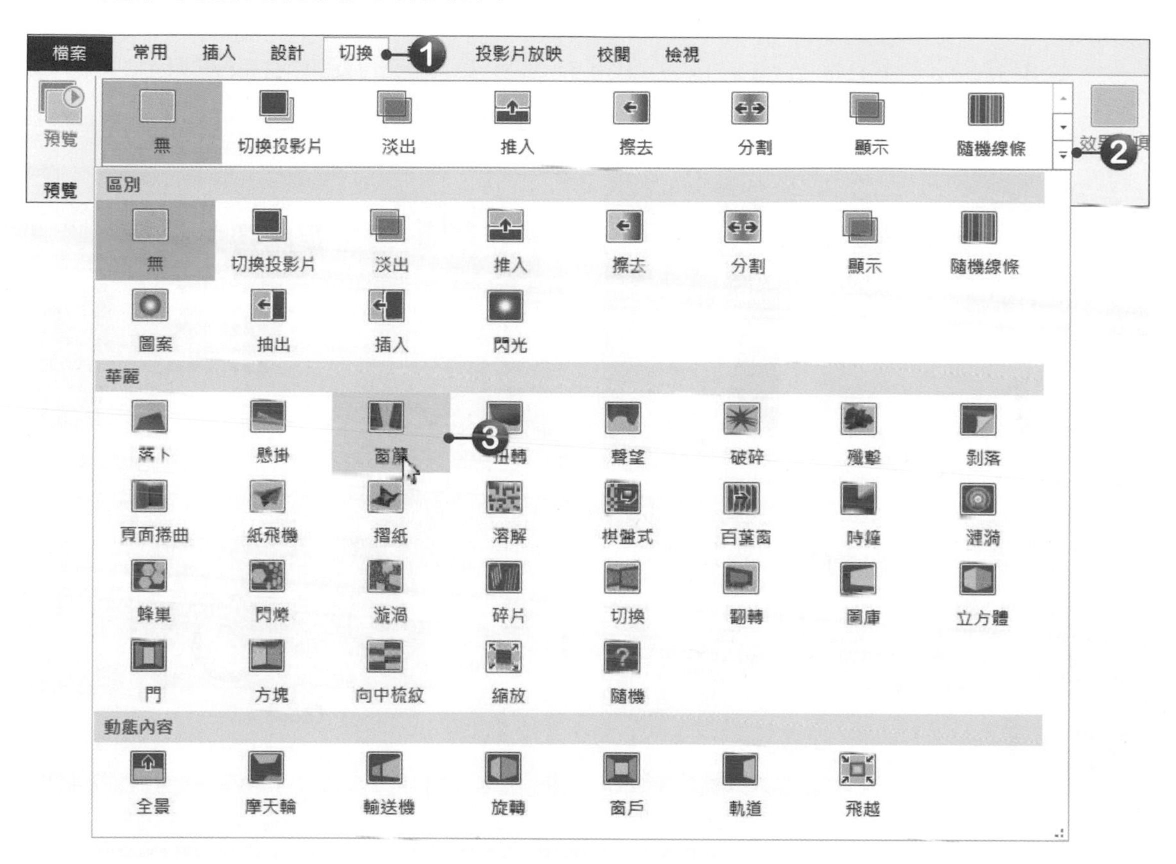

02 點選要套用的切換效果後，投影片就會即時播放此切換效果。

03 選擇好要使用的效果後，進入**「切換→預存時間」**群組，即可進行聲音、速度、投影片換頁方式等設定。

按滑鼠換頁：在放映簡報時，要切換投影片，都須按一下滑鼠左鍵

每隔：可以自行設定切換時間，投影片則會依設定時間自動切換投影片

04 都設定好後，若要將同一個效果套用至全部的投影片時，只要按下**「切換→預存時間→全部套用」**按鈕即可。這裡要注意的是，若設定好後又修改設定時，須再按下**全部套用**按鈕，才會套用修改後的設定。

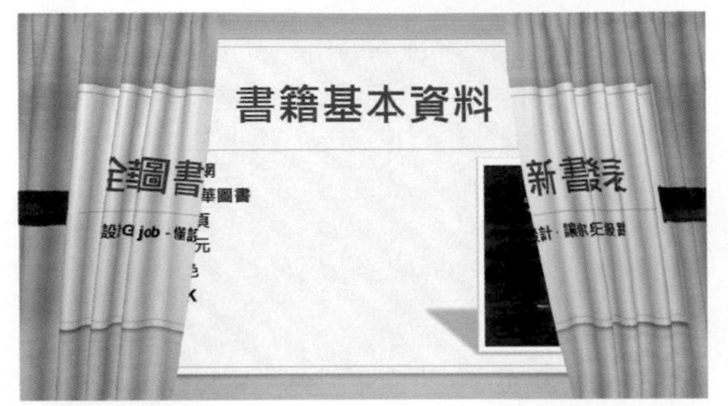

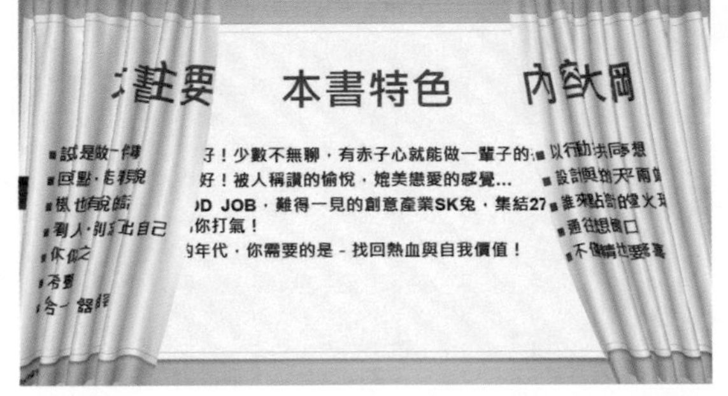

播放動畫效果

在投影片中進行動畫效果、動作按鈕、切換效果等設定後，在標準模式下的投影片窗格或投影片瀏覽模式中就會看到★符號，此符號代表該張投影片有設定動畫效果，若想要預覽時，可以在★圖示上按一下**滑鼠左鍵**，即可播放該投影片所設定的所有動畫效果。

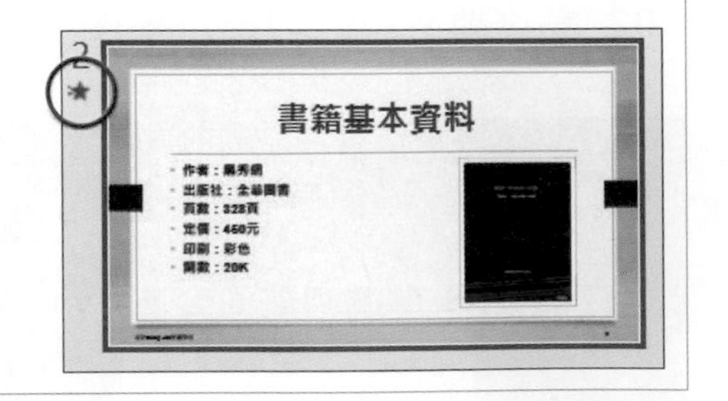

1-8 播放及儲存簡報

簡報製作完畢後，即可進行播放及儲存的動作，這節就來看看該如何進行播放及儲存。

在閱讀檢視下預覽簡報

要預覽簡報內容時，可以進入**閱讀檢視**模式中，將整張投影片顯示成視窗大小，預覽簡報的設計結果或是動畫效果。按下**檢視工具列**上的 按鈕，或按下**「檢視→簡報檢視→閱讀檢視」**按鈕，即可進入閱讀檢視模式。

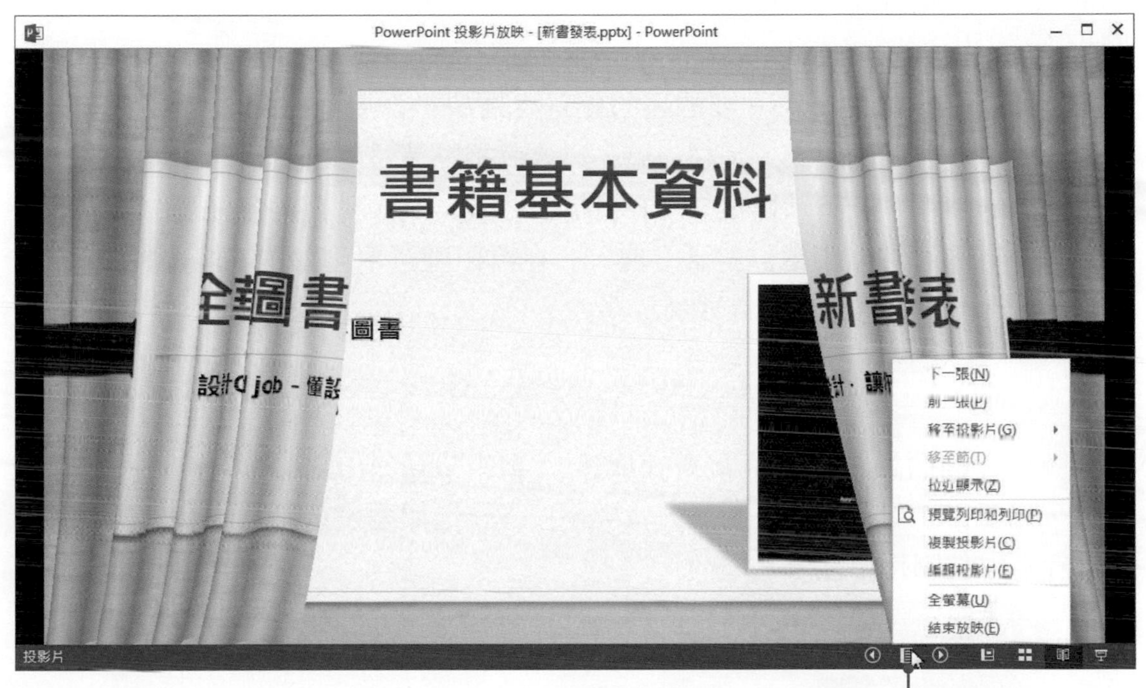

按下**功能表**按鈕，可開啟功能表，選擇要執行的動作

播放投影片

要實際播放投影片時，可以切換至 **投影片放映**模式，即可進入全螢幕中播放投影片，它的播放順序會從目前所在位置的投影片開始進行播放。而按下**快速存取工具列**上的 工具鈕，或按下**F5**快速鍵，也會進行投影片放映的動作，但放映的順序會從第1張投影片開始。

簡報的儲存

在PowerPoint中可以將簡報儲存成不同的檔案格式，分別介紹如下：

簡報檔—pptx

在預設下，簡報進行儲存時，會儲存爲**PowerPoint簡報(*.pptx)**格式。要進行儲存動作時，可以按下**快速存取工具列**上的**儲存檔案**按鈕，或是按下**「檔案→儲存檔案」**功能，也可以使用**Ctrl+S**快速鍵，進入**另存新檔**頁面中，進行儲存的設定。而同樣的檔案進行第二次儲存時，就不會再進入**另存新檔**頁面中。

播放檔—ppsx

簡報製作完成時，最主要的目的就是要播放，而要進行播放時，須先將簡報儲存成播放類型的檔案，這樣一來，只要直接點選該播放檔案，就可以進行投影片播放的動作。按下**「檔案→另存新檔」**功能，進入**另存新檔**頁面中；或按下**F12**鍵，開啓「另存新檔」對話方塊，於**存檔類型**選單中點選**PowerPoint播放檔(*.ppsx)**，即可將簡報儲存成播放格式。

圖片格式

製作好的簡報也可以直接轉存成**jpg**、**gif**、**png**、**tif**、**bmp**、**wmf**等格式的圖片，只要在「另存新檔」對話方塊中，按下**存檔類型**選單鈕，即可選擇要將簡報儲存爲哪種圖片格式。

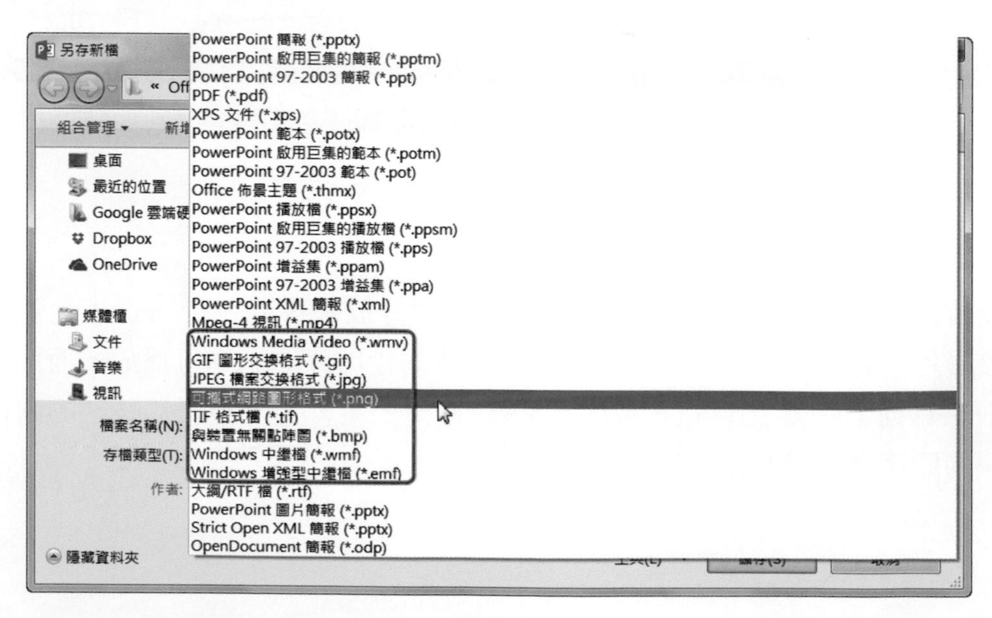

事實上，PowerPoint還提供了許多儲存格式讓我們選擇，像是可以將簡報儲存為PowerPoint 97-2003格式(*.ppt)、大綱/RTF檔(*.rtf)、OpenDocument簡報(*.odp)、PDF(*.pdf)、XPS文件(*.xps)、Mpeg-4視訊(*.mp4)、Windows MediaVideo(*.wmv)等，儲存時，只要按下**存檔類型**選單鈕，即可於選單中選擇要儲存的類型。

將字型內嵌於簡報中

在儲存簡報時，建議最好將簡報內所使用到的字型內嵌到檔案中，這樣一來，簡報在別台電腦使用或播放時，就不用擔心沒有字型的問題。

進行簡報儲存時，可以在「另存新檔」對話方塊中，按下**工具**選單鈕，點選**儲存選項**，開啓「PowerPoint選項」視窗，將**在檔案內嵌字型**選項勾選，再點選**只內嵌簡報中所使用的字元(有利於降低檔案大小)**，按下**確定**按鈕，回到「另存新檔」對話方塊，再按下**儲存**按鈕，即可將字型內嵌於簡報中。

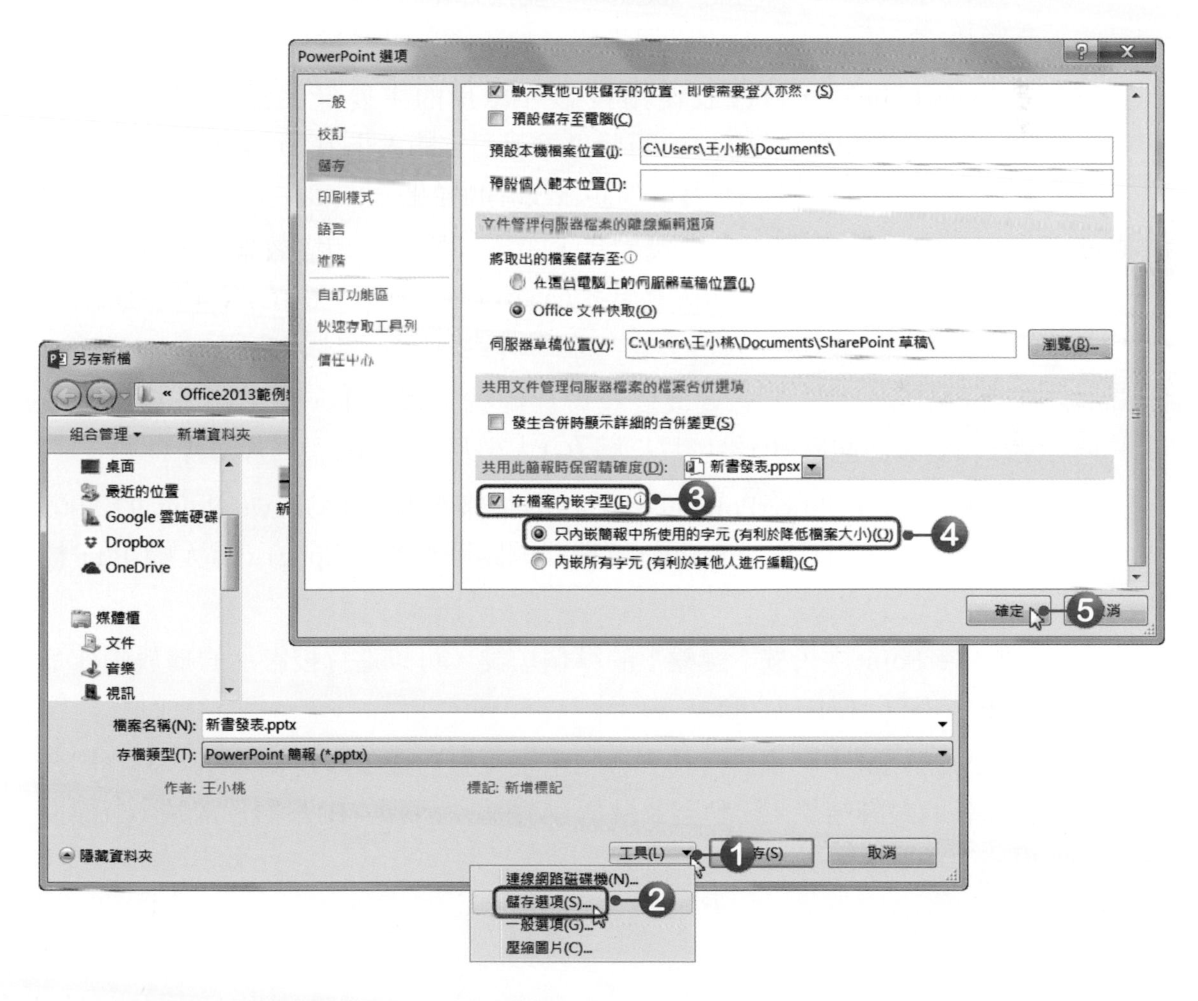

自我評量

✦選擇題

(　　)1. 在PowerPoint中，下列哪一種情況，最適合使用投影片母片來編輯？(A)在多張投影片上輸入相同資訊 (B)包含大量投影片的簡報 (C)需要經常修改的投影片 (D)需要調整版面配置的投影片。

(　　)2. 在PowerPoint中，母片預設的版面配置包含了？(A)標題 (B)日期 (C)頁碼 (D)以上皆是。

(　　)3. 在PowerPoint中，若要在母片中加入頁首頁尾時，須執行下列哪個指令？(A)常用→文字→頁首及頁尾 (B)插入→文字→頁首及頁尾 (C)檢視→文字→頁首及頁尾 (D)動畫→文字→頁首及頁尾。

(　　)4. 為廷製作了一份反服貿的簡報，他覺得簡報的樣式設定有些單調，請問他可以利用下列哪一個功能，快速地改變投影片的外觀？(A)佈景主題 (B)加入圖片 (C)加入圖表 (D)版面配置。

(　　)5. 在PowerPoint中，修改及使用投影片母片的主要優點為下列哪一項？(A)可提高簡報播放效能 (B)可降低簡報檔案的大小 (C)可對每一張投影片進行通用樣式的變更 (D)可增加簡報設計的變化。

(　　)6. 在PowerPoint中，於第3張投影片，設定「蜂巢」切換效果，則會為簡報中的哪一張投影片加入切換效果？(A)第1張 (B)第3張 (C)第4張 (D)所有的投影片。

(　　)7. 在PowerPoint中，若想要改變投影片編號字型大小，需由哪一項進入設定？(A)版面配置 (B)投影片編號 (C)大小及位置 (D)投影片母片。

(　　)8. 下列哪一項非PowerPoint可以儲存的檔案類型？(A)PowerPoint 97-2003簡報(.ppt) (B)網頁(.html) (C)可攜式網路圖形格式(.png) (D)大綱/RTF檔(.rtf)。

(　　)9. 在PowerPoint中，按下鍵盤上的哪個按鍵，可以進行投影片的播放動作？(A)F5 (B)F6 (C)F7 (D)F8。

(　　)10. 在PowerPoint中，哪個模式下會將整張投影片顯示成視窗大小，讓我們預覽簡報的設計結果或是動畫效果？(A)投影片瀏覽 (B)投影片放映 (C)標準模式 (D)閱讀檢視。

自我評量

✦實作題

1. 開啓「PowerPoint→Example01→課程說明.pptx」檔案，進行以下設定。
   - 將「計算機概論課程.docx」文件內的大綱文字插入於簡報中。
   - 將佈景主題色彩更換爲「藍色II」。
   - 加入投影片編號，並將編號字型大小設定爲18級。
   - 將簡報內的標題文字的字型大小皆設定爲54級、粗體。
   - 將項目符號更改爲「●」，字高設定爲100%。
   - 將階層1段落文字字型大小設定爲24級、粗體；行距設定爲1.5倍行高。

2. 開啓「PowerPoint→Example01→腸胃保健.pptx」檔案，進行以下的設定。
   - 將簡報中的「新細明體」替換成「微軟正黑體」。
   - 將第1張投影片的標題文字的字型大小設定爲「60、粗體」。
   - 將第3張投影片移至第4張之後。
   - 將「從善如流的消化之道」投影片中的項目符號，更改爲「一.」編號，編號大小爲「90%」。

自我評量

- 在最後加入1張「章節標題」投影片，並加入「為您好大藥廠 · 關心您」標題文字、「謝謝」副標題文字，文字格式自行設定。
- 將投影片切換方式設定為「漣漪」效果，按滑鼠換頁。

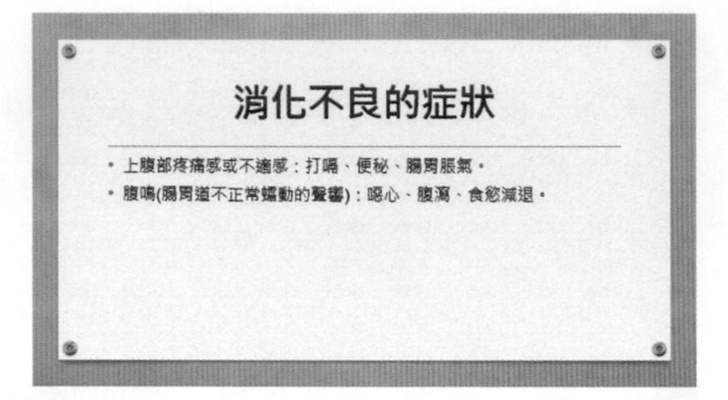

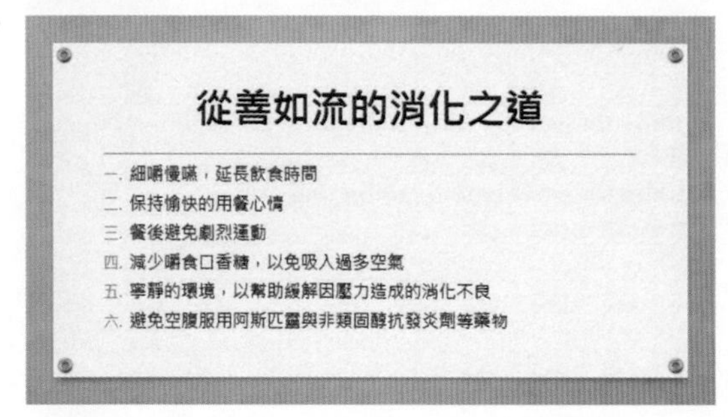

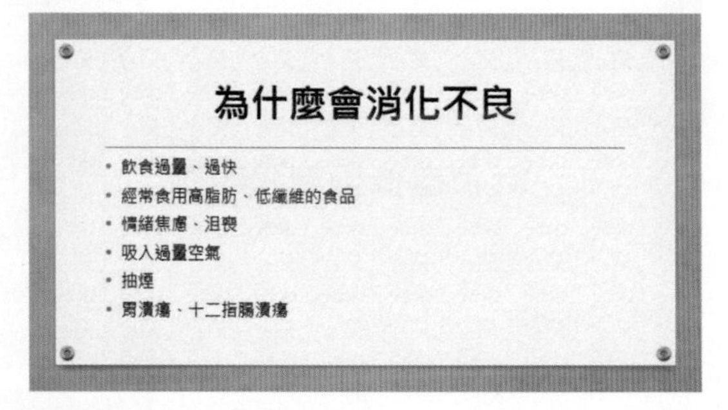

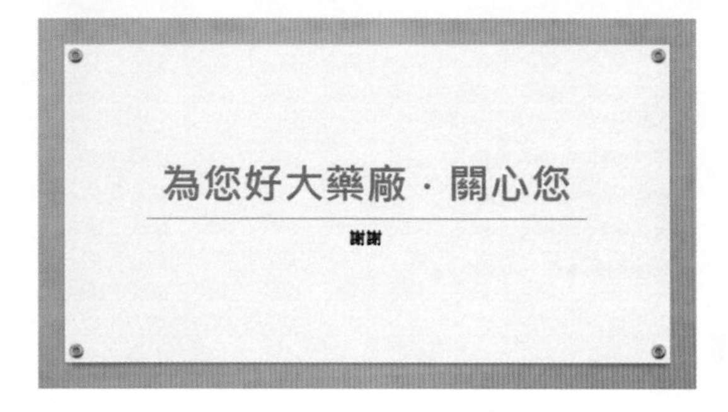

02 旅遊宣傳簡報

Example

✪ 學習目標

使用圖案製作選單、加入音訊及視訊、加入網站上的視訊、SmartArt圖形的使用、螢幕擷取畫面、超連結的設定、幫物件加上動畫效果、將簡報匯出為視訊檔

✪ 範例檔案

PowerPoint→Example02→旅行臺灣.pptx

PowerPoint→Example02→豐年祭.mov

✪ 結果檔案

PowerPoint→Example02→旅行臺灣-OK.pptx

PowerPoint→Example02→旅行臺灣.mp4

在「旅遊宣傳簡報」範例中，將利用PowerPoint所提供的各種圖例及多媒體功能，製作一份動態的簡報。

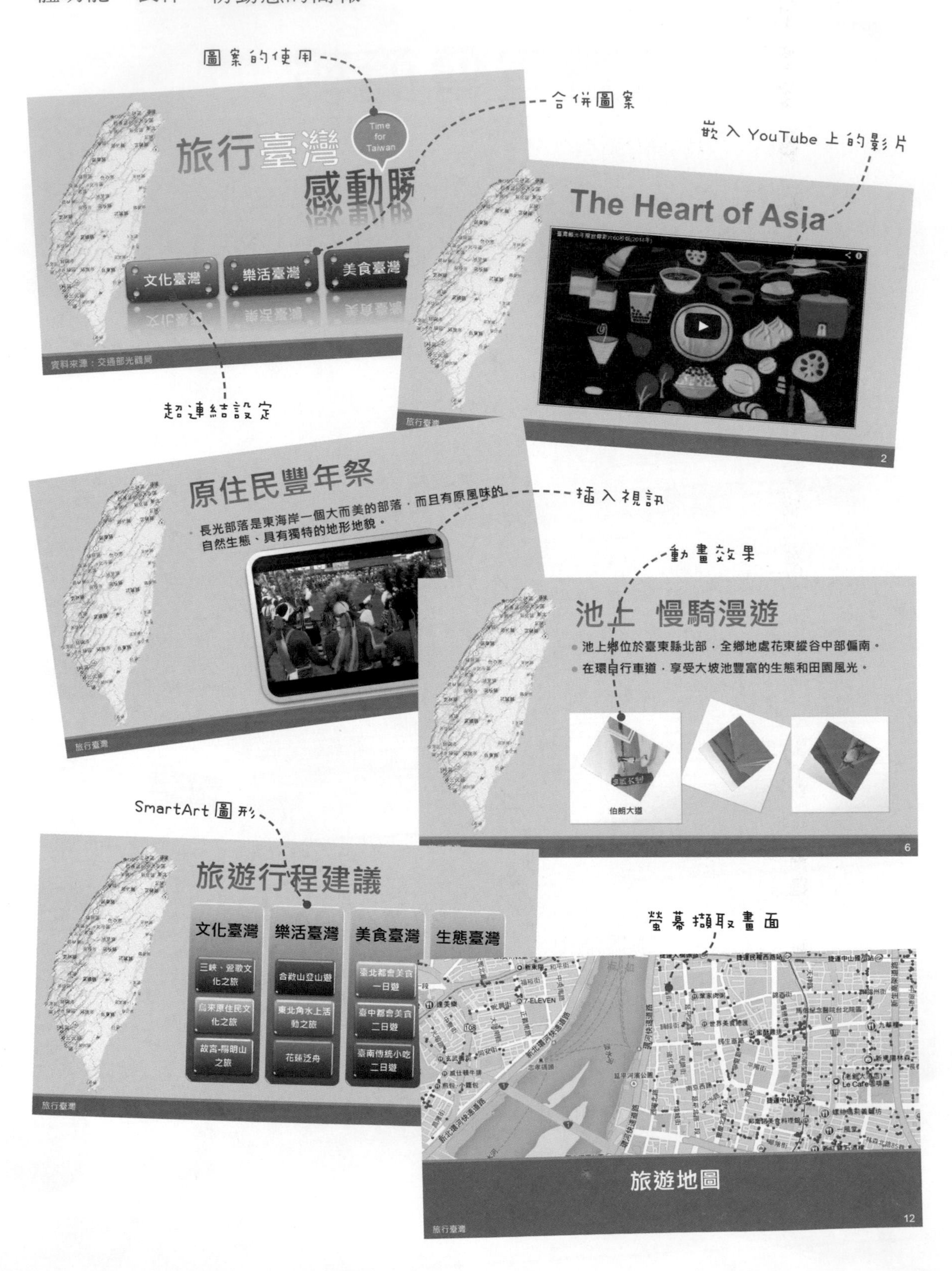

2-1 使用圖案增加視覺效果

利用PowerPoint所內建的各種圖案可以增加投影片的視覺效果，這節就來學習圖案的使用方法吧！

插入內建的圖案並加入文字

PowerPoint提供了各式各樣的圖案，像是矩形、圓形、箭號、線條、流程圖、方程式圖案、星星及綵帶、圖說文字等，在製作簡報時可以依據需求加入相關的圖案，以增加投影片的視覺效果。在範例中要於第1張投影片，加入一個「橢圓形圖說文字」圖案，並於圖案中輸入文字，再進行圖案樣式的設定。

01 進入第1張投影片，按下**「常用→繪圖→圖案」**按鈕，或是**「插入→圖例→圖案」**按鈕，於選單中點選要加入的圖案。

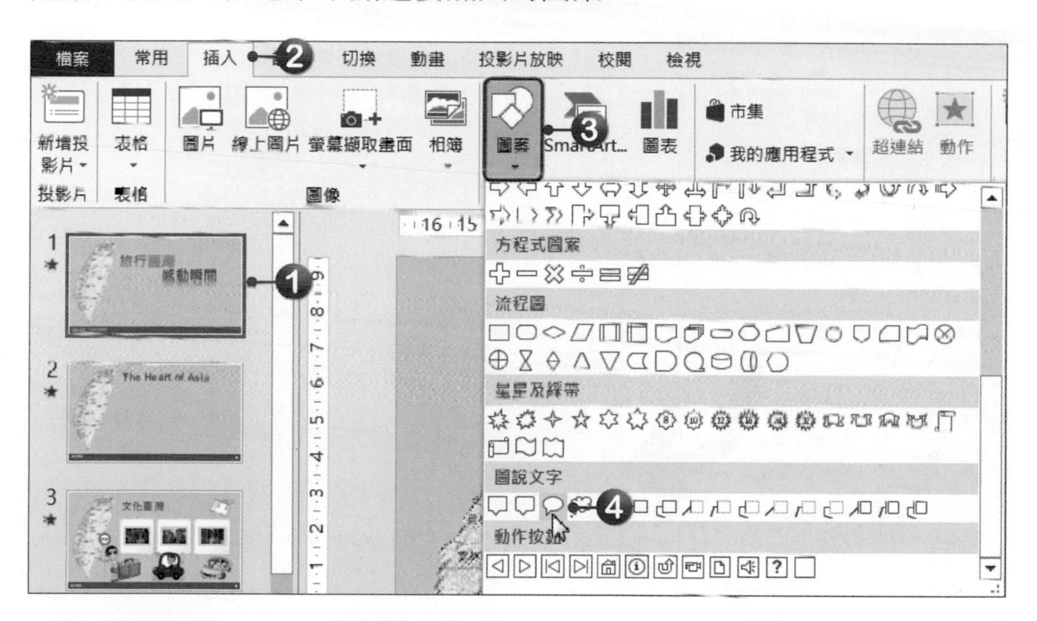

02 選擇好圖案後，此時滑鼠游標會呈「十」狀態，接著按著**滑鼠左鍵**不放並拖曳出一個適當大小的圖案。

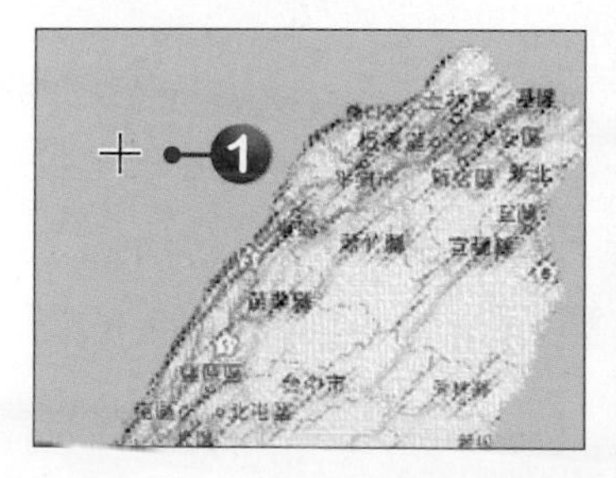

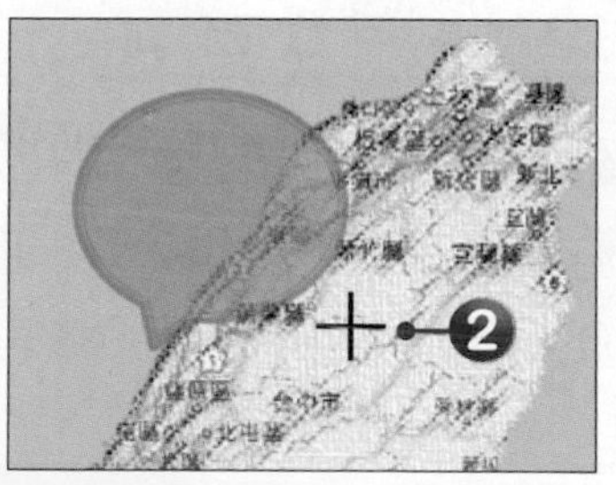

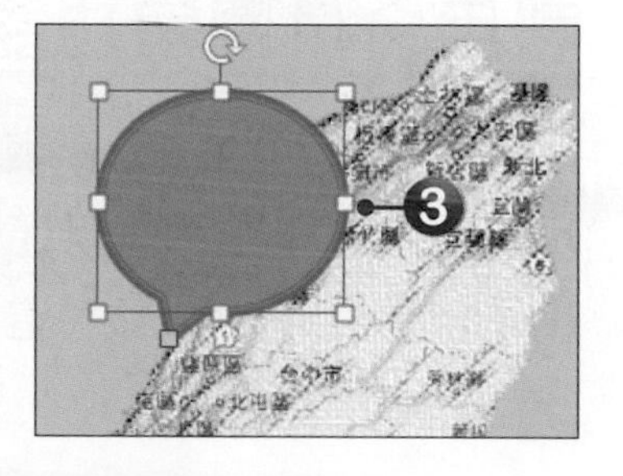

03 圖案建立好後，將滑鼠游標移至「▫」控制點上，再按著**滑鼠左鍵**不放並拖曳滑鼠，調整圖案的外觀。

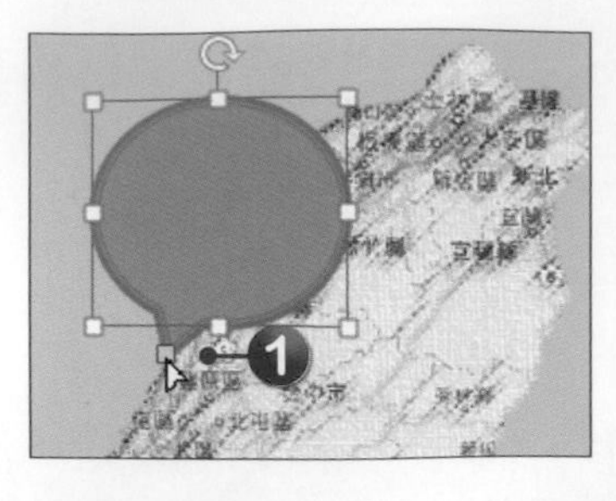
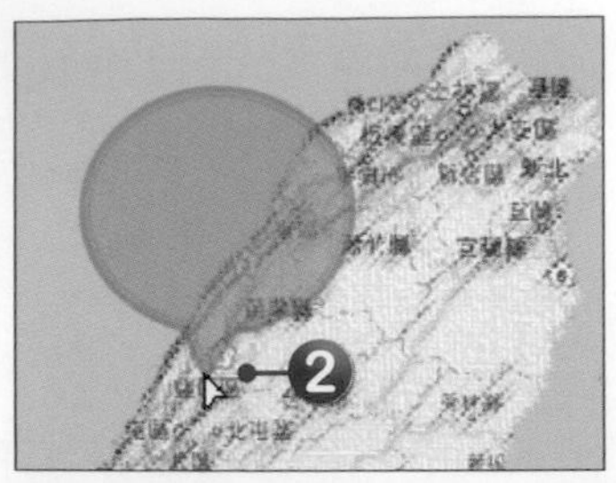
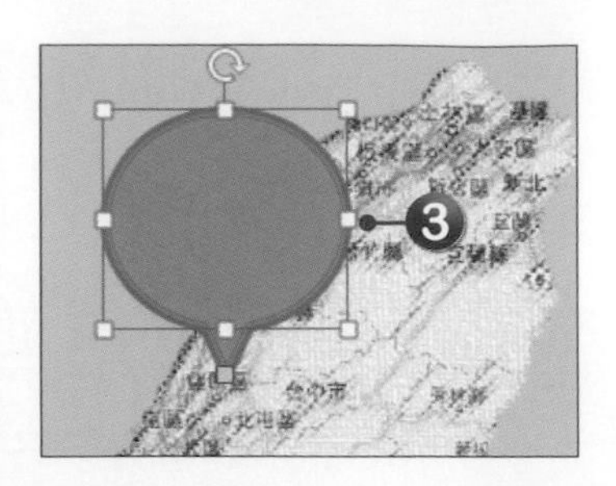

繪製好圖案後，可隨時利用圖案的控制點重新調整大小，若要等比例調整時，先按著**Shift**鍵不放，再將滑鼠游標移至控制點上並拖曳控制點，即可等比例調整。

04 圖案建立好後，在圖案上按下**滑鼠右鍵**，於選單中點選**編輯文字**，點選後，圖案就會產生插入點，接著便可輸入文字。

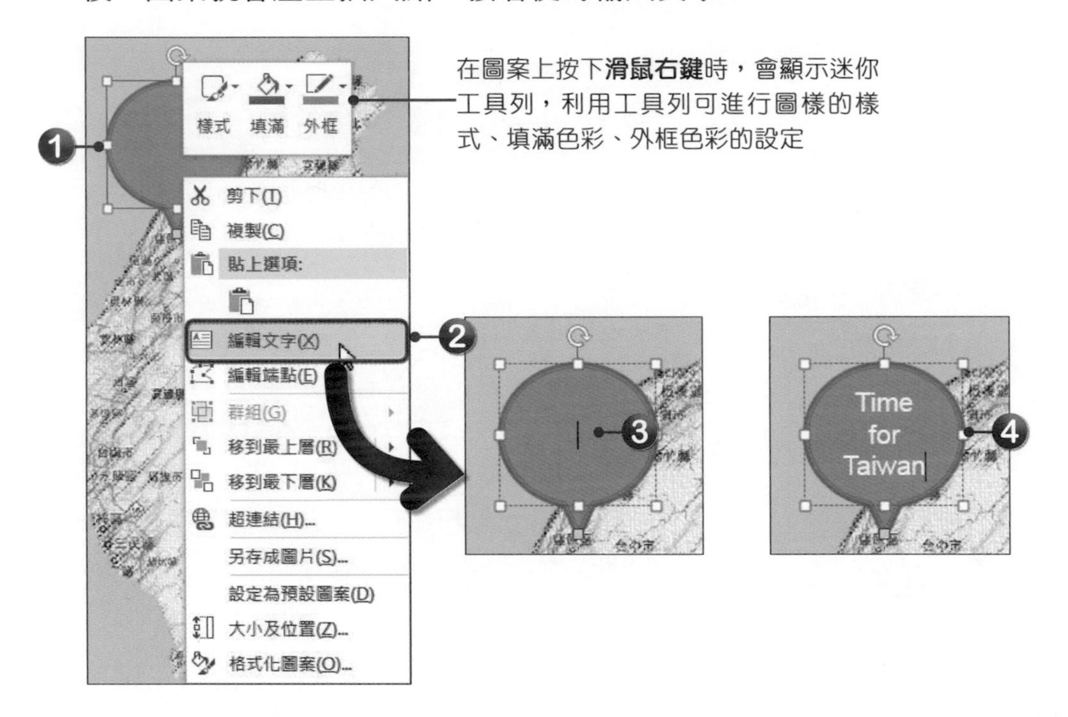

利用合併圖案功能製作牌子圖案

除了使用內建的圖案外，還可以自創基本圖形，只要使用**合併圖案**功能，即可達成。合併圖案提供了聯集、合併、分割、交集、減去等方式來合併圖案，以創造出更多變的圖形。這此範例中要利用合併圖案製作出具有牌子效果的圖案。

01 進入第1張投影片，按下**「插入→圖例→圖案」**按鈕，於選單中點選**圓角矩形**圖案。

02 選擇好圖案後，按著**滑鼠左鍵**不放並拖曳出一個適當大小的圖案。

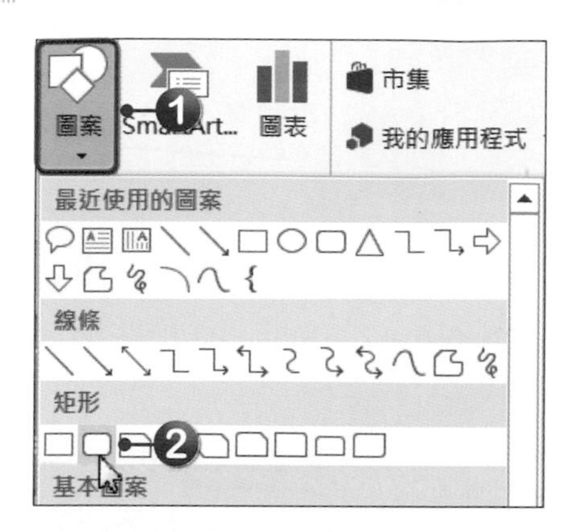

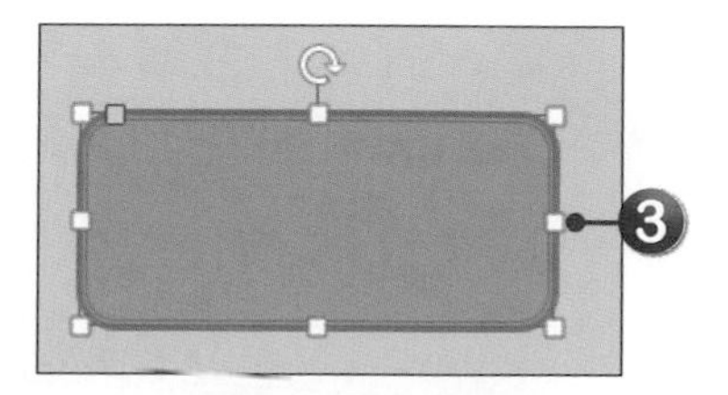

03 按下**「插入→圖例→圖案」**按鈕，於選單中點選**橢圓**圖案，先按著**Shift**鍵不放，再按著**滑鼠左鍵**不放並拖曳出一個圓形圖案。

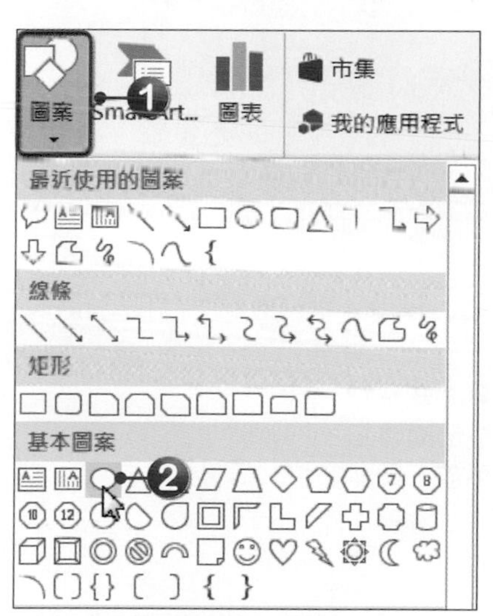

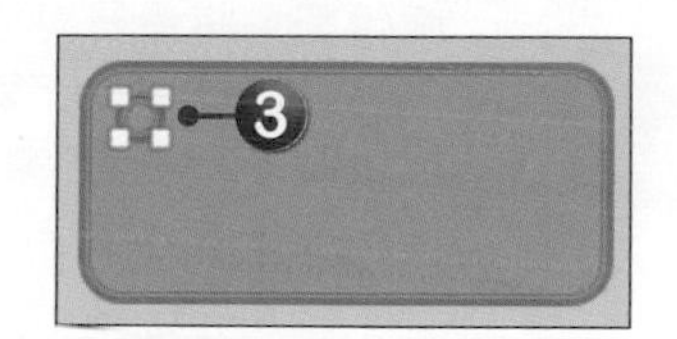

04 第一個圓形圖案繪製完後，選取該圖案，再按著**Ctrl**鍵不放，並往右拖曳滑鼠，即可複製一個相同的圖案，利用相同方式，再複製出二個圖案。

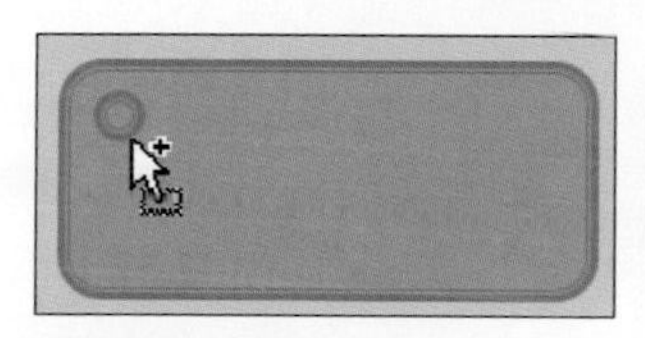

❶ 選取要複製的圖案，再按Ctrl鍵不放

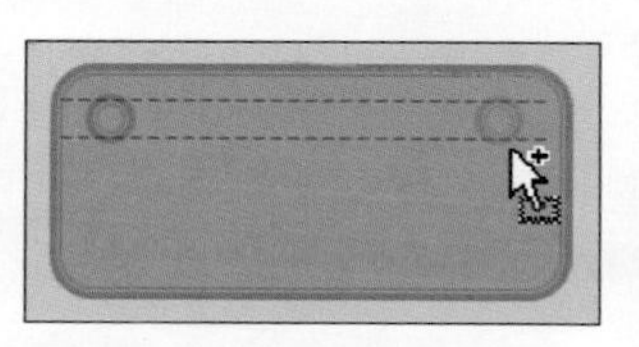

❷ 拖曳圖案到右邊位置，放掉滑鼠左鍵，即可完成複製的動作

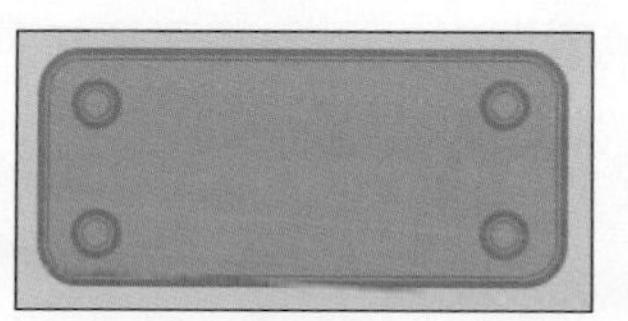

❸ 利用相同方式，複製出其他二個圖案

05 所有圖案都繪製完成後，將滑鼠游標移至選取處，按下**滑鼠左鍵**不放並拖曳出要選取圖案的範圍，在範圍內的圖案就都會被選取。

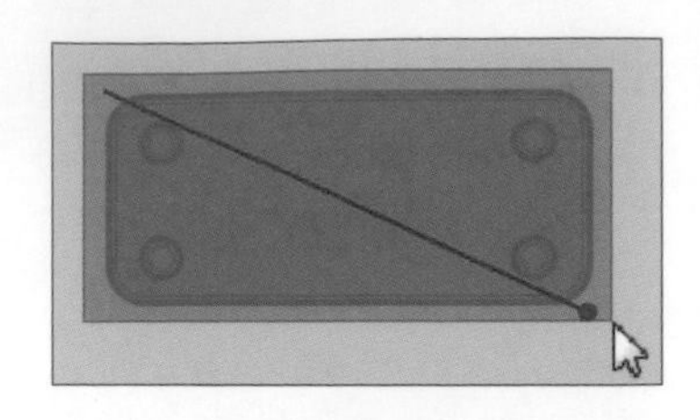

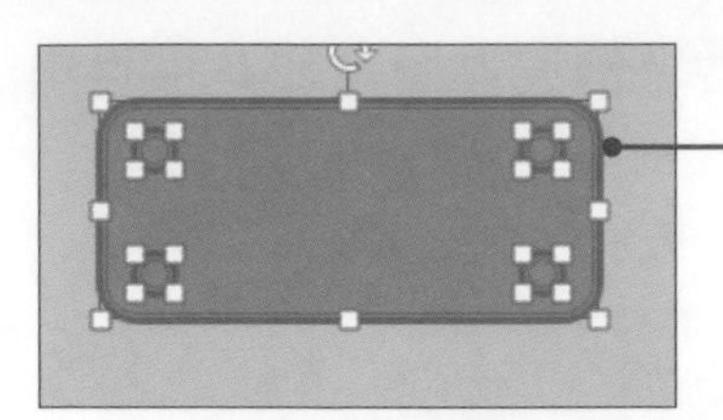

也可以利用Shift鍵來進行選取多個物件的動作。先點選第一個物件，再按下Shift鍵不放，接著一一點選要選取的物件

06 所有圖案都選取後，按下**「繪圖工具→格式→插入圖案→合併圖案」**按鈕，於選單中點選**合併**，被選取的圖案就會合併爲一個，而在矩形圖案上的圓形圖案會呈現鏤空的狀態。

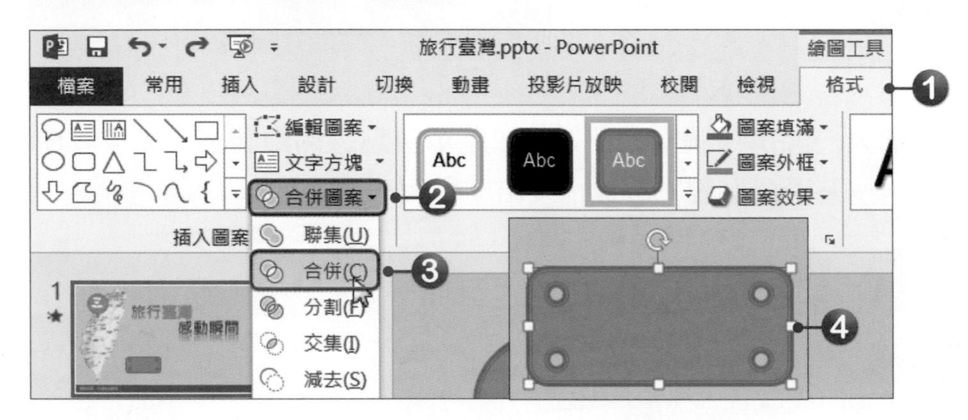

07 圖案製作好後，加入相關文字，並將文字大小設定爲28級、粗體樣式。

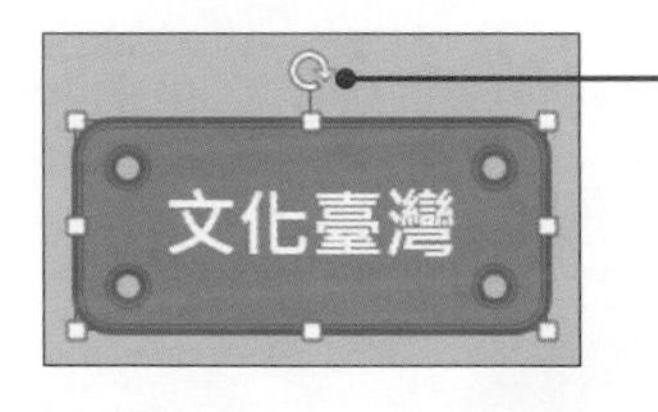

當點選圖案時，在圖案上會看到旋轉鈕，將滑鼠游標移至旋轉鈕上，再按著滑鼠左鍵不放，即可往右或往左旋轉圖案

智慧型指南

在拖曳或複製物件時，預設下會顯示「智慧型指南」幫助我們在調整物件位置時，能快速地對齊物件。若並未顯示智慧型指南時，可以在投影片空白處按下**滑鼠右鍵**，於選單中看看**「智慧型指南」**選項是否有勾選。

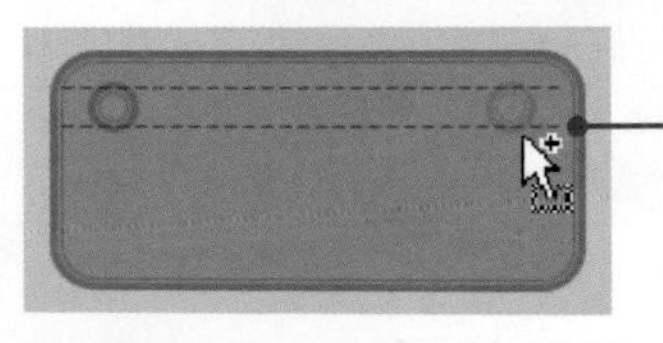

在拖曳物件時，會自動顯示一條對齊的虛線，方便我們進行對齊，這就是「智慧型指南」

除了使用智慧型指南來對齊物件外，還可以使用**「繪圖工具→格式→排列→對齊」**按鈕，在選單中提供了許多對齊的方式及均分方式，可以讓物件一一排列整齊。

群組的設定

在繪製了許多的圖案以後，若要進行搬移、複製等動作時，一個圖案一個圖案的進行實在太麻煩了，這個時候就可以利用「**繪圖工具→格式→排列→群組**」按鈕，將多個圖案群組成一個物件。

將圖案群組起來後，即可進行大小的調整、複製及搬移的動作，不過這裡要說明的是，進行調整時，在群組中的圖案都會跟著被調整。

幫圖案加上樣式、陰影及反射效果

在投影片中建立好圖案後，接著將進行圖案樣式的設定。

01 選取**橢圓形圖說文字**圖案，按下「**繪圖工具→格式→圖案樣式→**▼」按鈕，於選單中點選要使用的樣式。

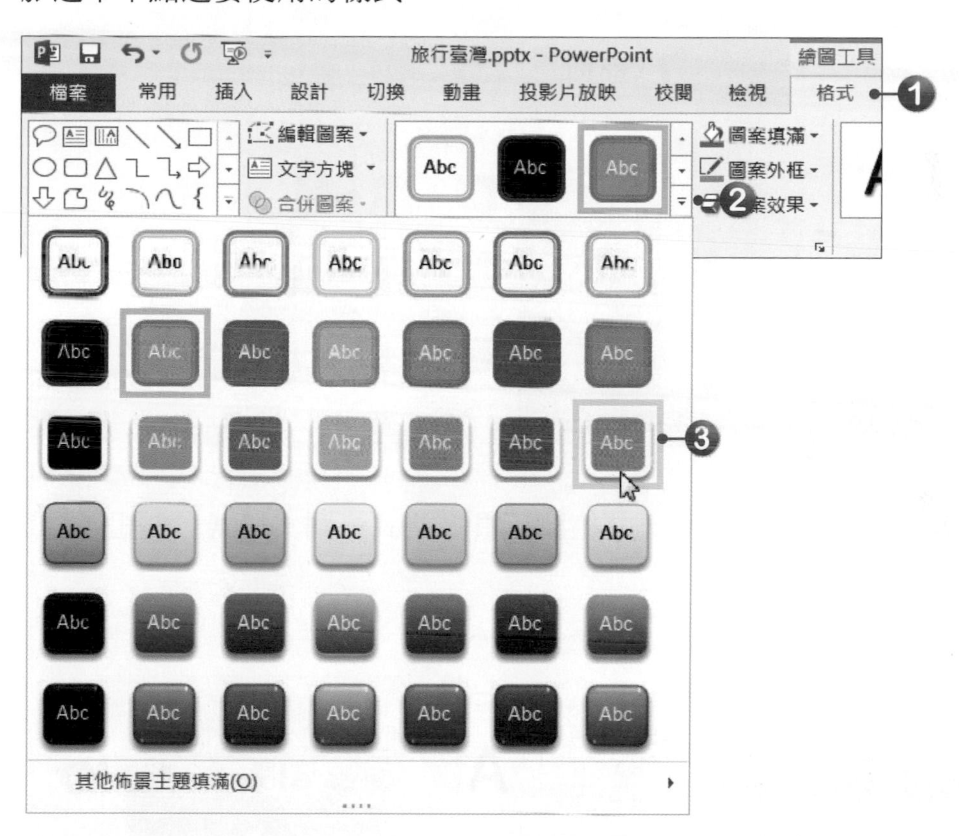

若想要自行設定圖案的填滿色彩、外框色彩及樣式時，可以按下**圖案樣式**群組中的**圖案填滿**及**圖案外框**功能來設定。

02 按下「**繪圖工具→格式→圖案樣式→圖案效果→陰影**」按鈕，於選單中點選要使用的陰影。

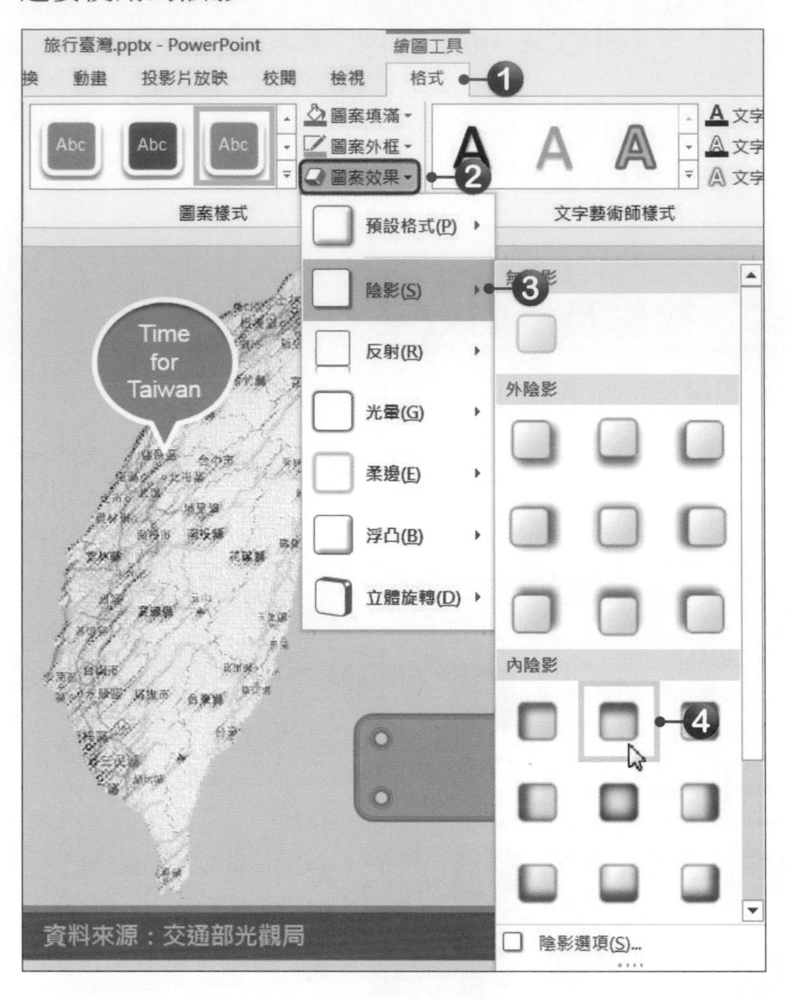

03 接著選取牌子圖案，進入「**繪圖工具→格式→圖案樣式**」群組，於選單中點選要使用的樣式。

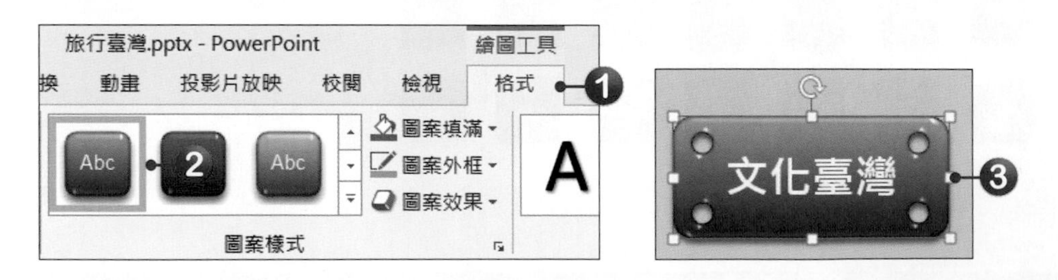

04 第1個牌子樣式設定完後，請複製出3個相同圖案，再分別將圖案更換為不同的樣式。

05 接著選取4個牌子圖案，按下**「繪圖工具→格式→圖案樣式→圖案效果→反射」**按鈕，於選單中點選要使用的反射效果。

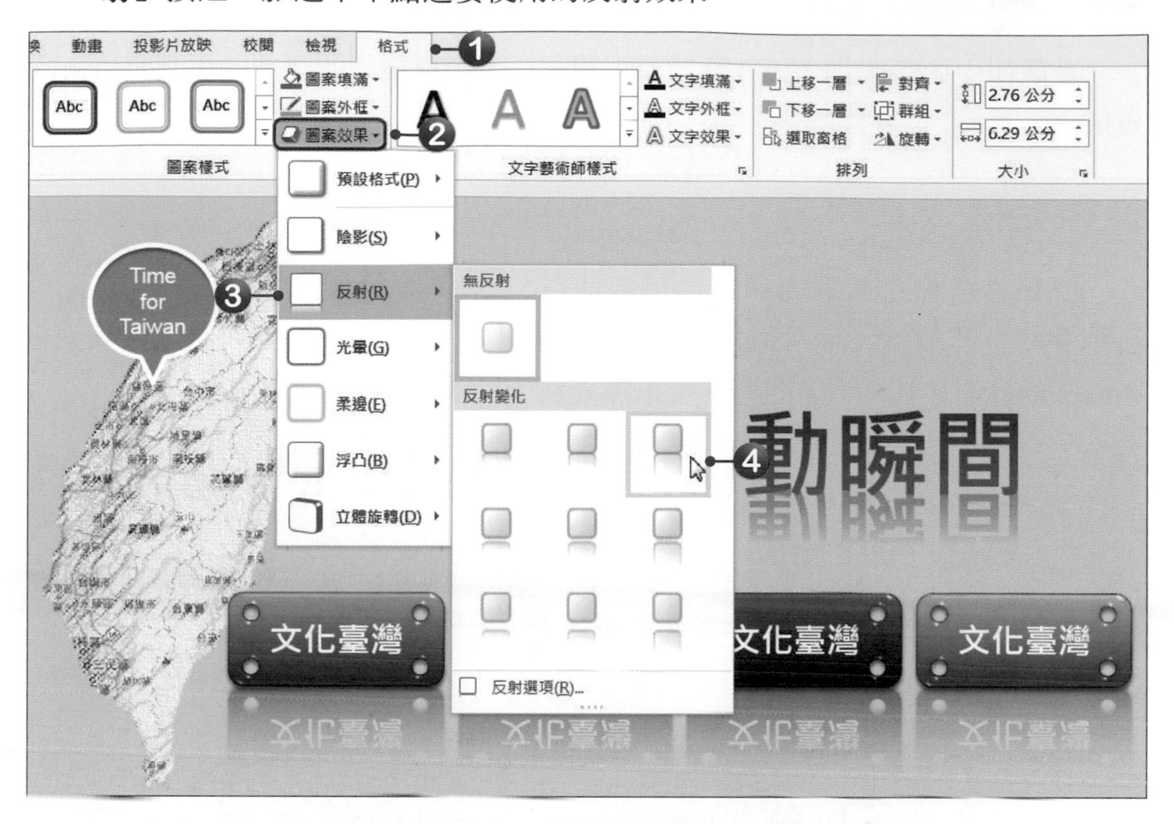

06 圖案效果都設定好後，最後再一一更改圖案內的文字。

設定為預設圖案

當圖案格式都設定好後，若之後要建立的圖案都要使用相同格式時，可以在圖案上按下**滑鼠右鍵**，於選單中點選**設定為預設圖案**。

2-2 在投影片中加入音訊與視訊

在簡報中適時的加入一些音效或相關影片，可以讓簡報播放時達到吸引人的效果。

從線上插入音訊

要在投影片中加入音訊時，可以使用Microsoft提供的線上音訊，或是自己準備的音訊檔案。而可以加入的音訊格式有：**aiff**、**au**、**midi**、**mp3**、**wav**、**wma**、**mp4**等。在加入音訊時，可以加入到母片或是各張投影片中。

01 進入第1張投影片中，按下**「插入→多媒體→音訊→線上音訊」**按鈕，開啟「插入音訊」視窗。

02 在搜尋欄位中輸入**「音樂」**關鍵字，按下**搜尋**按鈕，即可搜尋出相關的音訊檔案，接著點選要插入的音訊檔案，再按下**插入**按鈕。

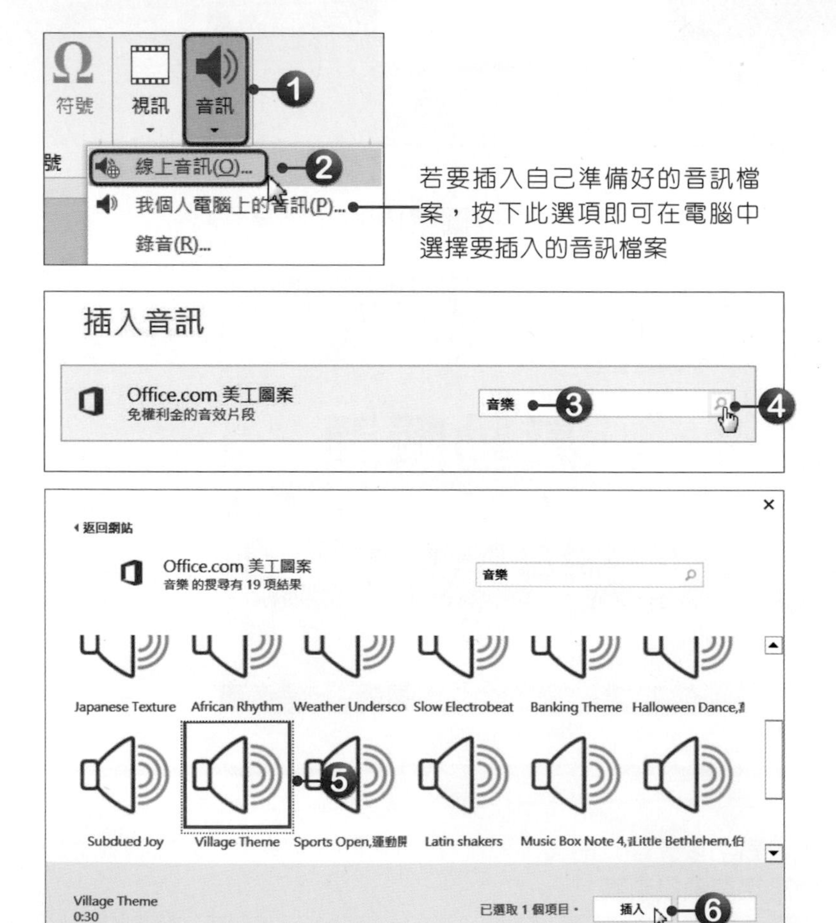

03 回到投影片後，就會多一個音訊的圖示及播放列，利用此播放列即可試聽音訊的內容。

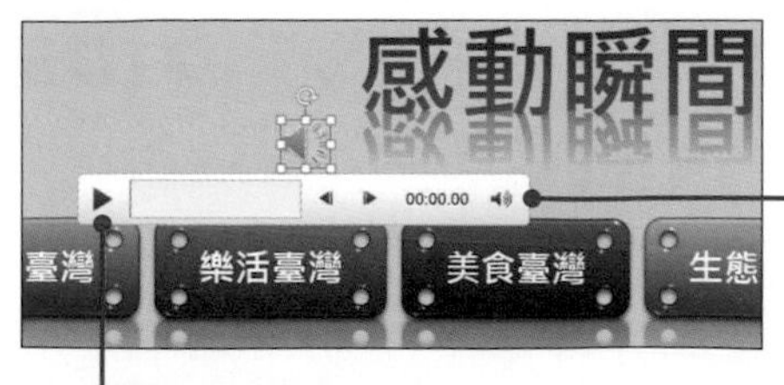

在預設下插入的音訊會置於投影片的正中央，我們可以任意的搬移該音訊圖示到想要放置的位置

按下**播放**按鈕或**Alt+P**快速鍵，即可播放該音訊檔案

若要刪除投影片中的音訊時，直接點選音訊圖示，再按下**Delete**鍵即可。

音訊的設定

將音訊檔案加入投影片後，可以設定該音訊的音量、何時播放、是否循環播放等基本項目。

設定播放方式

要設定音訊的播放方式時，先選取音訊物件，進入**「音訊工具→播放→音訊選項」**群組中，即可進行音量、播放方式等設定。

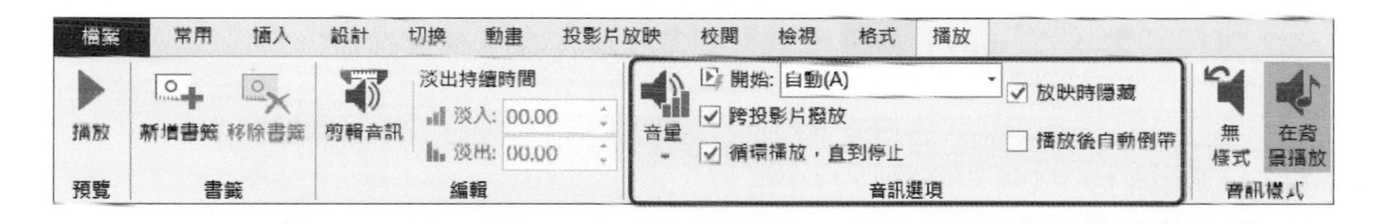

- **音量：**可以設定音訊在播放時的音量，有低、中、高、靜音等選項可以選擇。
- **開始：**按下開始選單鈕，可以從選單中選擇音訊要播放的方式，有**自動**及**按一下**等選項可以選擇，若選擇自動，在播放投影片時音訊就會自動跟著播放；若選擇按一下，在播放投影片時，要按一下滑鼠左鍵，才會播放音訊。
- **跨投影片播放：**若插入的音訊時間較長，當切換到下一張投影片時，音訊仍會繼續播放。
- **循環播放，直到停止：**音訊會一直播放，直到離開該張投影片。
- **放映時隱藏：**在放映投影片時，會自動隱藏音訊圖示。
- **播放後自動倒帶：**當音訊播放完後，會再重頭開始播放。

淡入淡出的設定

音訊在播放時，可以設定讓音訊在開始播放時從小聲慢慢轉爲正常音量，而在結束時從正常音量慢慢轉爲小聲，這樣的效果可以使用「淡入」及「淡出」進行設定，不過，從線上插入的音訊無法進行淡入淡出設定。

選取音訊圖示，進入**「音訊工具→播放→編輯」**群組中，在淡入及淡出欄位中，即可輸入要設定的時間。

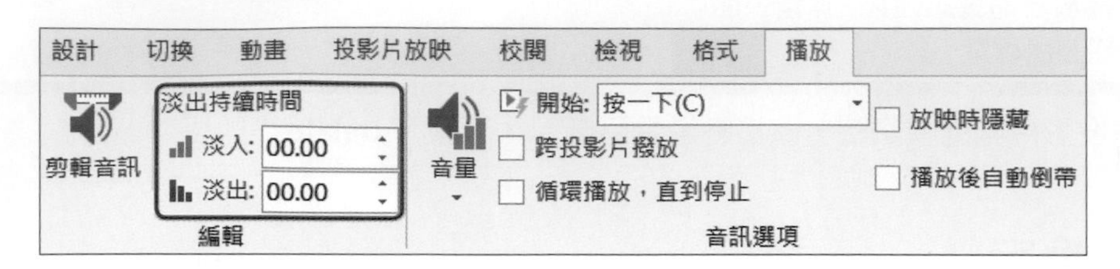

從電腦中插入視訊檔案

在簡報中可以加入的視訊格式有：asf、mov、mpg、swf、avi、wmv、mp4、3gp等，在此範例中要加入一個mov格式的視訊檔。

01 進入第4張投影片中，按下**「插入→多媒體→視訊→我個人電腦上的視訊」**按鈕，開啓「插入視訊」對話方塊。

02 選擇**「豐年祭.mov」**視訊檔案，選擇好後，按下**插入**按鈕。

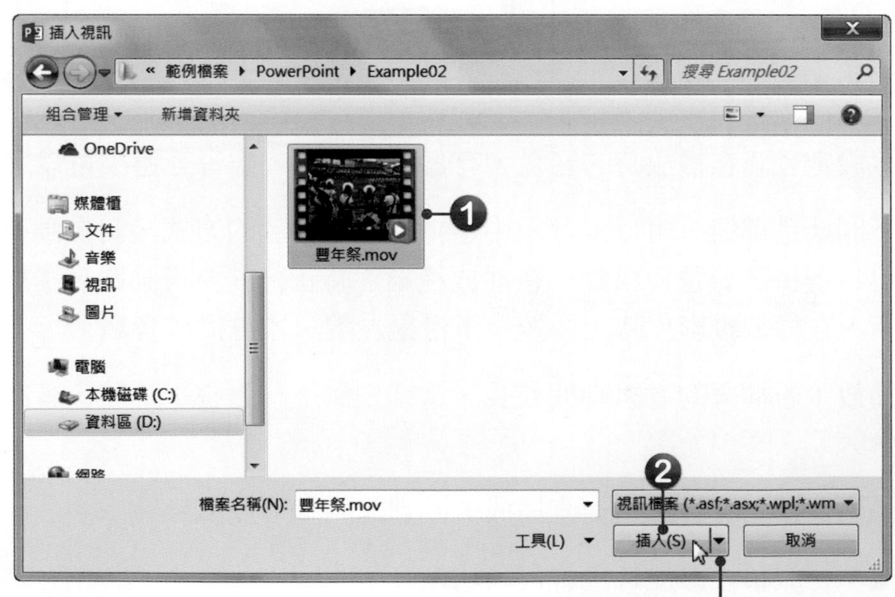

插入影片時，可以按下插入選單鈕，選擇要插入的方式，預設下是以嵌入方式插入影片

03 在投影片中就會多一個影片及播放列，此時可將影片調整至適當的位置，若要觀看影片，可以按下播放列上的**播放**按鈕，觀看視訊內容。

若要調整視訊的大小時，只要將滑鼠游標移至視訊物件左上角的控制點，再按著滑鼠左鍵不放並拖曳滑鼠，即可調整視訊大小

04 視訊與音訊一樣，可以進行播放的設定，進入「**視訊工具→播放→視訊選項**」群組中，按下**開始**選單鈕，點選**自動**，讓放映投影片時自動播放該影片；在**編輯**群組中，則可以設定淡入及淡出時間。

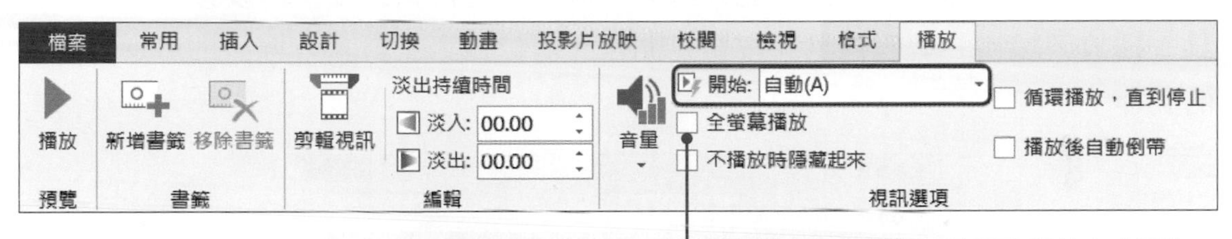

播放視訊時，勾選**全螢幕播放**選項可以將影片以全螢幕方式播放

設定視訊的起始畫面

通常插入視訊時，視訊的起始畫面會直接顯示為影格的第一個畫面，若要修改時，可以使用**海報圖文框**來設定起始畫面。

01 進入第4張投影片中，選取視訊物件，利用播放鈕或是時間軸，將畫面調整至要作為起始畫面的位置。

直接在時間軸上調整影片的播放位置

02 起始畫面的位置設定好後，按下**「視訊工具→格式→調整→海報圖文框→目前圖文框」**按鈕，即可將影片中的畫面，設定為起始畫面。

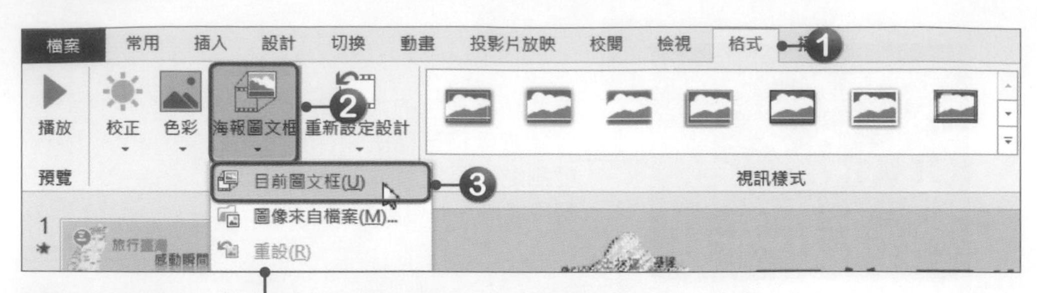

圖像來自檔案：可以選擇自己設計的圖片作為起始畫面
重設：可以清除之前所設定的起始畫面

視訊的剪輯

PowerPoint提供了剪輯功能，可以依需求修剪視訊長度，只要按下**「視訊工具→播放→編輯→剪輯視訊」**按鈕，開啟「剪輯視訊」對話方塊，即可進行剪輯的動作。

將滑鼠游標移至**綠色滑桿**上，並按下滑鼠左鍵不放向右拖曳，在綠色滑桿前的片段是被修剪掉的片段，也就是設定視訊開始播放的時間

將滑鼠游標移至**紅色滑桿**上，並按下滑鼠左鍵不放向左拖曳，在紅色滑桿後的片段是被修剪掉的片段，也就是設定視訊結束播放的時間

剪輯好後按下**播放**鈕，即可播放視訊內容

視訊樣式及格式的調整

在**「視訊工具→格式」**索引標籤中，可以調整視訊的色彩、校正視訊的亮度及對比，還可以將視訊套用各種樣式，讓視訊外觀更爲活潑。

套用視訊樣式

要快速地改變視訊物件外觀時，可以直接套用PowerPoint所提供的視訊樣式，或是自行設定視訊邊框及效果。

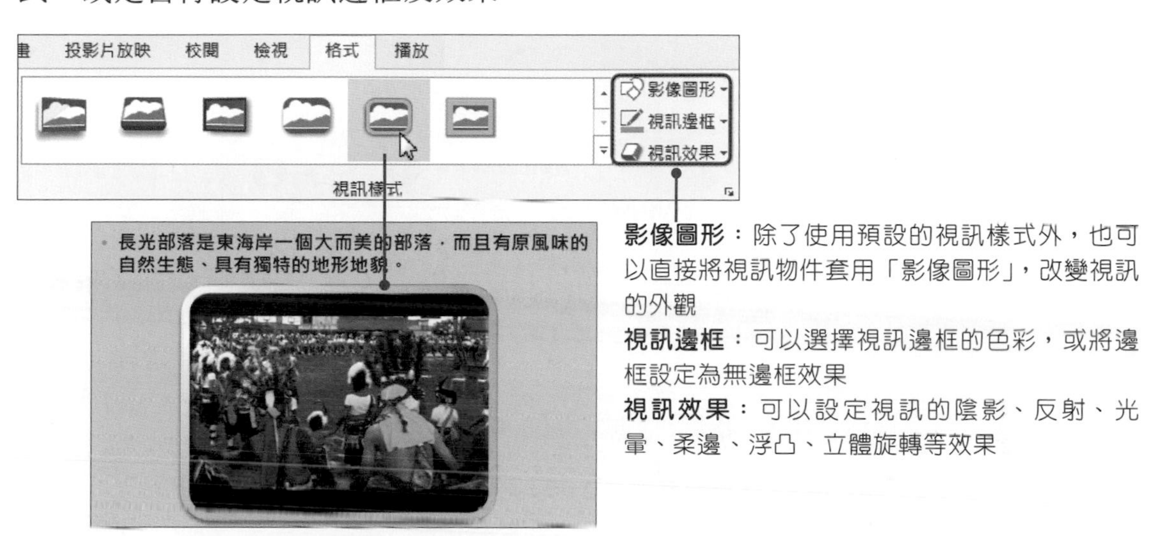

影像圖形：除了使用預設的視訊樣式外，也可以直接將視訊物件套用「影像圖形」，改變視訊的外觀

視訊邊框：可以選擇視訊邊框的色彩，或將邊框設定為無邊框效果

視訊效果：可以設定視訊的陰影、反射、光暈、柔邊、浮凸、立體旋轉等效果

調整視訊的亮度、對比、色彩

若拍出來的影片太暗或太亮時，可以按下**「視訊工具→格式→調整→校正」**按鈕，改善視訊的亮度及對比；而按下**色彩**按鈕，可以替視訊重新著色，例如：灰階、深褐、黑白或是刷淡。

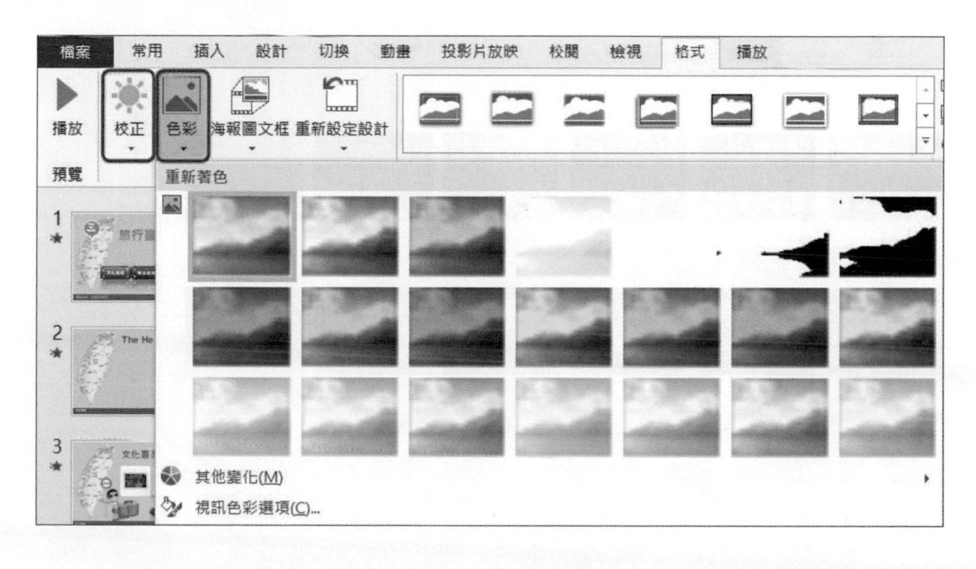

加入YouTube網站上的影片

除了在投影片中插入自己準備的視訊檔案外，也可以使用YouTube搜尋功能，搜尋出網路上的影片加入於投影片中。

01 進入第2張投影片，按下物件配置區中的按鈕，開啟「插入影片」視窗，於YouTube欄位中輸入臺灣觀光宣傳影片，輸入好後按下**搜尋**按鈕。

02 此時便會列出從YouTube上搜尋到的相關影片，將滑鼠游標移至影片上，於影片圖示右下角會出現圖示，按下即可預覽該影片內容。

03 接著點選要插入的影片，按下**插入**按鈕，將影片插入於投影片中。

04 影片插入後再調整影片的位置、大小及套用視訊樣式，讓影片更美觀。

05 影片格式都設定好後，可以按下**「視訊工具→播放→預覽→播放」**按鈕，播放投影片中的影片。

從網站上嵌入的影片無法進行自動播放的設定，所以當投影片在放映時，必須按下影片上的播放按鈕，影片才會開始播放

將網站上的視訊插入於簡報時，實際上PowerPoint只是連結至該視訊檔案再進行播放，而不是將視訊檔案嵌入於簡報中，所以在播放影片時，電腦必須是處於連線狀態。

從網站上插入的影片不會有「播放列」，所以在投影片中要預覽影片內容時，要使用**「視訊工具→播放→預覽→播放」**按鈕。除此之外，從網路上插入的影片無法進行全螢幕播放、循環播放、淡入淡出設定及剪輯的動作。

從影片內嵌程式碼插入影片

在投影片中要插入網路上的影片時，也可以直接使用「從影片內嵌程式碼」的方式，例如：在YouTube看到了想要嵌入的影片後，找到該影片的內嵌程式碼，再將程式碼複製到**「從影片內嵌程式碼」**欄位中即可。

分享　嵌入　電子郵件

<iframe width="560" height="315" src="//www.youtube.com/embed/wP1_cBOjSMo" frameborder="0" allowfullscreen></iframe>

影片大小：560 × 315

插入影片

YouTube
全球最大的視訊分享社群！
搜尋 YouTube

從影片內嵌程式碼
貼上內嵌程式碼，以從網站插入影片
<iframe width="560" height="31

若是在其他網站上看到要插入於投影片中的影片時，可以在該影片上按下**滑鼠右鍵**，於選單中點選**複製嵌入程式碼**，即可將該影片的嵌入程式碼複製起來，接著再將程式碼複製到「從影片內嵌程式碼」欄位中即可。

2-3 將條列式文字轉換爲SmartArt圖形

條列式文字有時用圖形來表達，會讓閱讀者更容易了解要表達的內容，而在PowerPoint中可以快速地將既有的條列式文字，轉換爲SmartArt圖形。當然，也可以自行建立SmartArt圖形，相關的說明可以參考Word篇的2-4節。

在範例中要將第11張投影片內的條列式文字轉換爲**群組清單**SmartArt圖形。

01 進入第11張投影片，選取要轉換的條列式文字，再按下**「常用→段落→轉換成SmartArt」**按鈕，於選單中點選**其他SmartArt圖形**。

02 開啓「選擇SmartArt圖形」對話方塊，點選**清單**類型，再於清單中點選**群組清單**，選擇好後按下**確定**按鈕，即可將選取的文字轉換爲SmartArt圖形。

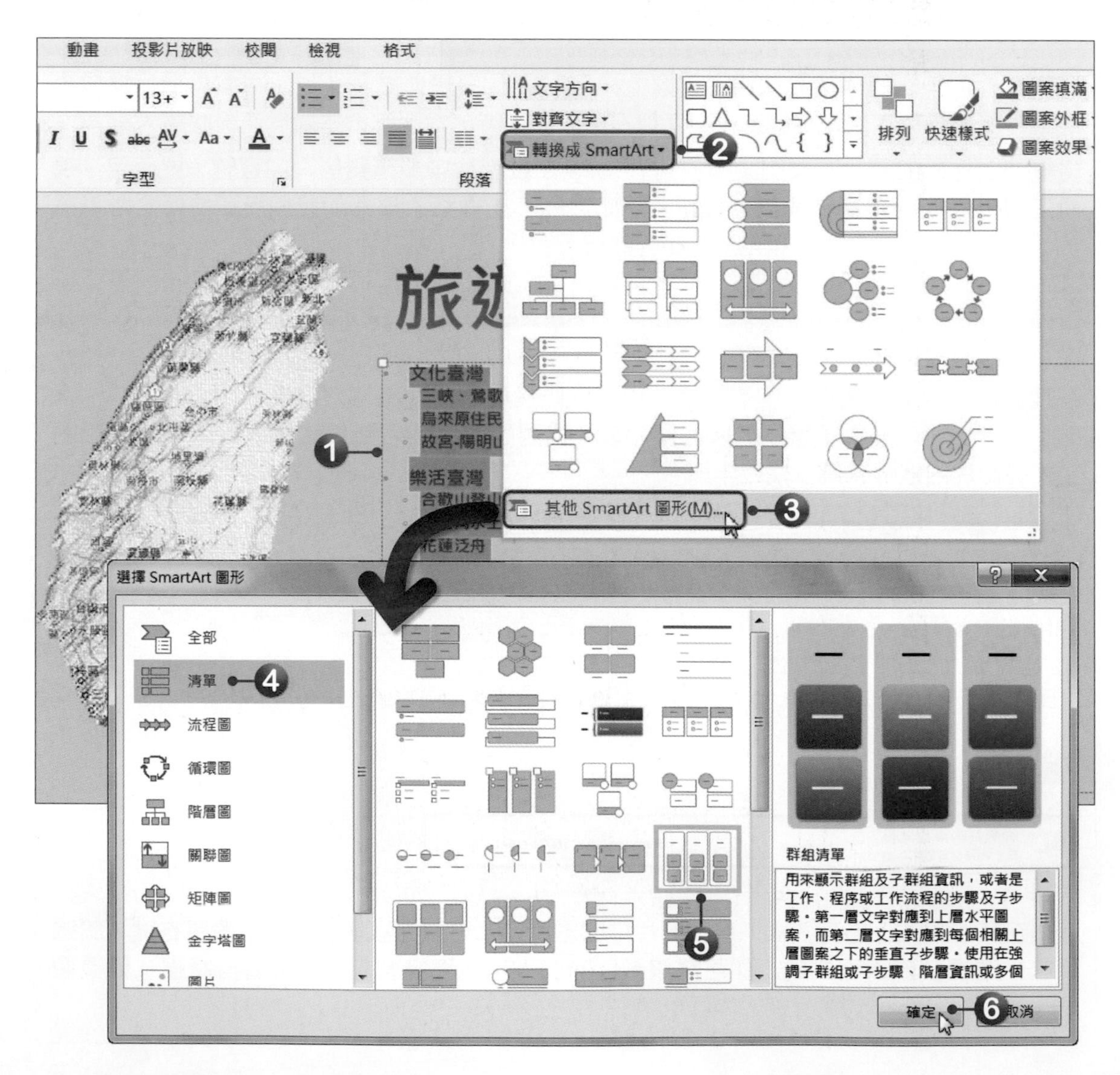

03 被選取的文字就會轉換爲SmartArt圖形。

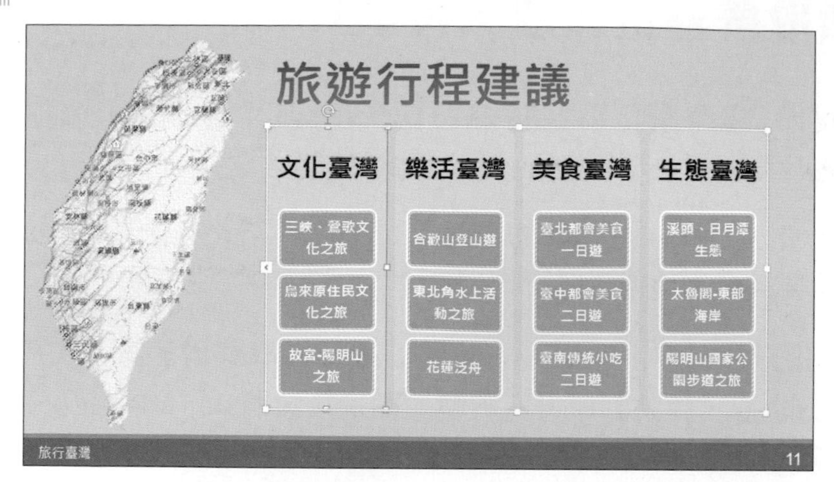

04 接著於「**SMARTART工具→設計→SmartArt樣式**」群組中，點選要套用的樣式；再按下**變更色彩**按鈕，選擇要使用的色彩組合，到這裡就完成了SmartArt 圖形的製作囉。

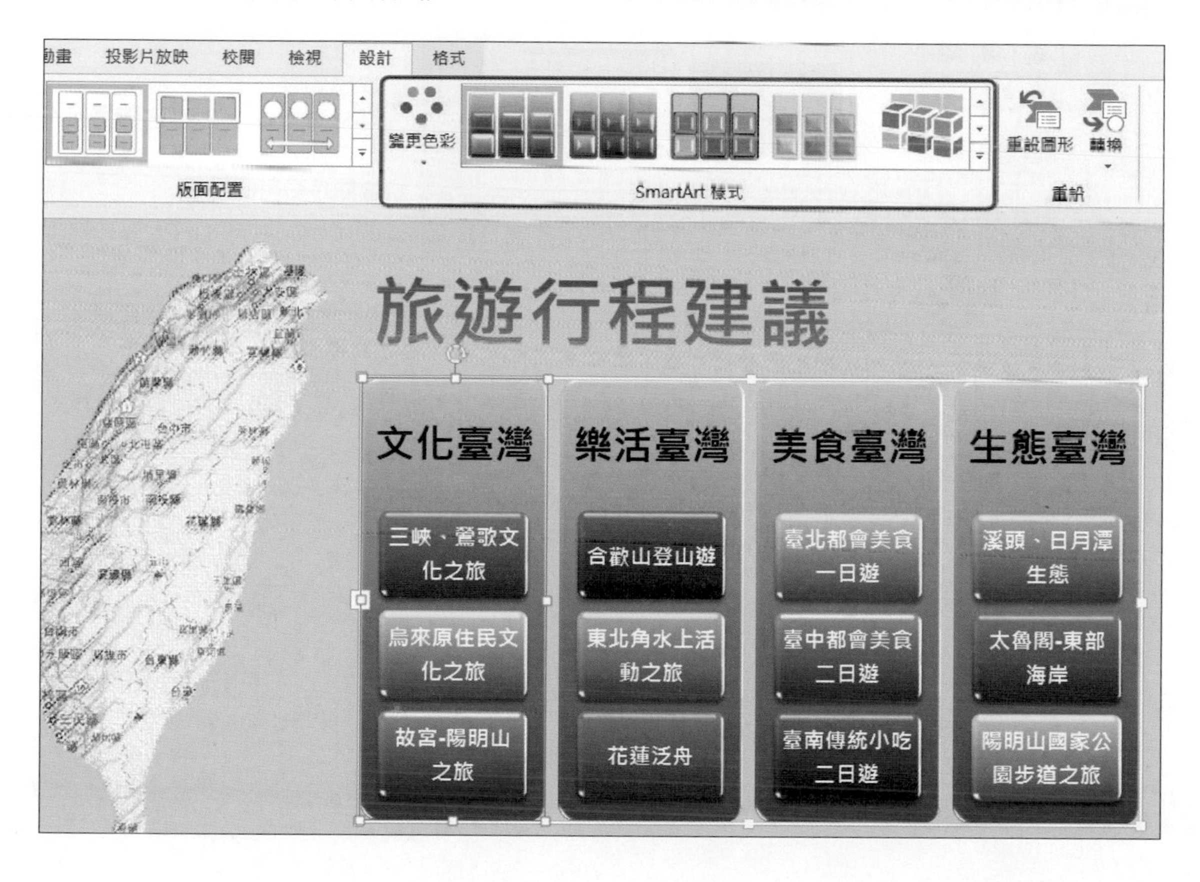

2-4 擷取螢幕畫面放入投影片

PowerPoint提供了**螢幕擷取畫面**功能，可以直接擷取螢幕上畫面，並自動加入目前編輯的投影片中，而此功能在Word及Excel中皆有提供。

在此範例中，要加入Google地圖的畫面，在擷取前，請先進入Google地圖網站，並搜尋出想要擷取的地理位置。

01 進入第12張投影片，按下**「插入→圖像→螢幕擷取畫面」**按鈕，因為我們要擷取部分畫面，故請點選**畫面剪輯**。點選後會將PowerPoint視窗最小化，整個螢幕畫面會刷淡呈現。

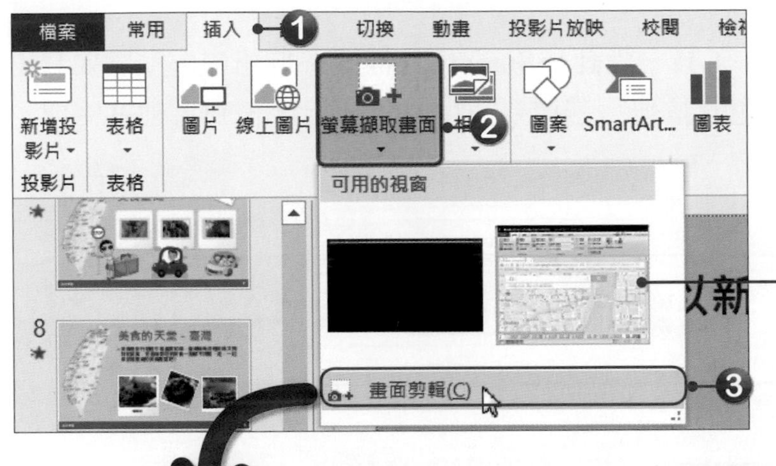

在可用的視窗中會顯示已開啟軟體的視窗畫面，直接點選即可將該視窗的整個畫面擷取。若未開啟任何視窗，這裡就不會顯示可用的視窗

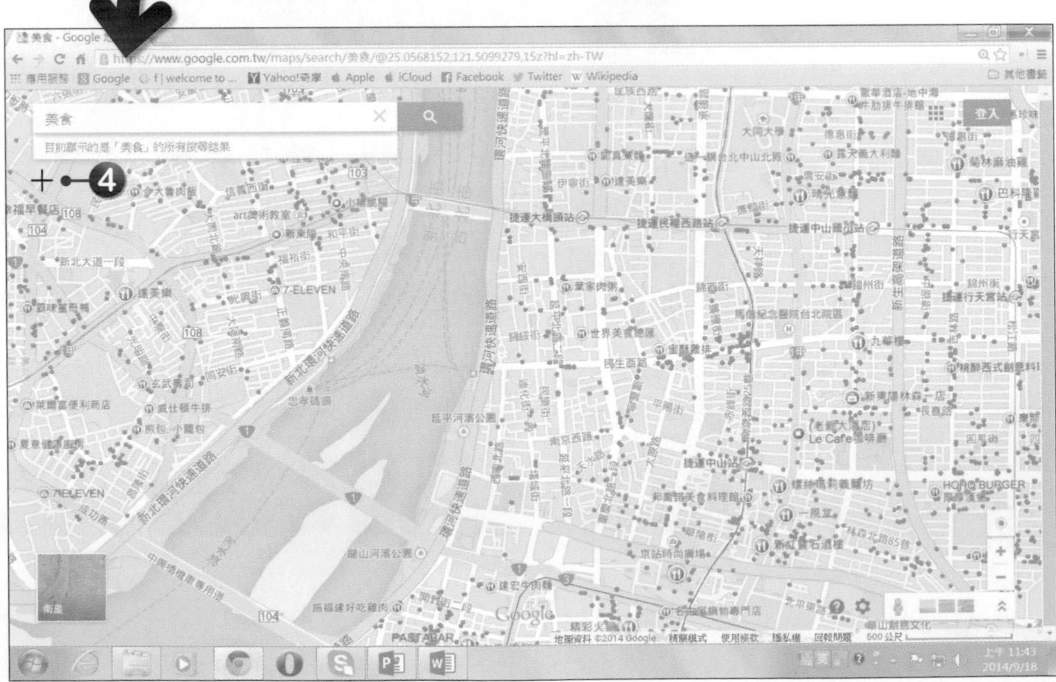

02 按下**滑鼠左鍵**不放並拖曳出想要擷取的範圍。

03 擷取完後，會再跳回PowerPoint視窗，圖片也會自動加入目前投影片的圖片配置區中。

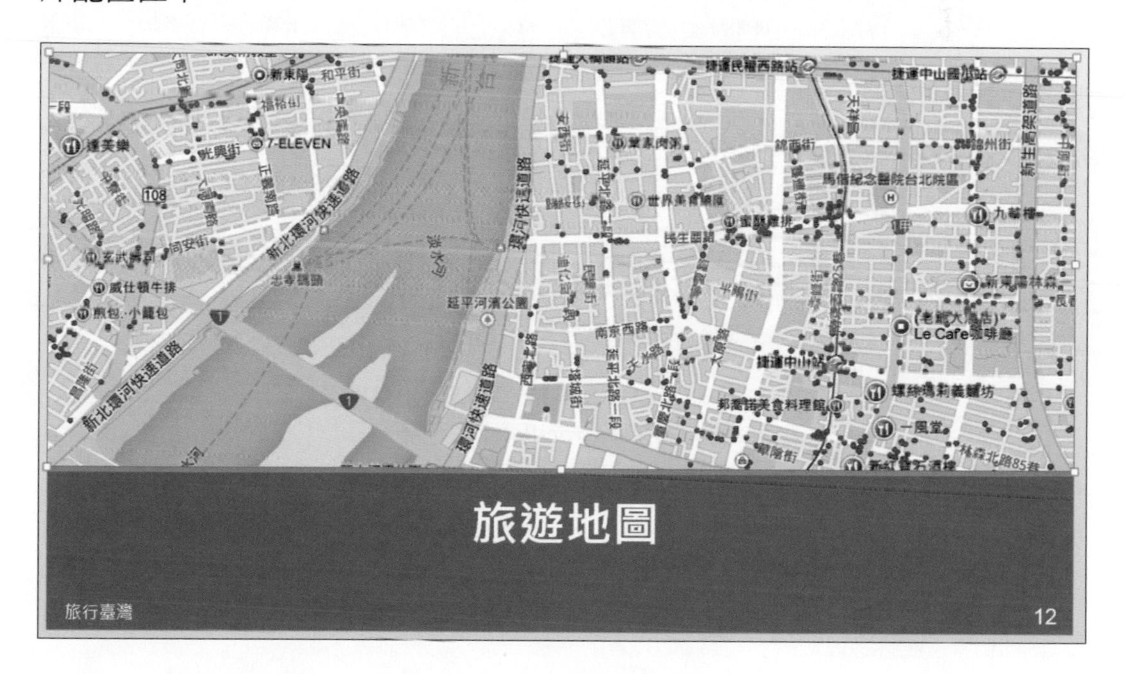

2-5 加入精彩的動畫效果

在PowerPoint中可以將各種物件，加入動畫效果，讓投影片內的物件動起來，並達到互動的效果。

幫物件加上動畫效果

在範例中要將第1張投影片的牌子圖案加上進入及強調動畫效果。

01 進入第1張投影片，選取要加入動畫效果的牌子圖案，按下**「動畫→動畫」**群組的▾按鈕，於選單中點選**進入效果**的**縮放**效果。

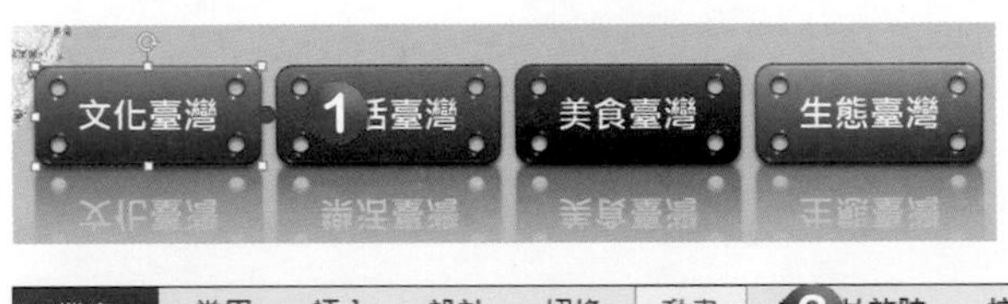

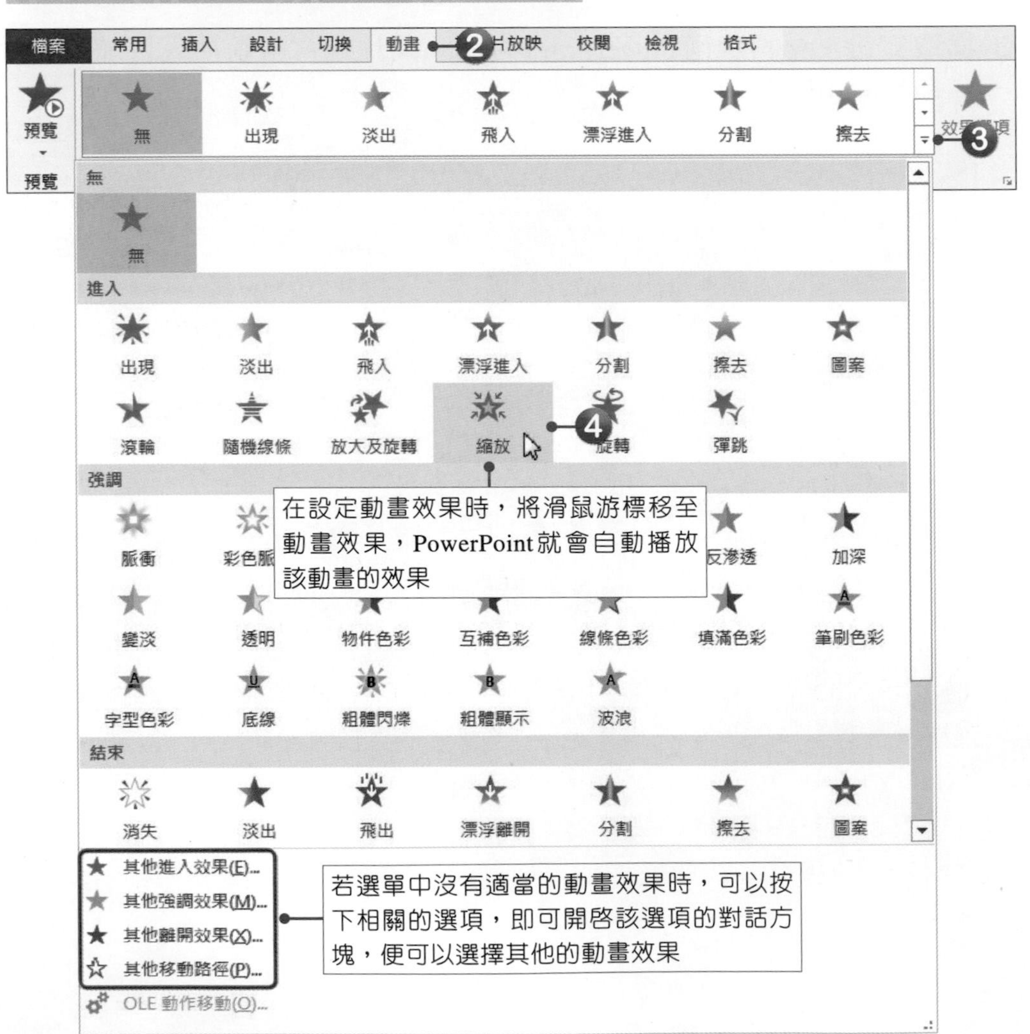

02 動畫效果選擇好後，按下「**動畫→預存時間→開始**」選單鈕，於選單中點選**與前動畫同時**。

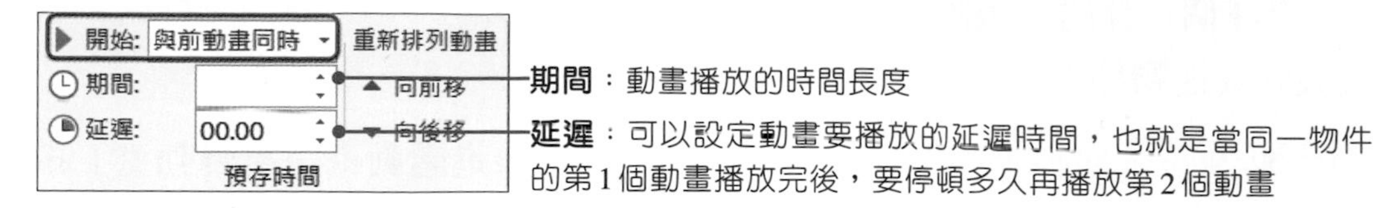

開始: 與前動畫同時
重新排列動畫
期間:
▲ 向前移
延遲: 00.00
▼ 向後移
預存時間
期間：動畫播放的時間長度
延遲：可以設定動畫要播放的延遲時間，也就是當同一物件的第1個動畫播放完後，要停頓多久再播放第2個動畫

03 接著按下「**動畫→進階動畫→新增動畫**」按鈕，於選單中點選**強調**效果中的**蹺蹺板**效果。

04 動畫效果選擇好後，按下「**動畫→預存時間→開始**」選單鈕，於選單中點選**與前動畫同時**。

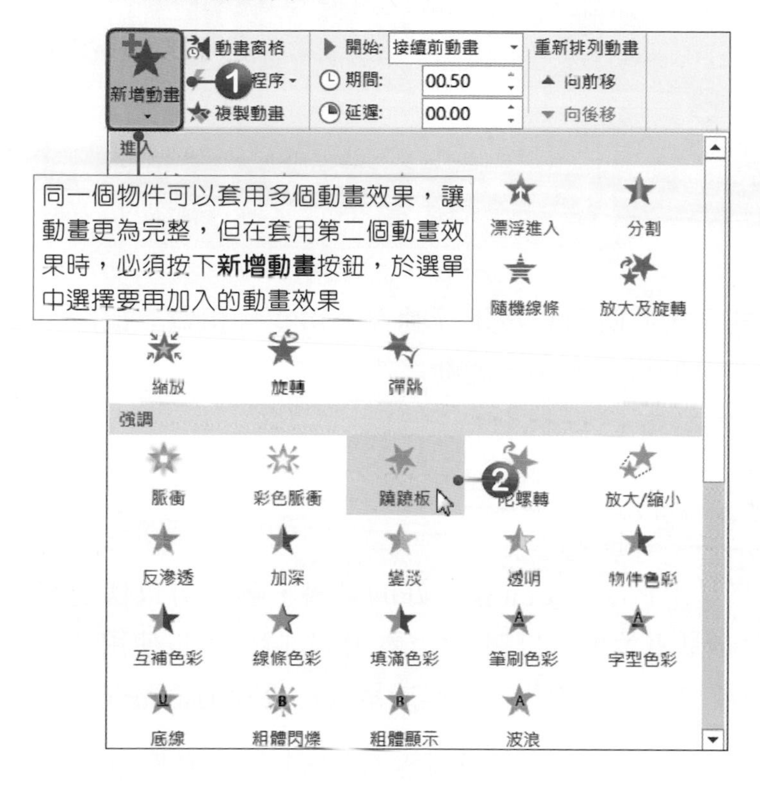

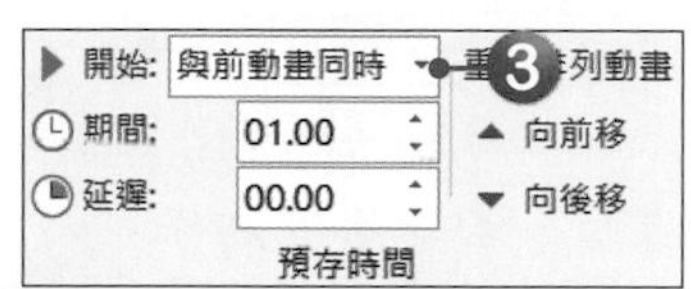

在開始方式中可以選擇的方式有：

按一下：要播放動畫前必須先按一下滑鼠左鍵，動畫才會開始播放。

與前動畫同時：動畫會與前一個動畫同時播放，若沒有前一個動畫時，則會自動播放。

接續前動畫：前一個動畫播放完畢後，下一個動畫就會自動接著播放。

PowerPoint提供了進入、強調、結束、移動路徑等類型的動畫效果可以選擇，不同類型的動畫效果有不同的用處，說明如下：

進入效果：用於進入投影片時的動畫效果，當動畫結束後物件還會保留在畫面上。

強調效果：用於要強調某物件時的動畫效果。

結束效果：用於要結束某物件時的動畫效果，當動畫結束後此物件也會自動從畫面上消失。

移動路徑：要自訂動畫效果的路線時，可以使用移動路徑自行設計動畫。

複製動畫

第1個物件的動畫設定好後，利用複製動畫功能，即可將設定好的動畫效果複製到其他物件中。

01 點選設定好動畫效果的圖案，雙擊**「動畫→進階動畫→複製動畫」**按鈕，進行連續複製的動作，也就是一次可以套用到多個物件上。

02 接著再一一點選要套用相同動畫效果的圖案，該圖案就會套用相同的動畫效果了。

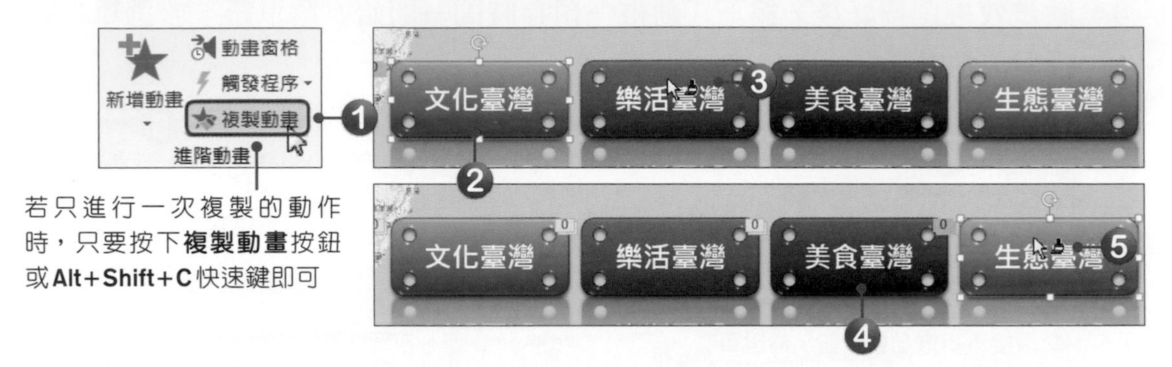

03 到這裡，動畫就設定完成了，此時可以按下**「動畫→預覽→預覽」**按鈕，或按下**F5**鍵，進入投影片放映模式中，預覽動畫效果。

讓物件隨路徑移動的動畫效果

在前面介紹的動畫效果都是由PowerPoint設定好的動畫，雖然可以快速套用，但卻不能靈活運用，若要讓動畫效果可以隨心所欲的移動時，可以使用「移動路徑」功能，此功能可以套用已設定好的動畫路徑或是自行設計動畫路線。

在範例中要將第1張投影片的橢圓形圖說文字圖案加上移動路徑動畫效果。

01 選取投影片中的**橢圓形圖說文字**圖案，按下**「動畫→動畫」**群組的 按鈕，於選單中點選**其他移動路徑**。

02 開啓「變更移動路徑」對話方塊，選擇線條及曲線中的**波浪2**路徑，選擇好後按下**確定**按鈕。

03 回到投影片後，物件就會產生一個路徑，路徑的開頭以綠色符號表示，路徑的結尾則以紅色符號表示。將滑鼠游標移至路徑右下角的控制點上，按著滑鼠左鍵不放並拖曳，將路徑範圍加大。

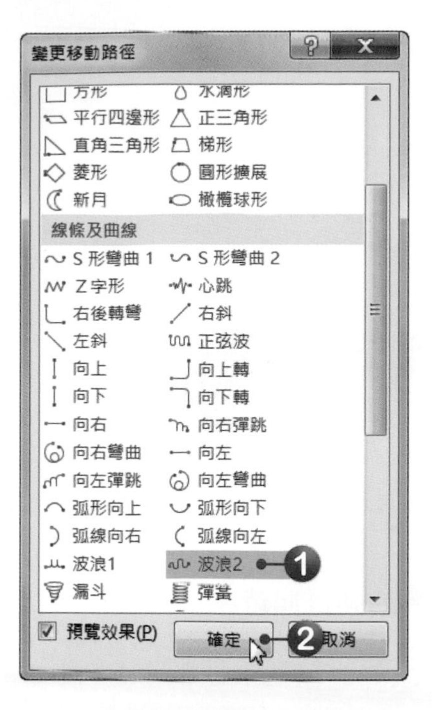

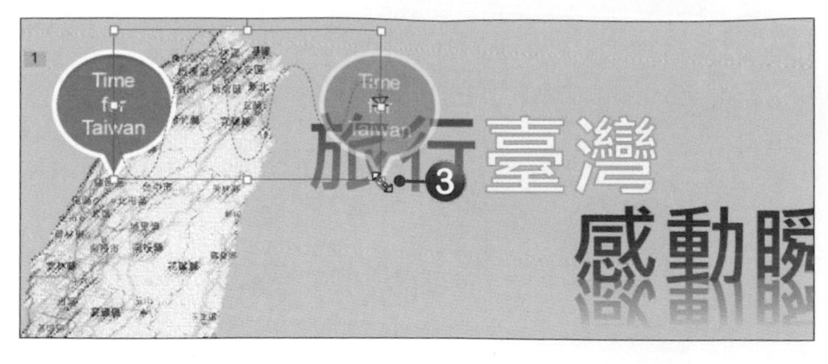

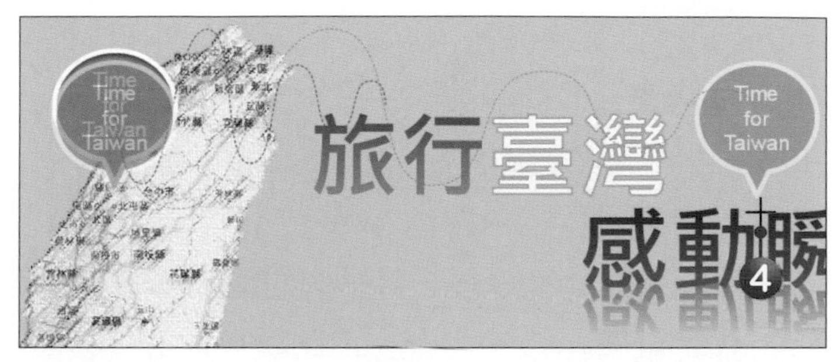

04 接著要進行路徑的調整，選取路徑，再將滑鼠游標移至旋轉鈕上，按下**滑鼠左鍵**不放，將路徑旋轉為傾斜。

05 將滑鼠游標移至路徑上，按著**滑鼠左鍵**不放，並拖曳滑鼠，將路徑拖曳到適當位置上。

06 接著在移動路徑物件上，按下**滑鼠右鍵**，於選單中選擇**編輯端點**。

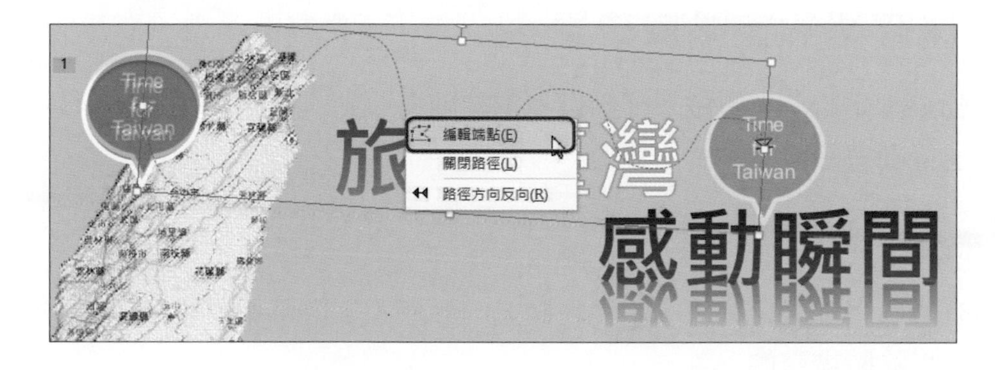

07 點選後被選取的路徑就會顯示各端點，將滑鼠游標移至端點上，按下**滑鼠左鍵**並拖曳滑鼠即可調整端點。

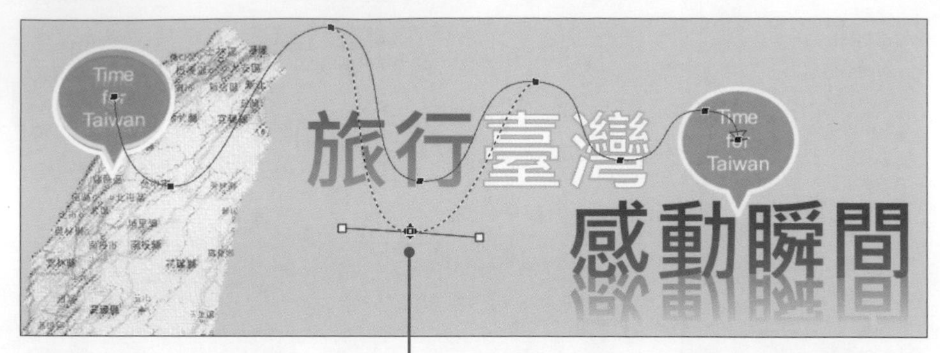

將滑鼠游標移至路徑的任一端點上，按著滑鼠左鍵不放，並拖曳滑鼠即可調整端點

08 移動路徑調整好後，將動畫的開始方式設定為**與前動畫同時**。

09 動畫設定好後，此時可以按下**「動畫→預覽→預覽」**按鈕，或按下**F5**鍵，進入投影片放映模式中，預覽動畫效果。

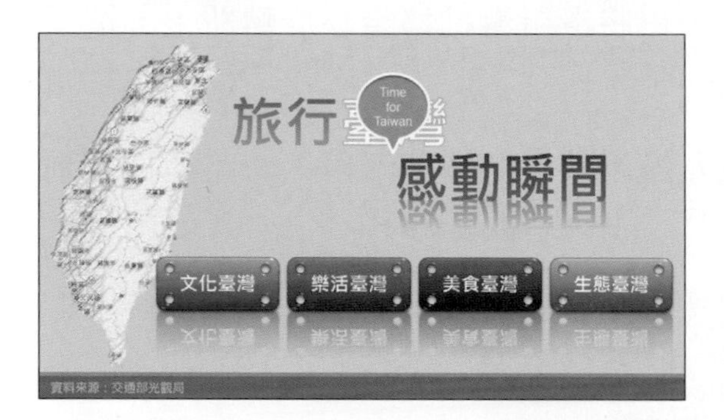

路徑方向反向

若要將路徑的開始與結尾互相轉換時，可以在路徑上按下**滑鼠右鍵**，於選單中點選路徑方向反向；或是按下「**動畫→動畫→效果選項→路徑方向反向**」按鈕即可。

使用動畫窗格設定動畫效果

進行動畫設定時，可以按下**「動畫→進階動畫→動畫窗格」**按鈕，開啓「動畫窗格」進行動畫的設定。

調整動畫播放順序

當所有的動畫都設定好後，若發現動畫的順序不對時，不用擔心，因為動畫的順序是可以隨時調整的。

點選要調整的物件，再按下**「動畫→預存時間」**群組中的重新排列動畫選項，點選**向前移**及**向後移**按鈕即可，也可以直接在「動畫窗格」中進行重新排列的動作。

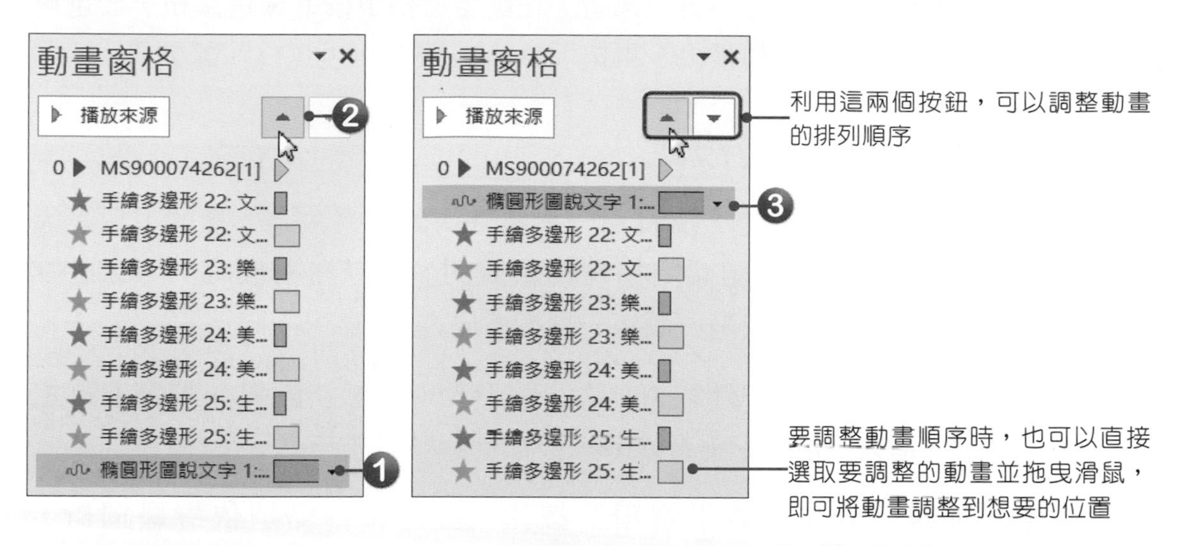

效果選項設定

除了設定動畫效果的開始方式及播放時間外，大部分的動畫都還提供了效果選項，例如：套用「圖案」動畫時，在效果選項中就可以選擇方向、要使用的圖案等。不過，每個動畫的效果選項都不太一樣，有些動畫甚至沒有效果選項。

若要進行更進階的設定時，可以在動畫窗格中，選擇要設定的動畫，在該動畫選項上按下▾選單鈕，於選單中，選擇**效果選項**，開啓該動畫的對話方塊，而此對話方塊會隨著所選擇的動畫而有所不同。

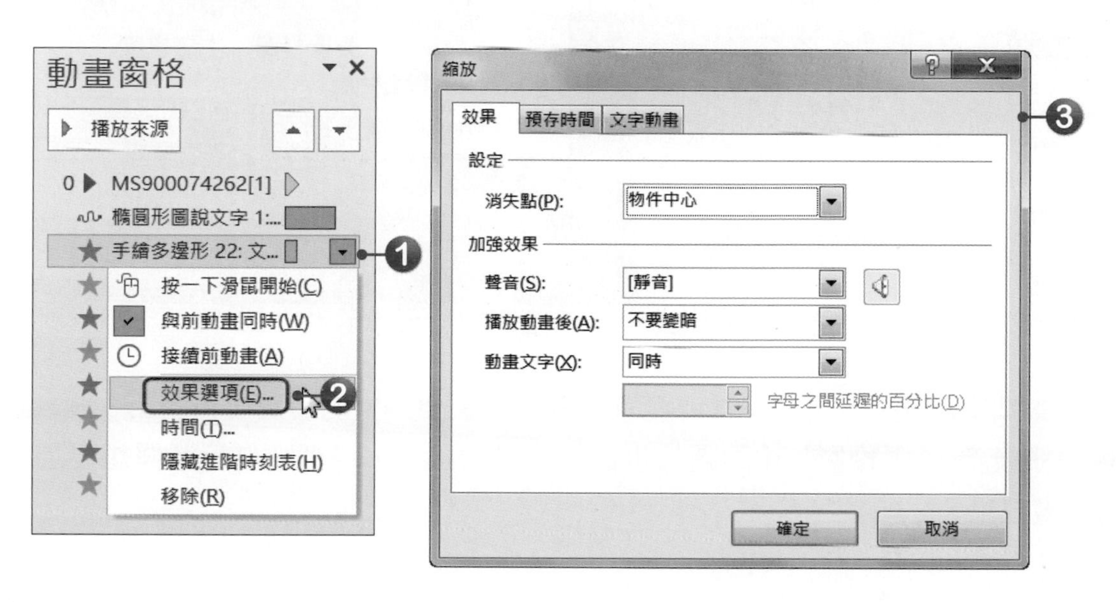

變更與移除動畫效果

若要將原來的動畫效果變更成其他的動畫效果時，只要再重新選擇要套用的動畫效果即可。若要「移除」動畫效果時，在動畫窗格中按下▾選單鈕，於選單中點選**移除**，或是直接點選動畫後，再按下**Delete**鍵，也可以移除該動畫。

SmartArt圖形的動畫設定

SmartArt圖形的動畫設定，其實與一般物件的設定方法是一樣的，只是因為SmartArt圖形是由一組一組圖案物件所組成的，所以在播放時，可以設定SmartArt圖形要整體、同時或是一個接一個等播放方式。

01 進入第11張投影片中，選取SmartArt圖形物件，於**「動畫→動畫」**群組中，點選**「進入→旋轉」**動畫效果。

02 按下**「動畫→動畫→效果選項」**按鈕，於選單中點選**依層級同時**，SmartArt圖形中的圖案便會依層級來播放動畫效果。

03 接著按下**「動畫→預存時間→開始」**選單鈕，於選單中點選**與前動畫同時**。

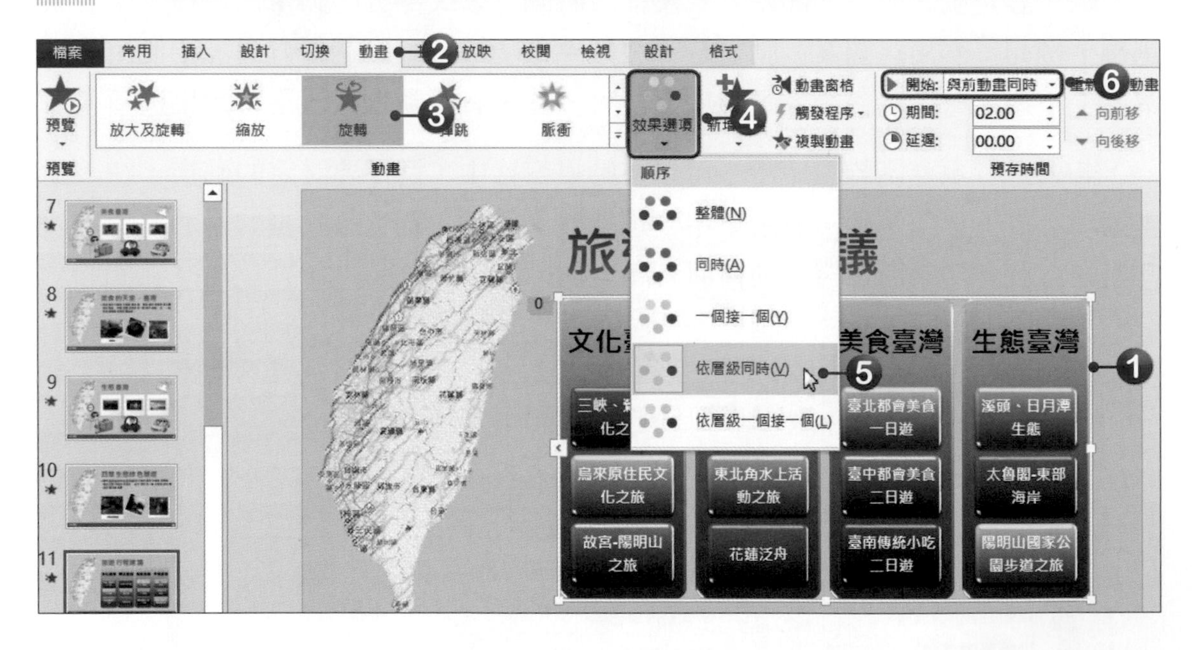

動畫都設定好後，再檢查看看還有沒有哪裡需要調整的，最後再將第3張、第5~10張及第12張投影片中的圖片也進行動畫的設定，這裡請自行選擇想要加入的動畫效果。

2-6 超連結的設定

使用超連結功能，可以將投影片中的物件或文字等加入連結效果，讓投影片之間可以跳頁，或是連結到網站、電子郵件等。

投影片與投影片之間的超連結

要在簡報中達到投影片與投影片之間的跳頁效果時，可以使用超連結功能，快速地達到此效果。在此範例中要將第1張投影片的四個牌子圖案，分別連結到相關的投影片。

01 進入第1張投影片中，選取要設定的圖案，再按下**「插入→連結→超連結」**按鈕，或按下**Ctrl+K**快速鍵，開啟「插入超連結」對話方塊。

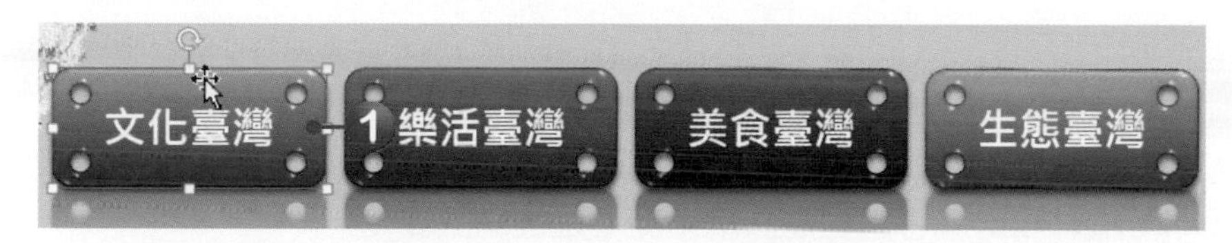

02 點選**這份文件中的位置**，選單中便會顯示簡報中的所有投影片，接著即可選擇要連結的投影片，這裡請點選**「3. 文化臺灣」**投影片，點選後按下**確定**按鈕，完成超連結的設定。

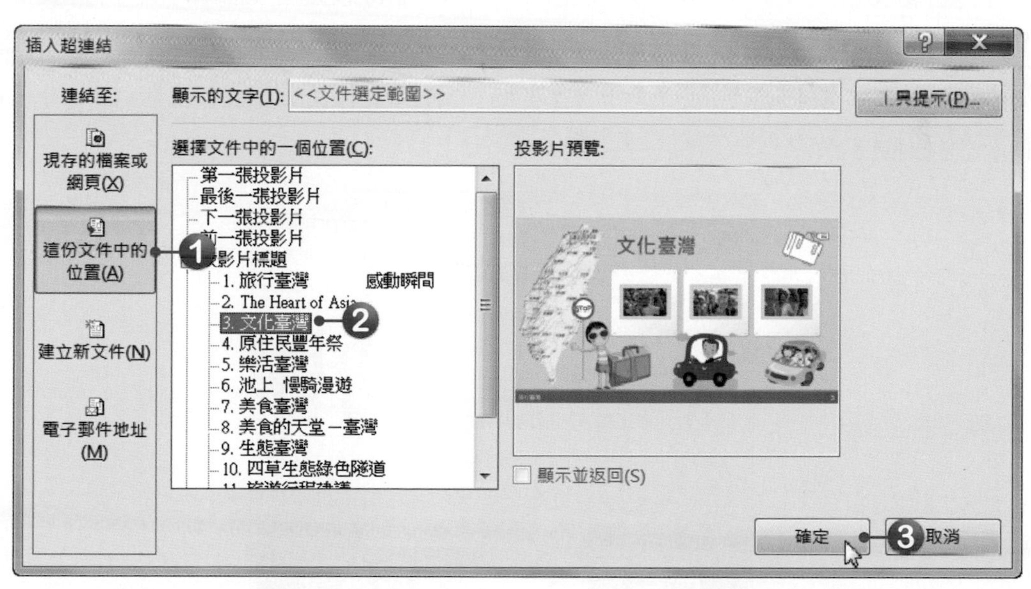

03 接著再將其他3個牌子圖案也分別連結到相關的投影片中。

04 超連結都設定好後，按下**F5**快速鍵，進行播放的動作，將滑鼠游標移至圖案上，按下**滑鼠左鍵**後，即可連結至設定的投影片中。

使用超連結功能，除了進行投影片與投影片之間的連結外，還可以將文字、圖片、圖案等物件連結至網站位址、電子郵件地址、檔案等。而在預設下於投影片中輸入網站位址後，再按下**Enter**鍵，PowerPoint就會自動將該網址加上超連結的設定。

修改與移除超連結設定

若要修改已設定好的超連結設定時，只要在有設定超連結的文字上按下**滑鼠右鍵**，於選單中點選**編輯超連結**功能，即可開啟「編輯超連結」對話方塊，進行超連結的修改。要移除已設定好的超連結，則按下**移除超連結**按鈕，即可將超連結的設定移除。

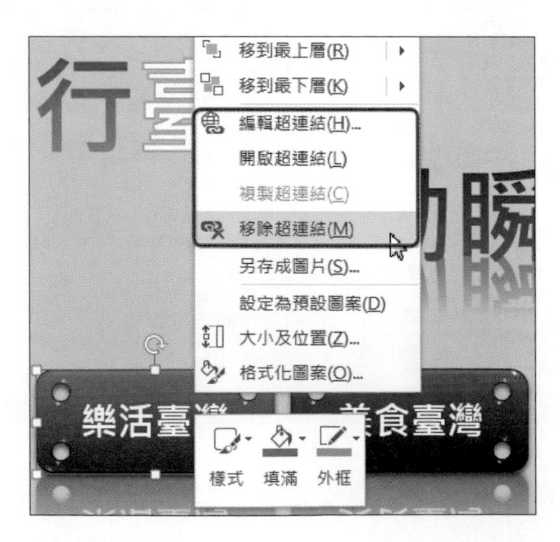

2-7 將簡報匯出為視訊檔

簡報製作完成後，可以直接匯出為「視訊檔」，而PowerPoint提供了MP4及WMV兩種視訊格式，且轉換時，簡報中所使用的動畫效果及投影片切換效果都能完整呈現於視訊檔中。

01 按下「**檔案→匯出→建立視訊**」功能，選擇視訊的品質及是否要使用錄製的時間和旁白，選擇好後按下**建立視訊**按鈕。

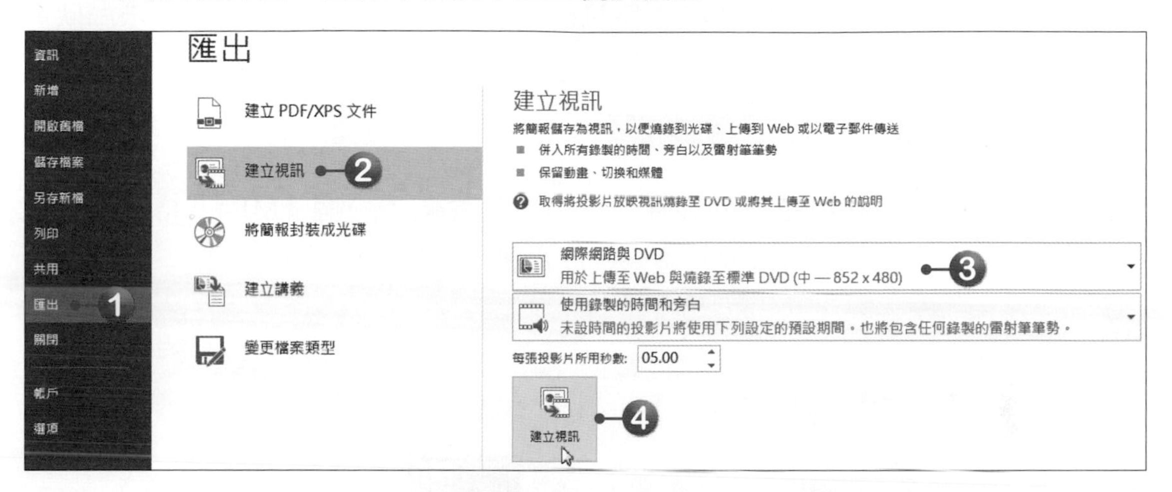

02 開啟「另存新檔」對話方塊，選擇檔案要儲存的位置及輸入檔案名稱，都設定好後按下**儲存**按鈕。

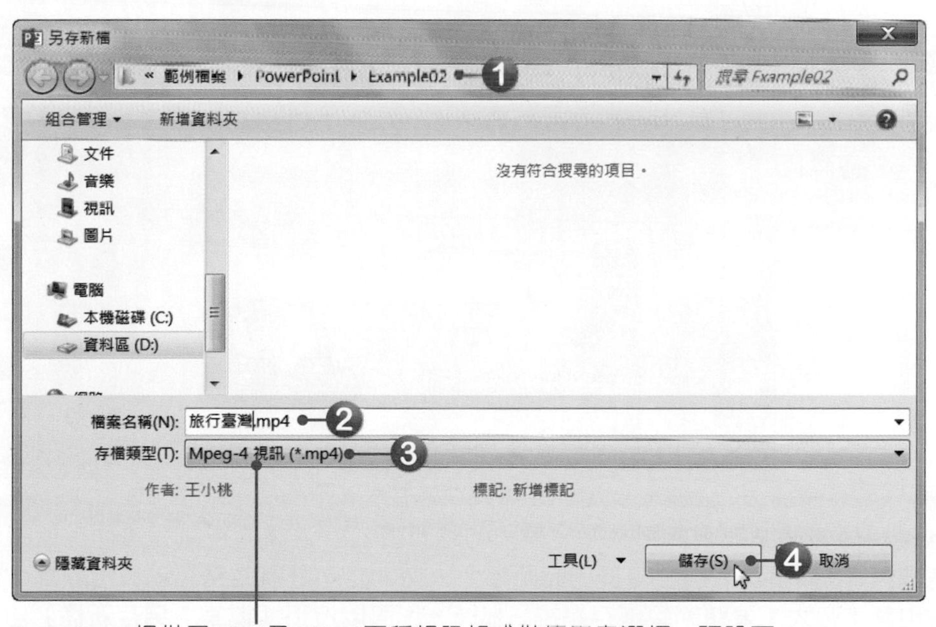

PowerPoint提供了MP4及WMV兩種視訊格式供使用者選擇，預設下為MP4格式，若要選擇WMV格式時，按下**存檔類型**選單鈕選擇即可

03 因為投影片中有連結網路上的視訊，而該視訊無法納入視訊中，故會出現一個警告訊息，詢問是否要繼續，這裡請按下**繼續但不使用媒體**按鈕。

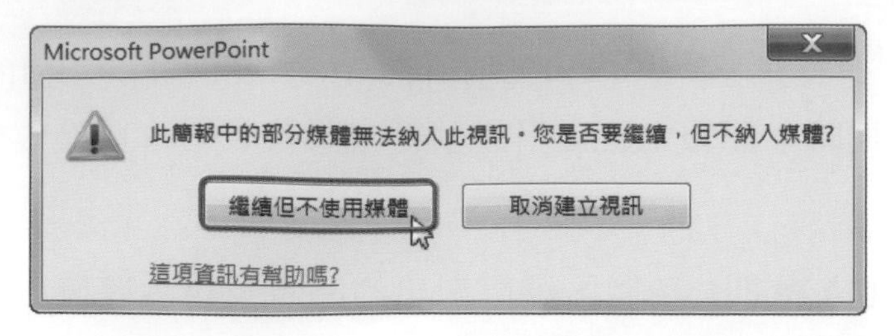

04 PowerPoint便會開始進行建立視訊檔案的動作，建立的過程會顯示於狀態列中。

05 匯出完成後，在所選擇的儲存位置中，就會多了一個「MP4」格式的視訊檔案，此時便可使用播放軟體來播放視訊。

PowerPoint將簡報轉換為視訊格式時，轉換的時間會依所選擇的視訊品質而有所不同，若選擇**電腦與HD顯示器**，那麼轉換的時間會久一點，而此選項的視訊品質也較高，但相對的檔案也會比較大。要將簡報儲存為視訊檔時，也可以按下**「檔案→另存新檔」**功能，按下**存檔類型**選單鈕，於選單中點選要使用的視訊格式，即可將簡報儲存為視訊檔。

自我評量

✦選擇題

(　　)1. 在PowerPoint中，關於「音訊」設定的敘述，何者不正確？(A)可以播放MID音樂檔 (B)可以播放WAV聲音檔 (C)不可以設定音訊循環播放 (D)可以調整聲音音量。

(　　)2. 在PowerPoint中，利用哪項功能，可以快速地建立「組織圖」？(A)美工圖案 (B)圖案 (C)文字方塊 (D)SmartArt圖形。

(　　)3. 在PowerPoint中，透過下列哪一項功能，可以調整視訊的相對亮度及對比度？(A)視訊樣式 (B)校正 (C)色彩 (D)視訊效果。

(　　)4. 在PowerPoint中，使用「剪輯視訊」功能時，可以修剪影片片段中的哪個部分？(A)開頭與結尾 (B)中間片段 (C)影片中的音樂 (D)以上皆可。

(　　)5. 在PowerPoint中，若要讓投影片上的第一個動畫效果，在投影片顯示時自動播放，應該使用下列哪個操作？(A)接續前動畫 (B)與前動畫同時 (C)按一下滑鼠開始 (D)自動。

(　　)6. 在PowerPoint中，調整路徑時，使用「編輯端點」的目的爲何？(A)鎖定路徑 (B)調整路徑大小 (C)旋轉路徑 (D)變更路徑的形狀。

(　　)7. 下列關於PowerPoint的「動畫」設定敘述，何者不正確？(A)一個物件可以設定多個動畫效果 (B)每個動畫效果都可以設定時間長度 (C)文字方塊無法進行動畫效果的設定 (D)可自訂動畫的影片路徑。

(　　)8. 在PowerPoint中，可以將簡報轉換成下列何種視訊格式？(A)mp4 (B)mov (C)mp3 (D)rm。

✦實作題

1. 開啓「PowerPoint→Example02→旅遊地圖.pptx」檔案，進行以下設定。

- 將標題文字設定爲：進入效果—出現、接續前動畫、強調效果—波浪、接續前動畫、速度爲1秒。
- 將所有地名物件設定爲：進入效果—飛入(自上)、接續前動畫、速度爲1秒。

自我評量

2. 開啓「PowerPoint→Example02→公司宣傳簡報.pptx」檔案，進行以下的設定。
   - 在第1張投影片中加入橢圓形圖說文字圖案，並輸入相關文字，圖案格式請自行設定，再將該圖案加入進入及強調動畫，動畫請自行選擇。
   - 將第3張投影片的文字轉換爲「水平項目符號清單」SmartArt圖形，色彩及樣式請自行設定，並加入進入動畫效果，動畫請自行選擇。
   - 在第4張投影片中嵌入「https://www.youtube.com/watch?v=qtxpFCyv0T4」網站上的影片，影片大小及樣式請自行設定。
   - 將第5張投影片中的「OpenTech」文字連結到「http://www.opentech.com.tw」網站。
   - 在第6張投影片中加入「新北市土城區忠義路21號」地圖圖片。

03 咖啡銷售業績報告

Example

✪ 學習目標

表格的建立、表格的編輯、表格的設計、加入Word中的表格、加入線上圖片、圖表的建立、圖表格式設定、加入Excel中的圖表

✪ 範例檔案

PowerPoint→Example03→咖啡銷售業績報告.pptx

PowerPoint→Example03→銷售表.docx

PowerPoint→Example03→銷售圖表.xlsx

✪ 結果檔案

PowerPoint→Example03→咖啡銷售業績報告-OK.pptx

在「產品銷售業績報告」範例中，將學習表格及圖表的使用，讓簡報內容更具可看性。

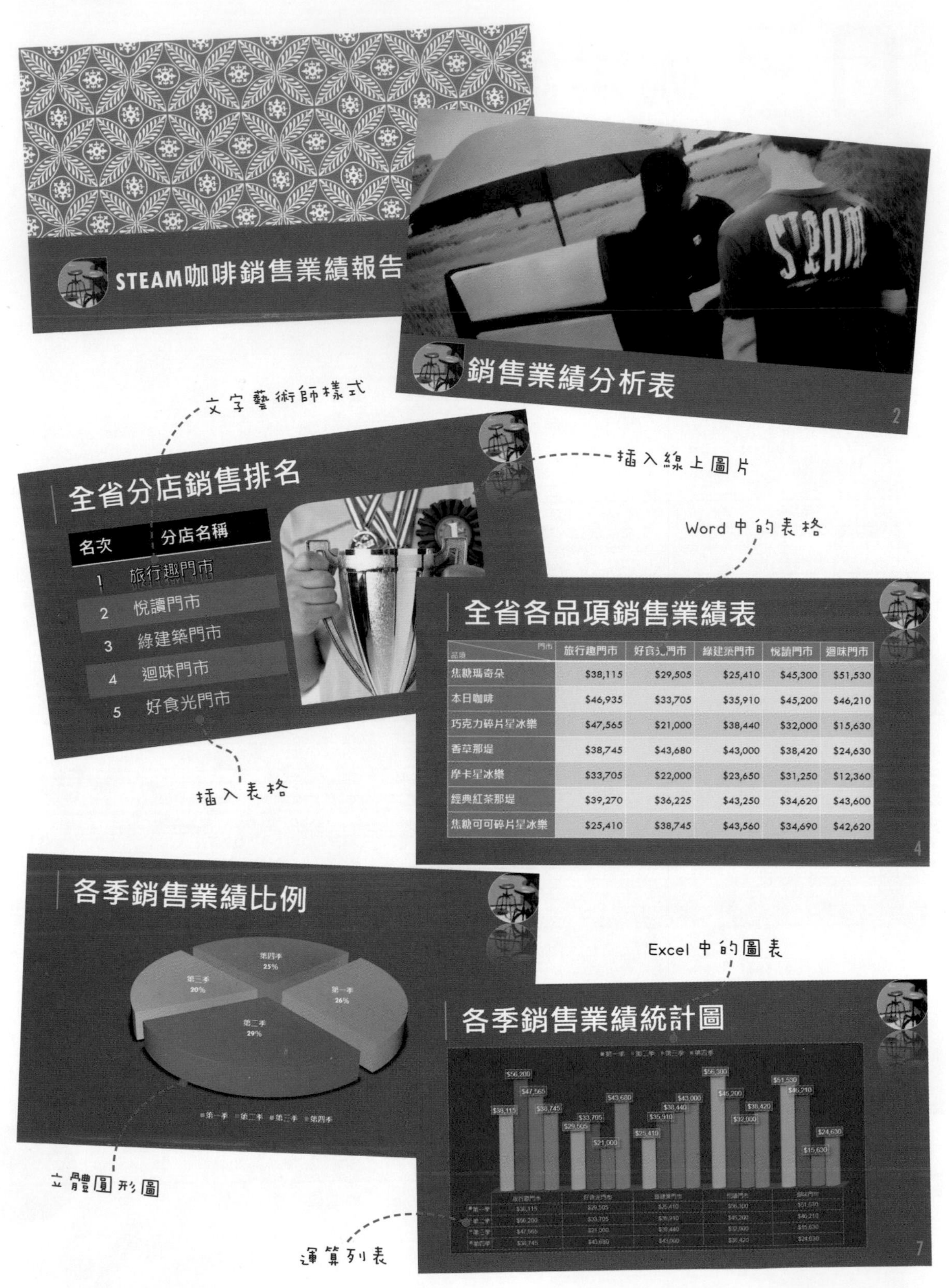

3-1 加入表格讓內容更容易閱讀

在簡報中可以適時的以表格來呈現要表達的內容，讓投影片中的資訊更清楚、更容易閱讀。

在投影片中插入表格

表格是由多個「欄」和多個「列」組合而成的。假設一個表格有5個欄，6個列，則簡稱它為「5×6表格」。在此範例中要加入一個「2×6」的表格。

01 進入第3張投影片中，直接按下物件配置區中的表格按鈕，開啟「插入表格」對話方塊。

02 在**欄數**中輸入**2**，在**列數**中輸入**6**，設定好後按下**確定**按鈕，物件配置區就會加入一個2×6的表格，表格會自動套用佈景主題所預設的表格樣式。

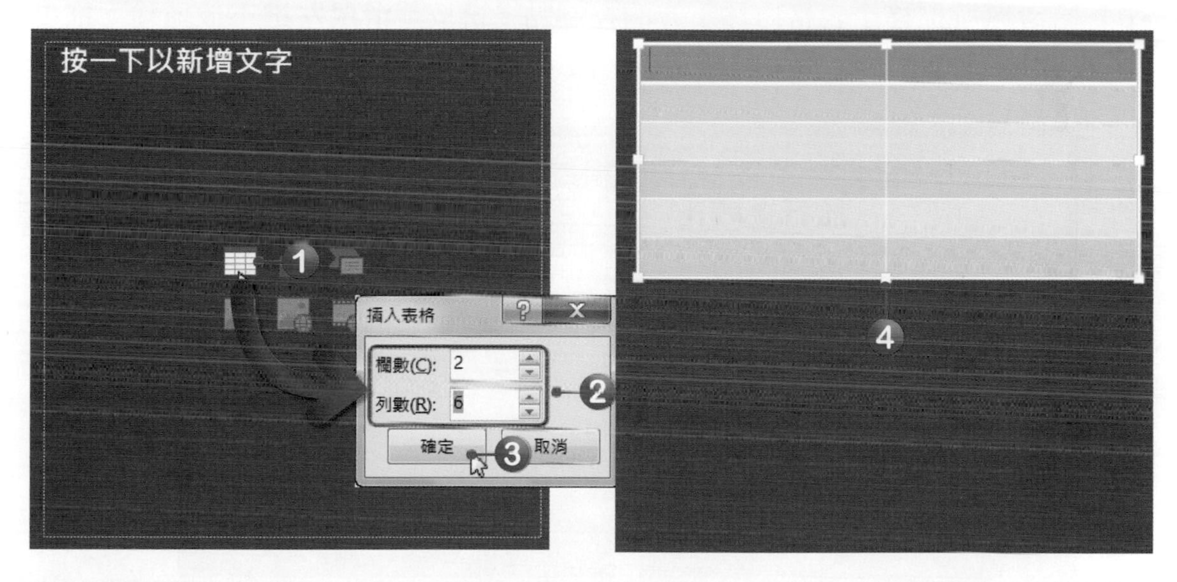

要於投影片中加入表格時，也可以按下「**插入→表格→表格**」按鈕，直接拖曳出要插入的表格大小。

03 將滑鼠游標移至表格的儲存格中，按下**滑鼠左鍵**，此時儲存格中就會有插入點，接著就可以進行文字的輸入。輸入完文字後，若要跳至下一個儲存格時，可以使用**Tab**鍵，跳至下一個儲存格中。

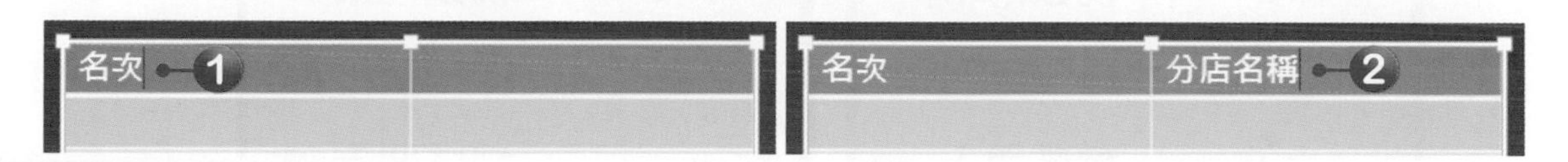

04 在表格中輸入完文字後，即可進入**「常用→字型」**群組及**「常用→段落」**群組中進行文字格式的設定。

名次	分店名稱
1	旅行趣門市
2	悅讀門市
3	綠建築門市
4	迴味門市
5	好食光門市

調整表格大小

表格製作好後，可以隨時修改表格的大小。

01 將滑鼠游標移至表格物件下方的控制點，再按著**滑鼠左鍵**不放並往下拖曳滑鼠。調整好後，放掉**滑鼠左鍵**，即可增加表格物件高度。

名次	分店名稱
1	旅行趣門市
2	悅讀門市
3	綠建築門市
4	迴味門市
5	好食光門市

1

名次	分店名稱
1	旅行趣門市
2	悅讀門市
3	綠建築門市
4	迴味門市
5	好食光門市

2

02 將滑鼠游標移至表格的框線上，按著**滑鼠左鍵**不放，即可調整欄寬。

名次	分店名稱
1	旅行趣門市
2	悅讀門市
3	綠建築門市

1

名次	分店名稱
1	旅行趣門市
2	悅讀門市
3	綠建築門市

2

文字對齊方式設定

在表格中的文字通常會往左上方對齊，這是預設的文字對齊方式。若要更改文字的對齊方式時，可以在**「表格工具→版面配置→對齊方式」**群組中，按下**垂直置中**按鈕，表格內的文字就會垂直置中。

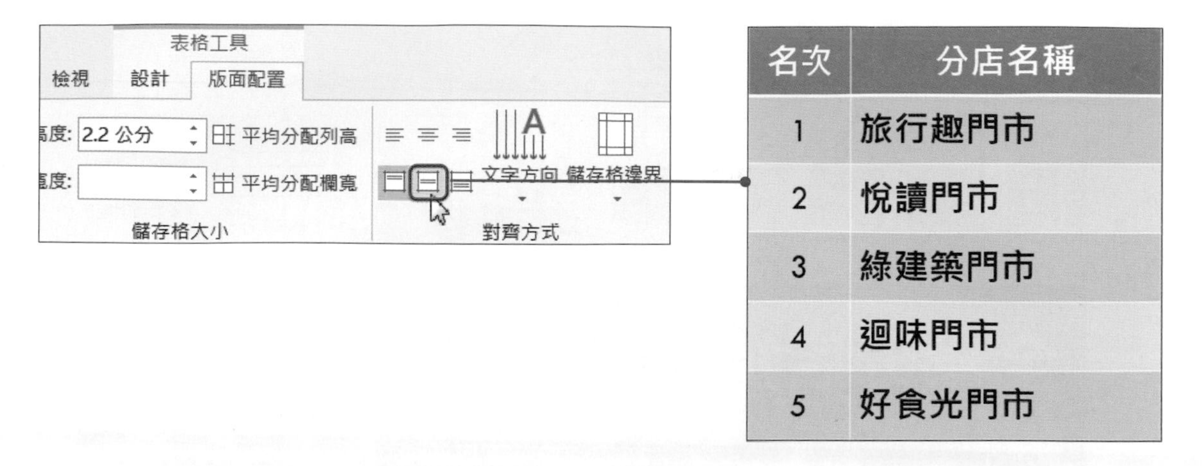

套用表格樣式

若要快速地改變表格外觀時，可以使用**「表格工具→設計→ 表格樣式」**群組中所提供的表格樣式。

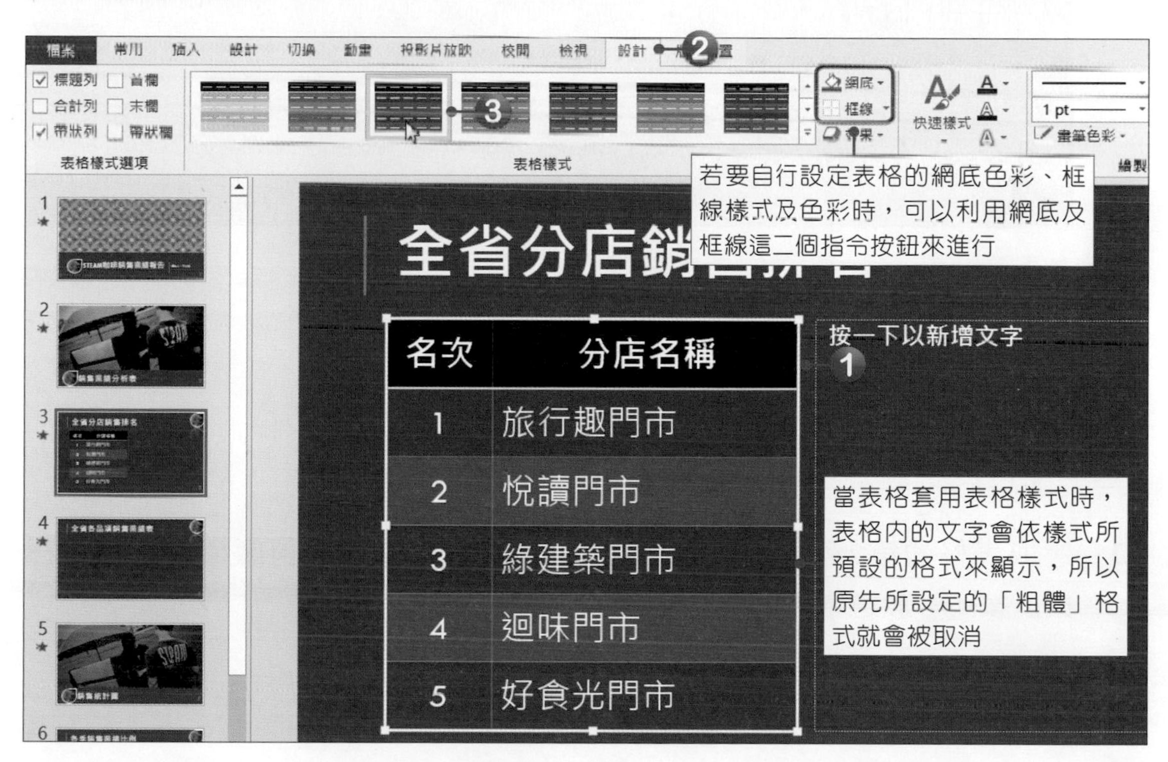

儲存格浮凸效果設定

若要將表格加上立體效果時，可以使用儲存格浮凸功能來達成。

01 選取表格物件，按下**「表格工具→設計→表格樣式→效果」**按鈕，於選單中點選**儲存格浮凸**，即可選擇要套用的浮凸效果。

02 點選後，表格就會套用浮凸效果。

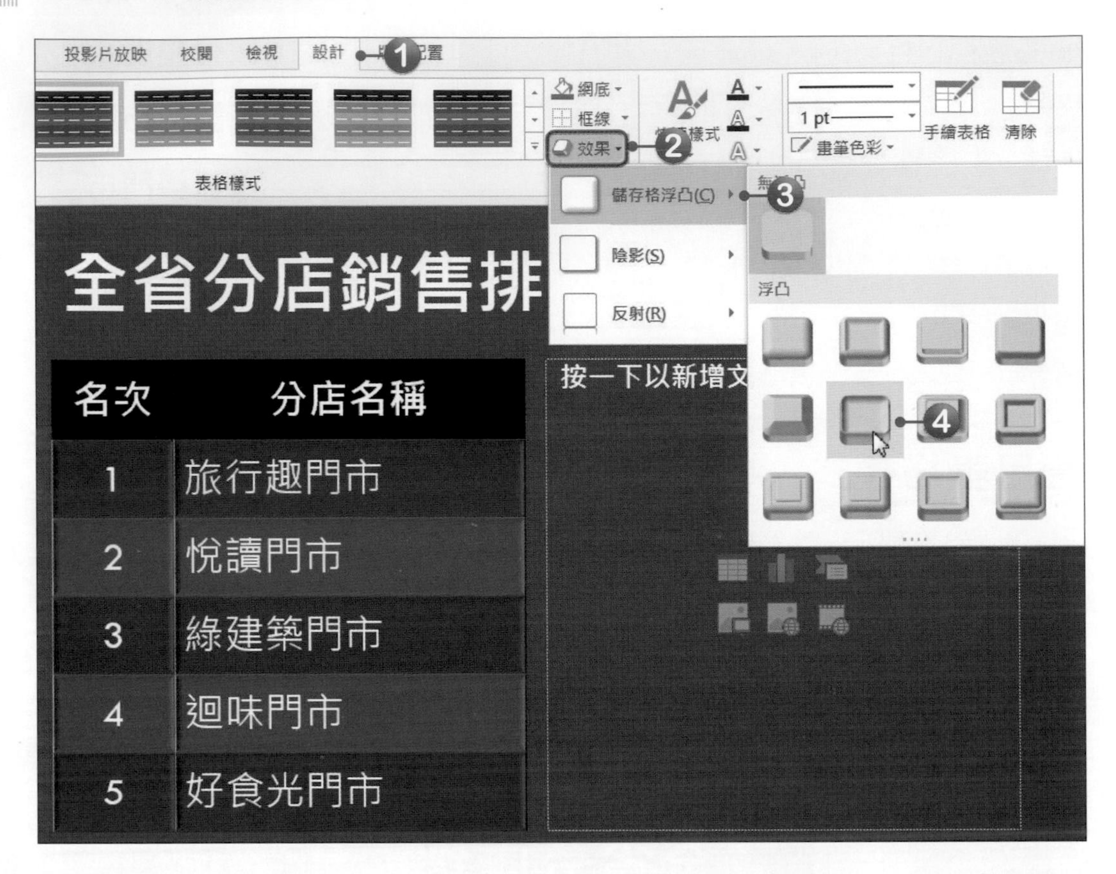

套用文字藝術師樣式

在表格中的文字也可以直接套用文字藝術師所提供的文字樣式，讓表格內的文字更多樣化。

01 選取表格的第2列，按下**「表格工具→設計→文字藝術師樣式→快速樣式」**按鈕，於選單中選擇要使用的樣式。

02 點選後，表格內的文字便會套用所選擇的文字樣式。

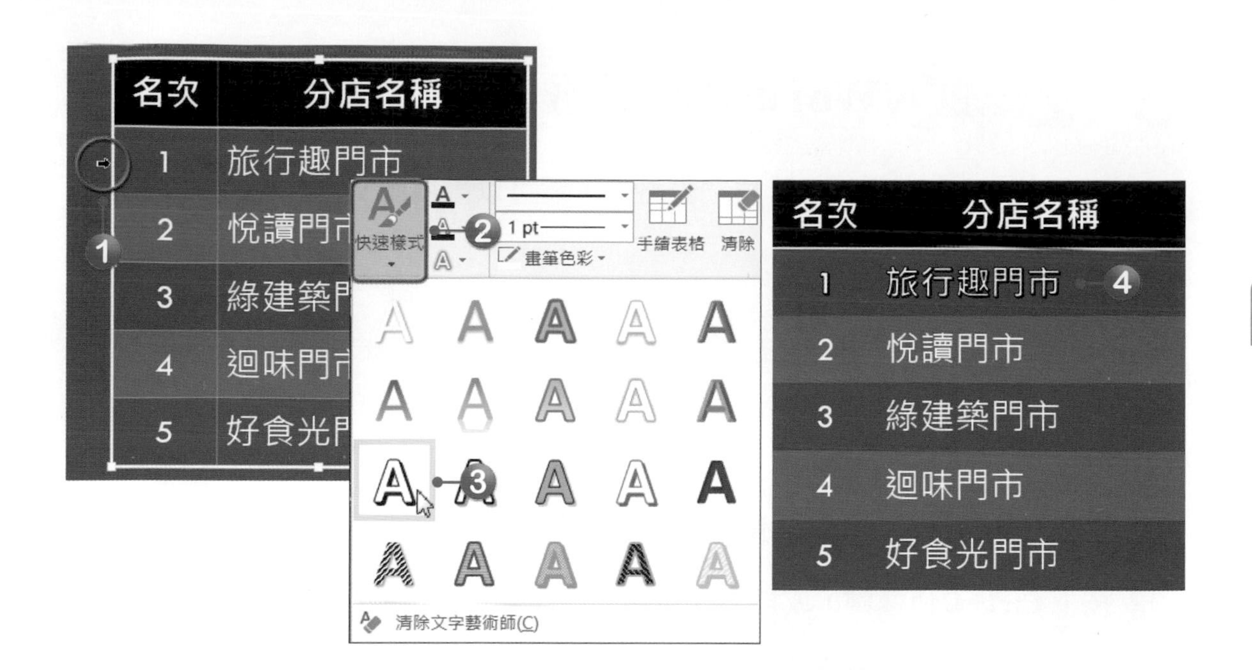

03 接著再按下「**表格工具→設計→文字藝術師樣式→文字效果**」按鈕，於選單中點選「**反射→反射變化→半反射，相連**」，將文字加入反射效果。

3-2 加入Word中的表格

在PowerPoint中除了自行建立表格外，還可以直接將Word所製作的表格複製到投影片中。

複製Word中的表格至投影片中

本範例要將**銷售表.docx**檔案中的表格複製到投影片中，再進行相關的編輯動作。

01 開啓**銷售表.docx**檔案，選取文件中的表格。

02 按下**Ctrl+C**快速鍵，或按下**「常用→剪貼簿→複製」**按鈕，複製該表格。

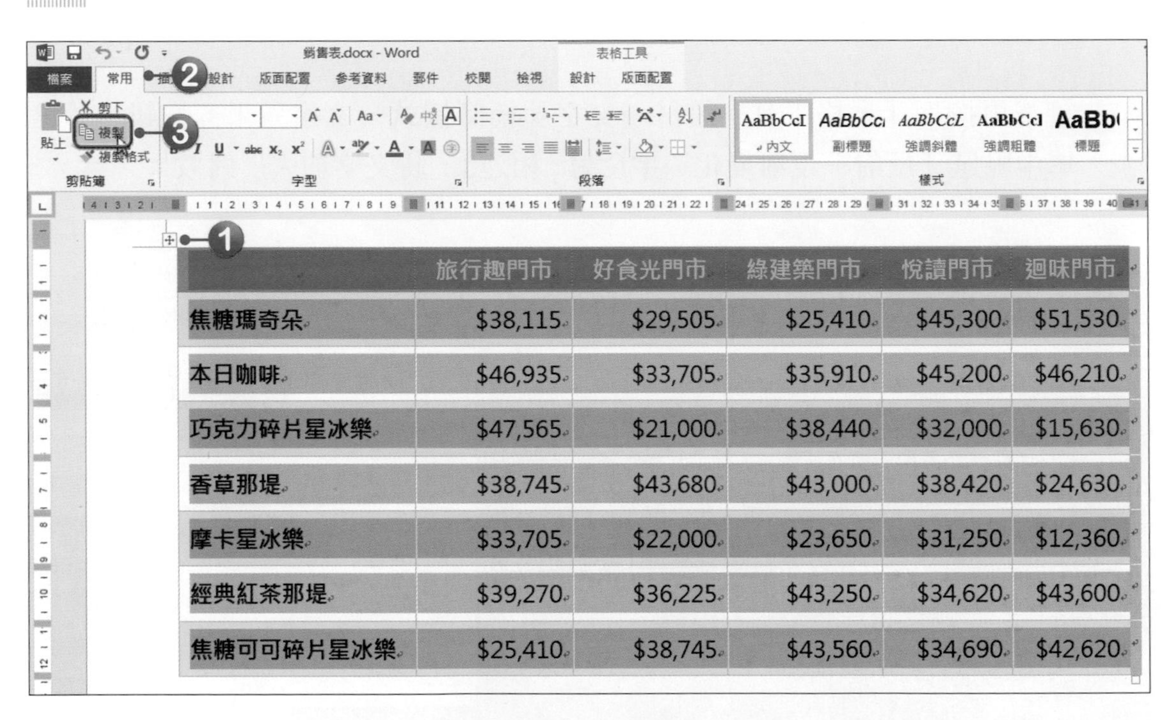

	旅行趣門市	好食光門市	綠建築門市	悅讀門市	迴味門市
焦糖瑪奇朵	$38,115	$29,505	$25,410	$45,300	$51,530
本日咖啡	$46,935	$33,705	$35,910	$45,200	$46,210
巧克力碎片星冰樂	$47,565	$21,000	$38,440	$32,000	$15,630
香草那堤	$38,745	$43,680	$43,000	$38,420	$24,630
摩卡星冰樂	$33,705	$22,000	$23,650	$31,250	$12,360
經典紅茶那堤	$39,270	$36,225	$43,250	$34,620	$43,600
焦糖可可碎片星冰樂	$25,410	$38,745	$43,560	$34,690	$42,620

03 回到PowerPoint操作視窗中，進入第4張投影片。

04 再按下**Ctrl+V**快速鍵，或按下**「常用→剪貼簿→貼上」**按鈕，即可將剛剛複製的表格貼到配置區中。

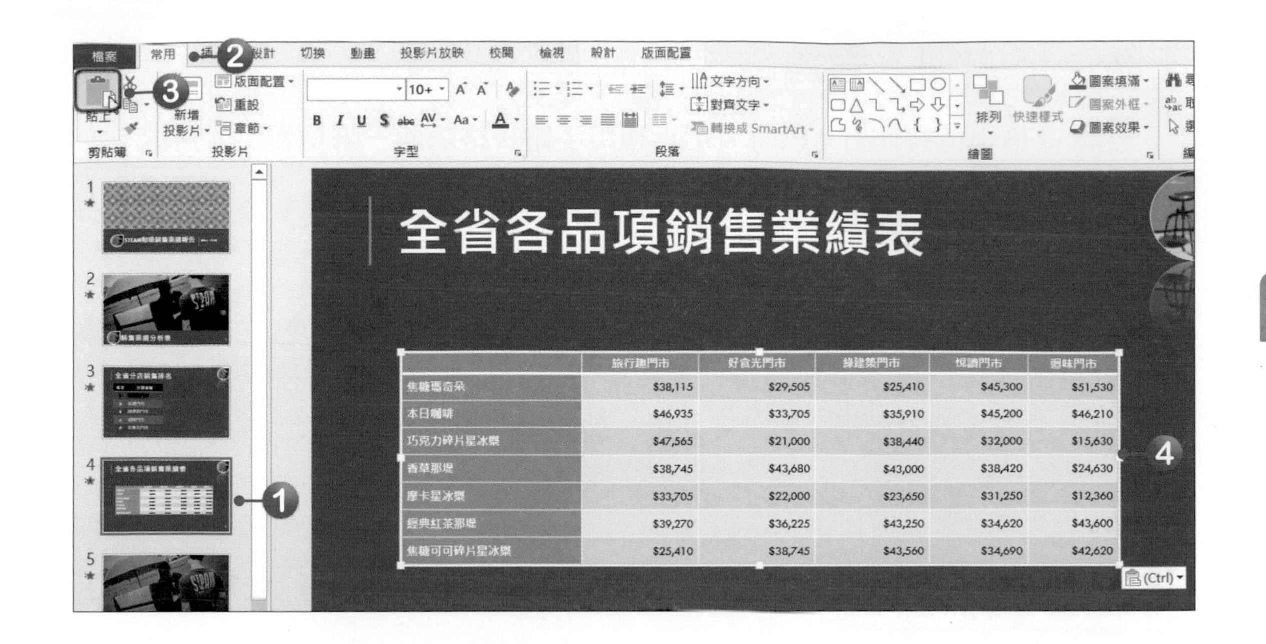

05 表格複製完成後，接著要來調整表格的位置及大小。選取表格物件，再將滑鼠游標移至表格物件上，按著**滑鼠左鍵**不放並拖曳滑鼠，即可調整表格要擺放的位置。

06 將滑鼠游標移至表格物件的控制點，調整表格的大小。

07 接著進入**「常用→字型」**群組中，進行文字格式的設定；再進入**「表格工具→設計→表格樣式」**群組中，點選要套用的表格樣式，到這裡表格的基本設定就完成了。

	旅行趣門市	好食光門市	綠建築門市	悅讀門市	迴味門市
焦糖瑪奇朵	$38,115	$29,505	$25,410	$45,300	$51,530
本日咖啡	$46,935	$33,705	$35,910	$45,200	$46,210
巧克力碎片星冰樂	$47,565	$21,000	$38,440	$32,000	$15,630
香草那堤	$38,745	$43,680	$43,000	$38,420	$24,630
摩卡星冰樂	$33,705	$22,000	$23,650	$31,250	$12,360
經典紅茶那堤	$39,270	$36,225	$43,250	$34,620	$43,600
焦糖可可碎片星冰樂	$25,410	$38,745	$43,560	$34,690	$42,620

在儲存格中加入對角線

在儲存格中要製作對角線時，可以利用**手繪表格**功能，來繪製出對角線。

01 在A1儲存格中輸入「門市」及「品項」文字，並將「門市」設定為「靠右對齊」。

02 接著按下**「表格工具→設計→繪製框線→畫筆色彩」**按鈕，於選單中選擇**白色**；再按下**畫筆樣式**按鈕，選擇要使用的線條樣式，再按下**畫筆粗細**按鈕，選擇畫筆的粗細，都設定好後，此時滑鼠游標會呈✎狀態。

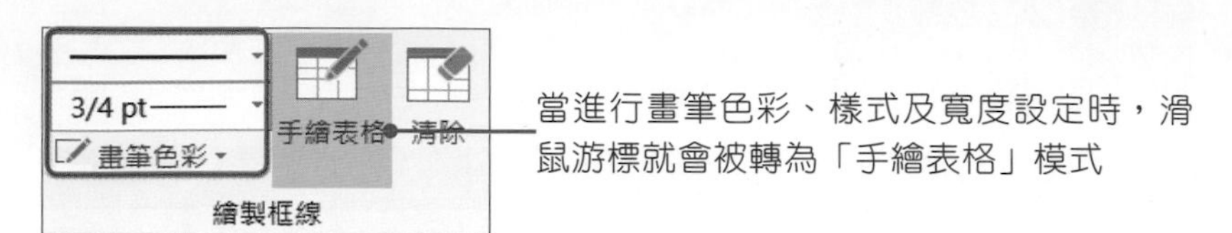

03 畫筆都設定好後，將滑鼠游標移至A1儲存格左上角，按著**滑鼠左鍵**不放並拖曳至儲存格右下角，完成後放掉**滑鼠左鍵**，即可繪製出對角線，繪製完成後，按下**Esc**鍵，即可離開手繪表格的狀態。

清除表格上不要的線段

若要清除表格上的線段時，可以按下**「表格工具→設計→繪製框線→清除」**按鈕，此時滑鼠游標會呈橡皮擦狀，接著點按框線，或在框線上拖曳，即可將框線擦除。要結束清除功能時，按下**清除**按鈕，或按下**Esc**鍵，即可取消清除狀態。

門市 / 品項	旅行趣門市
焦糖瑪奇朵	$38,115
本日咖啡	$46,935
巧克力碎片星冰樂	$47,565

門市 / 品項	旅行趣門市
焦糖瑪奇朵 本日咖啡	$38,115 $46,935
巧克力碎片星冰樂	$47,565

在要清除的框線上，按一下滑鼠左鍵，即可將框線清除，此時二個儲存格會合併

在使用手繪表格功能進行表格的製作時，若按下**Shift**鍵，可將狀態轉換為清除狀態，進行框線清除的動作。

3-3 加入線上圖片美化投影片

在簡報中適時加入一些圖片，可以增加簡報的可讀性，並引起觀眾的興趣，PowerPoint提供了插入圖片及線上圖片的功能，在製作簡報時可以加入自己所準備的圖片，或利用線上搜尋功能加入Microsoft所提供的圖片。

插入線上圖片

在此範例中要於第3張投影片加入Microsoft所提供的線上圖片。

01 進入第3張投影片，按下物件版面配置區中的**線上圖片**按鈕。

02 開啓「插入圖片」視窗後，於**Office.com美工圖案**欄位中輸入要搜尋圖片的關鍵字，輸入好後按下**搜尋**按鈕。

03 PowerPoint就會搜尋出Office.com中與關鍵字有關的圖片，接著選擇要插入的圖片，再按下**插入**按鈕。

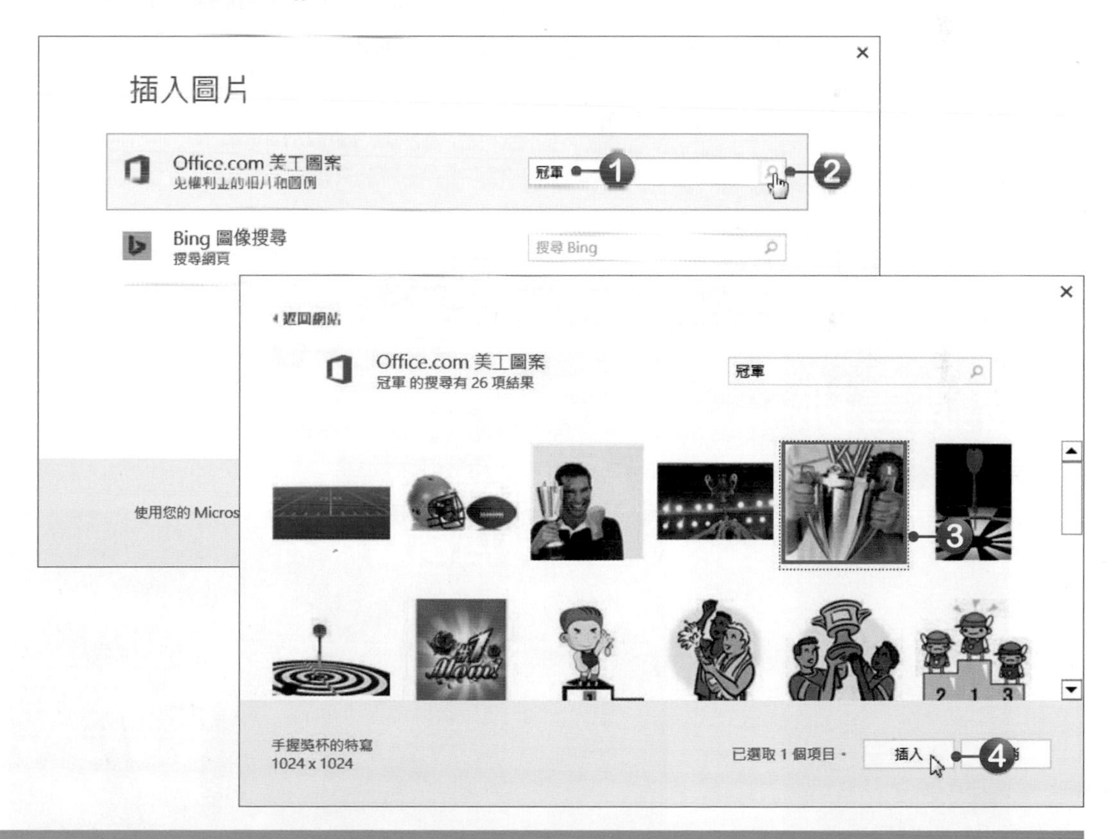

若一次要插入多張圖片時，可配合使用**Ctrl**鍵來選取多張圖片。要插入線上圖片時，電腦必須先連上網路，才能使用搜尋美工圖案功能。

04 回到投影片後，圖片就會插入於物件配置區中。

將圖片裁剪成圖形

在**「圖片工具→格式→大小」**群組中，使用裁剪功能，可以輕鬆地將圖片裁剪成任一圖形，或是指定裁剪的長寬比。

01 點選要裁剪的圖片，按下**「圖片工具→格式→大小→裁剪」**按鈕，於選單中點選**裁剪成圖形**選項，即可選擇要使用的圖形。

02 點選後，圖片就會被裁剪成所選擇的圖形。

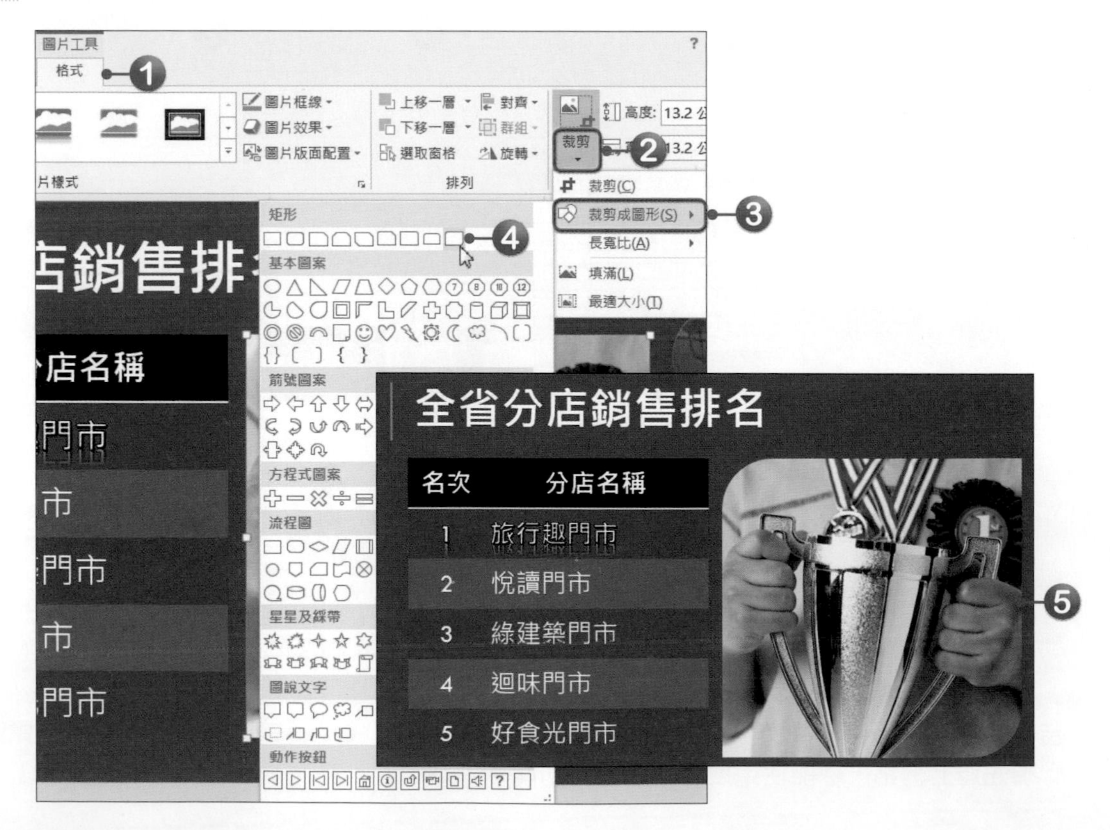

3-4 加入圖表讓數據資料更容易理解

一大堆的數據資料，都比不上圖表的一目了然，透過圖表能夠很容易解讀出資料的意義。所以，在製作統計或銷售業績相關的簡報時，可以將數據資料製作成圖表，藉以說明或比較數據資料，讓簡報更為專業。

插入圖表

在此範例中要加入圓形圖，呈現出各季銷售業績所佔的比重。

01 進入第6張投影片，按下物件配置區中的**插入圖表**按鈕，或按下**「插入→圖例→插入圖表」**按鈕，開啟「插入圖表」對話方塊，選擇**圓形圖**中的**立體圓形圖**，選擇好後按下**確定**按鈕。

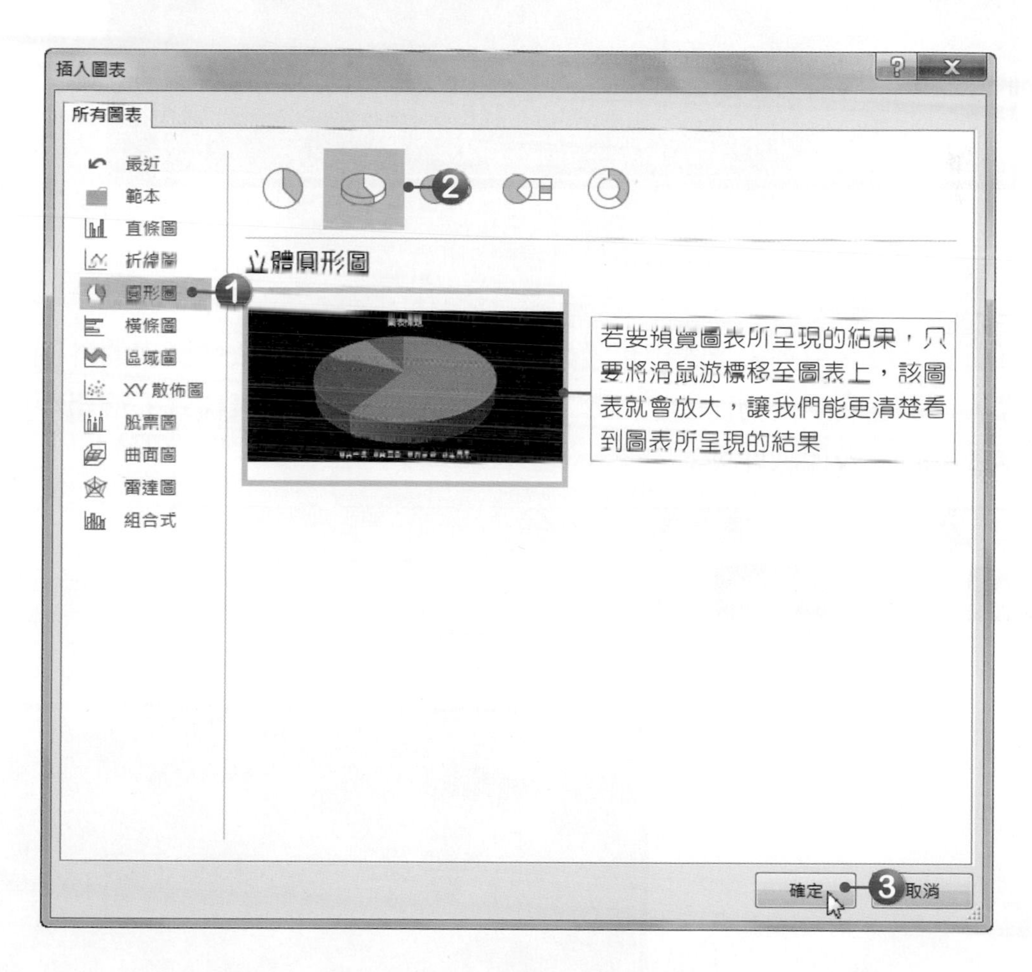

02 此時會開啟編輯視窗，接著在資料範圍內輸入相關資料，輸入好後按下**關閉**按鈕，關閉編輯視窗，回到投影片中，立體圓形圖就製作完成了。

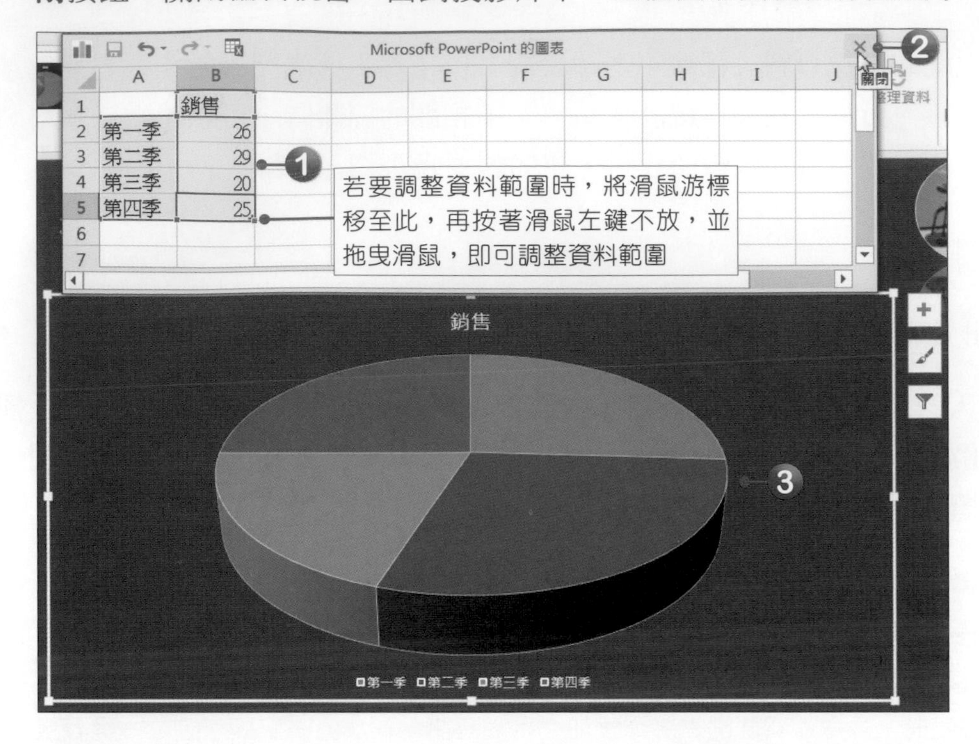

套用圖表樣式

將圖表直接套用圖表樣式中預設好的樣式，可以快速地改變圖表的外觀及版面配置，只要選取圖表物件後，再於**「圖表工具→設計→圖表樣式」**群組中直接點選要套用的圖表樣式即可。

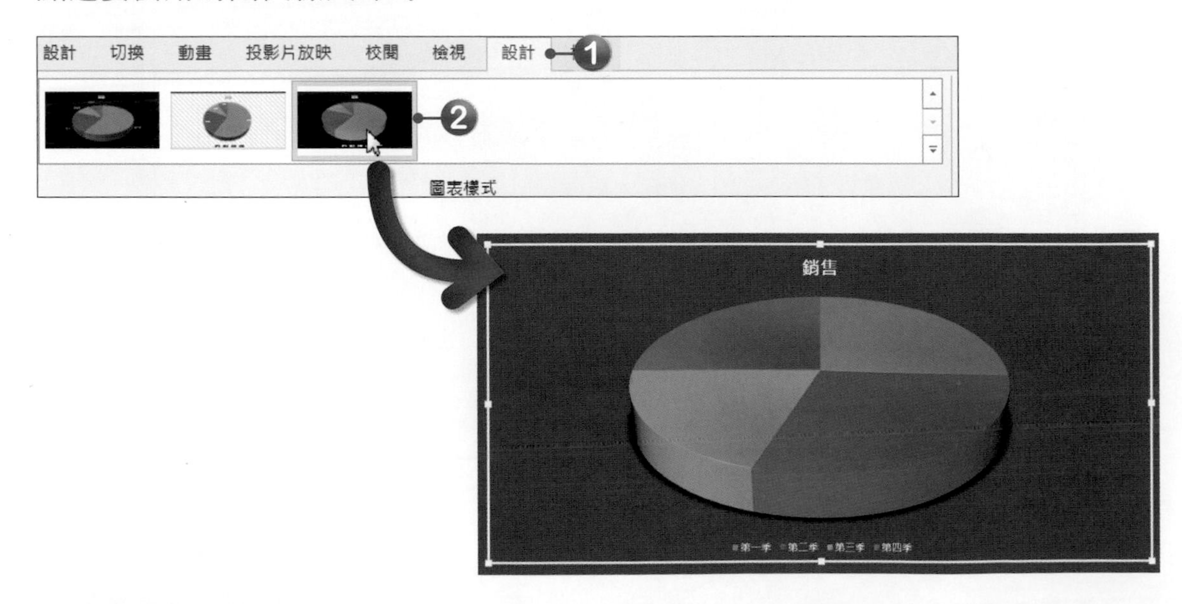

編輯圖表項目

基本上一個圖表的基本構成，包含了：資料標記、資料數列、類別座標軸、圖例、數值座標軸、圖表標題等物件，而這些物件都可依需求選擇是否要顯示。

01 按下圖表右上方的 + **圖表項目**按鈕，將**圖表標題**的勾選取消，表示不顯示圖表標題。

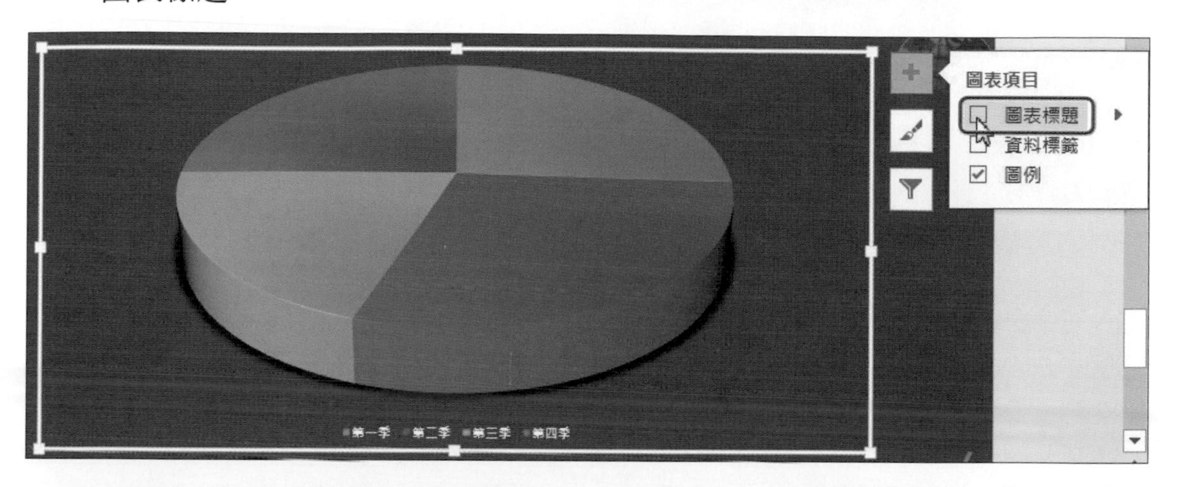

在製作圖表時，可依據實際需求將圖表加上相關資訊，在「**圖表工具→設計→圖表版面配置→新增圖表項目**」按鈕，也可以進行圖表的版面配置設定。

02 接著按下**資料標籤**項目的 ▸ 按鈕，於選單中點選**其他選項**。

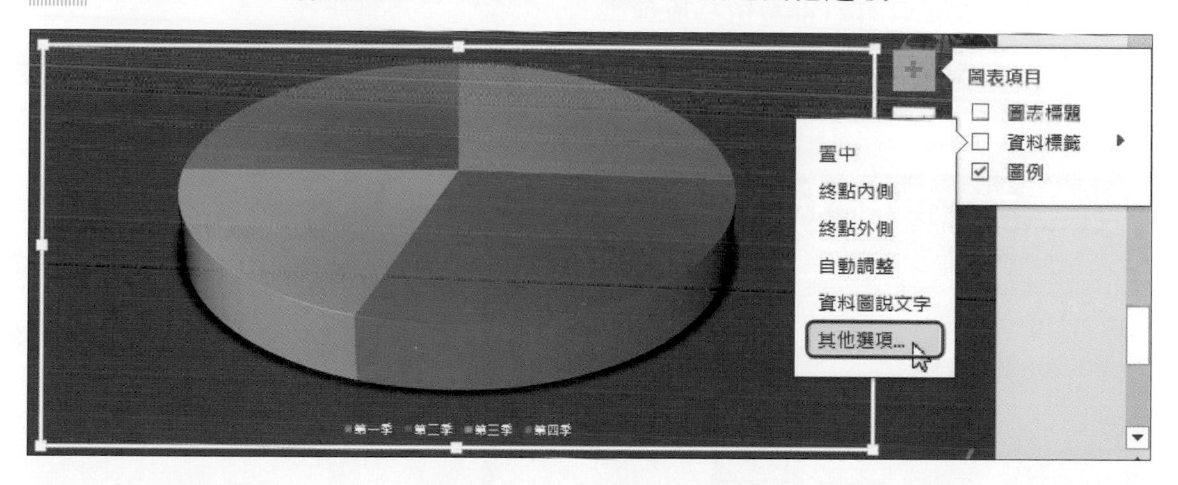

圖表建立好後，在圖表的右上方會看到 + 圖表項目、 圖表樣式及 ▼ 圖表篩選等三個按鈕，利用這三個按鈕可以快速地進行一些圖表的基本設定。

03 開啟**資料標籤格式**窗格後，在**標籤選項**中將**類別名稱**及**百分比**選項勾選；再將**標籤位置**設定為**置中**，圓形圖中就會加入類別名稱及該類別所佔的百分比。

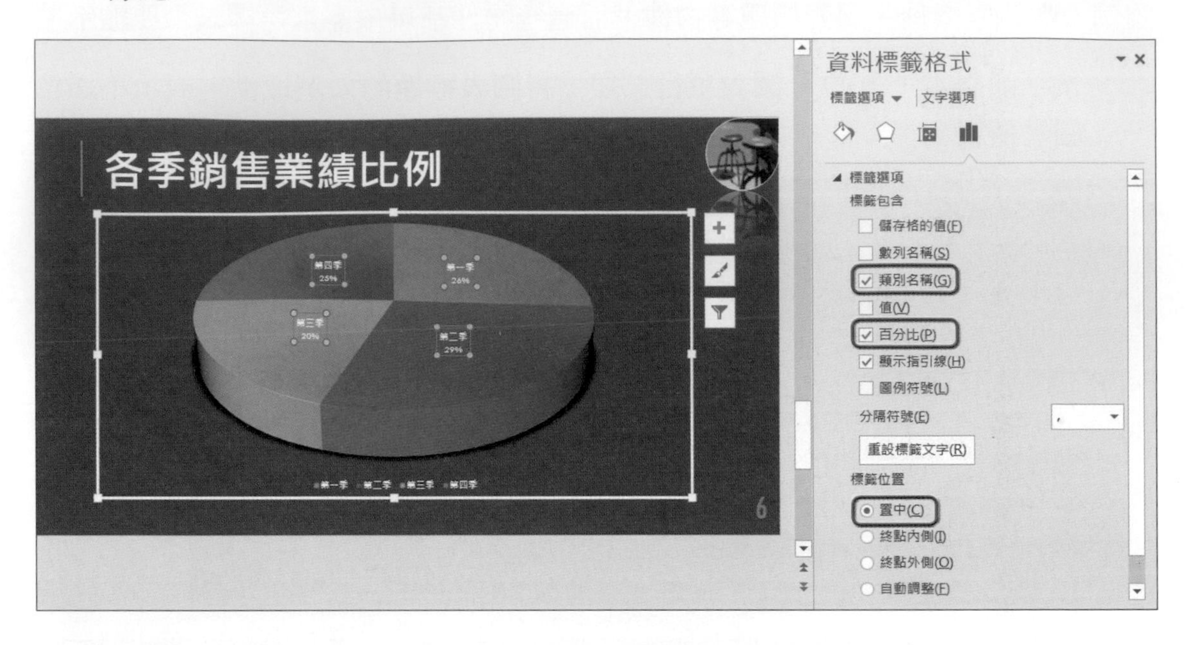

圓形圖分裂設定

01 選取圖表物件中的「數列」，於數列上按下**滑鼠右鍵**，於選單中點選**資料數列格式**，開啟**資料數列格式**窗格。

02 在數列選項中，將**第一扇區起始角度**設為**45度**；再將**圓形圖分裂**設定為**10%**。

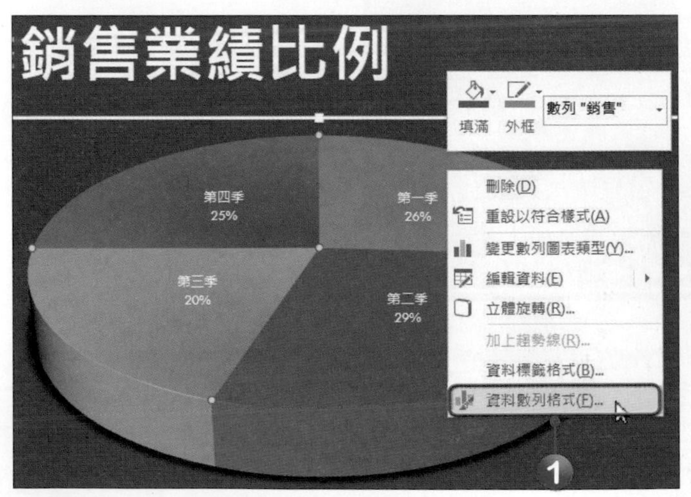

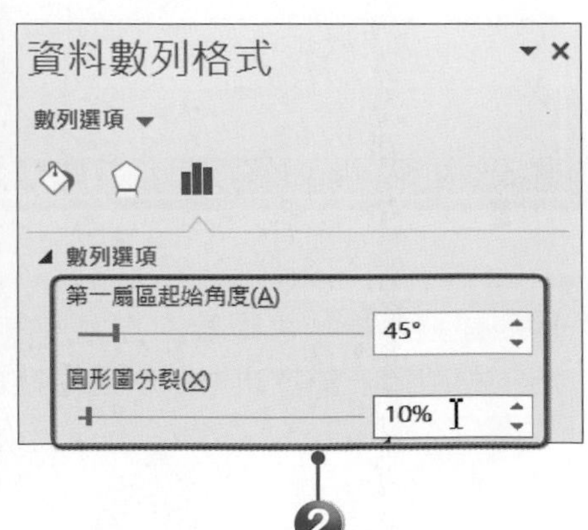

03 圓形圖便會旋轉角度，並進行分裂。

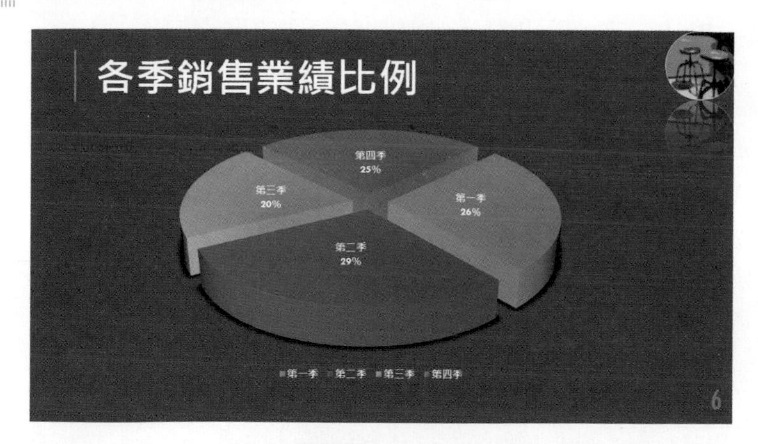

在PowerPoint中的圖表操作方式與Excel的圖表功能大致相同，所以要使用圖表時，可以參考Excel篇的Example04範例。

3-5 加入Excel中的圖表

在PowerPoint除了自行建立之外，也可以直接將Excel中所製作的圖表，複製到投影片中。

複製Excel圖表至投影片中

本範例要將**銷售圖表.xlsx**檔案中的圖表複製到第7張投影片中，再進行相關的編輯動作。

01 開啓**銷售圖表.xlsx**檔案，選取工作表中的圖表，按下鍵盤上的**Ctrl+C**快速鍵，或按下**「常用→剪貼簿→複製」**按鈕，複製該圖表。

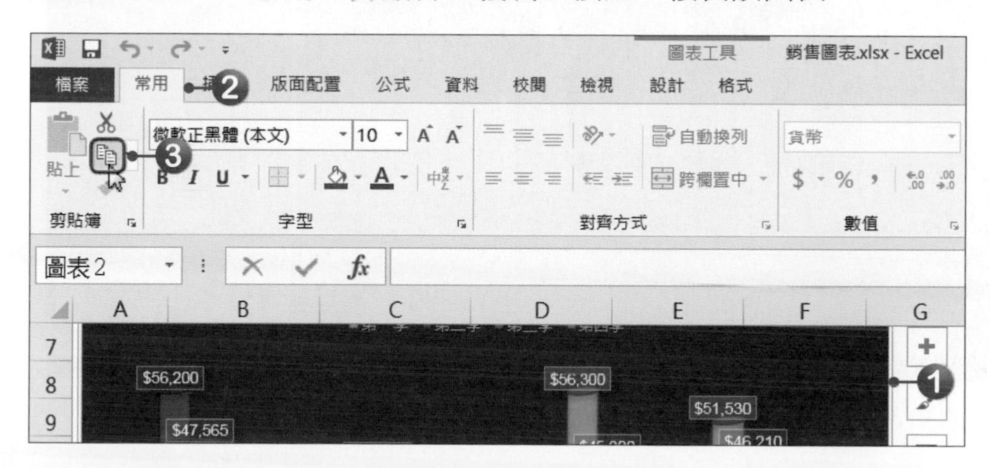

02 回到PowerPoint操作視窗，進入第7張投影片，按下**Ctrl+V**快速鍵，或按下**「常用→剪貼簿→貼上」**按鈕，將剛剛複製的圖表貼到投影片中。

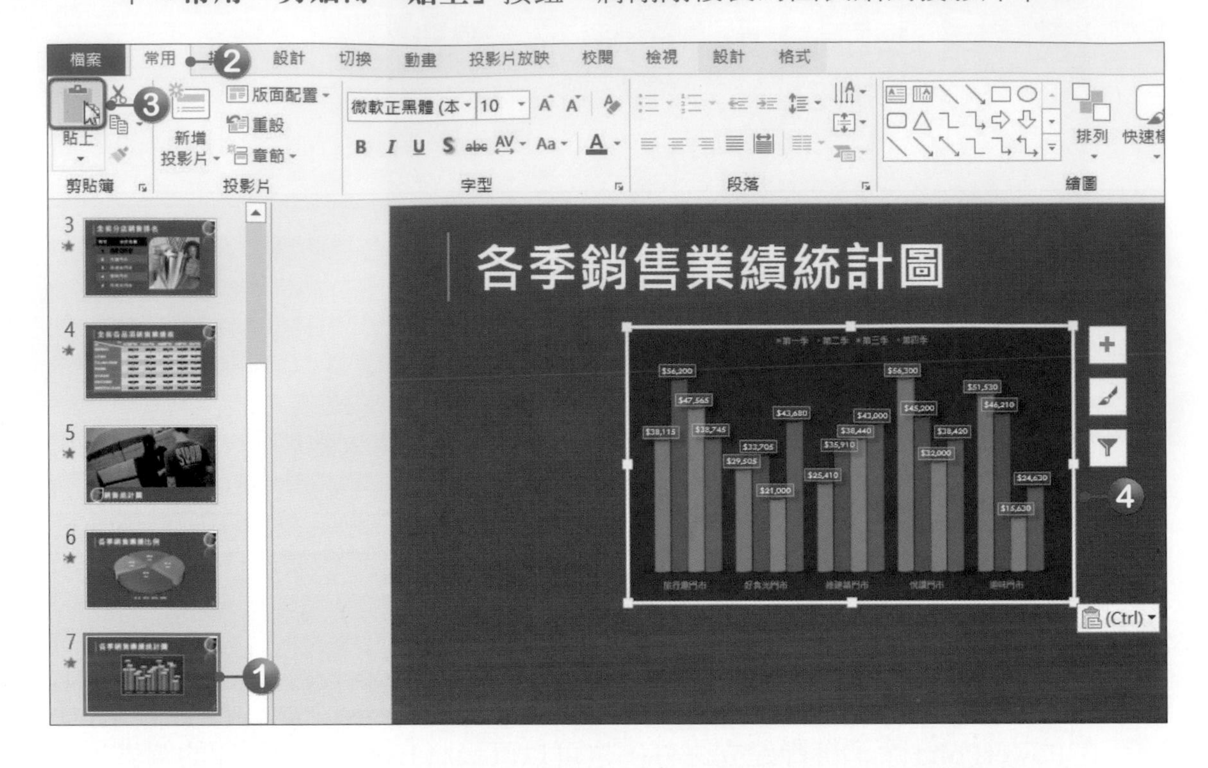

03 圖表貼上後，在預設下會以**「使用目的地佈景主題並連結資料」**方式貼上圖表，這裡要將貼上方式修改為**「保持來源格式設定並連結資料」**。按下(Ctrl)按鈕，於選單中點選，圖表就會保持來源格式設定並連結資料。

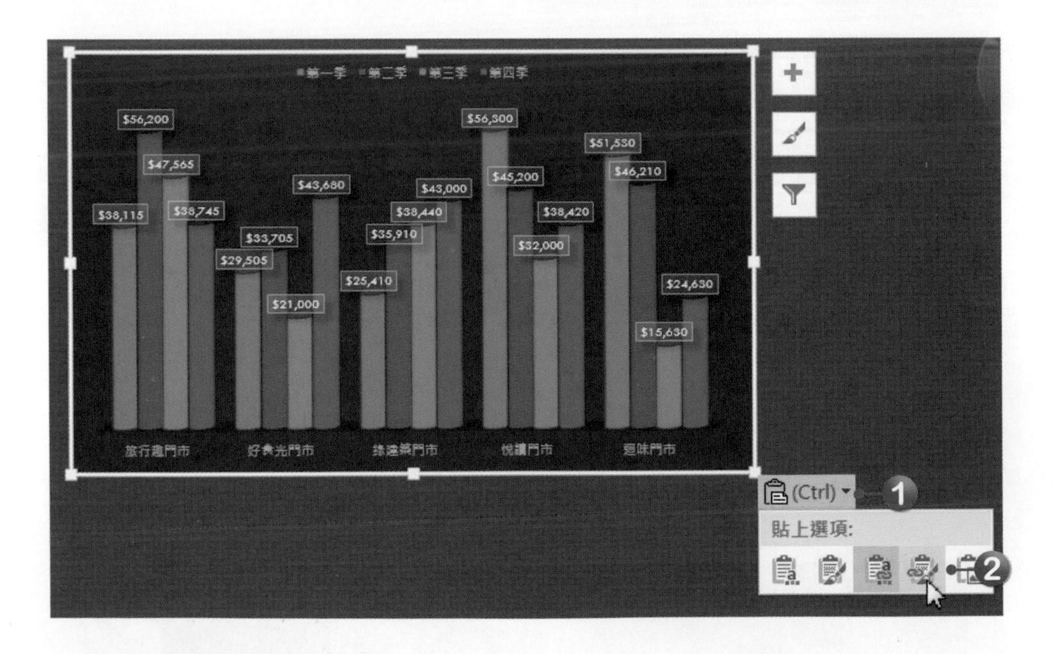

04 接著調整圖表的位置及大小，再進入**「常用→字型」**群組中設定圖表內的文字大小。

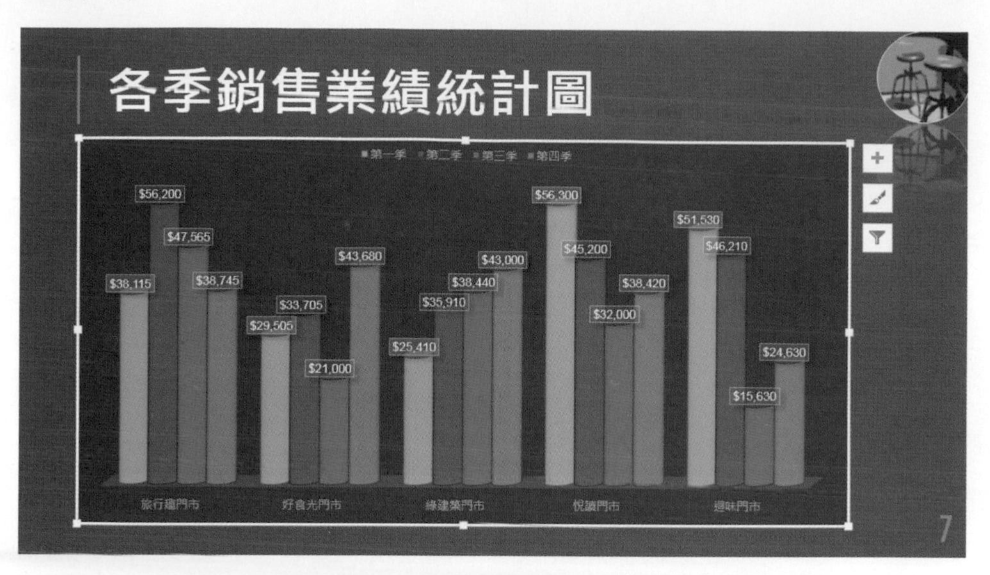

加上運算列表

想要在圖表中與來源資料對照，那麼可以加入「運算列表」，讓資料顯示於繪圖區下方，不過，並不是所有的圖表都可以加上運算列表，例如：圓形圖及雷達圖就無法加入運算列表。

01 選取圖表物件，按下**「圖表工具→設計→圖表版面配置→新增圖表項目→運算列表」**按鈕，於選單中點選**有圖例符號**。

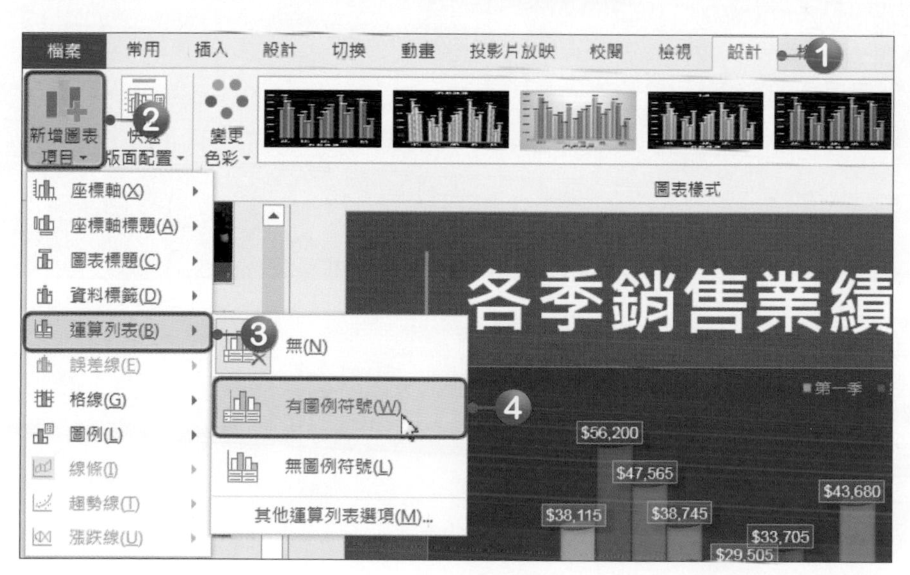

02 點選後，在繪圖區的下方就會加入運算列表。

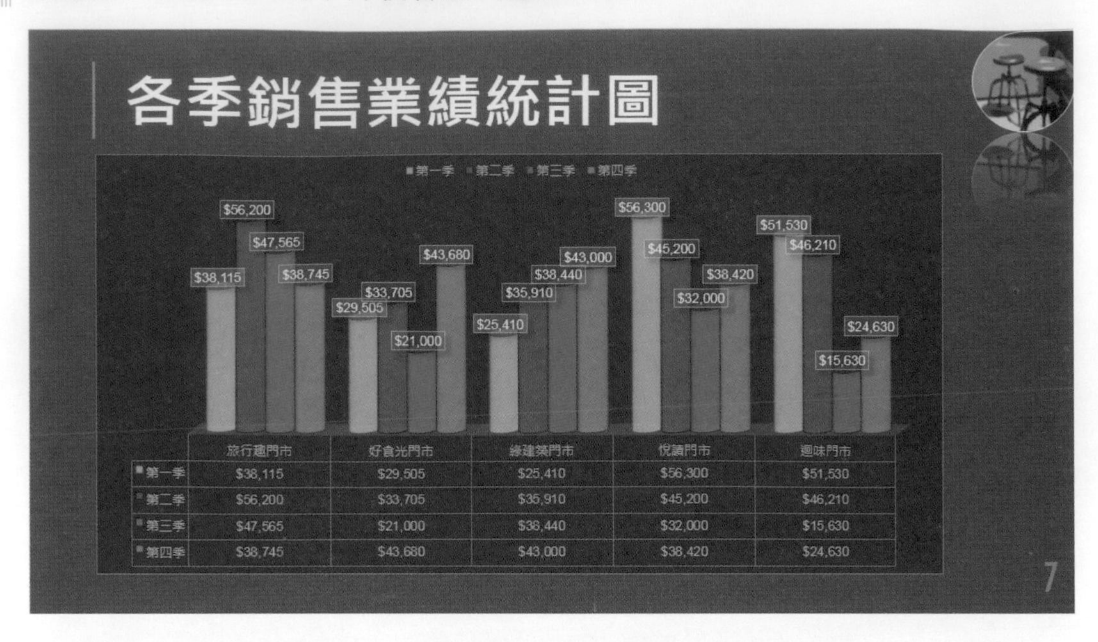

03 接著點選運算列表，進入**「常用→字型」**群組中，按下**縮小字型**按鈕，或 **Ctrl+Shift+<** 快速鍵，將運算列表內的文字縮小至 **10.5**。

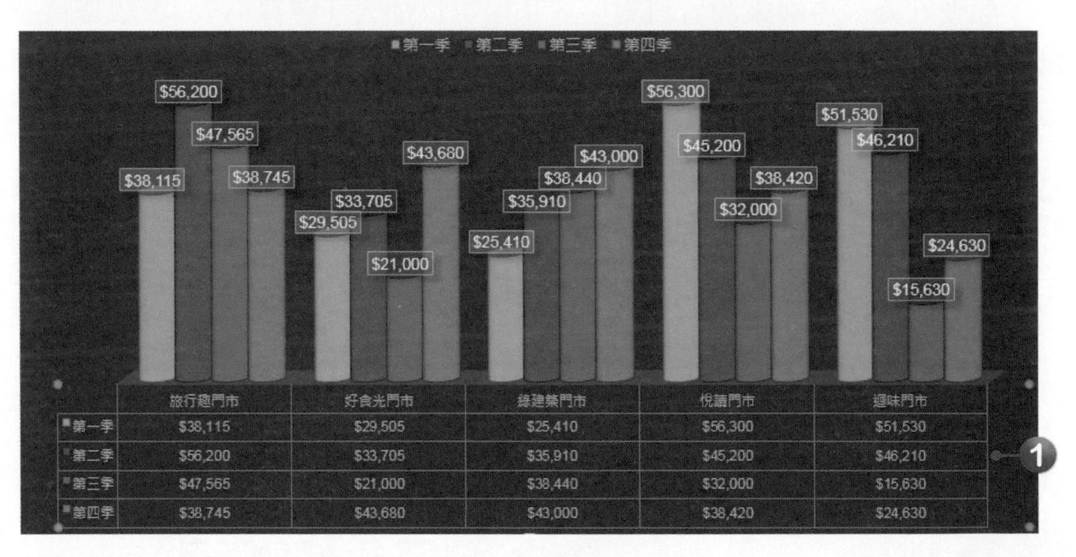

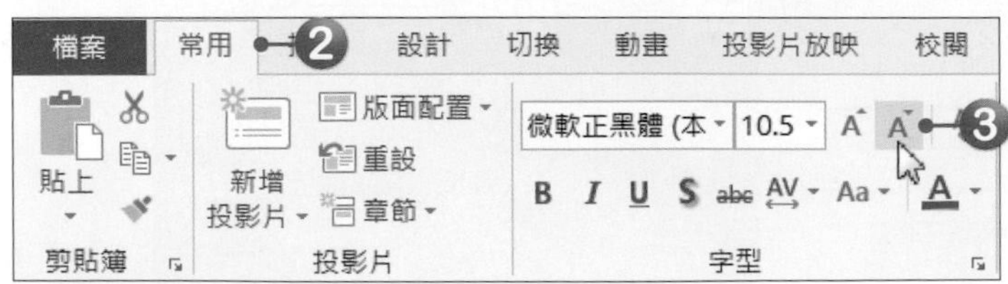

自我評量

✦選擇題

(　　)1. 在PowerPoint中，下列哪個圖表類型只適用於包含一個資料數列所建立的圖表？(A)環圈圖 (B)圓形圖 (C)長條圖 (D)泡泡圖。

(　　)2. 在PowerPoint中，下列哪種圖表無法加上運算列表？(A)曲面圖 (B)雷達圖 (C)直條圖 (D)堆疊圖。

(　　)3. 在PowerPoint中，於表格輸入文字時，若要跳至下一個儲存格，可以按下鍵盤上的哪個按鍵？(A)Tab (B)Ctrl (C)Shift (D)Alt。

(　　)4. 在PowerPoint中，若要調整表格大小，下列哪個方法正確？(A)按住「Ctrl」鍵拖曳表格，可保持原表格的長寬比 (B)按住「Shift」鍵拖曳表格，可讓表格保持在投影片中央 (C)若要保持表格原來的長寬比，可設定「鎖定長寬比」(D)無法指定表格欄寬的寬度。

(　　)5. 在PowerPoint中，下列敘述何者不正確？(A)表格的背景可以填滿圖片、漸層、材質、單一色彩 (B)儲存格無法套用反射效果 (C)表格可以套用陰影、反射等效果 (D)儲存格的背景無法填滿圖片。

✦實作題

1. 開啟「PowerPoint→Example03→茶銷售統計.pptx」檔案，進行以下設定。
   - 將第2張投影片中的表格進行美化的動作。
   - 將第2張投影片中的資料製作成「群組直條圖」，圖表樣式請自行設計。

銷售業績統計表

	紅茶	綠茶	烏龍茶	青茶
敦化分店	$64,520	$53,420	$64,200	$50,715
大安分店	$55,965	$48,405	$42,105	$57,123
松江分店	$36,985	$57,435	$43,650	$45,985

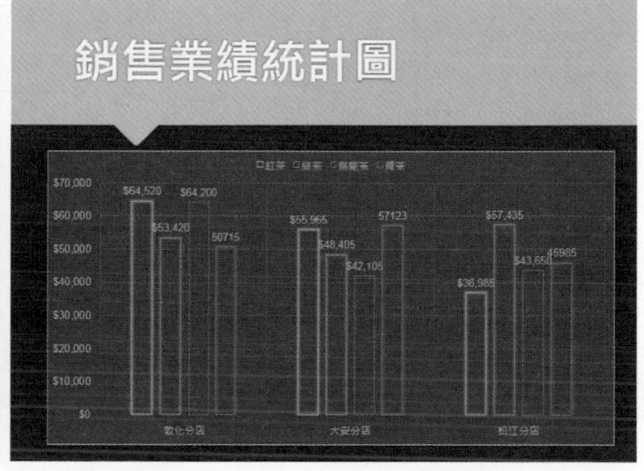

自我評量

2. 開啓「PowerPoint→Example03→旅遊調查報告.pptx」檔案，進行以下的設定。
   - 將「遊覽景點排名.docx」檔案中的表格複製到第2張投影片中，表格格式請自行設定。
   - 在第3張投影片中加入一張與旅遊相關的線上圖片，並將圖片裁剪成「圓角矩形」圖形。
   - 將「觀光統計.xlsx」檔案中的圖表複製到第4張投影片中，圖表格式請維持與來源相同。

名次	遊覽景點	相對次數	名次	遊覽景點	相對次數
1	夜市	76.95	6	國父紀念館	28.27
2	臺北101	57.41	7	墾丁國家公園	27.84
3	故宮博物院	47.63	8	野柳	27.15
4	中正紀念堂	35.58	9	西門町	26.48
5	日月潭	32.58	10	九份	26.40

主要原因	百分比
觀光	69.68%
業務	22.26%
探親或訪友	5.62%
國際會議或展覽	0.67%
求學	0.49%
其他	1.27%

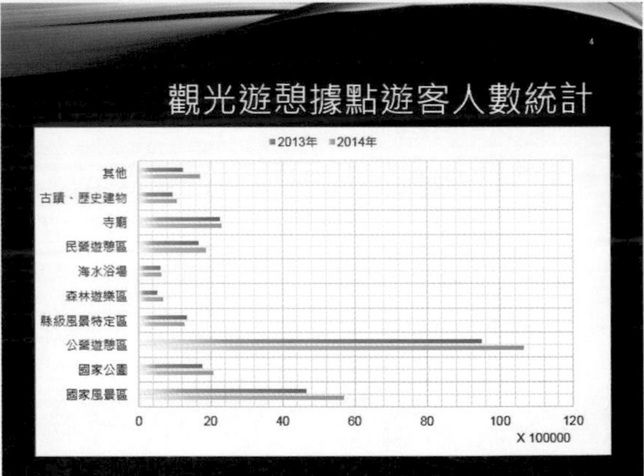

04 Example 行銷活動企劃案

✪ 學習目標

製作簡報備忘稿、講義的製作、簡報放映技巧、自訂放映投影片範圍、錄製投影片放映時間及旁白、將簡報封裝成光碟、列印簡報、將簡報傳送至OneDrive雲端硬碟、使用PowerPoint Online編輯簡報

✪ 範例檔案

PowerPoint→Example04→行銷活動企劃案.pptx

✪ 結果檔案

PowerPoint→Example04→行銷活動企劃案-OK.pptx

PowerPoint→Example04→講義.docx

在「行銷活動企劃案」範例中，將學習備忘稿、講義、放映技巧、列印及線上編輯簡報的使用。

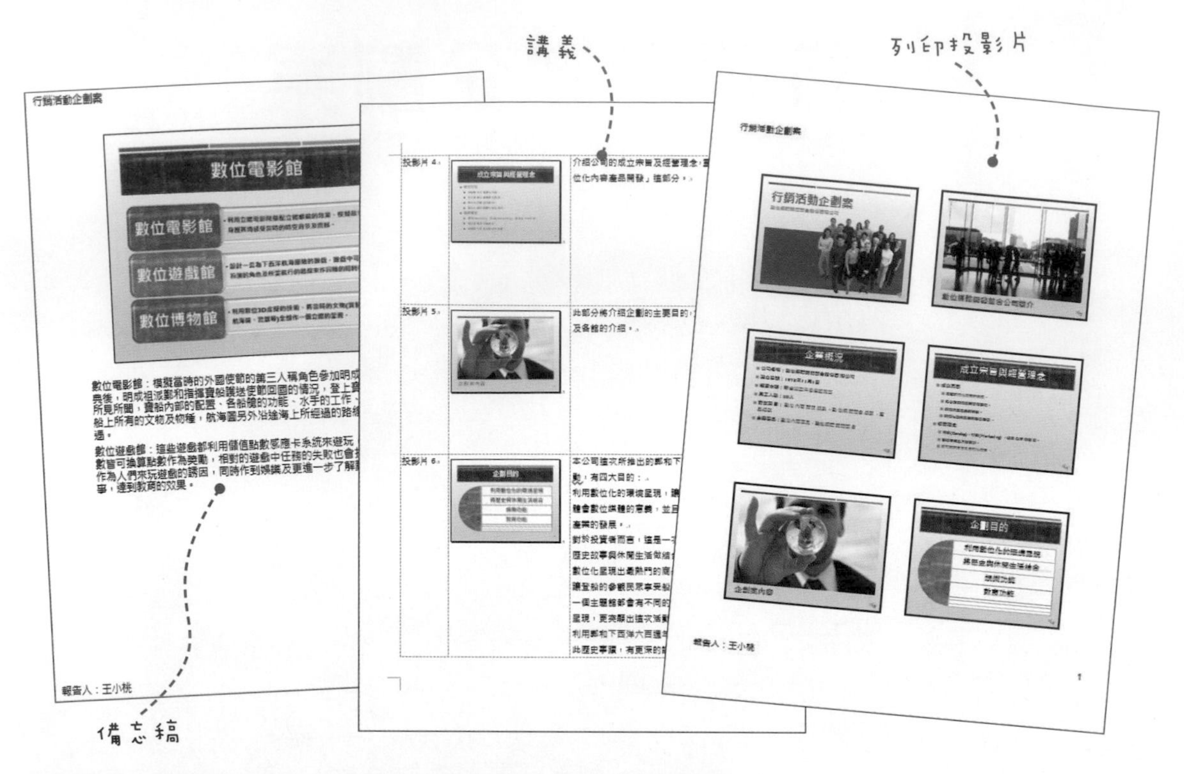

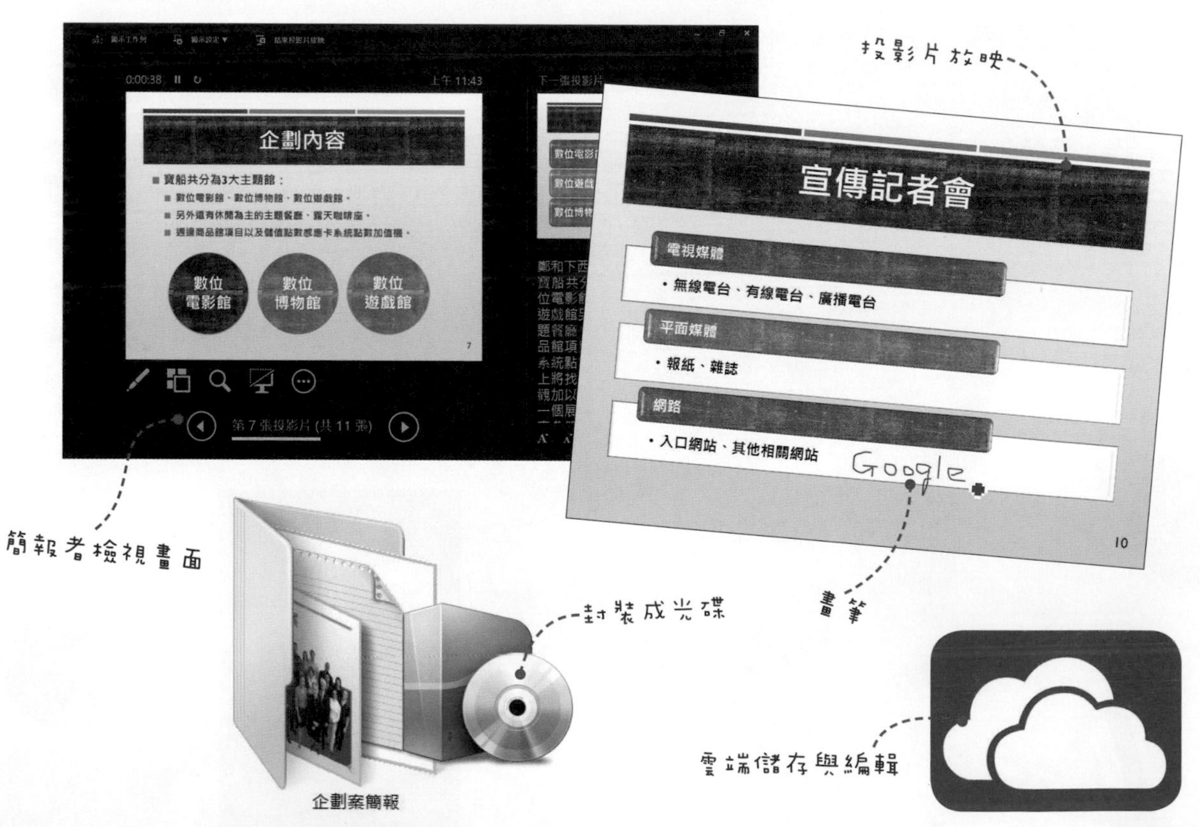

4-1 備忘稿的製作

基本上在製作簡報時，內容應以簡單扼要爲主，而將其他要補充的資料放置於「備忘稿」中，以便進行簡報時，能提醒自己要說明的內容。

新增備忘稿

在投影片中要加入備忘稿資料時，可按下 ≐備忘稿 按鈕，會於視窗下方開啓**備忘稿窗格**，在窗格中可以檢視及輸入備忘稿內容。於標準模式及大綱模式下可以隨時按下 ≐備忘稿 按鈕，來開啓或關閉備忘稿窗格。

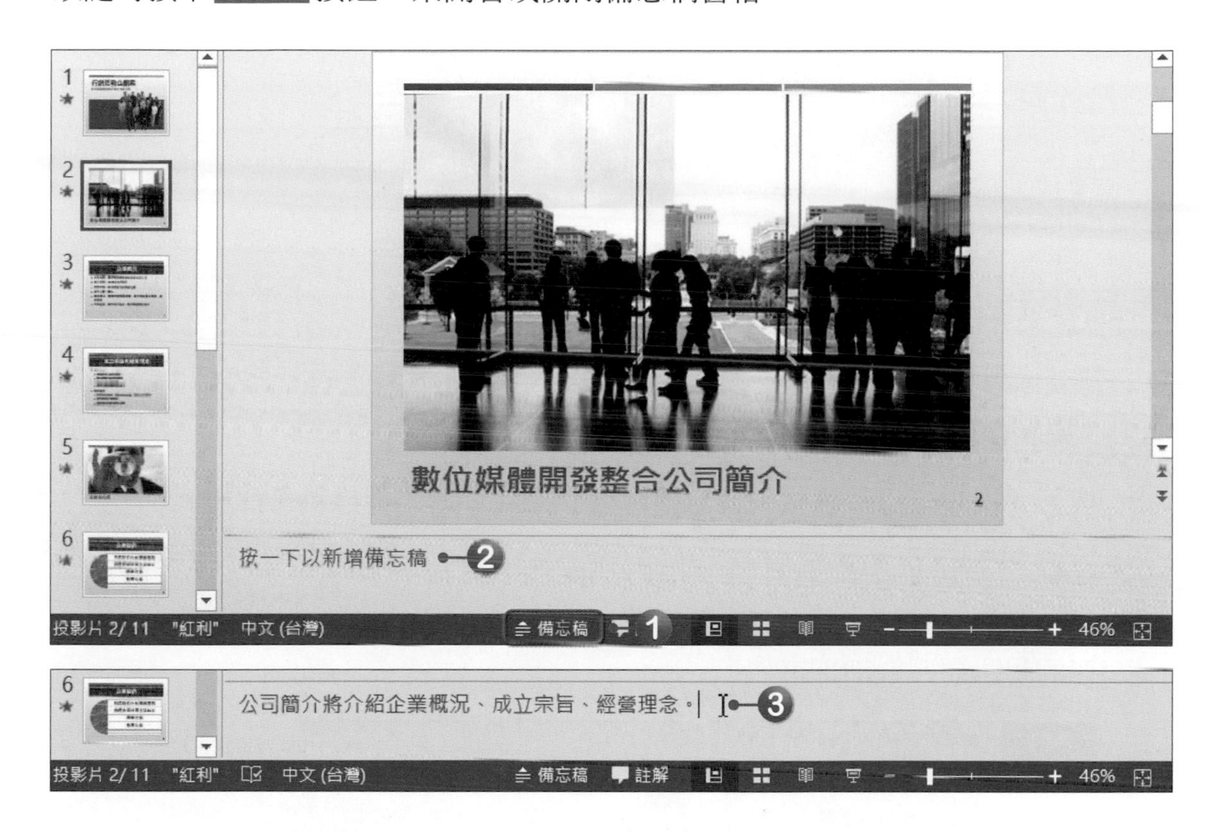

除此之外，也可以按下**「檢視→簡報檢視→備忘稿」**按鈕，進入「備忘稿」檢視模式，進行備忘稿的輸入。

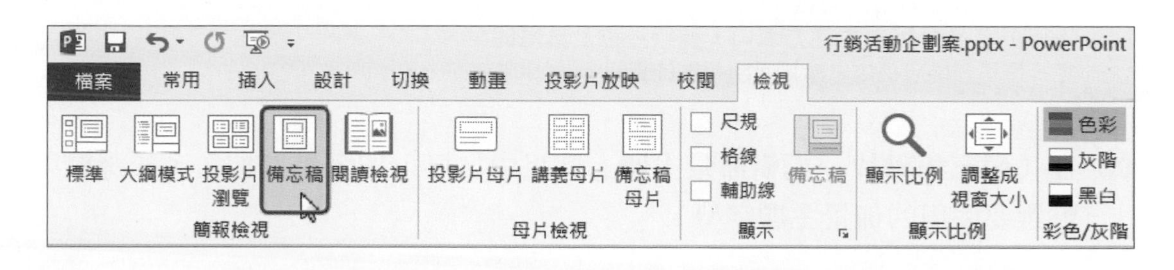

進入備忘稿檢視模式後，即可在備忘稿中輸入相關資料。

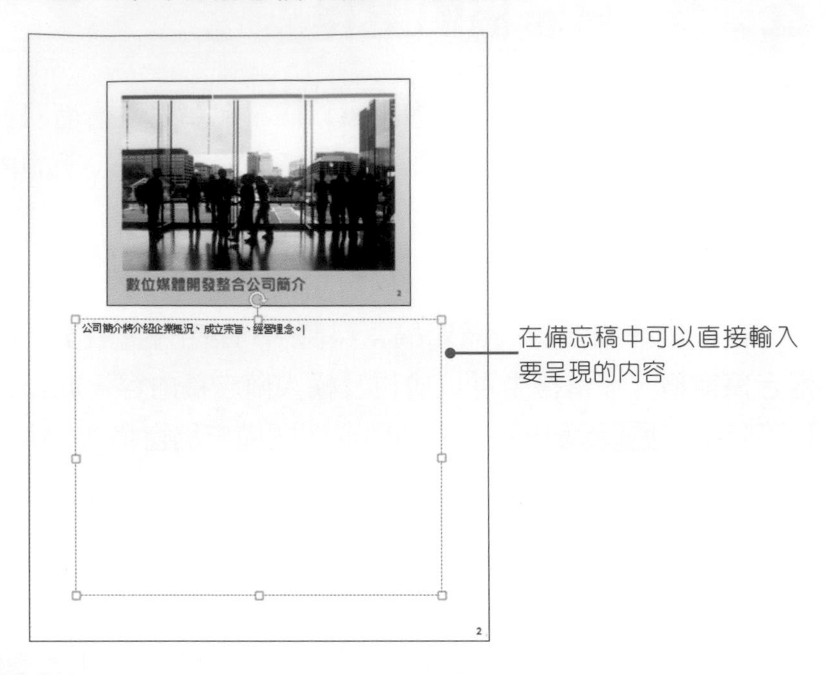

備忘稿母片設定

建立備忘稿資料後，若要設定備忘稿的文字格式，或頁首頁尾資訊時，可以進入**「備忘稿母片」**中進行設定。

01 按下**「檢視→母片檢視→備忘稿母片」**按鈕，進入備忘稿母片模式中。

02 在備忘稿母片中配有頁首、投影片圖像、頁尾、日期、本文、頁碼等資訊，若要取消某個資訊時，在**「備忘稿母片→版面配置區」**群組中，將不要的資訊勾選取消即可。

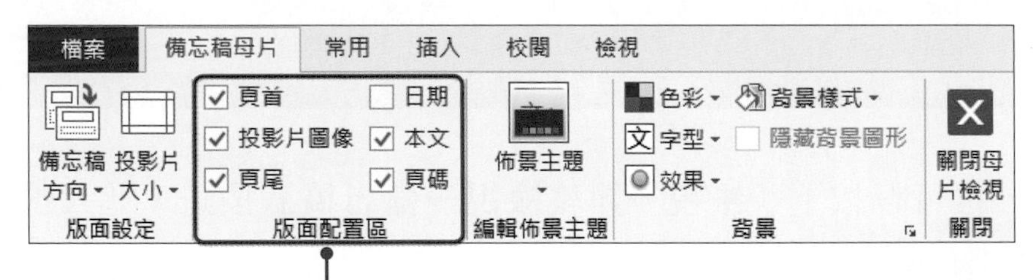

03 在**「備忘稿母片→編輯佈景主題」**群組中，可以按下**字型**按鈕，於選單中點選要使用的佈景主題字型。

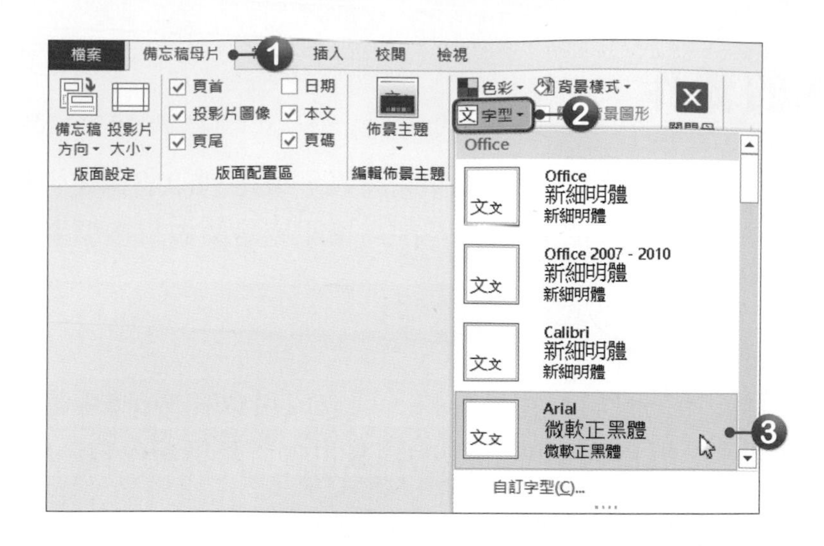

在備忘稿母片中的每一個配置區都可以進行位置及大小的調整，且可以在備忘稿中加入圖片、表格或其他圖例來美化備忘稿。

04 備忘稿母片都設定好後，按下「**備忘稿母片→關閉→關閉母片檢視**」按鈕，即可離開備忘稿母片模式。

05 接著按下「**檢視→簡報檢視→備忘稿**」按鈕，即可檢視備忘稿母片設定的結果。

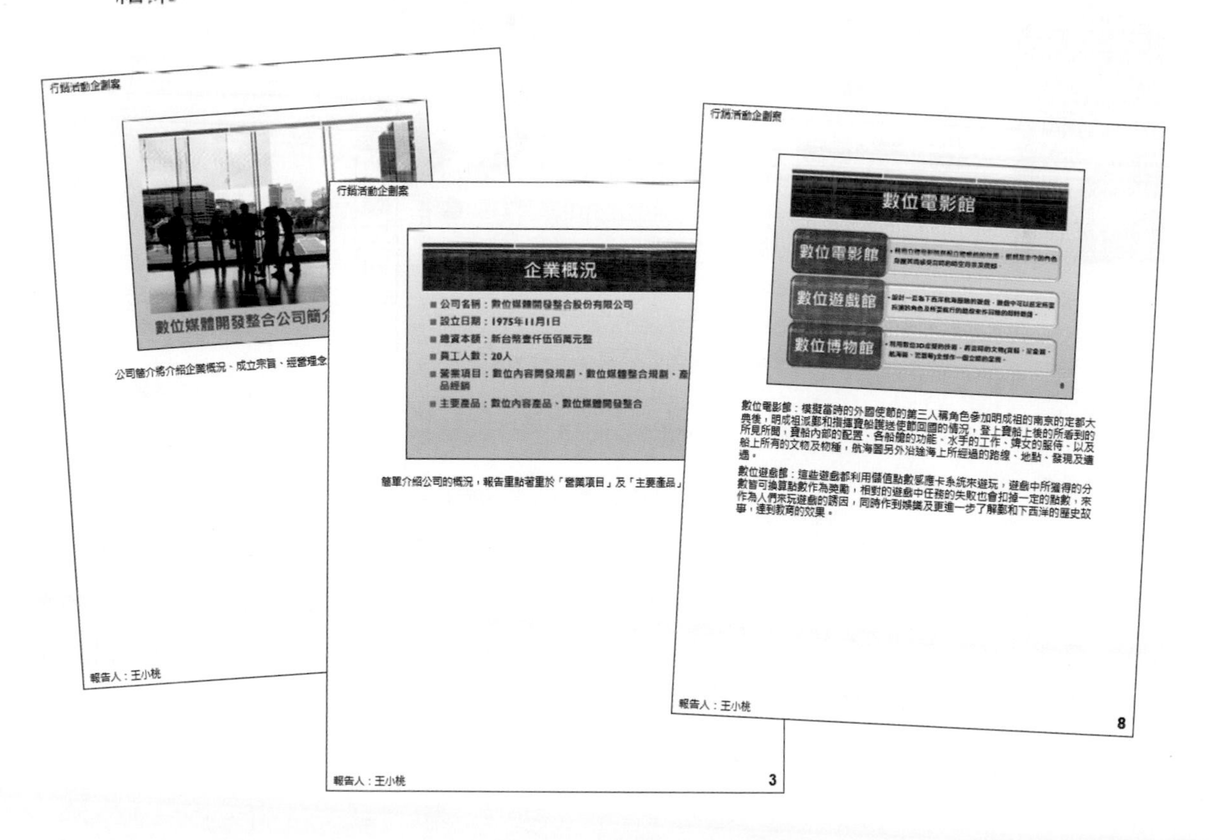

4-2 講義的製作

當準備進行簡報時，可以先將簡報內容製作成講義，或是列印成講義，提供給觀眾，讓觀眾在聽取簡報時，能夠隨時參閱、撰寫筆記或是留做日後參考用。

建立講義

PowerPoint可以將簡報中的投影片和備忘稿，建立成可以在Word中編輯及格式化的講義，而當簡報內容變更時，Word中的講義也會自動更新內容。

01 按下**「檔案→匯出→建立講義→建立講義」**按鈕，開啟「傳送至Microsoft Word」對話方塊。

02 選擇要使用的版面配置，再點選**貼上連結**選項，設定好後按下**確定**按鈕。

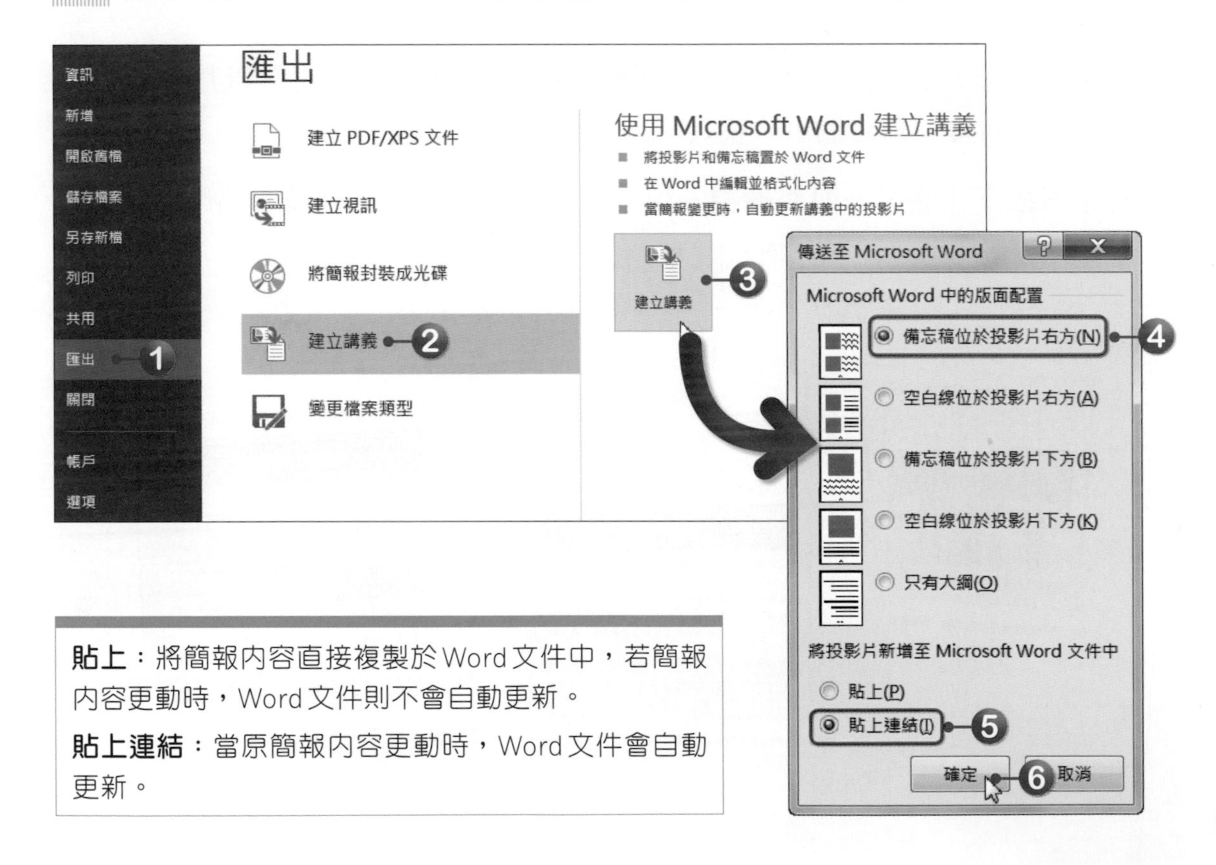

貼上：將簡報內容直接複製於Word文件中，若簡報內容更動時，Word文件則不會自動更新。

貼上連結：當原簡報內容更動時，Word文件會自動更新。

03 簡報內容便會建立在Word文件中，接著便可在Word中進行任何的編輯動作，編輯完後再將文件儲存起來即可。

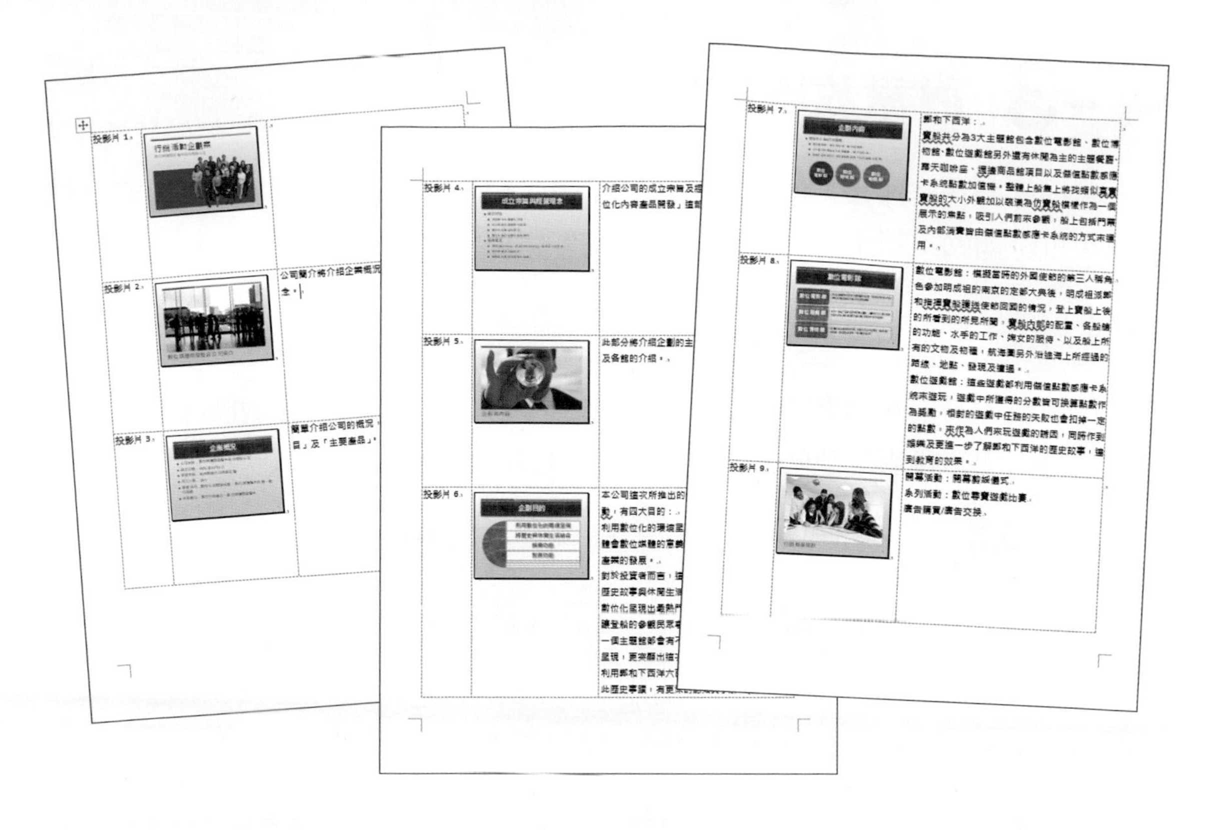

講義母片設定

講義也提供了母片，在進行講義列印前，可以按下「**檢視→母片檢視→講義母片**」按鈕，進入「講義母片」模式中，進行佈景主題、頁首及頁尾、版面配置或文字格式的設定。

按下**每頁投影片張數**按鈕，可以設定每頁要呈現多少張投影片或是只顯示大綱內容。

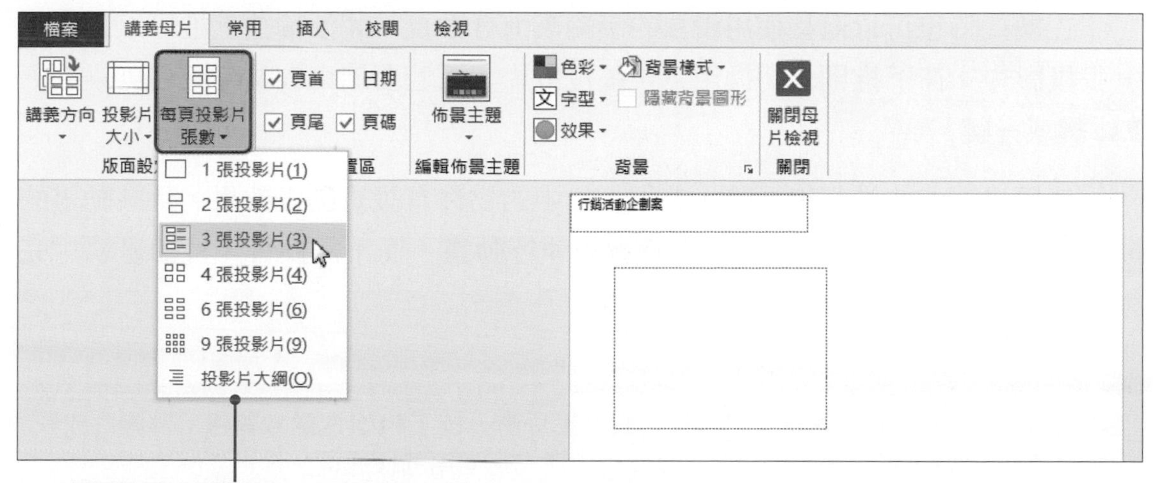

按下**每頁投影片張數**按鈕，即可選擇要顯示的投影片張數

4-3 簡報放映技巧

當簡報製作完成後，便可進行簡報的放映，而在放映的過程中，還有許多技巧是不可不知的，接下來將學習這些放映技巧。

放映簡報及換頁控制

放映簡報時，可以按下**F5**快速鍵，或是▣按鈕，進行簡報放映。而在**「投影片放映→開始投影片放映」**群組中，可以選擇要從何處開始放映投影片。

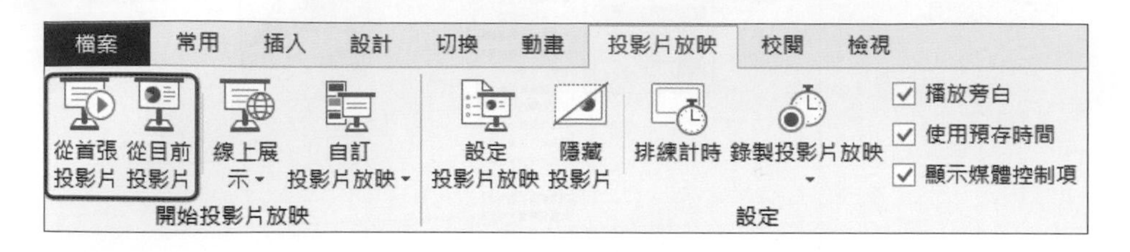

簡報在放映時，若要進行投影片換頁，可使用以下方法：

動作	指令按鈕及快速鍵
從首張投影片	「投影片放映→開始投影片放映→從首張投影片」按鈕、F5
從目前投影片	「投影片放映→開始投影片放映→從目前投影片」按鈕、Shift+F5
換至下一張投影片	N、空白鍵、→、↓、Enter、PageDown
翻回前一張投影片	P、Backspace、←、↑、PageUp
結束放映	Esc、-（連字號）
回到第一張投影片	Home、按住滑鼠左右鍵2秒鐘

在換頁時也可以直接使用滑鼠的滾輪來進行換頁，將滾輪往上推可以回到上一張投影片；往下推則是切換至下一張投影片。而若要結束放映時，則可以按下**Esc**鍵或**－**鍵。

使用以上方法進行換頁時，若投影片中的物件有設定動畫效果，且該動畫的開始方式爲「按一下」，那麼換頁時會先執行動畫，而不是換頁，待動畫執行完後，便可繼續換頁的動作。

若無法記住那麼多的快速鍵，可以在放映投影片時，按下**F1**快速鍵，開啓「投影片放映說明」對話方塊，於**一般**標籤頁中，便會列出所有可使用的快速鍵。

在放映投影片時，於投影片的左下角可以隱約的看到放映控制鈕，將滑鼠游標移至控制鈕上，便會顯示控制鈕，利用這些控制鈕也可以進行換頁控制。

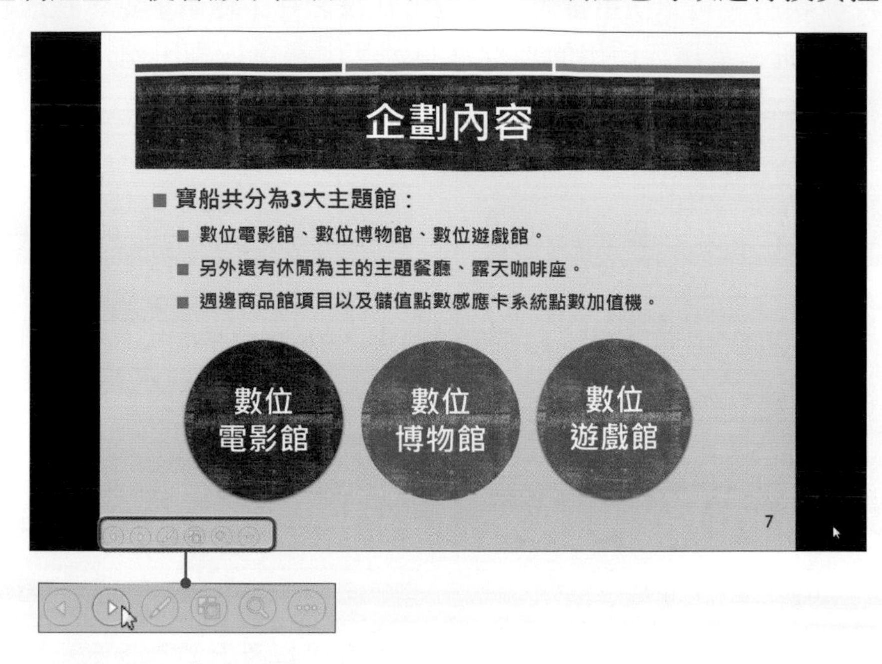

運用螢光筆加強簡報重點

在簡報放映過程中，可以使用雷射筆來指示投影片內容，或是使用畫筆、螢光筆功能，在投影片上標示文字或註解，在演說的過程中，能更清楚表達內容。

將滑鼠游標轉為雷射筆

在播放簡報時，按下左下角的 按鈕，於選單中點選要使用的顏色，再按下**雷射筆**選項，即可將滑鼠游標轉換為雷射筆，或是按下**Ctrl**鍵不放，再按下**滑鼠左鍵**不放，也可以將滑鼠游標暫時轉換為雷射筆。

雷射筆使用完後，若要關閉雷射筆狀態，只要按下**Esc**鍵即可。

用螢光筆或畫筆標示重點

投影片放映時，可以使用螢光筆或畫筆在投影片中標示重點，在放映的過程中，按下⊘按鈕，選擇要使用的指標選項，其中畫筆較細，適合用來寫字，而螢光筆較粗，適合用來標示重點。

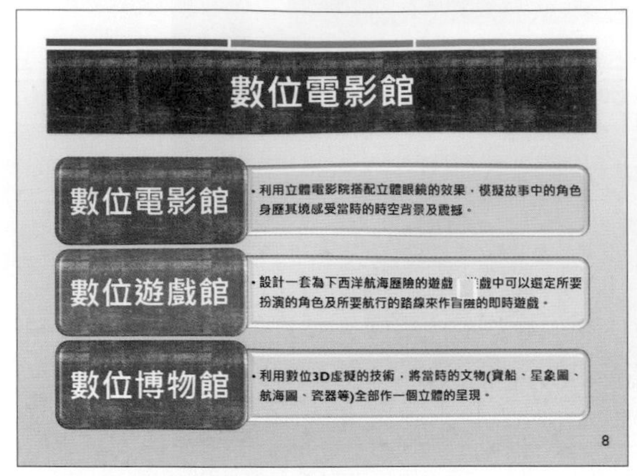

用螢光筆標示重點

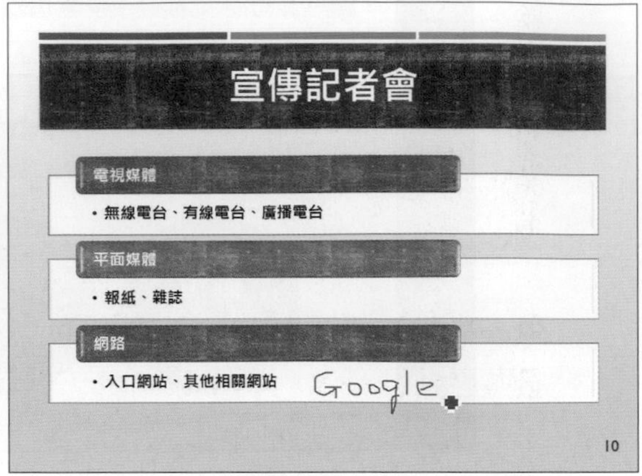

用畫筆書寫文字

要快速轉換為畫筆時，也可以直接按下**Ctrl+P**快速鍵，將滑鼠游標轉換為畫筆。使用完畫筆或螢光筆時，按下**Ctrl+A**快速鍵，即可回復到正常的滑鼠游標狀態。

清除與保留畫筆筆跡

在投影片中加入了螢光筆及畫筆時，若要清除筆跡，可以按下⊘按鈕，於選單中點選**橡皮擦**，即可在投影片中選擇要移除的筆跡，而點選**擦掉投影片中的所有筆跡**，則可以一次將投影片中的所有筆跡移除。

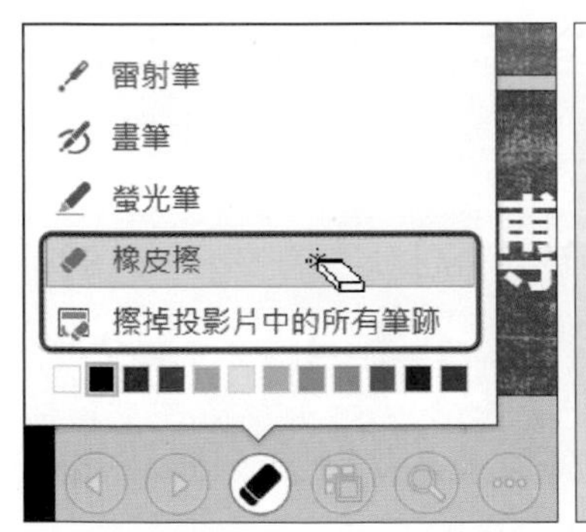

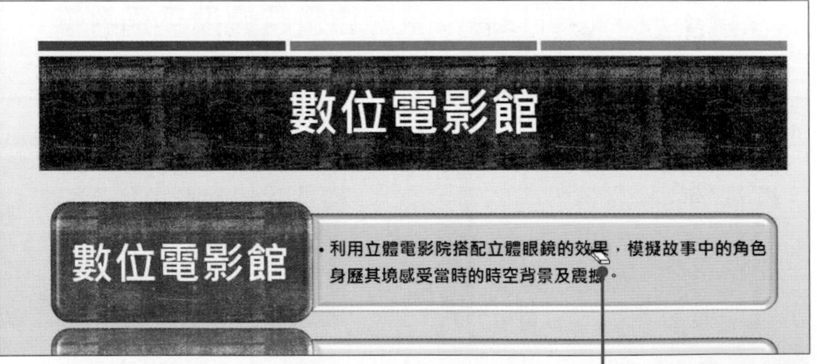

使用橡皮擦功能，只要直接在要移除的筆跡上按一下滑鼠左鍵，即可移除筆跡

在清除筆跡時也可以使用快速鍵來進行，按下**Ctrl+E**快速鍵，可以將游標轉換為橡皮擦；或直接按下**E**鍵，清除投影片上的所有筆跡。

結束放映時，若投影片中還有筆跡，那麼會詢問是否要保留筆跡標註，按下**保留**按鈕，會將筆跡保留在投影片中；按下**放棄**按鈕，則會清除投影片中的筆跡。

放映時檢視所有投影片

在放映簡報時，若想要檢視所有投影片，可以按下左下角的⊞按鈕，即可瀏覽該簡報中的所有投影片，在投影片上按下**滑鼠左鍵**，即可放映該張投影片。

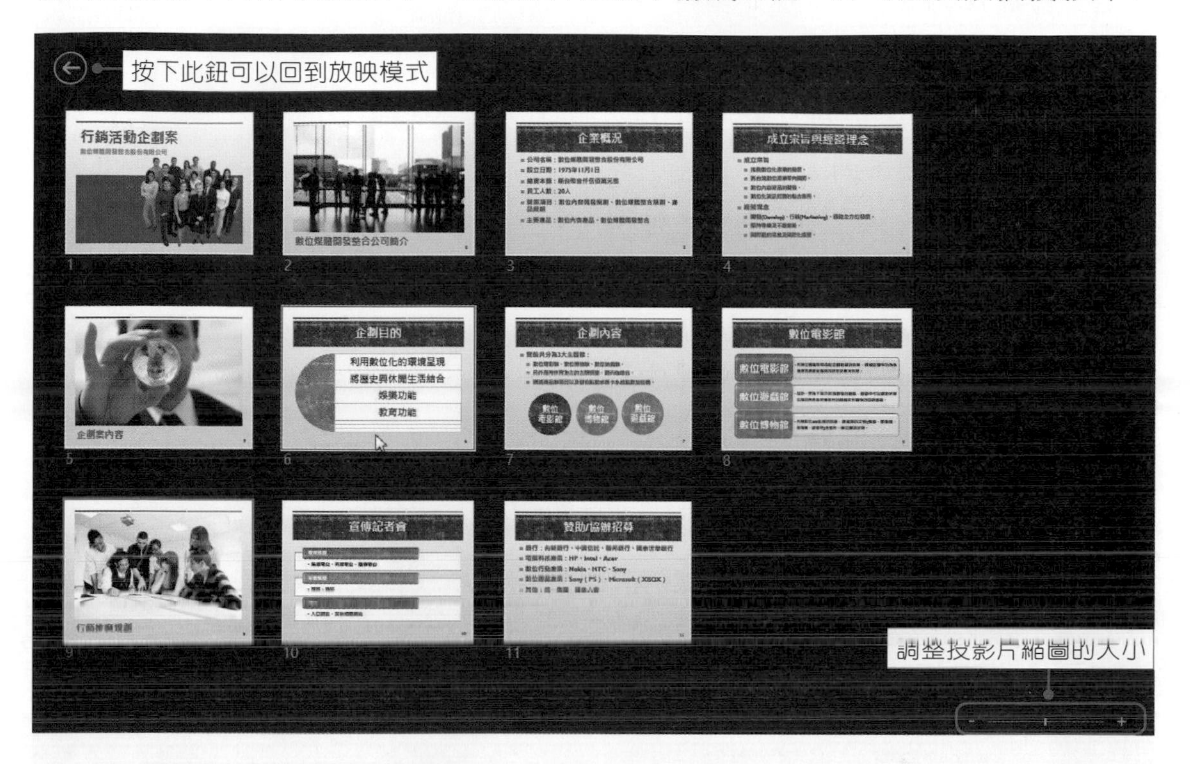

使用拉近顯示放大要顯示的部分

使用🔍按鈕，可以將簡報中的某部分放大顯示，這樣在簡報時就可以將焦點集中在這個部分。拉近顯示後，滑鼠游標會呈✋狀態，按著**滑鼠左鍵**不放即可拖曳畫面，檢視其他的位置；要結束拉近顯示模式時，按下**Esc**鍵即可。

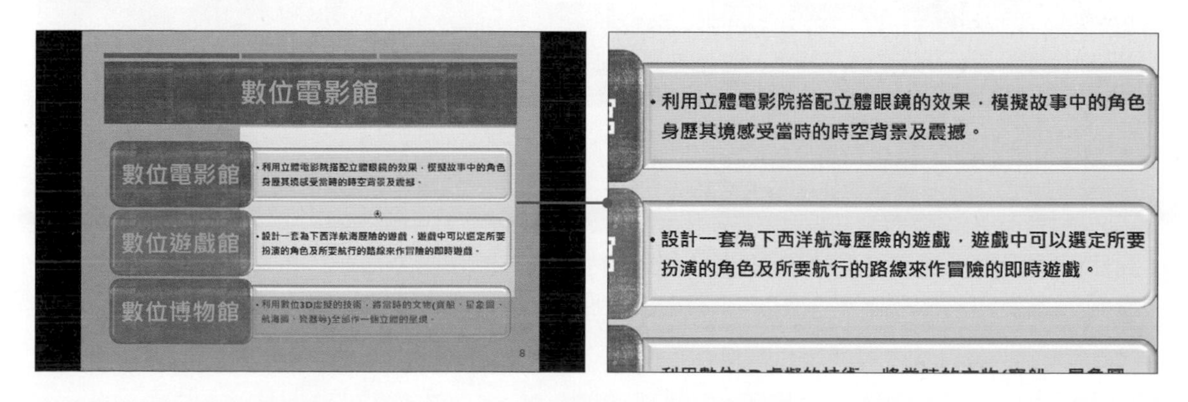

使用簡報者檢視畫面

演講者在進行簡報時，可以進入簡報者檢視畫面模式，便可在自己的電腦螢幕上顯示含有備忘稿的簡報，並進行簡報放映的操作；而觀眾所看到的畫面則是全螢幕放映模式。

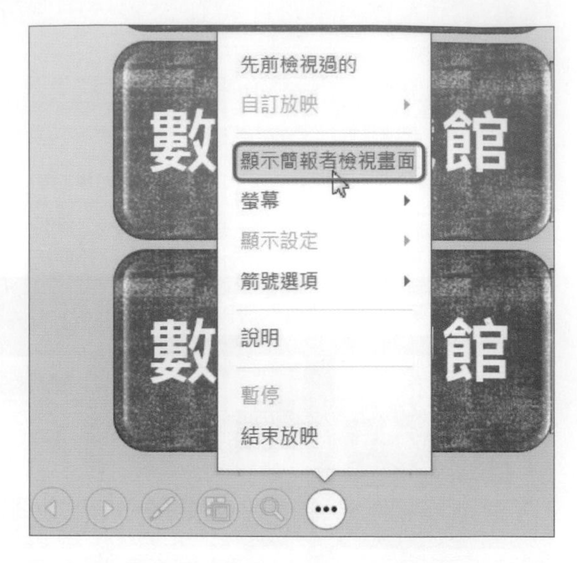

要進入簡報者檢視畫面模式時，可以按下左下角的 ⊙ 按鈕，於選單中點選**顯示簡報者檢視畫面**；或是在投影片上按下**滑鼠右鍵**，點選**顯示簡報者檢視畫面**即可進入檢視畫面。

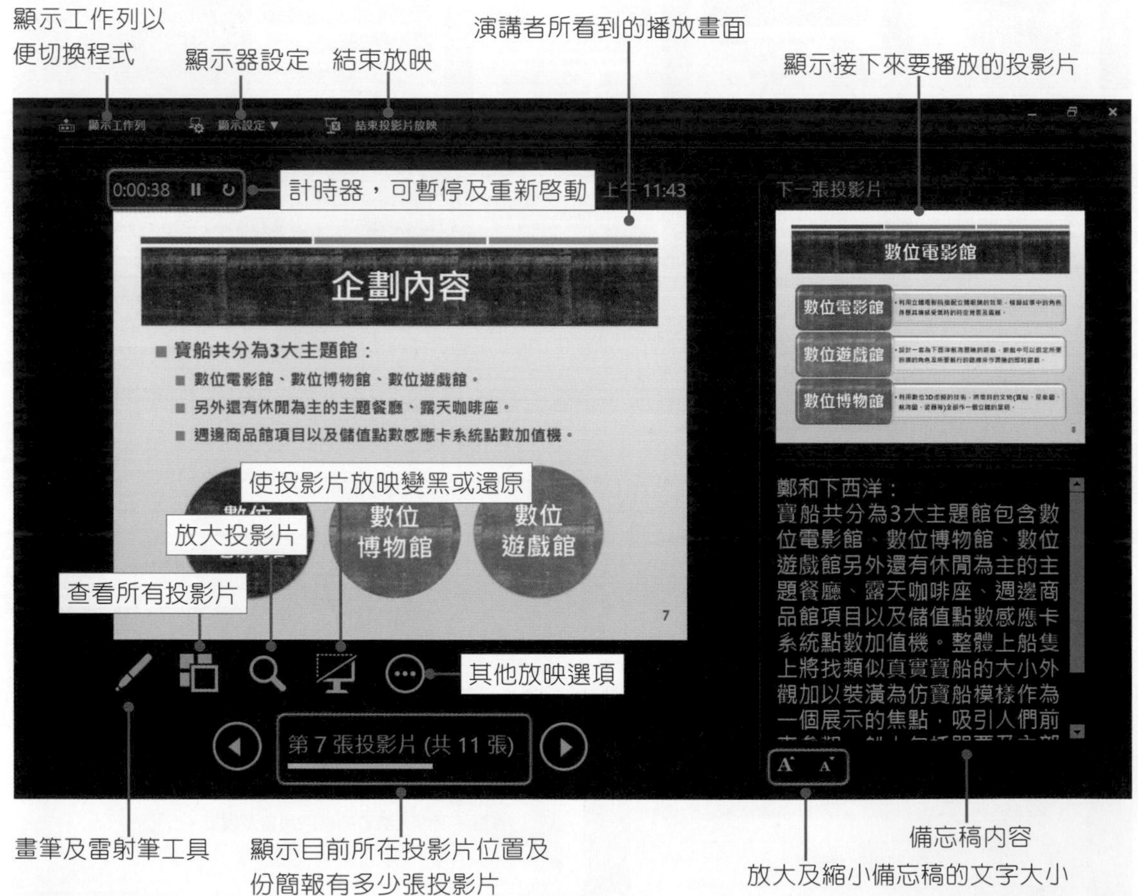

要使用簡報者檢視畫面時，也可以將「**投影片放映→監視器**」群組中的「**使用簡報者檢視畫面**」選項勾選即可。若只有一部監視器，直接按下**Alt+F5**快速鍵，即可使用簡報者檢視畫面。

4-4 自訂放映投影片範圍

在一份簡報中，可以自行設定不同版本的放映組合，讓投影片放映時更為彈性，這節就來學習如何自訂放映投影片範圍。

隱藏不放映的投影片

在放映簡報時，若有某張投影片是不需要放映的，那麼可以先將投影片隱藏起來，只要在投影片上按下**滑鼠右鍵**，於選單中點選**隱藏投影片**，或按下**「投影片放映→設定→隱藏投影片」**按鈕。

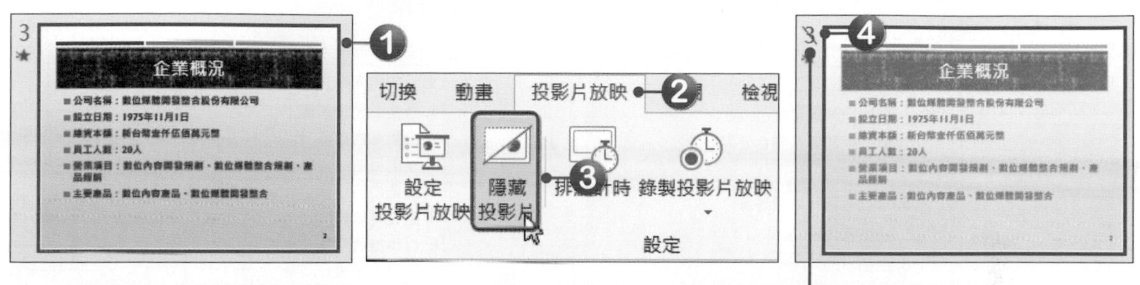

被設定為隱藏的投影片，在編號上會加上斜線，表示該張投影片目前為隱藏狀態

若要取消隱藏的投影片時，在被隱藏的投影片上按下**滑鼠右鍵**，點選**隱藏投影片**，或按下**「投影片放映→設定→隱藏投影片」**按鈕，即可取消隱藏。

將投影片隱藏後，簡報在放映時，會自動跳過該張投影片，若臨時想要放映被隱藏的投影片，可以在要播放到時，例如：被隱藏的是第3張投影片，那麼在播放到第2張投影片時，按下**H**鍵，即可播放。

建立自訂投影片放映

在一份簡報中，可以自行設定不同版本的放映組合。

01 按下**「投影片放映→開始投影片放映→自訂投影片放映」**按鈕，於選單中點選**自訂放映**。

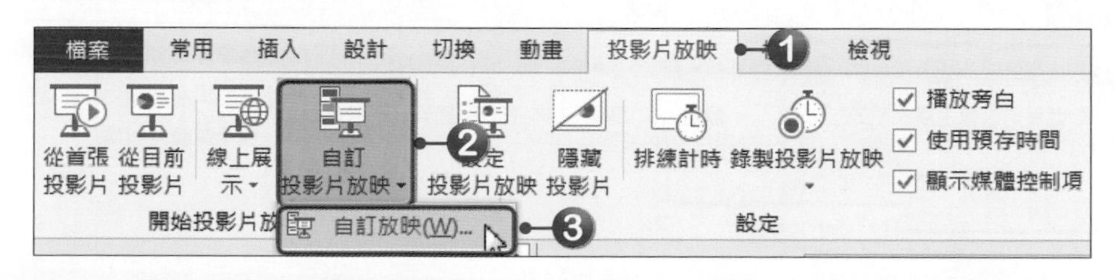

02 開啟「自訂放映」對話方塊，按下**新增**按鈕，開啟「定義自訂放映」對話方塊後，於**投影片放映名稱**欄位中輸入**精簡版**，接著勾選要自訂放映的投影片，選取好後再按下**新增**按鈕，被選取的投影片便會加入**自訂放映中的投影片**選單中，最後按下**確定**按鈕。

03 回到「自訂放映」對話方塊，便可看見剛剛所建立的投影片放映名稱，沒問題後按下**關閉**按鈕，完成自訂投影片放映的動作。

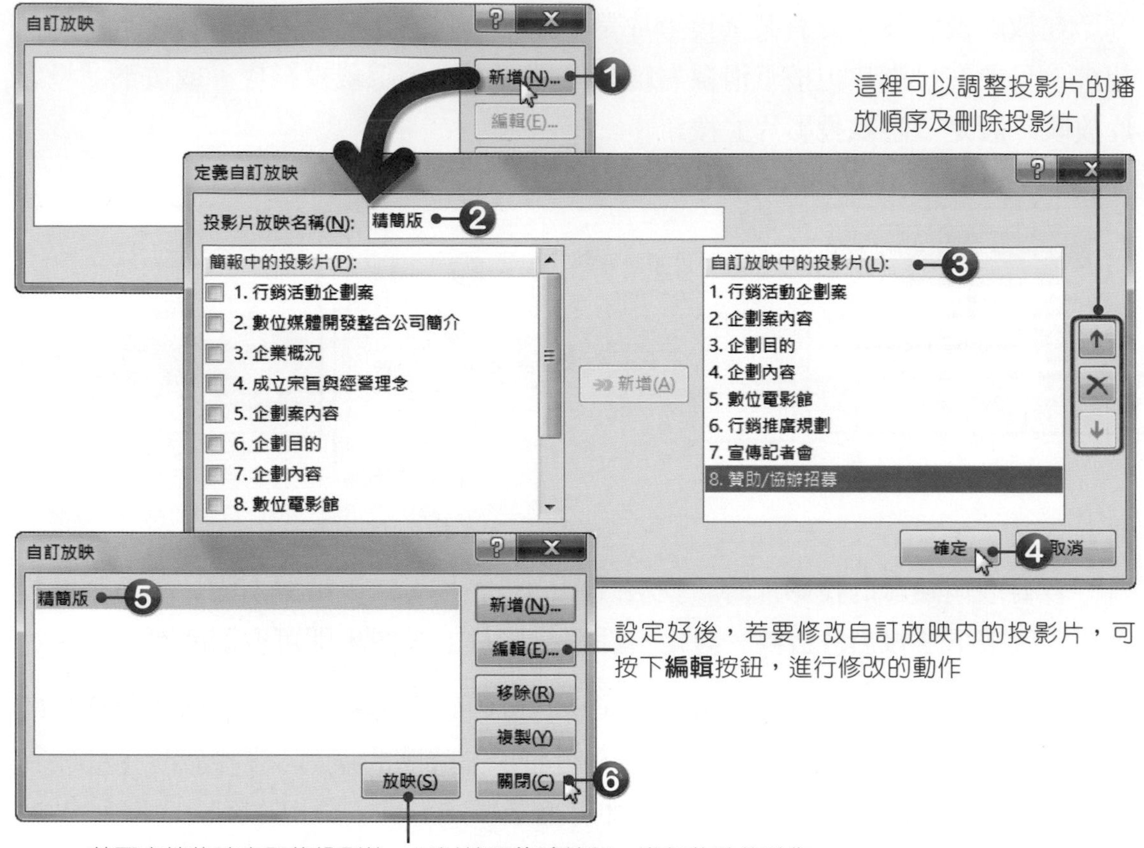

04 自訂好要放映的投影片後，若要放映自訂投影片時，必須按下**「投影片放映→開始投影片放映→自訂投影片放映」**按鈕，於選單中選擇要放映的版本，點選後即可進行放映的動作。

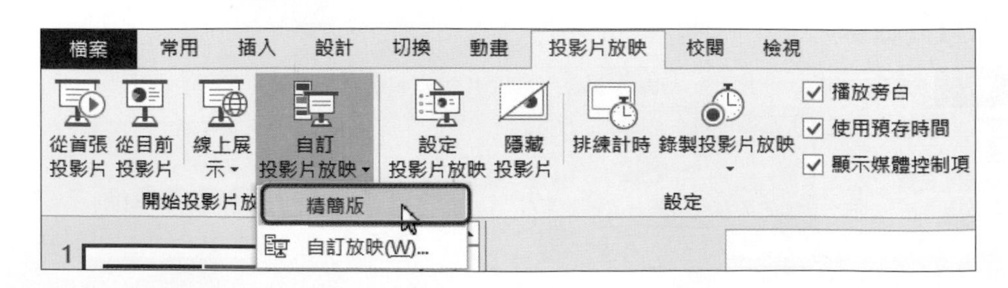

4-5 錄製投影片放映時間及旁白

若製作的簡報是要作爲自動展示使用時，可以先將簡報設定放映的時間及錄製一些相關的旁白。

設定排練時間

簡報要自動連續播放時，可以進入**「切換→預存時間」**群組中，設定每隔多少秒自動換頁，或是使用排練計時功能，實際排練每張投影片所需要花費的時間。

01 按下**「投影片放映→設定→排練計時」**按鈕，簡報會開始進行放映的動作，而在左上角則會出現一個「錄製」對話方塊，此時「錄製」對話方塊中的時間也會跟著啓動計時。

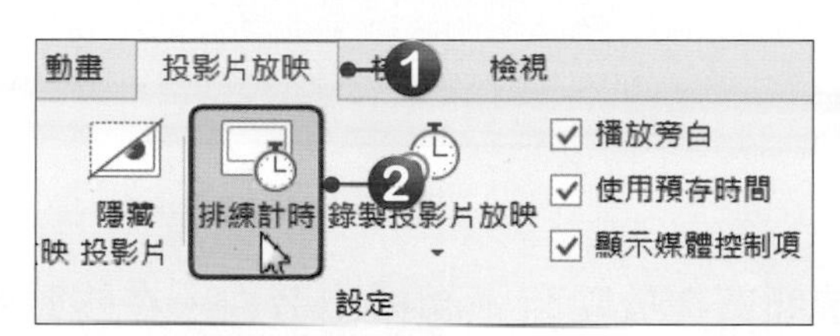

02 在排練計時的過程中，要換一張投影片時，可以按下 **下一步**按鈕；若想要重新錄製該張投影片的時間，可以按下 **重複**按鈕，或**R**鍵，先暫停錄製再按下**繼續錄製**按鈕，即可重新錄製投影片的排練時間。若在排練過程中想要暫停時，可以按下 按鈕，便會停止排練。

03 所有的投影片時間都排練完成後，或過程中按下**Esc**鍵，便會出現一個訊息視窗，上面會顯示該份簡報的總放映時間，如果希望以此時間來作爲播放時間，就按下**是**按鈕，完成排練的動作。

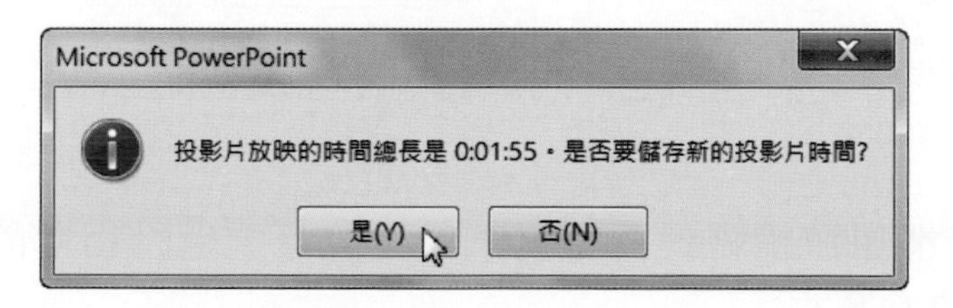

04 進入投影片瀏覽模式中，在每張投影片的左下角就會顯示一個時間，此時間就是投影片的放映時間。

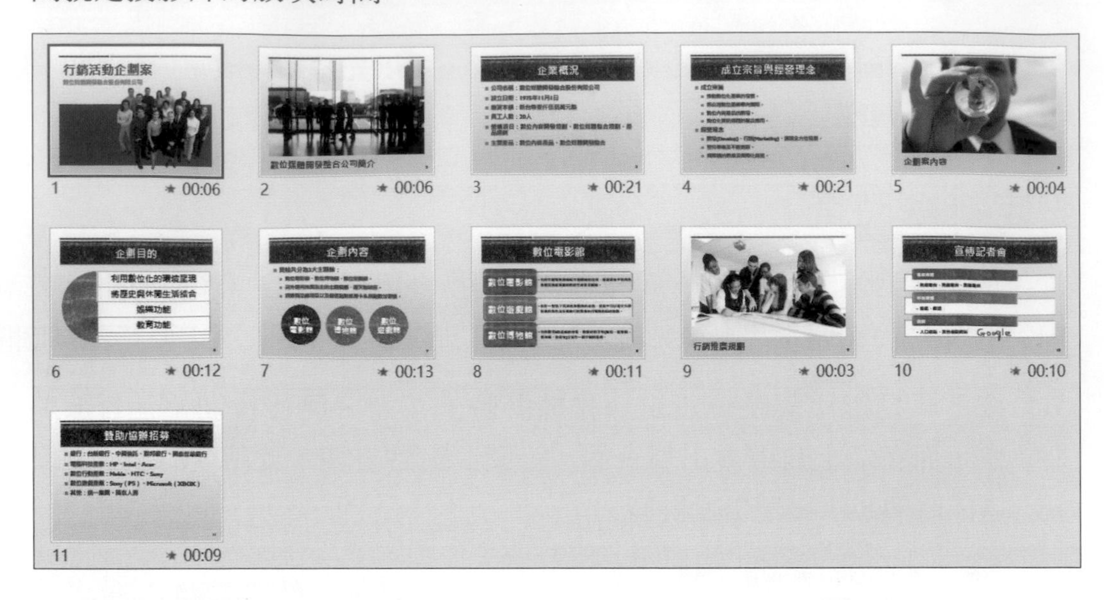

錄製旁白

在簡報中還可以加入旁白說明，讓簡報在放映時一起播出旁白。在錄製旁白前，請先確認電腦已安裝音效卡、喇叭及麥克風等硬體設備，若沒有這些設備，將無法進行旁白的錄製。

01 按下**「投影片放映→設定→錄製投影片放映」**選單鈕，選擇要從頭開始錄製或是從目前投影片開始錄製。

02 點選後會開啓「錄製投影片放映」對話方塊，這裡請勾選**旁白**和**雷射筆**，勾選好後按下**開始錄製**按鈕。

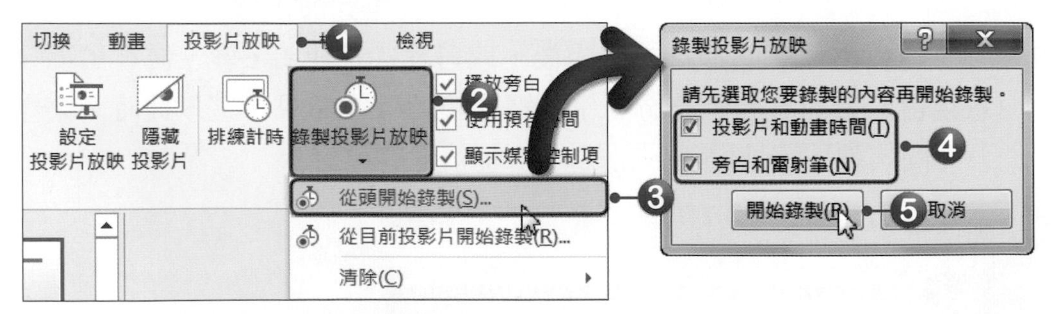

03 在錄製的過程中可以將滑鼠游標轉換爲雷射筆或螢光筆，進行指示的動作，而這些動作也會被錄製起來。

04 錄製完成後，或過程中按下**Esc**鍵，便可結束錄製的動作。進入投影片瀏覽模式中，在每張投影片的右下角就會顯示投影片的放映時間，而在每張投影片中就會多了一個音訊圖示，可以自行調整音訊的大小、位置及播放方式等。

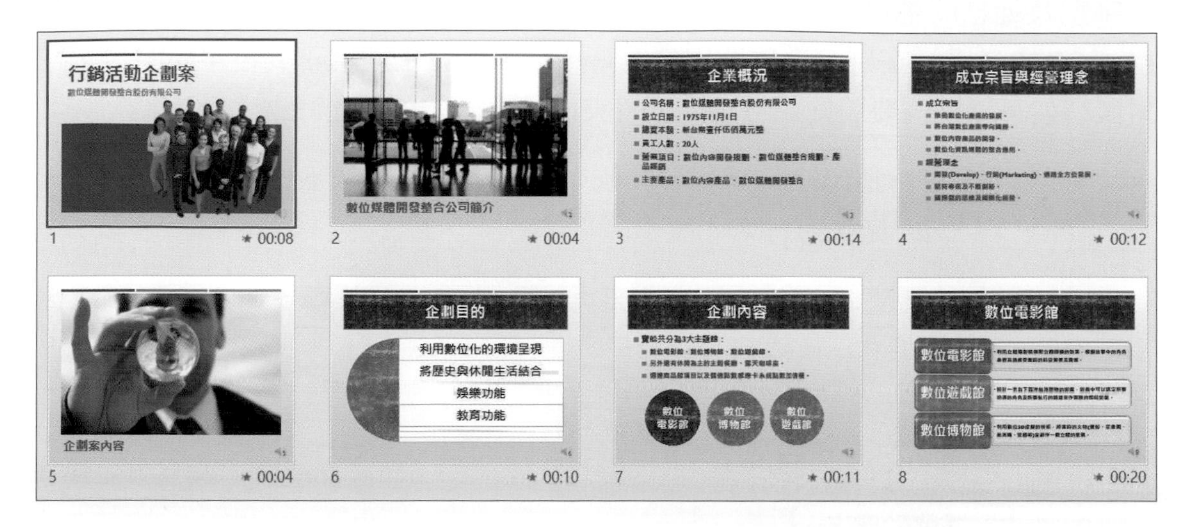

若簡報有錄製預存時間及旁白時，別忘了將播放旁白及使用預存時間兩個選項勾選，這樣播放投影片時，才會使用錄製的時間來播放並加入旁白。

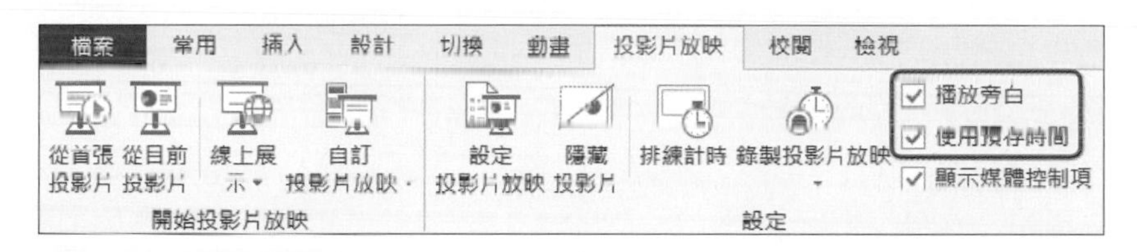

清除預存時間及旁白

若想要重新錄製或取消旁白時，可以按下**「投影片放映→設定→錄製投影片放映」**選單鈕，於選單中點選**清除**，即可選擇要清除目前投影片或所有投影片上的預存時間及旁白。

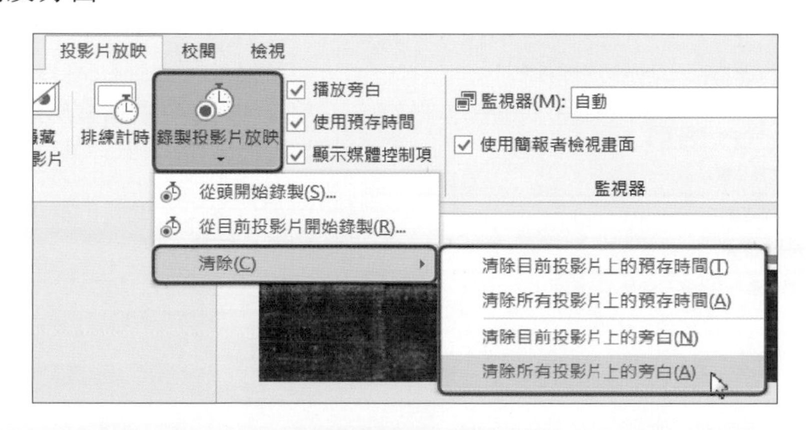

4-6 將簡報封裝成光碟

PowerPoint提供了將簡報封裝成光碟功能，使用此功能可以將簡報中使用到的字型及連結的檔案(文件、影片、音樂等)都打包在同一個資料夾中，或是燒錄到CD中，這樣在別台電腦開啓檔案時，就不會發生連結不到檔案的問題。在封裝時還可以選擇要將簡報封裝到資料夾或是直接燒錄到光碟中。

01 按下「**檔案→匯出→將簡報封裝成光碟**」選項，再按下**封裝成光碟**按鈕，開啓「封裝成光碟」對話方塊。

02 在**CD名稱**欄位中輸入名稱，若要再加入其他的簡報檔案時，按下**新增**按鈕，即可再新增其他檔案。

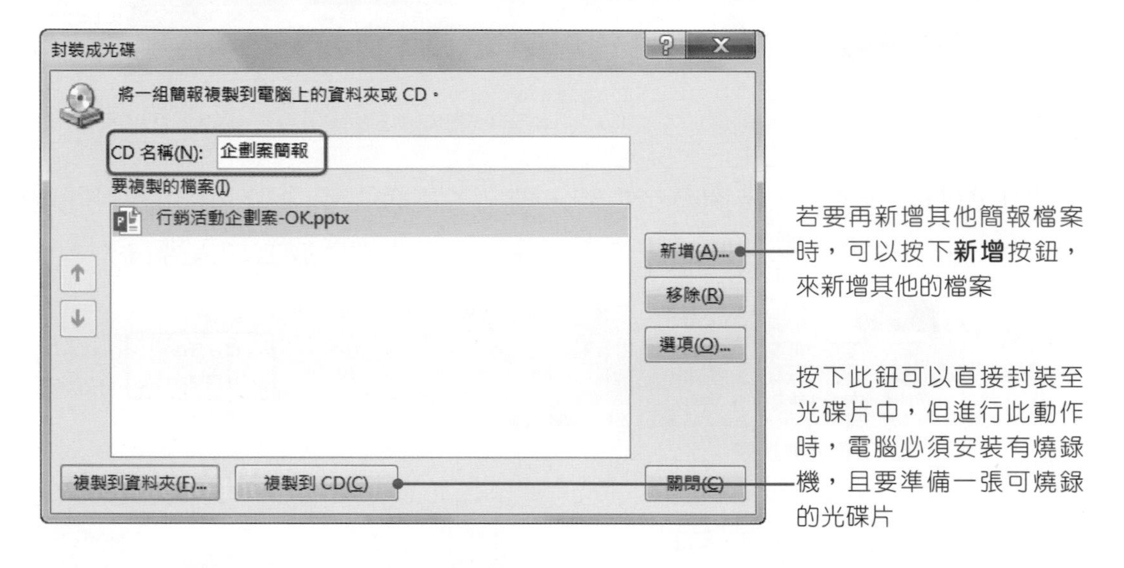

03 在封裝簡報前，還可以按下**選項**按鈕，開啓「選項」對話方塊，選擇是否要將連結的檔案及字型一併封裝。

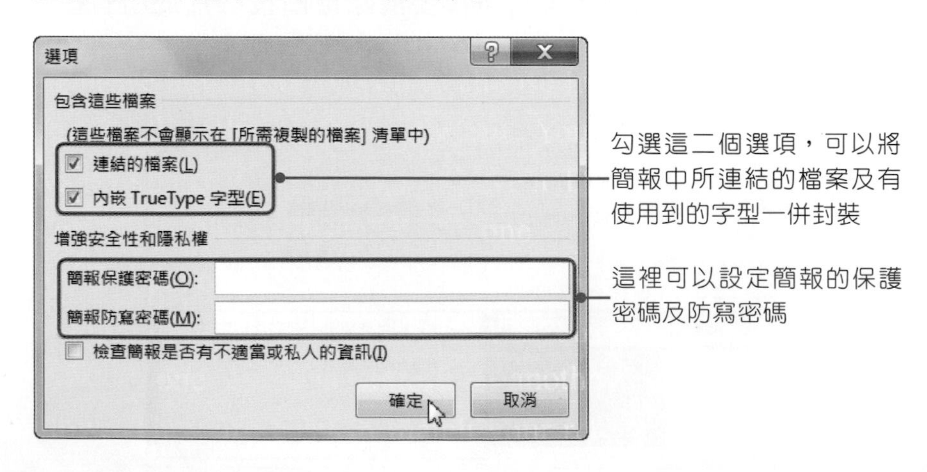

04 都設定好後，按下**複製到資料夾**按鈕，開啓「複製到資料夾」對話方塊，設定資料夾名稱和要複製的位置，都設定好後按下**確定**按鈕。

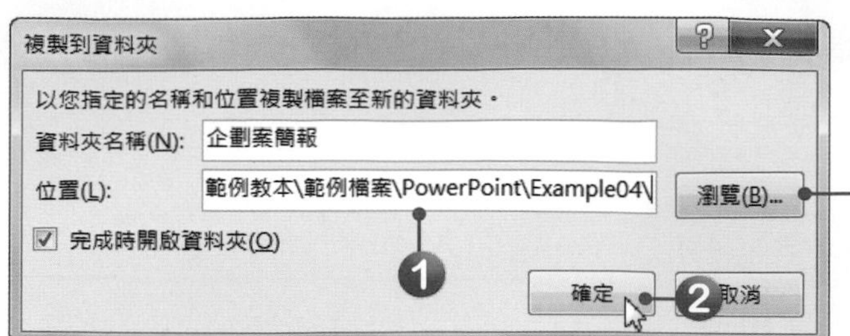

按下**瀏覽**按鈕，即可選擇簡報要儲存的位置；若要將簡報封裝至隨身碟時，直接選擇隨身碟的磁碟代號即可

05 接著會詢問是否要將連結的檔案都封裝，這裡請按下**是**按鈕。

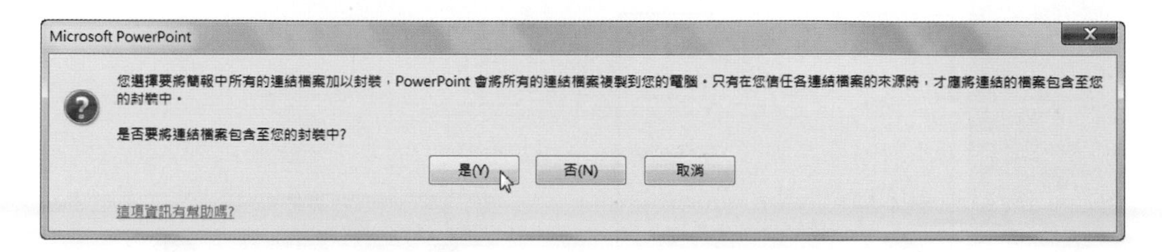

06 PowerPoint就會開始進行封裝的動作，完成後，在指定的位置，就會多了一個所設定的資料夾，該資料夾內存放著相關檔案。

07 封裝完成後回到「封裝成光碟」對話方塊，按下**關閉**按鈕，結束封裝光碟的動作。

4-7 簡報的列印

簡報製作完成後，即可進行列印的動作，而列印時可以選擇列印的方式，這節就來學習如何進行簡報的列印。

預覽列印

要預覽簡報時，可以按下 **「檔案→列印」** 功能，即可預覽列印的結果。

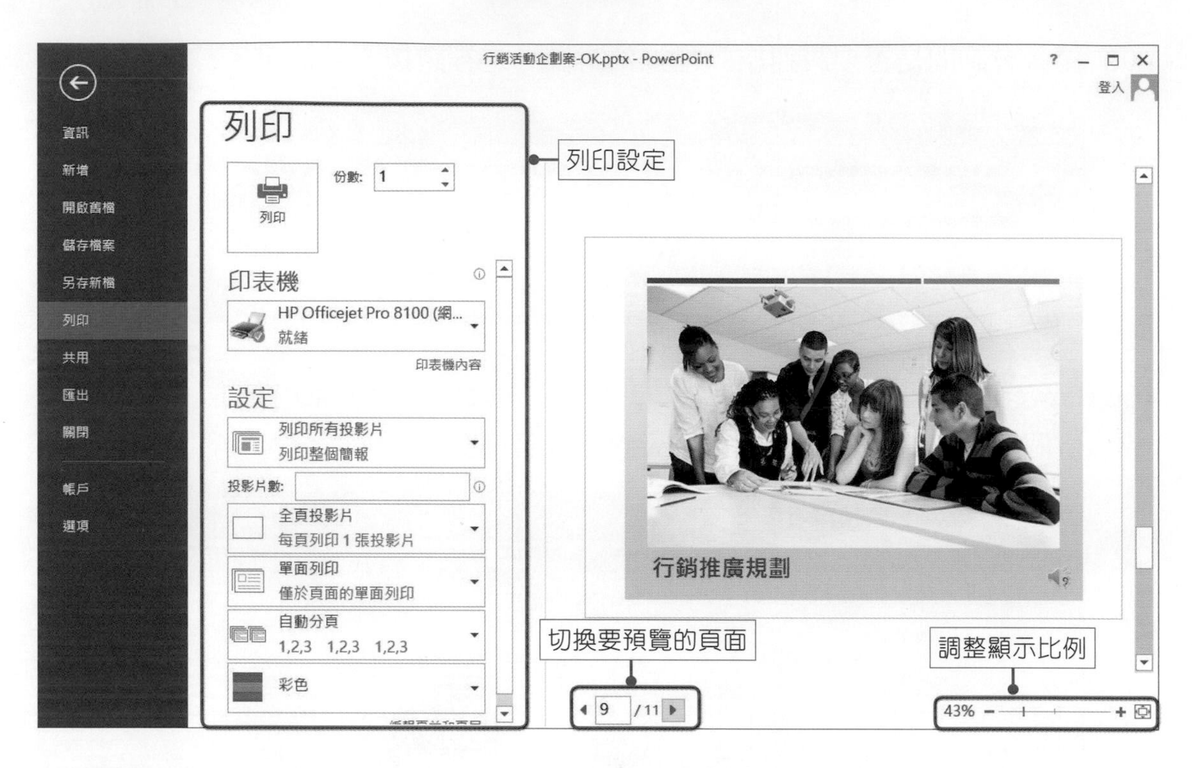

設定列印範圍

在列印簡報時，可以自行設定要列印的範圍，選擇**列印所有投影片**時，則可列印全部的投影片；選擇**列印目前的投影片**時，則會列印出目前所在位置的投影片；選擇**列印選取範圍**時，只會列印被選取的投影片內容；選擇**自訂範圍**時，可以自行選擇要列印的投影片。

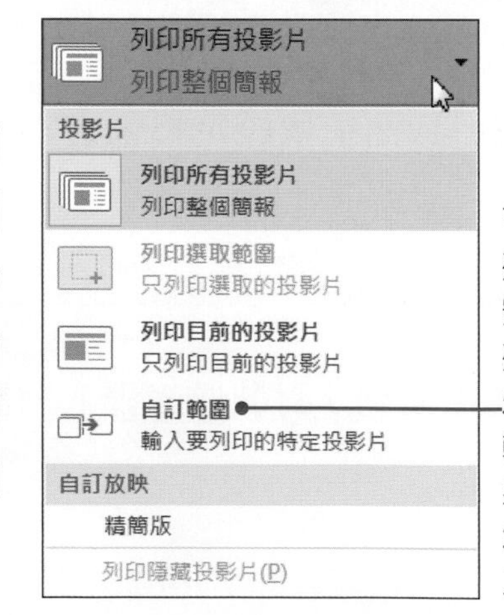

可以自行輸入要列印的投影片編號，例如：要列印第1張到第5張投影片時，輸入「1-5」，如果要列印第1、3、5頁時，則輸入「1,3,5」

列印版面配置設定

要列印投影片時，可以將列印版面配置設定爲全頁投影片、備忘稿、大綱及講義等方式。

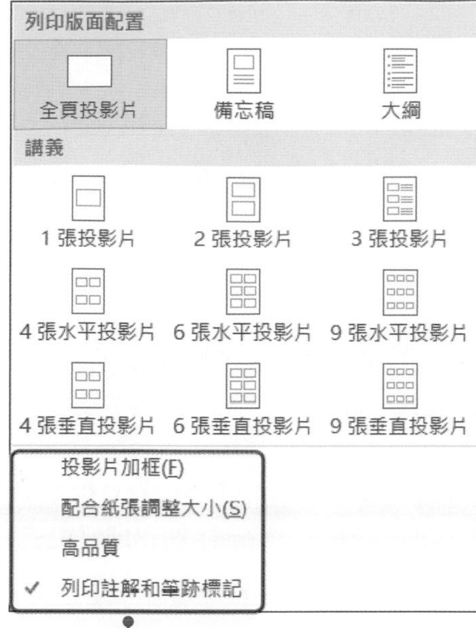

在列印時，還可以選擇是否要將投影片加框、投影片是否配合紙張調整大小、是否要以高品質列印等，若將**列印註解和筆跡標記**勾選，那麼在列印時會連投影片上的註解及筆跡都會列印出來

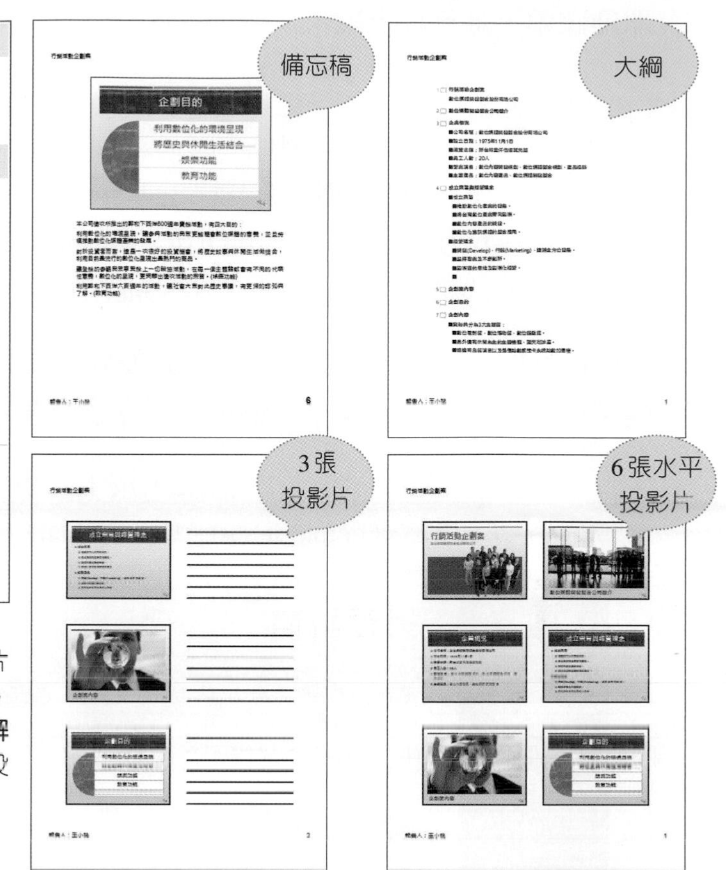

設定列印方向

在列印簡報時還可以選擇紙張的方向，PowerPoint提供了直向及橫向兩種方向，不過，列印方向只能在將版面配置設定爲備忘稿、大綱、講義時才能選擇。

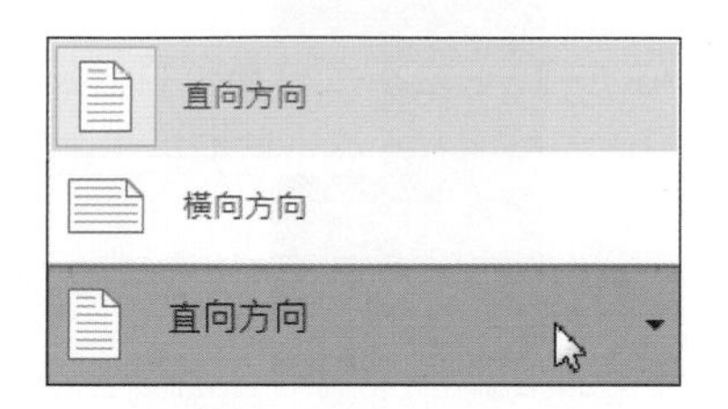

列印及列印份數

列印資訊都設定好後，即可在**份數**欄位中輸入要列印份數，最後再按下**列印**按鈕，即可將簡報從印表機中印出。

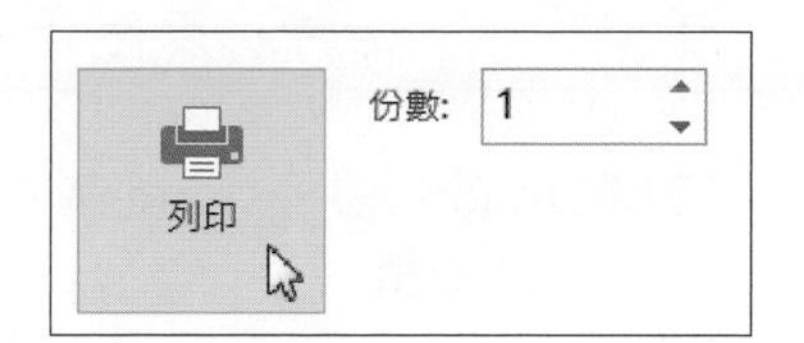

4-8 雲端儲存與編輯

使用Office軟體製作文件時，可以將製作好的文件，直接儲存到OneDrive雲端硬碟中，進行線上編輯及分享的動作。

將檔案儲存至OneDrive

在Office中所編輯的檔案，皆可直接儲存至OneDrive(https://onedrive.live.com/about/zh-tw/)，還可以使用Office Online線上辦公室軟體進行線上文件編輯，而編輯好的檔案就會直接儲存在OneDrive中。

OneDrive是微軟公司推出的雲端硬碟，支援使用Windows、Mac等作業系統的平台。了解後，就來學習如何將檔案儲存至OneDrive中。

01 開啟要儲存至OneDrive的檔案，按下**「檔案→另存新檔→OneDrive→登入」**按鈕，若沒有OneDrive帳戶，可以按下**註冊**按鈕，進行註冊的動作。

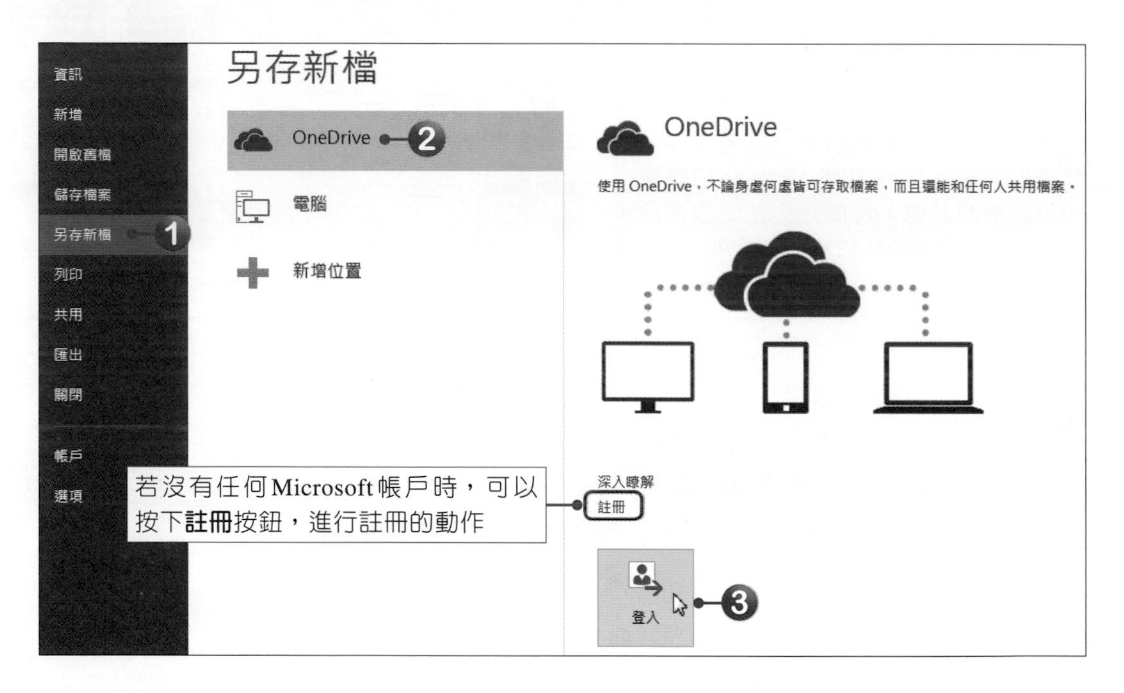

使用OneDrive時，須使用Microsoft帳戶進行登入，若有使用Skype、OneDrive、Windows 8、Office 365、Xbox Live、Outlook.com或Windows Phone等，就表示已經有Microsoft帳戶。若沒有，可以先至http://www.microsoft.com/zh-tw/account/default.aspx網站申請。

02 接著進行登入的動作。

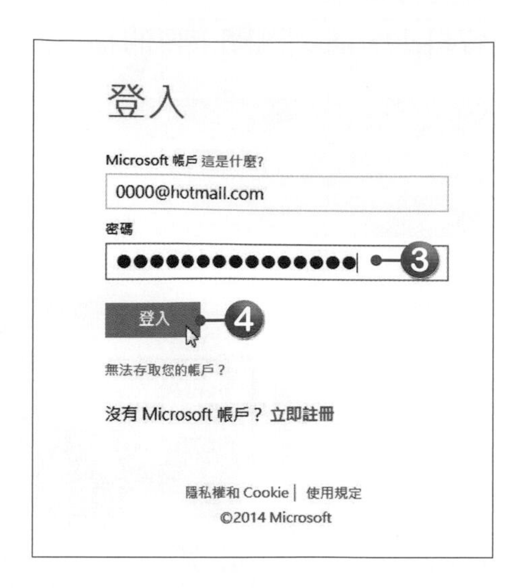

03 登入成功後，即可選擇檔案要儲存的位置，例如：將檔案存放於OneDrive的文件資料夾中，就按下**文件**資料夾，開啟「另存新檔」對話方塊，進行儲存的設定，設定好後按下**儲存**按鈕，即可將檔案儲存至OneDrive中。

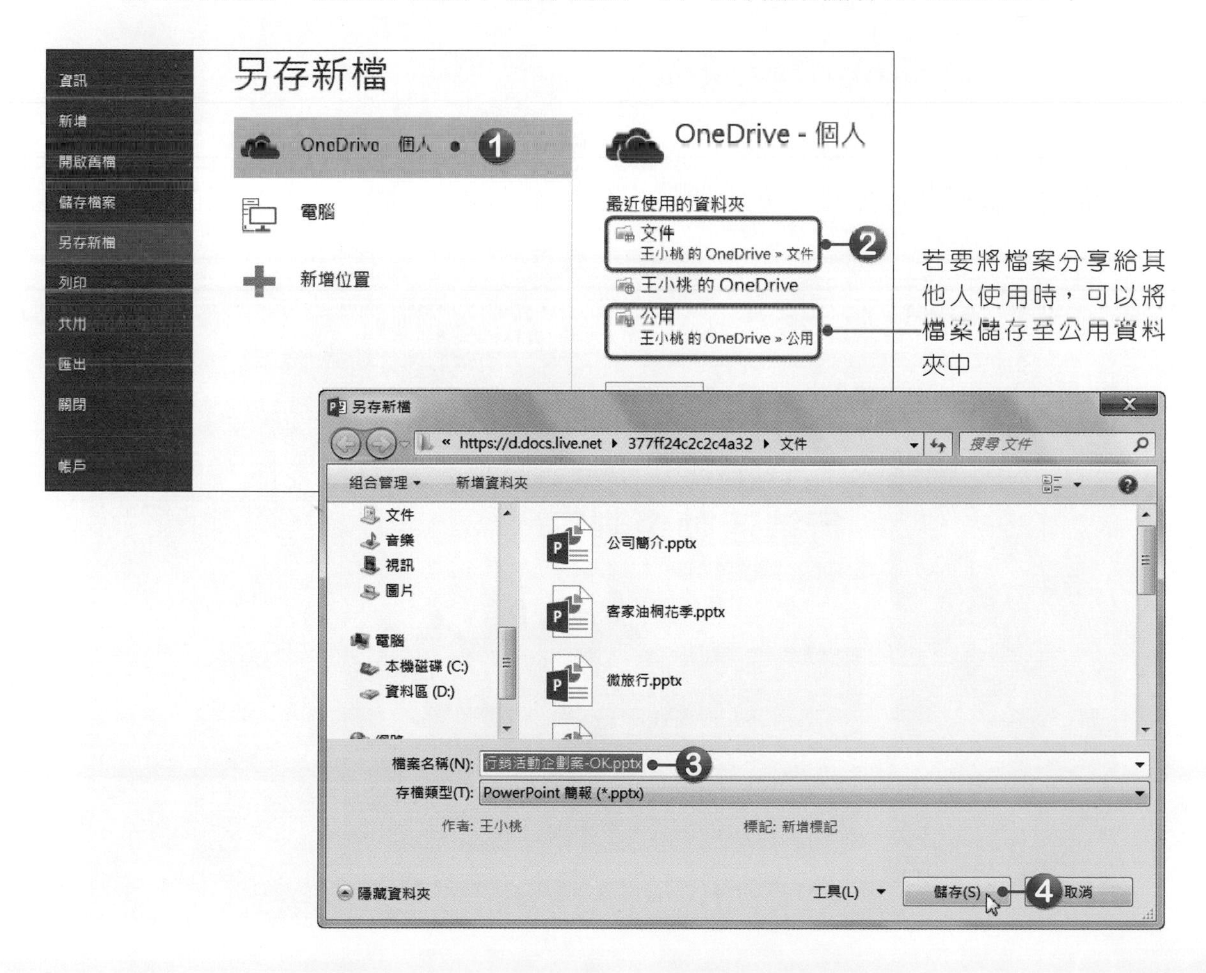

04 儲存完成後，登入至OneDrive(http://OneDrive.live.com)網站中，可在文件資料夾，看到剛剛上傳的檔案。

在Office Online中編輯檔案

將檔案儲存至OneDrive後，即可利用Office Online開啓並編輯該檔案。點選要開啓或編輯的檔案後，便會開啓相關的線上編輯軟體，檢視檔案內容。

若要編輯檔案時，按下**編輯簡報**按鈕，於選單中即可選擇要使用軟體編輯或是使用線上編輯軟體來編輯檔案。

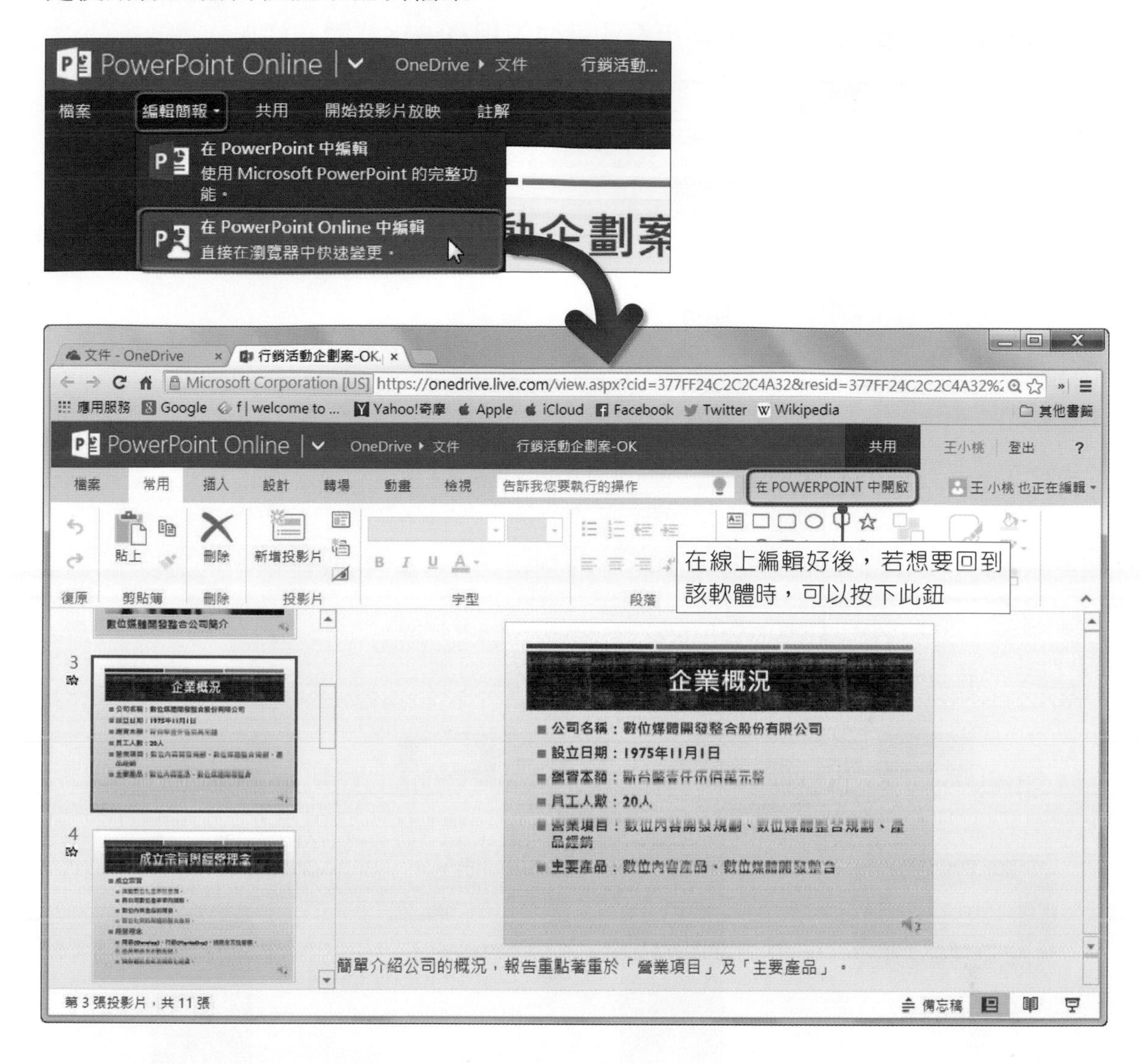

目前Office Online提供了Word、Excel、PowerPoint與OneNote等文件編輯功能，可以在線上建立或開啓這些類型的檔案，而這些文件可依照所設定的權限，開放給其他人瀏覽或進行線上編輯。

在OneDrive除了可以編輯現有的檔案外，也可以直接建立新檔案，只要在OneDrive網頁中按下**建立**按鈕，即可選擇要建立的檔案類型，進入編輯模式後，即可進行編輯的動作，而使用方法就像使用Office軟體一樣。

自我評量

✦選擇題

(　　)1. 在PowerPoint中，進行投影片放映時，可以按下下列哪組快速鍵，將滑鼠游標轉換爲畫筆？(A)Ctrl+A (B)Ctrl+C (C)Ctrl+P (D)Ctrl+E。

(　　)2. 在PowerPoint中，如果同一份簡報必須向不同的觀眾群進行報告，可透過下列哪一項功能，將相關的投影片集合在一起，如此即可針對不同的觀眾群，放映不同的投影片組合？(A)設定放映方式 (B)自訂放映 (C)隱藏投影片 (D)新增章節。

(　　)3. 在PowerPoint中，執行下列哪一項功能可以將簡報內容以貼上連結的方式傳送到Word？(A)建立講義 (B)存成「大綱/RTF」檔 (C)利用「複製」與「選擇性貼上/貼上連結」(D)由Word開啓簡報檔。

(　　)4. 在PowerPoint中，每頁列印幾張投影片的講義，含有可讓聽眾做筆記的空間？(A)二張 (B)三張 (C)四張 (D)六張。

(　　)5. 在PowerPoint中，若只想要列印簡報內的文字，而不印任何圖形或動畫，可設定下列哪一項「列印」模式？(A)全頁投影片 (B)講義 (C)備忘稿 (D)大綱。

(　　)6. 在PowerPoint中，若想要列印編號爲2、3、5、6、7的投影片，可以在「列印」的「自訂範圍」輸入下列編號？(A)2;3;5-7 (B)2,3;5-7 (C)2-3,5,6,7 (D)2-3;5-7。

(　　)7. 在PowerPoint中，將「列印版面配置」設定爲「全頁投影片」時，每頁最多可列印幾張投影片？(A)一張投影片 (B)二張投影片 (C)三張投影片 (D)四張投影片。

(　　)8. 在PowerPoint中，若要將投影片中的筆跡移除時，可以按下鍵盤上的哪個按鍵？(A)E (B)P (C)Z (D)S。

(　　)9. 在PowerPoint中，要設定排練時間時，須點選？(A)投影片放映→設定→排練計時 (B)投影片放映→編輯→排練計時 (C)投影片放映→檢視→排練計時 (D)投影片放映→插入→排練計時。

(　　)10. 在PowerPoint中，若想要錄製及聽取旁白，電腦可以不必安裝下列哪個設備？(A)麥克風 (B)視訊裝置 (C)喇叭 (D)音效卡。

自我評量

✦實作題

1. 開啓「PowerPoint→Example04→業務行銷寶典.pptx」檔案，進行以下設定。

   - 開啓「備忘稿.txt」檔案，將檔案內的資料分別加入第2張、第3張、第5張投影片中的備忘稿。
   - 進入「備忘稿母片」中進行文字格式設定，格式請自訂，並加入投影片圖像、本文、頁尾、頁碼等配置區，頁尾文字設定爲「業務行銷寶典分享」。

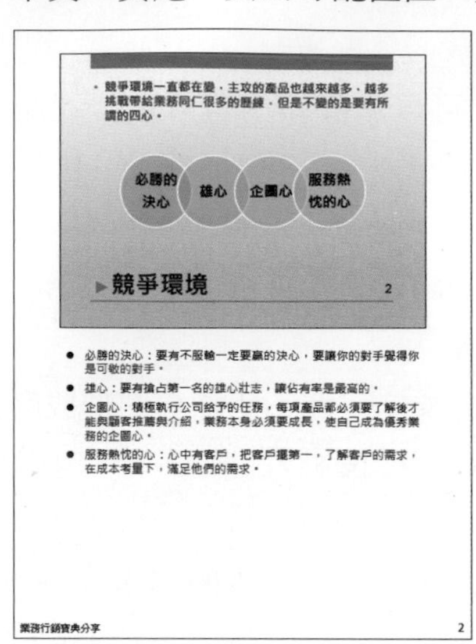

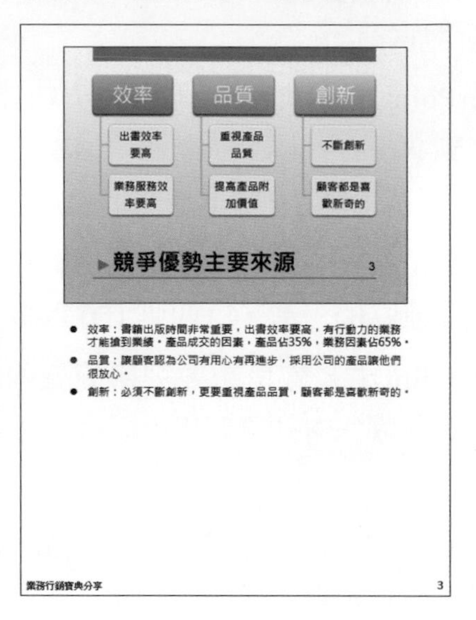

   - 將簡報以講義方式列印，每張紙呈現3張投影片，並將投影片加入框線，列印時配合紙張調整大小。

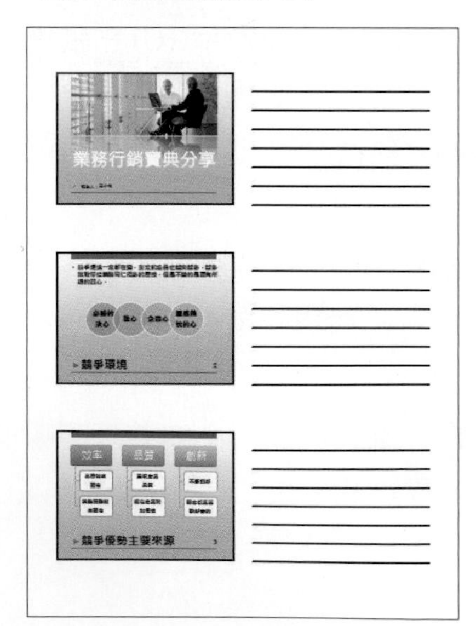

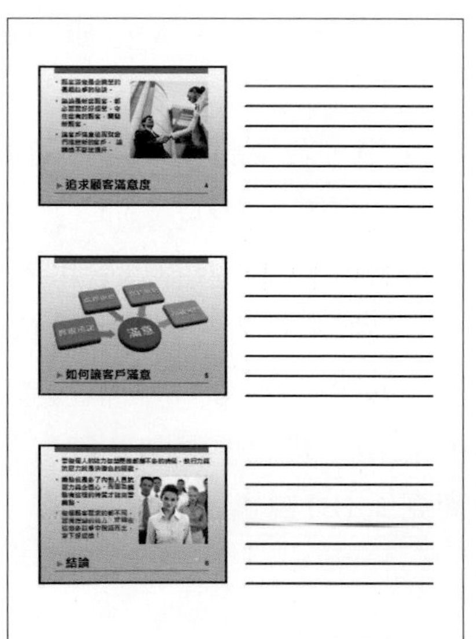

01 客戶管理資料庫

Example

✪ 學習目標

建立資料庫、建立資料表結構、認識各種資料類型、在資料工作表中建立資料、資料工作表的基本操作、匯入及匯出資料表

✪ 範例檔案

Access→Example01→銷售表.xlsx

✪ 結果檔案

Access→Example01→全華客戶資料.accdb

Access→Example01→全華客戶資料.txt

Access是由微軟(Microsoft)公司所推出的資料庫軟體，資料庫(DataBase)指的是「將一群具有相關連的檔案組合起來」。使用資料庫可以將資料一筆一筆的記錄起來，當有需要的時候，再利用各種查詢方式，查詢出想要的資料。

在「客戶管理資料庫」範例中，將學習如何建立一個資料庫，並設計資料表結構及建立資料表內容。

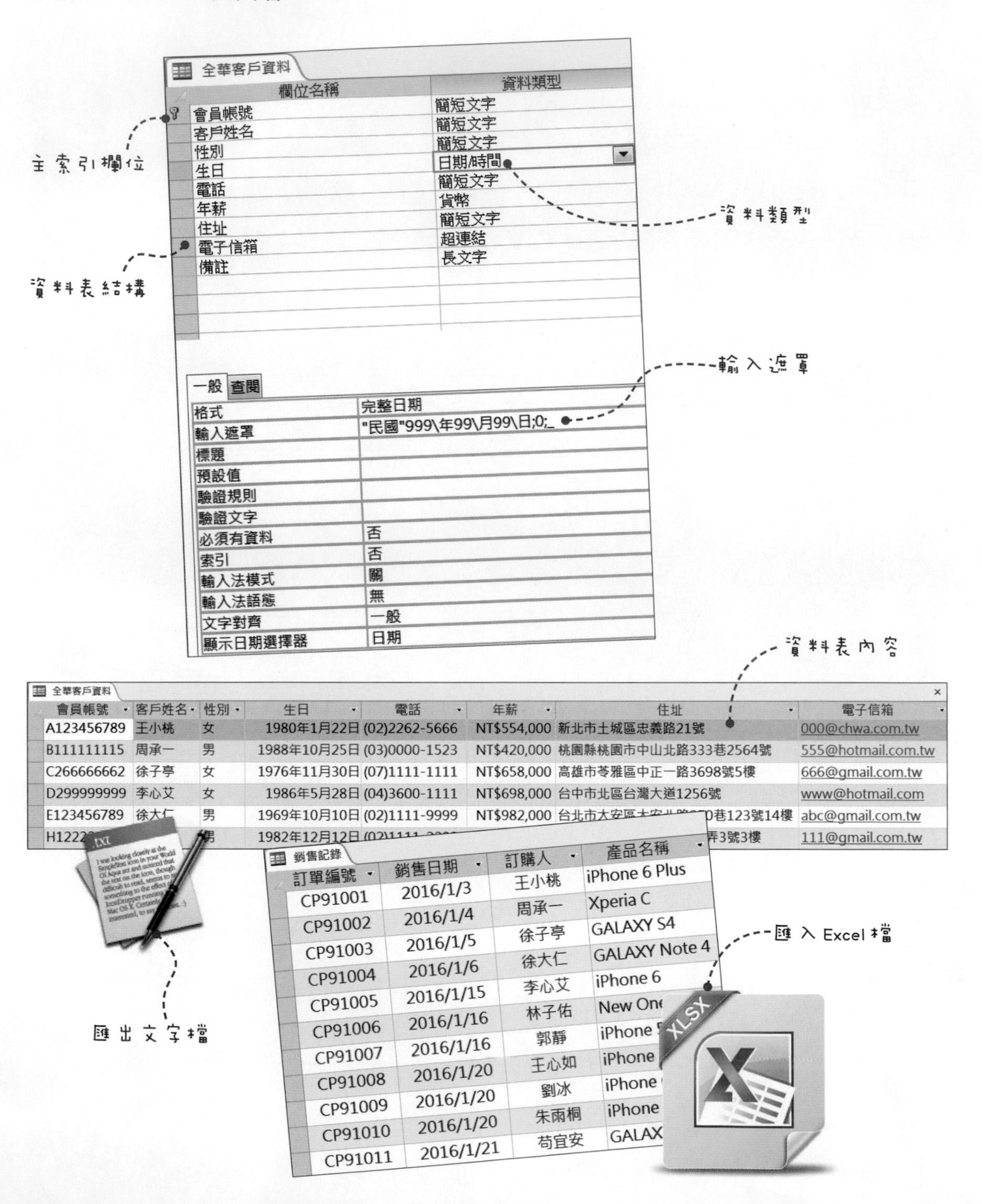

1-1 建立資料庫檔案

在此範例中，第一個步驟就是要先建立一個資料庫檔案，建立後才能進行後續的資料表結構及輸入資料內容的動作。

啟動Access

安裝好Office應用軟體後，若要啟動Access 2013，請執行**「開始→所有程式→Microsoft Office 2013→Access 2013」**，即可啟動Access。

啟動Access時，會先進入開始畫面中，在畫面的左側會顯示最近曾開啟的檔案，直接點選即可開啟該檔案；而在畫面的右側則會顯示範本清單，可以直接點選要使用的範本，或點選**空白桌面資料庫**，建立一份新資料庫。

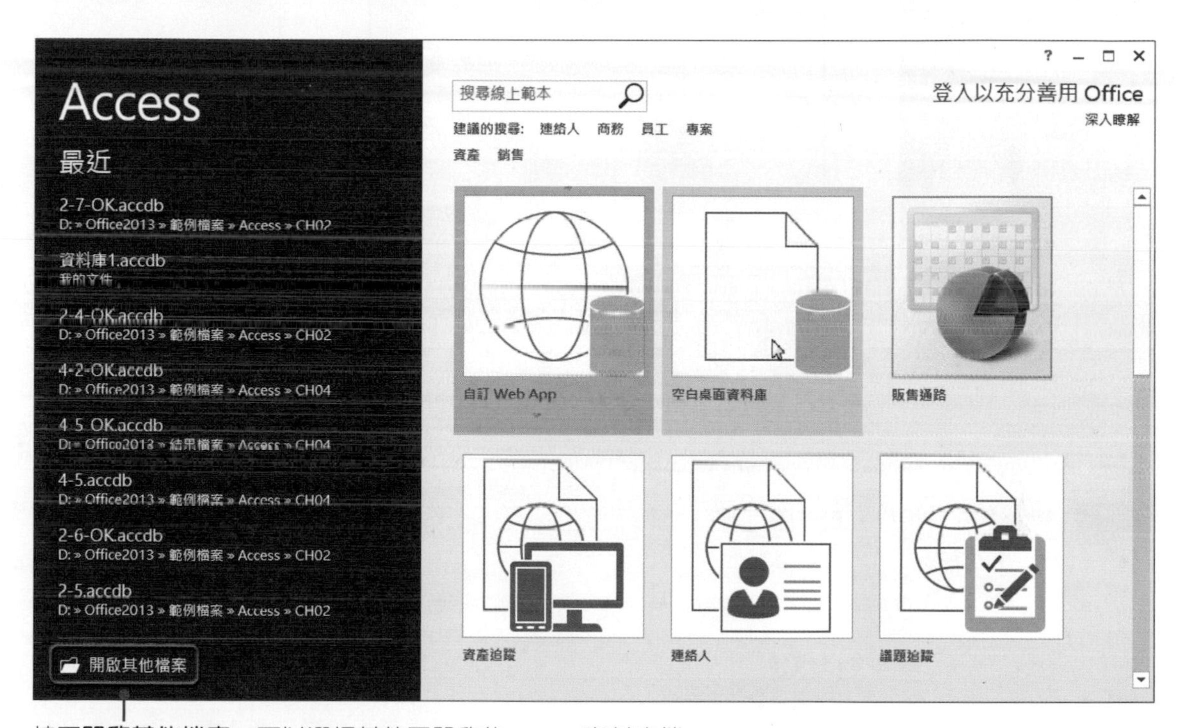

按下**開啟其他檔案**，可以選擇其他要開啟的Access資料庫檔

除了上述方法外，還可以直接在Access資料庫的檔案名稱或圖示上，**雙擊滑鼠左鍵**，啟動Access操作視窗，並開啟該資料庫。

建立資料庫

開啓Access操作視窗後，按下**空白桌面資料庫**選項，即可進行建立資料庫的動作，也可以在進入操作視窗後，按下**「檔案→新增」**按鈕，或**Ctrl+N**快速鍵，進入**新增**頁面，進行建立資料庫的動作。

在建立資料庫時，必須先建立該資料庫的檔案名稱及儲存位置，才能完成資料庫的建立，且Access會自動在資料庫檔中新增一個空的**「資料表1」**。

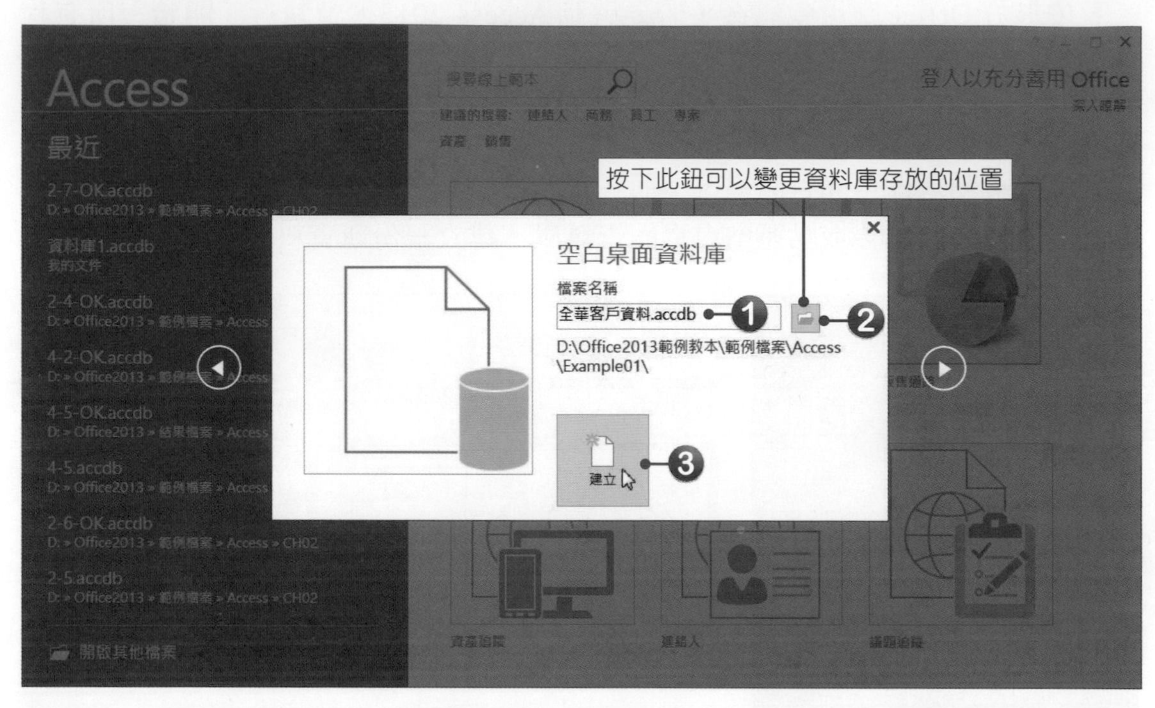

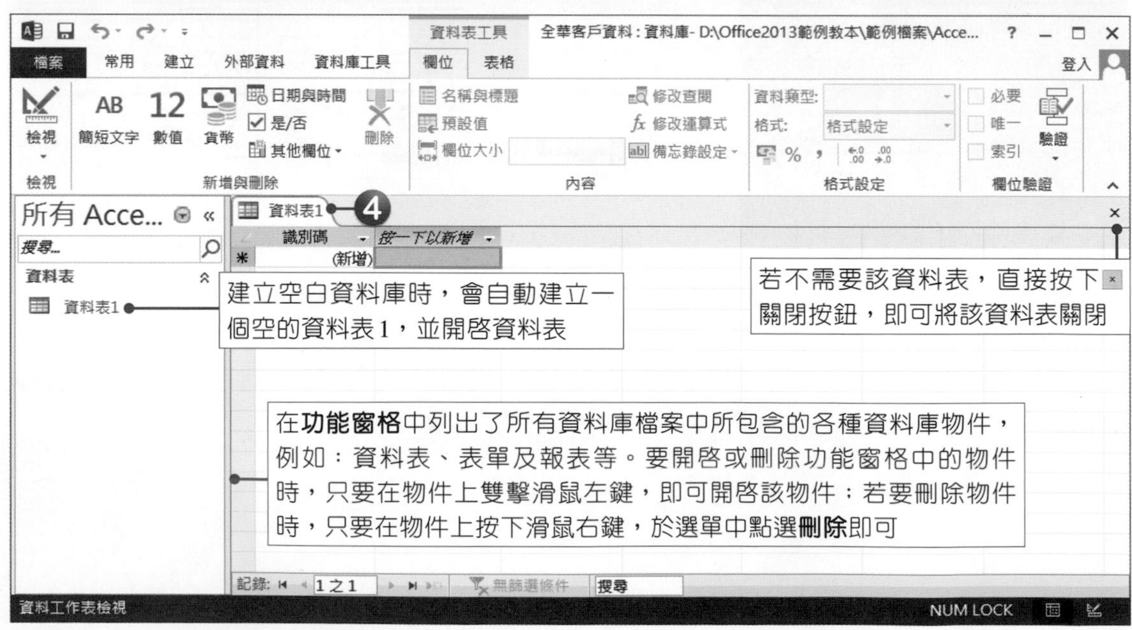

1-2 資料表的設計

資料庫檔案建立好後，接著便要開始設計資料表的結構、主索引鍵、輸入遮罩等。

建立資料表結構

當資料庫建立完成後，於資料庫中就可以進行建立資料表結構的動作。在此範例中，要建立一個全華客戶資料表，此資料表包含了以下的資料：

會員帳號	A123456789	客戶姓名	王小桃	性　別	女
生　　日	1980/1/22	電　　話	02-22625666	年　薪	300,000
住　　址	新北市土城區忠義路21號				
電子信箱	xxxx@chwa.com.tw				
備　　註	無欠款記錄				

在Access中，要將這些資料轉換成資料表中的欄位，欄位的類型及資料長度規劃如下：

欄位名稱	資料類型	資料長度	欄位名稱	資料類型	資料長度
會員帳號	簡短文字	10個字元	客戶姓名	簡短文字	10個字元
性　　別	簡短文字	2個字元	生　　日	日期/時間	
電　　話	簡短文字	13個字元	年　　薪	貨幣	
住　　址	簡短文字	255個字元	電子信箱	超連結	
備　　註	長文字				

了解後，請跟著以下步驟建立全華客戶資料表的資料表結構。

01 建立好資料庫檔案後，按下**「建立→資料表→資料表設計」**按鈕。

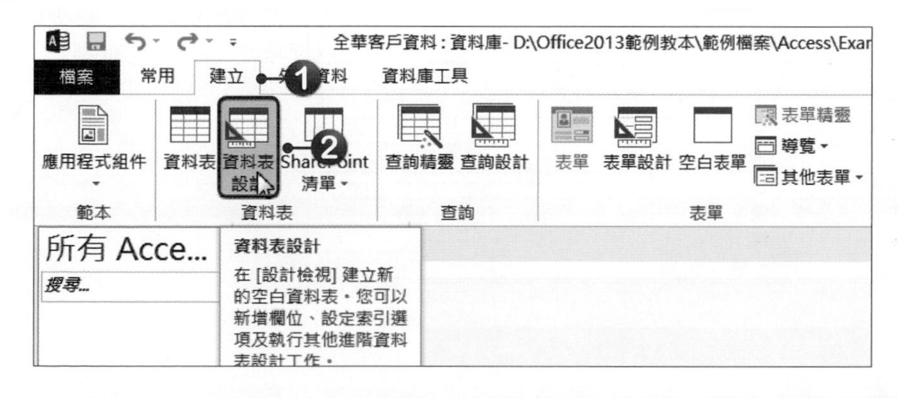

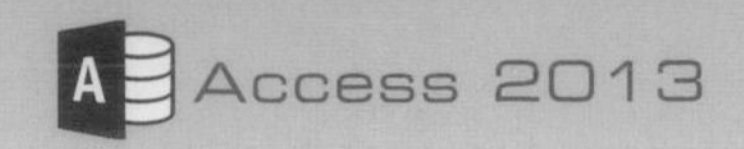

02 開啓「資料表1」視窗，在欄位名稱中輸入**會員帳號**文字，於資料類型選單中選擇簡短文字，並將欄位屬性中的**欄位大小**設定爲**10**、**必須有資料**設定爲**是**。會員帳號這個欄位的值在整個資料表中是不能重複的。

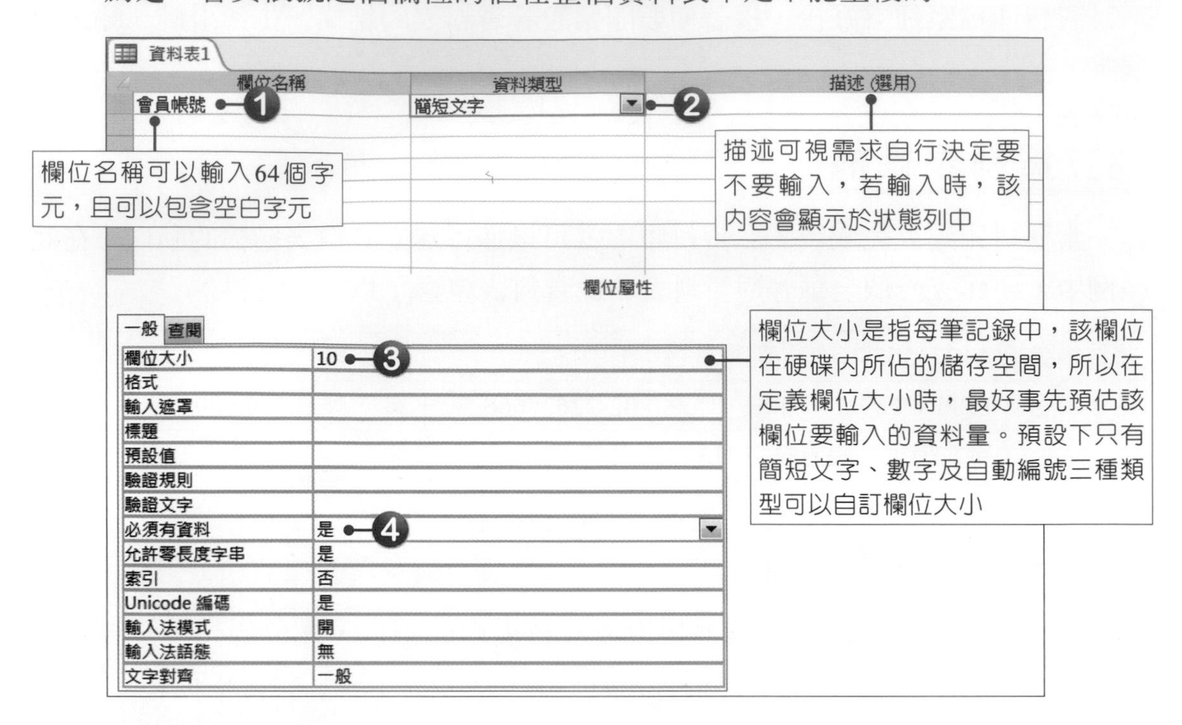

03 設定「客戶姓名」的欄位名稱及資料類型，姓名大多數爲2~3個中文字，但也有4個中文字以上的姓名，故將欄位大小設定爲**10**。

04 設定「性別」的欄位名稱及資料類型。

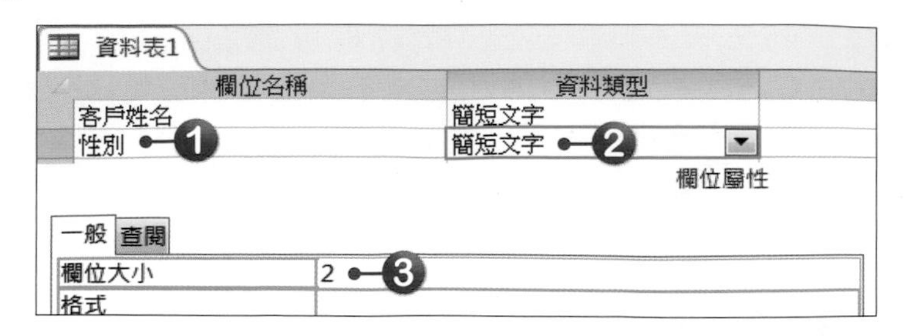

05 設定「生日」的欄位名稱及資料類型，將日期的格式設定爲完整日期。

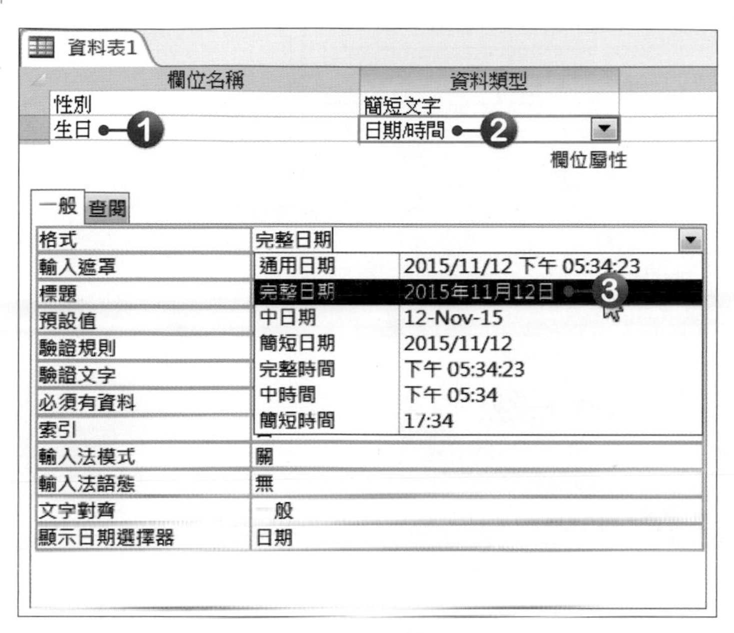

06 設定「電話」的欄位名稱及資料類型。

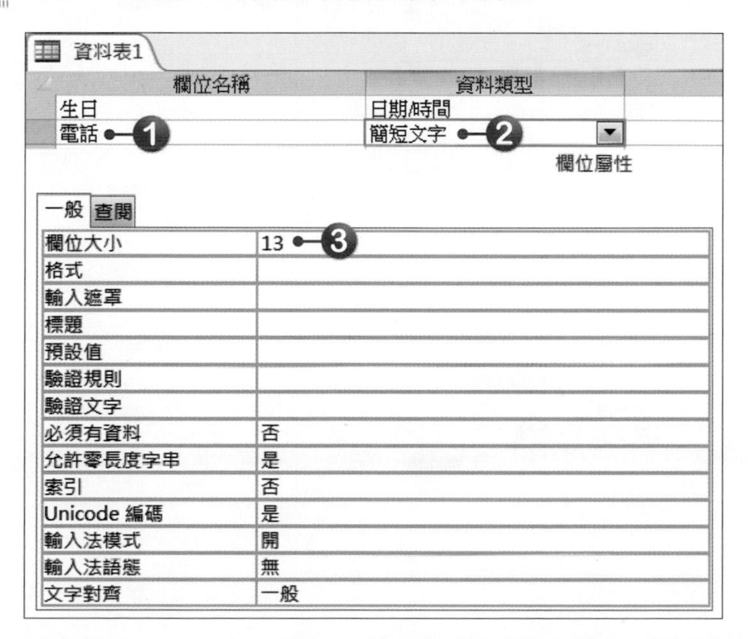

07 設定「年薪」的欄位名稱及資料類型，並將格式設定為**貨幣**格式；小數位數設定為**0**。

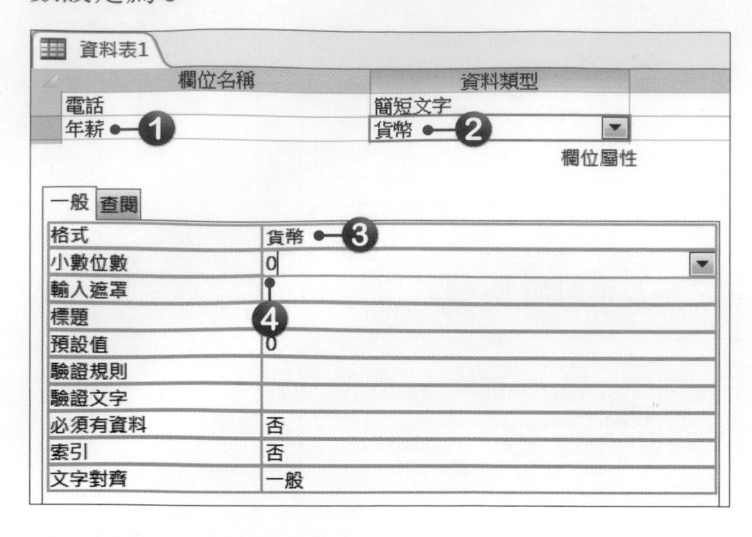

08 設定「住址」的欄位名稱及資料類型。

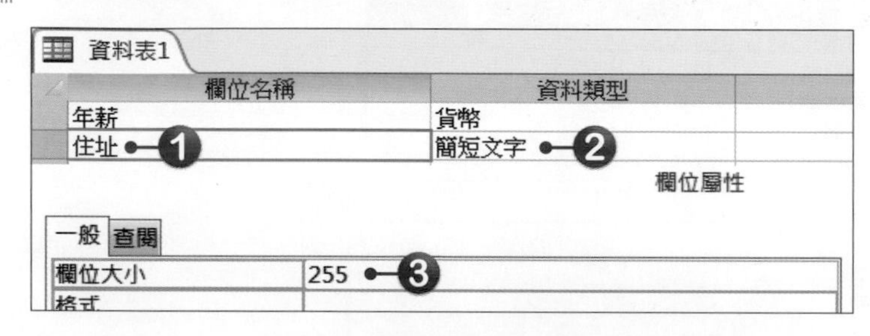

09 設定「電子信箱」的欄位名稱及資料類型。

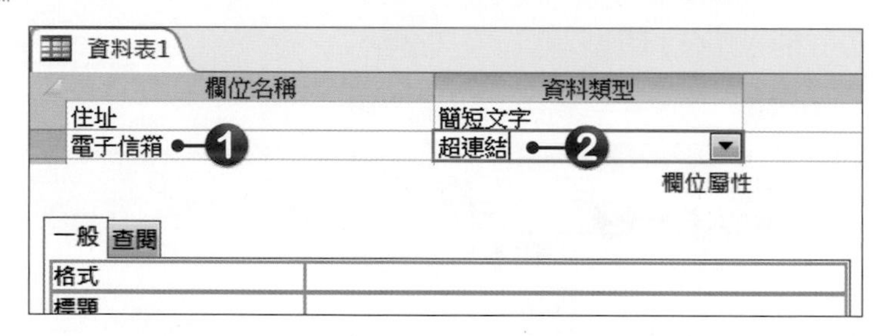

10 設定「備註」的欄位名稱及資料類型。

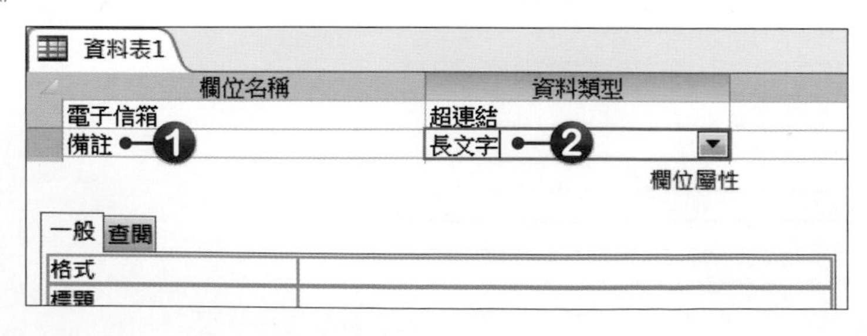

設定主索引欄位

在一個資料表中，會將某個欄位當作索引欄位，以利在尋找資料時使用。而作爲主索引的欄位，欄位中的每一個值都必須是唯一的，不能重複，且最好選擇具有意義或代表性的欄位作爲主索引欄位。在此範例中，會員帳號即爲客戶的身分證字號，而身分證字號基本上是不會重複的，故要將該欄位設定爲主索引。

01 點選**會員帳號**欄位，按下**「資料表工具→設計→工具→主索引鍵」**按鈕。

02 在**會員帳號**欄位前就多了一個圖示，表示將會員帳號設定爲主索引鍵。

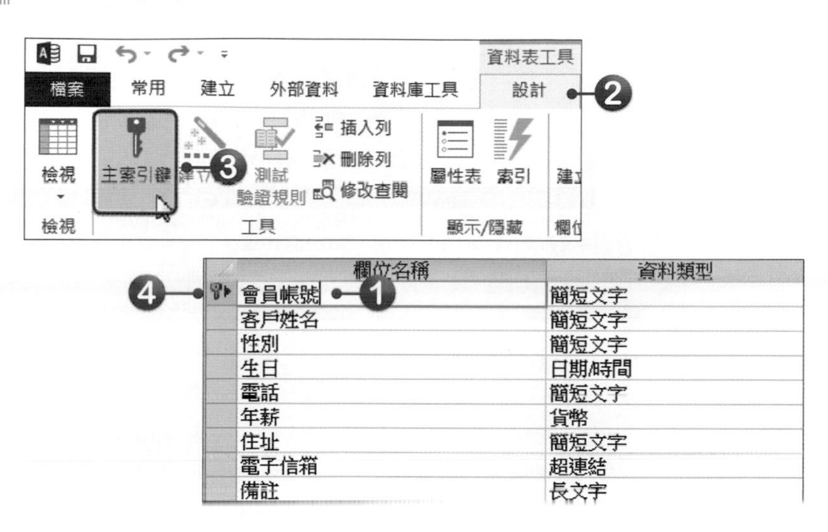

03 資料表結構建立好後，按下**快速工具列**上的**儲存檔案**按鈕，或按下**Ctrl+S**快速鍵，開啓「另存新檔」對話方塊，在**資料表名稱**欄位中輸入名稱，輸入好後按下**確定**按鈕。

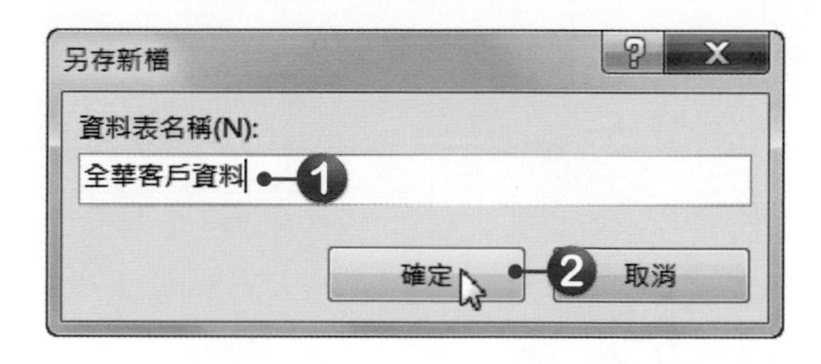

設定資料欄位的輸入遮罩

在輸入資料時，有些欄位的資料(例如：生日、電話)在輸入時可以設定格式，這樣在資料表內的資料會較爲整齊一致。此時可以使用輸入遮罩功能，來設定輸入的格式。

在此範例中，在輸入生日資料時，該欄位會出現「民國　年　月　日」的字樣；輸入電話時會出現「(　)　　-　　」，而使用者只要輸入數字即可。

01 點選要定義輸入遮罩的**生日**欄位，按下**輸入遮罩**的…**建立**按鈕，開啟「輸入遮罩精靈」對話方塊，選擇要使用的遮罩格式，選擇好後按**下一步**按鈕。

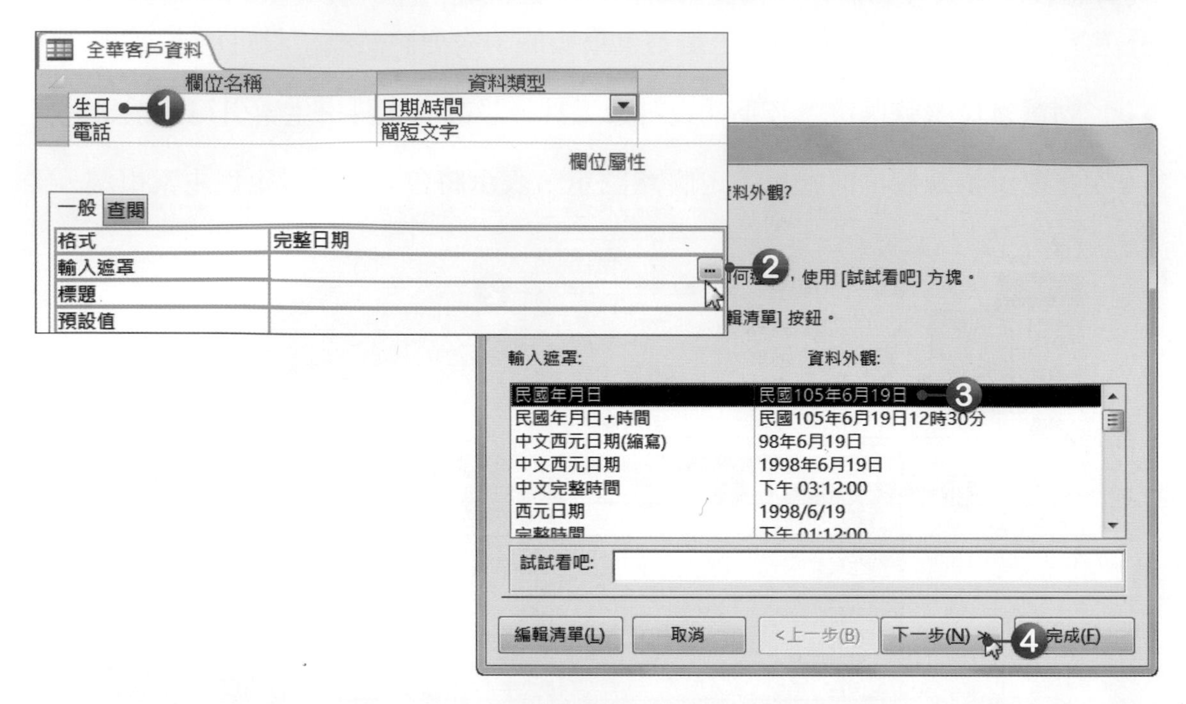

02 接著在**試試看吧**欄位按一下**滑鼠左鍵**，即可測試設定的遮罩格式，測試沒問題後，按下**下一步**按鈕，完成設定，最後按下**完成**按鈕。

03 在輸入遮罩屬性欄位中就會產生遮罩設定的結果。

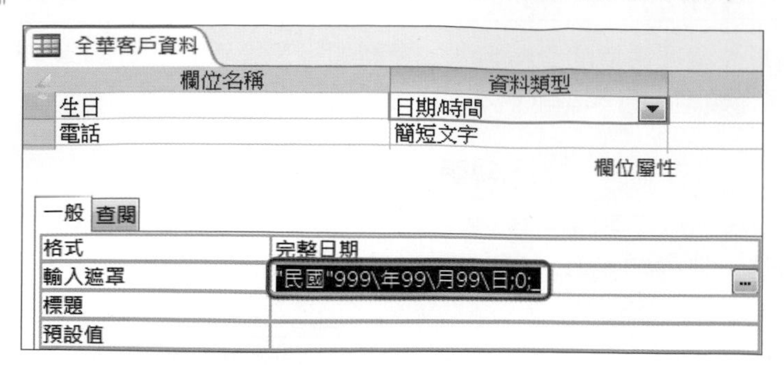

04 點選**電話**欄位，按下**輸入遮罩**的 **建立**按鈕，開啟「輸入遮罩精靈」對話方塊，進行遮罩格式的設定。

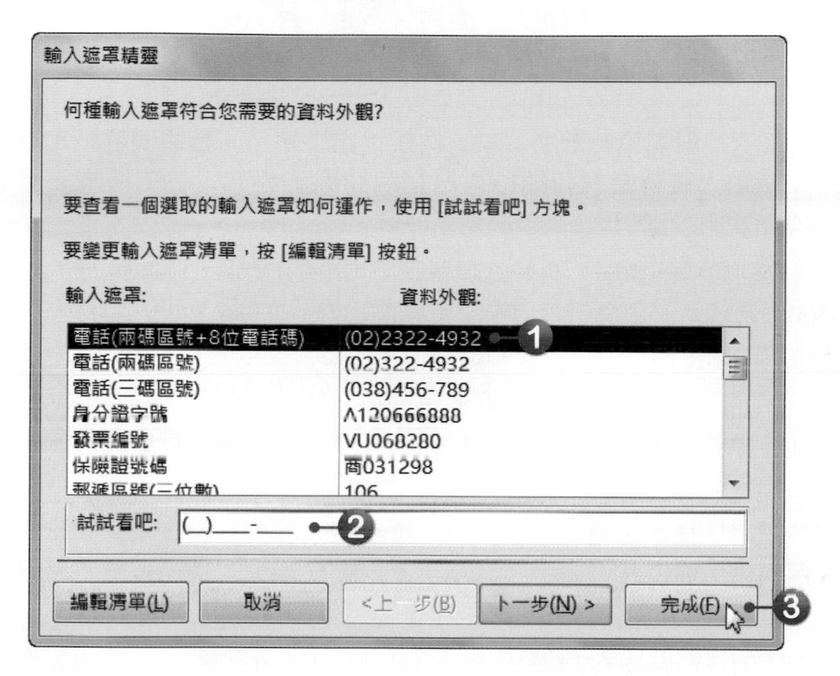

05 在輸入遮罩屬性欄位中就會產生遮罩設定的結果。

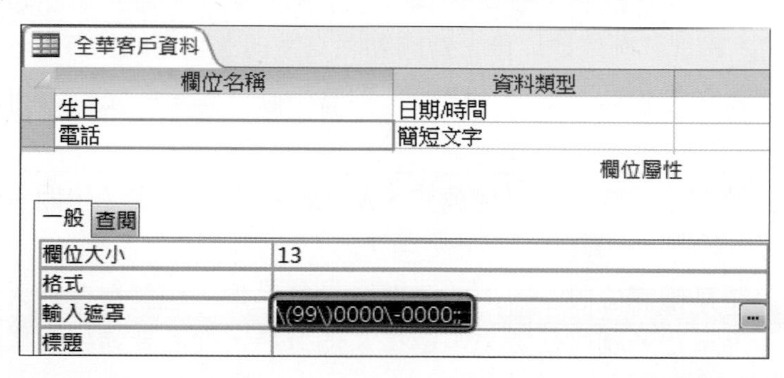

06 輸入遮罩都設定好後，按下 **Ctrl+S** 快速鍵，將資料表儲存起來。

認識各種資料類型

在建立資料表時，可依資料屬性選擇適當的資料類型，資料類型是指資料在資料庫中儲存的格式，而Access提供了多種類型，各類型的說明如下表所示：

資料類型	說明
簡短文字	用來儲存文字資料，最多可儲存255個字元，在簡短文字類型欄位中可以有中英文字、數值、特殊字元等，所以電話號碼、姓名、身分證字號等都會以此類型儲存。
長文字	長文字類型與簡短文字類型一樣，都是用來儲存文字資料的，不同的是，其欄位長度並不是固定的，所以，若資料內容過多時，可以選擇此資料類型，資料內容最大可達1GB個字元。
數值	主要是用來存放可以計算的資料，將欄位設定為數字類型時，還可以再選擇長整數、位元組、整數、單精準數、雙精準數、複製識別碼、小數點等類型。
日期/時間	主要是用來存放日期或時間的資料，例如：出生年月。若將欄位設定為此類型時，在輸入資料時就只能輸入日期或時間的格式。在「格式」選單中，可以選擇要使用哪種格式的日期或時間。
貨幣	通常用來儲存金額的數值，選擇此類型時，預設的格式為「NT$#,###」，輸入「6500」數值時，該欄位會自動將數值顯示為「NT$6,500」。當然也可以按下「格式」選單鈕，選擇要使用的類型。
自動編號	將欄位設定為此類型後，在建立資料時，每新增一筆記錄，Access就會自動將此資料編號，所以就不須再做輸入的動作，但也無法變更此欄位中的資料。自動編號時，會以遞增方式編號，一次遞增1號。
是/否	輸入資料只有二種選擇時，可以選擇此種類型，將欄位設定為此類型後，在輸入資料時，欄位會以核取方式顯示，只要在核取方塊內按一下滑鼠左鍵，即可勾選該核取方塊，勾選代表「是」；未勾選則代表「否」。
OLE物件	是指「物件的連結與嵌入」，要在資料表中加入Excel試算表、Word文件等物件時，就須將欄位設定為此類型。
超連結	若要在資料表內建立超連結時，便可將欄位設定為此類型，設定為此類型後，在欄位中輸入網址或郵件地址後，會自動將文字加上超連結的效果。
附件	可存放各類型的資料及物件，例如：圖片、聲音、動畫等。一筆記錄可以同時儲存多個附件資料。
計算	將欄位設定為此類型後，便可建立運算式，Access提供了文字、日期、時間、財務、陣列、數學等函數。
查閱精靈	在資料表中可以將某個欄位設定為以「清單」方式呈現，也就是在輸入資料時，直接按下選單鈕，就可在選單中選擇某個選項，而若要達到這樣的效果時，就可以將欄位設定為「查閱精靈」。

修改資料表結構

要修改資料表的欄位名稱、欄位屬性時，先開啓資料表，再按下**「常用→檢視→檢視→設計檢視」**按鈕，進入**「設計檢視」**模式中，即可修改。

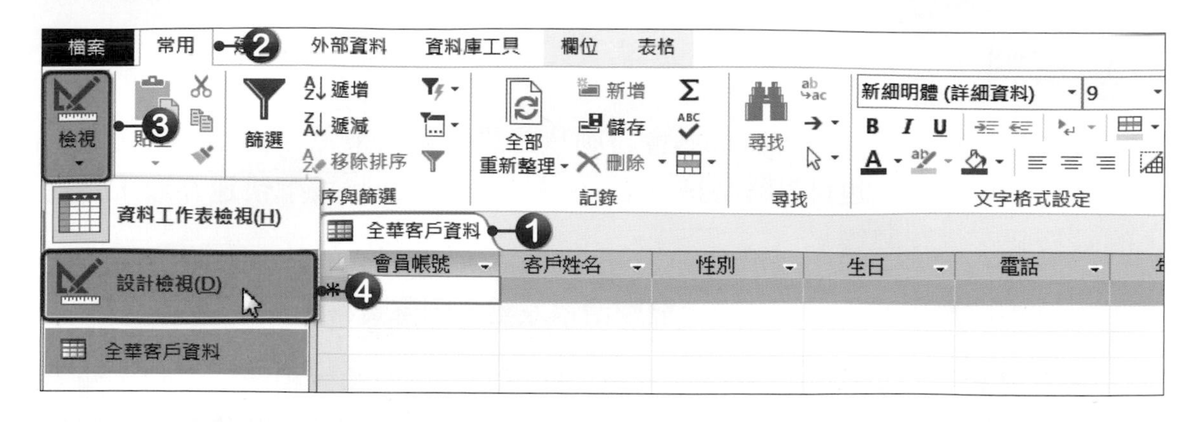

插入新欄位

若要新增一個欄位時，先點選欄位，再按下**「資料表工具→設計→工具→插入列」**按鈕，即可新增一個空白欄位。

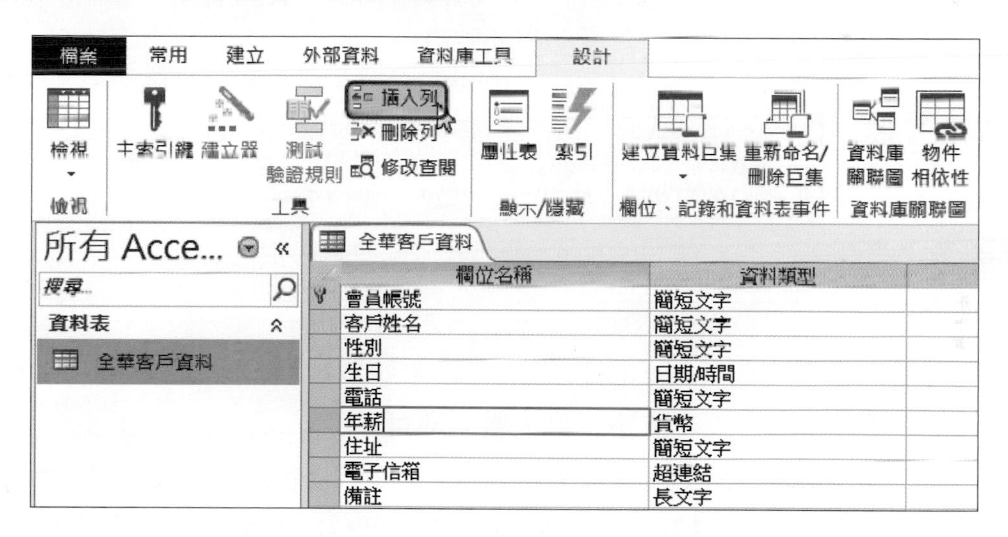

刪除欄位

若要刪除欄位時，先點選該欄位，按下**「資料表工具→設計→工具→刪除列」**按鈕，或按下**Delete**鍵，即可將欄位刪除。

1-3 在資料工作表中建立資料

資料表的欄位屬性都設定好後，接下來就可以進行資料的輸入。

建立資料

在建立資料的過程中，Access會自動以記錄為單位來暫存資料，不過，在建立資料的過程中，也可以隨時按下**Ctrl+S**快速鍵，或是按下**快速存取工具列**上的按鈕來儲存記錄。

01 在**功能**窗格中的資料表名稱上**雙擊滑鼠左鍵**，開啟**資料表視窗**。

02 在**會員帳號**欄位中按一下**滑鼠左鍵**，即可於欄位中輸入相關的資料，輸入完後按下**Tab**鍵或在欄位中按一下**滑鼠左鍵**，即可將插入點移至下一個欄位中，輸入相關資料。

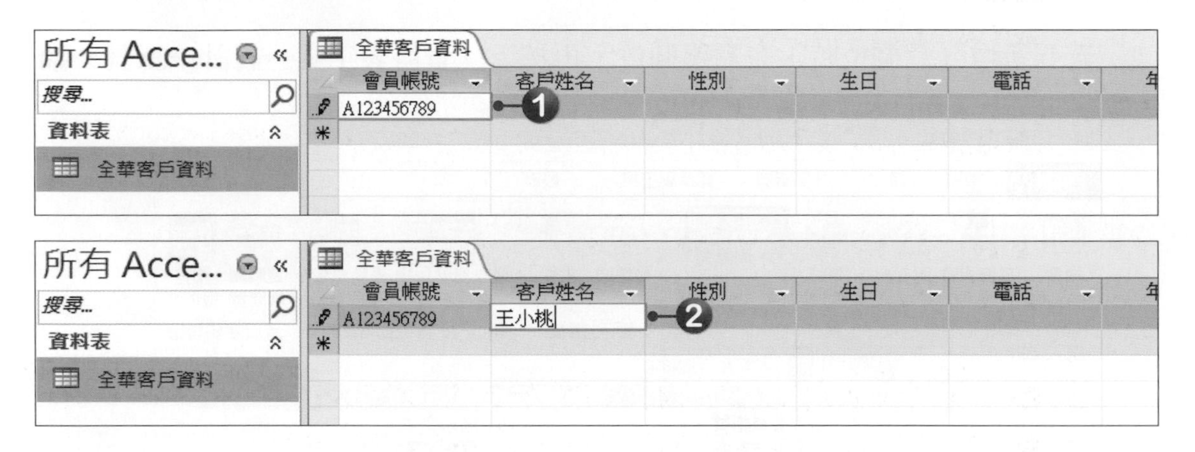

03 在輸入生日資料及電話時，因該欄位有設定遮罩，所以點選該欄位時，會顯示設定好的遮罩格式，依格式輸入數字即可。

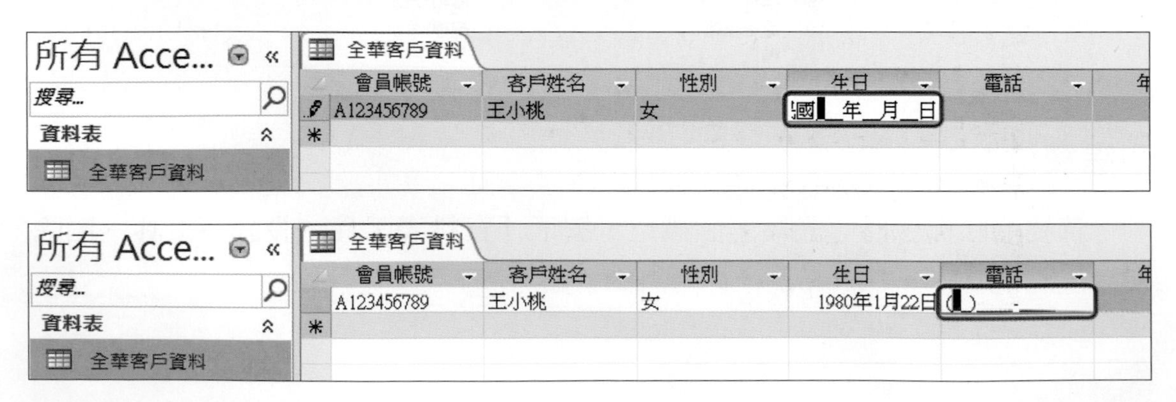

04 最後依序輸入所有的客戶資料，輸入好後按下 **Ctrl+S** 快速鍵，將資料表儲存起來。

全華客戶資料

會員帳號	客戶姓名	性別	生日	電話	年薪	住址	電子信箱	備註
A123456789	王小桃	女	1980年1月22日	(02)2262-5666	NT$554,000	新北市土城區忠義	000@chwa.com.tw	無欠款記錄
H122222221	林子佑	男	1982年12月12日	(02)1111-2222	NT$435,000	台北市文山區文山	111@gmail.com.tw	無欠款記錄
B111111115	周承一	男	1988年10月25日	(03)0000-1523	NT$420,000	桃園縣桃園市中山	555@hotmail.com.t	
C266666662	徐子亭	女	1976年11月30日	(07)1111-1111	NT$658,000	高雄市苓雅區中正	666@gmail.com.tw	
E123456789	徐大仁	男	1969年10月10日	(02)1111-9999	NT$982,000	台北市大安區大安	abc@gmail.com.tw	VIP客戶
D299999999	李心艾	女	1986年5月28日	(04)3600-1111	NT$698,000	台中市北區台灣大	www@hotmail.com	

資料工作表的編輯

在資料工作表中建立好各筆記錄後，還可以針對記錄、欄位等資料進行調整、修改、刪除等動作。

選取記錄

在資料工作表中是以一筆記錄、一個欄位為主，若要選擇一筆記錄時，在該記錄前按一下**滑鼠左鍵**，即可選取該筆記錄。若要選取一個欄時，則在欄位名稱的上方按一下**滑鼠左鍵**即可。

全華客戶資料

會員帳號	客戶姓名	性別	生日	電話	年薪	住址	電子信箱	備註
A123456789	王小桃	女	1980年1月22日	(02)2262-5666	NT$554,000	新北市土城區忠義	000@chwa.com.tw	無欠款記錄
H122222221	林子佑	男	1982年12月12日	(02)1111-2222	NT$435,000	台北市文山區文山	111@gmail.com.tw	無欠款記錄
B111111115	周承一	男	1988年10月25日	(03)0000-1523	NT$420,000	桃園縣桃園市中山	555@hotmail.com.t	
C266666662	徐子亭	女	1976年11月30日	(07)1111-1111	NT$658,000	高雄市苓雅區中正	666@gmail.com.tw	
E123456789	徐大仁	男	1969年10月10日	(02)1111-9999	NT$982,000	台北市大安區大安	abc@gmail.com.tw	VIP客戶
D299999999	李心艾	女	1986年5月28日	(04)3600-1111	NT$698,000	台中市北區台灣大	www@hotmail.com	

在該記錄前按一下滑鼠左鍵，即可選取該筆記錄；若要選取多筆記錄時，只要往下拖曳滑鼠即可選取所需的記錄

調整欄寬與列高

在資料工作表中的欄位寬度可依資料內容來調整，將滑鼠游標移至欄與欄之間，再按下**滑鼠左鍵**不放，即可調整欄寬。

全華客戶資料

會員帳號	客戶姓名 ❶	性別
A123456789	王小桃	女
H122222221	林子佑	男
B111111115	周承一	男
C266666662	徐子亭	女
E123456789	徐大仁	男
D299999999	李心艾	女

全華客戶資料

會員帳號	❷ 姓名	性別
A123456789	王小桃	女
H122222221	林子佑	男
B111111115	周承一	男
C266666662	徐子亭	女
E123456789	徐大仁	男
D299999999	李心艾	女

將滑鼠游標移至列與列之間，再按下**滑鼠左鍵**不放，即可調整列高。若要一次調整所有的列高，可以按下資料工作表左上角的 按鈕，選取整個資料表，再進行調整即可。

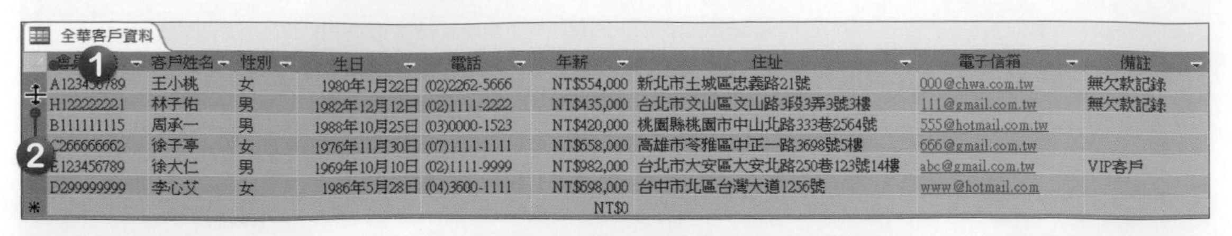

全華客戶資料

會員帳號	客戶姓名	性別	生日	電話	年薪	住址	電子信箱	備註
A123456789	王小桃	女	1980年1月22日	(02)2262-5666	NT$554,000	新北市土城區忠義路21號	000@chwa.com.tw	無欠款記錄
H122222221	林子佑	男	1982年12月12日	(02)1111-2222	NT$435,000	台北市文山區文山路3段3弄3號3樓	111@gmail.com.tw	無欠款記錄
B111111115	周承一	男	1988年10月25日	(03)0000-1523	NT$420,000	桃園縣桃園市中山北路333巷2564號	555@hotmail.com.tw	
C266666662	徐子亭	女	1976年11月30日	(07)1111-1111	NT$658,000	高雄市苓雅區中正一路3698號5樓	666@gmail.com.tw	
E123456789	徐大仁	男	1969年10月10日	(02)1111-9999	NT$982,000	台北市大安區大安北路250巷123號14樓	abc@gmail.com.tw	VIP客戶
D299999999	李心艾	女	1986年5月28日	(04)3600-1111	NT$698,000	台中市北區台灣大道1256號	www@hotmail.com	
					NT$0			

全華客戶資料

會員帳號	客戶姓名	性別	生日	電話	年薪	住址	電子信箱	備註
A123456789	王小桃	女	1980年1月22日	(02)2262-5666	NT$554,000	新北市土城區忠義路21號	000@chwa.com.tw	無欠款記錄
H122222221	林子佑	男	1982年12月12日	(02)1111-2222	NT$435,000	台北市文山區文山路3段3弄3號3樓	111@gmail.com.tw	無欠款記錄
B111111115	周承一	男	1988年10月25日	(03)0000-1523	NT$420,000	桃園縣桃園市中山北路333巷2564號	555@hotmail.com.tw	
C266666662	徐子亭	女	1976年11月30日	(07)1111-1111	NT$658,000	高雄市苓雅區中正一路3698號5樓	666@gmail.com.tw	
E123456789	徐大仁	男	1969年10月10日	(02)1111-9999	NT$982,000	台北市大安區大安北路250巷123號14樓	abc@gmail.com.tw	VIP客戶
D299999999	李心艾	女	1986年5月28日	(04)3600-1111	NT$698,000	台中市北區台灣大道1256號	www@hotmail.com	
					NT$0			

要調整欄寬或列高時，也可以按下**「常用→記錄→其他」**按鈕，從選單中選擇列高或欄寬，即可開啟相關的對話方塊，自行設定列高及欄寬。

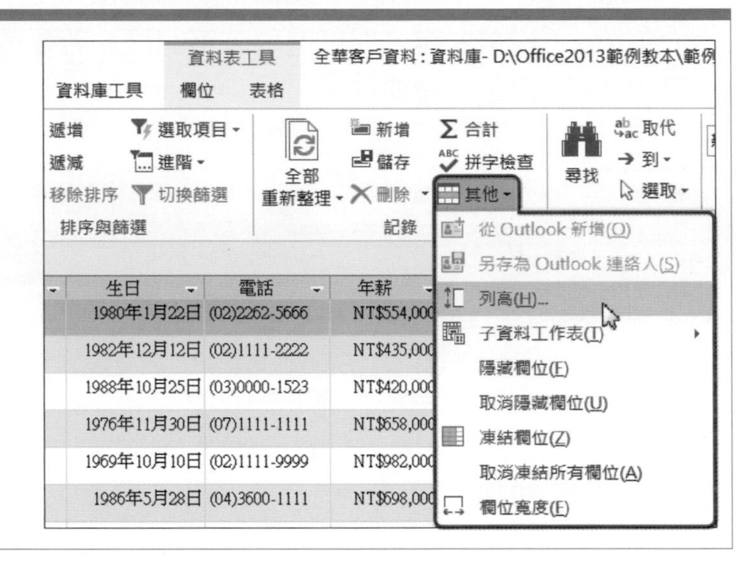

文字格式設定

在資料表中的資料也是可以設定文字格式的，要設定時，先按下資料工作表左上角的 按鈕，選取整個資料表，再進入**「常用→文字格式設定」**群組中，即可進行文字格式的設定。

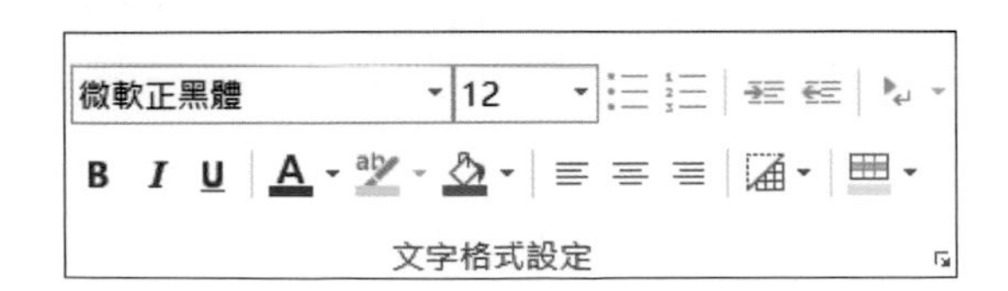

刪除記錄

若要將資料工作表中的記錄刪除時，先選取記錄，再按下**「常用→記錄→刪除」**按鈕即可。

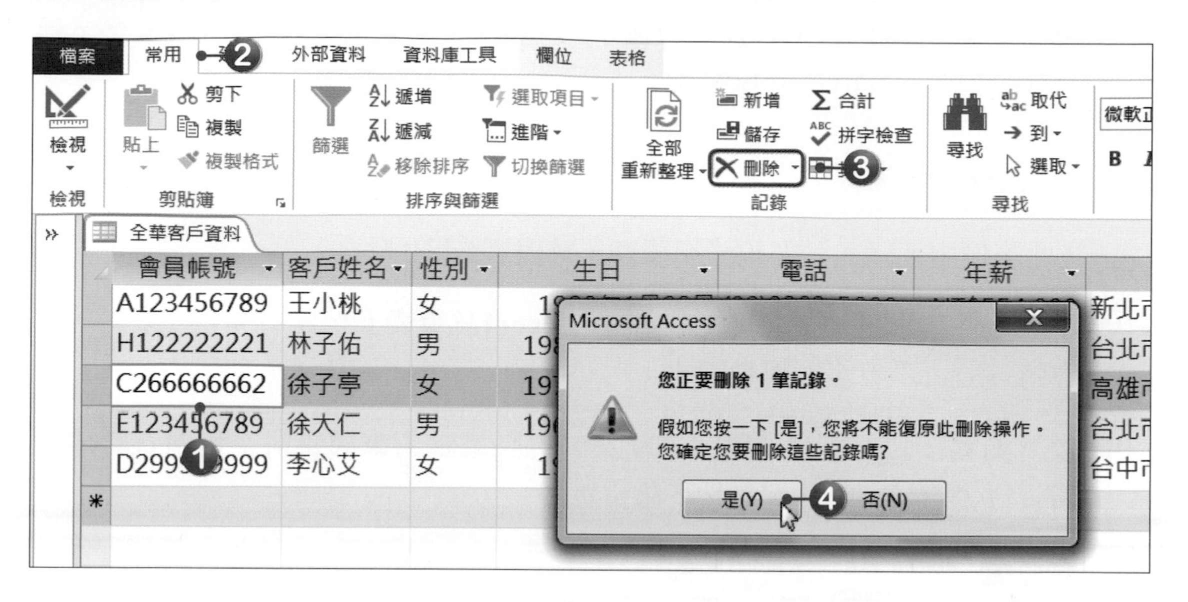

關閉資料工作表視窗

當不想使用資料工作表時，可以按下資料工作表視窗右上角的 × 按鈕，若尚未儲存該資料表時，會詢問是否要儲存，若要儲存變更請按下**是**按鈕，便會進行儲存的動作，儲存好後，資料工作表就會關閉。

1-4 匯入與匯出資料

在Access中除了自行建立資料外，還可以利用匯入與連結功能，將其他的檔案匯入至資料庫中。Access可以匯入及匯出的資料類型有：Excel、文字檔(txt)、XML檔案、HTML文件等。

匯入Excel資料

在此範例中要匯入一個銷售記錄表，該表爲Excel檔案。

01 按下**「外部資料→匯入與連結→匯入Excel試算表」**按鈕，開啓「取得外部資料-Excel試算表」對話方塊。

02 按下**瀏覽**按鈕，選擇要匯入的檔案，再點選**匯入來源資料至目前資料庫的新資料表**選項，選擇好後按下**確定**按鈕。

03 接著開啓一個安全性注意事項視窗，這裡請直接按下**開啓**按鈕。

04 開啓「匯入試算表精靈」對話方塊，請將**第一列是欄名**勾選，若匯入的Excel資料沒有標題列，則此選項就不要勾選，設定好後按**下一步**按鈕。

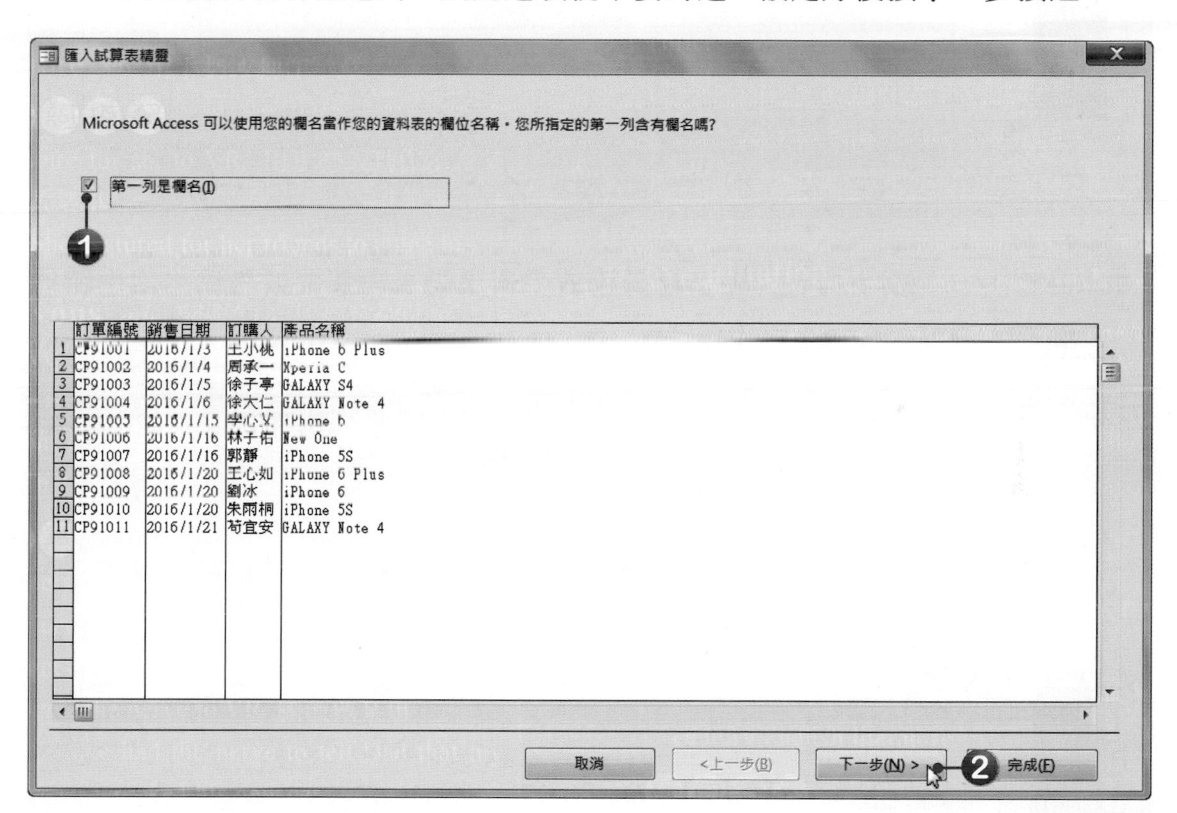

	訂單編號	銷售日期	訂購人	產品名稱
1	CP91001	2016/1/3	王小桃	iPhone 6 Plus
2	CP91002	2016/1/4	周承一	Xperia C
3	CP91003	2016/1/5	徐子亭	GALAXY S4
4	CP91004	2016/1/6	徐大仁	GALAXY Note 4
5	CP91005	2016/1/15	李心艾	iPhone 6
6	CP91006	2016/1/16	林子佑	New One
7	CP91007	2016/1/16	郭靜	iPhone 5S
8	CP91008	2016/1/20	王心如	iPhone 6 Plus
9	CP91009	2016/1/20	劉冰	iPhone 6
10	CP91010	2016/1/20	朱雨桐	iPhone 5S
11	CP91011	2016/1/21	苟宜安	GALAXY Note 4

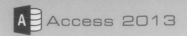

05 接著設定各欄位的名稱與資料類型，還可以選擇是否為索引欄位，或是不要匯入該欄位，都設定好後按**下一步**按鈕。

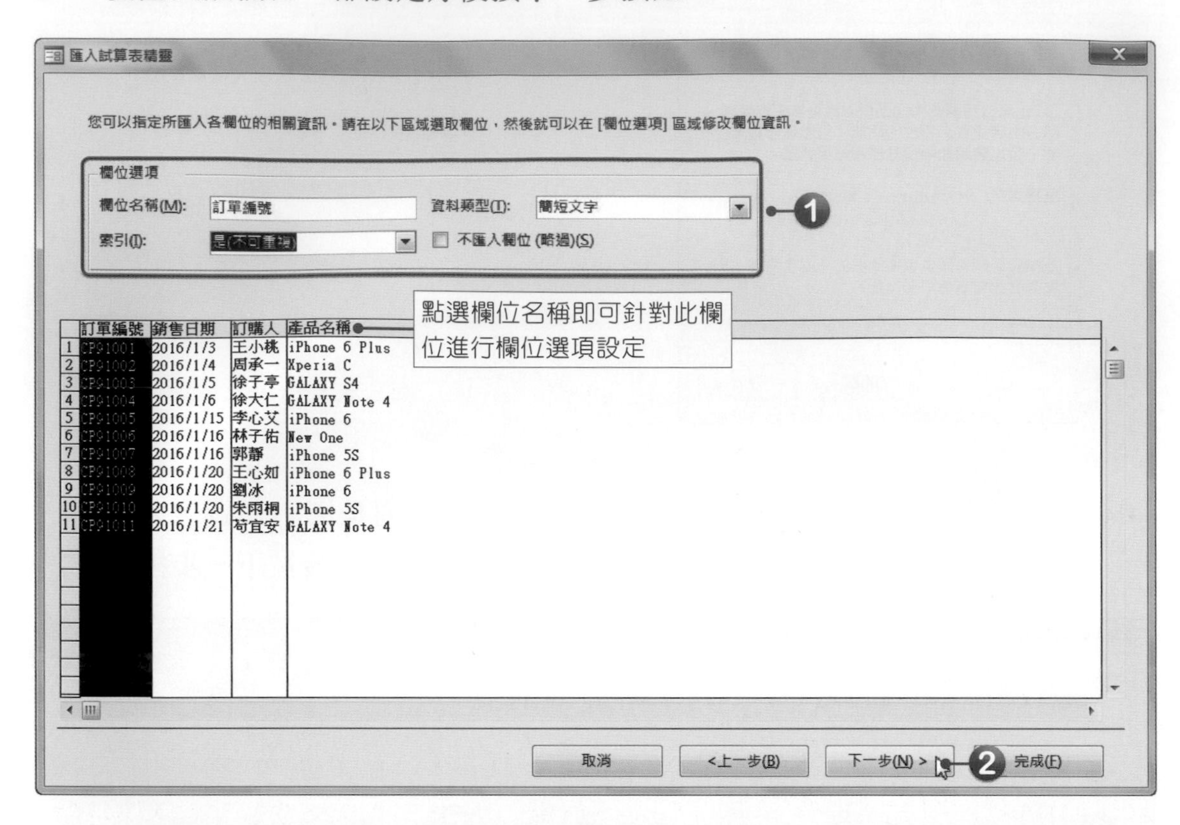

06 接著設定主索引欄位，點選**自行選取主索引鍵**，再選擇要設為主索引鍵的欄位，選擇好後按**下一步**按鈕。

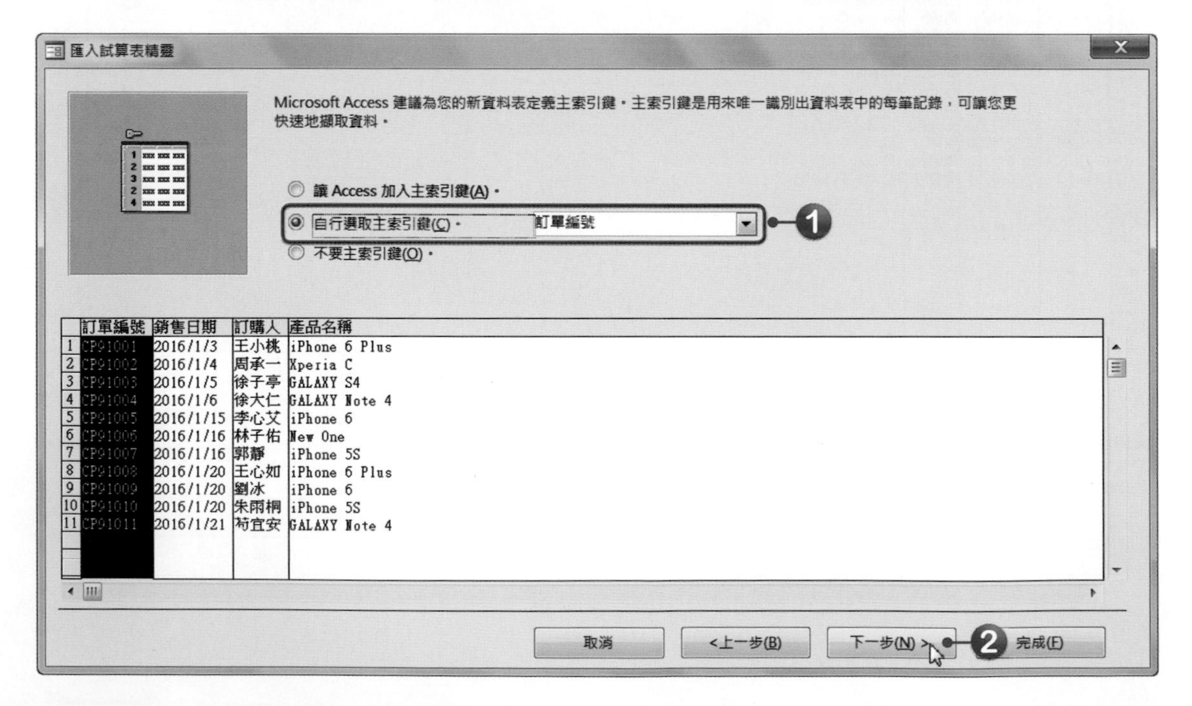

07 在匯入至資料表欄位中輸入一個資料表名稱，輸入完後，按下**完成**按鈕。

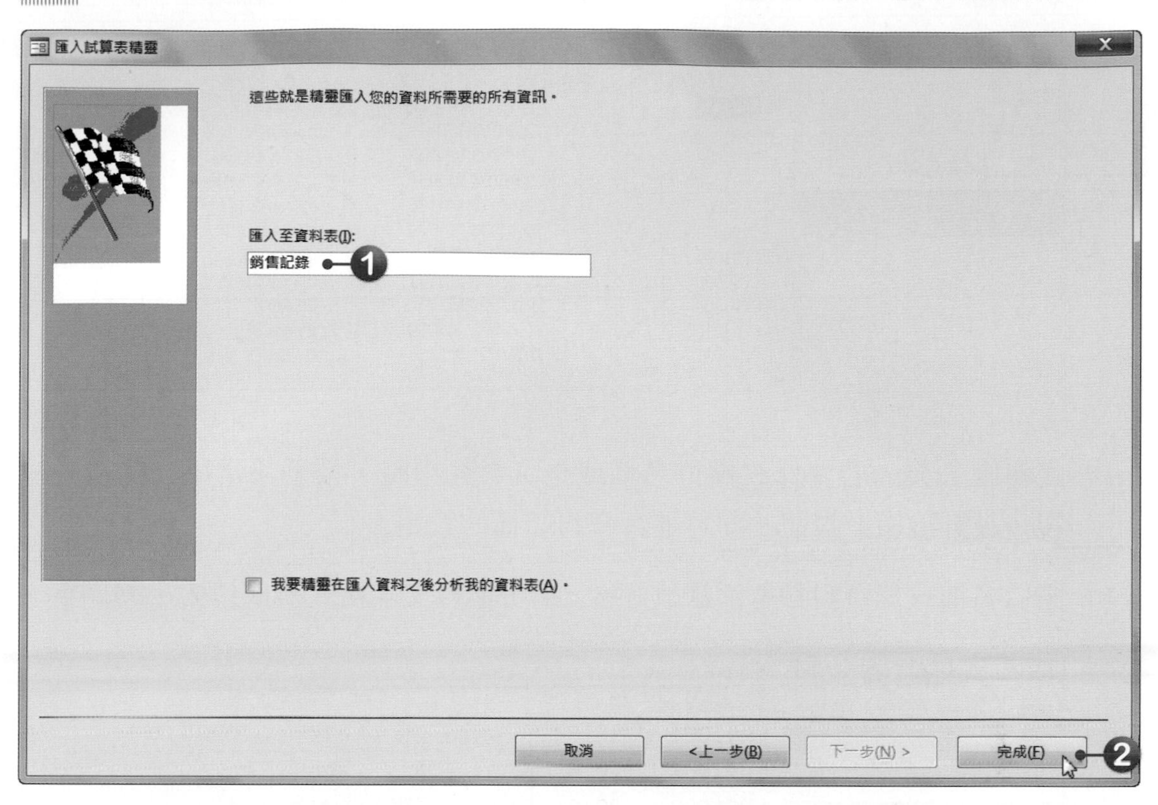

08 此時會詢問要不要將以上的匯入步驟儲存起來，這樣下次匯入資料時即可快速進行，而不需要使用精靈，選擇好後按下**關閉**按鈕。

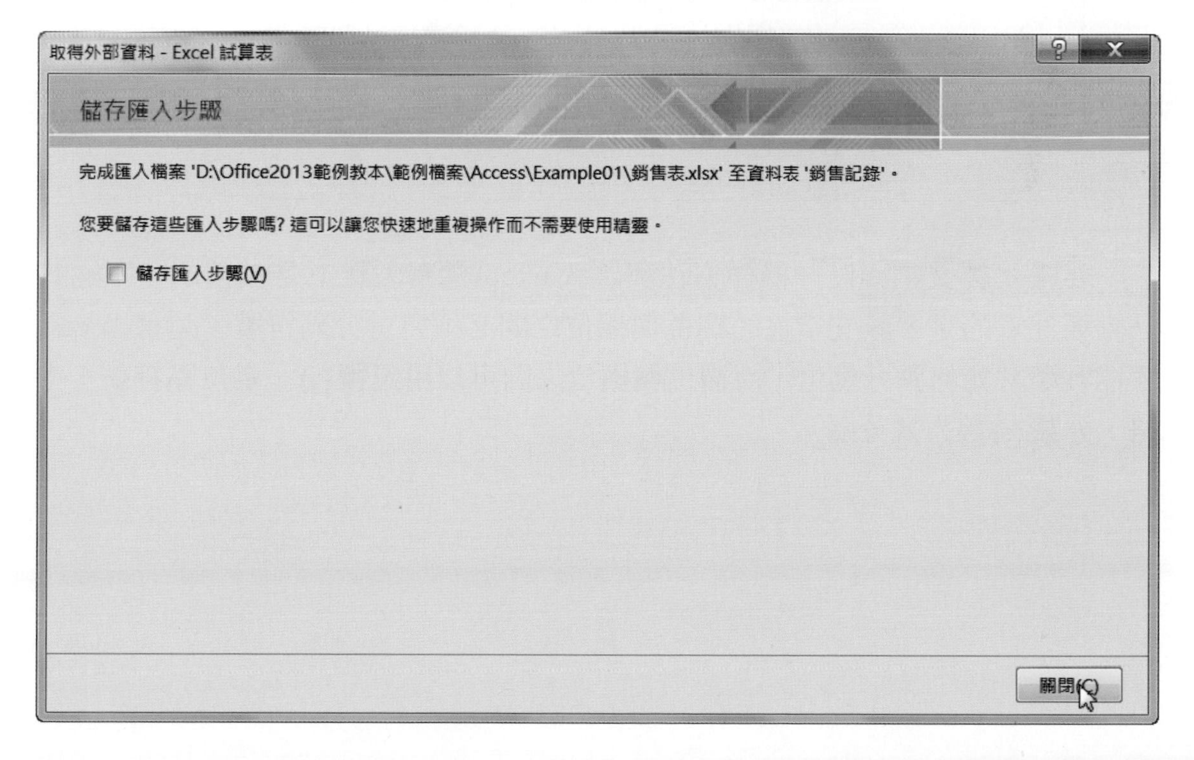

09 完成匯入後，在**功能**窗格中就會多了一個剛剛匯入的資料表。

所有 Acce...
搜尋...
資料表
全華客戶資料
銷售記錄

銷售記錄

訂單編號	銷售日期	訂購人	產品名稱	按一下以新增
CP91001	2016/1/3	王小桃	iPhone 6 Plus	
CP91002	2016/1/4	周承一	Xperia C	
CP91003	2016/1/5	徐子亭	GALAXY S4	
CP91004	2016/1/6	徐大仁	GALAXY Note 4	
CP91005	2016/1/15	李心艾	iPhone 6	
CP91006	2016/1/16	林子佑	New One	
CP91007	2016/1/16	郭靜	iPhone 5S	
CP91008	2016/1/20	王心如	iPhone 6 Plus	
CP91009	2016/1/20	劉冰	iPhone 6	
CP91010	2016/1/20	朱雨桐	iPhone 5S	
CP91011	2016/1/21	苟宜安	GALAXY Note 4	

10 資料匯入後，若要修改欄位名稱或是資料類型時，按下**「常用→檢視→檢視→設計檢視」**按鈕，即可進行資料結構的設定。

11 欄位名稱或是資料類型都修改好後，即可進行文字格式及欄位大小的調整。

所有 Acce...
搜尋...
資料表
全華客戶資料
銷售記錄

銷售記錄

訂單編號	銷售日期	訂購人	產品名稱
CP91001	2016/1/3	王小桃	iPhone 6 Plus
CP91002	2016/1/4	周承一	Xperia C
CP91003	2016/1/5	徐子亭	GALAXY S4
CP91004	2016/1/6	徐大仁	GALAXY Note 4
CP91005	2016/1/15	李心艾	iPhone 6
CP91006	2016/1/16	林子佑	New One
CP91007	2016/1/16	郭靜	iPhone 5S
CP91008	2016/1/20	王心如	iPhone 6 Plus
CP91009	2016/1/20	劉冰	iPhone 6
CP91010	2016/1/20	朱雨桐	iPhone 5S
CP91011	2016/1/21	苟宜安	GALAXY Note 4

要匯入純文字檔時，操作方法與匯入Excel檔案大致上是相同的。不過有一點要注意的是，該文字檔的欄位與欄位之間必須要有分隔符號，這樣Access才能判斷該如何區分欄位，而欄位與欄位之間可以用**逗號(,)、定位點符號、空格、分號(;)**等方式分隔。

將資料表匯出為文字檔

在Access中可以將資料表匯出成Excel檔、文字檔、XML檔、PDF或XPS、電子郵件、HTML文件、Word的RTF格式檔等。

01 點選要匯出的**「全華客戶資料」**資料表，按下**「外部資料→匯出→文字檔」**按鈕。

02 開啓「匯出-文字檔」對話方塊，按下**瀏覽**按鈕，設定要匯出的位置與檔案名稱，設定好後按下**確定**按鈕。

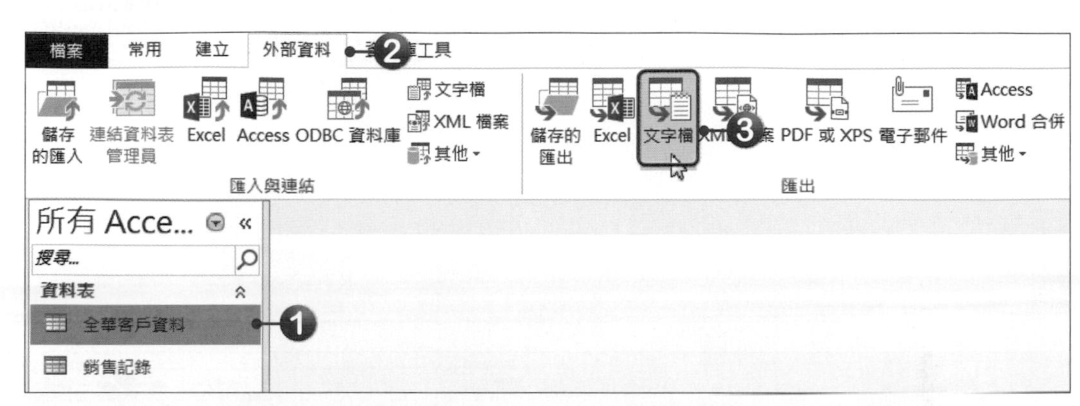

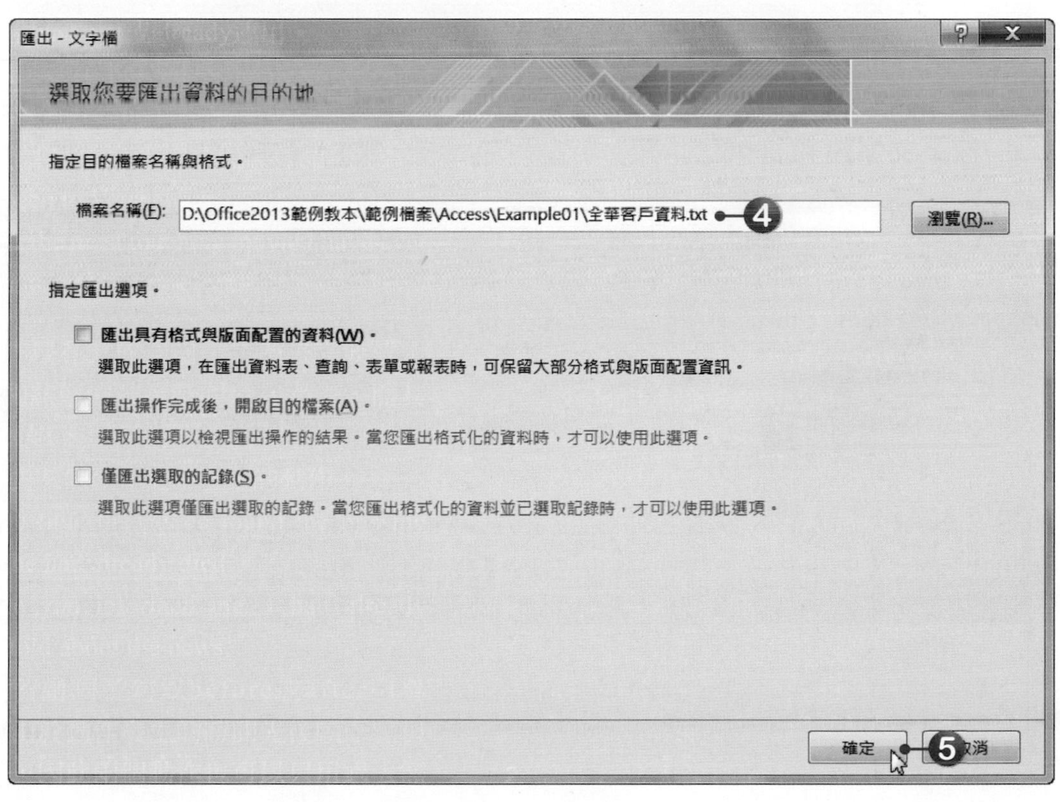

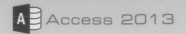

03 接著選擇要匯出的格式，這裡請點選**分欄字元**，選擇好後按**下一步**按鈕。

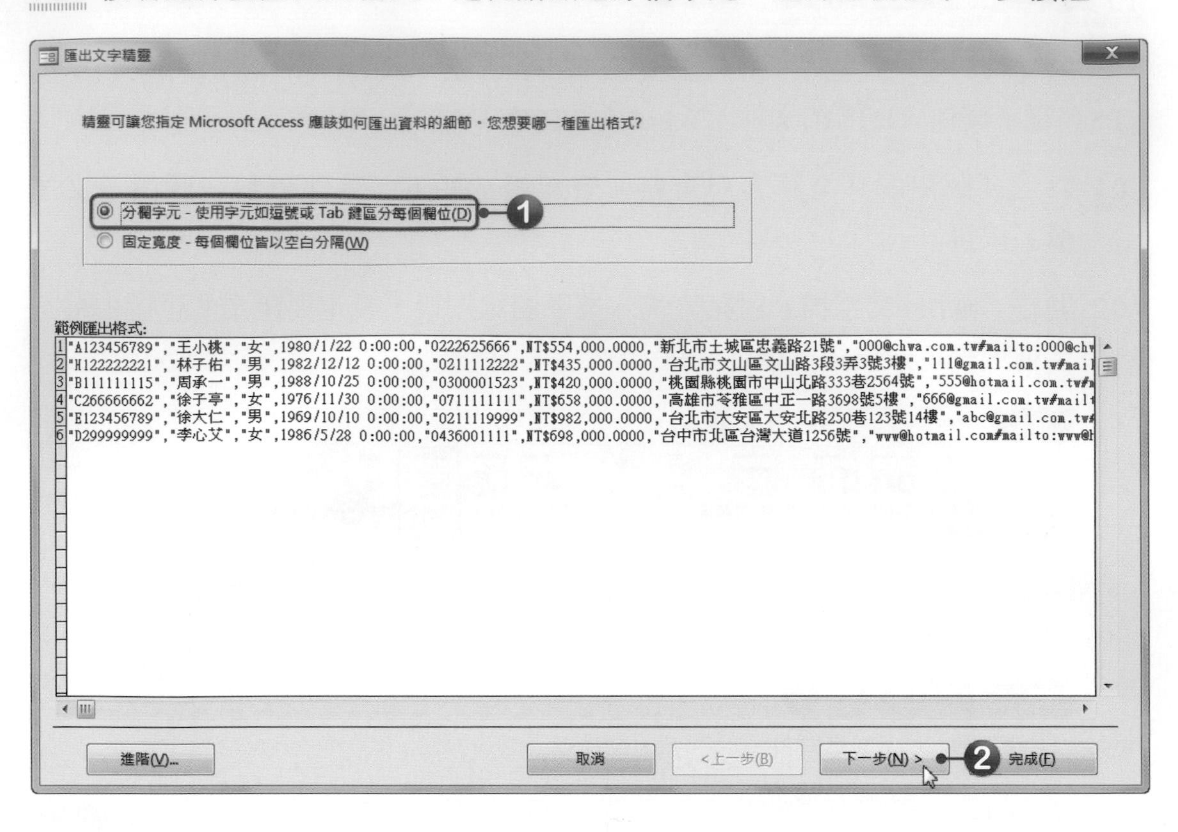

04 接著設定欄與欄之間的分隔符號，設定好後再將**包括第1列的欄名**勾選，再按下**文字辨識符號**選單鈕，於選單中選擇**{無}**，選擇好後按**下一步**按鈕。

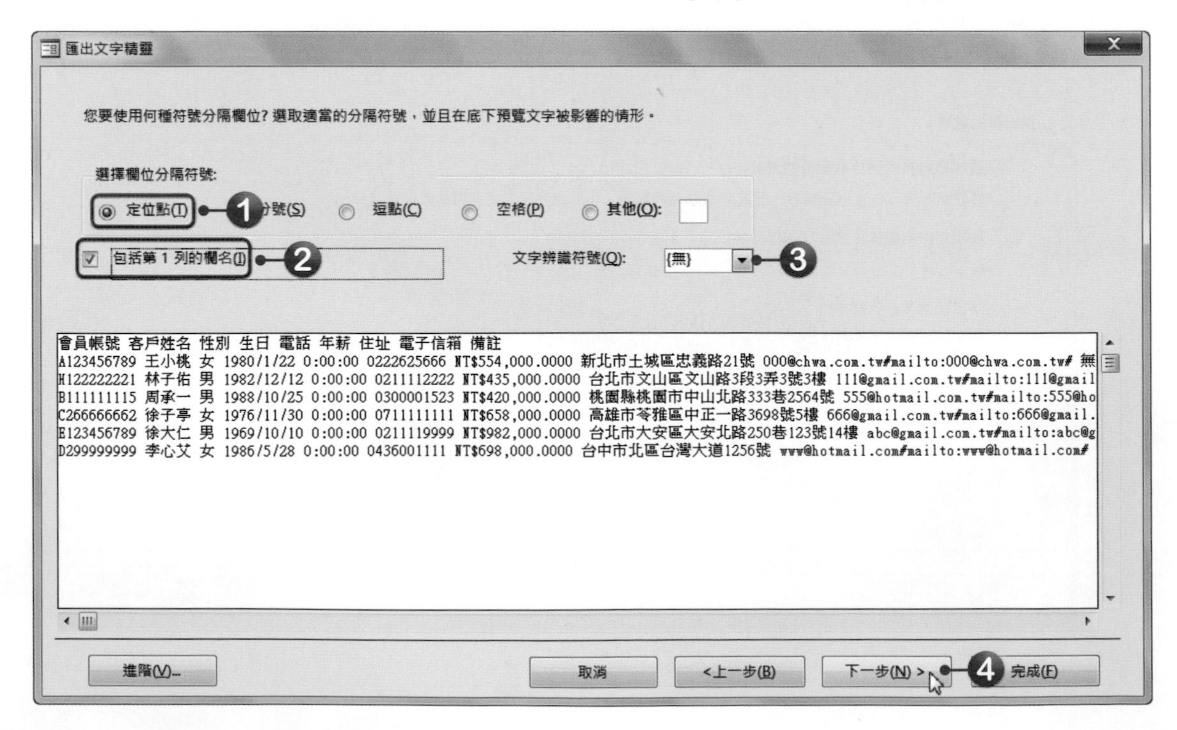

05 最後按下**完成**按鈕，即可進行匯出的動作。

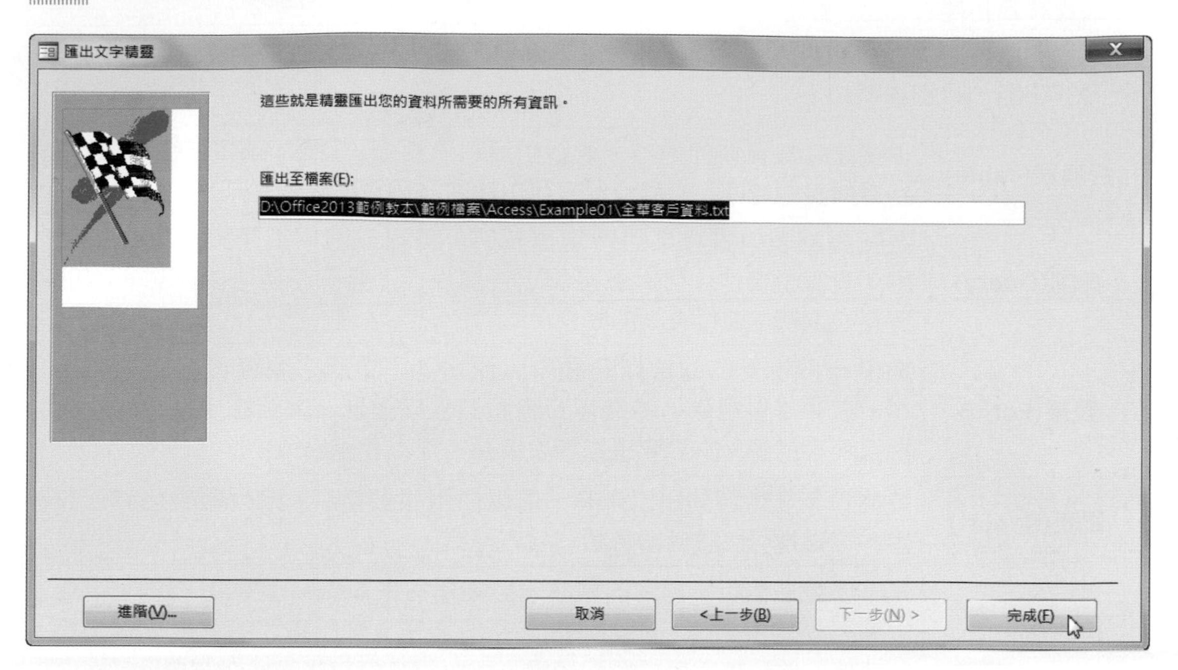

06 此時會詢問要不要將以上的匯出步驟儲存起來，這樣下次匯出資料時即可快速進行，而不需要使用精靈，選擇好後按下**關閉**按鈕。

07 完成匯出後，在所選的資料夾內就會多了一個「txt」格式的檔案，該檔案中的欄位與欄位間會以「定位點」為分隔。

認識資料庫物件

一個資料庫檔中除了資料表外，可能還會包含了查詢、表單及報表等物件，不同物件有著不同的功能，分別說明如下：

資料表(Table)	主要是存放資料的地方，要針對資料做新增、修改、刪除時，就必須到資料表中進行。一個資料庫可以擁有多個資料表。
查詢(Query)	要在資料表中尋找某些特定資料時，便可以利用查詢物件進行，使用「查詢」物件，可以直接設定查詢條件，查詢時還可以針對不同的資料表或欄位進行查詢的動作。
表單(Form)	提供一個視覺化的操作介面，以便增加、更新、瀏覽資料庫裡的資料。表單是以視覺化的文字方塊和標籤來呈現一筆記錄。若要自行設計資料表的輸入方式或是查詢表單時，可以使用表單物件。
報表(Report)	要將資料表內容列印出來時，可以使用報表物件，進行報表格式的設定，在這裡可以設計出各類的報表格式。
巨集(Macro)	是一個或多個巨集指令的集合，巨集指令是Access 定義好的指令，可以執行特定的動作，例如：開啟某個表單、列印指定的報表、關閉資料庫等。將巨集與表單搭配使用，可以建立資料庫的操作選單。
模組(Module)	模組是用VBA撰寫的程式碼，由宣告和程序所組成，用來設計更複雜的資料庫應用程式。若要設計較為複雜或是特殊的需求時，可以使用模組物件，自行撰寫程式。

停用巨集

開啟資料庫檔案時，可能會遇到「安全性警告」訊息，這是因為Access基於安全性的考量，將檔案中的巨集停用，所以出現訊息提示。而這個安全性警告並不會影響到操作，可以直接按下右上角的**關閉**鈕，將訊息關閉。

若不想要每次開資料庫都會出現此訊息時，可以按下**「檔案→選項」**功能，開啟「Access選項」視窗，點選**信任中心**標籤，再按下**信任中心設定**按鈕，開啟「信任中心」視窗，點選**巨集設定**標籤，點選**停用所有巨集(不事先通知)**選項，按下**確定**按鈕，這樣下次開啟資料庫時，就不會出現安全性警告訊息。

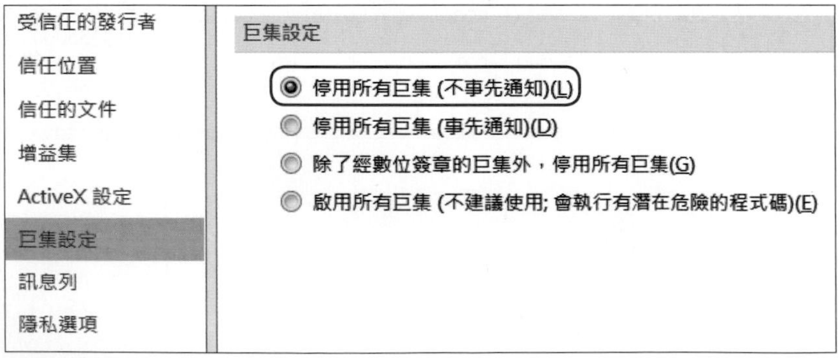

受信任的發行者
信任位置
信任的文件
增益集
ActiveX 設定
巨集設定
訊息列
隱私選項

巨集設定

- 停用所有巨集 (不事先通知)(L)
- 停用所有巨集 (事先通知)(D)
- 除了經數位簽章的巨集外，停用所有巨集(G)
- 啟用所有巨集 (不建議使用; 會執行有潛在危險的程式碼)(E)

自我評量

✦選擇題

(　　)1. 在Access中，下列哪一種資料類型可以連結或嵌入點陣圖影像？(A)長文字 (B)簡短文字 (C)OLE物件 (D)超連結。

(　　)2. 在Access中，下列哪個資料類型較適合存放要計算的數值？(A)貨幣 (B)數值 (C)自動編號 (D)長文字。

(　　)3. 下列哪個資料類型可以由Access自動產生流水編號？(A)貨幣 (B)數值 (C)自動編號 (D)文字。

(　　)4. 在Access中，簡短文字資料類型最多可存放多少個字元？(A)254 (B)255 (C)256 (D)257。

(　　)5. 在Access中，要設定資料表欄位時，須進入哪個模式？(A)資料工作表檢視 (B)設計檢視 (C)版面配置檢視 (D)表單檢視。

(　　)6. 在Access中，下列哪項資料最適合設定爲「主索引鍵」？(A)身分證字號 (B)出生年月 (C)姓名 (D)電話。

(　　)7. 在Access中，所有資料庫檔案中所包含的各種資料庫物件，例如：資料表、表單及報表等，皆位於？(A)功能窗格 (B)標題列 (C)功能區 (D)快速存取工具列。

(　　)8. 在Access中，若要在欄位中加入各種檔案，且加入後便可直接在資料表中開啓，請問該欄位要設定爲哪一種資料類型較爲適合？(A)超連結 (B)是/否 (C)附件 (D)長文字。

(　　)9. 在Access中，無法將資料表匯出爲哪種檔案類型？(A)Flash檔 (B)PDF檔 (C)文字檔 (D)Excel檔。

(　　)10. 在Access中，將資料表匯出至文字檔時，可以使用哪個分隔符號，分隔欄與欄之間的資料？(A)定位點 (B)空白 (C)逗號 (D)以上皆可。

自我評量

✦實作題

1. 開啓「Access→Example01→書籍資料.accdb」檔案，進行以下設定。

   - 將下表中的資料建立一個名爲「書籍資料」的資料表，資料表的欄位名稱與類型如下所示：

欄位名稱	資料類型	資料長度	格式	小數位數
書號	簡短文字	8		
書名	簡短文字	255		
作者	簡短文字	20		
出版日期	日期/時間		完整日期	
附件	是/否		Yes/NO	
定價	貨幣		貨幣	0

   - 將下表資料輸入至資料表中。

書號	書名	作者	出版日期	附件	定價
IB0001	如何變美麗	王小桃	104.3.10	有	450
IB0002	如何開間好餐廳	阿積師	104.2.18	有	350
IB0003	居家收納技巧大公開	收納大師	104.8.20	有	390
IB0004	老宅新創意	徐宅男	105.3.25	有	490
IB0005	讓自己變有錢	周理財	105.6.21	有	450

   - 將「書號」設定爲主索引。
   - 將資料表的欄寬與列高做適當的調整；並進行文字格式設定。

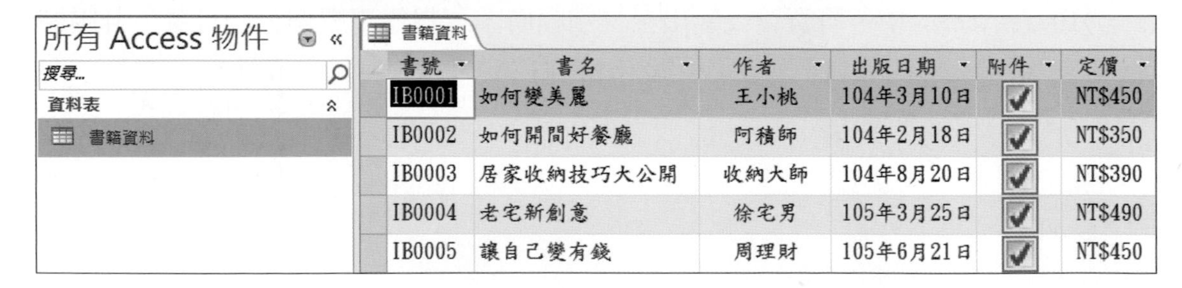

02 商品管理資料庫

Example

✪ 學習目標

資料搜尋與排序、篩選資料、查詢物件的使用、建立表單物件、修改表單的設計、在表單中新增及刪除資料

✪ 範例檔案

Access→Example02→商品管理.accdb

Access→Example02→logo.png

✪ 結果檔案

Access→Example02→商品管理-OK.accdb

Access→Example02→商品管理-排序.accdb

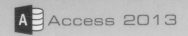

在「商品管理資料庫」範例中，將學習資料的搜尋、排序及篩選，並介紹如何建立查詢、表單、報表等物件。

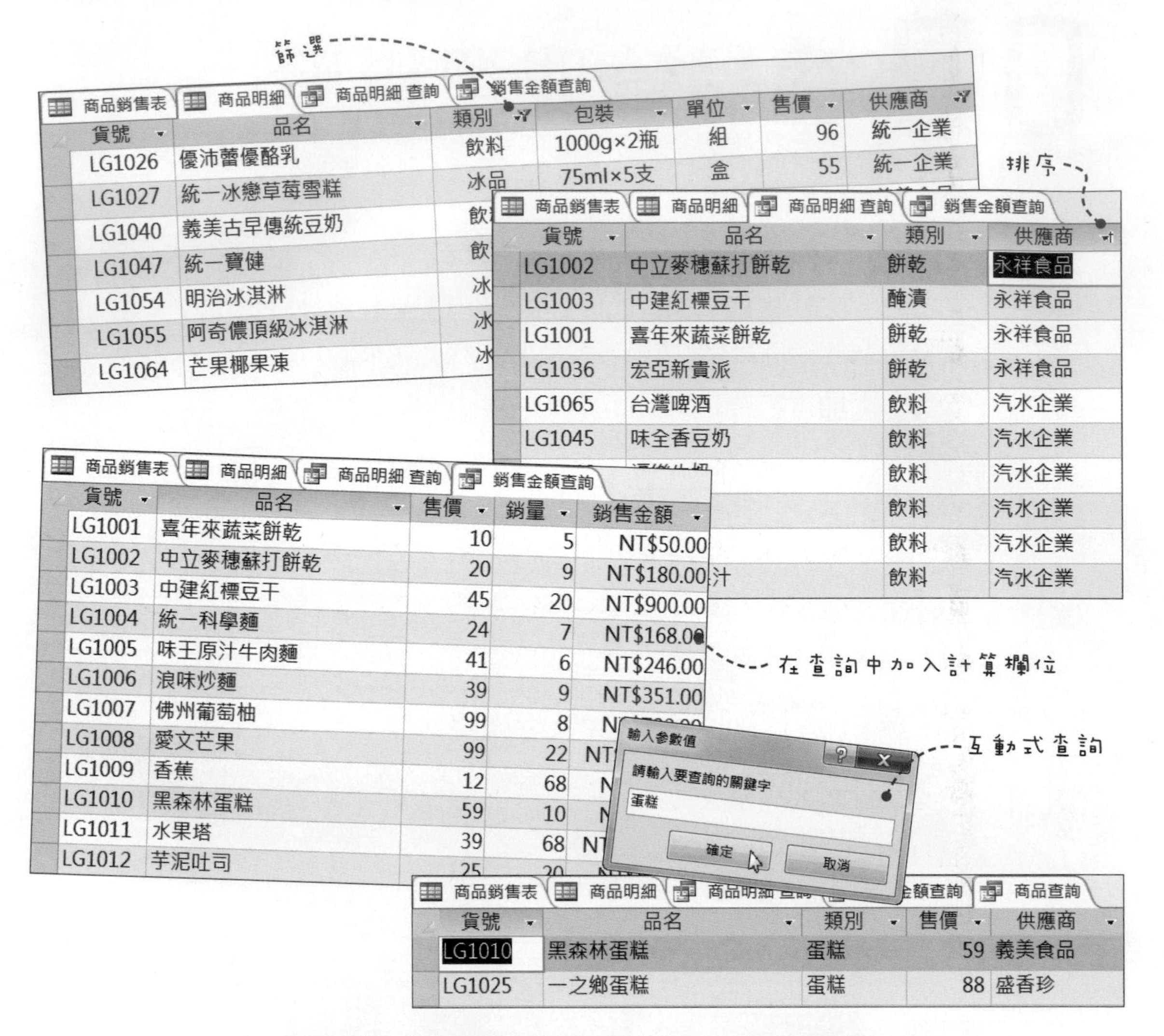

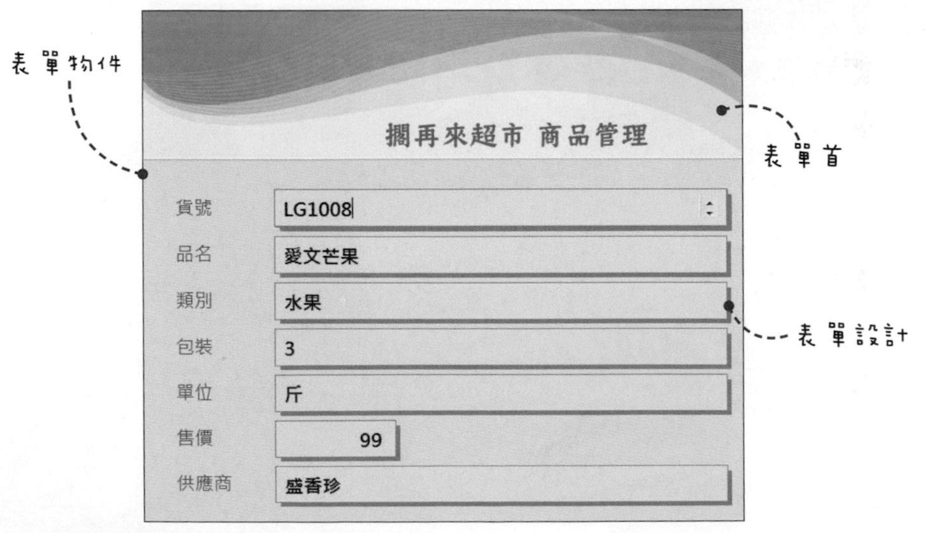

2-1 資料搜尋、取代及排序

當資料表內有著成千上萬筆記錄時，該如何快速找到想要看的記錄呢？很簡單，只要使用搜尋功能，再加上排序的操作，就可以快速找到符合條件的記錄，這節就來學習搜尋、取代及排序的使用方法吧！

尋找記錄

利用尋找功能可以快速地從資料庫中找出要查看的記錄。要尋找記錄時，先開啓資料表，按下**「常用→尋找→尋找」**按鈕，或**Ctrl+F**快速鍵，開啓「尋找及取代」對話方塊，即可進行搜尋的設定。

尋找目標設定好後，按下**尋找下一筆**按鈕後，就會去尋找符合資料的記錄，找到後，就會將文字反白；若要再尋找下一筆記錄，則再按下**尋找下一筆**按鈕，即可繼續尋找下一筆記錄。

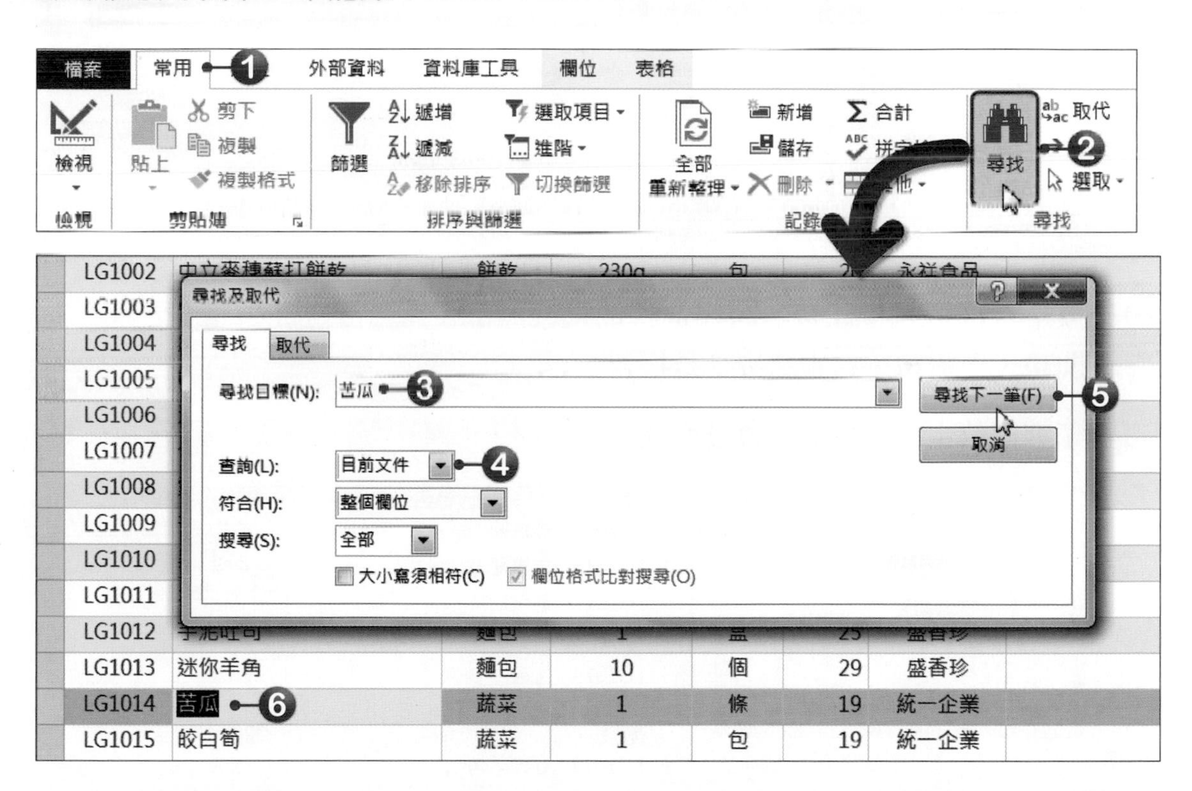

在輸入尋找字串時，可以使用**「*」**及**「?」**符號來協助尋找資料，**「*」**代表**萬用字元**；**「?」**代表**一個字元**，例如：要尋找「義」字開頭的資料時，就可以輸入「義*」字串，Access 就會尋找出所有以「義」開頭的記錄。

取代資料

若要將欄位中的某些文字替換成其他文字時，可以使用取代功能，將字串取代成新的文字。在此範例中，要將商品明細資料表內的「魚」類別，取代為「魚類」。

01 開啓商品明細資料表，將插入點移至**類別**欄位，按下**「常用→尋找→取代」**按鈕，或**Ctrl+H**快速鍵，開啓「尋找及取代」對話方塊。

02 在**尋找目標**欄位中輸入**魚**，在**取代為**欄位中輸入**魚類**，在**查詢**選項中選擇**目前欄位**，都設定好後按下**全部取代**按鈕。

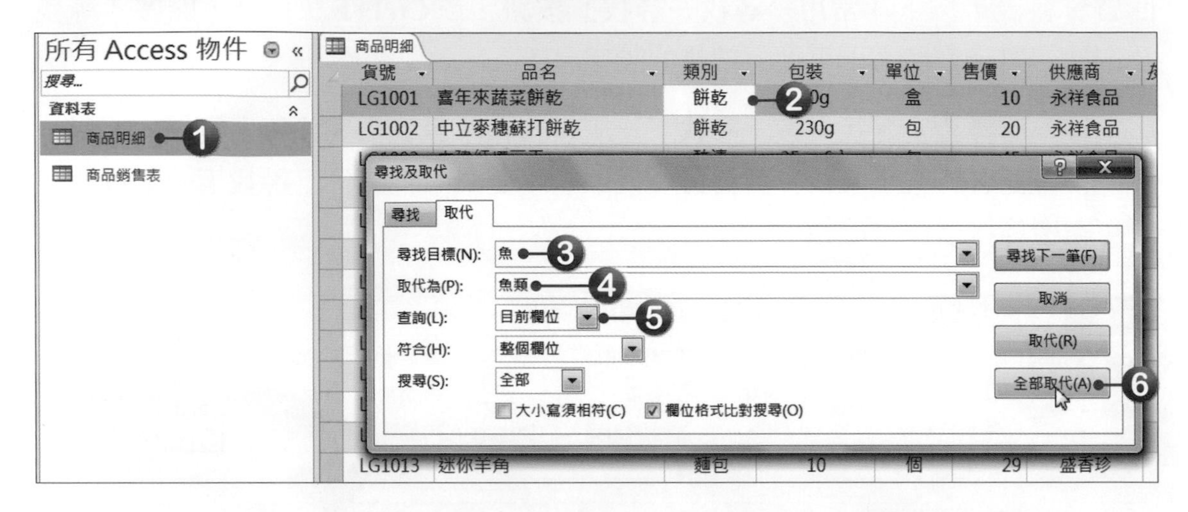

03 按下**全部取代**按鈕後，因爲進行取代後無法復原，故會開啓警告訊息，詢問是否要繼續，這裡請按下**是**按鈕。

04 類別欄位中的「魚」就會被取代爲「魚類」。

貨號	品名	類別
LG1015	茭白筍	蔬菜
LG1016	棒棒腿	雞肉
LG1017	鮭魚切片	魚
LG1018	雞三節翅	雞肉
LG1019	土雞	雞肉

貨號	品名	類別
LG1013	迷你羊角	麵包
LG1014	苦瓜	蔬菜
LG1015	茭白筍	蔬菜
LG1016	棒棒腿	雞肉
LG1017	鮭魚切片	魚類
LG1018	雞三節翅	雞肉

資料排序

當資料表中的資料量很多時，爲了搜尋方便，通常會將資料按照某種順序排列，這個動作稱爲排序。排序時會以「欄」爲依據，調整每一筆記錄的順序。

單一排序

如果要將資料以某一欄爲依據排序時，可以先將滑鼠游標移至該欄位中，再按下**「常用→排序與篩選」**群組中的 遞增 **遞增排序**按鈕；或 遞減 **遞減排序**按鈕，即可將記錄進行排序的動作。

多重欄位排序

除了針對某一個欄位做遞增或遞減的排序外，還可以使用多重欄位進行資料的排序。

01 開啓**商品明細**資料表，按下**「常用→排序與篩選→進階」**按鈕，於選單中選擇**進階篩選/排序**選項。

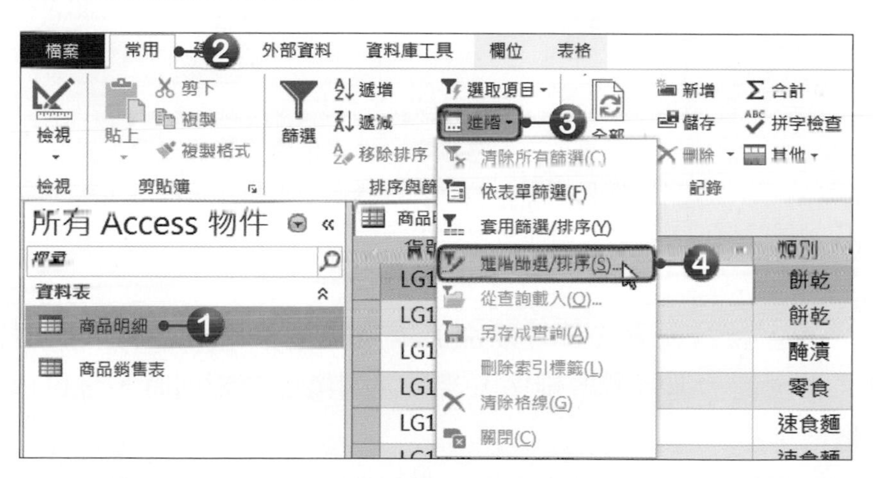

02 開啓**商品明細篩選1**視窗，按下選單鈕選擇第一個要排序的欄位，再選擇要遞增或是遞減排序。

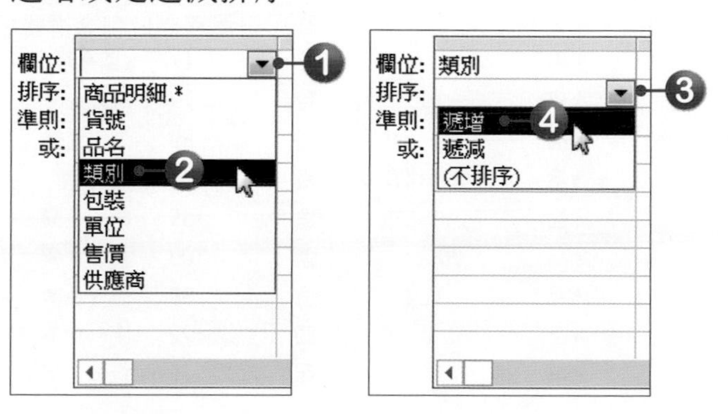

03 第一個排序欄位設定好後，接著再利用相同方式將所有要排序的欄位都設定完成。

04 排序欄位都設定好後，再按下 **「常用→排序與篩選→切換篩選」** 按鈕，即可完成多重欄位的排序。

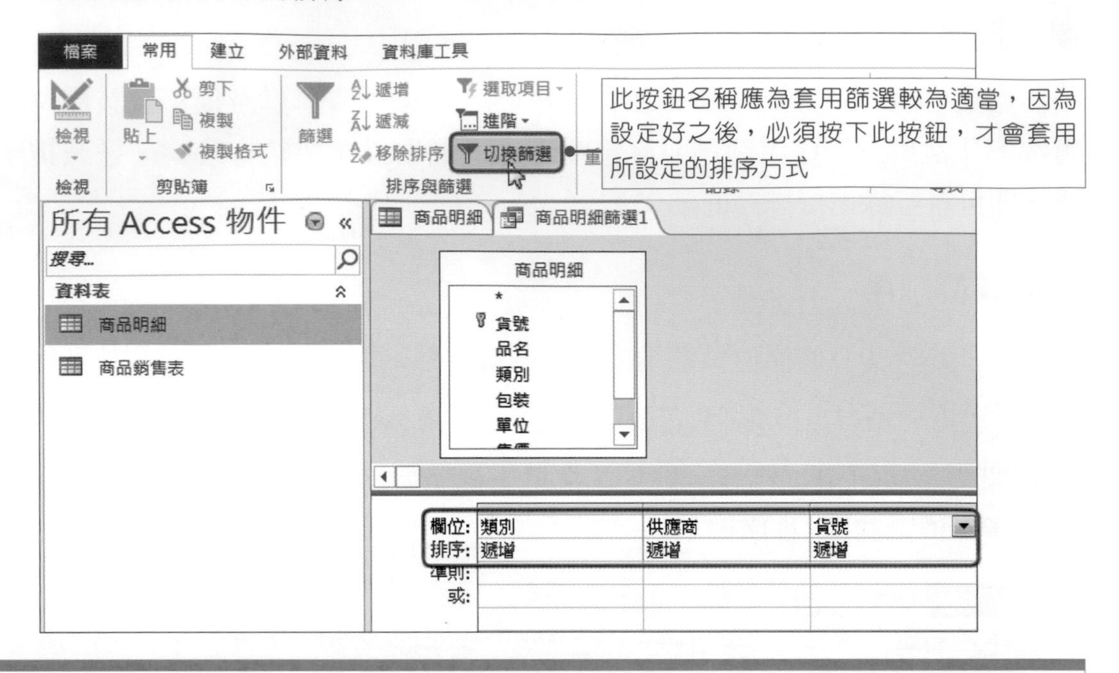

在進行設定排序欄位時，其排序順序是由左到右遞增，也就是會先以最左邊的排序欄位來排序，若值相同時再以第二個排序欄來排序，若在設定過程中，想要更換排序順序時，只要選取該欄位，再拖曳該欄位至新的位置即可更換排序順序。

05 回到資料表後，資料就會先依「類別」進行遞增排序；若遇到類別相同時，再依「供應商」進行遞增排序，若又遇到供應商相同時，會再依「貨號」進行遞增排序。

貨號	品名	類別	包裝	單位	售價	供應商
LG1007	佛州葡萄柚	水果	10	粒	99	盛香珍
LG1008	愛文芒果	水果	3			
LG1009	香蕉	水果	1	斤	12	盛香珍
LG1059	奇異果	水果	10	粒	79	統一企業
LG1028	台灣牛100%純鮮乳冰淇淋	冰品	150g×6杯	組	89	汽水企業
LG1024	中華甜愛玉	冰品	150g×4盒	組	24	盛香珍
LG1027	統一冰戀草莓雪糕	冰品	75ml×5支	盒	55	統一企業
LG1054	明治冰淇淋	冰品	700cc	盒	109	統一企業
LG1055	阿奇儂頂級冰淇淋	冰品	1L	盒	39	統一企業
LG1064	芒果椰果凍	冰品	1	個	22	統一企業
LG1020	白蝦	海鮮	半	斤	79	統一企業

此圖示表示該欄位有進行遞增排序

移除排序

若想將資料表內的資料復原到未排序的狀態時，可以按下**「常用→排序與篩選→移除排序」**按鈕，即可將資料復原到原始狀態。

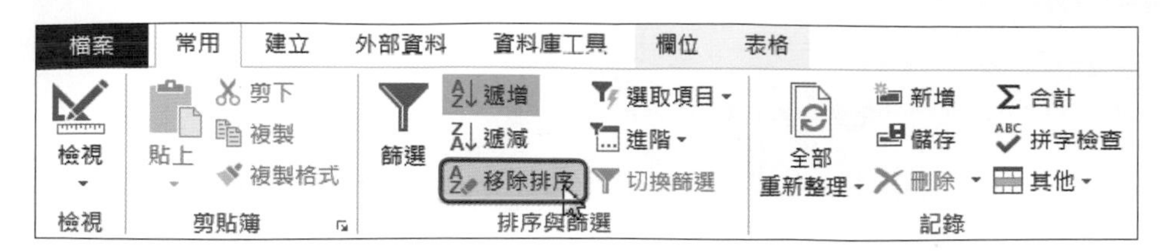

2-2 篩選資料

在眾多的記錄中，有時候只需要某部分的記錄，此時，可以利用篩選功能，在資料表裡挑出符合條件的資料。

依選取範圍篩選資料

若要在資料表中篩選出某個字串時，可以直接將插入點移至儲存格中，再按下**「常用→排序與篩選→選取項目」**按鈕，於選單中即可選擇篩選的條件。

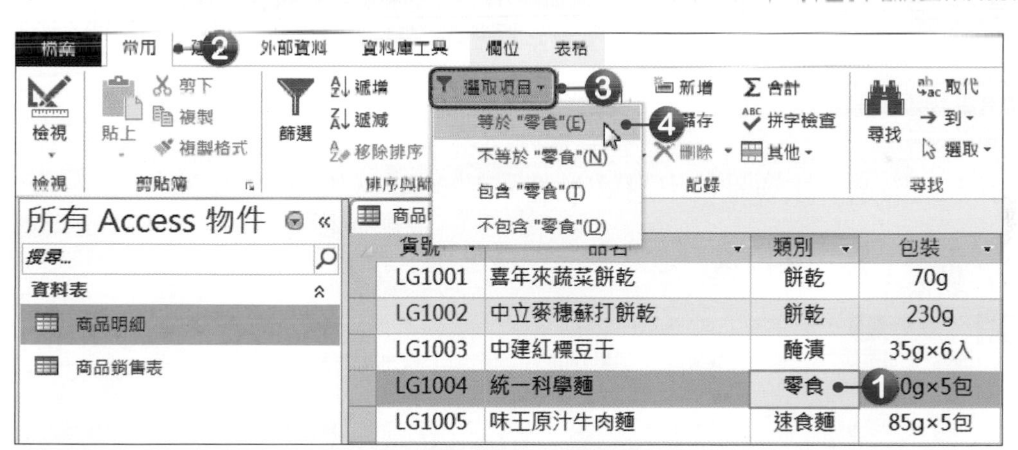

商品明細

貨號	品名	類別	包裝	單位	售價	供應商
LG1004	統一科學麵	零食	×5包	袋	24	統一企業
LG1029	福記香鐵蛋	零食	1	包	68	盛香珍
LG1034	厚毅棒棒糖	零食	[illegible]	[illegible]	[illegible]	[illegible]
LG1035	波卡洋芋片	零食	[illegible]	[illegible]	[illegible]	[illegible]
LG1039	義美小泡芙	零食	[illegible]	[illegible]	[illegible]	[illegible]
LG1050	喜年來蛋捲	零食	72g×6入	盒	89	義美食品
LG1051	歐斯麥小脆餅	零食	240g	盒	65	義美食品

點選**等於"零食"**選項後，屬於零食的記錄就會直接被篩選出來

在設定好一個篩選條件後，若要從篩選出的記錄再次設定其他篩選條件時，這些條件會累加起來，也就是說只有同時符合各篩選條件的記錄才會顯示，例如：已篩選出**零食**類別的資料，若再於供應商欄位選取**義美食品**，按下選取項目，點選**等於"義美食品"**，就會只剩下四筆記錄。

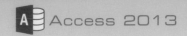

貨號	品名	類別	包裝	單位	售價	供應商
LG1004	統一科學麵	零食	50g×5包	袋	24	統一企業
LG1029	福記香鐵蛋	零食	1	包	68	盛香珍
LG1034	厚毅棒棒糖	零食	580g	桶	89	統一企業
LG1035	波卡洋芋片	零食	364g	盒	65	義美食品
LG1039	義美小泡芙	零食	325g	盒	79	義美食品
LG1050	喜年來蛋捲	零食	72g×6入	盒	89	義美食品
LG1051	歐斯麥小脆餅	零食	240g	盒	65	義美食品

選取項目 → 等於"義美食品"(E)／不等於"義美食品"(N)／包含"義美食品"(I)／不包含"義美食品"(D)

商品明細

貨號	品名	類別	包裝	單位	售價	供應商
LG1035	波卡洋芋片	零食	364g	盒	65	義美食品
LG1039	義美小泡芙	零食	325g	盒	79	義美食品
LG1050	喜年來蛋捲	零食	72g×6入	盒	89	義美食品
LG1051	歐斯麥小脆餅	零食	240g	盒	65	義美食品

依表單篩選

依表單方式篩選，主要是使用選單方式，直接選擇要篩選的範圍。

01 按下**「常用→排序與篩選→進階→依表單篩選」**按鈕。

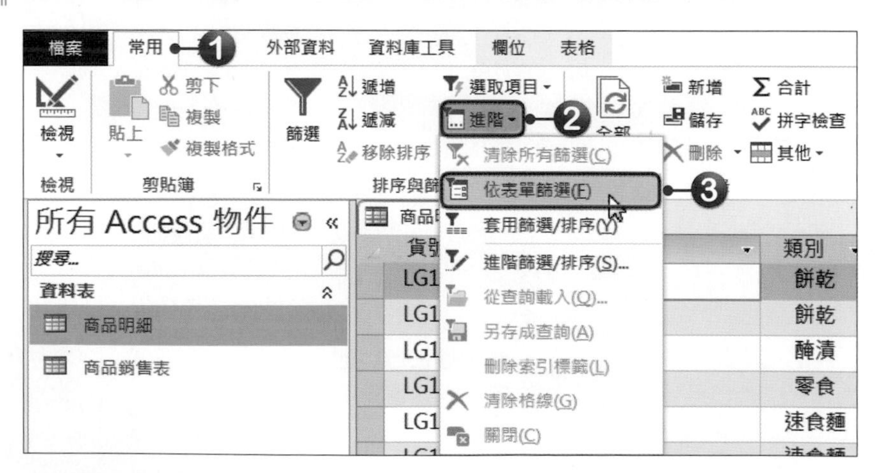

02 按下選單鈕後，在要篩選的欄位中，按一下**滑鼠左鍵**，欄位就會出現一個選單鈕，接著按下選單鈕，於選單中選擇第一個要篩選的資料範圍；選擇好後再選擇第二個要篩選的範圍。

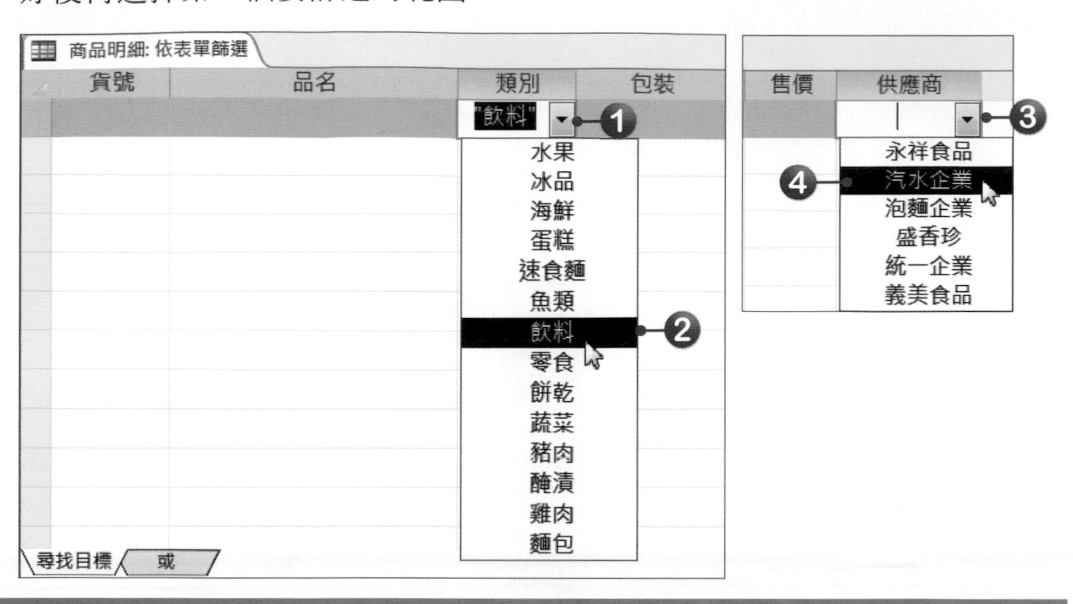

在**尋找目標**標籤頁中，設定二個篩選條件時，記錄必須要符合這二個條件才會被篩選出來；若要篩選出只要符合其中一個條件，那麼在選擇第二個條件時，要先切換到**或**標籤頁中，再設定第二個篩選條件。

03 都設定好後，按下**「常用→排序與篩選→切換篩選」**按鈕，即可篩選出類別爲飲料，且供應商爲汽水企業的記錄。

商品明細

貨號	品名	類別	包裝	單位	售價	供應商
LG1022	優沛蕾發酵乳	飲料	1000g	瓶	48	汽水企業
LG1023	福樂鮮乳	飲料	1892cc	瓶	99	汽水企業
LG1041	維他露御茶園	飲料	500cc×6瓶	組	89	汽水企業
LG1042	百事可樂	飲料	2L	瓶	32	汽水企業
LG1043	七喜	飲料	2L	瓶	32	汽水企業
LG1044	黑松沙士	飲料	1250cc	瓶	25	汽水企業
LG1045	味全香豆奶	飲料	250cc×24瓶	箱	145	汽水企業
LG1046	福樂牛奶	飲料	200cc×24瓶	箱	195	汽水企業
LG1048	黑松麥茶	飲料	250cc×24瓶	箱	135	汽水企業
LG1049	鮮果多果汁	飲料	250cc×24瓶	箱	155	汽水企業
LG1053	蘋果西打	飲料	355cc×6罐	組	69	汽水企業
LG1065	台灣啤酒	飲料	354ML×24罐	箱	539	汽水企業

使用快顯功能篩選

在使用篩選功能時，也可以直接在欄位名稱的右邊按一下**滑鼠左鍵**，即可開啓篩選的功能表，於功能選單即可設定篩選條件。

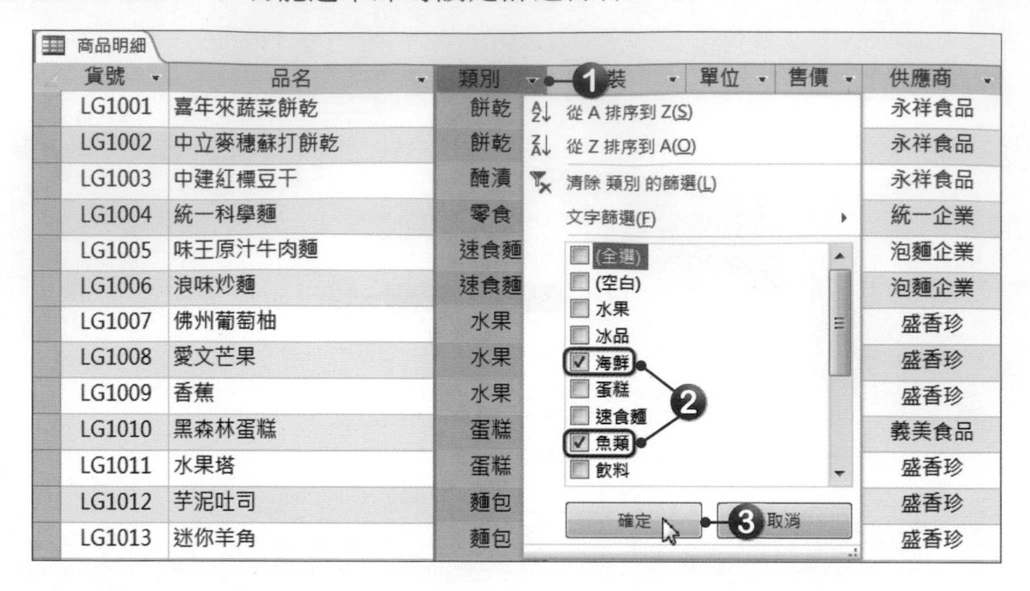

清除篩選

當資料表內的資料經過篩選後，在工作表視窗下的篩選按鈕會呈「已篩選」狀態，若要清除篩選時，按下「已篩選」按鈕；或是按下**「常用→排序與篩選→進階→清除所有篩選」**按鈕，即可清除篩選條件。

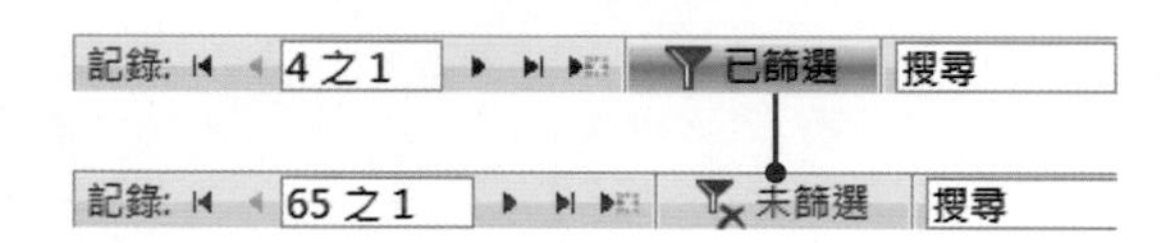

2-3 查詢物件的使用

查詢其實就類似「搜尋」或是「篩選」，當要從一個資料表中尋找出或篩選出符合條件的記錄時，尋找或是篩選就已經算是「查詢」的動作了。

而查詢與篩選主要不同在於，查詢可以依據不同行爲檢視、變更、分析資料，且查詢的結果還可以製作成表單、報表、資料頁的記錄來源；而篩選只是根據某個特定欄位中的特定值，尋找出符合條件的記錄，並顯示於資料表中，一旦移除了篩選，所有的記錄又會全部顯示。

查詢精靈的使用

使用「查詢精靈」可以快速地建立一個查詢物件，在此範例中要建立一個商品明細查詢物件。

01 按下**「建立→查詢→查詢精靈」**按鈕，開啓「新增查詢」對話方塊，點選**簡單查詢精靈**選項，選擇好後，按下**確定**按鈕。

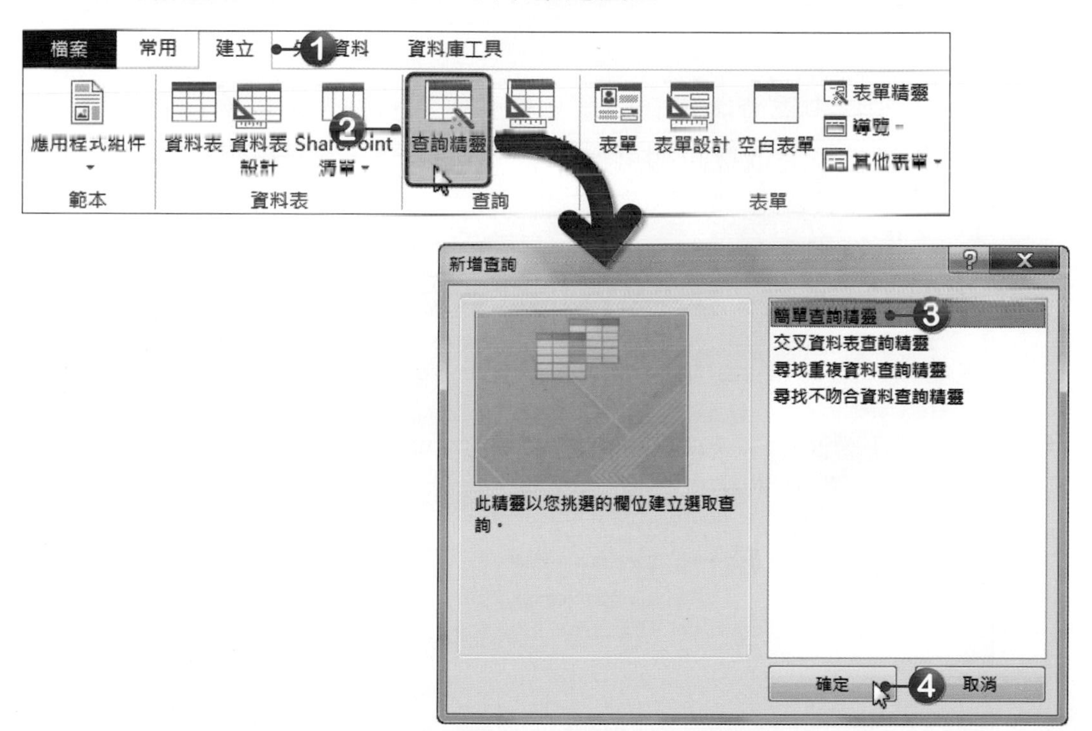

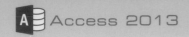

02 開啓「簡單查詢精靈」對話方塊，在**資料表/查詢**選單中，選擇要建立查詢的資料表；在**可用的欄位**中點選要顯示的欄位，請將貨號、品名、類別、供應商等欄位加入已選取的欄位中，選取好後按**下一步**按鈕。

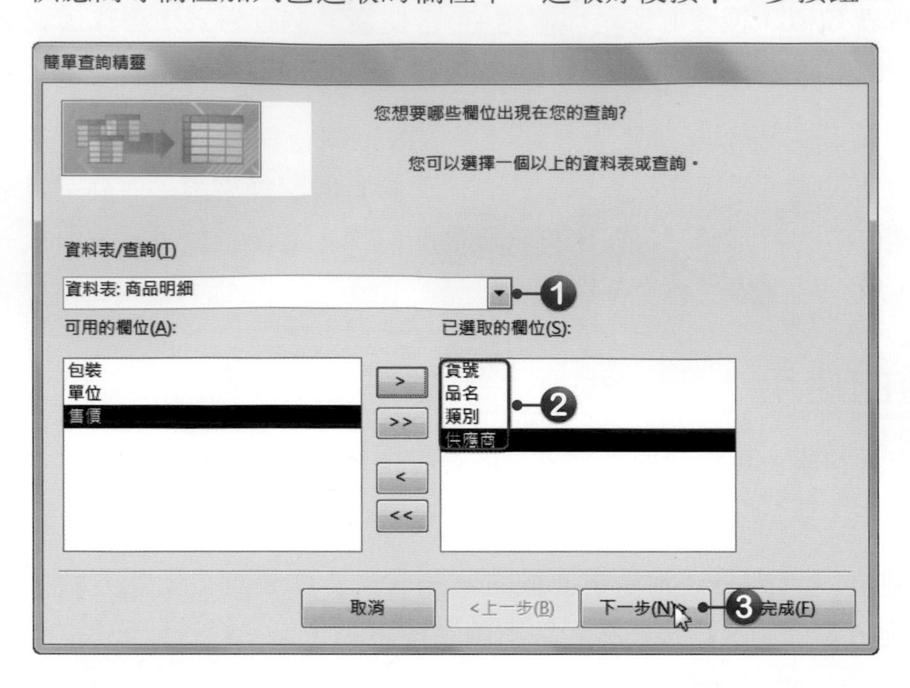

03 接著在欄位中為查詢建立一個名稱，並將**開啓查詢以檢視資訊**選項點選，設定好後按下**完成**按鈕即可。

04 完成後，就會開啟查詢資料表，在資料表中就會有所選取的欄位，而未被選取的欄位就不會顯示於查詢資料表中。

所有 Access 物件

搜尋...

資料表

商品明細

商品銷售表

查詢

商品明細 查詢

商品明細 查詢

貨號	品名	類別	供應商
LG1001	喜年來蔬菜餅乾	餅乾	永祥食品
LG1002	中立麥穗蘇打餅乾	餅乾	永祥食品
LG1003	中建紅標豆干	醃漬	永祥食品
LG1004	統一科學麵	零食	統一企業
LG1005	味王原汁牛肉麵	速食麵	泡麵企業
LG1006	浪味炒麵	速食麵	泡麵企業
LG1007	佛州葡萄柚	水果	盛香珍
LG1008	愛文芒果	水果	盛香珍
LG1009	香蕉	水果	盛香珍
LG1010	黑森林蛋糕	蛋糕	義美食品
LG1011	水果塔	蛋糕	盛香珍
LG1012	芋泥吐司	麵包	盛香珍

記錄: 65 之 1　無篩選條件　搜尋

互動式的查詢

所謂的「互動式」，就是在查詢的過程中，會有一個詢問的訊息，使用者只要再依據此訊息輸入相關的資訊，就能查詢出符合條件的記錄。

01 按下**「建立→查詢→查詢設計」**按鈕，開啟「顯示資料表」對話方塊，點選**資料表**標籤，選擇要建立查詢物件的資料表，選擇好後按下**新增**按鈕，新增完畢後按下**關閉**按鈕。

02 進入「設計檢視」模式後，會看到二個區域，上方會顯示剛剛選取的資料表；下方會顯示用來設計查詢的條件。首先在欄位中將貨號、品名、類別、售價、供應商等欄位都選取好。

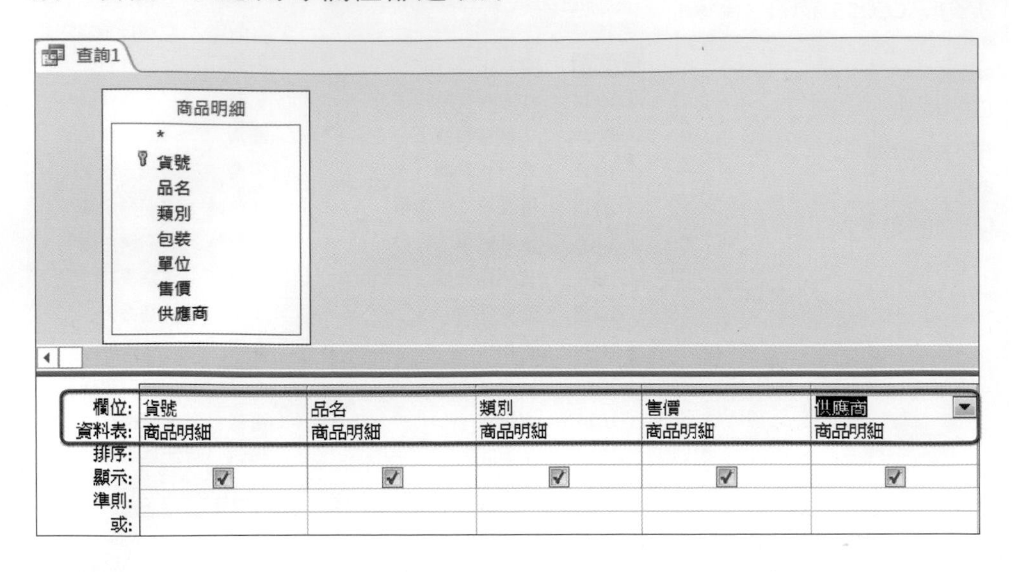

03 接著要以品名作爲查詢的方式，因此將滑鼠游標移至品名欄位下的準則欄位，並按下**滑鼠左鍵**，於欄位中輸入**「Like "*" &[請輸入要查詢的關鍵字]& "*"」**文字。

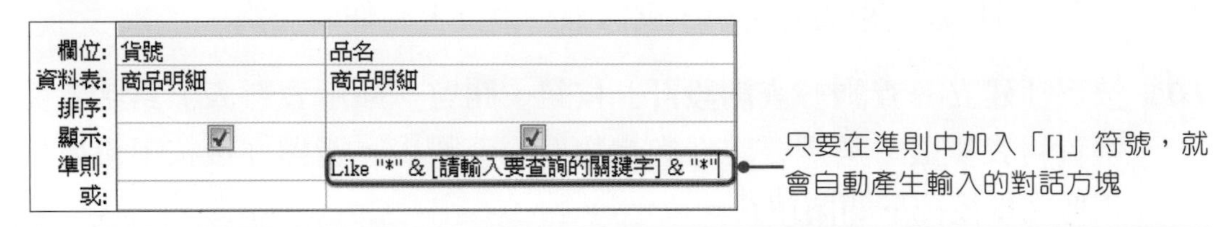

Like：在運算式中是一個「模糊比對」的指令，也就是說，要查詢某筆記錄中的某個關鍵字時，便可以使用此指令，若沒有此指令時，當要查詢記錄，必須輸入完全相同的資料，才能查詢到記錄。

*****：代表「萬用字元」，表示可以是任何一個字元，也可以是一個空白。

&：代表「加」的意思，也就是把不同屬性的字串加起來。

04 設定好後，按下 **關閉**按鈕，會詢問是否要儲存，請按下**是**按鈕，接著會開啓「另存新檔」對話方塊，輸入一個名稱，輸入完後按下**確定**按鈕。

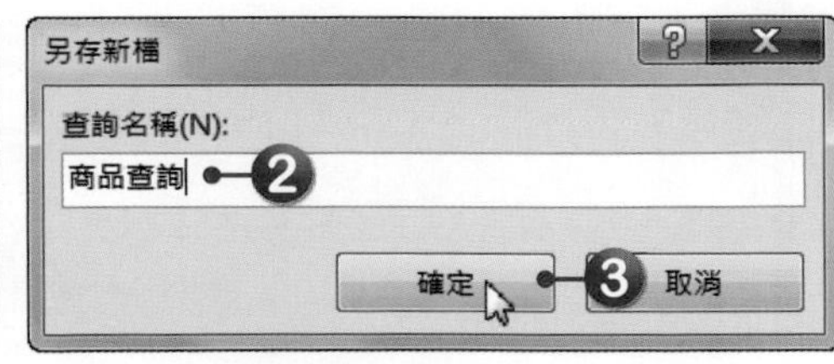

05 儲存完畢後，在查詢物件上**雙擊滑鼠左鍵**，會開啟「輸入參數值」對話方塊(此對話方塊就是剛剛所設計的準則)。接著在欄位中輸入要查詢的品名關鍵字，輸入完後按下**確定**按鈕，即可查詢到相關的品名。

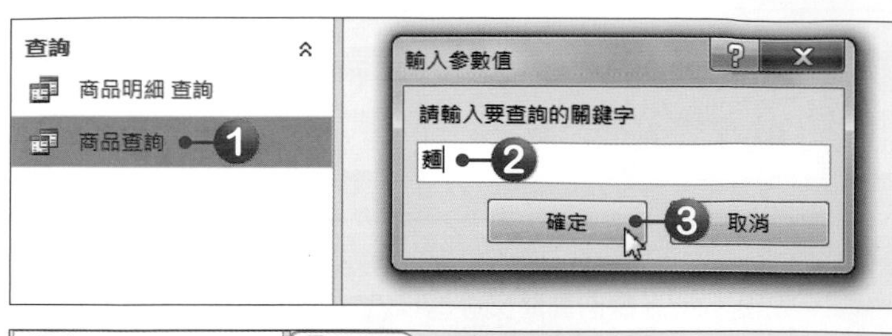

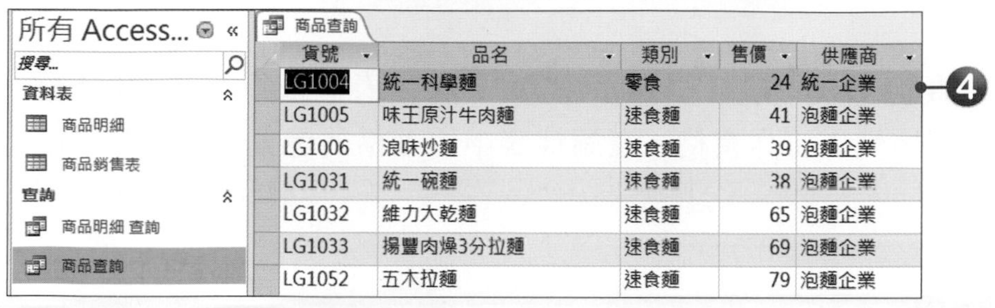

貨號	品名	類別	售價	供應商
LG1004	統一科學麵	零食	24	統一企業
LG1005	味王原汁牛肉麵	速食麵	41	泡麵企業
LG1006	浪味炒麵	速食麵	39	泡麵企業
LG1031	統一碗麵	速食麵	38	泡麵企業
LG1032	維力大乾麵	速食麵	65	泡麵企業
LG1033	揚豐肉燥3分拉麵	速食麵	69	泡麵企業
LG1052	五木拉麵	速食麵	79	泡麵企業

在查詢中加入計算欄位

利用查詢功能，還可以在資料表中直接加入計算欄位。

01 按下**「建立→查詢→查詢設計」**按鈕，開啟「顯示資料表」對話方塊，點選**資料表**標籤，選擇**「商品銷售表」**資料表，選擇好後按下**新增**按鈕，新增完畢後按下**關閉**按鈕。

02 進入「設計檢視」模式後，在資料來源區裡的**商品銷售表**標題文字上**雙擊滑鼠左鍵**，選取所有欄位，接著將欄位拖曳到下方的條件設定區域中，再放開**滑鼠左鍵**，所有被選取的欄位就會自動加入於條件設定區了。

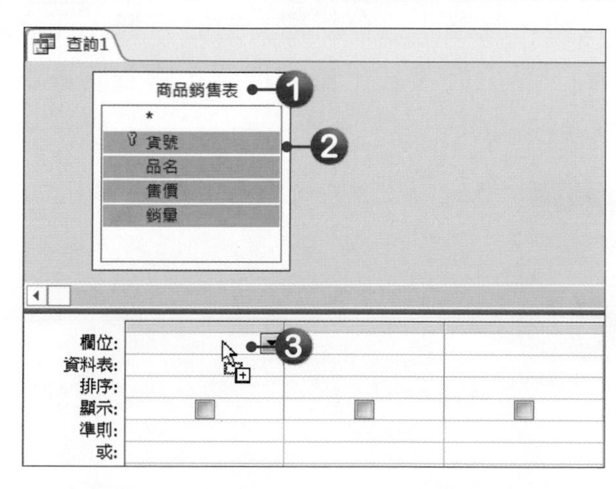

03 接著要加入銷售金額欄位及計算公式，此欄位的計算結果是「售價*銷量」，所以，要在欄位中輸入**「銷售金額:售價*銷量」**，並將顯示欄位中的選項勾選。

欄位:	貨號	品名	售價	銷量	銷售金額: [售價]*[銷量]
資料表:	商品銷售表	商品銷售表	商品銷售表	商品銷售表	
排序:					
顯示:	✓	✓	✓	✓	✓
準則:					
或:					

輸入欄位名稱時，只須輸入「銷售金額:售價*銷量」文字，輸入完後 Access 會自動將文字轉換為「銷售金額:[售價]*[銷量]

04 按下**「查詢工具→設計→顯示/隱藏→屬性表」**按鈕，或**Alt+Enter**快速鍵，開啓**屬性表**工作窗格，在屬性表中按下**格式**選單鈕，於選單中選擇**貨幣**格式。

05 欄位格式設定好後，按下 按鈕，開啓「另存新檔」對話方塊，在查詢名稱欄位中輸入**「銷售金額查詢」**，輸入好後按下**確定**按鈕，將查詢表儲存起來，儲存完成後，離開設計檢視模式中。

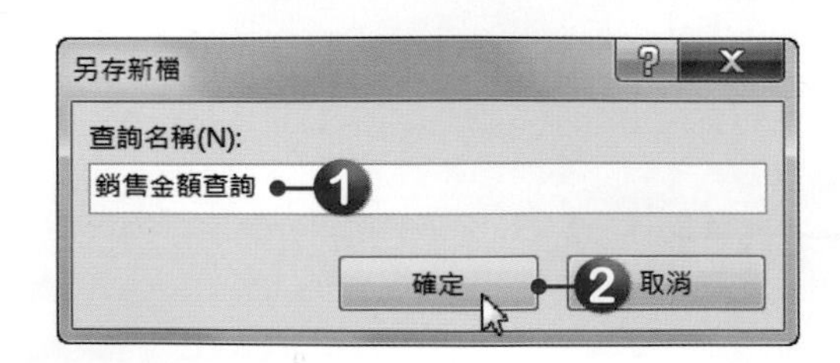

06 在**功能**窗格中，於**銷售金額查詢**物件上**雙擊滑鼠左鍵**，開啟工作資料表即可看到多了一個**「銷售金額」**欄位，而欄位中的金額也自動計算出來了。

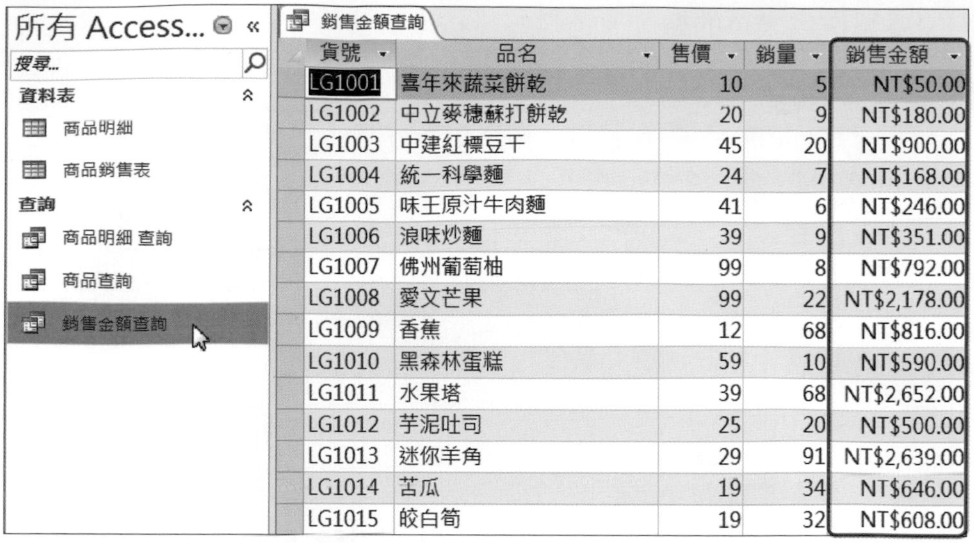

所有 Access...
搜尋...
資料表
商品明細
商品銷售表
查詢
商品明細 查詢
商品查詢
銷售金額查詢

銷售金額查詢

貨號	品名	售價	銷量	銷售金額
LG1001	喜年來蔬菜餅乾	10	5	NT$50.00
LG1002	中立麥穗蘇打餅乾	20	9	NT$180.00
LG1003	中建紅標豆干	45	20	NT$900.00
LG1004	統一科學麵	24	7	NT$168.00
LG1005	味王原汁牛肉麵	41	6	NT$246.00
LG1006	浪味炒麵	39	9	NT$351.00
LG1007	佛州葡萄柚	99	8	NT$792.00
LG1008	愛文芒果	99	22	NT$2,178.00
LG1009	香蕉	12	68	NT$816.00
LG1010	黑森林蛋糕	59	10	NT$590.00
LG1011	水果塔	39	68	NT$2,652.00
LG1012	芋泥吐司	25	20	NT$500.00
LG1013	迷你羊角	29	91	NT$2,639.00
LG1014	苦瓜	19	34	NT$646.00
LG1015	筊白筍	19	32	NT$608.00

2-4 建立表單物件

要進行新增、修改、檢視記錄時，通常會到「資料表」進行，但在資料表中的記錄是以一筆一筆方式呈現，若記錄中包含了OLE物件時，也不會顯示出來。而表單物件則可以依據個人的需求，自行設計新增、修改、檢視等工作環境，讓一成不變的記錄，也能變得更美觀。

建立商品明細表單

在Access中建立表單的方法很多，幾種常用的說明如下：

- **表單：**可以快速地將資料表內的欄位都製作成表單物件。
- **表單設計：**會進入表單設計檢視模式中，自行製作一個符合自己需求的表單。
- **空白表單：**會產生一個完全空白的表單物件。
- **表單精靈：**可以自行選擇表單所需的欄位及表單的配置方式。

了解各種表單製作方法後，接著在此範例中，要利用表單精靈來建立一個商品明細表單。

01 點選**商品明細**資料表，按下**「建立→表單→表單精靈」**按鈕，開啓「表單精靈」對話方塊。

02 選擇要製作爲表單的欄位，選擇好後按**下一步**按鈕。

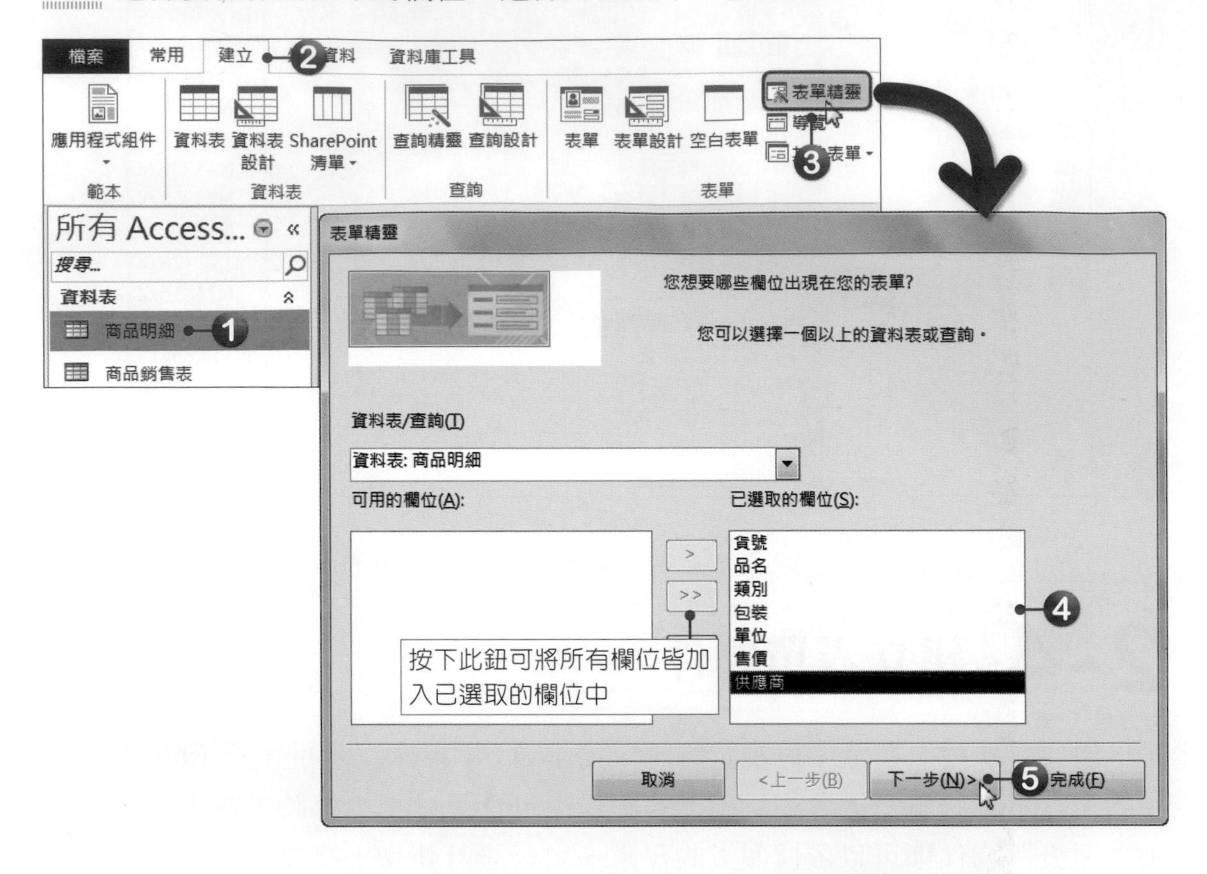

03 接著選擇表單的配置方式，這裡可依需求選擇，選擇好後按**下一步**按鈕。

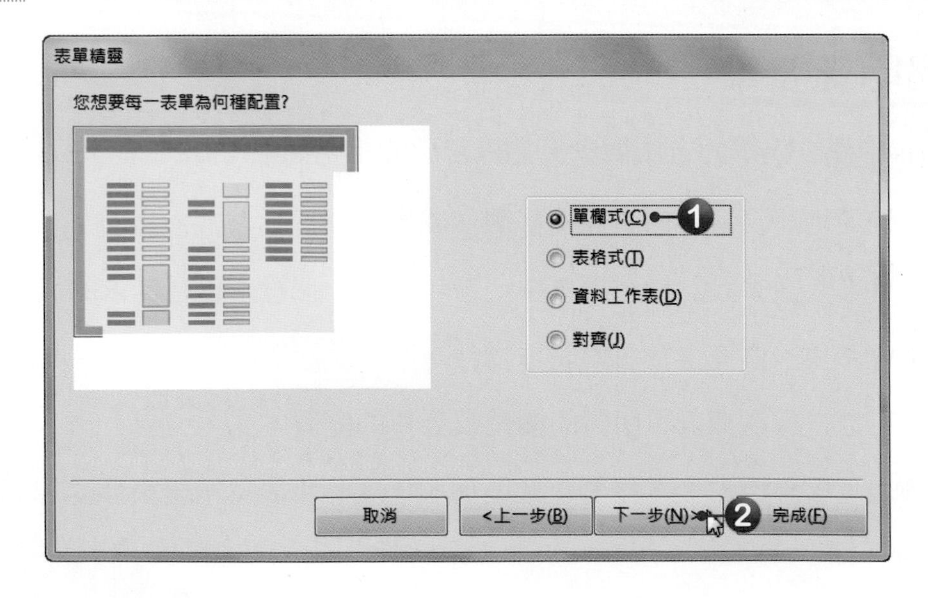

04 接著設定表單的名稱，設定好後再點選**開啟表單來檢視或是輸入資訊**，選擇好後按下**完成**按鈕。

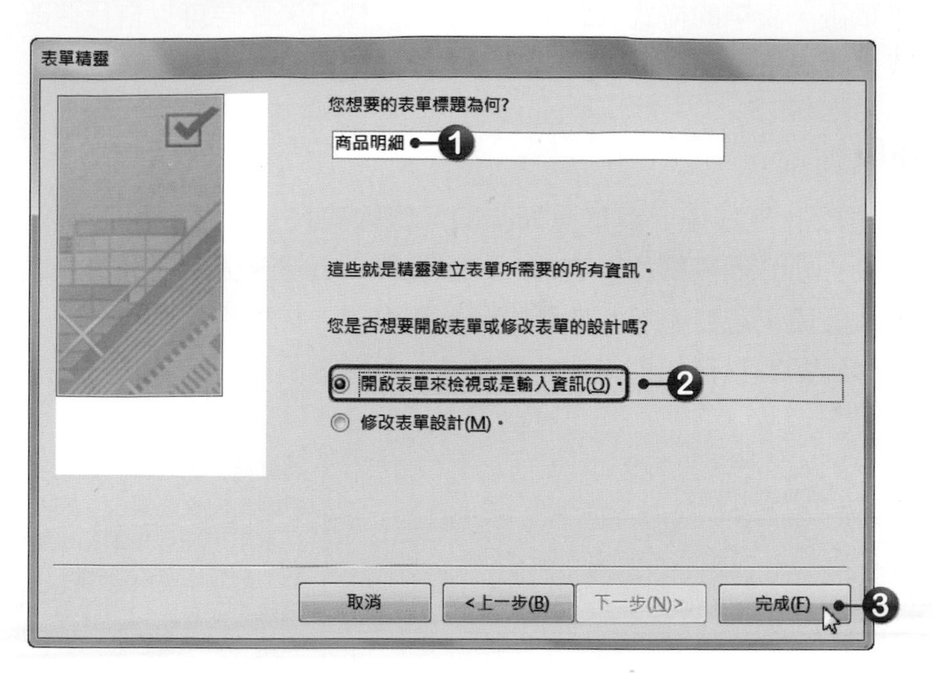

05 按下**完成**按鈕後，表單就製作完成囉！

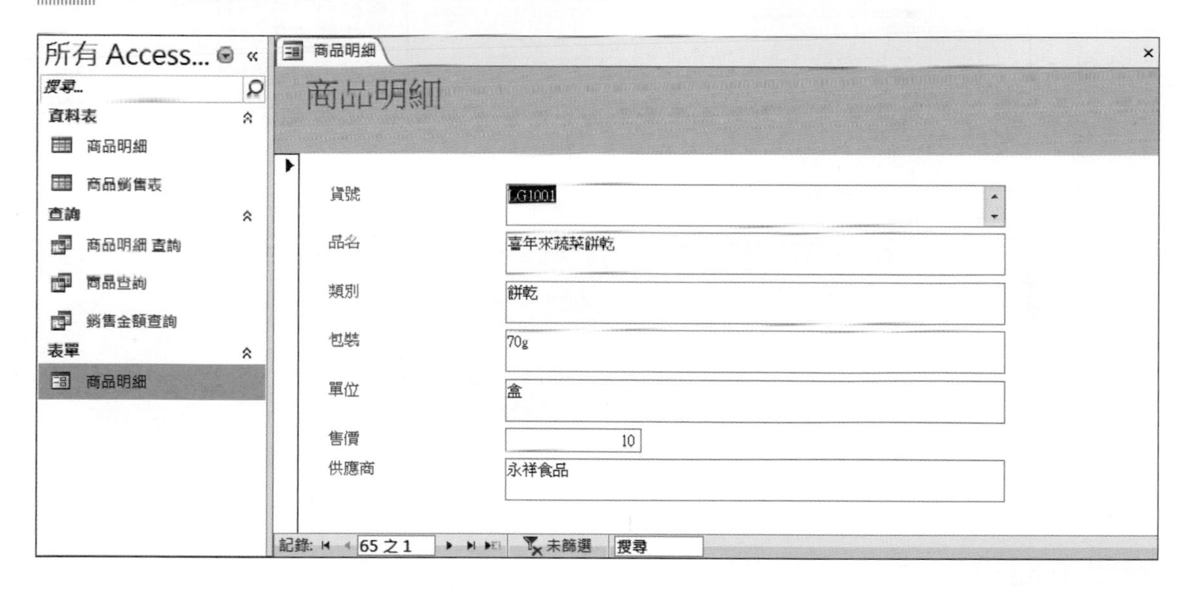

修改表單的設計

建立好表單後，表單的格式或許不是所想像的樣子，此時可以自行修改表單的格式，而要修改表單格式時，都必須先進入設計檢視模式中。

認識表單區段

當進入表單設計模式後，表單會同時顯示**格線**與**尺規**，並以區段來區分表單，表單的區段主要分為**表單首**、**頁首**、**詳細資料**、**頁尾**、**表單尾**等，預設下只會顯示詳細資料區段，若要顯示其他區段時，在表單上按下**滑鼠右鍵**，於選單中點選**頁首/頁尾**及**表單首/尾**，即可開啟表單首、頁首、頁尾、表單尾等區段。

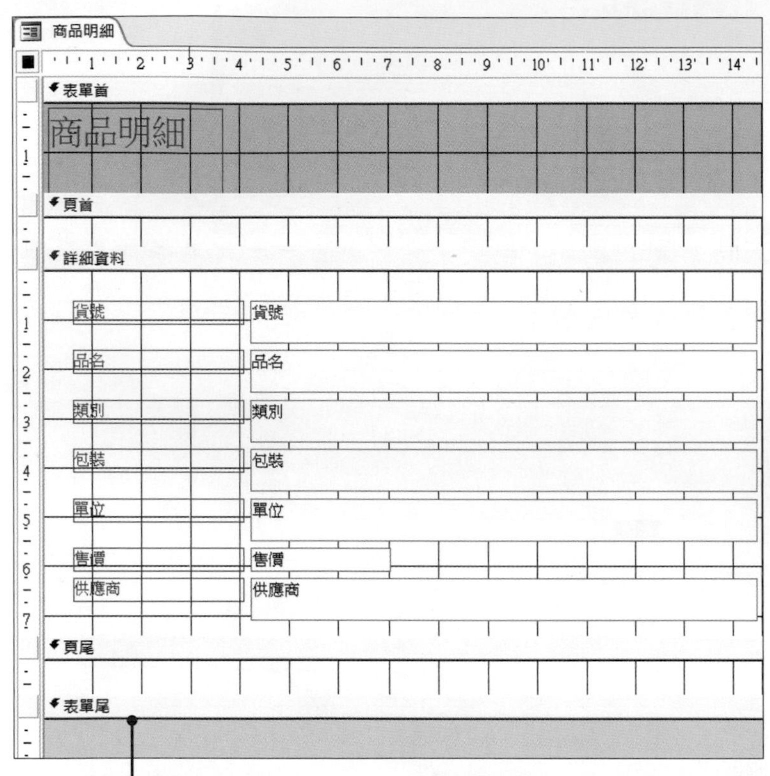

表單首：在表單的最上方，列印時則會出現在第一頁的上方，主要是用來顯示每筆記錄相同的資訊，例如：表單的標題

頁首：在每一列印頁面上方顯示標題、欄名等資訊，頁首只會在預覽列印或列印時顯示

詳細資料：是用來放置主要的記錄內容，在表單切換不同記錄時就會顯示不同內容

頁尾：在每一列印頁面下方顯示日期或頁數等資訊，頁尾只會在預覽列印或列印時顯示

表單尾：可用來顯示每筆記錄相同的資訊，例如：指令按鈕或使用表單的說明

將滑鼠游標移至區段與區段之間，按著滑鼠左鍵不放並拖曳，即可調整區段的高度

佈景主題設定

在設計表單時，可以利用佈景主題，快速地更換要使用的佈景主題色彩及字型組合，只要進入「**表單設計工具→設計→佈景主題**」群組中即可進行設定。這裡請按下**字型**按鈕，將字型組合更改為**Arial**。

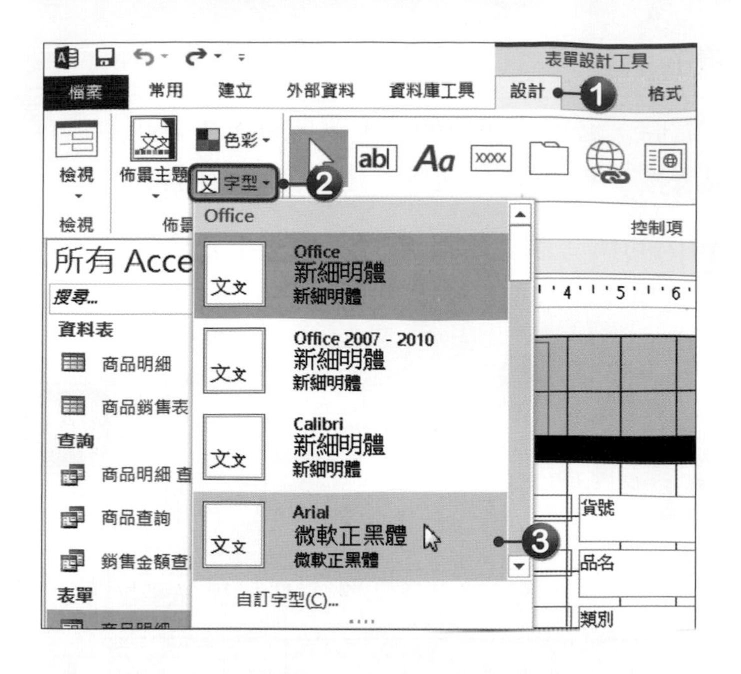

欄位文字格式的設定

要設定表單的文字格式時，只要進入**「表單設計工具→格式→字型」**群組中，即可進行文字的字體、大小、色彩等設定。在設定時，可以先將所有欄位選取，再進行設定的動作。

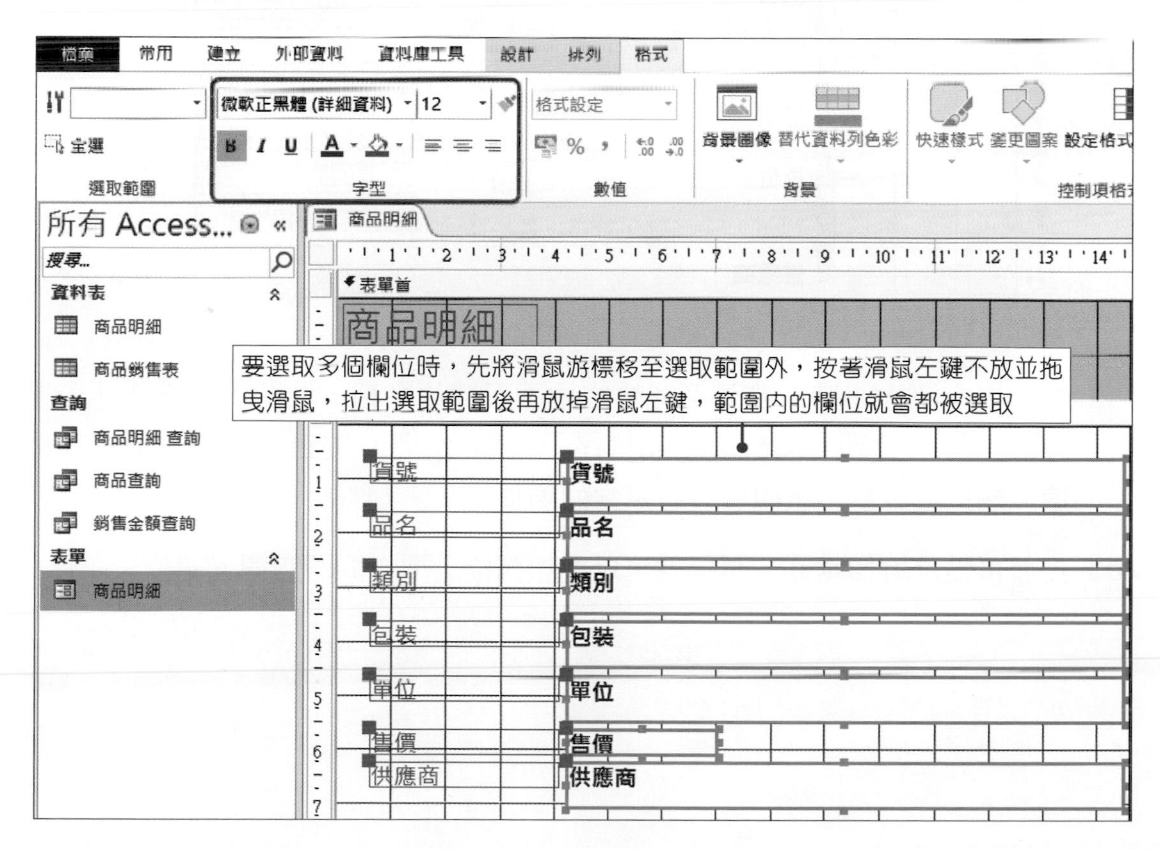

欄位大小與位置的調整

要調整欄位位置時，必須先選取欄位，選取時，可以一次選擇一個，也可以一次選擇多個，或者按下 **Ctrl+A** 快速鍵，選取全部的欄位。

01 選取詳細資料內的所有欄位，按下「**表單設計工具→排列→位置→控制邊界**」按鈕，於選單中點選**寬**。

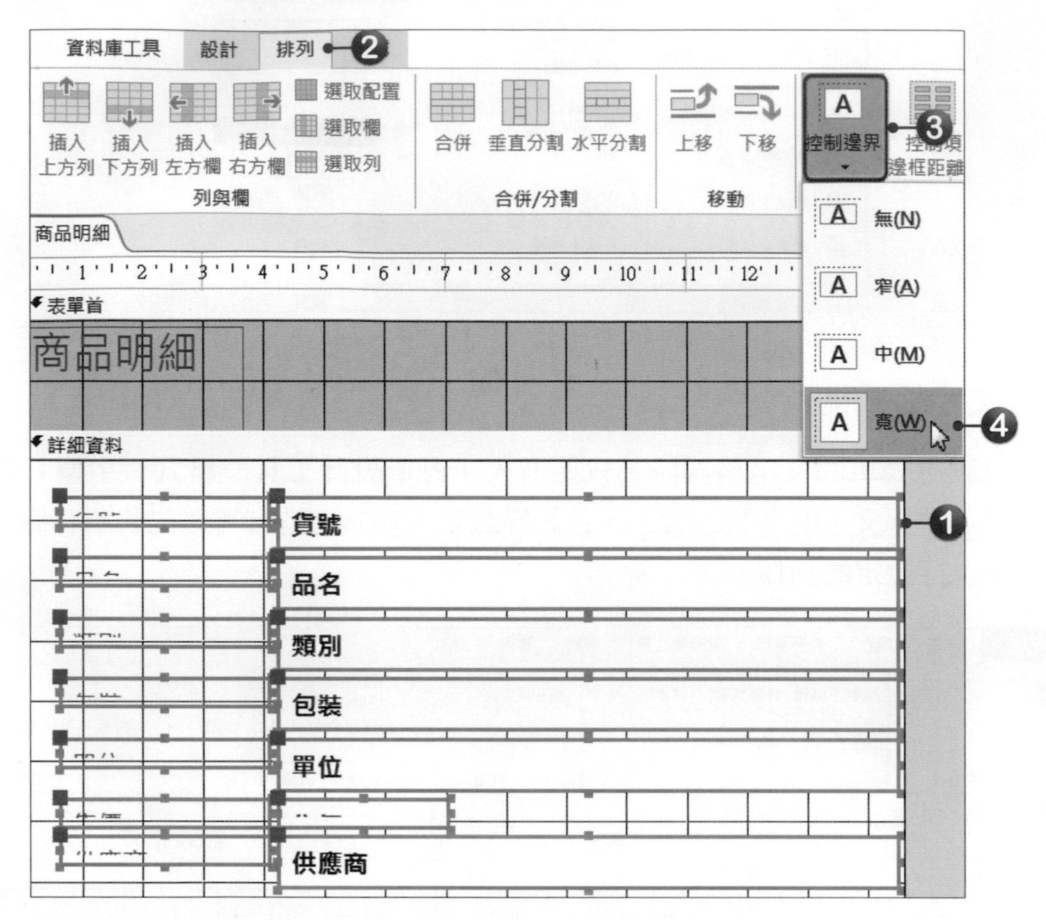

02 當變更文字大小時，欄位可能會容納不下欄位名稱，此時可以按下「**表單設計工具→排列→調整大小和排序→大小/空間**」按鈕，在選單中選擇**最適**，欄位就會自動依內容做最適當的調整。

03 接著再點選**增加垂直**，這樣就可以增加欄位上下之間的空間。

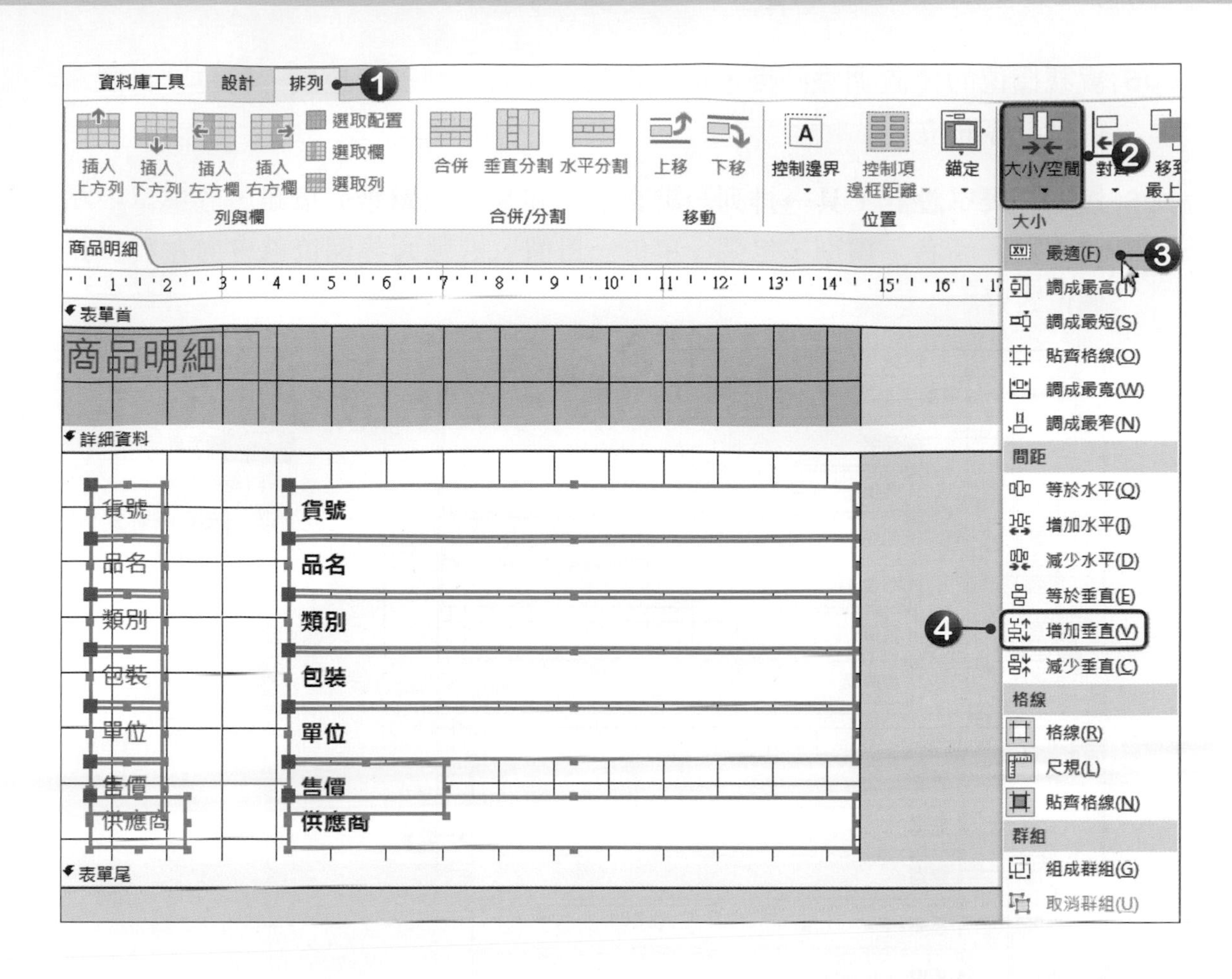

04 接著點選貨號欄位，將滑鼠游標移至欄位上，按著**滑鼠左鍵**不放並拖曳滑鼠，即可調整欄位位置。

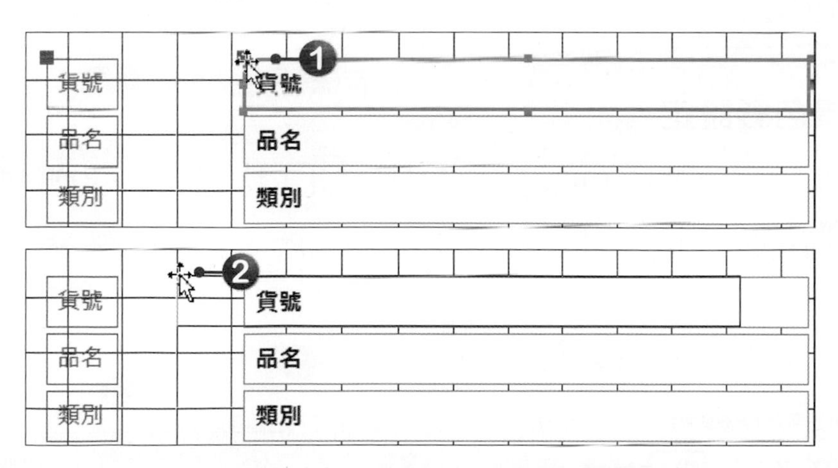

要調整欄位大小時，直接用滑鼠點選要調整的欄位，點選後，再將滑鼠游標移至框線上即可調整欄位大小。

05 貨號欄位的位置調整好後，選取貨號、品名、類別、包裝、單位、售價、供應商等欄位。

06 按下**「表單設計工具→排列→調整大小和排序→對齊」**按鈕，於選單中點選**向左**，品名、類別、包裝、單位、售價、供應商等欄位就會向左與貨號欄位對齊。

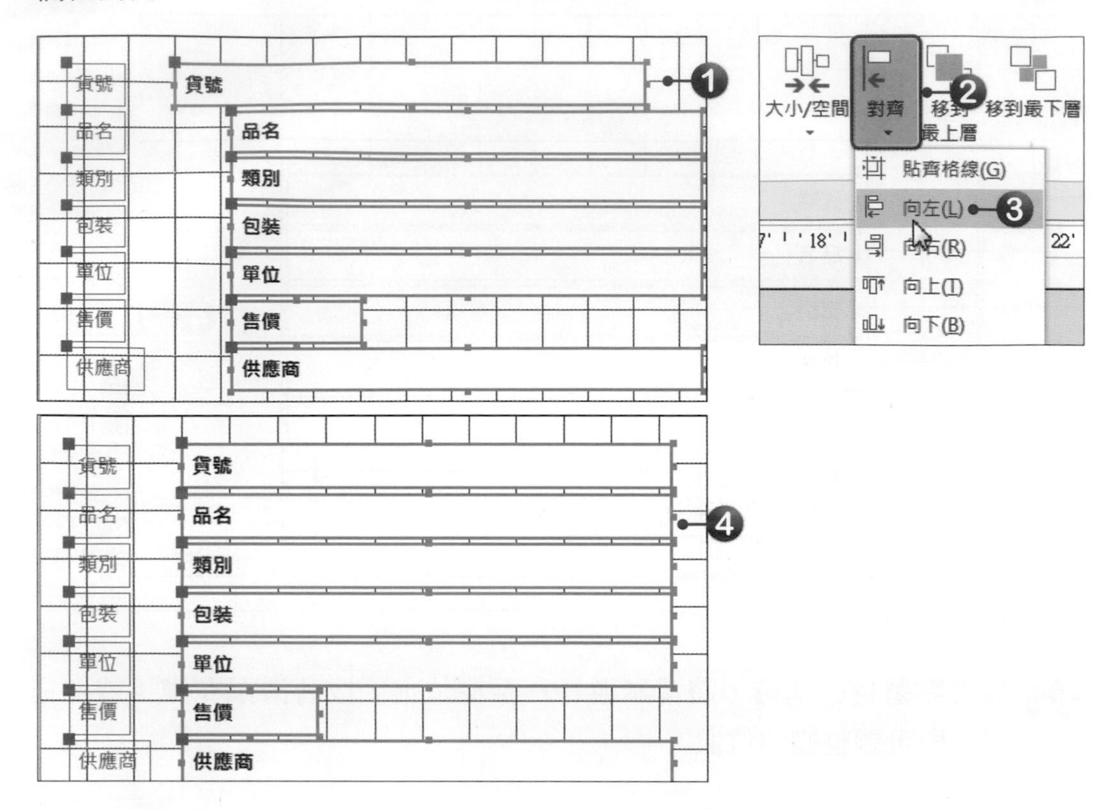

表單欄位及背景色彩設定

若要將欄位加入背景色彩時，可以按下**「表單設計工具→格式→字型→背景色彩」**按鈕，選擇要加入的色彩即可。

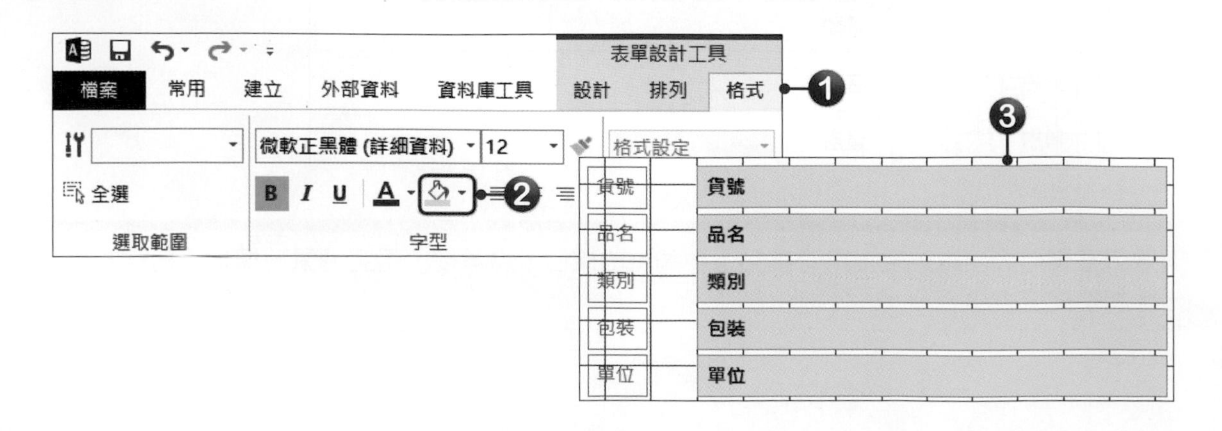

若要將表單背景加上色彩時，可以在表單上按下**滑鼠右鍵**，於選單中選擇**填滿/背景顏色**選項，即可選擇要填滿的顏色。

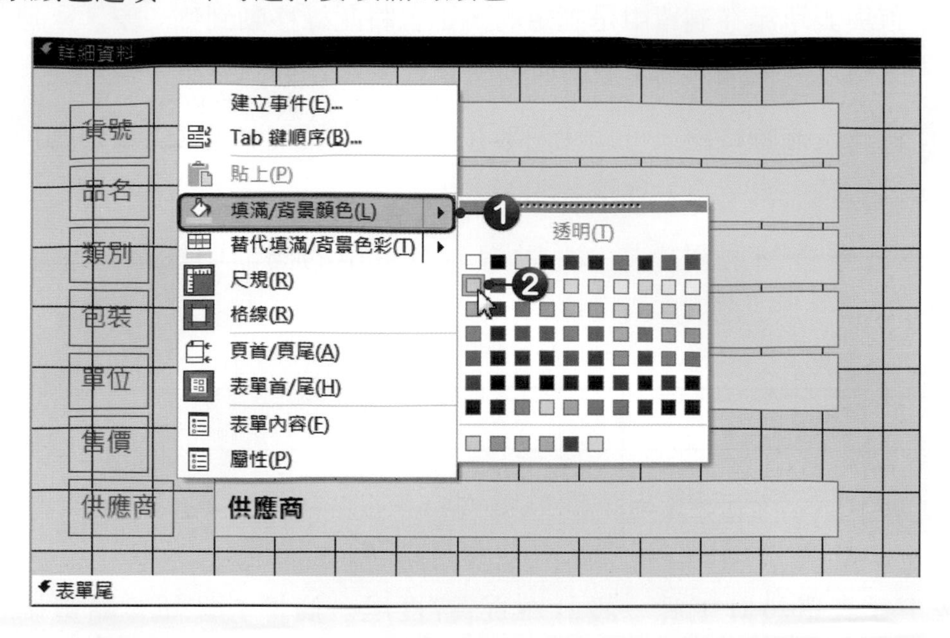

除此之外，還可以使用特殊效果功能，將欄位加上平面、凸起、下凹、陰影等特殊效果。選取要套用特殊效果的欄位，按下**滑鼠右鍵**，於選單中點選特殊效果功能，即可在選單中選擇要使用的效果。

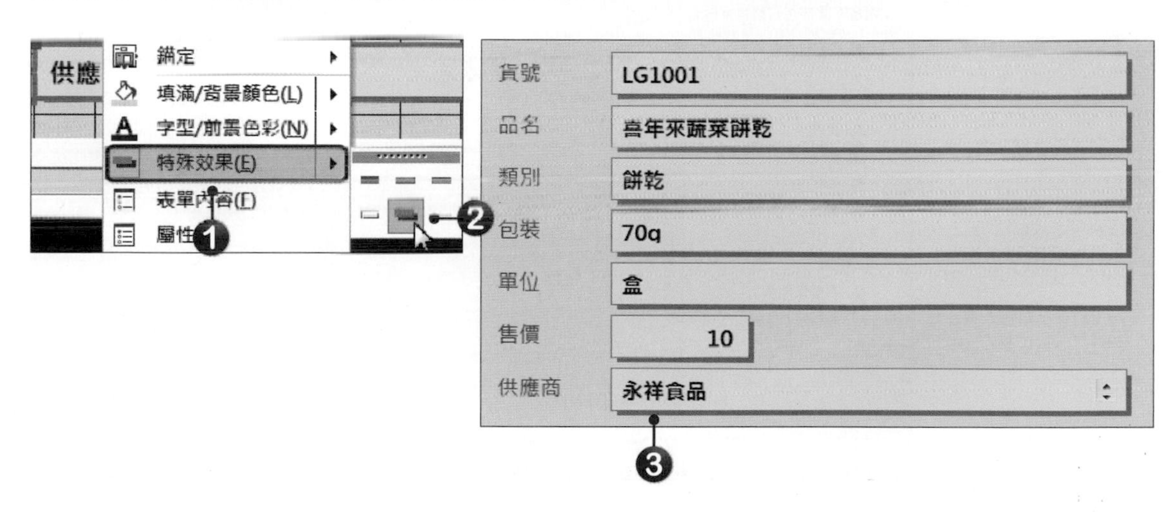

刪除欄位

若要刪除表單中的欄位，只要選取該欄位按下**Delete**鍵，即可將欄位從表單中刪除，若只想單獨刪除該欄位的欄位名稱，則單獨選取欄位名稱，再按下**Delete**鍵即可。

在表單首中加入商標圖片

表單首與表單尾在表單中是固定的，不管將記錄移動到哪一筆，永遠都會顯示在那裡，所以，要加入固定資訊時，可以在表單首與表單尾中進行。

使用**標題**及**商標**按鈕，可以快速地在表單首中加入標題文字或是圖片，當點選這二個按鈕時，表單首也會跟著開啟。

01 在於表單首加入圖片時，先點選表單首中的商品明細標題文字，按下**Delete**鍵，將此標題文字刪除。

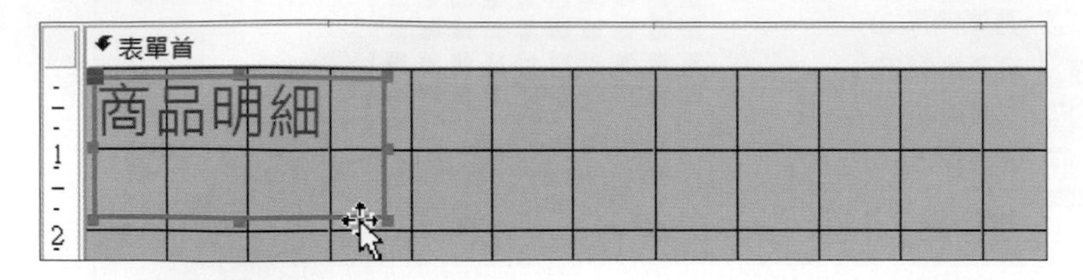

02 按下**「表單設計工具→設計→頁首/頁尾→商標」**按鈕，點選後，會開啟「插入圖片」對話方塊，選擇要插入的圖片，選擇好後按下**確定**按鈕。

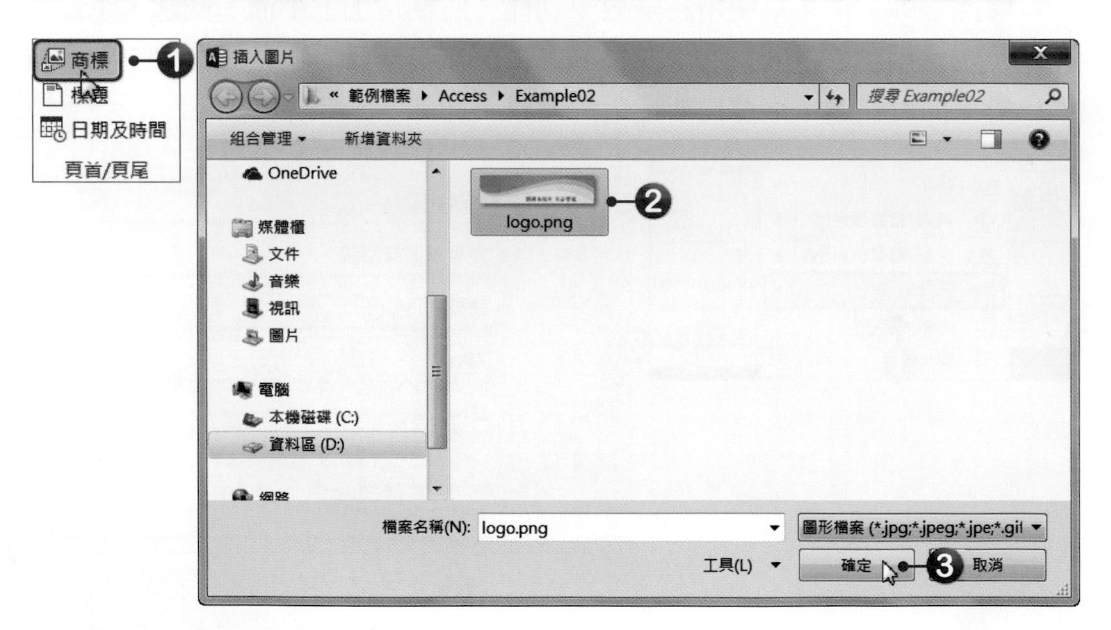

03 回到表單，圖片就會加入到表單首的區段中。接著要來調整一下圖片的大小，將滑鼠游標移至任一控制點上，按下**滑鼠左鍵**不放並拖曳，即可調整圖片的大小。

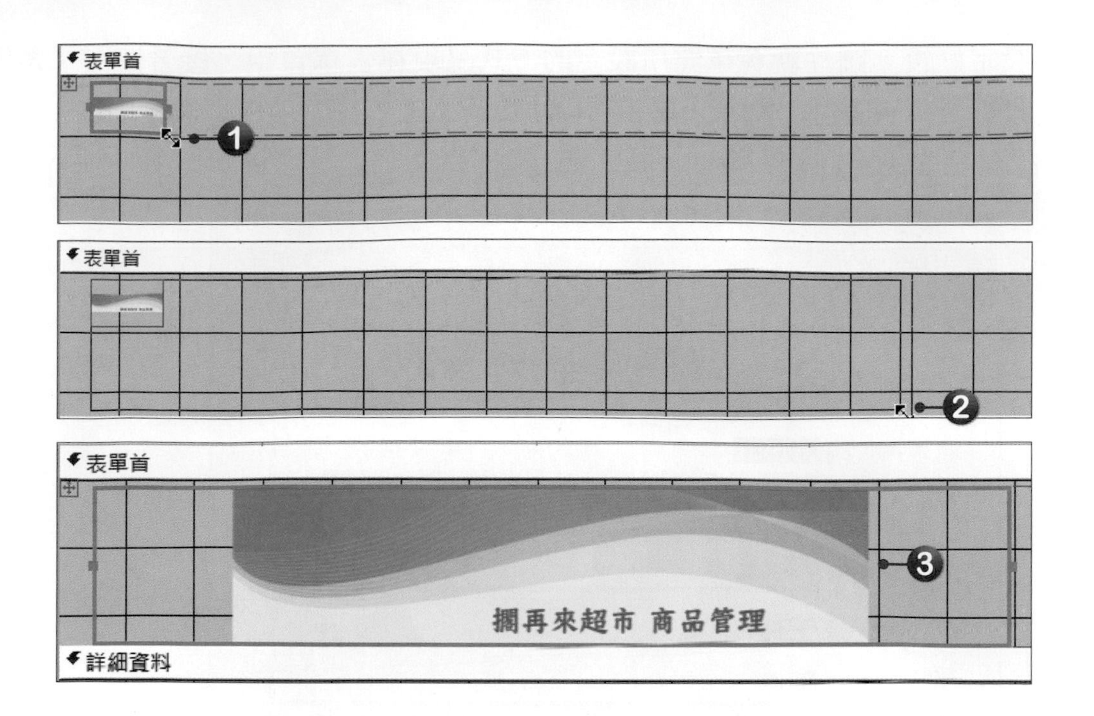

04 接著要設定圖片的顯示方式，按下「**表單設計工具→設計→工具→屬性表**」按鈕，開啓**屬性表**窗格。

05 在**屬性表**窗格中，即可進行圖片大小模式、對齊方式、寬度、高度、與頂端距離、左邊距離等設定。

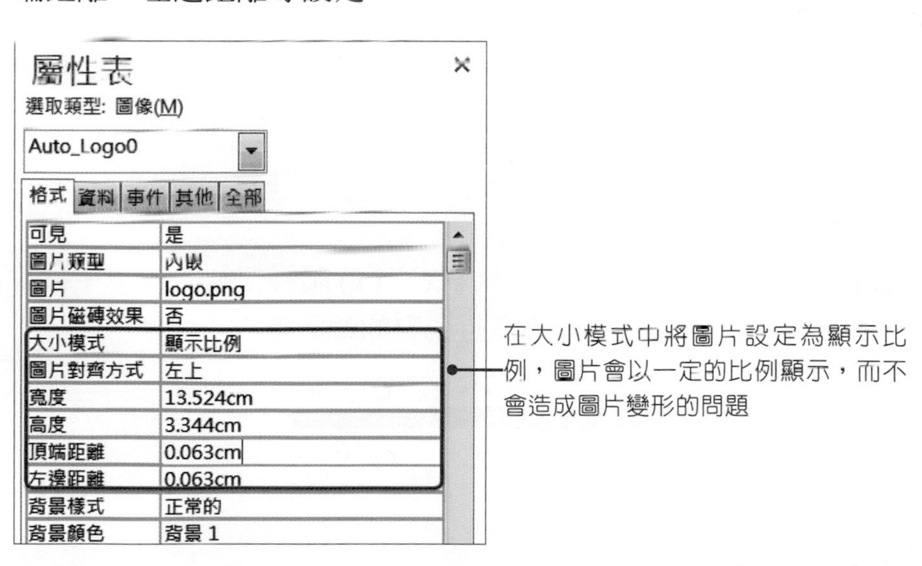

商標功能只適用於表單首中，若要於表單尾加入圖片時，必須使用「**表單設計工具→設計→控制項→插入圖像**」按鈕，才能加入圖片。當按下插入圖像按鈕後，即可選擇要插入的圖像，選擇好後，再將滑鼠游標移至表單尾區域並拖曳滑鼠，拉出一個適當大小的區域，放掉滑鼠左鍵後，即可加入圖片。

06 設定好後，圖片就會依照所設定的方式呈現在表單首中，接著按下**「表單設計工具→設計→檢視→檢視→表單檢視」**按鈕，看看表單設定的結果。

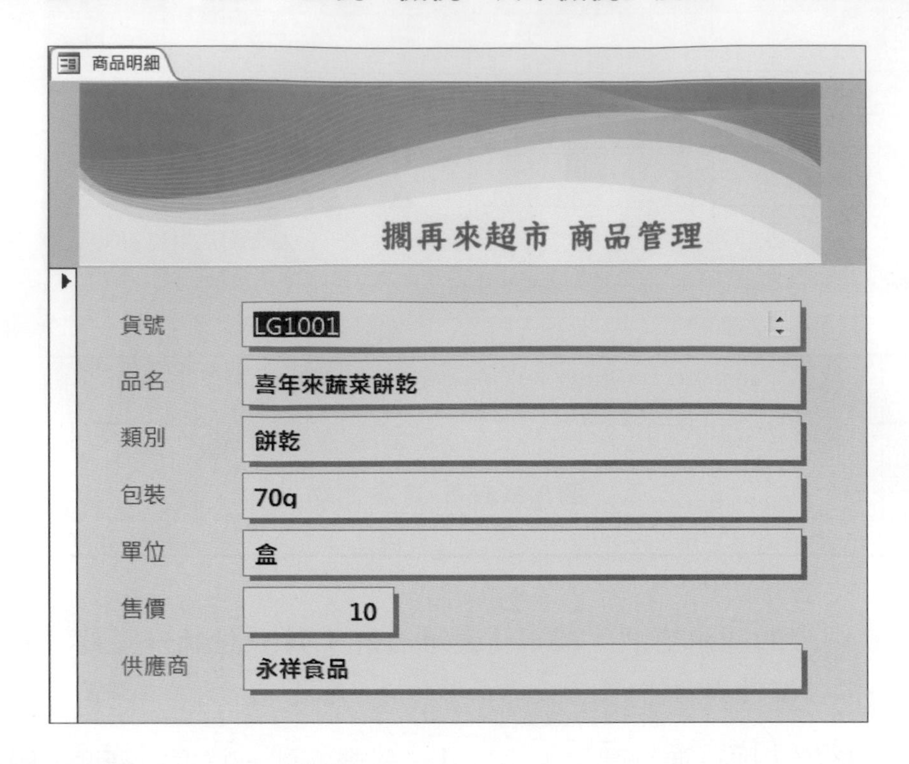

在表單中新增、刪除資料

在表單中也可以進行資料的新增、刪除、搜尋、取代、篩選等動作；而搜尋、取代、篩選的操作與2-1及2-2節所介紹的操作方式是一樣的。

新增記錄

先開啟要新增資料的表單，再按下 **新(空白)記錄**按鈕，表單中就會增加一筆空白的記錄，此時就可以在表單中進行資料的輸入囉！

要新增記錄時，也可以按下**「常用→記錄→新增」**按鈕，或**Ctrl++**快速鍵，進行新增的動作。

刪除記錄

要刪除某一筆記錄時，先跳至要刪除的記錄中，再按下**「常用→記錄→刪除→刪除記錄」**按鈕，即可將記錄刪除掉。

自我評量

✦選擇題

(　　)1. 在Access中，下列關於排序的說明，何者不正確？(A)排序時會以「列」爲依據，調整每一筆記錄的順序 (B)排序資料時可以使用多個欄位進行 (C)將資料排序後，還是可以再將資料復原到原始狀態 (D)進行資料排序時，可以選擇遞增或遞減兩種方式進行排序。

(　　)2. 在Access中，要尋找某個資料時，可以按下鍵盤上的哪組快速鍵，開啓尋找對話方塊？(A)Ctrl+A (B)Ctrl+F (C)Ctrl+H (D)Ctrl+P。

(　　)3. 在Access中，如果要篩選以「王」爲開頭的資料時，準則該如何設定？(A)"*王" (B)"*王*" (C)"王*" (D)"王"。

(　　)4. 在Access中，如果要篩選出「王××」資料，準則該如何設定？(A)"王??" (B)"王?" (C)"*王*" (D)"王*"。

(　　)5. 在Access中，下列哪一個區段是用來放置主要的記錄內容，切換不同記錄內容也會隨之改變的？(A)表單首 (B)表單尾 (C)詳細資料 (D)頁首。

(　　)6. 在Access中，使用下列哪一項功能，可以自行設計表單編排方式？(A)表單設計 (B)表單 (C)表單精靈 (D)導覽。

(　　)7. 在Access中，要於表單內新增記錄時，可以使用下列哪組快速鍵，新增一筆記錄？(A)Ctrl++ (B)Ctrl+1 (C)Ctrl+C (D)Ctrl+*。

(　　)8. 在Access中，在表單檢視模式下可以進行下列哪一項工作？(A)刪除記錄 (B)新增記錄 (C)修改記錄內容 (D)以上皆可。

(　　)9. 在Access中，要修改表單的欄位位置或是欄位文字格式時，要進入哪個檢視模式中？(A)表單模式 (B)設計檢視 (C)資料工作表檢視 (D)版面配置檢視。

(　　)10. 在Access中，若要於表單首加入圖片時，可以使用下列哪一項指令按鈕來進行？(A)標題 (B)商標 (C)複製 (D)新增。

自我評量

✦實作題

1. 開啓「Access→Example02→手機銷售管理.accdb」檔案，進行以下設定。

● 將「手機銷售量.xlsx」檔案匯入至資料庫中，資料表命名爲「手機銷售量」，將資料以廠牌遞增排序。

廠牌	機型	價格	銷售數量
Apple	iPhone 6 Plus	$25,100	6
Apple	iPhone 6 Plus	$25,100	5
Apple	iPhone 6 Plus	$25,100	3
Apple	iPhone 5S	$18,900	3

● 以「手機銷售量」資料表，建立一個「銷售金額查詢表」，並在此表中加入一個「金額小計」欄位，金額小計欄位中的值等於「價格*銷售數量」。

廠牌	機型	價格	銷售數量	金額小計
Apple	iPhone 6	$22,000	4	NT$88,000
SONY	Xperia C	$9,900	3	NT$29,700
SAMSUNG	GALAXY S4	$18,900	6	NT$113,400
SAMSUNG	GALAXY Note 3	$20,500	2	NT$41,000
Nokia	LUMIA 1020	$12,999	1	NT$12,999
hTC	New One	$19,900	2	NT$39,800
Apple	iPhone 6 Plus	$25,100	1	NT$25,100
SAMSUNG	GALAXY GRAND 2	$25,100	4	NT$100,400
Apple	iPhone 5S	$18,900	3	NT$56,700
Apple	iPhone 6 Plus	$25,100	5	NT$125,500

● 以「手機銷售量」資料表，建立一個「廠商銷售金額查詢表」，以「廠牌」欄位爲查詢方式。

● 查詢出來的記錄必須以「銷售金額」，由小到大排序。

廠牌	機型	價格	銷售數量	金額小計
Apple	iPhone 5S	$18,900	1	NT$18,900
Apple	iPhone 6	$22,000	1	NT$22,000
Apple	iPhone 6			NT$22,000
Apple	iPhone 6			NT$22,000
Apple	iPhone 6 Plus			NT$25,100
Apple	iPhone 6 Plus			NT$25,100
Apple	iPhone 5S			NT$37,800
Apple	iPhone 6 Plus			NT$50,200
Apple	iPhone 6 Plus			NT$50,200
Apple	iPhone 6 Plus	$25,100	2	NT$50,200
Apple	iPhone 5S	$18,900	3	NT$56,700

自我評量

2. 開啟「Access→Example02→訂單管理.accdb」檔案，進行以下設定。

● 使用「購物資料」資料表，建立一個「訂單明細表單」物件，該表單必須包含如下所示的欄位，欄位格式與編排方式請參考下圖。

● 在表單首中加入「shopping_logo01.jpg」圖片；表單尾加入「shopping_logo02.jpg」圖片。

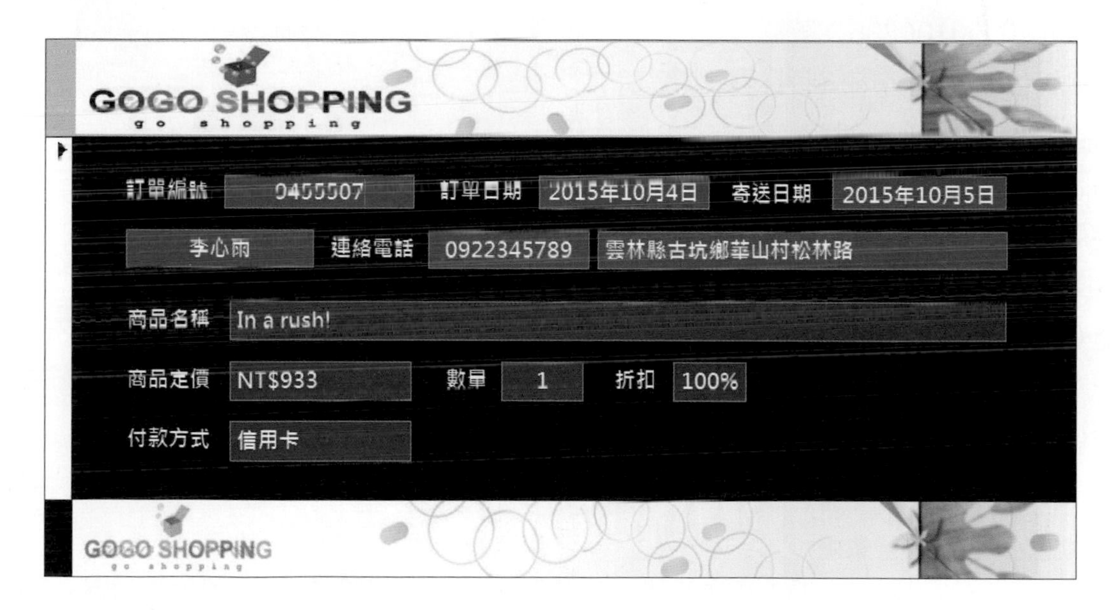

國家圖書館出版品預行編目資料

Office 2013範例教本-商務應用篇 / 全華研究室 王麗琴編著.
-- 初版.-- 新北市：全華圖書, 2014.10
面； 公分
ISBN 978-957-21-9676-2(平裝附光碟片)
1.OFFICE 2013(電腦程式)
312.49O4 103019940

Office 2013範例教本-商務應用篇

(附範例光碟)

作者 / 全華研究室 王麗琴
執行編輯 / 李慧茹
封面設計 / 林彥彣
發行人 / 陳本源
出版者 / 全華圖書股份有限公司
郵政帳號 / 0100836-1號
印刷者 / 宏懋打字印刷股份有限公司
圖書編號 / 06266007
初版一刷 / 2014年11月
定價 / 新台幣 490 元
ISBN / 978-957-21-9676-2 (平裝附光碟片)
全華圖書 / www.chwa.com.tw
全華網路書店 / www.opentech.com.tw
若您對書籍內容、排版印刷有任何問題，歡迎來信指導 book@chwa.com.tw

臺北總公司(北區營業處)
地址：23671新北市土城區忠義路21號
電話：(02) 2262-5666
傳真：(02) 6637-3695、6637-3696

南區營業處
地址：80769高雄市三民區應安街12號
電話：(07) 381-1377
傳真：(07) 862-5562

中區營業處
地址：40256臺中市南區樹義一巷26號
電話：(04) 2261-8485
傳真：(04) 3600-9806

讀者回函卡

填寫日期：　/　/

姓名：＿＿＿＿＿　生日：西元＿＿年＿＿月＿＿日　性別：□男 □女

電話：（　）＿＿＿＿　傳真：（　）＿＿＿＿　手機：＿＿＿＿

e-mail：（必填）＿＿＿＿

註：數字零，請用 Φ 表示，數字 1 與英文 L 請另註明並書寫端正，謝謝。

通訊處：□□□□□＿＿＿＿

學歷：□博士 □碩士 □大學 □專科 □高中・職

職業：□工程師 □教師 □學生 □軍・公 □其他

學校／公司：＿＿＿＿　科系／部門：＿＿＿＿

・需求書類：

□ A. 電子 □ B. 電機 □ C. 計算機工程 □ D. 資訊 □ E. 機械 □ F. 汽車 □ I. 工管 □ J. 土木

□ K. 化工 □ L. 設計 □ M. 商管 □ N. 日文 □ O. 美容 □ P. 休閒 □ Q. 餐飲 □ B. 其他

・本次購買圖書為：＿＿＿＿　書號：＿＿＿＿

・您對本書的評價：

封面設計：□非常滿意 □滿意 □尚可 □需改善，請說明＿＿＿＿

內容表達：□非常滿意 □滿意 □尚可 □需改善，請說明＿＿＿＿

版面編排：□非常滿意 □滿意 □尚可 □需改善，請說明＿＿＿＿

印刷品質：□非常滿意 □滿意 □尚可 □需改善，請說明＿＿＿＿

書籍定價：□非常滿意 □滿意 □尚可 □需改善，請說明＿＿＿＿

整體評價：請說明＿＿＿＿

・您在何處購買本書？

□書局 □網路書店 □書展 □團購 □其他＿＿＿＿

・您購買本書的原因？（可複選）

□個人需要 □幫公司採購 □親友推薦 □老師指定之課本 □其他＿＿＿＿

・您希望全華以何種方式提供出版訊息及特惠活動？

□電子報 □ DM □廣告（媒體名稱＿＿＿＿）

・您是否上過全華網路書店？（www.opentech.com.tw）

□是 □否 您的建議＿＿＿＿

・您希望全華出版那方面書籍？＿＿＿＿

・您希望全華加強那些服務？＿＿＿＿

～感謝您提供寶貴意見，全華將秉持服務的熱忱，出版更多好書，以饗讀者。

全華網路書店 http://www.opentech.com.tw　　客服信箱 service@chwa.com.tw

2011.03 修訂

親愛的讀者：

感謝您對全華圖書的支持與愛護，雖然我們很慎重的處理每一本書，但恐仍有疏漏之處，若您發現本書有任何錯誤，請填寫於勘誤表內寄回，我們將於再版時修正，您的批評與指教是我們進步的原動力，謝謝！

全華圖書　敬上

勘誤表

書號		書名		作者	
頁數	行數	錯誤或不當之詞句		建議修改之詞句	

我有話要說：（其它之批評與建議，如封面、編排、內容、印刷品質等・・・）